Linus Beilschmidt, Horst Ellerckmann, Reiner Guse, Hans-Jürgen Stobinsk

Elektrotechnik Grundwissen

Lernfelder 1 bis 4

1. Auflage

Bestellnummer 93101

Bildungsverlag EINS

service@bv-1.de
www.bildungsverlag1.de

Bildungsverlag EINS GmbH
Ettore-Bugatti-Straße 6-14, 51149 Köln

ISBN 978-3-427-93101-0

Vorwort

Fachwissen allein ist heute nicht mehr ausreichend, um im Beruf erfolgreich zu sein. Nur wenn Auszubildende und Facharbeiter ihr Fachwissen auch adäquat umsetzen können, sind sie entsprechend den heutigen beruflichen Anforderungen voll und vor allem vielseitig einsetzbar. Dazu werden Kompetenzen benötigt, die langfristig und berufsübergreifend anwendbar sind:

- Fachliche Kenntnisse und Qualifikationen, die die berufliche Handlungskompetenz einer Person bilden, und
- sogenannte „Soft Skills". Sie sind die „Problemlöse-Werkzeuge", mit denen neue Qualifikationen erworben werden können, und die es Arbeitnehmern ermöglichen, sich veränderten Situationen im Berufsleben besser anzupassen zu können.

Deshalb ist das zentrale Ziel der beruflichen Bildung, diese Kompetenzbereiche zu fördern, um umfassende Handlungskompetenz zu entwickeln. Handlungskompetenz wird verstanden als die Bereitschaft und Befähigung des Einzelnen, sich in beruflichen, gesellschaftlichen und privaten Situationen sachgerecht durchdacht sowie individuell und sozial verantwortlich zu verhalten. Dieses Ziel wird erreicht, wenn die jungen Menschen in der Berufsschule zu selbstständigem Planen, Durchführen und Beurteilen von Arbeitsaufgaben im Rahmen ihrer Berufstätigkeit befähigt werden. Handlungsorientierter Unterricht im Rahmen der Lernfeldkonzeption, der sich an handlungssystematischen Strukturen orientiert, stellt gegenüber dem vorrangig fachsystematischem Unterricht eine veränderte Perspektive dar.
Deshalb sind für den Unterricht und in Fachbüchern Situationen zu wählen, die Lernen in vollständigen Handlungen ermöglichen, die möglichst selbst ausgeführt oder zumindest gedanklich nachvollzogen werden können. Handlungen

- fördern das ganzheitliche Erfassen der beruflichen Wirklichkeit, zum Beispiel technische, sicherheitstechnische, ökonomische, rechtliche, ökologische, soziale Aspekte.
- greifen die Erfahrungen der Lernenden auf und reflektieren sie in Bezug auf ihre gesellschaftlichen Auswirkungen.
- berücksichtigen auch soziale Prozesse, zum Beispiel die Interessenerklärung oder die Konfliktbewältigung, sowie unterschiedliche Perspektiven der Berufs-und Lebensplanung.

Das Konzept des neuen Fachbuches **„Grundwissen der Elektrotechnik"** orientiert sich in den Kapiteln an Handlungen, um die Problemlösungsfähigkeit nachhaltig zu fördern und um ein aktiv-analysierend-vorausschauendes Handeln zu erreichen. Diese Denkstrategien ermöglichen das sinnvolle Ordnen, Abrufen und Anwenden des notwendigen Wissens beim Planen, Installieren, Montieren, Inbetriebnehmen oder dem Service an energietechnischen Anlagen. Darüber hinaus erleichtern sie die gezielte und selbstständige Beschaffung weiterer Informationen, wenn das vorhandene Wissen allein nicht ausreicht.

Auf der Grundlage der Lernfeldkonzeption ist das neue Fachbuch so konzipiert, dass

- abgestimmte aufeinanderfolgende Lerninhalte es ermöglichen, sich entsprechend seiner Vorkenntnisse und seines Leistungsvermögens diese Inhalte anzueignen.
- aktuelle, praxis- und schülernahe Beispiele die zu vermittelnden Lerninhalte und Lernstrategien enthalten.
- Seitenaufschläge, die eine in sich geschlossene Einheit behandeln, Teil einer (größeren) Gesamteinheit (Projekt) bilden und in nachvollziehbaren Schritten erarbeitet werden können.
- Spalten, in der aktuelle Materialien (Bilder, Auszüge aus Datenblättern, Tabellen usw.) aufgeführt sind, die Grundlage für den Text bilden, der in einer zweiten Spalte die Lerninhalte erläutert.
- durch sorgfältig ausgewählte Materialien, die mehrfarbig gestaltet sind, die Aussagekraft gesteigert wird.
- durch Verknüpfen informationstechnischer, technologischer und mathematischer Sachverhalte elektrotechnische Probleme in Handlungsabläufen analysiert und beschrieben werden.
- Fragen am Ende jeder Einheit, die gelernten Inhalte und Strategien nochmals vertiefen.
- am Schluss jedes Lernfeldes zentrale Lerninhalte zur Wiederholung oder Vertiefung in komprimierter Form zusammengefasst sind.
- im Anhang eine ausführliche Darstellung der Soft Skills der einzelnen Kompetenzbereiche zur Wiederholung oder Vertiefung erfolgt.

Inhaltsverzeichnis

Lernfeld 1

Elektrotechnische Systeme

1. Lampenschaltung als elektrotechnisches System

TECHNISCHE SYSTEME sind z. B. Maschinen, Geräte, Anlagen oder Baugruppen, die entwickelt, produziert und gebaut werden, um eine bestimmte Funktion auszuführen. Diese ist nur zu realisieren, wenn das System in der dafür festgelegten Umgebung benutzt wird.

Damit besitzen Systeme drei wichtige Eigenschaften:

- Eine **Struktur** und **Gestalt**, die den Aufbau des Systems beschreibt
- **Eine Funktion** für die Erfüllung eines Zwecks
- Eine **Umgebung, die** die Voraussetzungen für die Funktion ermöglicht

Produktaspekt
Wie ist das Objekt zusammengesetzt?

Funktionsaspekt
Was macht das Objekt?

Ortsaspekt
Wo befindet sich das Objekt?

Jeder Aspekt wird in unterschiedlichen Dokumentationen (z. B. Texte, Schaltbilder, Symbole, Kennbuchstaben) beschrieben.

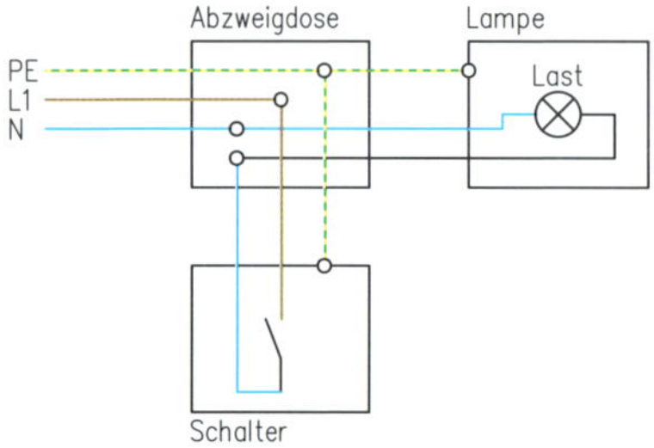

2. Dieser Schaltplan lässt die Funktion der Schaltung erkennen.

1 Elektrische Grundgrößen

1.1 Gartenleuchte als elektrisches System

Wege und Treppen eines Gartens werden mit einer Gartenleuchte ausgeleuchtet. Weil die Leuchte nicht funktioniert, werden Sie gerufen.
Die „Gartenleuchte" nach Bild 1 ist ein elektrotechnisches System.
Der **Funktionsaspekt** steht im Vordergrund und es soll ermittelt werden, welche elektrischen Größen die Funktion der Lampe bestimmen. Grundlage der Analyse ist der in Bild 2 dargestellte Schaltplan.

Bedeutung der Buchstaben:

L1	*Außen-Leiter **1** – schwarz (umgangssprachlich „Phase")*
N	*Neutralleiter – blau (umgangssprachlich „Null")*
PE	*Schutzerde (Protection Earth) – grün-gelb (umgangssprachlich „Erde")*

Der **Außenleiter** (schwarze Ader) verläuft über den Schalter zur Lampe, mit dem sie ein- und ausgeschaltet werden kann. Der **Neutralleiter** (blaue Ader) und die Schutzerde verlaufen direkt zur Lampe.
Wenn der Schalter betätigt wird, entsteht ein geschlossener **Stromkreis** und die Lampe leuchtet.

Nur in einem geschlossenen Stromkreis fließt ein elektrischer Strom.

Was gehört zu einem einfachen Stromkreis?

Entsprechend Bild 3 besteht ein einfacher Stromkreis aus einem **Leistungserzeuger** (Spannungsquelle) einem **Leistungsverbraucher** (elektrischer Verbraucher) und Leitungen.

Der elektrische Stromkreis besteht mindestens aus einer Spannungsquelle, die über einen Schalter, einen Hin- und einen Rückleiter mit einem Gerät verbunden ist.

Spannungsquellen und elektrische Verbraucher

Jedes Gerät, das in einem geschlossenen Stromkreis einen elektrischen Strom hervorruft, heißt Spannungsquelle.

Spannungsquellen sind z. B. ein Fahrraddynamo, ein Akkumulator, eine Solarzelle oder ein Generator im Elektrizitätswerk.
Beispiel für **elektrische Verbraucher** sind Glühlampen, Motoren, Lötkolben, elektrische Heizungen usw.

3. In einem Stromkreis sind Spannungsquelle und elektrische Verbraucher immer mit einer Doppelleitung verbunden.

Welche Reihenfolge müssen die Bauteile haben?

In Bild 4 ist die Lampenschaltung noch übersichtlicher dargestellt.
Die Lampe würde auch leuchten, wenn der Schalter hinter der Lampe läge. Auch in diesem Fall wären Leistungserzeuger, Schalter und Lampe so untereinander verbunden, dass sie in einem Kreis liegen.

> ***Die Reihenfolge der einzelnen Bauteile hat keinen Einfluss auf die Funktion der Schaltung.***

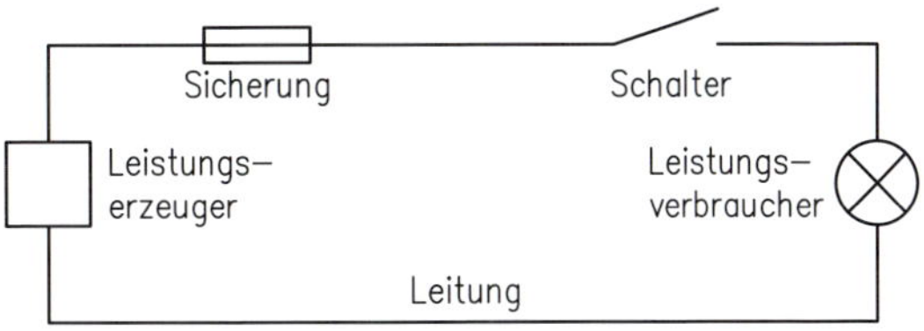

4. Struktur eines einfachen Stromkreises mit Sicherung

Eingezeichnet ist auch eine Sicherung, die Stromkreise schützt. Überschreitet der Strom einen bestimmten Wert (z. B. aufgrund eines Fehlers), reagiert die Sicherung und unterbricht den Stromkreis. Damit werden alle Teile des Stromkreises vor Überlastung und gegen Kurzschluss geschützt.

⚠ **Spannungsquellen können lebensgefährlich sein. Daher sollte die Sicherung am Anfang des Stromkreises eingebaut sein. Sie soll den Stromkreis spannungsfrei schalten. Bei herausgenommener Sicherung kann man dann gefahrlos an jeder Stelle des Stromkreises arbeiten.**

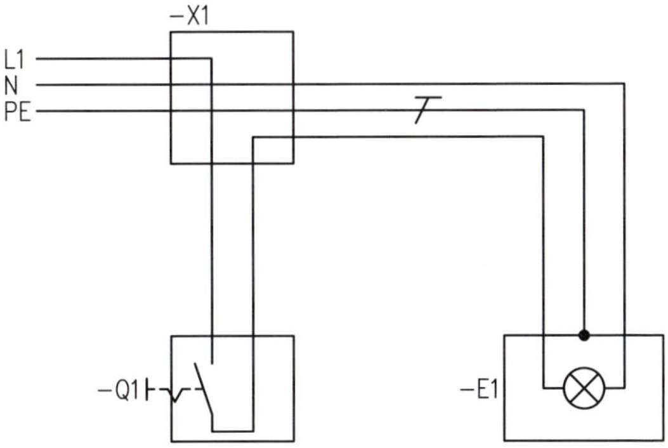

5. Mithilfe des Stromlaufplanes können Betriebsmittel richtig angeschlossen und die Funktion der Schaltung erkannt werden.

Wie stellt man Stromkreise übersichtlich dar?

Der Funktionsaspekt des Stromkreises wird durch unterschiedliche Schaltpläne mit genormten Symbolen (Bild 5) beschrieben. Sie werden als **Stromlaufpläne** bezeichnet. Die wichtigsten Teile werden **Betriebsmittel** genannt. Die genormten Symbole heißen **Schaltzeichen.** Sie enthalten eine allgemeine Information über Art und Funktion des Betriebsmittels.
Übersichtlicher und leichter verständlich wird die Schaltung, wenn sie wie in Bild 6 dargestellt wird. Auf die räumlich richtige Darstellung wird verzichtet.

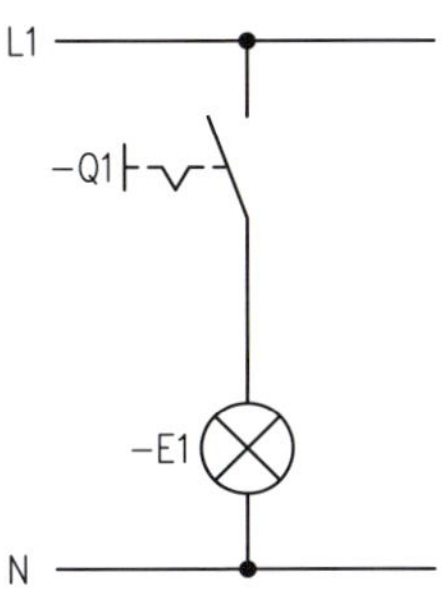

6. Die Wirkungsweise der Schaltung wird in dem aufgelösten Stromlaufplan besonders deutlich.

Aufgaben

1. Welche Bedingungen müssen erfüllt sein, damit ein Strom fließt?
2. Nennen Sie mögliche Ursachen für das Nichtleuchten der Gartenlampe nach Bild 1.

1. Die Glühlampe leuchtet. Welche Bedingungen müssen erfüllt sein?

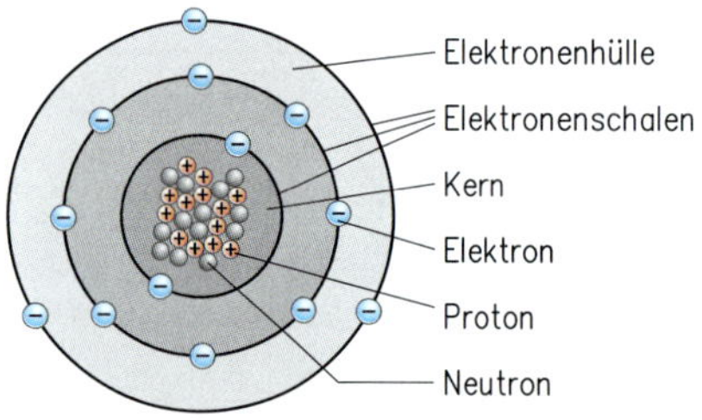

2. Aluminium-Atom, dargestellt nach dem Bohrschen Atommodell von 1932

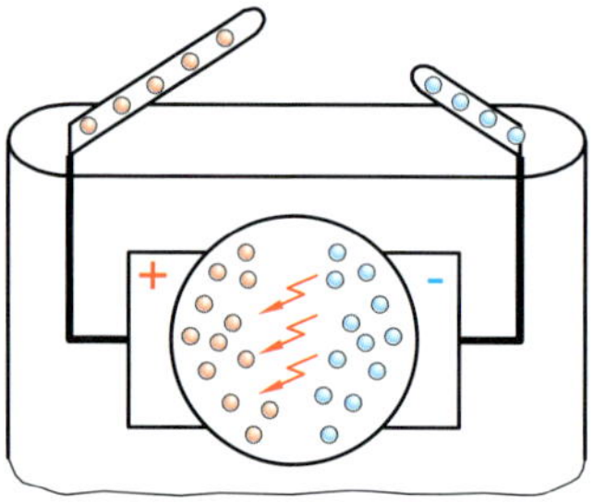

3. Plus- und Minuspol deuten an, dass an ihnen jeweils unterschiedliche Ladungen vorhanden sind: positive am Pluspol und negative am Minuspol.

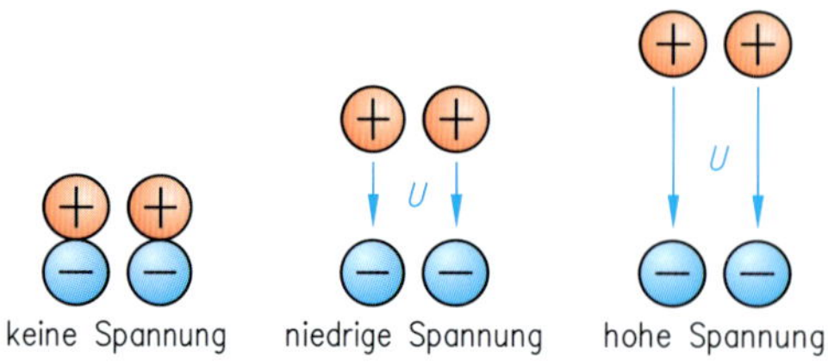

4. Gegen die Anziehungskraft der Ladungen muss Arbeit verrichtet werden. Je mehr und je weiter Ladungen getrennt werden, umso höher ist die Spannung.

1.2 Die elektrische Spannung

Hält man eine Glühlampe nach Bild 1 an die Anschlüsse der Batterie, dann leuchtet sie. Warum?
Die Pole der Batterie sind durch ein **Minus-** und ein **Plus-Zeichen** gekennzeichnet. Sie beschreiben das Vorhandensein von **negativen Ladungen** am Minuspol, von **positiven Ladungen** am Pluspol.

> ***Die Trennung geladener Teilchen voneinander ist die Ursache für die Spannung.***

Woher kommen diese Ladungen?

Grundlage ist das Modell des Physikers Nils Bohr über den Aufbau der Materie nach Bild 2: Materie besteht aus einem Atomkern und der Atomhülle. Ladungsträger sind im Atomkern **positiv geladene Protonen** und in der Atomhülle **negativ geladene Elektronen**.
Atome mit mehr Elektronen als Protonen bezeichnet man als **negative Ionen**. Gibt es mehr Protonen als Elektronen werden sie **positive Ionen** genannt. Diese können sich gegenseitig anziehen oder abstoßen.

> ***Die elektrische Ladung ist eine Materialeigenschaft, die Kräfte zwischen geladenen Teilchen hervorruft.***

Überwiegt die negative Ladung, spricht man von einem **Elektronenüberschuss**; bei positiver Ladung spricht man von einem **Elektronenmangel**.

Wie entsteht eine Spannung?

Spannungsquellen wie z.B. die Batterie in Bild 3 sind aktiv. Sie „trennen" positive und negative Ladungen voneinander. Diese „Ungleichverteilung" lässt sich messen und wird als elektrische Spannung bezeichnet.
Wird, wie in Bild 1 dargestellt, eine Verbindung zwischen den Polen hergestellt, kommt es zu einem Ladungsausgleich.

> ***Ladungen mit unterschiedlichem Vorzeichen haben das Bestreben, sich auszugleichen.***

Zur Ladungstrennung wird Energie benötigt

Bild 4 beschreibt modellhaft das Prinzip der Spannungserzeugung: Bei allen Spannungsquellen müssen durch Energieaufwand Ladungen voneinander getrennt werden.

Eine elektrische Spannung entsteht, wenn Ladungen unter Energieaufwand getrennt werden.

Bewegt die Spannung die Elektronen im Leiter?

Wird zwischen den unterschiedlich geladenen Polen eine Verbindung über Leitungen und Verbraucher hergestellt, entsteht im Stromkreis ein **elektrisches Feld** und es kommt zu einem Ladungsausgleich.

Getrennte Ladungen sind von elektrischen Feldern umgeben. In ihnen erfahren ruhende und bewegte Ladungen sogenannte Feldkräfte.

Damit ist die Eingangsfrage geklärt: Das elektrische Feld baut sich im Stromkreis mit Lichtgeschwindigkeit auf und bewegt die freien Elektronen im Leiter. Bild 5 beschreibt den Vorgang.
Die Spannung beschreibt nach Formel 6 die Fähigkeit einer Quelle, Energie abzugeben.

Zusammenfassung

Damit Strom fließt, muss eine Spannungs- oder Stromquelle an einen geschlossenen Stromkreis angeschlossen werden. Die Quelle **treibt** die Leitungselektronen **an**, die die Elektronen des Leiters am Pluspol aufnimmt und am Minuspol Elektronen wieder in den Stromkreis einspeist.
Die elektrische Spannung ist die zur Ladungstrennung aufgewendete Energie pro Ladung. Dies führt zu der Formel 6.

Für die elektrische Spannung gilt:
- ***In Spannungsquellen werden Ladungen voneinander getrennt.***
- ***Die elektrische Spannung beschreibt den Ladungsunterschied zweier Punkte oder Pole.***
- ***Die elektrische Spannung ist die Ursache des elektrischen Stroms.***

Aufgaben:

1. Worauf beruht jede Spannungserzeugung?
2. Welche Eigenschaften hat das elektrische Feld?
3. Warum fließt sofort Strom, wenn eine Spannung anliegt?

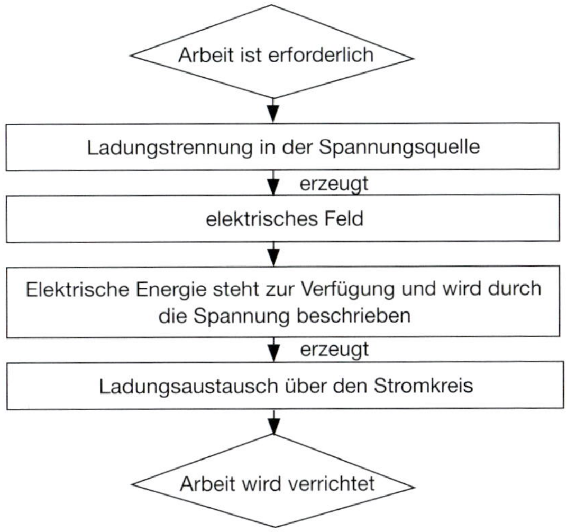

5. Feldkräfte treiben im geschlossenen Stromkreis Ladungen an und erzeugen den Strom.

$$U = \frac{W}{Q} \quad \text{mit} \quad \begin{array}{l} U\text{: Spannung in V} \\ W\text{: Energie in Nm} \\ Q\text{: Ladung in As} \end{array}$$

6. Die Spannung als Maß für die elektrische Energie

Formelzeichen und Maßeinheit der Spannung

*Das Formelzeichen der elektrischen Spannung ist das große **„U“**. In der englischsprachigen Literatur wird für die elektrische Spannung (**v**oltage) das Formelzeichen **„V“** benutzt. So findet man in der Schaltungstechnik häufig Spannungsbezeichnungen wie V_{OUT} (Ausgangsspannung), V_{BAT} (Batteriespannung).*

*Die Grundeinheit ist **1 Volt (V)**. Normalerweise liegen die Spannungswerte in der Elektrotechnik/Elektronik zwischen einigen Millivolt und mehreren hundert Volt. In der Hochspannungstechnik wird mit Kilovolt (kV) und Megavolt (MV) gearbeitet.*

Megavolt	1 MV	1 000 000 V	10^6 V
Kilovolt	1 kV	1 000 V	10^3 V
Volt	1 V	1 V	10^0 V
Millivolt	1 mV	0,001 V	10^{-3} V
Mikrovolt	1 nV	0,000 001 V	10^{-6} V

1. Beim Antrieb des Fahrraddynamos wird ein Dauermagnet in einer Spule gedreht.

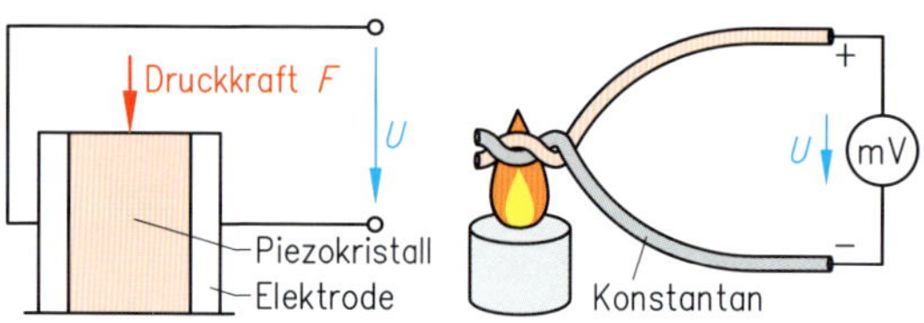

2. Mechanische und thermische Spannungserzeugung

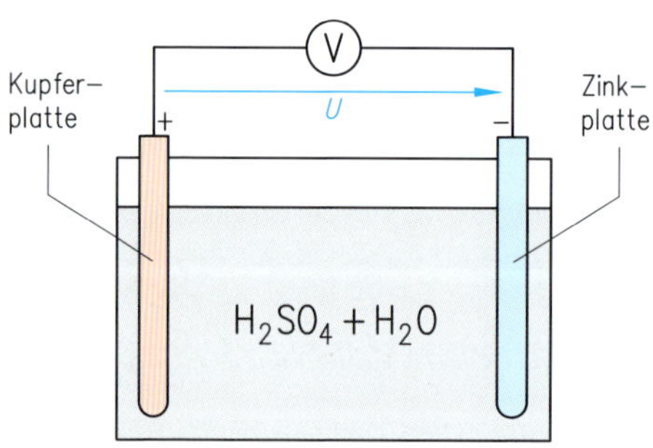

3. Zwischen den Platten entsteht eine Spannung

4. Die Strahlungsenergie des Lichts wird in elektrische Energie umgewandelt.

1.3 Spannungen werden erzeugt

Für die Erzeugung einer elektrischen Spannung wird Energie benötigt. Welche Energien werden genutzt?

Mechanische Spannungserzeugung

Ein bekannter Spannungserzeuger ist ein Fahrraddynamo nach Bild 1. Der drehbarer Magnet wird mechanisch angetrieben und durchsetzt mit seinem magnetischen Feld um ihn herum angeordnete Spulen. So entsteht eine elektrische Spannung durch „**Induktion**". In Generatoren der Elektrizitätswerke oder in dynamischen Mikrofonen wird diese Art der Spannungserzeugung genutzt.

Mechanische und thermische Spannungserzeugung

Wird beim **Piezo-Kristall** (Bild 2 links) eine Druckkraft ausgeübt, entsteht zwischen den seitlich angebrachten Elektroden eine elektrische Spannung. Die Höhe der Spannung ist von der Druckkraft abhängig. Dies wird in Kristallmikrofonen, Tonabnehmersystemen, Druckfühlern und Gasanzündern verwendet.
Auch Wärmeenergie kann Spannungen erzeugen. Wird die Kontaktstelle zweier unterschiedlicher Metalle (Bild 2 rechts) erwärmt, wandern mehr Elektronen vom Eisen- in den Kupferdraht als umgekehrt. Derartige Spannungserzeuger heißen **Thermoelemente**, die in der Temperaturmessung eingesetzt werden.

Spannungserzeugung durch chemische Energie

In mobilen Kleingeräten kommen überwiegend **elektrochemische Spannungsquellen** (galvanische Elemente) zum Einsatz. Hier unterscheidet man **Primärzellen (nicht wiederaufladbare Batterien)** und **Sekundärzellen (wiederaufladbare Batterien = Akkumulatoren, kurz: Akkus)**.
Ihr prinzipieller Aufbau ist in Bild 3 dargestellt:
In der Energiequelle befinden sich zwei unterschiedliche Metalle in einer leitfähigen Flüssigkeit (Elektrolyt). Sie bestimmen die Höhe der Spannung. Durch chemische Reaktionen entstehen ein Pluspol (die **Anode**) mit Elektronenmangel und ein Minuspol (die **Kathode**) mit Elektronenüberschuss.

Spannungserzeugung durch Licht

Fällt Licht nach Bild 4 auf bestimmte Halbleiterwerkstoffe (z. B. Silicium, Germanium), werden Ladungs-

träger getrennt und es entsteht eine sogenannte **Fotospannung**. Dieses Prinzip wird z. B. in Solaranlagen, Lichtschranken, Belichtungsmessern oder in der Fotovoltaik genutzt.
Tabelle 5 zeigt einen Überblick über die Größe der Spannungen bei unterschiedlichen Arten der Spannungserzeugung.

Beispiele elektrischer Spannungen	
Thermospannung	40 uV
Solarzelle, Fotoelement	0,5 V
Monozelle	1,5 V
Akku	bis 24 V
Autobatterie	12V
Wechselstromnetz	230 V
Drehstromnetz	400 V
Hochspannung	220 kV, 380 kV
Blitz	bis10^3 MV

5. Die zugeführte Energieart beeinflusst die Höhe der Spannung.

Sind Spannungen richtungsabhängig?

Die drei Spannungen der Spannungsquellen in Bild 6 haben alle eine Richtung, die durch einen Pfeile dargestellt sind. Der Pfeil zeigt vom positiveren zum negativeren **Potenzial**. Was bedeutet das?

> ***Unter Potenzial φ (phi) versteht man eine Spannungsangabe zwischen einem Messpunkt und einem Bezugspunkt.***

Der Bezugspunkt ist meistens Erde oder Masse. In Bild 6 ist es der Punkt C (bezogen auf die linke φ-Achse). Der Erde oder der Masse wird das Potenzial $\varphi_C = 0$ zugeordnet. Die anderen Punkte haben die Potenziale: $\varphi_A = +10$ V; $\varphi_B = +5$ V; $\varphi_D = -12$V.

> ***Die Spannung ist die Potenzialdifferenz zwischen zwei Messpunkten.***

Wird der Bezugspunkt in Bild 6 von C nach B verlegt (rechte φ-Achse), ändern sich die einzelnen Potenziale. Die Spannungen bleiben jedoch gleich.

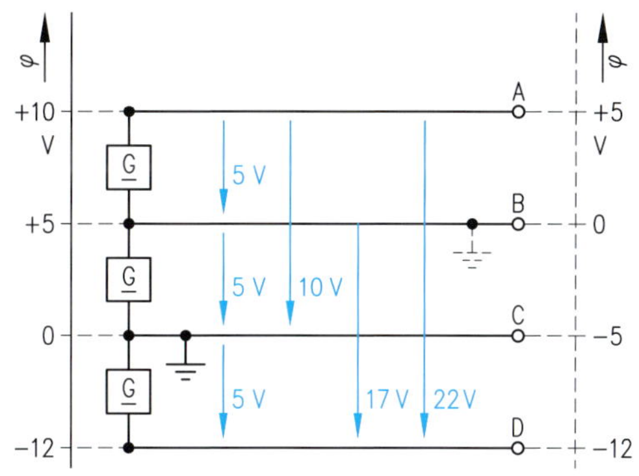

6. Welcher Bezugspunkt muss bei einer Spannungsmessung gewählt werden?

Die Richtung der Spannung

> ***Bei Spannungsquellen ist der Spannungspfeil in Schaltbildern vom Plus- zum Minuspol gerichtet.***

Da der Spannungspfeil in Bild 7 von L1 nach N zeigt, hat L1 gegenüber N ein höheres Potenzial.
Wird die Spannung nur einem Punkt zuordnet (Bild 8), dann kann man davon ausgehen, dass der zweite Bezugspunkt ein Punkt mit dem Potenzial $\varphi = 0$ V ist.

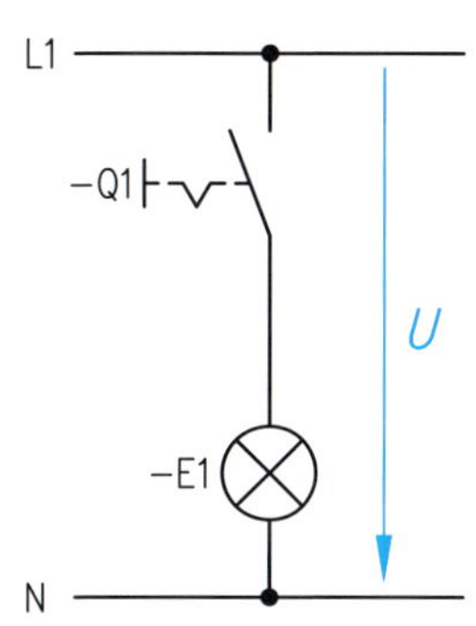

7. Ein Spannungspfeil zeigt grundsätzlich von Plus nach Minus.

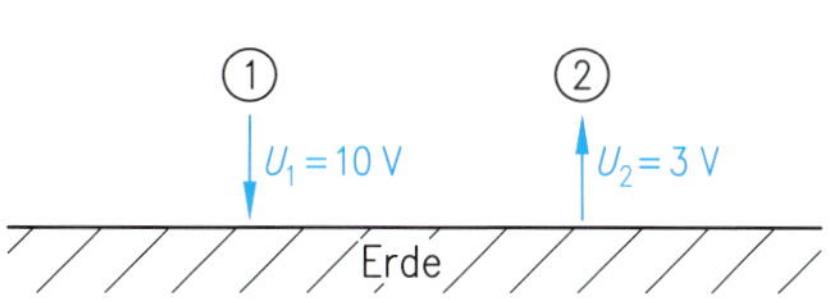

8. Aus gemessenen Potenzialen lässt sich die Spannung bestimmen.

Aufgaben

1. Was verstehen Sie unter der elektrischen Spannung?
2. Beschreiben Sie den Unterschied zwischen der elektrischen Spannung und dem Potenzial.
3. Ordnen Sie den Messpunkten 1 und 2 in Bild 8 jeweils ein Potenzial zu. Bestimmen Sie die Spannung zwischen diesen Messpunkten.

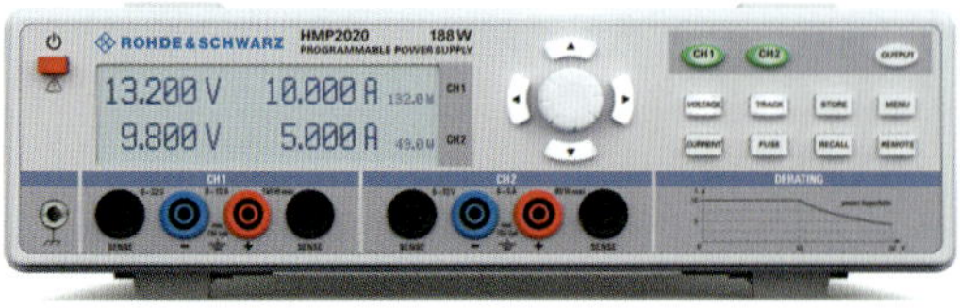

1. An den Buchsen des Netzgerätes stehen verschiedene Spannungen bereit.

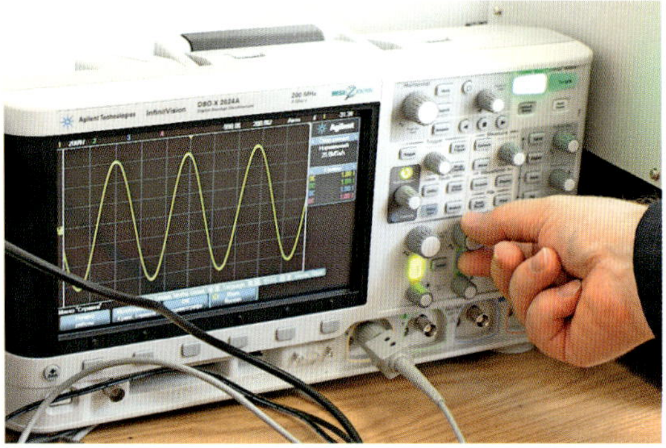

2. Wechselspannungen verlaufen ober- und unterhalb der Nulllinie und wiederholen sich periodisch.

Spannungsmessung mit dem Oszilloskop

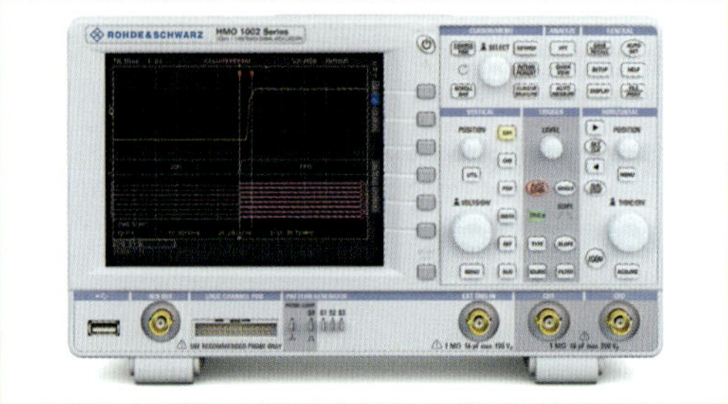

Ein Oszilloskop ist ein Messgerät, mit dem der zeitliche Verlauf einer Spannung sichtbar gemacht wird und gemessen werden kann. Auf dem Display erscheint der augenblickliche Wert der Spannung in senkrechter (vertikaler) Richtung. In horizontaler (waagerechter) Position wird der zeitliche Verlauf der Spannung abgebildet, sodass ein ruhendes Bild entsteht.
Die Einstellung der Maßstäbe erfolgt in vertikaler Richtung (z. B. 1 V/cm) bzw. in horizontaler Richtung (z. B. in 2 ms/cm), sodass man jeweils aus der Ablenkung den Spannungswert und die Zeit berechnen kann.

1.4 Spannungsarten

In Bild 1 sind Spannungswerte von 2 unterschiedlichen Ausgangsspannungen des Netzgerätes angegeben. Auffällig ist, dass Buchsen rot und blau oder schwarz gekennzeichnet sind. Außerdem sind sie mit AC bzw. DC gekennzeichnet.

Was bedeutet die Angabe AC?

Verbindet man die beiden schwarzen Buchsen des Netzgerätes mit den Eingangsbuchsen des **Oszilloskops**, dann ergibt sich ein zeitlicher Verlauf der gemessenen Spannung wie in Bild 2. Dieser Verlauf ändert sich auch nicht, wenn die Eingangsleitungen vertauscht werden.
Man bezeichnet diese Spannungen als **Wechselspannungen** (AC: alternating current; Zeichen: ~).

> ***Wechselspannungen sind sich zeitlich ändernde Spannungen, deren Polarität wechselt.***

Eine wichtige Wechselspannung ist die Spannung 230 V aus dem Stromnetz mit einer Frequenz von 50 Hz. D. h. eine Schwingung wiederholt sich 50-mal pro Sekunde.

Was bedeutet die Angabe DC?

Um das zu klären, werden die Eingangsbuchsen eines Oszilloskops mit der roten und der blauen Buchse des Netzgerätes verbunden.
Der Oszilloskop zeigt eine Spannung oberhalb der Nulllinie anzeigen, die stets den gleichen Wert und die gleiche Polarität hat.
Vertauscht man die blaue und rote Leitung am Eingang des Oszilloskops, erscheint der zeitliche Verlauf der Spannung unterhalb der Nulllinie.
Man nennt solche Spannungen **Gleichspannungen (DC: direkt current; Zeichen: „=“).**

> ***Gleichspannungen haben in einem betrachteten Zeitraum einen konstanten Wert und eine gleichbleibende Polarität.***

Elektrische Größen, deren Werte konstant sind, werden mit großen Formelbuchstaben gekennzeichnet. Im konkreten Fall mit U für die Spannung.

Was sind Mischspannungen/Mischströme?

In Bild 3 sind verschiedene Wechselspannungen dargestellt.
Reine Wechselgrößen sind die Sinusspannung (Welle), die Rechteckspannung, die Sägezahnspannung und die Dreieckspannung.
Einer **Mischspannung** ist in Bild 4 oben dargestellt. Sie ist weder eine echte Gleichspannung noch eine echte Wechselspannung (Bild 4 unten).

> ***Mischspannungen sind Spannungen, die aus einem Gleichspannungs- und einem Wechselspannungsanteil bestehen.***

Oft bezeichnet man diese Spannung auch als pulsierende Gleichspannung.

Augenblickswert und Amplitude

Wechselspannungen erzeugen entsprechend ihrem zeitlichen Verlauf **Wechselströme**.

> ***Der Wechselstrom ist ein elektrischer Strom, der periodisch seine Polarität (Richtung) und seinen Wert (Stromstärke) ändert.***

Hauptsächlich werden Wechselspannungen bzw. Wechselströme mit sinusförmigem Verlauf nach Bild 5 verwendet. Da beide nie einen konstanten Wert haben, spricht man bei elektrischen Wechselgrößen von **Augenblickswerten** (Momentanwerte). Diese Augenblickswerte werden durch die Kleinbuchstaben ***u, i*** (Formelzeichen) angegeben.
Der höchste Augenblickswert einer sinusförmigen Wechselgröße wird als **Amplitude** bezeichnet und durch ein Dach über dem Formelzeichen gekennzeichnet:
$\hat{u}$ (sprich: „u-Dach“) bzw. Strom $\hat{\imath}$ („i-Dach“).

Aufgaben

1. Was sind die Unterschiede zwischen Gleich-, Wechsel- und Mischstrom?
2. Nennen Sie Spannungsquellen, die eine Gleichspannung bzw. eine Wechselspannung erzeugen.
3. Für Ströme oder Spannungen werden große und kleine Formelbuchstaben verwendet. Begründen Sie dies.

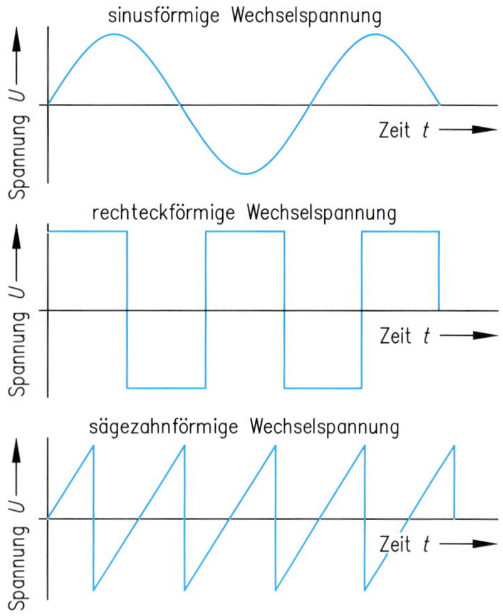

3. Das Stromversorgungsnetz wird mit sinusförmiger Wechselspannung betrieben.

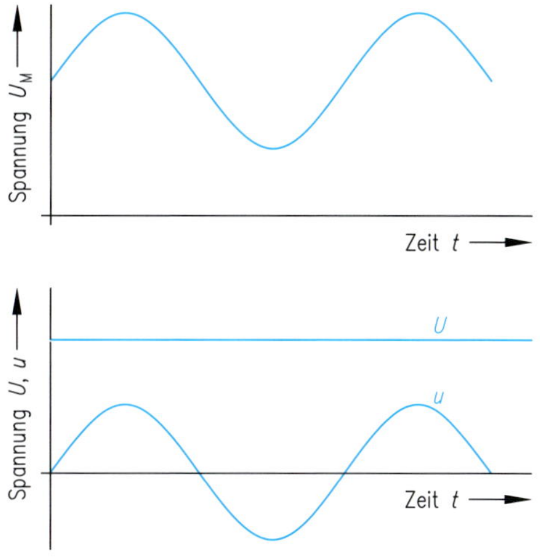

4. Zeitlicher Verlauf des Gleichspannungs- und des Wechselspannungsanteils einer Mischspannung

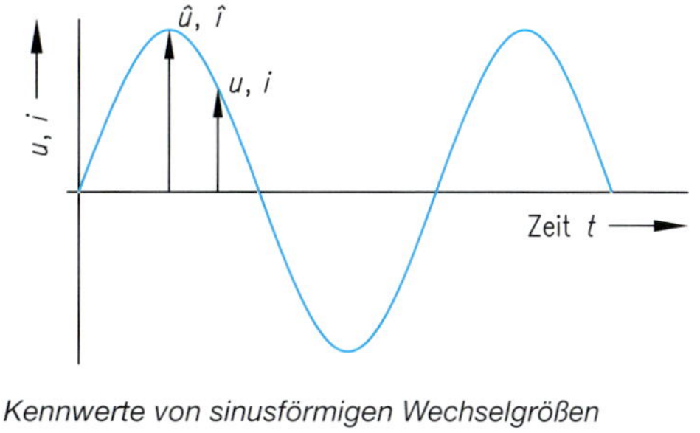

5. Kennwerte von sinusförmigen Wechselgrößen

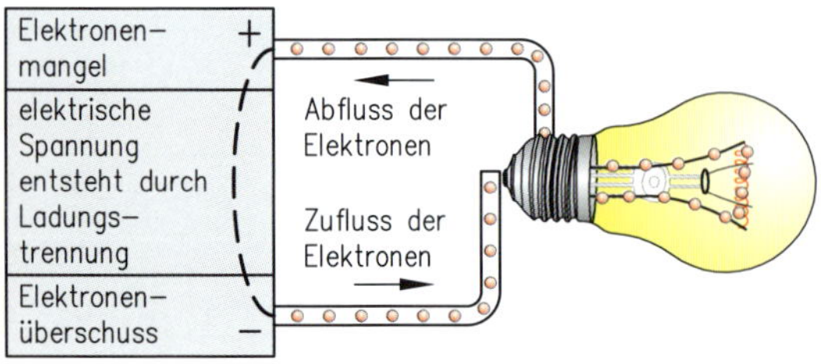

1. *Der Glühfaden der Lampe leuchtet durch die von der Spannungsquelle abgegebene Energie.*

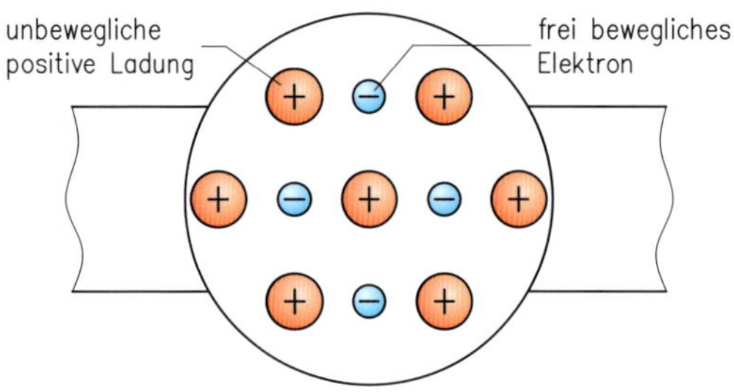

2. *In jedem metallischen Leiter befinden sich freie Elektronen.*

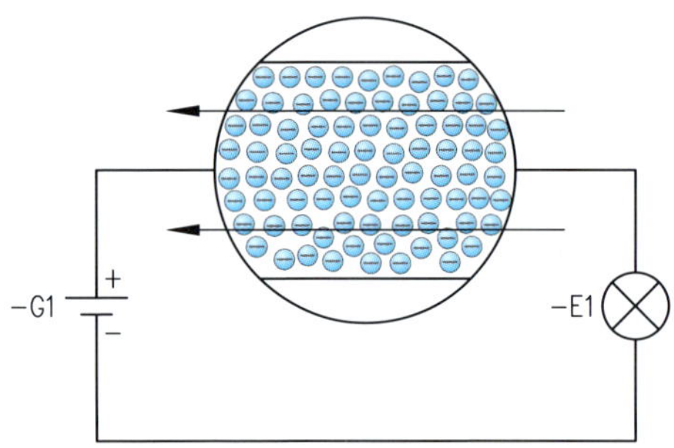

3. *Das Modell der Leitung zeigt Elektronen, die vom Minuspol zum Pluspol der Quelle wandern.*

Für den elektrischen Strom gilt:

- Im elektrischen Stromkreis wird elektrische Energie von der Spannungsquelle zum Verbraucher transportiert und dort umgewandelt.
- Die elektrische Stromstärke gibt an, wie groß die zu- bzw. abfließende Ladungsmenge innerhalb einer bestimmten Zeit ist.
- In einem Stromkreis ist die Stromstärke überall gleich. Das Formelzeichen ist das große I. Die Einheit des elektrischen Stroms ist **Ampere** (A, mA, µA).

1.5 Der elektrische Strom

Wird ein elektrischer Stromkreis über einen Schalter geschlossen, so fließt Strom. Was bedeutet das genau?

> ***Elektrischer Strom ist die gerichtete Bewegung von Ladungen. Je mehr Ladungen sich bewegen, desto höher ist die Wirkung.***

Die Ladungen sind somit die elektrische Substanz, die die Energie aus der Spannungsquelle zum Verbraucher transportiert (Bild 1).

Welche Ladung fließt in Metallen?

Nach dem Bohrschen Atommodell ist der positiv geladene Kern eines Atoms von geladenen Elektronen umgeben. Sie haben eine **negative Elemantarladung**. Dieser Ladung wird der Buchstabe *e* zugeordnet und in **Coulomb (C)** angegeben. Der Wert ist **$e = 1{,}6 \cdot 10^{-19}$ C**.
In Bild 2 ist der atomare Aufbau eines Kupferdrahtes modellhaft dargestellt. Die Elektronen der Außenschale sind frei beweglich und können durch ein elektrisches Feld im Leiter verschoben werden.

> ***In einem metallischen Leiter besteht der elektrische Strom aus Elektronen.***

Was geschieht, wenn eine Spannungsquelle angeschlossen wird?

Bild 3 verdeutlicht dies.
Die Elektronen bewegen sich sehr langsam vom negativen zum positiven Pol der Stromquelle. Da sie aber im Leiter dicht gedrängt sind, stoßen sie aneinander. Diese Impulsübertragung erfolgt etwa mit Lichtgeschwindigkeit (300 000 km/s): Im gleichen Augenblick tritt die gleiche Anzahl Elektronen, die den negativen Pol der Spannungsquelle verlassen, am positiven Pol wieder eintreten.

Die Spannungsquelle bestimmt die Stromart:
- Eine **Gleichspannung** erzeugt einen **Gleichstrom** (DC = *direct current*).
- Eine **Wechselspannung** erzeugt einen **Wechselstrom** (AC = *alternating current*).
- Eine **Mischspannung** erzeugt einen **Mischstrom** (UC = *universal current*), der sich aus einem Gleichstrom- und einem Wechselstromanteil zusammensetzt.

Leiten alle Stoffe Strom?

Bekannt ist, dass Leitungen z. B. mit Kunststoff oder Gummi **isoliert** sind, um eine Berührung mit dem stromleitenden Kupfer zu verhindern. Ob Stoffe zum Leiten von Strom geeignet sind, wird durch die Zahl und Beweglichkeit der freien Ladungsträger in ihnen bestimmt.

> *Die Fähigkeit eines Stoffes, den elektrischen Strom zu leiten, bezeichnet man als **elektrische Leitfähigkeit**.*

Untersucht man unterschiedliche Stoffe nach ihrer Leitfähigkeit, dann ergibt sich eine Einteilung in drei elektrische Stoffklassen nach Tabelle 4.

Leiter (Metalle)	Halbleiter	Nichtleiter (Isolatoren)
Silber	Germanium	Porzellan
Kupfer	Silizium	Glas
Aluminium	Seien	Kunststoffe
	Galliumarsenid	

4. Leiter sind Stoffe, die den elektrischen Strom leiten.

Leiter – Halbleiter – Nichtleiter

Offensichtlich besitzen Nichtleiter fast keine freien Elektronen; die Atome geben sie nicht frei. In ihnen ist so gut wie keine Elektronenströmung möglich. Bild 5 zeigt ein Modell.

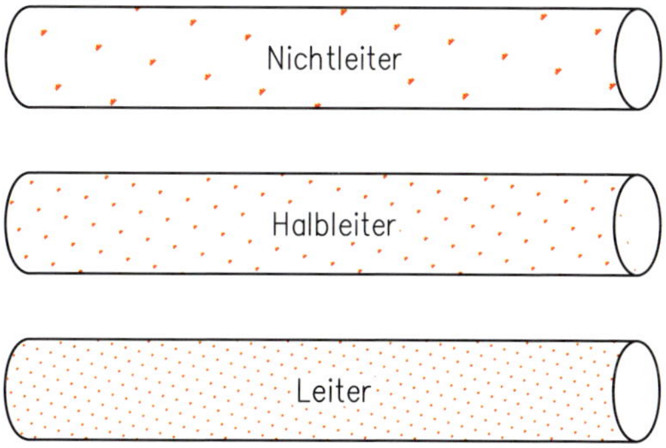

5. Feste Stoffe leiten umso besser, je mehr freie Elektronen vorhanden sind.

> *Elektronen sind in Leitern beweglich, in Isolatoren nicht.*

Neben Leitern und Nichtleitern gibt es noch die **Halbleiter**. Die bekanntesten Halbleiterwerkstoffe sind Germanium und Silicium. Bei diesen Stoffen sind die Elektronen bei Raumtemperatur an die Atome gebunden und können nicht zum Ladungstransport beitragen. Bei Temperaturerhöhungen geben die Atome Elektronen frei, sodass ein Strom fließen kann.

Leiten auch Flüssigkeiten?

Ein elektrischer Strom muss nicht immer ein Elektronenstrom sein. Auch andere Ladungsträger bilden Ströme. In Flüssigkeiten oder Gasen bewegen sich positiv oder negativ geladene Teilchen. Sie heißen **Ionen**. Bild 6 zeigt, wie sie beim Kochsalz entstehen.

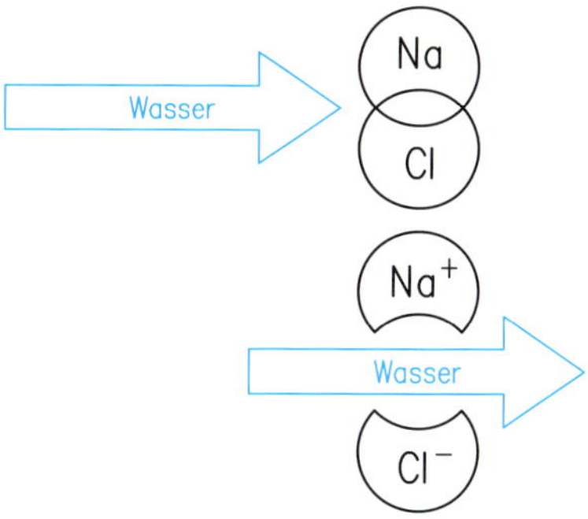

6. Das Salzmolekül NaCl wird vom Wasser in positive und negative Ionen aufgespaltet.

> *Verdünnte Säuren, verdünnte Basen und Salzlösungen leiten den elektrischen Strom.*

In Tab. 7 sind die beweglichen Ladungsträger für feste und flüssige Leiter zusammengefasst.

Art der Ladung	Leiter		Nichtleiter	
	fest	flüssig	fest	flüssig
freie Elektronen	verschiebbar	nicht vorhanden	nicht vorhanden	nicht vorhanden
negative Ionen	nicht vorhanden	verschiebbar	nicht vorhanden	nicht vorhanden
positive Ionen	nicht vorhanden	verschiebbar	nicht vorhanden	nicht vorhanden

7. Elektrischer Strom ist bewegte Ladung. Der Stoff bestimmt die Ladungsart.

Aufgaben

1. Wodurch unterscheiden sich leitende und nichtleitende Stoffe?
2. Welche beweglichen Ladungsträger sind in Leitungen vorhanden?

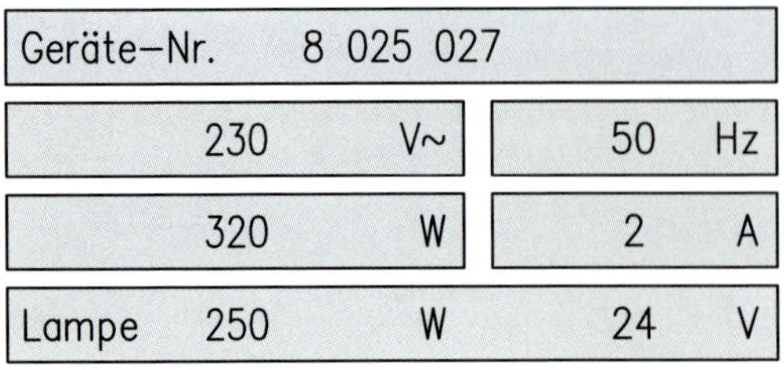

1. Auf dem Leistungsschild ist die Stromstärke angegeben

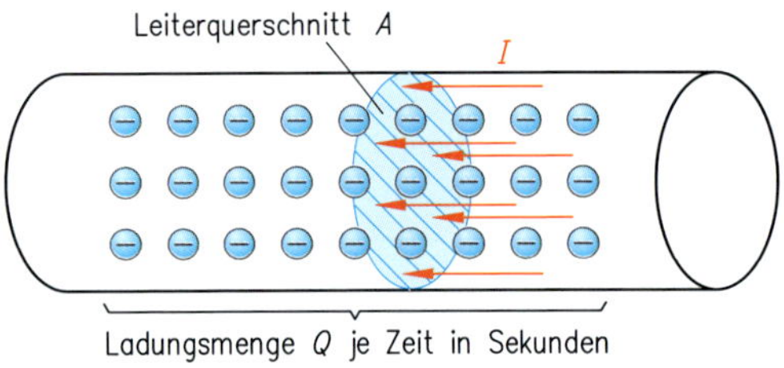

2. Die durch einen Leiterquerschnitt A strömende Ladungsmenge Q wird „gezählt"

$$I = \frac{n \cdot e}{t} \quad \text{oder} \quad I = \frac{Q}{t}$$

I Stromstärke in A
n Anzahl der Ladungsträger
e Ladung eines Elektrons in As
t Zählzeit in s
Q Ladungsmenge in As

3. Die Stromstärke in Abhängigkeit von der Ladungsmenge

Verbraucher	Stromstärke
Armbanduhr, elektrisch	etwa 0,001 mA
Glimmlampe	0,1 bis 3 mA
Taschenlampe	0,07 bis 0,6 A
Haushaltsglühlampe	0,07 bis 0,7 A
Heizkissen	etwa 0,3 A
Bügeleisen	2 bis 5 A
Autoscheinwerfer	etwa 5 A
Elektrischer Ofen	5 bis 10 A
Straßenbahnmotor	etwa 150 A
Überlandleitung	100 bis 1 000 A
E-Lok	etwa 1 000 A
Blitz	etwa 100 000 A

4. Stromstärken verschiedener Verbraucher

1.6 Stärke und Wirkungen des Stromes

Auf den Leistungsschildern elektrischer Geräte (Bild 1) finden wir bspw. die Angabe 2 A. Sie beschreibt die Stärke des Stromes im Stromkreis.

Lassen sich Elektronen zählen?

Beim elektrischen Strom misst man nach Bild 2 die Ladungsmenge, die je Sekunde einen Leitungsquerschnitt passiert.

> ***Die elektrische Stromstärke ist die Ladungsmenge, die je Sekunde einen Leiterquerschnitt passiert.***

Unter der Voraussetzung eines gleich bleibenden Stromflusses bewegt sich in doppelter Zeit auch die doppelte Ladungsmenge. Wird in der gleichen Zeit die doppelte Ladungsmenge gezählt, dann ist die Stromstärke doppelt so hoch. Dies führt zu der Beziehung:

$$\text{Stromstärke} = \frac{\text{Ladungsmenge}}{\text{Messzeit}}$$

Aus dieser Definition ergibt sich für die **Stromstärke *I*** der in Formel 3 dargestellte Zusammenhang. Die Einheit der Stromstärke ist das **Ampere** (A).

Was bedeutet eine hohe Stromstärke?

Je höher die Stromstärke, desto mehr Elektronen fließen je Zeiteinheit durch den Leiter. Da die Elementarladung $e = 1{,}6 \cdot 10^{-19}$ As bekannt ist, kann die Anzahl der Elektronen nach Umstellen der Formel 3 berechnet werden.

$$n = \frac{I \cdot t}{e}$$

$$n = \frac{1\text{A} \cdot 1\text{s}}{1{,}6 \cdot 10^{-19}\,\text{As}} \Rightarrow n \approx 6{,}25 \cdot 10^{18}$$

Das sind 6 250 000 000 000 000 000 Elektronen pro Sekunde – eine unvorstellbar große Zahl.
In Tabelle 4 sind einige Stromstärken angegeben, die mithilfe der Tabelle 5 umgerechnet werden können.

Die Stromrichtung wurde vereinbart

Man spricht von **physikalischer** (Elektronenbewegung) oder von **technischer Stromrichtung**.

> ***Physikalische Stromrichtung:***
> ***Von Minus nach Plus***
> ***Technische Stromrichtung:***
> ***Von Plus nach Minus***

Bild 6 verdeutlicht dies: Zunächst nahm man an, dass in Metallen positive Ladungsträger für den Stromfluss verantwortlich sind und diese vom positiven zum negativen Pol fließen. Wir wissen heute, dass der Strom in Leitungen die gerichtete Bewegung von Elektronen ist. Sie bewegen sich vom Minuspol zum Pluspol der Stromquelle. Trotzdem hat man die ursprüngliche Stromrichtung aus praktischen Gründen beibehalten.

In Schaltungen wird die Stromrichtung außerhalb der Spannungsquelle mit einem Bezugspfeil von Plus nach Minus angezeigt.

Stromwirkungen

Der Strom überträgt elektrische Energie, die aufgrund seiner Wirkungen technologisch genutzt werden können (Tabelle 7).

Gefährlich ist er, wenn bei Menschen oder Tieren **physiologische Wirkungen** auslöst werden:

➡ Physiologische Wirkung:

Beim Berühren blanker elektrischer Leitungen können durch den menschlichen Körper Ströme fließen und folgende Wirkungen auslösen:

- **Thermische Wirkung**
  Sie führt bei großer Stromstärke an der Ein- und Austrittsstelle zu Verbrennungen.
- **Chemische Wirkung**
  Blut oder andere Flüssigkeiten können bei längerer Einwirkdauer elektrolytisch zersetzt werden, vor allem bei längerer Einwirkdauer.
- **Muskelreizende Wirkung**
  Bei genügend großem Stromfluss verkrampfen Muskel. Es kann ein Herzstillstand ausgelöst werden oder ein Herzkammerflimmern.
  Lebensgefährlich sind:
- Stromstärken ab 50 mA
- Wechselspannungen über 50 V (für Tiere 25 V)
- Gleichspannungen über 120 V (für Tiere 60 V)
- Wechselstrom mit einer Frequenz von 50 Hz ist gefährlicher als Gleichstrom.

Aufgaben:

1. In einem Schaltplan ist an einem Strommesser der Strompfeil angetragen. Ordnen Sie dem Messgerät Plus und Minus zu.
2. Warum ist das Arbeiten an Teilen, die unter Spannung stehen, verboten?

Benennung		kA	A	mA	μA
Kiloampere:	1 kA =	1	10^3	10^6	10^9
Ampere:	1 A =	10^{-3}	1	10^3	10^6
Milliampere:	1 mA =	10^{-6}	10^{-3}	1	10^3
Mikroampere:	1 μA =	10^{-9}	10^{-6}	10^{-3}	1

5. Es werden auch Vielfache oder Teile von 1A verwendet.

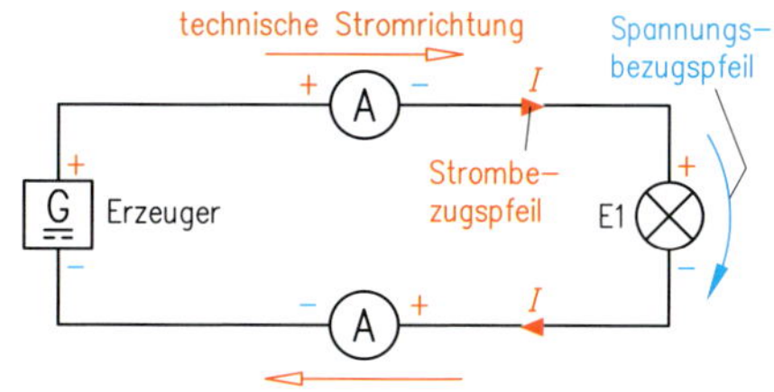

6. In der Elektrotechnik wird nur mit der technischen Stromrichtung gearbeitet.

Wirkung	Anwendung
Lichtwirkung: tritt in Gasen und in Halbleitern auf 	Leuchtdioden Leuchtstofflampen Leuchtröhren Glimmlampen Glühlampen
Wärmewirkung: tritt immer auf 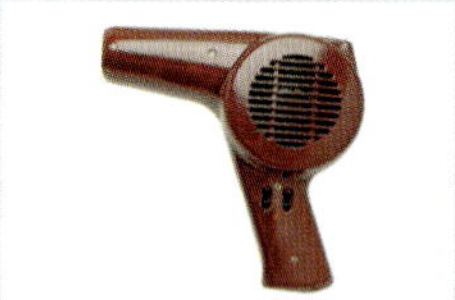	Fön Elektroherde Bügeleisen Tauchsieder Warmwasserbereiter Lötkolben Schmelzsicherungen
Magnetische Wirkung: tritt immer auf 	Elektromagnete Elektromotoren Schütze, Relais Messinginstrumente Klingeln, Telefonhörer Lautsprecher Türöffner
Chemische Wirkung: tritt in leitenden Flüssigkeiten auf 	Elektrolyse Galvanisieren Akkumulatoren

7. Geräte und Bauelemente wandeln die elektrische Energie in eine andere Energieform um.

1. *Eine vorhandene Lampenschaltung soll erweitert werden.*

- Sichere Spannungsprüfung bis 1 000 V AC/DC
- Vibrationsalarm zur sicheren Spannungserkennung
- Hochohmige Spannungsprüfung ohne Drucktasterbetätigung
- Batterieunabhängige Spannungsanzeige ab 50 V AC/DC
- Einpolige Außenleiterprüfung (Phase)
- LC-Display-Beleuchtung

2. *Mit dem Zweipolprüfer werden Phase und Neutralleiter getestet.*

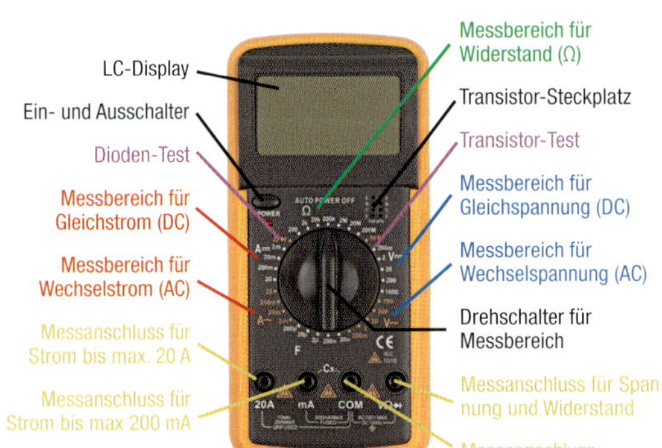

3. *Multimeter*

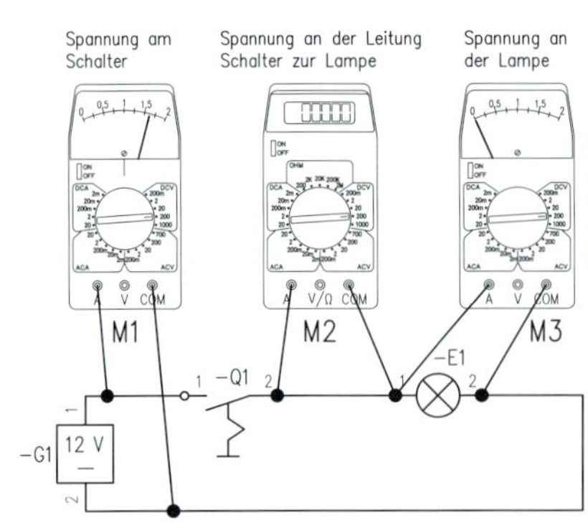

4. *Längs einer Leitung tritt keine Spannung auf.*

1.7 Spannung und Strom messen

Sie werden beauftragt, im Garten eine Beleuchtung entsprechend Bild 1 zu installieren.
Als Grundausstattung brauchen Sie einen Zweipolprüfer (Duspol). Mit dem Duspol lässt sich zuverlässig feststellen, ob Spannung anliegt. Eine Spitze des Zweipolprüfers wird an die Phase und die Zweite nacheinander an die Kontakte von Neutral- und Schutzleiter gehalten. Wenn die Lampe aufglimmt, liegt Spannung an. Darüber hinaus lässt sich auch die Spannungshöhe ablesen.

Analoge und digitale Messgeräte

Vielseitiger einzusetzen sind analoge, vor allem aber **digitale Messgeräte** wie das in Bild 3.

Digitale Vielfach-Messgeräte eignen sich zum Messen von Gleich- und Wechselspannungen, Gleich- und Wechselstrom. Viele weitere Messungen sind möglich.

Vorgehensweise bei der Spannungsmessung

- *Richtige Spannungsart wählen (AC/DC).*
- *Bei Gleichspannung (DC) auf die Polarität achten; das höhere Potenzial an Plus anschließen*
- *Bei analogen Messgeräten in den richtigen Bereich schalten, sodass der Zeigerausschlag im letzten Drittel abgelesen werden kann (ermöglicht ein genaueres Ablesen). Bei unbekannten Spannungen mit dem höchsten Messbereich beginnen. Danach den richtigen Messbereich einstellen.*
- *Digitale Multimeter stellen Messwerte automatisch ein. Auf Spannungsmessung einstellen.*

Bild 5 zeigt den entsprechenden Stromlaufplan der Schaltung 4 ohne M2.

Die Spannungsmessung

Bild 4 zeigt drei analoge Vielfach-Messgeräte (M1, M2, M3), die in einem einfachen Stromkreis an verschiedenen Stellen messen. Bei geöffnetem Schalter zeigt nur das Messgerät M1 die Spannung $U = 12$ V der Spannungsquelle an. Wird der Schalter geschlossen, ergeben sich folgende Werte: M1: $U = 12$ V; M2: $U = 0$ V und M3: $U = 12$ V. Daraus folgt:

Ein Spannungsmessgerät wird immer parallel zum Verbraucher (Energiewandler), Bauelement oder zur Spannungsquelle angeschlossen.

Strommessung

Um die Stromstärke messen zu können, muss die Leitung des Stromkreises aufgetrennt werden, um ein Vielfach-Messgerät in den Stromkreis einfügen zu können. Es wird im Stromlaufplan nach Bild 6 durch ein entsprechendes Schaltzeichen dargestellt.

Ein Strommessgerät (Amperemeter) wird immer in Reihe zum Verbraucher angeschlossen

Bei geschlossenem Schalter zeigen beide Messgeräte den gleichen Wert an, egal, an welcher Stelle der Stromkreis für eine Strommessung unterbrochen wird.

In einem unverzweigten Stromkreis ist die Stromstärke überall gleich.

Nicht jeder Stromkreis kann unterbrochen werden

In der Praxis ist das Abschalten von Anlagen oder einzelnen Geräten zum Auftrennen des Stromkreises oft nicht möglich und wird üblicherweise vermieden. **Stromzangen** nach Bild 7 und 8 eignen sich zur Messung von Gleich- und Wechselströmen bei Geräten und Anlagen ohne Unterbrechung des Stromflusses.

Vorgehensweise bei der Strommessung:

- *Richtige Stromart wählen (AC/DC)*
- *Bei Gleichstrom (DC) auf die Stromrichtung achten; das höhere Potenzial an Plus anschließen*
- *Den richtigen Messbereich einstellen*
- *Bei unbekannten Stromstärken mit dem höchsten Messbereich beginnen*
- *Den Stromkreis spannungsfrei machen*
- *Das Amperemeter in Reihe zu den stromführenden Bauelementen schalten*
- *Bei analogen Messgeräten in den richtigen Bereich schalten, sodass der Zeigerausschlag im letzten Drittel abgelesen werden kann*
- *Messbereich nicht wechseln, wenn der Strom durch das Amperemeter fließt*

Aufgaben:

1. Begründen Sie die Arten, auf die ein Spannungsmessgerät bzw. ein Strommessgerät geschaltet werden müssen.

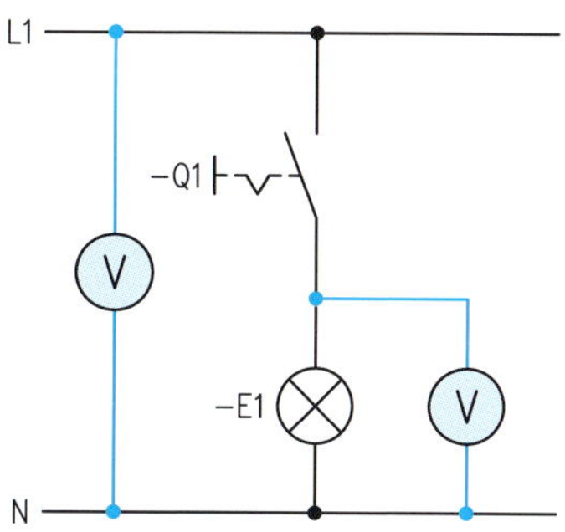

*5. Spannungsmessgeräte werden in Schaltungen mit **genormten Symbolen** (Schaltzeichen) **dargestellt***

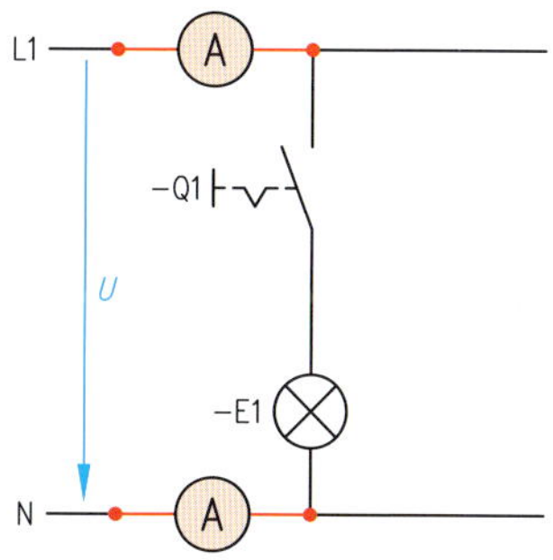

6. Wird der Schalter geschlossen, fließt der Lampenstrom auch durch die Amperemeter.

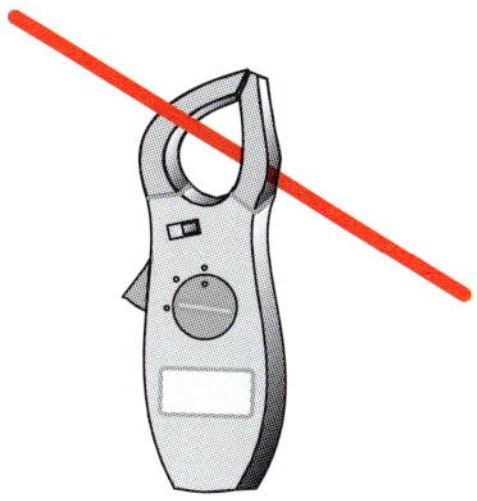

7. Die Messklemmen in Form einer Zange umschließen die stromführende Leitung.

8. Stromzangen messen Stromstärken vom mA-Bereich bis zu 1 000 A.

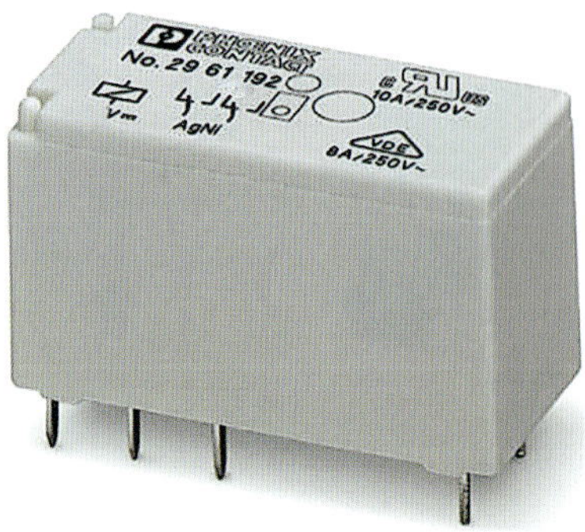

1. An welche Spannung darf das Relais angeschlossen werden?

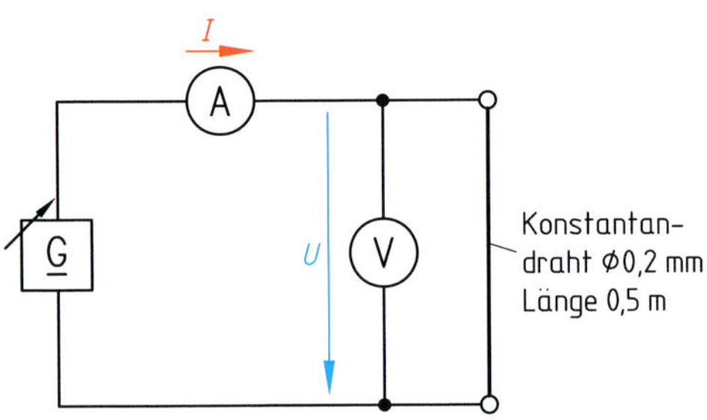

2. Mit dieser Messschaltung wird der Zusammenhang zwischen der Spannung und der Stromstärke untersucht. Was geschieht, wenn die Spannung erhöht wird?

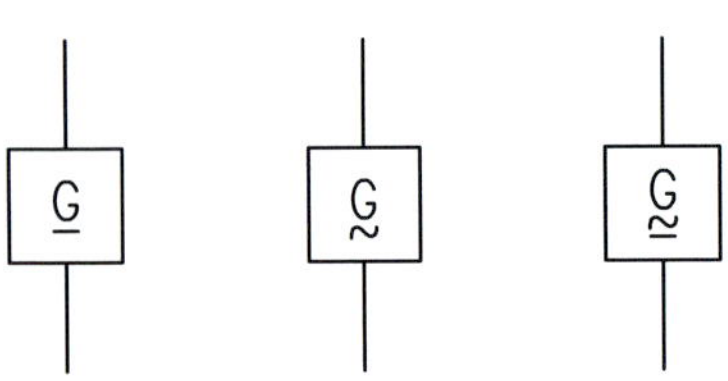

3. Schaltzeichen für Gleich-, Wechsel- und Mischspannungsquellen

1. Messreihe: l = 0,5 m						
U in V	0	2	4	6	8	10
I in A	0	0,25	0,5	0,75	1,0	1,25
2. Messreihe: l = 1 m						
U in V	0	2	4	6	8	10
I in A	0	0,12	0,24	0,36	0,46	0,6
3. essreihe: l = 1,5 m						
U in V	0	2	4	6	8	10
I in A	0	0,8	0,16	0,24	0,32	0,40

4. Die Messergebnisse sind jeweils von Messungenauigkeiten bereinigt. Sie zeigen, dass in allen Fällen die Stromstärke im gleichen Maße wie die Spannung steigt.

2 Der einfache Stromkreis

2.1 Der Zusammenhang zwischen Spannung und Strom

Der Spannungswert der Relaisspule in Bild 1 ist nicht mehr lesbar. Die zulässige Stromstärke beträgt 40 mA. An welche Spannung darf die Spule des Relais gelegt werden?

Um diese Frage beantworten zu können, muss die Abhängigkeit der Stromstärke von der Spannung bekannt sein. Dieser Zusammenhang kann mithilfe von Versuchen erfasst werden.

Die Spule ist ein auf einen Körper gewickelter Draht. Deshalb wird eine eine Messschaltung nach Bild 2 aufgebaut. Der Pfeil im Symbol steht für die Einstellbarkeit, Bild 3 zeigt weitere Schaltzeichen.

Versuch 1: Die Spannungsquelle ist über ein Strommessgerät an den Konstantandraht angeschlossen. Im Versuch wird die Spannung der Quelle stufenweise erhöht, die Stromstarke I und die Spannung am Konstantandraht gemessen. Die 1. Messreihe der Tabelle 4 zeigt die Messergebnisse.

Folgende Zusammenhänge sind zu erkennen:

Spannungsverdopplung ⇒ **Stromverdopplung**
Spannungshalbierung ⇒ **Stromhalbierung**

Wird die Spannung U um einen beliebigen Faktor geändert, dann ändert sich die Stromstärke um denselben Faktor.

Was geschieht, wenn die Länge verändert wird?

Versuch 2: Der 0,5 m lange Konstantandraht wird durch einen 1 m bzw. 1,5 m langen Draht mit gleichem Durchmesser ersetzt. Die beiden Messungen aus Versuch 1 werden wiederholt. Die Ergebnisse entnehmen wir ebenfalls Tabelle 4.

Die Stromstärke I steigt proportional zur Spannung U. Es gilt: $I \sim U$.

D. h., mit einem einmal ermittelten Spannungs- oder Stromwert können alle anderen Strom- oder Spannungswerte bestimmt werden.

Grafische Darstellung von Messergebnissen

Werden Messergebnisse in einem **Diagramm** dargestellt, dann lassen sich auch Zwischenwerte ablesen, die nicht gemessen worden sind.

Bei der Erstellung eines Diagramms gilt:

Die abhängige Messgröße wird an der senkrechten, die unabhängige Messgröße an der waagerechten Achse des Diagramms aufgetragen.

Das Diagramm heißt **Strom-Spannungs-Diagramm**, weil an 1. Stelle die abhängige Größe genannt wird. Bild 5 zeigt die Ergebnisse aus den Versuchen 1 und 2. Durch Verbinden der einzelnen Messpunkte erhält man jeweils eine Gerade durch den Ursprung.

Wenn $I \sim U$ ist, dann ist die Kurve im I-U-Diagramm eine Gerade durch den Ursprung.

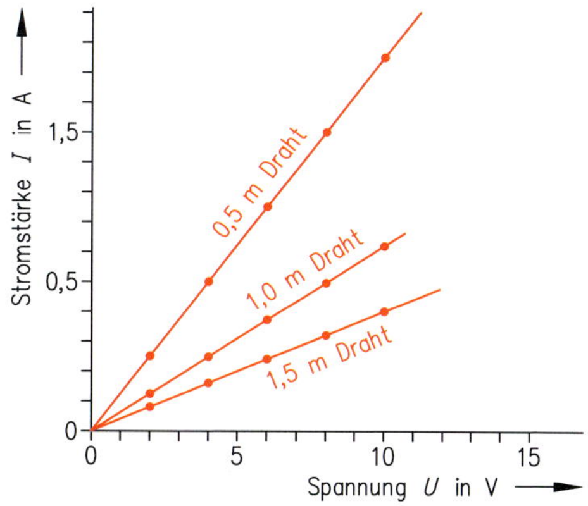

5. Grafische Darstellung der drei Messreihen aus den Versuchen 1 und 2

Ohne Gleichung keine Rechnung

Wie kann man aus der Proportionalität $I \sim U$ eine Gleichung herstellen?
Mathematisch lässt sich die Proportionalität $I \sim U$ mit einer Konstanten K in eine Gleichung umformen: $I = K \cdot U$. Die Konstante K beschreibt den Anstieg der Geraden im I-U-Diagramm: $K = \Delta I / \Delta U$
Da nach Bild 6 der Anstieg an jeder Stelle der Geraden gleich ist, kann K an jedem beliebigen Messpunkt bestimmt werden. Das Beispiel 7 zeigt die Berechnung für K.
Damit erhält man für den Versuch 1 folgende Gleichung: $I = 0{,}125 \; \frac{A}{V} \cdot U$

Das Ausgangsproblem lässt sich nun lösen: Das Relais wird an eine Spannung gelegt, die zugehörige Stromstärke gemessen, die Konstante berechnet und mithilfe der Gleichung $I = K \cdot U$ die gesuchte Spannung bestimmt.
Im Diagramm 5 sind die Anstiege der Geraden unterschiedlich. Eine Spannungsänderung ΔU bewirkt bei dem 1,5 m langen Draht eine kleinere Stromänderung ΔI als bei dem 0,5 m langen Draht. Allgemein gilt:

Unterschiedliche Widerstände von Verbrauchern beeinflussen die Stromstärke im Stromkreis.

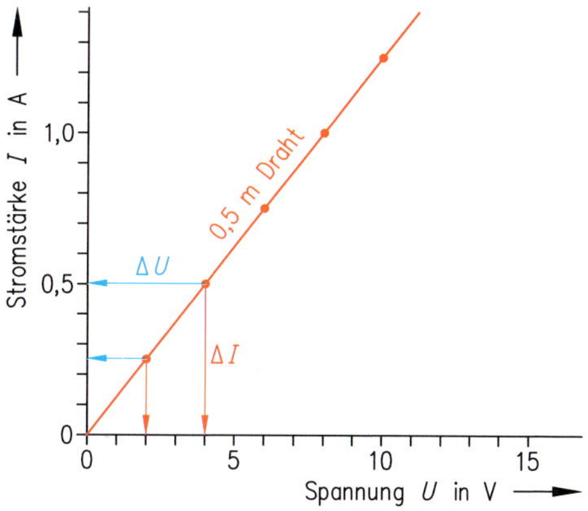

6. Das Verhältnis $\Delta I/\Delta U$ ist konstant. Es beschreibt den Anstieg der Geraden.

Berechnen der Konstanten K jeweils für den Messpunkt 1 (4 V/0,5 A) und für den Messpunkt 2 (2 V/0,25 A)

Lösung:

$$K_1 = \frac{\Delta I_1}{\Delta U_1} \qquad K_2 = \frac{\Delta I_2}{\Delta U_2}$$

$$K_1 = \frac{0{,}5\ \mathrm{A}}{4\ \mathrm{V}} \qquad K_2 = \frac{0{,}25\ \mathrm{A}}{2\ \mathrm{V}}$$

$$K_1 = 0{,}125\ \frac{\mathrm{A}}{\mathrm{V}} \qquad K_2 = 0{,}125\ \frac{\mathrm{A}}{\mathrm{V}}$$

7. Die Konstante K ist für jeden Messpunkt gleich groß.

Aufgaben

1. Ermitteln Sie die Arbeitsspannung des Relais, wenn das Relais bei 3,8 V eine Stromstärke von 8 mA hat.
2. Bestimmen Sie die Konstanten der Messergebnisse aus Versuch 2.

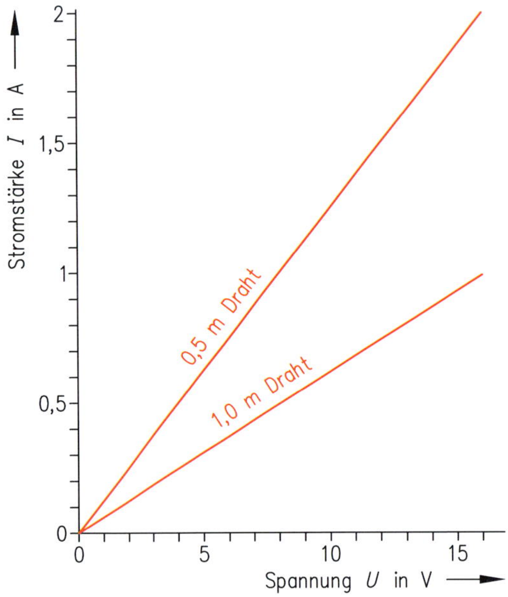

1. Bei gleicher Spannung ergeben sich unterschiedliche Stromstärken für die Drähte. Ist dies ein Kennzeichen dafür, dass sie unterschiedlich leiten?

$$G = \frac{I}{U}$$

G elektrischer Leitwert in A/V oder S

I Stromstärke in A

U Spannung in V

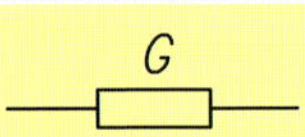

Schaltzeichen

2. Je größer der Leitwert eines Verbrauchers, desto steiler der Anstieg der Geraden im I-U-Diagramm

$$R = \frac{1}{G}$$

R elektrischer Widerstand in V/A oder Ω

G elektrischer Leitwert in A/V oder S

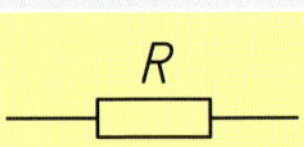

Schaltzeichen

3. Je größer der Widerstand eines Verbrauchers, desto geringer der Anstieg der Geraden im I-U-Diagramm

2.2 Verbraucher beeinflussen die Stromstärke

Bekannt ist, dass in unterschiedlich lange Konstantandrähte bei gleicher Spannung unterschiedlich hohe Ströme fließen. Welche Kenngröße des Leiters bestimmt neben der Spannung die Stromstärke mit?

Elektrische Eigenschaften von Verbrauchern

Die beiden Geraden (Bild 1) werden durch die Konstanten $K_1 = 0{,}125$ A/V und $K_2 = 0{,}0625$ A/V beschrieben und sind für Verbraucher charakteristisch. Sie werden als elektrischer **Leitwert** *G* bezeichnet.

> ***Der elektrische Leitwert G eines Verbrauchers gibt an, welche Stromstärke je 1 V angelegter Spannung vorhanden ist.***

Der Leitwert entspricht der auf 1 V umgerechneten Stromstärke: 0,125 A je 1 V oder 0,125 A/V (vgl. Formel 2).
Man sagt, der Verbraucher hat einen Leitwert von 0,125 A/V. Für den Leitwert wird die **Einheit S** (Siemens) benutzt. Daraus ergibt sich:

> ***Je größer der Leitwert G, desto größer ist die Stromstärke bei gleicher Spannung.***

Bild 2 zeigt die Formel und das Schaltzeichen für den Leitwert.

Was ist ein elektrischer Widerstand?

Der Elektronenstrom bewegt sich nicht ungehindert durch den Werkstoff. Die Elementarteilchen schwingen um ihre Ruhelage und behindern sich im Leitungsband durch gegenseitige Abstoßung. Dem Elektronenstrom wird also ein **Widerstand** entgegengesetzt.

> ***Die Behinderung der Elektronen wird als Widerstand bezeichnet.***

Der Widerstand *R* ist der Kehrwert des Leitwertes *G* (Bild 3). Dieser wird als elektrischer **Widerstand *R*** oder **Wirkwiderstand** bezeichnet.
In der Praxis wird von einem Widerstand gesprochen und meint entweder die Widerstandswirkung eines Leiters oder auch das **Bauteil Widerstand**.
Es sollte bei Verbrauchern die Bezeichnung Widerstandswert, bei Bauteilen die Bezeichnung **Widerstand** benutzt werden.

Allgemein gilt:

Der Widerstand(-swert) gibt an, welche Spannung erforderlich ist, um eine Stromstärke von 1 A zu erreichen.

Für das Beispiel gilt: 8 V je 1 A oder 8 V/A (vgl. Formel 3). Man sagt, der Verbraucher hat einen Widerstand von 8 V/A oder 8 Ω (Ohm). Bild 3 zeigt auch das Schaltzeichen für den Wirkwiderstand.

Wie beeinflusst der Widerstand die Stromstärke?

Versuch 1: Bei konstanter Spannung wird nach Bild 4 ein Widerstand stufenweise von R = 5 Ω auf R = 40 Ω verändert und die jeweilige Stromstärke gemessen.
Die Messwerte sind in Tab. 5 festgehalten und zeigen folgenden Zusammenhang:
Widerstandsverdopplung ⇒ Stromhalbierung
Widerstandsvervierfachung ⇒ Stromviertelung

Wird ein Widerstand auf das n-fache erhöht, verringert sich die Stromstärke I bei konstanter Spannung U auf den n-ten Teil.

Spannung – Strom – Widerstand

Nun lässt sich die Abhängigkeit der Stromstärke in einem Stromkreis angeben:

Die Stromstärke I ist bei konstantem Widerstand R proportional der angelegten Spannung.
Bei konstanter Spannung U ist sie umgekehrt proportional dem Widerstand R.

Die Einflüsse von Spannung und Widerstand auf die Stromstärke werden im **ohmschen Gesetz** zusammengefasst (Formel 6).
Allerdings darf das ohmsche Gesetz nur dann angewendet werden, wenn der Widerstand, wie in Abb. 7 dargestellt, konstant ist.

Aufgaben

1. Bestimmen Sie die Spannung an einem Widerstand R = 55 Ω, wenn die Stromstärke I = 4 A beträgt.
2. Wie verändert sich die Stromstärke, wenn bei konstanter Spannung der Leitwert vervierfacht wird?
3. Was versteht man unter dem ohmschen Gesetz?

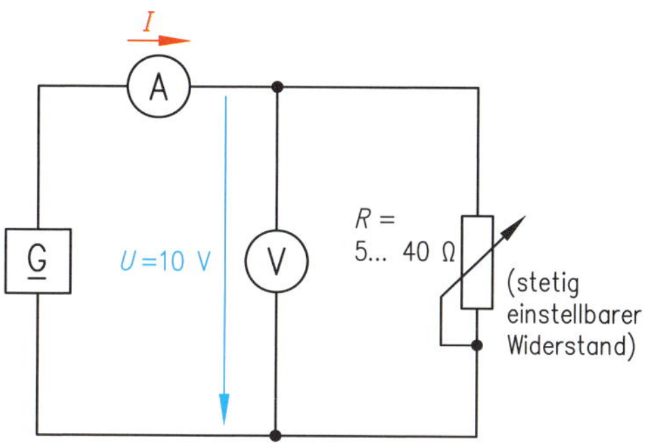

4. Der Widerstand wird verändert und die zugehörige Stromstärke gemessen

R in Ω	5	10	15	20	30	40
I in A	2	1	0,67	0,5	0,33	0,25

5. Je größer der Widerstand. desto kleiner die Stromstärke bei konstanter Spannung

$$I = \frac{U}{R} \quad \text{oder} \quad I = G \cdot U$$

I Stromstärke in A
U Spannung in V
R Widerstand in V/A
G Leitwert in A/V

6. Das ohmsche Gesetz

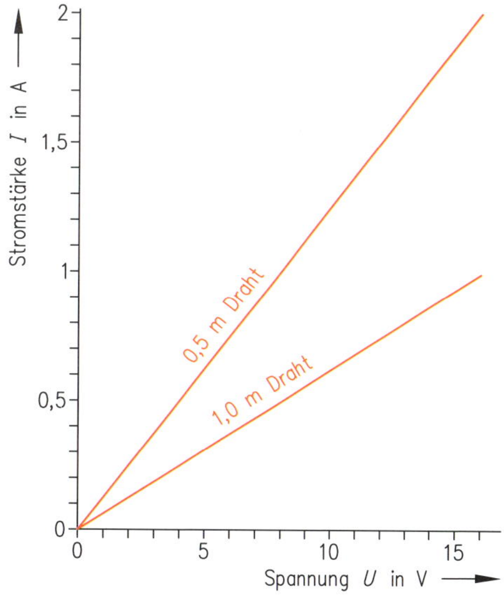

7. Wenn in einem Stromkreis das ohmsche Gesetz gilt, entsteht im I/U-Diagramm immer eine Gerade

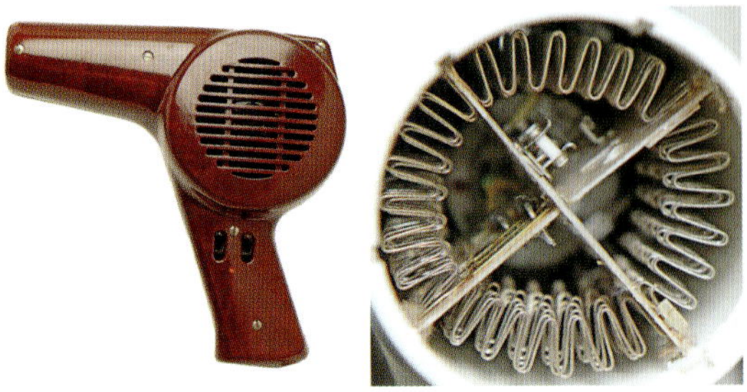

1. In den einzelnen Schaltstufen erzeugt der Föhn unterschiedliche Temperaturen.

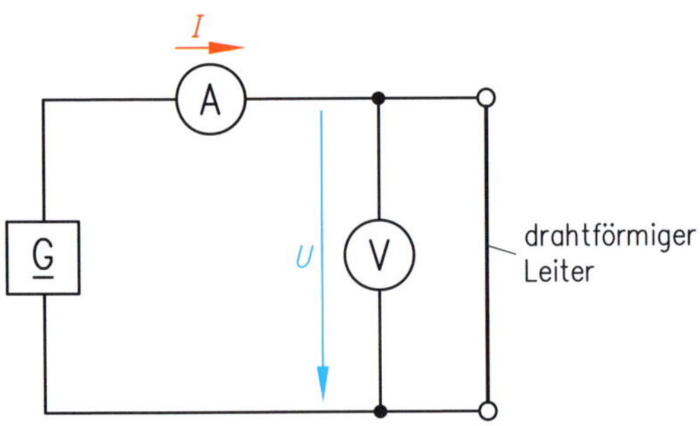

2. Messschaltung zur Ermittlung des Leiterwiderstandes bei verschiedenen Abmessungen und Werkstoffen des Leiters

A in mm^2	l in m	U in V	I in A	R in Ω
0,0314	1	8	0,5	15,9
0,0314	1,5	8	0,336	23,8
0,0314	2	8	0,25	31,9

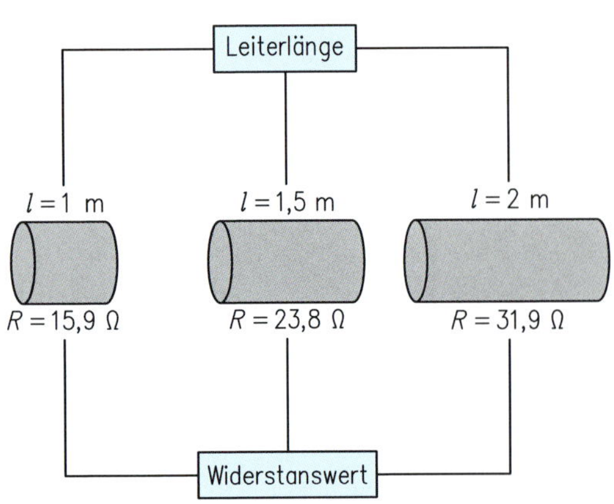

3. Je länger der Leiter, desto größer der Widerstandswert

2.3 Welche Größen bestimmen den Widerstandswert eines Leiters?

Bild 1 zeigt einen handelsüblichen Föhn. Im Wesentlichen besteht er aus einem Propeller, der für den Luftstrom sorgt. Auf ihrem Weg nach außen durchströmt die Luft eine Heizwicklung, die auf einen Keramikkörper gewickelt ist (s. Bild 1 rechts).
In Schalterstellung 2 wird der Luftstrom heißer. Aus dem ohmschen Gesetz können wir ableiten, dass ein höherer Strom fließt, bzw. die Heizwicklung nun einen kleineren Widerstandswert haben muss.

Wodurch wird der Widerstandswert der Heizwicklung beeinflusst?

Die Heizwicklung lässt sich durch die Konstruktionsgrößen
- Leiterlänge l,
- Leiterquerschnitt A
- Leiterwerkstoff

beeinflussen.
Sie vermuten, dass neben der Länge eines Drahtes auch die anderen Größen den Widerstandswert beeinflussen.
Versuche sollen Ihre Vermutung nachweisen (Bild 2).

Leiterlänge und Widerstandswert

Versuch 1: Ein Konstantandraht wird bei konstantem Querschnitt (A = 0,0314 mm^2), aber unterschiedlichen Längen an eine konstante Spannung U = 8 V gelegt und die zugehörigen Stromstärken gemessen. Die Messergebnisse in Tab. 3 bestätigen die Vorstellung, dass bei längeren Leitern die Elektronen eine größere Behinderung durch die Atomrümpfe erfahren.

> ***Der Widerstandswert eines Leiters ist direkt proportional zur Leiterlänge: R ~ l***

Querschnitts und Widerstandswert

Versuch 2: Zwei Konstantandrähte werden bei konstanter Länge (l = 1 m), aber verschiedenen Querschnitten, an eine konstante Spannung U = 2 V gelegt und die zugehörigen Stromstärken gemessen.
Bei gleicher Spannung und größer werdendem Leiterquerschnitt nimmt der Widerstand des Leiters ab. Dies zeigen die Messwerte in Tabelle 4.

> ***Der Widerstandwert eines Leiters ist umgekehrt proportional zum Leiterquerschnitt: R ~ 1/A***

Werkstoff und Widerstandswert

Versuch 3: Verschiedene Leiterwerkstoffe werden an eine konstante Spannung $U = 2$ V gelegt und die Stromstärken gemessen. Die Länge und der Querschnitt des Leiters bleiben unverändert.

Das Versuchsergebnis in Tabelle 5 zeigt die Abhängigkeit des Widerstandes vom Werkstoff. Sie wird durch den **spezifischen elektrischen Widerstand ρ** (Rho) beschrieben.

> ***Der spezifische elektrische Widerstand ρ ist der Widerstand eines Leiters von 1 m Länge und 1 mm² Querschnitt.***

Der spezifische Widerstand ist eine Materialkonstante, d. h., anderes Material andere Konstante.

Oft wird auch der Kehrwert des spezifischen Widerstandes benutzt, der als **elektrische Leitfähigkeit κ** (Kappa) bezeichnet wird (Tabelle 6).

Die Ergebnisse der drei Versuche führen zu der Formel, mit der der Widerstand drahtförmiger Leiter bestimmt werden kann:

$$R = \frac{\rho \cdot l}{A} \quad \text{oder} \quad R = \frac{l}{\kappa \cdot A}$$

R Leiterwiderstand in Ω
l Leiterlänge in m
A Leiterquerschnitt in mm²
ρ Spezifischer Widerstand in Ω · mm²/m
κ Leitfähigkeit in m/Ω · mm²

Der Heizleiter beim Föhn muss einen hohen spezifischen elektrischen Widerstand, eine hohe thermische und chemische Beständigkeit und eine hohe Warmfestigkeit haben.

Kommt nur ein bestimmter Werkstoff in Betracht, so kann der Widerstand des Heizleiters nur über die Leiterlänge oder dessen Querschnitt beeinflusst werden.

Aufgaben

1. Ein Heizwiderstand ($\rho = 1{,}45\ \Omega \cdot \text{mm}^2/\text{m}$) soll 20 Ω groß sein. Bestimmen Sie die Drahtlänge, wenn der Querschnitt 1 mm² ist.
2. Wievielmal größer muss der Querschnitt einer Aluminiumleitung gegenüber einer Kupferleitung bei gleicher Länge und gleichem Leiterwiderstand sein, wenn ihr Widerstand gleich sein soll?

l in m	A in mm²	U in V	I in A	R in Ω
1	0,0314	2	0,126	15,9
1	0,1256	2	0,5	4
1	0,282	2	1,13	1,76

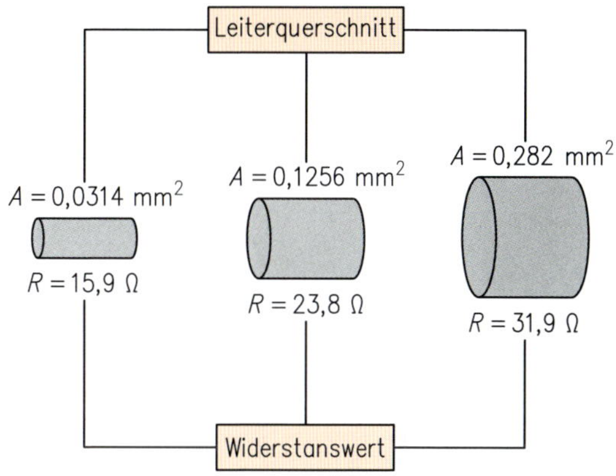

4. Je größer der Querschnitt, desto kleiner der Widerstandswert des Leiters. Neben dem Formelbuchstaben A sind auch die Formelzeichen q und s für den Leiterquerschnitt üblich.

Werkstoff	A in mm²	l in m	U in V	I in A	R in Ω
Konstantan	0,0314	1	2	0,126	15,9
Kupfer	0,0314	1	2	3,5	0,57
Aluminium	0,0314	1	2	2,2	0,91

5. Da die Anzahl der freien Elektronen bei verschiedenen Werkstoffen unterschiedlich ist, ändert sich mit dem Werkstoff auch der Widerstand des Leiters

Werkstoff	Spezifischer Widerstand $\varrho = \frac{1}{\varkappa}$ in $\frac{\Omega \cdot \text{mm}^2}{\text{m}}$	Leitfähigkeit $\varkappa = \frac{1}{\varrho}$ in $\frac{\text{m}}{\Omega \cdot \text{mm}^2}$
Silber	0,0167	60
Kupfer	0,0178	56
Aluminium	0,0278	36
Nickelin	0,4	2,5
Konstantan	0,49	2,04
Kohle	65	0,015

6. Alle Werte sind gerundet und gelten für 20 °C. Je größer der spezifische Widerstand ist, desto größer ist der Widerstandswert eines Leiters:
$R \sim \varrho$ oder $R \sim 1/\varkappa$

1. Kennzeichen der LED-Lampen: 4 W bzw. 7 W

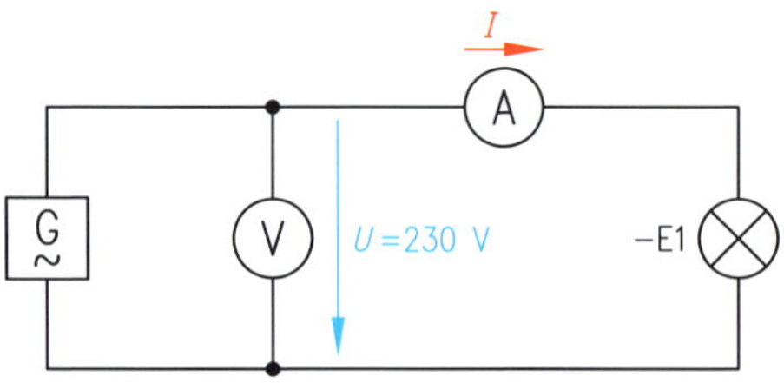

2. Mit dieser Messschaltung wird der Zusammenhang zwischen der Leistung und der Stromstärke ermittelt

P in W	4	7	10,5
I in A	0,017	0,03	0,045
U · I in VA	3,91	6,9	10,35

3. Messwerte bei konstanter Spannung: Die Stromstärke I steigt mit der Leistung.

$$P = U \cdot I \qquad \text{oder} \qquad P = \frac{W}{t}$$

P Leistung in W
U Spannung in V
I Strom in A
W Energie (Arbeit) in Ws
t Betriebszeit in s

Quarzuhr	10^{-6} W	Farbfernseher	100 W
Taschenlampe	1 W	Bügeleisen	1 kW
Autolampe	45 W	Kochplatte	2 kW
Glühlampen	15–200 W	Straßenbahn	100 kW
Heizkissen	60 W	Lokomotive	5000 kW

4. Die angegebenen Leistungen werden nur bei der vorgegebenen Nennspannung erreicht.

3 Elektrische Energie und Widerstände

3.1 Was bedeutet die Angabe 4 Watt?

Neben der Angabe der Spannung wird bei den LED-Lampen in Bild 1 in Katalogen noch der Wert 4 W bzw. 7 W angegeben. Er wird als **elektrische Leistung** P bezeichnet.

Was verstehen wir unter Leistung?

Es ist zu vermuten, dass es zwischen der elektrischen Leistung, der Betriebsspannung und der Stromstärke einen Zusammenhang gibt. Dies lässt sich mit verschiedenen Glühlampen überprüfen.

Versuch 1: Drei Glühlampen mit den Leistungsangaben 4 W, 7 W und 10,5 W werden entsprechend Bild 2 nacheinander angeschlossen. „–E1" ist das genormte Schaltzeichen einer Lampe.

Der Wertetabelle 3 entnehmen wir, dass die Stromstärke mit der Leistung ansteigt.

> ***Bei konstanter Spannung steigt die Stromstärke im gleichen Verhältnis wie die Leistung.***

Bildet man aus der Spannung U und der gemessenen Stromstärke I das Produkt, so stimmen die errechneten Zahlenwerte mit den Leistungsangaben auf den Glühlampen überein. Dies ist kein Zufall.

Für ohmsche Widerstände gilt:

> ***Die elektrische Leistung P ist das Produkt aus Spannung U und Stromstärke I.***

Als Einheit der Leistung ergibt sich bei der Rechnung V · A (Volt · Ampere). Die übliche Leistungseinheit ist das **Watt: 1 V · A = 1 W.**

Leistung und Energie

Die **elektrische Spannung** ist die Fähigkeit einer Quelle, in einem Stromkreis den Strom aufrechtzuerhalten. Sie ist die zur Ladungstrennung aufgewendete **Energie** pro Ladung:

$$U = \frac{W}{Q} \qquad \text{mit} \qquad Q = I \cdot t$$

Werden in die Gleichung $P = U \cdot I$ in Tabelle 4 diese Formeln eingesetzt, ergibt sich der Zusammenhang zwischen der elektrischen Leistung P und der Energie W.

Die elektrische Leistung P eines Verbrauchers ist die zur Verfügung gestellte Energie W im Zeitabschnitt t.

D. h.: Das Produkt von Spannung und Stromstärke ergibt 100 W und die Spannungsquelle stellt der Lampe in 1 Stunde 0,1 kWh Energie zur Verfügung (vgl. Tabelle 4).

Wie kann die Leistung gemessen werden?

Die Leistung kann indirekt (Versuch 1) oder mit speziellen Messgeräten direkt gemessen werden. Sie heißen elektrische **Leistungsmesser**. Bild 5 zeigt jeweils die Messschaltung.

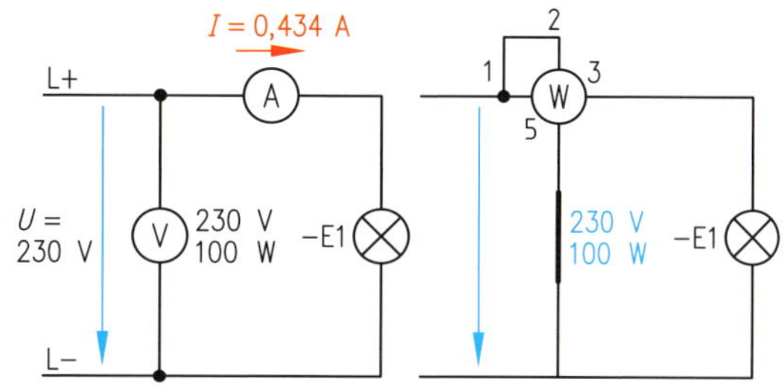

5. Elektrische Leistungsmesser haben einen Strompfad (Anschlüsse 1 und 3) und einen Spannungspfad (Anschlüsse 2 und 5).

Nenn- und Verlustleistung

Die elektrische Energie, die die Glühlampe zu ihrem Betrieb benötigt, wird durch ihre **Nennleistung** beschrieben. Die Glühlampe und andere Verbraucher setzen oft elektrische Energie in Wärme um. In diesen Fällen spricht man **Verlustleistung**.

Dem Leistungsschild eines Gleichstrommotors (Bild 6) sind folgende Werte zu entnehmen: U = 440 V, I = 27 A, P **= 10 kW**.

Berechnet man jedoch die Leistung aus dem Produkt der Spannung U und der Stromstärke I, ergibt sich P **= 11,88 kW**. Wie ist das zu erklären?

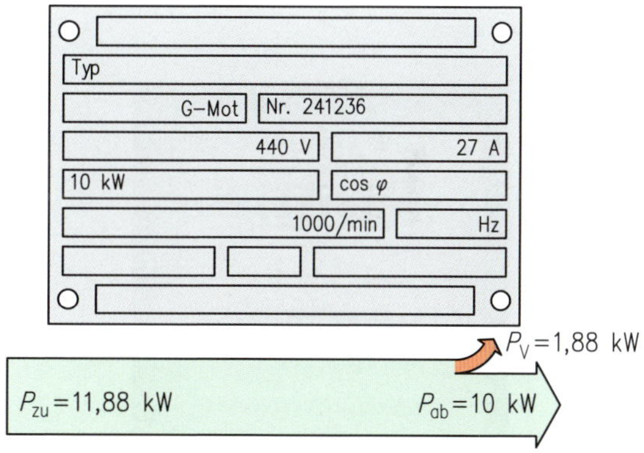

6. Aufteilung der zugeführten Leistung in Nutz- und Verlustleistungen bei einem 10-kW-Motor

Bei der Umwandlung elektrischer Energie in andere Energiearten nehmen Verbraucher mehr Energie auf, als sie nutzen können.

D. h., die **zugeführte Leistung** beträgt 11,88 kW, der Motor gibt jedoch nur 10 kW **Nennleistung** (Nutzleistung) an die Motorwelle ab. Die Differenz ist die **Verlustleistung**.

Wie gut die zugeführte Leistung (bzw. Energie) genutzt wird, beschreibt der **Wirkungsgrad η** (eta). Tabelle 7 beschreibt den Zusammenhang.

$$\eta = \frac{P_{ab}}{P_{zu}} \quad \text{oder} \quad \eta = \frac{W_{ab}}{W_{zu}}$$

η Wirkungsgrad (ohne Einheit)
P_{ab} abgegebene Leistung in W
P_{zu} zugeführte Leistung in W
W_{ab} abgegebene Energie in Ws
W_{zu} zugeführte Energie in Ws

7. Der Wirkungsgrad kann als Dezimalzahl oder Prozentzahl angegeben werden

Der Wirkungsgrad η ist das Verhältnis der abgegebenen Leistung (Energie) zur zugeführten Leistung (Energie).

Tabelle 8 zeigt Wirkungsgrade einiger Verbraucher.

Verbraucher		Wirkungsgrad η
Tauchsieder	100 W	0,95
Drehstrommotor	1 kW	0,80
Wechselstrommotor	100 W	0,50
Glühlampe	100 W	0,015

8. Der Wirkungsgrad η = 1 ist nicht erreichbar

Aufgaben

1. Die Lampe eines Projektors trägt den Aufdruck 24 V/250 W. Berechnen Sie die Stromstärke.
2. Berechnen Sie den Wirkungsgrad des Motors aus Bild 6.

Haushaltsgerät	Erzeugte Energieform
Toaster Wasserkocher Ofen	Thermische Energie
Glühlampe Leuchtstofflampe	Strahlungsenergie und Thermische Energie
LED	Strahlungsenergie
Mixgerät Motor Rasierapparat Zahnbürste	Mechanische Energie und Thermische Energie
Batterieladegerät	Chemische Energie

1. Elektrische Geräte sind Energiewandler.

2. Mechanische Zähler sind noch in vielen Häusern und Wohnungen installiert.

1 000				
Ziffern	Grundart	Zusatzeinrichtung	Anschluss	Schaltung der Zusatzeinrichtung
0	–	keine	direkt	kein Anschluss
1	einphasig (L/N)	Zweitarif	Stromwandler	einpoliger innerer Anschluss (Klemme 13, 14)
2	zweiphasig (L1/L2)	Maximum	Strom- und Spannungswandler	äußerer Anschluss (Klemme 13, 15 oder 14, 16)
3	dreiphasig (L1/L2/L3)	Zweitarif und Maximum		Maximalauslöser in Öffnerschaltung
4	dreiphasig (L1/L2/L3/N)	Maximum mit elektrischer Rückstellung		Maximalauslöser in Schließerschaltung

3. Bedeutung der Ziffern der Schaltungsnummern

3.2 Kosten der elektrischen Arbeit

Bild 1 zeigt Beispiele für die Umwandlung der elektrischen Energie in andere Energieformen. Die Energie wird von Energieversorgungsunternehmen (EVU) zur Verfügung gestellt. Die **Energiekosten** der einzelnen Haushalte müssen ermittelt und bezahlt werden. Die Kosten ergeben sich aus neben einem **Grundpreis** und **gesetzlichen Abgaben** im Wesentlichen aus dem **Verbrauch**.
Dieses Wort ist irreführend, denn die Verbraucher verbrauchen nicht die Energie sondern nutzen sie. Mechanische Zähler nach Bild 2 erfassen die genutzte Energie.

Die von Verteilungsnetzbetreibern (VNB) bereitgestellte Energie wird von Stromzählern erfasst.

Wichtige Kenndaten eines Wechselstromzählers zeigt das Leistungsschild in Bild 2.

Bedeutung der Schaltungsnummer

Die Schaltungsnummer eines Zählers gibt an, um welche Zählerart es sich handelt und mit welchen Zusatzeinrichtungen der Zähler bestückt ist. Die in Tabelle 3 dargestellte Übersicht zeigt die Bedeutung der Ziffern.

Bedeutung der Zählerkonstanten

Versuch 1: Verschiedene Stufen einer Kochplatte werden eingeschaltet und in einer vorgegebenen Zeit t die Umdrehungen der Zählerscheibe gezählt.
Ergebnis: Mit zunehmender Stromstärke steigt die Anzahl der Umdrehungen der Zählerscheibe je Zeiteinheit; mit zunehmender Zeit t wächst die Anzeige des Zählers.
Damit wird die schon bekannte Formel zur Energieberechnung bestätigt: Die elektrische Arbeit W ist proportional zur Spannung U, Stromstärke I und zur Zeit t.
Mit der Formel $P = U \cdot I \cdot t$ kann die elektrische Arbeit berechnet werden. Es ist auch möglich, mithilfe der **Zählerkonstanten** die Arbeit oder Leistung eines Verbrauchers zu berechnen.

Die Zählerkonstante c_z gibt die Anzahl der Umdrehungen der Zählerscheibe je kWh an.

Bei dem abgebildeten Zähler dreht sich die Scheibe 375-mal pro 1 kWh entnommener elektrischer Arbeit.

Wie sind Elektrizitätszähler aufgebaut?

Bild 4 zeigt die Anschlussklemmen eines Elektrizitätszählers. Der Zähler misst über einen **Spannungspfad** die Spannung und die Stromstärke über den **Strompfad**. Das Produkt der Messungen bestimmt die Umdrehungen der Zählerscheibe, sodass über die Zählerkonstante die elektrische Arbeit bestimmt wird.

Was ist ein „Smart Meter“?

Der Begriff „Smart Metering“ bezeichnet die intelligente Auswertung von gebäudespezifischen Verbrauchsdaten. Die Bundesregierung hat im Zuge des Energiewirtschaftsgesetzes und Klimaschutzpaktes den Einbau von **Elektronischen Haushaltszählern** (eHZ) nach Bild 5 vorgeschrieben.

> ***Bei Neubauten und Totalsanierungen ist der Einbau von elektronischen Haushaltszählern seit 2010 Pflicht.***

Durch eine Fernauslesung entfällt das regelmäßige Ablesen, das Verbrauchsverhalten eines Haushaltes zeitnah kontrollieren und ggf. optimieren.
Die Zählermontage erfolgt entsprechend Bild 6 durch Stecken und Verrasten mit zwei Handgriffen, ein unterbrechungsfreier Zählerwechsel ist so möglich.

Leistungsmerkmale des eHZ
Zählerart:

- Mehrphasen-Wechselstromzähler, auch einsetzbar als Einphasen-Wechselstromzähler
- Nennspannung:
  4-Leiter: 3 x 230 V/400 V;
  2-Leiter: 230 V an L1, L2 oder L3
- Stromstärken:
  Nennstrom 5 A, Grenzstrom 60 A
- Anzeige:
  LC-Display mit 6 Vorkommastellen in kWh, keine Nachkommastelle
- Datenschnittstelle:
  Serielle unidirektionale optische Schnittstelle

Zählerausführungen:

- Zähler für positiven Energiefluss: Energiebezug vom EVU (Kennzeichen „+A“)
- Zähler für negativen Energiefluss: Energielieferung zum EVU (Kennzeichen „–A“)
- Zweirichtungszähler für positiven und negativen Energiefluss.

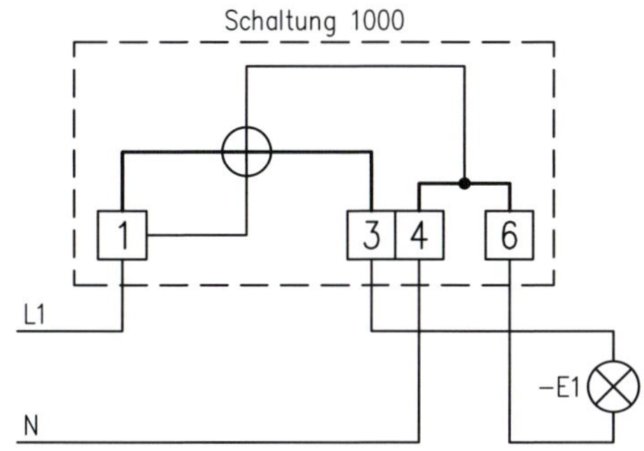

4. Zwischen den Klemmen 1 und 3 liegt der Strompfad, zwischen 1 und 6 der Spannungspfad des Zählers.

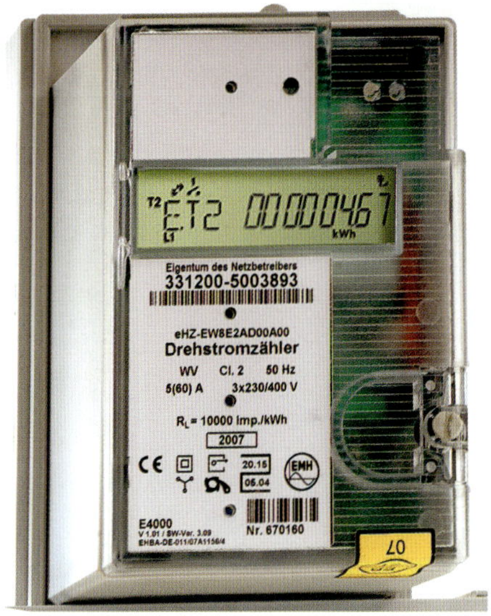

5. eHZ als Schlüssel zur Energieintelligenz

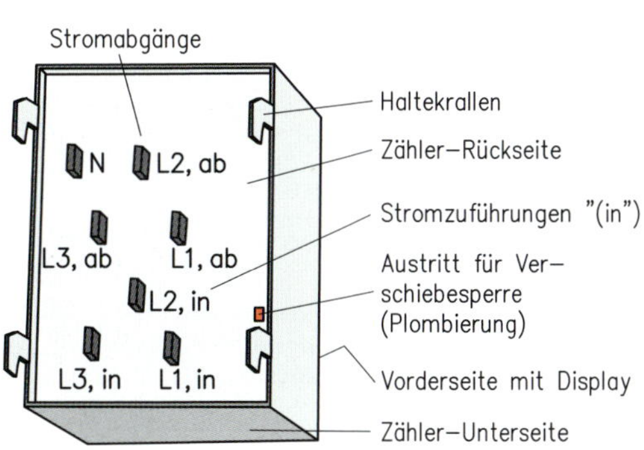

6. Der elektronische Haushaltszähler als Stecksystem

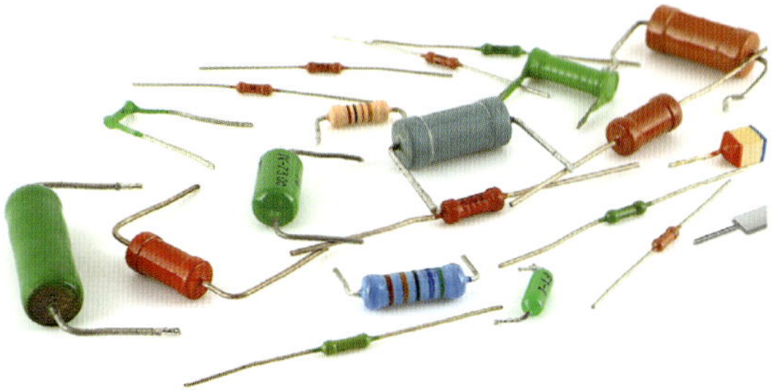

1. Worauf ist beim Auswechseln solcher Widerstände zu achten?

Widerstandsnennwerte in Ω für			
Reihe E6 (+ 20 %)	Reihe E12 (+ 10 %)	Reihe E24 (+ 5 %)	
1,0	1,0	1,0	1,1
	1,2	1,2	1,3
1,5	1,5	1,5	1,6
	1,8	1,8	2,0
2,2	2,2	2,2	2,4
	2,7	2,7	3,0
3,3	3,3	3,3	3,6
	3,9	3,9	4,3
4,7	4,7	4,7	5,1
	5,6	5,6	6,2
6,8	6,8	6,8	7,5
	8,2	8,2	9,1

2. Festwiderstände verschiedener IEC-Normreihen (Auszug). Die Reihe E6 wird z. B. wie folgt fortgesetzt: 10 Ω; 15 Ω; 22 Ω; 33 Ω; 47 Ω; 68 Ω; 100 Ω; 150 Ω; 220 Ω; 330 Ω; 470 Ω; 680 Ω.

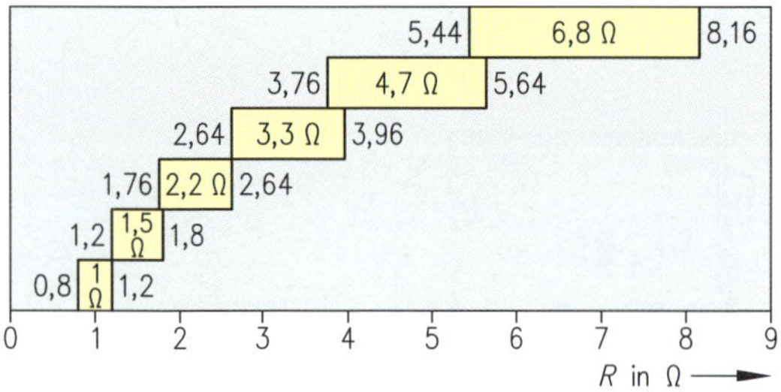

3. Toleranzfelder der Widerstandsnennwerte der E6-Reihe. Der Widerstand mit dem Nennwert 6,8 Ω kann zwischen 5,44 Ω (6,8 Ω abzüglich 20 %) und 8,16 Ω (6,8 Ω plus 20 %) liegen.

3.3 Widerstand als Bauelement

Bild 1 zeigt Widerstände als **Bauelemente**. Es sind **„Festwiderstände"**.

> ***Festwiderstände haben das Formelzeichen R (engl.: resistor) und die Einheit Ω (Ohm).***

Kennwerte bestimmen die Festwiderstände

Bei der Auswahl von Widerständen für eine bestimmte Aufgaben müssen folgende Kennwerte beachtet werden:

- der Widerstandsnennwert
- die Widerstandstoleranz
- die Belastbarkeit

Was bedeutet Widerstandsnennwert?

Für die Widerstandsnennwerte gibt es genormte Abstufungen nach Tabelle 2. International haben sich die IEC-Normreihen E6, E12, E24 bis E192 durchgesetzt.

Die Zahl hinter dem E gibt die Anzahl der Widerstandswerte innerhalb einer Dekade (Zehnersprung) an.

> ***Der Widerstandsnennwert ist der Wert des Widerstandes, der nach den Normzahlenreihen bei 20 °C festgelegt ist.***

Der Nennwert ist wie in Bild 1 entweder als Zahlenwert oder verschlüsselt durch einen **Farbcode** aufgedruckt.

Was ist eine Widerstandstoleranz?

Der angegebene Wert eines Widerstands hat eine gewisse Toleranz. Je nach den Ansprüchen betragen die Toleranzen von ±20 %, ±10 %, ±5 %, ±2 %, ±1 % und ±0,5 %. Für Prazisionswiderstände in Anlagen der Messtechnik ist eine Genauigkeit bis zu ±0,001 % erzielbar.

Die Toleranzen sind so ausgewählt, dass sich eine Widerstandüberlappung benachbarter Werte ergibt. Bild 3 zeigt sie für die E6-Reihe.

Dadurch kann jeder Widerstandswert herausgemessen werden.

Was gibt der Farbcode an?

Ist der Widerstandsnennwert und die Toleranz nicht als Zahlenwert mit Einheit aufgedruckt, wird ein internationalen Farbcode verwendet.

Nach Tabelle 4 erfolgt die Farbkennzeichnung durch Farbringe oder Farbpunkte.
Bei den Normreihen E6, E12 und E24 werden vier Farbringe benutzt; die ersten drei für den **Widerstandsnennwert**, der **vierte Ring** für die **Toleranz**.
Bei der E48, E96 und E192 findet man eine Fünffachberingung. Der Widerstandsnennwert ist dort durch vier Ringe festgelegt.
Eine weitere Möglichkeit ist die Kennzeichnung durch Buchstaben. Tabelle 5 zeigt das Prinzip.

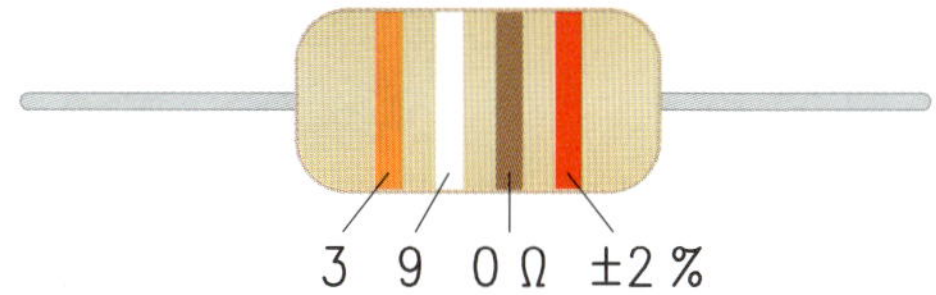

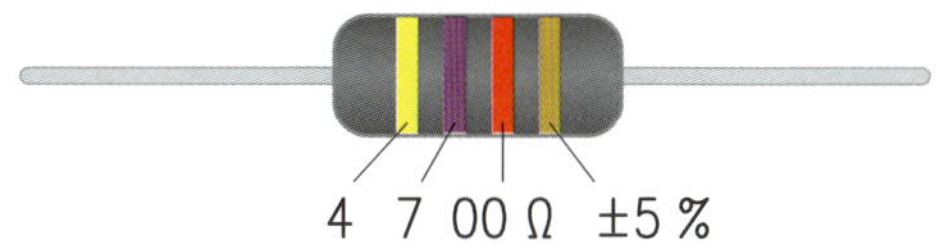

	1. Ring	2. Ring	3. Ring	4. Ring
schwarz	0	0	–	–
braun	1	1	0	± 1 %
rot	2	2	00	± 2 %
orange	3	3	000	–
gelb	4	4	0000	–
grün	5	5	00000	–
blau	6	6	000000	–
violett	7	7	0000000	–
grau	8	8	00000000	–
weiß	9	9	000000000	–
gold	–	–	:10	± 5 %
silber	–	–	:100	± 10 %

4. Kennzeichnung von Widerständen durch Farbcode

Widerstandswert	0,33 Ω	3,3 Ω	33 Ω	330 Ω	0,33 kΩ
Kennzeichnung	R 33	3 R 3	33 R	330 R	K 33

5. Die Kennzeichnung von Widerstanden im kΩ- bzw. im MΩ-Bereich ist entsprechend

Belastbarkeit eines Widerstandes – was ist das?

Fließt ein Strom durch einen Widerstand, so wird in ihm Wärme erzeugt. Z. B. Beispiel gibt die inzwischen verbotene Glühfadenlampe nur 5 % der aufgenommenen Leistung als sichtbares Lichtes ab; 95 % wird als Wärme abgestrahlt.

Temperaturabhängigkeit des Widerstandes	
als Störungseinfluss	als Arbeitsprinzip
beim ohmschen Widerstand 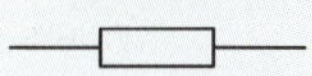	Heißleiter Kaltleiter 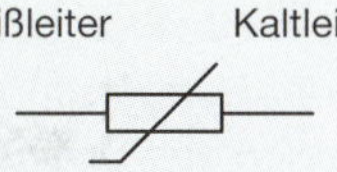
• handelsübliche lineare Widerstände unterschiedlicher Bauformen • verschiedene elektrische Geräte	• Widerstandswerkstoffe mit besonderer Temperaturabhängigkeit des Widerstandswertes

Tritt die Temperatur als Störungseinfluss auf, geben Hersteller von Widerständen an, welche elektrische Leistung P der Widerstand dauerhaft in Wärmeleistung umsetzen kann, z. B. $P = 0{,}05$ W.
Diese Werte beziehen sich auf eine Umgebungstemperatur von 40 °C oder 70 °C. Vergrößerte Oberflächen (Bild 6) oder dicke Anschlussdrähte begünstigen den Wärmeaustausch. Solche Maßnahmen haben Grenzen, die zu einer Begrenzung der Belastbarkeit führen.
Eine dauerhafte Überschreitung der Verlustleistung kann die Funktion einer Schaltung beeintrachtigen oder das Bauteil zerstören.

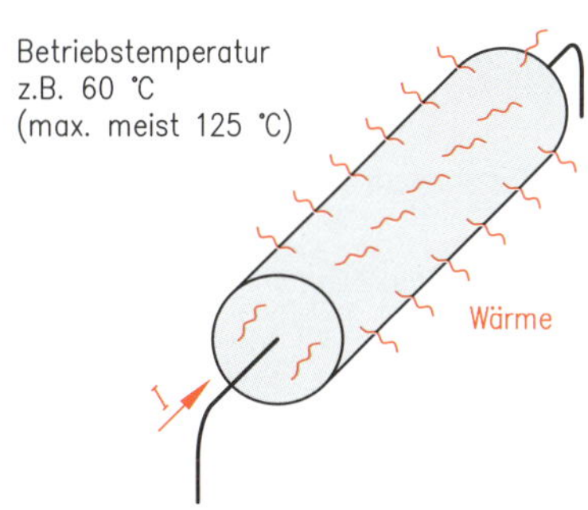

6. Die im Widerstand entstehende Wärme begrenzt die Belastbarkeit

Aufgaben

1. Was sind Festwiderstände?
2. Welche Toleranz haben Widerstandswerte der E12-Reihe?
3. Was besagt die Farbreihenfolge Rot-Rot-Gelb-Gold an einem Festwiderstand?
4. Wie groß ist der Nennwiderstand, wenn folgender Farbcode gegeben ist: Gelb-Violett-Blau-Silber?

1. Festwiderstände begrenzen den elektrischen Strom. Ihr Widerstandswert ist weitgehend konstant, auch dann, wenn physikalische Größen auf sie einwirken

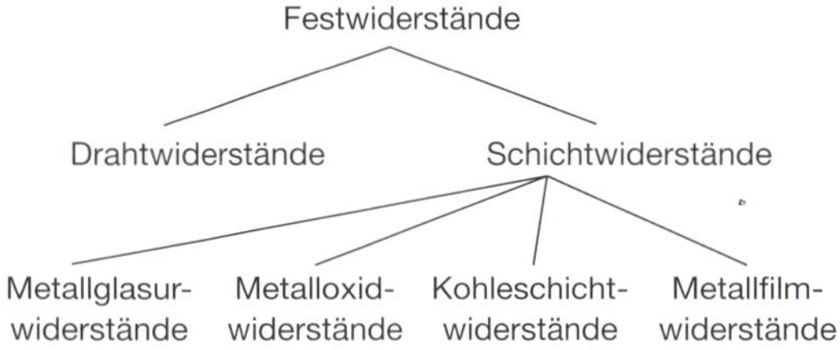

2. Aufbau und Widerstandswerkstoff bestimmen die Bauart

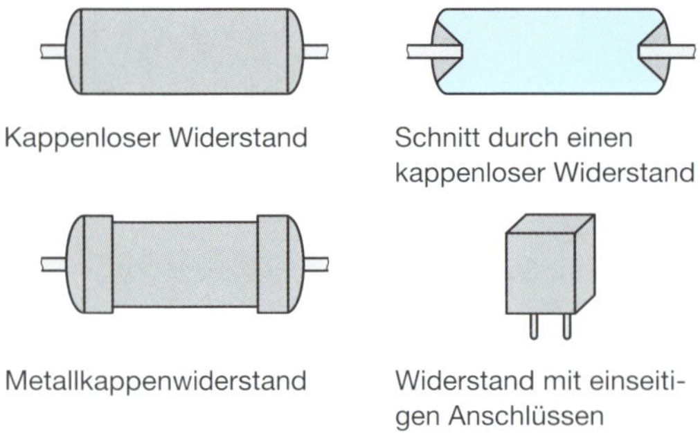

3. Axiale und weinseitige Drahtanschlüsse bei Schichtwiderständen

3.4 Bauarten von Festwiderständen

Bild 1 zeigt eine Platine mit unterschiedlichen Bauteilen, die die Funktion der elektronischen Baugruppe bestimmen.

Der Widerstand R762 ist defekt.

Die Platine ist mit unterschiedlichen **Festwiderständen** bestückt, die sich durch ihre **Kennwerte**, ihren **Aufbau** und den verwendeten **Werkstoff** unterscheiden. Welche Eigenschaften haben die verschiedenen Festwiderstände? Bild 2 zeigt eine Einteilung.

Wie sind Schichtwiderstände aufgebaut?

Bei Schichtwiderständen (film resistor) wird auf einen zylindrischen Keramik- oder Hartglaskörper eine dünne leitfähige Schicht durch Tauchen, Aufsprühen oder Aufdampfen im Vakuum aufgebracht. Als Schichtwerkstoffe verwendet man Kohle, Metalle oder Metalloxide.

> ***Schichtwiderstände bestehen aus Keramik- oder Hartglaskörpern mit einer dünnen leitfähigen Schicht.***

Den Widerstandsnennwert erhält man durch die Wahl der Schichtdicke mit Toleranzen bis ±5 %.

Bild 3 zeigt den weiteren Aufbau. Die Stirnseiten der Widerstandskörper erhalten entweder einen Metallüberzug und Bohrungen oder aufgepresste Metallkappen zur Verbindung der Anschlussdrähte mit der Widerstandsschicht. Lack- oder Kunstharzschichten schützen das Widerstandsmaterial gegen Feuchtigkeit, aggressive Bestandteile der Luft und mechanische Beschädigungen.

Für Leiterplatten werden Widerstände mit einseitigen Anschlüssen verwendet. Sie haben die richtige Länge und benötigen weniger Platz.

Schichtwiderstände mit geringen Toleranzwerten

Wird eine geringere Toleranz als ±5 % gefordert, müssen die Schichtwiderstände nachgearbeitet werden. Dazu werden in die aufgebrachte Schicht Rillen eingeschliffen (Bild 4). Diese Rillen verlaufen bandförmig (Wendelschliff) oder längs und quer (Mäanderschliff) über den Widerstandskörper. Durch den Wendelschliff ändert der Widerstand seine ohmschen Eigenschaften: Sein Widerstandswert steigt im Wechselstromkreis mit der Frequenz.

Aufbau von Drahtwiderständen

Drahtwiderstände bestehen nach Bild 5 aus einem Körper aus Keramik oder Kunststoff, auf dem ein Widerstandsdraht aufgewickelt ist. Lack oder Oberflächenoxidschichten isolieren die Widerstandsdrähte. Doppeldrahtige (bifilare) Wicklungen verhindern, dass der Widerstand im Wechselstromkreis seine ohmschen Eigenschaften verliert.
Anschlussmöglichkeiten über Schellen-, Lötfahnen- oder Kappenanschlüsse zeigt Bild 6. Die Umhüllung der Widerstandswicklung besteht aus Lack, Kunststoff, Zement oder glasierter Keramik. Letztere bieten einen hervorragenden Schutz gegen Feuchtigkeit, aggressive Bestandteile der Luft und mechanische Beanspruchung. Ungeschützte Drahtwiderstände können bis zum Schmelzpunkt der Lötstellen erwärmt werden; damit ist eine maximale Belastung möglich.

Welcher Widerstand ist wofür geeignet?

Drahtwiderstände haben eine hohe Altersbeständigkeit und Belastbarkeit sowie einen geringen Temperatureinfluss auf den Widerstandswert. Sie werden im Niederfrequenzbereich eingesetzt, wo es auf ein kleines Bauvolumen t ankommt und wo die Widerstandsänderung durch Temperatureinfluss gering sein muss (z.B. Messwiderstände).
Kohleschichtwiderstände besitzen gute Hochfrequenzeigenschaften. Bei hohen Widerstandswerten ändert sich der Nennwert in Abhängigkeit von der Temperatur allerdings erheblich. Das Überschreiten der höchstzulässigen Betriebstemperatur kann eine bleibende Widerstandsänderung zur Folge haben.
Metallfilmwiderstände vereinigen die geringe Temperaturabhängigkeit von Drahtwiderständen mit den guten Hochfrequenzeigenschaften der Kohlewiderstände. Sie erfüllen in hohem Maße die in der Technik gestellten Anforderungen.

Aufgabe

1. Nennen Sie Einsatzgebiete der verschiedenen Festwiderstände, die sich durch ihre unterschiedlichen Eigenschaften begründen lassen.
2. Die Platine in Bild 1 ist ein Teil einer Schaltung, die hochfrequente Schwingungen erzeugt und Temperaturschwankungen ausgesetzt ist. Welche Widerstandsart muss für R762 eingesetzt werden?

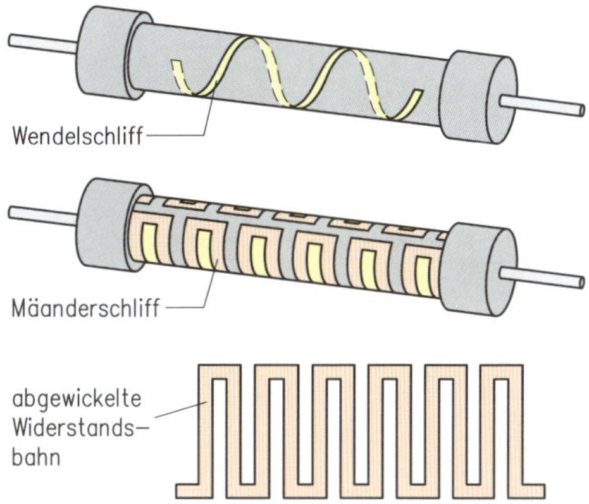

4. Schichtwiderstände mit Mäanderschliff behalten im Wechselstromkreis ihre ohmschen Eigenschaften.

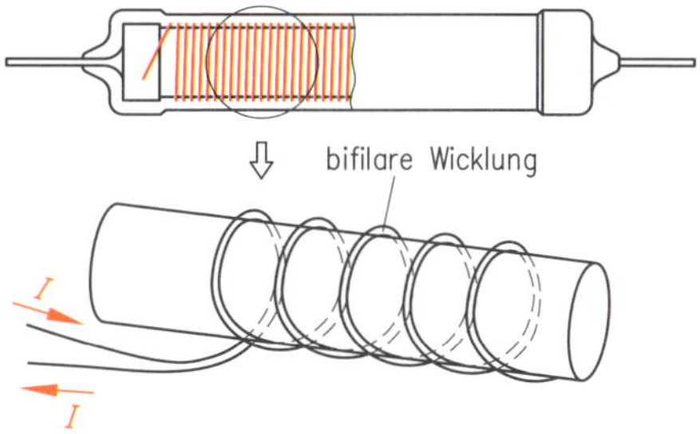

5. Werkstoff, Länge und Querschnitt der Widerstandsdrähte bestimmen den Widerstandsnennwert

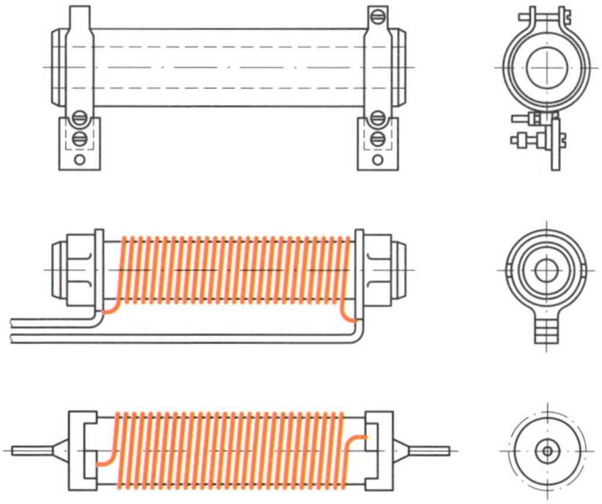

6. Als Anschluss eines Drahtwiderstandes dienen Schellen oder Drähte

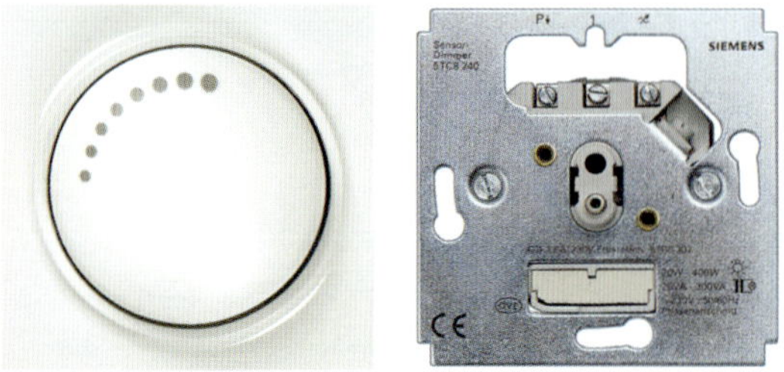

1. *Durch Verändern eines Widerstandswertes wird über den Dimmer die Helligkeit von Glühlampen eingestellt.*

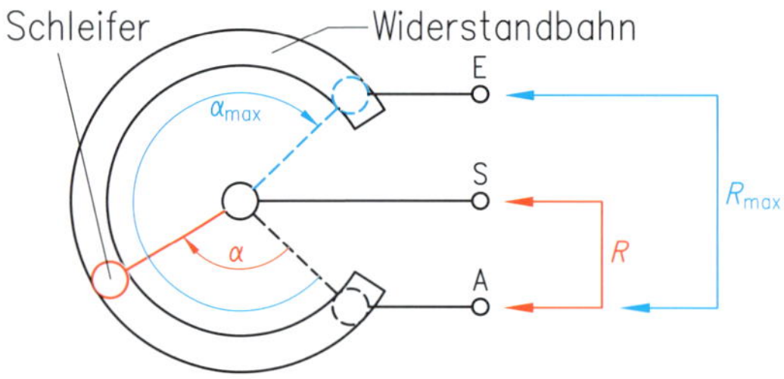

2. *Mit A und E werden Anfang und Ende der Widerstandsbahn bezeichnet. S kennzeichnet den verstellbaren Abgriff (Schleifer).*

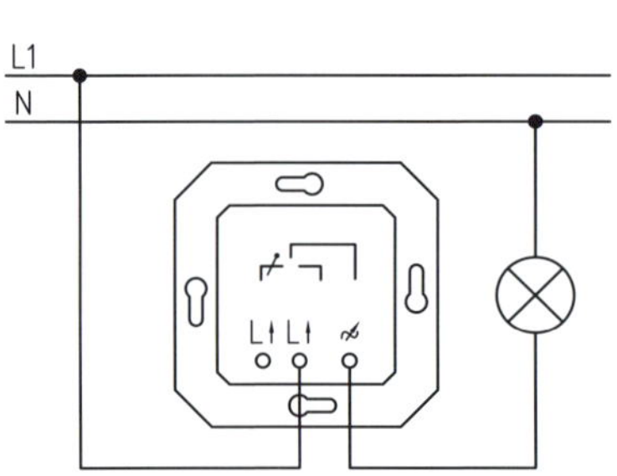

3. *Der Dimmer kann auch als Ein-Aus-Schalter oder als Wechselschalter verwendet werden.*

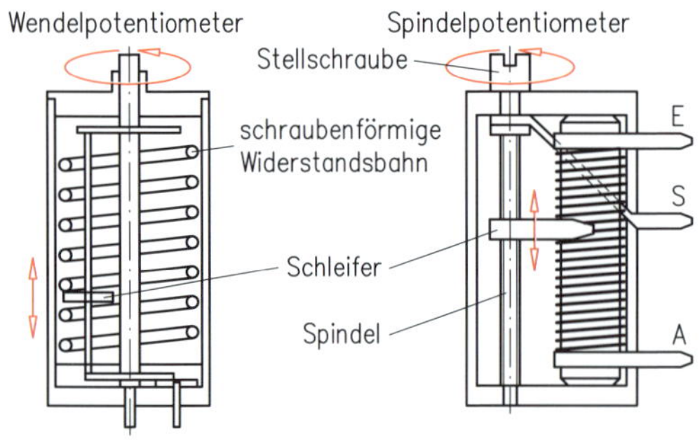

4. *Durch die Vervielfachung der Widerstandsbahn ergeben sich bis zu 50 Achsen- bzw. Spindelumdrehungen.*

3.5 Was ist ein Potentiometer?

Zum Einstellen der Helligkeit einer Glühlampe wird ein Drehknopfdimmer nach Bild 1 installiert. Das Licht wird durch das Drehen des Knopfes geregelt.

> ***Dimmer sind Steuerungen, die stufenlos die Leistung von Verbrauchern einstellen.***

Dimmer haben Widerstände, deren Widerstandswert mechanisch verändert werden kann.

Wie sind veränderbare Widerstände aufgebaut?

Die meisten veränderbaren Widerstände sind **Drehwiderstände** (Bild 2). Der Widerstandswert wird über einen Schleifkontakt abgegriffen, der sich kreisförmig auf einer **Kohlebahn, Metallschicht** oder **Drahtwicklung** bewegt.

> *Veränderbare Widerstände, deren Widerstandswert durch Drehen einer Achse verändert wird, heißen **Potentiometer**.*

Wie wird die Widerstandsänderung erreicht?

Der Widerstand R wird nach Bild 2 zwischen der Anfangslötfahne A und dem Schleifer S gemessen. Dieser Bereich Arbeitsbereich genannt und bestimmt den Widerstandswert am Schleifer. Er steigt an, wenn die Achse des Potentiometers im Uhrzeigersinn gedreht wird. Dieser Bereich Arbeitsbereich genannt und bestimmt den Widerstandswert am Schleifer. Der Drehwinkel des Schleifers umfasst etwa einen Winkel von 270°.

Man unterscheidet nach der Art der Betätigung **Schiebe-** und **Drehpotentiometer**.

Die Anschlussklemmen beim Dimmer in Bild 3 werden durch Symbole gekennzeichnet:

- Zwei L-Klemmen mit Pfeil zum Dimmer
- Sinuslinie mit schrägem Pfeil vom Dimmer zum Verbraucher.

Für eine einmalige oder seltene Korrektur von Widerstandswerten gibt es den **Trimmer**, der mit einem Schraubendreher zu verstellen ist.

Potentiometer sichern die Funktionsfähigkeit

Eine Vielzahl von elektrischen und elektronischen Geraten oder Baugruppen müssen im Servicefall neu eingestellt werden, um die optimale Gerätefunktion wieder herzustellen. Dazu verwendet man u. a. spezielle Potentiometer (Bild 4).

Potentiometer für bestimmte Aufgaben

Ein Beispiel dafür ist das menschliche Lautstärkeempfinden: Es nimmt nicht proportional mit steigendem Schalldruck zu, sondern langsamer. Um trotzdem eine lineare Lautstärkeempfindung zum Drehwinkel des Lautstärkereglers an Radios, Fernsehgeräten zu erhalten, muss das Potentiometer eine entgegengesetzte Charakteristik der Ohrkurve haben.

Damit bestimmt der Bedarf die Widerstandsverläufe: **Lineare** Potentiometer ändern den Widerstandswert gleichmäßig mit dem Drehwinkel. Die Widerstandskurve ergibt nach Bild 5 eine Gerade. **Logarithmische** Potentiometer andern den Widerstandswert nach einer logarithmischen Funktion. Nach Bild 5 sind zwei Verlaufe möglich: Beim **positiv logarithmischen** Verlauf nimmt der Widerstandswert je Drehwinkelgrad zunächst sehr langsam zu, steigt dann in der zweiten Hälfte des Drehbereichs stark an. Beim **negativ logarithmischen** Verlauf sind die Verhältnisse umgekehrt.

Um die negative Höhrcharakteristik des Ohres zu kompensieren, muss der Widerstandsverlauf des Lautstärke-Einstellers bei Musikverstärkern positiv logarithmisch sein.

Ist der Widerstandsverlauf angegeben?

Gesamtwiderstand und Verlauf der Widerstandskurve sind bei jedem Potentiometer aufgedruckt bzw. angegeben:

R = 100 kΩ, linear: „100 k"

R = 100 kΩ, pos. log.: „100 k + log" oder „+ 100 k"

R = 100 kΩ, neg. log.: „100 k – log" oder „– 100 k"

Als weiterer Kennwert des Potentiometers ist noch die **Belastbarkeit** zu nennen. Sie gilt für die gesamte Widerstandsbahn. In Bild 6 ist neben anderen Kennwerten die Belastbarkeit verschiedener Potentiometer angegeben.

Aufgaben

1. Deuten Sie mit dem Diagramm 5 den Verlauf der Widerstandswerte für die dargestellten Potentiometer bei verschiedenen Winkelstellungen.
2. Von einem Potentiometer sind folgende Werte bekannt: R = 25 kΩ; P = 0,25 W. Bestimmen Sie die Stromstärke, die maximal über die Widerstandsbahn fließen darf. Wie hoch ist die Belastbarkeit, wenn das Potentiometer auf den halben Widerstandswert eingestellt ist?

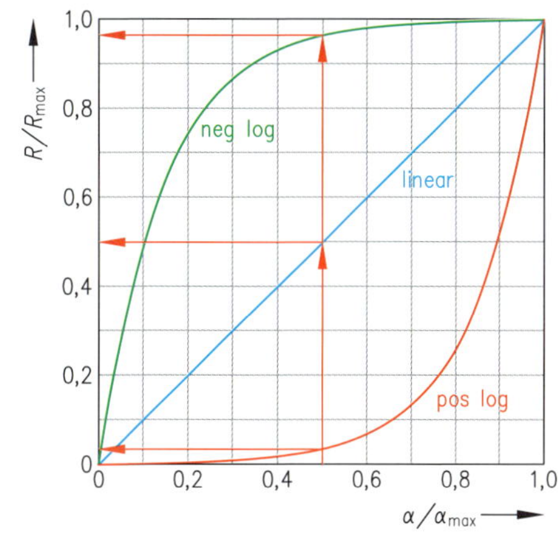

5. Widerstandskurven handelsüblicher Potentiometer: Bei der gleichen Schleiferstellung ergeben sich unterschiedliche Widerstandswerte.

Max. Belastung bei 40 °C	Nennwiderstandsbereich nach Reihe E3	Widerstandskurve
Schichtpotentiometer		
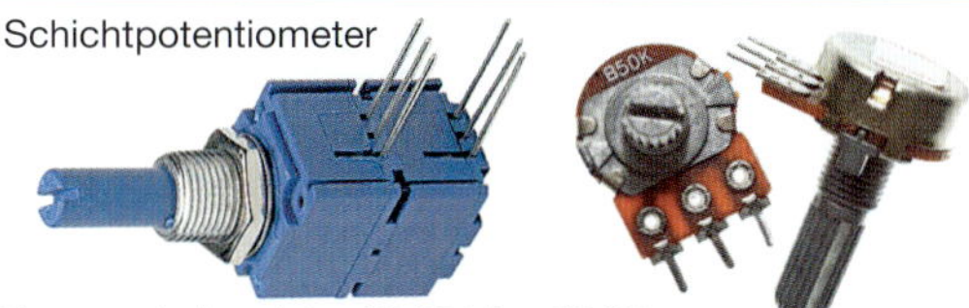		
Temperaturbereich –10 °C bis +70 °C		
0,25 W	220 Ω bis 4,7 MΩ	linear
0,125 W	1 kΩ bis 4,7 MΩ	logarithmisch
0,25 W	22 kΩ bis 1 MΩ	Balance (nur bei Tandem)
Schiebepotentiometer		
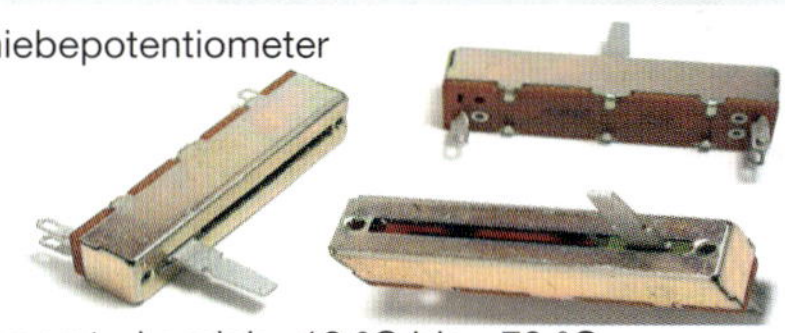		
Temperaturbereich –10 °C bis +70 °C		
0,4 W	220 Ω bis 10 MΩ	linear
0,2 W	1 kΩ bis 4,7 MΩ	logarithmisch
0,2 W	1 kΩ bis 4,7 MΩ	neg. logarithmisch
0,2 W	470 Ω bis 4,7 MΩ	semi-logarithmisch
0,2 W	10 kΩ bis 4,7 MΩ	Balance
Schicht-Trimmpotentiometer		
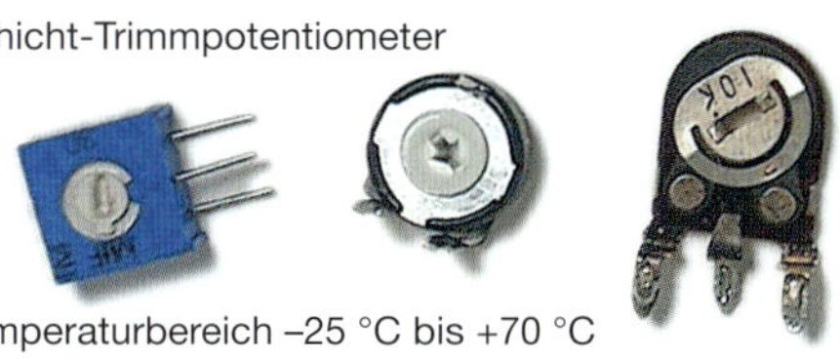		
Temperaturbereich –25 °C bis +70 °C		
0,25 W	100 Ω bis 10 MΩ	

6. Veränderbare Drahtwiderstände sind höher belastbar (bis 1 kW) als Schichtwiderstände.

1. Baustromverteiler auf einer Baustelle

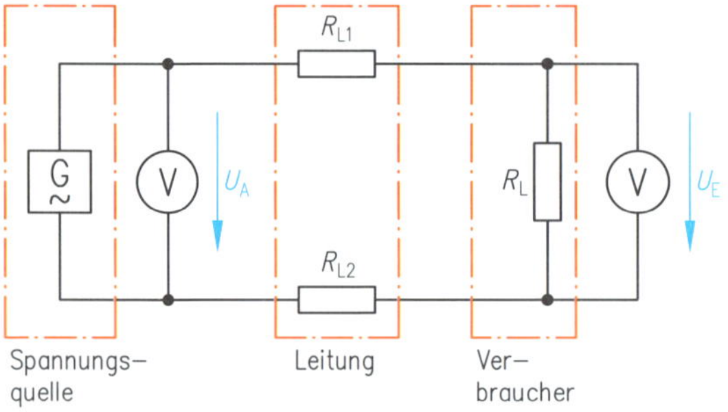

2. Ersatzschaltbild der Stromversorgung in einem Rohbau

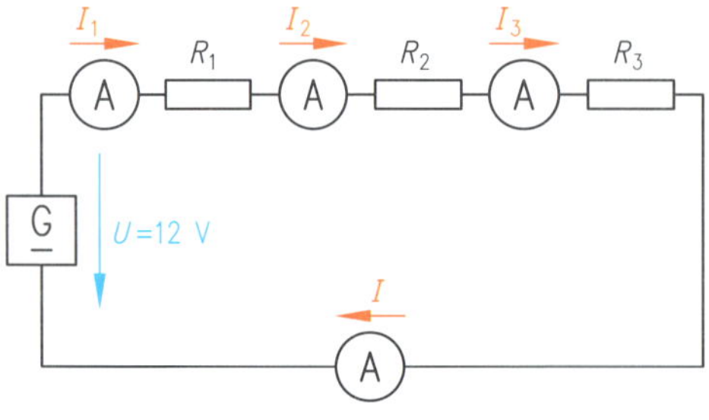

I_1 in A	I_2 in A	I_3 in A	I in A
0,18	0,18	0,18	0,18

3. Messergebnis in der Reihenschaltung

4 Elektrische Grundschaltungen

4.1 Reihenschaltung von Widerständen

Eine Halogenleuchte wird über eine 100 m lange Leitung (3 · 1,5 mm²) an einen Baustromverteiler (Bild 1) angeschlossen. Als andere Handwerker an die gleiche Leitung eine Heizung anschließen, leuchtet die Halogenleuchte deutlich schwächer als vorher. Wieso?

Vorgehensweise zur Behebung des Fehlers

Die Spannungsmessungen in der Anlage ergeben folgende Werte:

- Spannung am Baustromverteiler: U_A = 230 V
- Spannung am Ende der Leitungstrommel:
  ohne Halogenleuchte: U_E = 230 V
  mit Halogenleuchte: U_E = 220,4 V
- mit Halogenleuchte und Heizung: U_E = 190 V

Die Spannung am Ende einer Versorgungsleitung sinkt, je mehr Verbraucher angeschlossen werden.

Geht Spannung auf der Leitung „verloren"?

Leitungen haben einen Widerstand, der von der Länge, dem Querschnitt und dem Material abhängt. Dies führt zu einem Ersatzschaltbild mit den entsprechenden Schaltzeichen (Bild 2).
Zu erkennen ist, dass der Hin- und Rückleiter jeweils einen Leitungswiderstand R_L haben.

Ist die Stromstärke überall gleich?

Die Frage soll durch einen Versuch beantwortet werden:
Versuch 1: Drei Widerstände R_1 = 10 Ω, R_2 = 22 Ω und R_3 = 33 Ω werden entsprechend Schaltung 3 hintereinander geschaltet und die zugehörigen Ströme gemessen. Die Spannung der Spannungsquelle beträgt 12 V.
Die Messergebnisse in Tab. 3 bestätigen die Vermutung. Dies ist das Kennzeichen einer **Reihenschaltung**.

In einer Reihenschaltung werden alle Verbraucher von demselben Strom durchflossen.

Reihenschaltungen werden auch **Serien-** oder **Hintereinanderschaltungen** genannt.

Wie verhalten sich die Spannungen?

Um die Frage beantworten zu können, werden die Ergebnisse eines Versuchs ausgewertet:

Versuch 2: Die drei Widerstände R_1 = 10 Ω, R_2 = 22 Ω und R_3 = 33 Ω werden wieder in Reihe geschaltet und parallel zu den Widerständen die zugehörigen Spannungen gemessen (Messschaltung 4).

Die angelegte Gesamtspannung teilt sich in die Teilspannungen U_1, U_2 und U_3 auf.

Der Vergleich der Teilspannungen mit der Gesamtspannung ergibt folgenden Zusammenhang:

> ***In einer Reihenschaltung ist die Summe der Teilspannungen gleich der Gesamtspannung.***

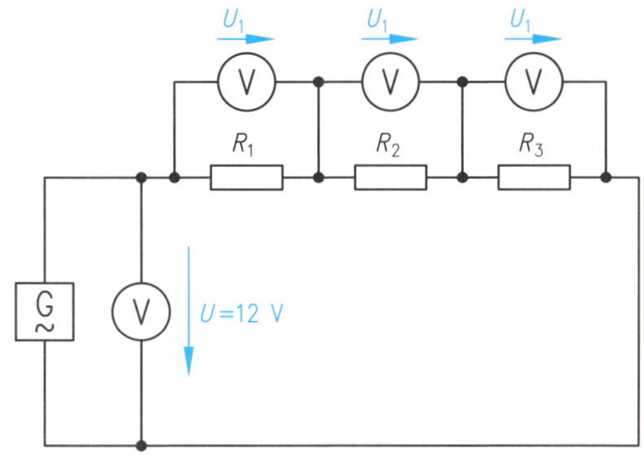

U in V	U_1 in V	U_2 in V	U in V
12	1,8	4,1	6,1

4. Die Gesamtspannung U teilt sich in einer Reihenschaltung auf.

Die Teilspannungen werden auch als **Spannungsfall** bezeichnet. Damit ist die Potentialdifferenz gemeint, die zwischen den Anschlüssen eines vom Strom durchflossenen Widerstandes entsteht.

Zweites Kirchhoffsches Gesetz

Schließt man von drei auf *n* Teilwiderstände, dann erhält man eine Gleichung, die als **zweites Kirchhoffsches** Gesetz bezeichnet wird:

$$U = U_1 + U_2 \ldots + U_n$$

U	Gesamtspannung in V
U_1, U_2, U_n	Teilspannungen in V

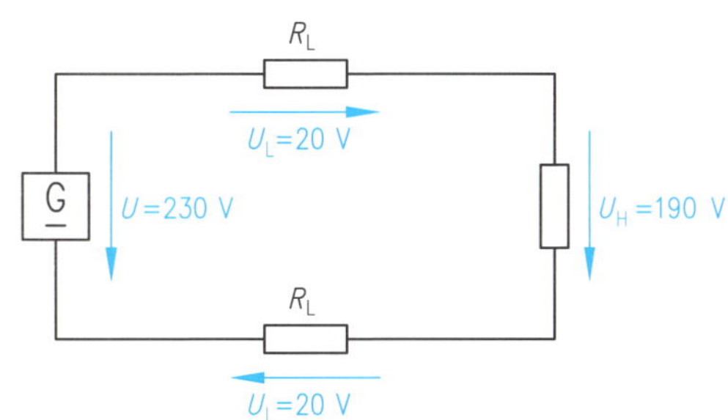

5. Das Ausgangsproblem des Baustromverteilers als Reihenschaltung

Die Leitung als Teilwiderstand

Nun ist klar, warum am Ende des Verlängerungskabels in Bild 1 nur 190 V anliegen. Hin- und Rückleiter der 100 m langen Leitung bilden Teilwiderstände, an denen nach Bild 5 jeweils 20 V als Teilspannungen abfallen. Die Spannung geht also nicht „verloren".

Die gemessenen Teilspannungen lassen sich gemäß Beispiel 6 auch mit dem ohmschen Gesetz ermitteln, da die Widerstände und die Stromstärke aus Versuch 1 bekannt sind.

Die Widerstände in Versuch 1 betragen 10 Ω, 22 Ω und 33 Ω. Es fließt ein Strom von 0,18 A. Berechnen Sie die Teilspannungen. ***Lösung:***

Geg.: $R_1 = 10\ \Omega$; $R_2 = 22\ \Omega$; $R_3 = 33\ \Omega$; $I = 0{,}18\ A$;

ges.: U_1; U_2; U_3

$U_1 = I \cdot R_1$

$U_1 = 0{,}18\ A \cdot 10\ \Omega$

$U_1 = \mathbf{1{,}8\ V}$

$U_2 = I \cdot R_2$

$U_2 = 0{,}18\ A \cdot 22\ \Omega$

$U_2 = \mathbf{4{,}1\ V}$

$U_3 = I \cdot R_3$

$U_3 = 0{,}18\ A \cdot 33\ \Omega$

$U_3 = \mathbf{6{,}1\ V}$

Aufgaben

1. Warum erlöschen alle anderen Lampen einer Weihnachtsbaumbeleuchtung, wenn eine Lampe entfernt wird?
2. Bestimmen Sie für das eingangs gestellte Problem
   a) die Stromstärke im Stromkreis,
   b) den Widerstand der Heizung, wenn folgende Daten bekannt sind: 3 · 1,5 mm² Cu; I = 100 m

Farbe	Arbeitsspannung	Arbeitsstrom
gelb	2,0 – 2,2 V	20 mA
grün	2,2 – 2,4 V	20 mA
rot	1,6 – 1,8 V	20 mA
weiß	XXX	XXX

1. LEDs haben unterschiedliche Betriebsspannungen.

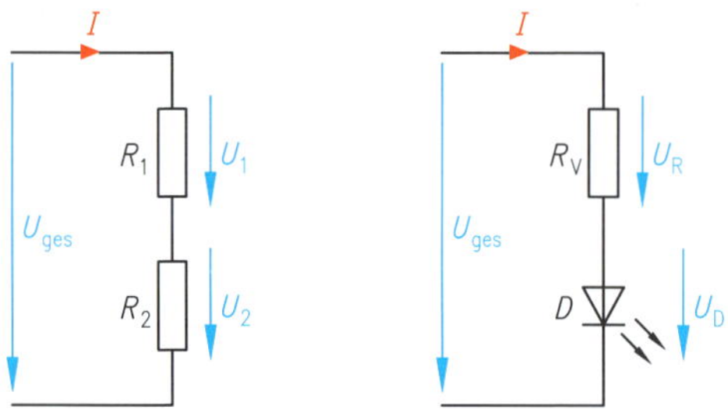

2. In Reihenschaltungen wird die Gesamtspannung aufgeteilt.

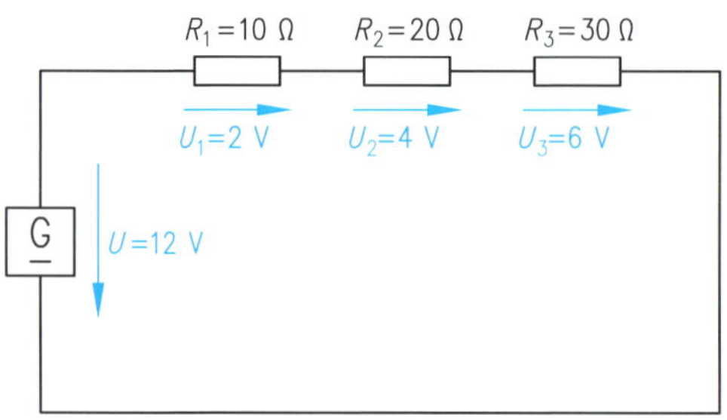

3. Die Widerstandsverhältnisse bestimmen Aufteilung der Gesamtspannung.

$U_V / U_D = R_V / R_D \rightarrow R_V = U_V / U_D \times R_D$
$R_D = U_D / I_D \rightarrow R_D = 2\ V / 0{,}02\ A \rightarrow R_D = 100\ \Omega$
$R_V = 10\ V / 2\ V \times 100\ \Omega \rightarrow RV = 500\ \Omega$

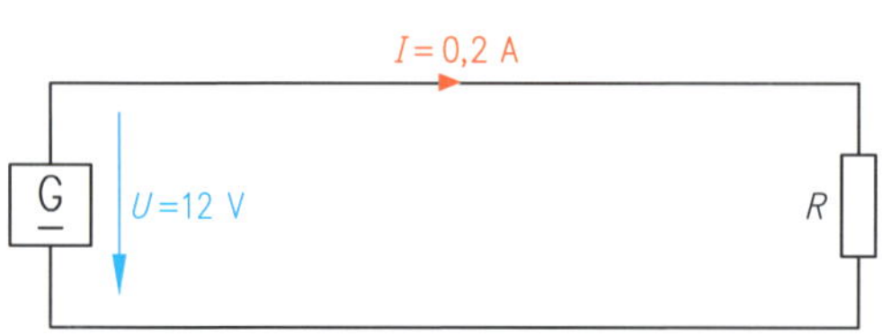

$R = U / I \rightarrow R = 12\ V / 0{,}2\ A \rightarrow R = 60\ \Omega$

4. Summe der Widerstände in Schaltung 3: $R_g = 60\ \Omega$

4.2 Die richtige Spannung für Verbraucher

In vielen Bereichen der Elektronik wird mit festen Betriebsspannungen, z. B. mit 5 V oder 12 V, gearbeitet. Viele Bauteile – wie Leuchtdioden (LED) in Bild 1 – sind für diese Spannung nicht geeignet. Sie arbeiten je nach Typ z. B. mit 1,6 bis 2,5 V.
Deshalb muss die Gesamtspannung mit einem Vorwiderstand reduziert werden (Bild 2 rechts).
Welcher Vorwiderstand der E12-Reihe ist notwendig, damit eine gelbe LED bei einer Betriebsspannung von 10 V nicht zerstört wird?

Wie verhalten sich Widerstände in Reihenschaltungen?

Bild 3 zeigt die Aufteilung der Gesamtspannung in Teilspannungen. Diese wurden gemessen. Vergleichen wir die Teilspannungen mit den zugehörigen Widerständen, dann gilt:

> ***Bei einer Reihenschaltung ist das Verhältnis zweier Teilspannungen gleich dem Verhältnis der zugehörigen Widerstände.***

$$\frac{U_1}{U_2} = \frac{R_1}{R_2} \quad \text{oder} \quad \frac{U_x}{U_n} = \frac{R_x}{R_n}$$

U_1, U_2, U_x, U_n	Teilspannungen in V
R_1, R_2, R_x, R_n	Teilwiderstände in Ω

Die Werte verdeutlichen, dass am größeren Teilwiderstand die größere Teilspannung und am kleineren Teilwiderstand auch die kleinere Teilspannung liegt.
Im Vergleich zur LED muss am Vorwiderstand eine etwa 5-fache Teilspannung abfallen. Somit sollte der Vorwiderstand auch den 5-fachen Widerstandswert haben. Dies wird durch die Widerstands- und Spannungsverhältnisse in Bild 3 bestätigt.
Die Berechnung des Vorwiderstandes RV (links) ergibt 500 Ω. Die E12-Reihe bietet von 470 Ω oder 560 Ω an. Der höhere Wert wird gewählt, um die LED nicht zu überlasten.

Was begrenzt den Strom in einer Reihenschaltung?

In Schaltung 3 erzeugt die Spannung U = 12 V eine Stromstärke von 0,2 A. Sie kann auch durch nur einen Widerstand 60 Ω erzeugt werden (Bild 4). Er ersetzt die Teilwiderstände der Reihenschaltung und wird daher auch **Ersatzwiderstand** oder **Gesamtwiderstand** R genannt.

Der Gesamtwiderstand R in einer Reihenschaltung ist gleich der Summe der Teilwiderstände R_1 bis R_n.

$R = R_1 + R_2 \ldots + R_n$	Vgl. Ableitung 4.
R	Gesamtwiderstand in Ω
R_1, R_2 bis R_n	Teilwiderstände in Ω

Damit ist der Gesamtwiderstand immer größer als der größte Teilwiderstand. Das 2. Kirchhoffsche Gesetz (rechts oben) bestätigt diese Aussage.

Mehrere Spannungsquellen in einer Reihenschaltung

Sind nach Bild 5 mehrere Spannungsquellen in der Schaltung vorhanden, wendet man für das 2. Kirchhoffsche Gesetz die sogenannte **Maschenregel** an:

Bei einem Maschenumlauf ist die Summe aller Spannungen gleich null: $\sum U = 0$.

Eine Masche besteht aus den Spannungen eines Stromkreises. Der Umlaufsinn kann beliebig gewählt werden. Spannungspfeile in Richtung des Umlaufs bekommen ein positives Vorzeichen, Spannungspfeile gegen die Umlaufrichtung bekommen ein negatives Vorzeichen.

In der Reihenschaltung

- ist die Stromstärke an allen Stellen der Schaltung gleich groß.
- verhalten sich die Spannungen zueinander wie die zugehörigen Widerstände.
- ist die Gesamtspannung U gleich der Summe der Einzelspannungen U_1 bis U_n.
- ist der gesamte Widerstand R stets größer als der kleinste Einzelwiderstand.
- ist der Gesamtwiderstand R gleich der Summe der Einzelwiderstände R_1 bis R_n.

Aufgaben

1. Mit einem Messwerk soll eine Spannung von 20 V angezeigt werden, obwohl es bereits bei 0,3 V seinen Vollausschlag erreicht. Bei Vollausschlag fließt ein Strom von 1 mA. Welcher Vorwiderstand muss gewählt werden?
2. Wählen Sie die Teilwiderstände einer Reihenschaltung, wenn eine Teilspannung U_1 = 100 V und die Gesamtspannung 150 V ist.

In einer Reihenschaltung gilt das 2. Kirchhoffsche Gesetz:

$U = U_1 + U_2 \ldots + U_n$

In dieser Gleichung ersetzen wir die Spannungen wie folgt:

$U = I \cdot R_g$

$U_1 = I \cdot R_1$

$U_2 = I \cdot R_2$

$U_n = I \cdot R_n$

Dann ergibt sich folgende Gleichung:

$I \cdot R = I \cdot R_1 + I \cdot R_2 \ldots + I \cdot R_n$

Oder:

$I \cdot R = I\,(R_1 + R_2 \ldots + R_n)$

Wir dividieren die Gleichung durch I. Daraus folgt:

$R = R_1 + R_2 \ldots + R_n$

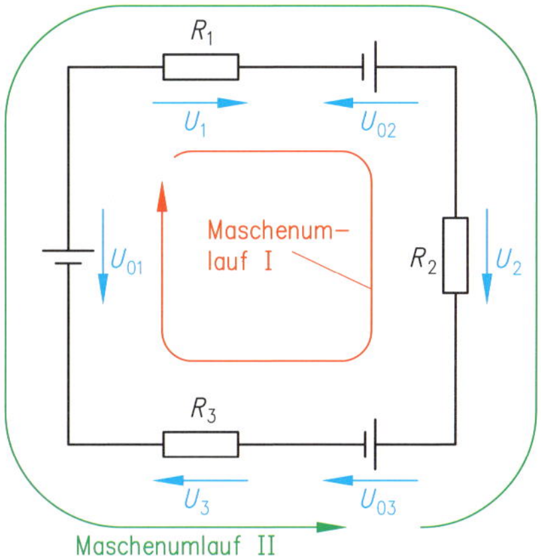

5. Anwendung der Maschenregel

Das 2. Kirchhoffsche Gesetz, auf den Maschenumlauf I angewendet, ergibt:

$U_1 - U_{02} + U_2 + U_{03} + U_3 - U_{01} = 0$

Durch Umstellen ergibt sich:

$U_{01} + U_{02} - U_{03} = U_1 + U_2 + U_3$

Das 2. Kirchhoffsche Gesetz, auf den Maschenumlauf II angewendet, ergibt:

$-U_2 + U_{02} - U_1 + U_{01} - U_3 - U_{03} = 0$

Durch Umstellen ergibt sich:

$U_{01} + U_{02} - U_{03} = U_1 + U_2 + U_3$

Beide Ansätze führen zum gleichen Ergebnis

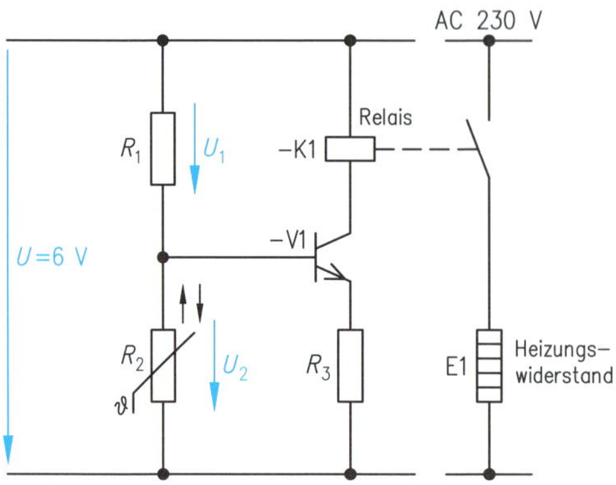

1. Prinzipieller Aufbau eines elektronischen Heizungsthermostats

Widerstandsänderung durch Physikalische Größen		
Temperaturabhängige Widerstände	ϑ **NTC-** (Heißleiter)	ϑ **PTC-Widerstand** (Kaltleiter)
Magnetfeldabhängige Widerstände	X	
Lichtabhängige Widerstände		
Spannungsabhängige Widerstände	U	
Dehnungsabhängige Widerstände	Δl	

2. Einteilung nichtlinearer Widerstände mit Schaltzeichen

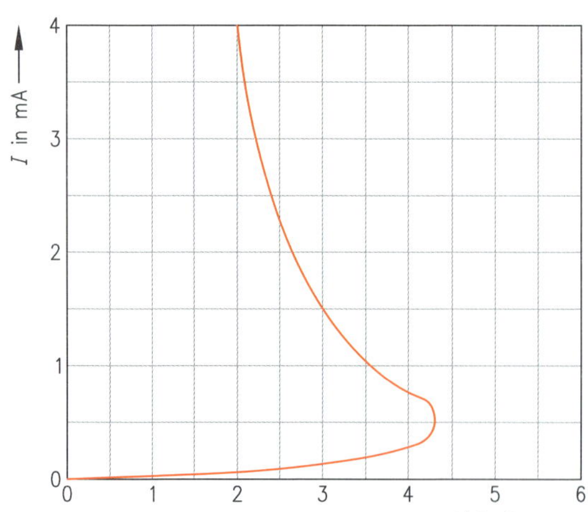

3. Mit steigender Spannung bzw. Temperatur sinkt der Widerstandswert

4.3 Auswahl eines Temperatursensors

Schaltung 1 zeigt den prinzipiellen Aufbau einer Transistorschaltung zur Steuerung eines Heizungswiderstandes. Der Widerstand R_1 ist defekt und sein Wert ist zu ermitteln.

Schaltungsanalyse: Die Widerstände R_1 und R_2 bilden eine Reihenschaltung. Nach Bild 2 ist R_2 ein temperaturabhängiger **NTC-Widerstand** (Negativer Temperaturcoeffizient): Bei Temperaturerhöhung sinkt sein Widerstandswert.

Dadurch wird die Teilspannungen U_1 größer, U_2 dagegen kleiner. Der Transistor schaltet die Heizung ab, wenn $U_2 < 4{,}5$ V wird.

Wie wird R_2 bestimmt?

Der Widerstand R_2 ist kein **ohmscher Widerstand.** Der Graph im *I-U*-Diagramm ist keine Gerade (Diagramm 3), sodass das ohmsche Gesetz zur Berechnung nicht eingesetzt werden kann.

> ***Bei nichtlinearer Bauteilen wird das zeichnerische Verfahren angewendet.***

Zeichnerische Lösung – wie geht das?

Dieses Verfahren soll zunächst an einer Reihenschaltung zweier ohmscher Widerstände nach Bild 4 verdeutlicht werden.

Vereinbarung:

- **Der Nullpunkt des Koordinatensystems entspricht dem Minuspol der Gesamtspannung.**
- **Der Endwert (U = 12 V) entspricht dem Pluspol der Gesamtspannung.**

Mit dieser Vereinbarung werden folgende Schritte durchgeführt:

1. Schritt: Da der Widerstand R_1 am Pluspol liegt, wird in Bild 5 die Widerstandsgerade von +12 V aus ansteigend eingezeichnet; entsprechend die Widerstandsgerade R_2 vom Nullpunkt, da R_2 am Minuspol liegt.

2. Schritt: Die beiden Geraden schneiden sich im **Arbeitspunkt** dieser Schaltung. Projiziert man diesen Punkt auf die Stromachse (Ordinate), so erhält man die Stromstärke. Projiziert man den Arbeitspunkt auf die Spannungsachse (Abszisse), so erhält man unter Beachtung der Spannungsrichtung die Teilspannungen U_1 und U_2.

3. Schritt: Durch die Koordinaten U = 12 V und I = 2 mA wird der Gesamtwiderstand R = 6 kΩ ermittelt.

Zeichnerische Lösung bei nichtlinearen Widerständen

Mit dem zeichnerischen Verfahren lassen sich Schaltungen mit Dioden, Transistoren, Thyristoren usw. in gleicher Weise lösen.

> ***Das zeichnerische Verfahren zur Arbeitspunktbestimmung kann angewendet werden, wenn das I-U-Diagramm des nichtlinearen Bauteils bekannt ist.***

Beim gestellten Problem sind der Teilwiderstand R_2 und der Arbeitspunkt $U_2 < 4{,}5$ V vorgegeben. Diagramm 6 verdeutlicht die einzelnen Schritte:

1. Schritt: Die Widerstandskennlinie des NTC-Widerstands aus Diagramm 2 kann übernommen werden, da der Widerstand R_2 am Minuspol der Spannungsquelle liegt.

2. Schritt: Der Arbeitspunkt mit den Teilspannungen $U_2 = 4{,}25$ V und $U_1 = 1{,}75$ V wird unter Beachtung der Spannungsrichtungen eingezeichnet.
Nun wird der Arbeitspunkt mit dem Pluspol +6 V verbunden. Dies ist die Widerstandsgerade von R_1.

3. Schritt: Mit dem ohmschen Gesetz wird nun der Wert von R_1 bestimmt. Dazu wird die im Arbeitspunkt auftretende Stromstärke aus dem Diagramm abgelesen.

$$R_1 = \frac{U_1}{I} \qquad R_1 = \frac{1{,}75\ \text{V}}{0{,}5\ \text{mA}} \qquad R_1 = 3{,}5\ \text{k}\Omega$$

4. Stromstärke und Teilspannungen lassen sich zeichnerisch bestimmen

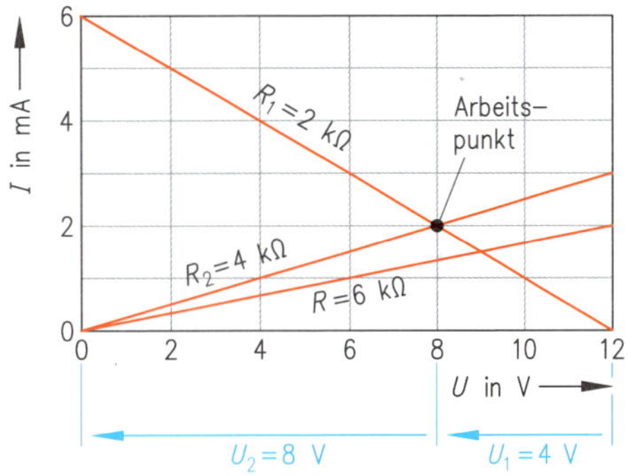

5. Reihenschaltung von Widerständen bei gegebener Gesamtspannung

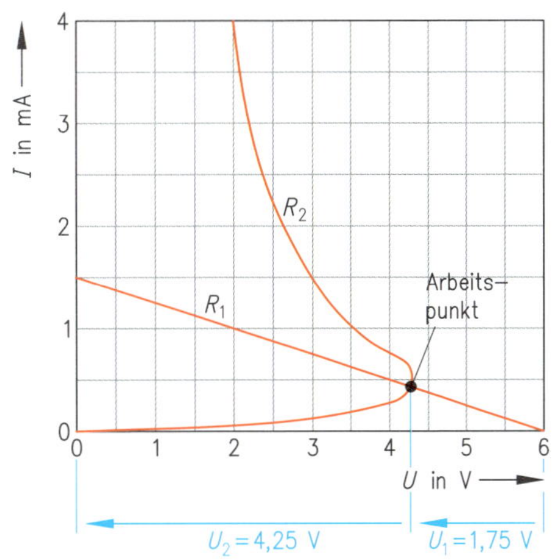

6. Ermittlung eines Teilwiderstandes bei gegebenem Arbeitspunkt

Aufgaben

1. Eine Lampe ($R = 1$ kΩ) soll mit $U = 30$ V betrieben werden. Da die Lampe nur für 20 mA (ausgelegt ist, muss ein entsprechender Vorwiderstand verwendet werden. Bestimmen Sie rechnerisch und zeichnerisch den Vorwiderstand.
2. Ermitteln Sie aus Bild 6 den Gesamtwiderstand R.
3. Von einer Reihenschaltung sind folgende Werte bekannt: $U = 10$ V; $R = 6$ kΩ; $R_1 = 2$ kΩ. Bestimmen Sie zeichnerisch den Teilwiderstand R_2.

1. *Wie wird die Leistungsaufnahme des Radiators verändert?*

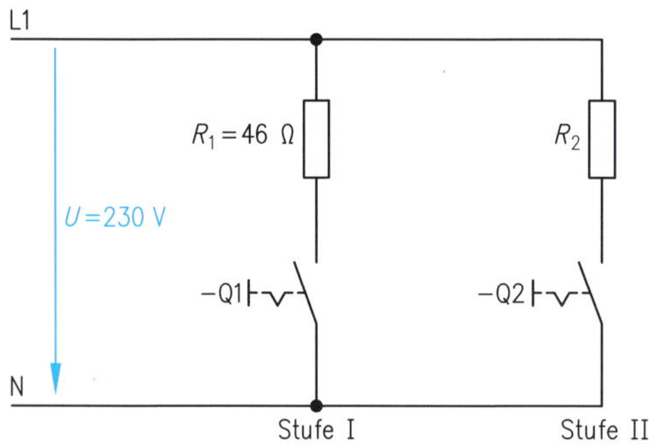

2. *Die Heizstäbe können als ohmsche Widerstände dargestellt werden.*

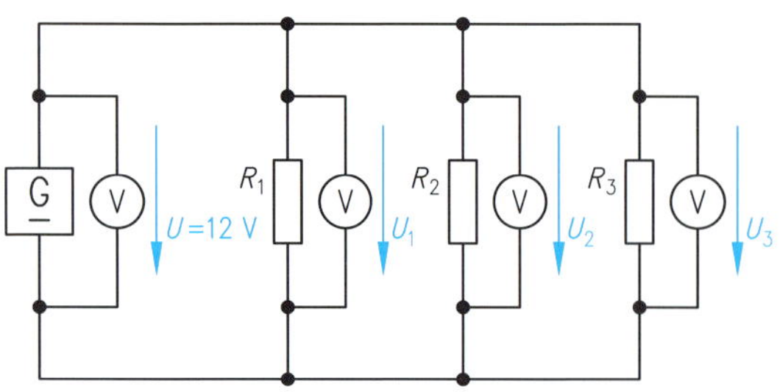

U in V	U_1 in V	U_2 in V	U_3 in V
12	12	12	12

3. *Spannungsquelle und Verbraucher haben die gleiche Spannung.*

4.4 Parallelschaltung von Widerständen

Ein Ölradiator (Bild 1) kann als Zusatzheizung oder in Räumen ohne Heizkörper verwendet werden kann. Über zwei Schalter kann je nach Bedarf die eine Leistungsaufnahme von 1150 W, 2300 W oder 3450 W geschaltet werden.

Der Radiator ist defekt: Er heizt nicht, wenn nur der Schalter 2 betätigt wird. Die Schaltung des Radiators ist in Bild 2 gegeben.

Sie erkennen, dass beide Heizstäbe über Schalter an derselben Spannung liegen.

Liegen Verbraucher an derselben Spannung, dann bezeichnet man die Schaltung als Parallelschaltung.

Bei der Überprüfung mit einer Widerstandsmessbrücke (Ohmmeter) wird festgestellt, dass der Heizstab 2 defekt ist. Beim Heizstab 1 wird ein Widerstandswert von 46 Ω gemessen.
Welchen Widerstandswert muss der defekte Heizstab haben?
Um diese Frage beantworten zu können, müssen die Gesetze der Parallelschaltung bekannt sein.

Verhalten der Spannungen in Parallelschaltungen

Dazu werden die Ergebnisse eines Versuchs ausgewertet.

Versuch 1: In Bild 3 sind die Widerstände $R_1 = 10\ \Omega$, $R_2 = 22\ \Omega$ und $R_3 = 33\ \Omega$ parallel geschaltet und die zugehörigen Spannungen an den Widerständen werden gemessen. Die Spannung der Quelle wird auf 12 V eingestellt.

Das Messergebnis bestätigt die eingangs gemachte Aussage:

In einer Parallelschaltung liegt an allen Widerständen die gleiche Spannung.

$$U = U_1 = U_2 = \ldots = U_n$$

Natürlich lässt sich die Aussage umkehren und als Kennzeichen der Parallelschaltung festlegen.

Verhalten der Ströme in einer Parallelschaltung

Auch hier werden die Ergebnisse eines weiteren Versuchs ausgewertet.

Versuch 2: Anders als in Schaltung 3 werden bei einer Spannung von 12 V nun die Ströme, die durch die Widerstände R_1 = 10 Ω, R_2 = 22 Ω und R_3 = 33 Ω fließen, gleichzeitig gemessen.

Der Versuch zeigt, dass der **Gesamtstrom** I = 2,108 A sich nach Tabelle 4 in die **Teilströme** I_1 = 1,2 A, I_2 = 0,545 A und I_3 = 0,363 A aufteilt. Daher gilt:

In einer Parallelschaltung ist die Summe der Teilströme gleich dem Gesamtstrom.

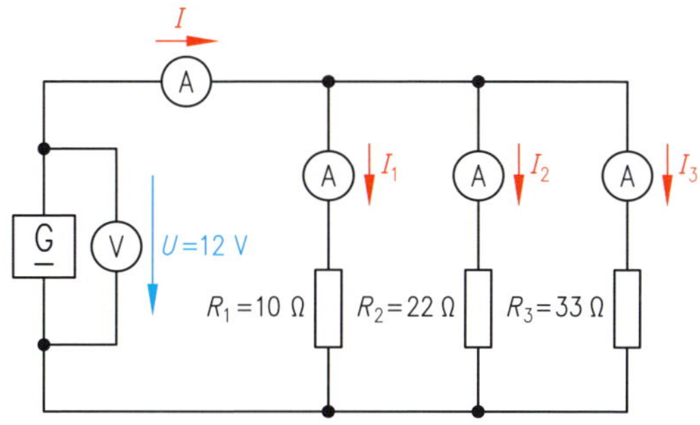

I in A	I_1 in A	I_2 in A	I_3 in A
2,108	1,2	0,545	0,363

4. Der Gesamtstrom I teilt sich in Teilströme auf.

Schließt man von drei auf *n* Teilwiderstände, dann erhält man eine Gleichung, die als **1. Kirchhoffsches Gesetz** bezeichnet wird:

$$I = I_1 + I_2 \ldots + I_n$$

I	Gesamtstrom in A
I_1, I_2 bis I_n	Teilströme in A

Vorausberechnung von Widerständen

Kehren wir zum Ausgangsproblem zurück und ergänzen die Schaltung des Ölradiators in Bild 5 mit den Angaben des Leistungsschildes.

Der Vergleich mit dem Ergebnis aus Versuch 2 ergibt, dass die gemessenen Teilströme rechnerisch ermittelt werden können, wenn die zugehörigen Widerstandswerte bei einer Spannung U = 12 V in das ohmsche Gesetz einsetzt werden.

Die Widerstandsberechnung des defekten Heizstabes zeigt das Beispiel rechts.

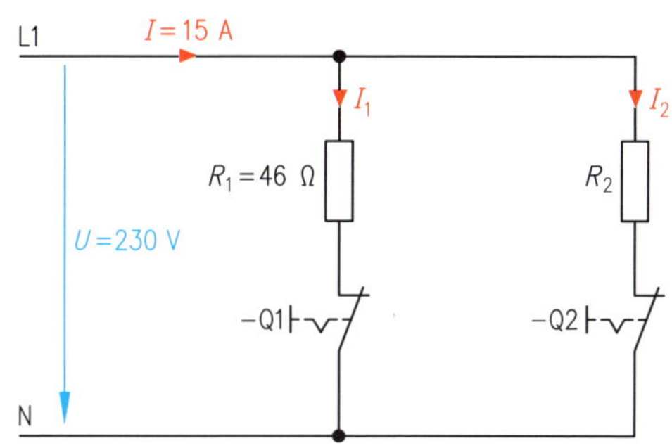

5. Der Strom auf dem Leistungsschild des Ölradiators ist der Gesamtstrom.

Lösung:

Geg.: *I = 15 A; U = 230 V; R_1 = 46 Ω;* ***ges.:*** *R_2*

$$I_1 = \frac{U}{R_1}$$

$$I_1 = \frac{230\ \text{V}}{46\ \Omega}$$

$$I_1 = \mathbf{5\ A}$$

$$R_2 = \frac{U}{I_2}$$

$$R_2 = \frac{230\ \text{V}}{10\ \text{A}}$$

$$R_2 = \mathbf{23\ \Omega}$$

$$I = I_1 + I_2$$

$$I_2 = I - I_1$$

$$I_2 = 15\ \text{A} - 5\ \text{A}$$

$$I_2 = \mathbf{10\ A}$$

Aufgaben

1. Wie ändert sich der Gesamtstrom, wenn ein weiterer Widerstand zu anderen Widerständen parallel geschaltet wird?
2. Nennen Sie Beispiele von Parallelschaltungen von Widerständen aus der Praxis.
3. Die vier Widerstände R_1 = 10 Ω, R_2 = 22 Ω, R_3 = 47 Ω und R_4 = 100 Ω sind parallel geschaltet und liegen an U = 230 V.
   Bestimmen Sie die Teilströme.
   Wie groß ist der Gesamtstrom?

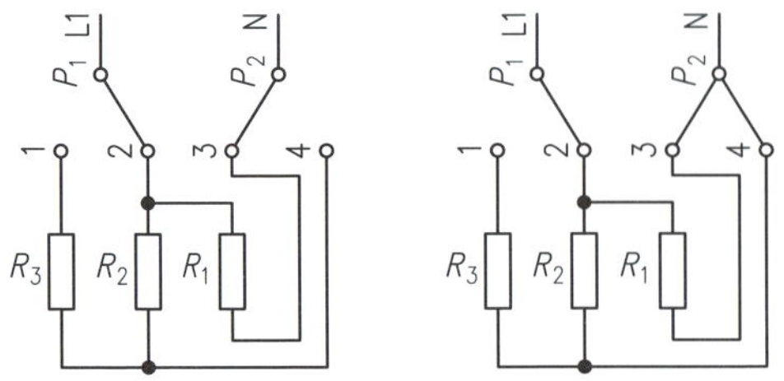

1. *Was ändert sich, wenn eine Herdplatte von Stufe 2 auf „2 · 3" geschaltet wird (R_1 = 48,5 Ω; R_2 = 98 Ω)?*

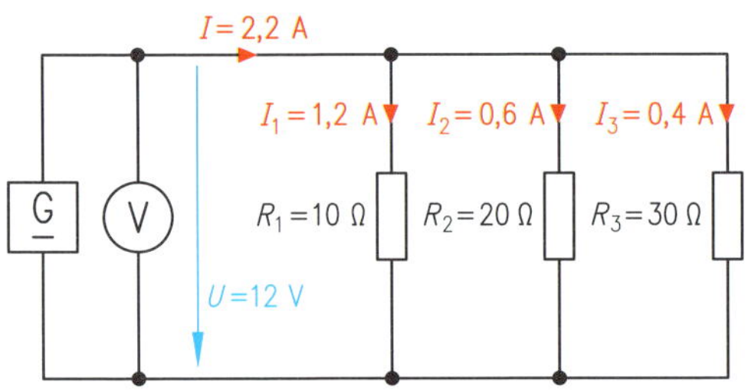

2. *Durch den kleinsten Teilwiderstand fließt der größte Strom.*

Berechnung des Gesamtwiderstandes:

Hat ein Teilwiderstand den halben Widerstandswert, dann fließt der doppelte Teilstrom:

$$\frac{R_1}{R_2} = \frac{10\ \Omega}{20\ \Omega} \rightarrow \frac{R_1}{R_2} = \frac{1}{2}$$

$$\frac{I_1}{I_2} = \frac{1{,}2\ \text{A}}{0{,}6\ \text{A}} \rightarrow \frac{I_1}{I_2} = \frac{2}{1}$$

Es gilt das 1. kirchhoffsche Gesetz:

$I = I_1 + I_2 \ldots + I_n$

In dieser Gleichung ersetzen wir die Ströme:

$$I = \frac{U}{R};\ I_1 = \frac{U}{R_1};\ I_2 = \frac{U}{R_2};\ I_n = \frac{U}{R_n}$$

Dann ergibt sich folgende Gleichung:

$$\frac{U}{R} = \frac{U}{R_1} + \frac{U}{R_2} \ldots + \frac{U}{R_n}$$

Wir dividieren die Gleichung durch U. Daraus folgt:

$$\frac{1}{R} = \frac{1}{R_1} + \frac{1}{R_2} \ldots + \frac{1}{R_n}$$

bzw.: $G = G_1 + G_2 \ldots + G_n$

4.5 Viele Verbraucher – kleiner Widerstand?

Bild 1 zeigt einen Ausschnitt der Schaltung einer Herdplatte in 7-Takt-Schaltung. Bei Stufe 2 fließt in der Zuleitung ein Strom von I = 4 A. Wie groß ist die Stromstärke bei der Zwischenstufe „2 · 3"?

Teilströme in einer Parallelschaltung

Mit jedem zugeschalteten Widerstand steigt die Stromstärke in Abhängigkeit vom Widerstandswert. Die gemessenen Werte sind in Schaltung 2 angegeben und verdeutlichen dies.

Bei einer Parallelschaltung verhalten sich die Teilströme umgekehrt wie die dazugehörigen Teilwiderstände.

Bei der Herdplatte wird in der Stufe „2 · 3" ein doppelt so hoher Widerstand zugeschaltet. Daher muss I_2 nur halb so groß sein wie der Teilstrom I_1.

Ein Vergleich der Verhältnisse der gemessenen Stromwerte mit den entsprechenden Widerstandswerten bestätigt dies (Beispiel 3).

Bei einer Parallelschaltung ist das Verhältnis zweier beliebiger Ströme umgekehrt proportional dem Verhältnis der zugehörigen Widerstände.

$$\frac{I_1}{I_2} = \frac{R_2}{R_1} \quad \text{oder} \quad \frac{I_x}{I_n} = \frac{R_n}{R_x}$$

I_1, I_2, I_x, I_n Teilströme in A

R_1, R_2, R_x, R_n Teilwiderstände in Ω

Einfluss der Widerstände auf die Stromstärke

Bild 3 verdeutlicht, dass auch ein Widerstand die gleiche Stromstärke fließen lassen kann, wie drei. Er muss dann den gleichen Wert haben wie die drei Teilwiderstande zusammen. Er wird als **Ersatz-** oder **Gesamtwiderstand** bezeichnet.

Der Gesamtwiderstand einer Parallelschaltung ist kleiner als der kleinste Teilwiderstand.

Wenden wir das 1. kirchhoffsche Gesetz an, dann lässt sich diese Aussage auch mathematisch beweisen (Beispiel links). Es gilt:

Bei der Parallelschaltung ist der Kehrwert des Gesamtwiderstandes gleich der Summe der Kehrwerte der Teilwiderstände. bzw. der Gesamtleitwert gleich der Summe der Teilleitwerte.

$$G = G_1 + G_2 \ldots + G_n$$

G	Gesamtleitwert in A/V oder S
G_1, G_2 bis G_n	Teilleitwerte in A/V oder S

In der Parallelschaltung

- ist die Spannung an allen Verbrauchern gleich groß.
- verhalten sich die Teilströme umgekehrt wie die zugehörigen Widerstände.
- ist die Gesamtstromstärke I gleich der Summe der Teilstromstärken I_1 bis I_n.
- ist der Gesamtwiderstand R stets kleiner als der kleinste Einzelwiderstand.
- ist der Kehrwert des Gesamtwiderstands R gleich der Summe der Kehrwerte der Einzelwiderstände R_1 bis R_n.
- ist der Gesamtleitwert G gleich der Summe der Einzelleitwerte G_1 bis G_n.

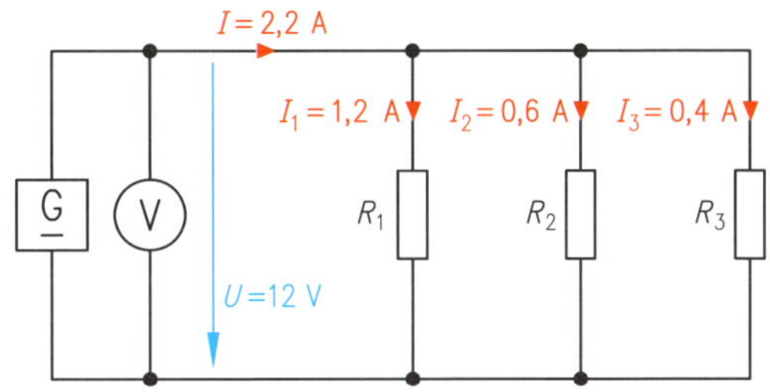

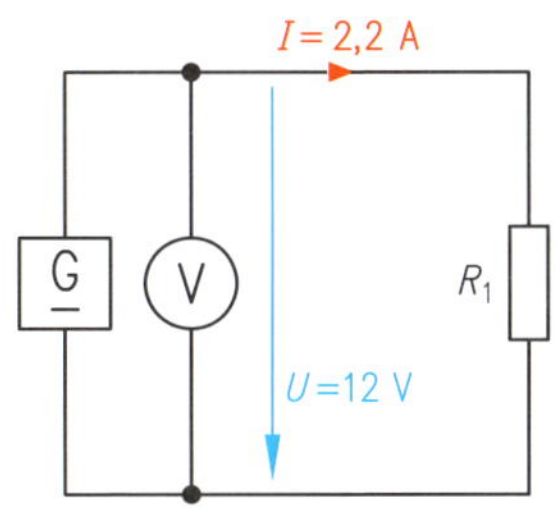

$$R = \frac{U}{I}$$

$$R = \frac{12\ \text{V}}{2{,}2\ \text{A}}$$

$$R = \mathbf{5{,}45\ \Omega}$$

3. Der Gesamtwiderstand R erzeugt den gleichen Strom wie alle Teilwiderstände zusammen.

Mehrere Spannungsquellen in der Parallelschaltung

Die Schaltung 4 mit **mehreren Spannungsquellen** ist vorgegeben. In diesem Fall wird das 1. kirchhoffsche Gesetz als **Knotenpunktregel** angewendet:

In einem Knotenpunkt ist die Summe aller Ströme gleich Null.

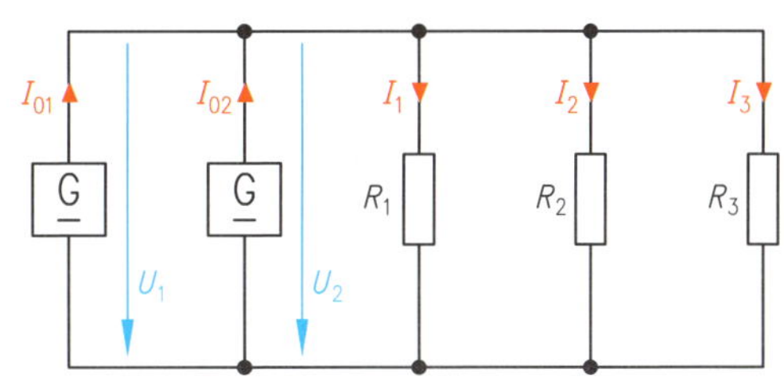

4. Verzweigte Stromkreise haben Knotenpunkte.

Als Knotenpunkte sind die einzelnen Verzweigungspunkte anzusehen. Sie sind in Schaltung 5 zu je einem Knotenpunkt A bzw. B zusammengefasst. Es gilt:

- Ströme, die auf einen Knotenpunkt zufließen, erhalten ein positives Vorzeichen.
- Ströme, die von einem Knotenpunkt wegfließen, erhalten ein negatives Vorzeichen.

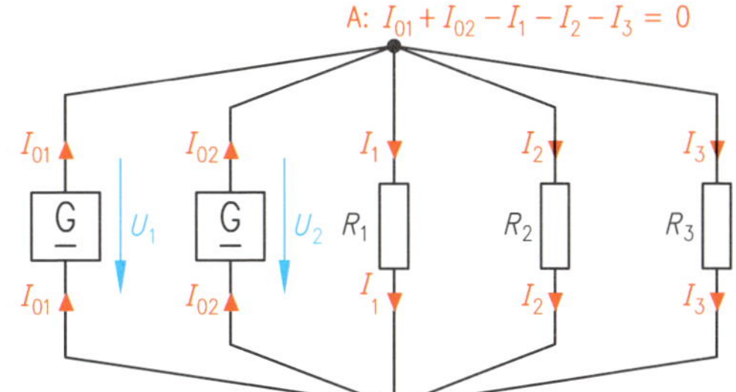

5. Alle Verzweigungspunkte lassen sich in einer Parallelschaltung auf zwei Knotenpunkte zurückführen.

Aufgaben

1. Die Widerstände $R_1 = 100\ \Omega$, $R_2 = 220\ \Omega$ und $R_3 = 550\ \Omega$ sind parallel geschaltet. Der Gesamtstrom beträgt 0,5 A.
   Wie groß sind der Gesamtwiderstand und die angelegte Spannung? Ermitteln Sie die Teilströme.
2. Der Gesamtstrom $I = 15$ A soll im Verhältnis 2 : 3 aufgeteilt werden. Welche Teilwiderstände sind zu wählen?

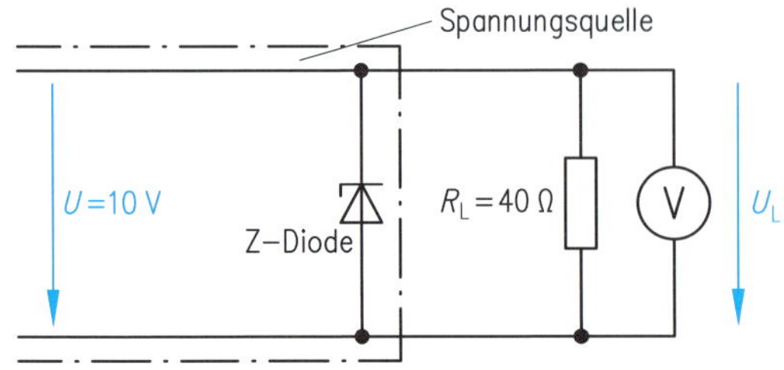

1. U_L wird durch die Z-Diode konstant gehalten.

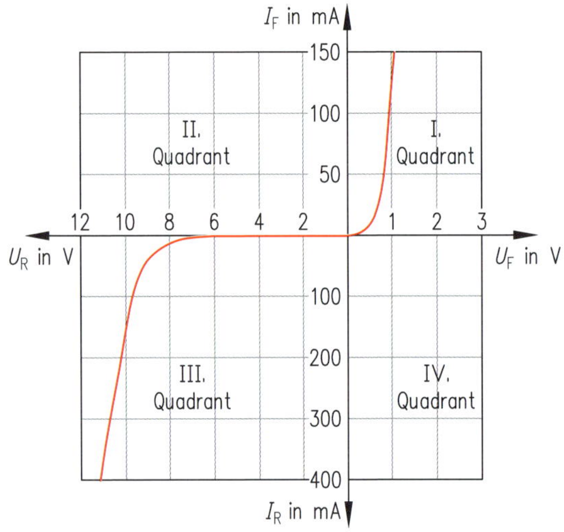

2. Kennlinie einer Z-Diode

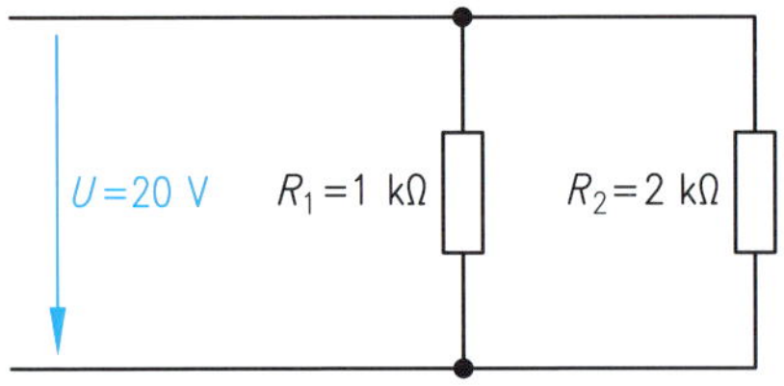

3. Parallelschaltung zweier Widerstände

4.6 Parallelschaltung nichtlinearer Widerstände

Die Schaltung 1 zeigt eine Möglichkeit, mit einer Z-Diode eine **Konstantspannungsquelle** zu realisieren. Dadurch wird erreicht, dass die Quelle eine annähernd gleiche Spannung liefert, unabhängig vom Lastwiderstand R_L.

Was sind Z-Dioden?

Z-Dioden oder Zenerdioden sind Halbleiterbauelemente, die je nach Polarität der angelegten Spannung unterschiedliche Widerstandskennlinien haben (Diagramm 2). So entsteht ein Koordinatensystem mit 4 Feldern bzw. **Quadranten.**

Das Feld oben rechts ist der I. Quadrant. Entgegen dem Uhrzeigersinn werden die restlichen Felder gezählt.

In Durchlassrichtung U_F (I. Quadrant) verhalten sich Z-Dioden wie normale Dioden.

In Sperrrichtung U_R (III. Quadrant) verringert sich unterhalb einer bestimmten Sperrspannung ($U_Z \approx -8$ V) der Widerstand erheblich. Diese Spannung wird als **Zener-Spannung** bezeichnet. Sie bleibt annähernd konstant, auch wenn die Stromstärke zunimmt.

Wie wird der Gesamtwiderstand berechnet?

Die Lösung dieser Aufgabe ist nur über ein zeichnerisches Verfahren möglich.

Zunächst soll der Lösungsweg in einer Parallelschaltung mit zwei ohmschen Widerstanden nach Schaltung 3 verdeutlicht werden.

1. Schritt: Die Widerstandsgeraden der beiden Widerstände werden einzeln in ein *I-U*-Diagramm gezeichnet. Wie bei der Reihenschaltung ist der Nullpunkt des Diagramms der Minuspol der angelegten Spannung, der Pluspol der Spannungsendwert. Da die Widerstände parallel liegen, werden beide Geraden vom Nullpunkt ausgehend eingetragen (Bild 4).

2. Schritt: Die Teilstrome bei U = 20 V ergeben:

I_1 = 20 mA I_2 = 10 mA

aie Summe der Teilstrome ergibt den **Arbeitspunkt**, der im Diagramm 4 eingezeichnet ist. Die Verbindung des Nullpunkts und dem Arbeitspunkt ergibt als Gerade des Gesamtwiderstand.

Aus der Gesamtspannung U = 20 V und der Gesamtstromstärke I = 30 mA ergibt sich der Gesamtwiderstand:

$R = U / I \rightarrow R = 20\text{ V} / 30\text{ mA} \rightarrow R = 666{,}6\ \Omega$

Was ist bei nichtlinearen Widerständen anders?

Eine Z-Diode wird grundsätzlich nur in Sperrrichtung, d.h. im III. Quadranten betrieben. Dieser Widerstandsverlauf ist für die Lösung der Aufgabe zu berücksichtigen.

1. Schritt: Aus Diagramm 2 wird die Widerstandskennlinie der Z-Diode des III. Quadranten übernommen und der Verlauf des linearen Widerstandes R_L darin eingezeichnet. Die Kennlinie von R_L ist im I. und III. Quadranten gleich (Bild 5).

2. Schritt: Da die Steigung der Widerstandskennlinie der Z-Diode nicht konstant ist, werden bei den Spannungswerten 8 V, 9 V, 10 V und 11 V die Teilströme addiert (Diagramm 5).

Die so gefundenen Punkte werden miteinander verbunden und der Gesamtwiderstand R eingezeichnet.

3. Schritt: Bei der Spannung U_L = 10 V wird jeweils auf die Z-Diodenkennlinie, auf die Widerstandsgerade R_L und auf die Kennlinie des Gesamtwiderstandes projiziert. An der Stromachse lassen sich die Ströme I_z, I_L und I ablesen. Die Koordinaten U_L und I bilden gleichzeitig den Arbeitspunkt der Schaltung.

Wie groß ist der Gesamtwiderstand?

Der Verlauf der Kennlinie verdeutlicht, dass der Gesamtwiderstand nicht konstant ist. Je höher die angelegte Spannung ist, desto geringer ist der Gesamtwiderstand:

$U_L = 10\ \text{V} \rightarrow I_G = 480\ \text{mA} \rightarrow R = 22{,}2\ \Omega$

$U_L = 11\ \text{V} \rightarrow I_G = 700\ \text{mA} \rightarrow R = 17{,}7\ \Omega$

Im Arbeitspunkt hat der Gesamtwiderstand einen Wert von 22,2 Ω. Steigt die Spannung U_L auf 10,5 V, dann erhöht sich die Stromstarke auf 550 mA. Der Gesamtwiderstand sinkt auf R = 10,5 V / 550 mA = 19 Ω.

Aufgaben

1. Vorgegeben ist der Teilausschnitt einer Schaltung nach Bild 1.
   Welcher Lastwiderstand ist erforderlich, wenn der Arbeitspunkt der Schaltung durch folgende Daten festgelegt ist: U_L = 12 V; I = 0,5 A?
2. Die Z-Diode der Schaltung darf nur mit einer Leistung von 4 W belastet werden. Welche Betriebsspannung ist zu wählen? Wie groß sind dann die Stromwerte I, I_z, I_L?
3. Erklären Sie mithilfe der Kennlinien in Bild 5, warum der Gesamtwiderstand der Schaltung kleiner wird, wenn die Spannung steigt.

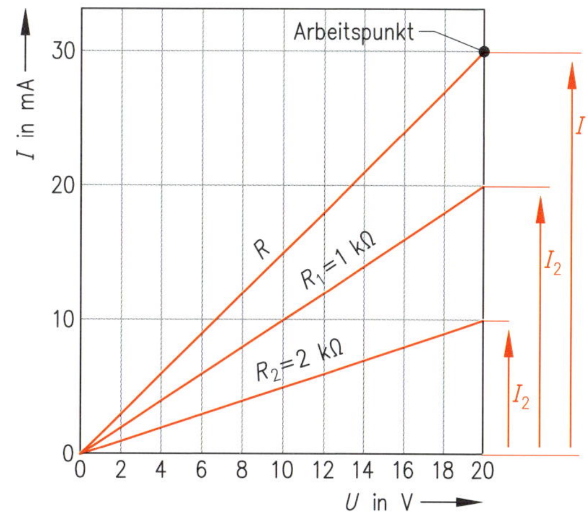

4. Der Teilstrom I_2 wird an dem Teilstrom I_1 angetragen. Damit erhält man den Arbeitspunkt.

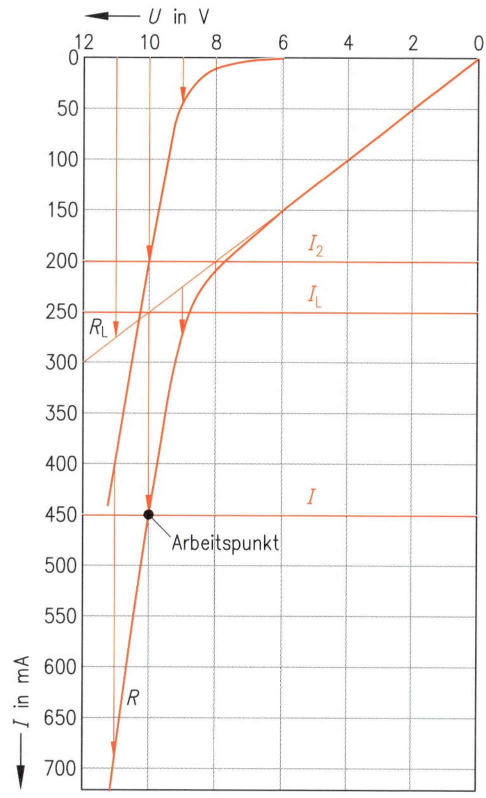

5. Der Gesamtwiderstand R ist nicht konstant. Im Arbeitspunkt beträgt er $R = U / I \rightarrow 10\ \text{V} / 450\ \text{mA} \rightarrow 22{,}2\ \Omega$

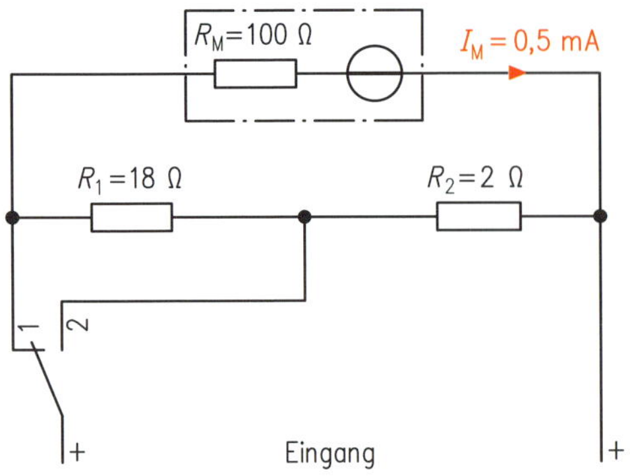

1. Messbereichserweiterung eines Strommessers in Ringschaltung

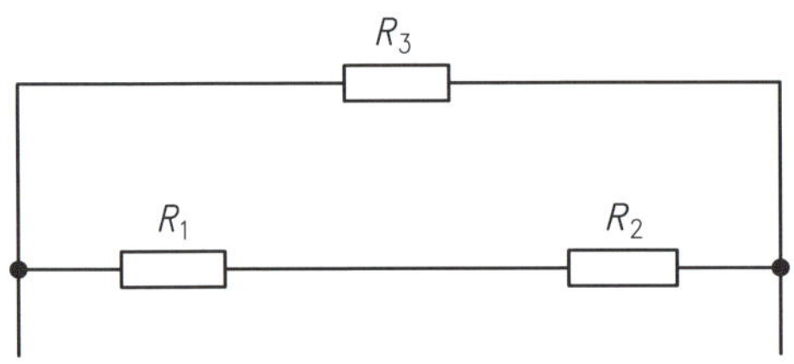

2. Diese Schaltung ist eine Gruppenschaltung. Sie ist keine reine Reihen- oder Parallelschaltung.

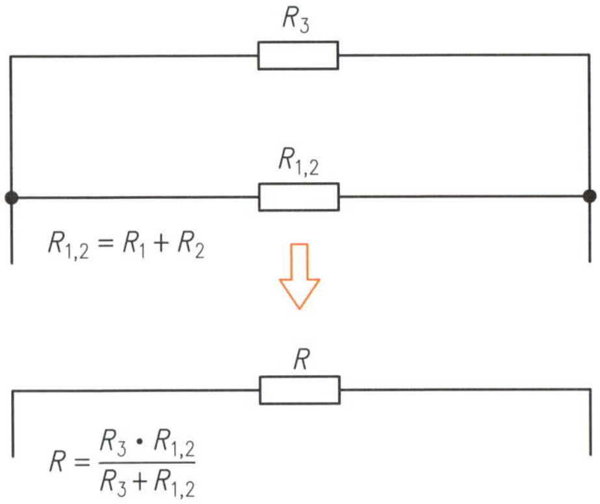

3. Die Schaltungsvereinfachung führt über eine Parallelschaltung zum Gesamtwiderstand.

4.7 Kombinierte Reihen- und Parallelschaltung

Schaltung 1 zeigt einen Ausschnitt der Innenschaltung eines Strommessgerätes für zwei Messbereiche. Das Messinstrument erreicht beim Messstrom I_M = 0,5 mA Vollausschlag.
Welche Stromstärken lassen sich messen?
Zeichnet man die Schaltung in der Schalterstellung 1 um, erhält man eine Kombination der bekannten Grundschaltungen (Schaltung 2):
Die Widerstände R_1 und R_2 sind in Reihe geschaltet; parallel dazu liegt R_M (hier R_3).
Die dargestellte Schaltung wird **Gruppenschaltung, gemischte Schaltung** oder **zusammengesetzte Schaltung** genannt.

Gruppenschaltungen sind Schaltungen, die aus Kombinationen von Reihen- und Parallelschaltungen aufgebaut sind.

Vereinbarung

- **Reihenschaltung als Bestandteil der Parallelschaltung:** Zunächst wird der Gesamtwiderstand der Reihenschaltung berechnet, anschließend der Ersatzwiderstand der Parallelschaltung.
- **Parallelschaltung ein Bestandteil der Reihenschaltung:** Zunächst wird der Ersatzwiderstand der Parallelschaltung errechnet, anschließend der Gesamtwiderstand der Reihenschaltung.

Erweiterte Reihenschaltung

Die Innenschaltung des Strommessgerätes besteht aus einer Reihenschaltung, die ein Bestandteil der Parallelschaltung ist. Sie wird deshalb als **erweiterte Reihenschaltung** bezeichnet.
Entsprechend Vereinbarung 1 werden die Widerstände R_1 und R_2 zum Teilgesamtwiderstand $R_{1,2}$ zusammengefasst (Schaltung 3 oben).
Sind weitere Widerstände eindeutig in Reihe oder parallel geschaltet, werden diese im nächsten Schritt zusammengefasst.
Die vereinfachte Schaltung (hier die Parallelschaltung) kann dann weiter vereinfacht werden.
In dem Beispiel ergibt eine reine Parallelschaltung, sodass sich der Gesamtwiderstand R nach Schaltung 3 (unten) leicht bestimmen lässt.

Damit ist auch das Ausgangsproblem gelöst. Schaltung 4 zeigt die schon vereinfachte Schaltung. Da ein Teilstrom und die Widerstände bekannt sind (I_M = 0,5 mA; R_1 = 18 Ω; R_2 = 2 Ω),

Über das Verhältnis der Teilstrome und der zugehörigen Widerstände lassen sich die Ströme I_P und I berechnen:

$$R_{1,2} = R_1 + R_2$$

$$R_{1,2} = 18\,\Omega + 2\,\Omega \rightarrow R_{1,2} = 20\,\Omega$$

$$\frac{I_P}{I_M} = \frac{R_M}{R_{1,2}}$$

$$I_P = I_M \cdot \frac{R_M}{R_{1,2}}$$

$$I_P = 0{,}5\text{ mA} \cdot \frac{100\,\Omega}{20\,\Omega} \rightarrow I_P = 2{,}5\text{ mA}$$

$$I = I_M + I_P$$

$$I = 0{,}5\text{ mA} + 2{,}5\text{ mA} \rightarrow I = 3\text{ mA}$$

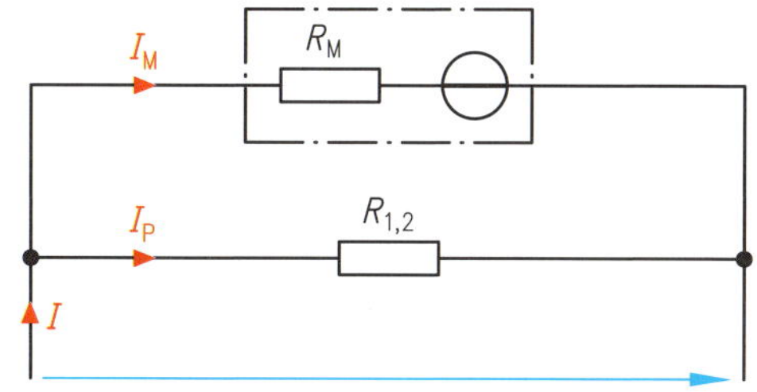

4. Zusammenhang zwischen den Widerständen und Strömen bei der Ringschaltung in Schalterstellung 1

Erweiterte Parallelschaltung

In Schaltung 5 sind die Widerstände R_1 und R_2 parallel geschaltet und der Widerstand R_3 liegt in Reihe. Damit ist die Parallelschaltung ein Bestandteil der Reihenschaltung: Die Widerstände werden zum Teilgesamtwiderstand $R_{1,2}$ (Schaltung 5 Mitte) zusammengefasst. Die Reihenschaltung lässt sich leicht berechnen (Schaltung 5, unten).

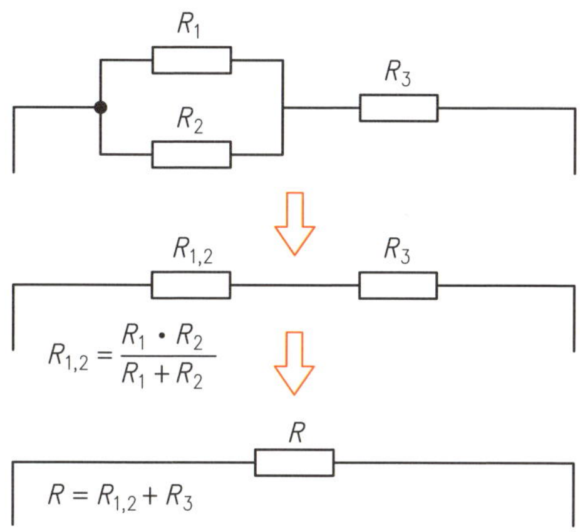

5. Die Schaltungsvereinfachung führt über eine Reihenschaltung zum Gesamtwiderstand.

Was ist ein Widerstandsnetzwerk?

Schaltungen, die aus mehreren gemischten Schaltungen bestehen, heißen **Widerstandsnetzwerke** (Schaltung 6).

Auch diese Schaltung lässt sich nach dem oben beschriebenen Verfahren lösen.

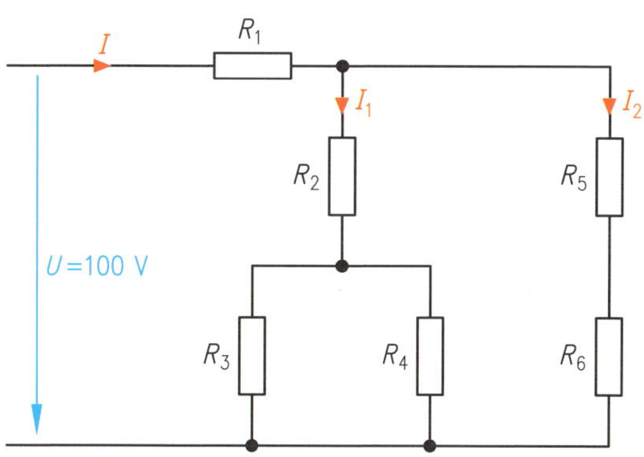

6. Diese Schaltung besteht aus mehreren Reihen- und Parallelschaltungen.

Aufgaben

1. Ermitteln Sie die Stromstärke, die in Schalterstellung 2 (Bild 1) mit dem Strommesser zu messen ist.
2. Woran erkennt man in einem Widerstandsnetzwerk, ob Widerstände parallel oder in Reihe geschaltet sind?
3. Bestimmen Sie von dem Widerstandsnetzwerk in Bild 6 den Gesamtstrom und die Teilströme I_1 und I_2. Die Widerstände betragen:

R_1 = 100 Ω	R_3 = 100 Ω	R_5 = 220 Ω
R_2 = 47 Ω	R_4 = 150 Ω	R_6 = 470 Ω

1. Warum wird die Helligkeit der Beleuchtung geringer, wenn der Anlasser betätigt wird?

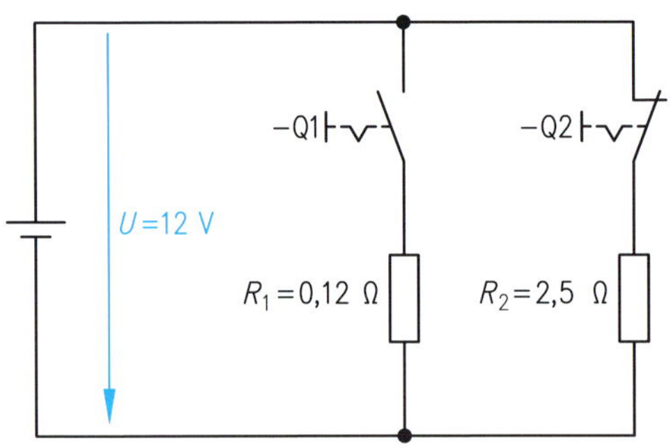

2. Prinzipschaltbild bei eingeschaltetem Scheinwerfer ohne Anlasserbetätigung

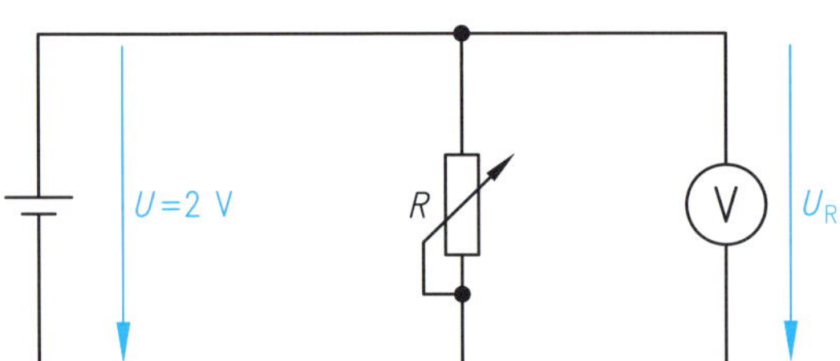

I in A	0	1	2	3	4	5
U_R in V	2,0	1,97	1,95	1,92	1,9	1,87

3. Die Spannung am Stellwiderstand wird bei steigendem Strom geringer.

5 Verhalten von Spannungsquellen

5.1 Verhalten belasteter Spannungsquellen

Bei dem Auto in Bild 1 wird beobachtet, dass bei eingeschaltetem Scheinwerfer die Helligkeit der Beleuchtung abnimmt, wenn der Anlasser betätigt wird.

Ist die Autobatterie zu schwach?

Eine Schaltungsanalyse ergibt, dass der Scheinwerfer und der Anlasser jeweils über einen Schalter an die Batterie angeschlossen sind, sodass eine Parallelschaltung vorliegt. In Schaltung 2 sind beide Betriebsmittel als Widerstände dargestellt.

Stiehlt der Anlasser dem Scheinwerfer Strom?

Dies würde dem ohmschen Gesetz $I_2 = U/R_2$ widersprechen: Die Stromstärke I_2 wird durch die Spannung U und durch den konstanten Widerstand R_2 bestimmt.
Beim Zuschalten des Anlassers wird die Autobatterie (im Weiteren Spannungsquelle genannt) erheblich höher belastet.
Aus der Beobachtung und der Schaltungsanalyse kann schon jetzt eine Vermutung formuliert werden:

> ***Wird eine Spannungsquelle belastet, dann sinkt ihre Spannung.***

Ein Versuch soll die Vermutung beweisen.

Wie groß ist die Spannung, die eine Spannungsquelle liefert?

Versuch 1: Eine chemische Spannungsquelle wird nach Schaltung 3 mit einem Stellwiderstand R (4 Ω/10 W) belastet. Der Stellwiderstand wird während des Versuchs verändert und die zugehörigen Spannungs- und Stromwerte gemessen (Tabelle 3).
Die Messergebnisse bestätigen die Vermutung: Die Spannung U der Quelle sinkt, wenn die Stromstärke I steigt.

Sind Spannungsangaben von Quellen falsch?

Für Spannungsquellen werden z. B. 12 V, 15 V oder 1,5 V angegeben. Alle Angaben gelten für den Leerlauf, d. h. für den Fall, dass die Quelle nicht belastet wird. Die an den Klemmen der unbelasteten Spannungsquelle zur Verfügung stehende Spannung wird als **Leerlaufspannung U_0** oder **Quellenspannung U_q** bezeichnet.

Die Leerlauf- oder Quellenspannung ist die Spannung einer Spannungsquelle, wenn kein Strom entnommen wird.

Wird die Spannungsquelle belastet, steht an den Klemmen eine geringere Spannung als die Quellenspannung zur Verfügung (Diagramm 4).

Warum sinkt die Spannung bei Belastung?

Die Leitungswege im Innern einer Spannungsquelle sind nicht widerstandslos. Sie werden zu dem **Innenwiderstand** R_i zusammengefasst, an dem eine Spannung abfällt. Die **Ersatzschaltung** in Bild 5 beschreibt das elektrische Verhalten einer **realen Spannungsquelle**.

Jede reale Spannungsquelle besteht aus einer Quelle, die die Quellenspannung U_0 erzeugt und einem in Reihe liegenden Innenwiderstand R_i.

Mit Hilfe der Gesetze der Reihenschaltung erhält man nach Bild 6 für die Spannung an den Klemmen: Die **Klemmenspannung** U_{KL}.

$$U_{KL} = U_0 - I \cdot R_i \quad \text{mit} \quad I = U_0 / R_i + R_L$$

U_{KL} Klemmenspannung in V
U_0 Quellenspannung in V
I Stromstärke in A
R_i Innenwiderstand in Ω
R_L Lastwiderstand in Ω

Dies erklärt, warum das Scheinwerferlicht dunkler wird:
Am Innenwiderstand fällt eine Spannung U_i ab, die der Quellenspannung entgegenwirkt. Je größer die Stromstärke I und der Innenwiderstand R_i, desto größer ist auch der **innere Spannungsfall** U_i. Folge: Die Klemmenspannung U_{KL} sinkt.

Aufgaben

1. Bestimmen Sie den Innenwiderstand der Quelle, die im Versuch 1 verwendet wurde.
2. Welcher Strom lässt sich maximal aus einer Spannungsquelle entnehmen? Benutzen Sie zur Erklärung das Diagramm 4.
3. Vergleichen Sie die Innenwiderstände üblicher Spannungsquellen. Beziehen Sie bei Ihren Überlegungen Aufgabe 2 mit ein.

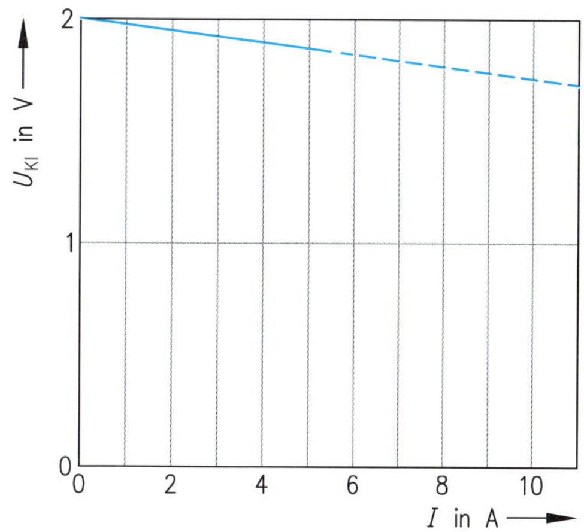

4. Mehr Strom – weniger Spannung an den Klemme

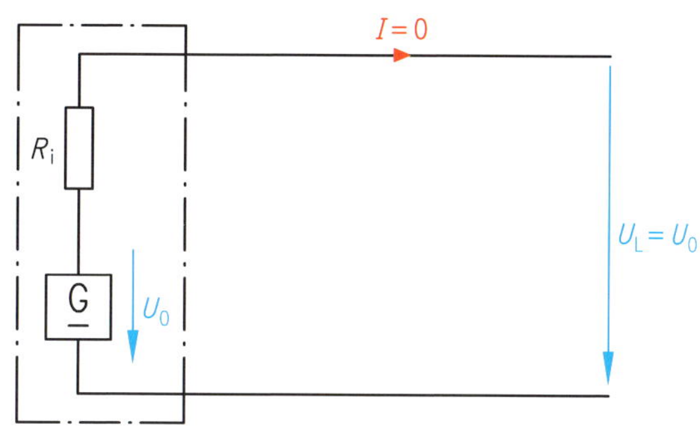

5. Reale Spannungsquellen haben einen Innenwiderstand R_L. Ohne Belastung tritt an den Klemmen die Quellenspannung U_0 auf.

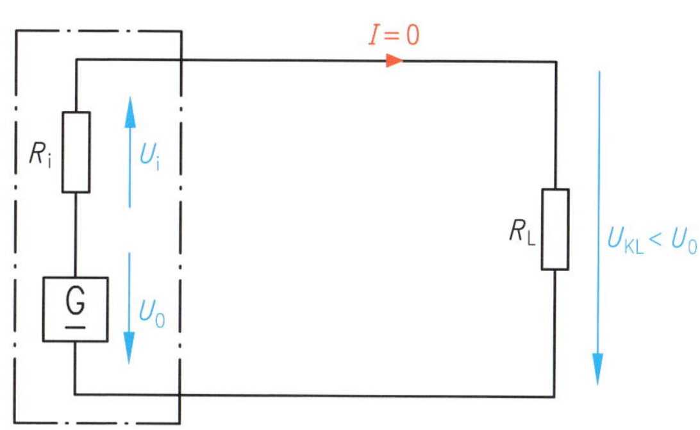

6. Bei Batterien steigt der Innenwiderstand mit dem Alter. Dadurch wird der innere Spannungsfall U_i höher und Klemmenspannung U_{KL} geringer.

1. Darf an einem Verstärker jeder Lautsprecher angeschlossen werden?

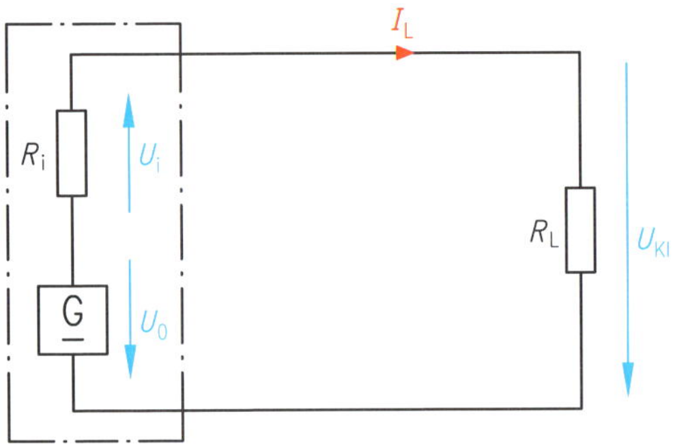

2. Die Leistung an R_L wird durch die Klemmenspannung U_{Kl} und durch den Laststrom I_L bestimmt.

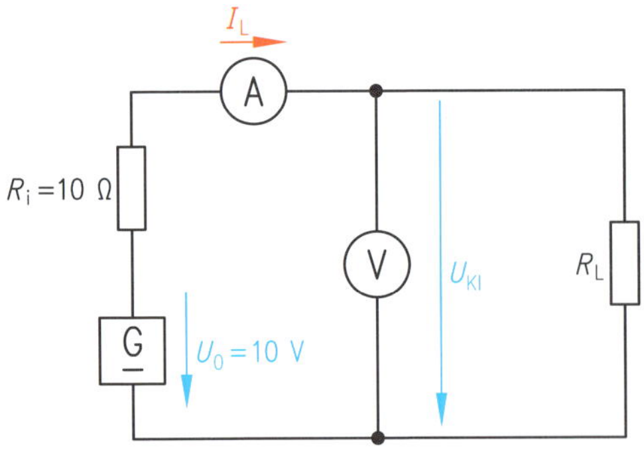

3. Messschaltung zur Ermittlung der Klemmenspannung U_{KL} und des Laststromes I_L bei unterschiedlichen Lastwiderständen R_L.

5.2 Die Leistung einer Spannungsquelle

Der Verstärker einer Stereoanlage in Bild 1 liefert eine Leerlaufspannung $U_0 = 50$ V bei einem Innenwiderstand $R_i = 8\ \Omega$. Drei Lautsprecher stehen zur Verfügung: L_1 mit $R_L = 4\ \Omega$; L_2 mit $R_L = 8\ \Omega$ und L_3 mit $R_L = 16\ \Omega$.
Welcher muss angeschlossen werden, damit der Stereoanlage die größtmögliche Leistung entnommen wird?
Das Problem lässt sich experimentell lösen; die bei der belasteten Spannungsquelle gefundenen Ergebnisse können übertragen werden.

Erreichen alle Lautsprecher die gleichen Leistungen?

Schaltung 2 zeigt eine belastete Spannungsquelle. Die Leistung, die am Lastwiderstand auftritt, lässt sich nach der Formel $P_L = U_{KL} \cdot I_L$ berechnen.
Ein Versuch soll helfen, das Ausgangsproblem zu lösen.
Versuch 1: In der Messschaltung 3 wird der Lastwiderstand verändert, die zugehörigen Strom- und Spannungswerte gemessen und die Leistung am Lastwiderstand berechnet.
Die errechneten Werte (Tabelle 4) zeigen, dass die Größe der abgegebenen Leistung sich mit dem Lastwiderstand ändert. Um den Zusammenhang zu verdeutlichen, werden die Werte in das normierte Diagramm 5 eingetragen. Es zeigt:

> ***Eine Spannungsquelle gibt die größtmögliche Leistung an einen Verbraucher ab, wenn der Lastwiderstand R_L gleich dem Innenwiderstand R_i der Quelle ist.***

Dieser Fall wird **Leistungsanpassung** genannt.

> ***Bei Leistungsanpassung gibt die Spannungsquelle die größtmögliche Leistung ab.***

Die Stereoanlage (Bild 1) erzielt maximale Leistung, wenn sein Innenwiderstand und der Widerstand des Lautsprechers gleich sind: $R_i = R_L = 8\ \Omega$.

Ist Leistungsanpassung sinnvoll?

Bei der Leistungsanpassung verteilt sich die Leerlaufspannung der Quelle gleichmäßig auf R_i und R_L. Die von der Spannungsquelle bereitgestellte Gesamtleistung wird nur zur Hälfte im angeschlossenen Verbraucher umgesetzt: Beide Widerstände werden von gleichen Strom durchflossen, sodass an ihnen auch die gleiche Leistung entsteht.

Leistungsanpassung

- Anpassung der Geräteeigenschaften von Stromquelle und Stromverbraucher
- Ziel der Anpassung ist es, die maximal mögliche Leistung umzusetzen.
- Der Wirkungsgrad beträgt maximal 50 %.
- Leistungsanpassung wird bei *energiearmen* Quellen angewendet.
- Anpassung erfolgt bspw. bei
  - HF-Leitungen (z. B. Koaxialleitung) an den Wellenwiderstand (Antennenanpassung)
  - Windkraftanlagen und Solaranlagen zur Ausnutzung der maximal möglichen Ausgangsleistung
  - Mikrofonen, Lautsprechern
  - Sensoren

Leistungsanpassung ist in Energieanlagen natürlich unwirtschaftlich. Bei leistungsstarken Quellen wie elektrischen Generatoren werden andere Anpassungen gewählt, um einen deutlich höherer Wirkungsgrad zu erzielen.

Wir lösen das Problem rechnerisch

Die von einer Spannungsquelle (Schaltung 3) abgegebene Leistung kann auch berechnet werden.
In Beispiel rechts ist dies für $R_L = 20\ \Omega$ geschehen. Bei Leistungsanpassung ist $R_L = R_i$. Wird diese Bedingung in die Leistungsgleichung des Beispiels eingesetzt, ergibt sich eine Formel zur Berechnung der maximalen Leistung:

$$P_{Lmax} = U_0^2 / 4 \cdot R_L$$

P_{Lmax}	maximale Leistung in W
U_Q	Quellenspannung in V
R_L	Lastwiderstand in Ω

Aufgabe

1. Wie groß muss die Quellenspannung eines Funktionsgenerators sein, um bei einem Lastwiderstand von $R_L = 25\ \Omega$ eine maximale Leistung von 1 W zu erzeugen?

R_L in Ω	U_{KL} in V	I_L in A	P_L in W	$\frac{R_L}{R_i}$	$\frac{P_L}{P_{Lmax}}$
2	1,66	0,83	1,39	0,2	0,55
4	2,85	0,71	2,04	0,4	0,816
6	3,74	0,62	2,34	0,6	0,936
8	4,44	0,55	2,47	0,8	0,98
10	5,0	0,5	2,5	1,0	1,0
12	5,45	0,45	2,48	1,2	0,99
14	5,83	0,41	2,43	1,4	0,97
16	6,14	0,38	2,36	1,6	0,94
20	6,66	0,33	2,22	2	0,88
30	7,48	0,25	1,87	3	0,748
40	8,0	0,2	1,6	4	0,64
100	8,9	0,08	0,8	10	0,32

4. Mit den gemessenen Werten U_{KL} und I_L wird P_L errechnet. Die beiden letzten Zeilen der Tabelle stellen genormte Größen dar: R_L ist auf R_i, P_L auf P_{Lmax} bezogen.

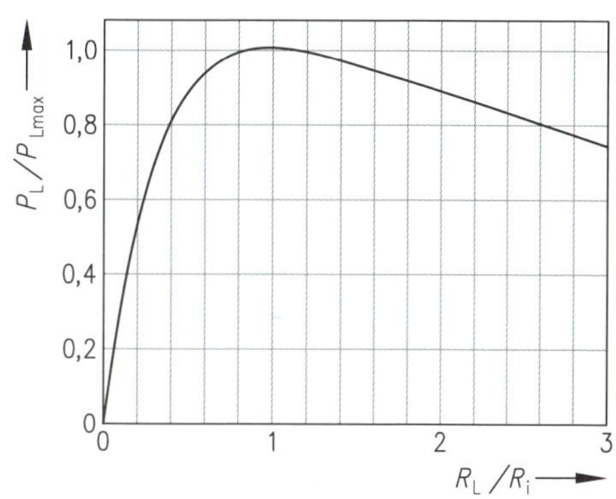

5. Verlauf der abgegebenen Leistung in Abhängigkeit vom R_L. Bei Leistungsanspannung gilt: $R_L = R_i > P_L = P_{Lmax}$

Eine Spannungsquelle hat eine Quellenspannung von 10 V und einen Innenwiderstand von 10 Ω. Der Lastwiderstand beträgt 20 Ω. Berechnen Sie die Leistung des Lastwiderstandes. ***Lösung:***

Geg.: $U_0 = 10\ V;\ R_i = 10\ \Omega;\ R_L = 20\ \Omega;$
ges.: P_L

$$P_L = I_L^2 \cdot R_L \quad \text{mit} \quad I_L = \frac{U_0}{R_L + R_i}$$

$$P_L = \left(\frac{U_0}{R_L + R_i}\right) \cdot R_L$$

$$P_L = \left(\frac{10\ V}{20\ \Omega + 10\ \Omega}\right)^2 \cdot 20\ \Omega$$

$$P_L = \mathbf{2{,}22\ W}$$

1. Warum wird ein Generator nicht bei Leistungsanpassung betrieben?

R_L in Ω	U_{KL} in V	I_L in A	$P_L = P_{ab}$ in W	P_i in W	η
2	1,66	0,83	1,39	6,88	0,166
4	2,85	0,71	2,04	5,04	0,288
6	3,74	0,62	2,34	3,84	0,378
8	4,44	0,55	2,47	3,02	0,44
10	5,0	0,5	2,5	2,5	0,5
12	5,45	0,45	2,48	2,02	0,55
14	5,83	0,41	2,43	1,68	0,59
16	6,14	0,38	2,36	1,44	0,62
20	6,66	0,33	2,22	1,08	0,67
30	7,48	0,25	1,87	0,625	0,75
40	8,0	0,2	1,6	0,4	0,8
100	8,9	0,08	0,8	0,064	0,93

2. Messergebnisse für $U_0 = 10$ V und $R_i = 10$ Ω. Je höher der Lastwiderstand im Vergleich zum Innenwiderstand, desto höher ist der Wirkungsgrad.

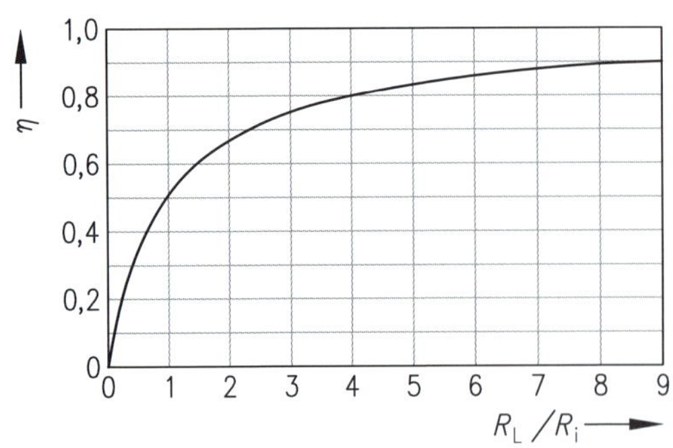

3. Der Wirkungsgrad steigt bei geringer Belastung. Steigt die Klemmenspannung entsprechend?

5.3 Betriebszustände von Spannungsquellen

Die Übertragung elektrischer Energie in Versorgungsnetzen muss aufgrund wirtschaftlicher Gesichtspunkte mit dem größtmöglichen Wirkungsgrad erfolgen.

Der Generator in Bild 1 ist eine reale Spannungsquelle. Bei der Leistungsanpassung beträgt der Wirkungsgrad 50 %. Dies ist unwirtschaftlich; außerdem würde die Kühlung eines 100-MW-Generators große technische Probleme bereiten.

Wie werden hohe Wirkungsgrade erreicht?

Deuten wir die Versuchsergebnisse einer belasteten Spannungsquelle (Tabelle 2). Im Versuch wurde der Lastwiderstand R_L schrittweise von 2 Ω auf 100 Ω erhöht. Die Klemmenspannung U_{KL} und der Laststrom I_L wurden gemessen.

Alle anderen Werte für $\eta = P_{ab} / P_{zu}$ wurden berechnet. Damit lässt sich schon ein Teil der Frage, wie höhere Wirkungsgrade erreicht werden können, beantworten:

> ***Eine reale Spannungsquelle muss einen möglichst geringen Innenwiderstand R_i im Vergleich zum Lastwiderstand R_L aufweisen.***

Werden die berechneten Werte aus Tabelle 2 in das Diagramm 3 übertragen, wird die Aussage bestätigt. Ideal wäre eine Spannungsquelle mit einem Innenwiderstand $R_i = 0$ Ω.

> ***Ideale Spannungsquellen liefern eine Klemmenspannung U_{KL}, die von der Höhe des Lastwiderstandes R_L unabhängig ist.***

In der Praxis kann die Forderung natürlich nicht erfüllt werden.

Eine reale Spannungsquelle muss daher einen möglichst geringen Innenwiderstand Ri aufweisen.

Um Aussagen über die Klemmenspannung, den Laststrom und die abgegebene Leistung machen zu können, werden alle Größen der Tabelle 2 im Diagramm 4 zusammengefasst.

Offensichtlich nähert sich bei einem Widerstandsverhältnis $R_i \ll R_L$ die Klemmenspannung der Leerlaufspannung U_0. Änderungen des Lastwiderstandes R_L bewirken keine merklichen Änderungen der Klemmenspannung.

Dieser Betriebszustand wird **Spannungsanpassung** genannt; er ist in Bild 5 links dargestellt.

> ***Bei der Spannungsanpassung ist $R_i \ll R_L$. Dann wird der im Laststromkreis fließende Strom fast ausschließlich vom Lastwiderstand bestimmt.***

Bei der Spannungsanpassung kann der Lastwiderstand Werte zwischen $R_L = \infty$ und $R_L = R_i$ annehmen. Er reicht vom Leerlauf bis zur Leistungsanpassung.

Der Wirkungsgrad η kann nach Diagramm 4 Werte zwischen 1,0 und 0,5 annehmen.

Dieser Betriebszustand wird in der Energietechnik angewendet. Auch beim Zuschalten vieler Verbraucher bleibt die Netzspannung von 230 V nahezu konstant.

Die Stromanpassung

Oft wird ein konstanter, d. h. vom Lastwiderstand unabhängiger Strom verlangt, so z. B. beim Laden eines Akkumulators. Bild 5 (rechts) beschreibt diesen Fall.
Die Stromstärke wird fast nur noch durch die Quellenspannung U_0 und durch den Innenwiderstand R_i bestimmt. Dieser Fall heißt **Stromanpassung**.

> ***Ist $R_i \gg R_L$, dann wird der Strom in einem Stromkreis fast ausschließlich vom Innenwiderstand der Spannungsquelle bestimmt. Es liegt Stromanpassung vor.***

Bei der Stromanpassung kann der Lastwiderstand Werte zwischen $R_L = R_i$ und $R_L = 0$ annehmen. Damit liegt der Bereich der Stromanpassung zwischen Leistungsanpassung und Kurzschluss. Der Wirkungsgrad η liegt entsprechend Diagramm 4 zwischen 0,5 und 0.

Aufgaben

1. Begründen Sie mit Tabelle 6 die Einsatzbereiche von Spannungsquellen.
2. Oft werden im Vergleich zur Leistungsanpassung die Begriffe Über- und Unteranpassung benutzt. Was versteht man darunter?

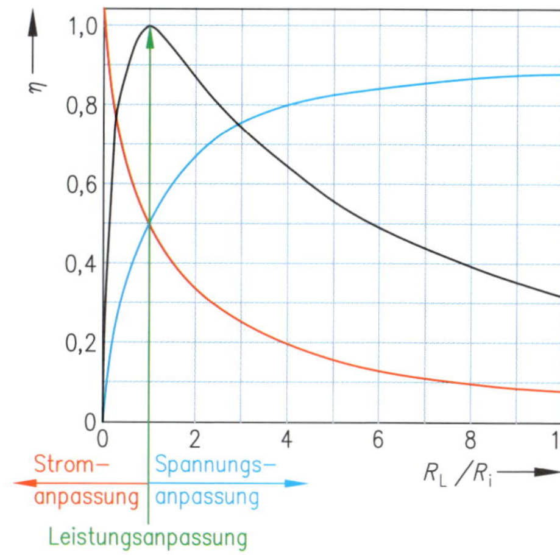

4. Betriebszustände einer Spannungsquelle und deren Verhalten bei Laständerungen

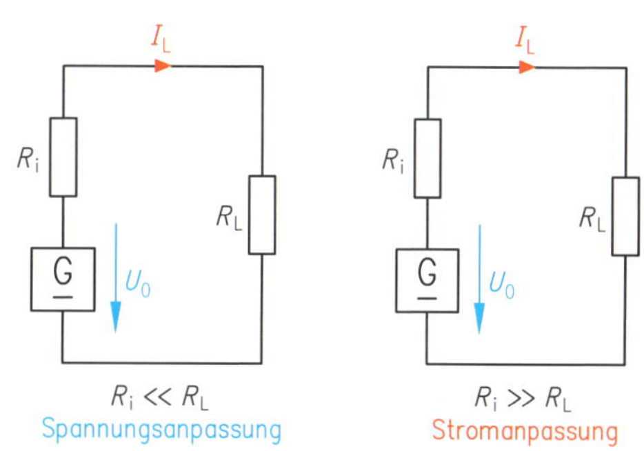

5. Das Verhältnis R_L / R_i bestimmt den Betriebszustand einer Spannungsquelle.

Stromanpassung	Leistungsanpassung	Spannungsanpassung
$R_i \gg R_L$	$R_i = R_L$	$R_i \ll R_L$
$U_{KL} \approx 0$	$U_{KL} = 0{,}5 \cdot U_0$	$U_{KL} \approx U_0$
$P_L < P_{L\,max}$	$P_L = P_{L\,max}$	$P_L < P_{L\,max}$
$0 < \eta < 0{,}5$	$\eta = 0{,}5$	$0{,}5 < \eta < 1$
Energietechnik, Kommunikationstechnik	Kommunikationstechnik	Energietechnik

6. Gegenüberstellung der wichtigsten Kriterien für die verschiedenen Betriebszustände von Spannungsquellen.

Zusammenfassung Lernfeld 1

Ladung – Spannung – Potenzial – Stromstärke

Elementarladung

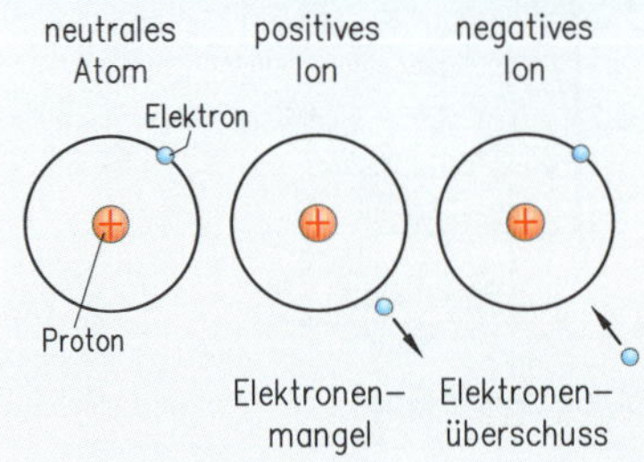

Materie ist aus Atomen aufgebaut, mit folgenden **Elementarladungen**:

- negative **Elektronen**
- positive **Protonen**

Positive und negative Ladungen heben sich in ihrer Wirkung auf: Nehmen Atome jedoch noch Elektronen auf, dann sind sie negativ geladen. Solche Atome werden negative **Ionen** genannt.
Geben sie Elektronen ab, dann entsteht ein positiv geladenes Ion.

Elementarladung $e = 1{,}602 \cdot 10^{-19}$ As

Leiter und Nichtleiter

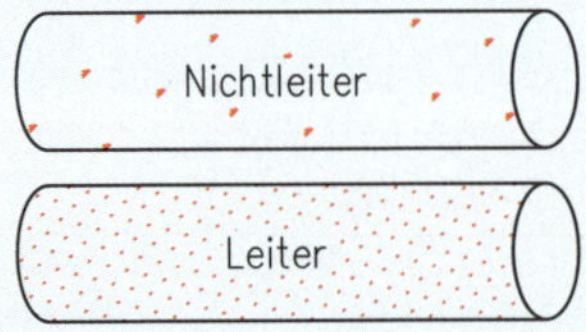

Stoffe, die eine hohe Anzahl freier Ladungen enthalten, werden als **elektrische Leiter** bezeichnet.

- In **metallischen** Leitern sind es **Elektronen**.
- In **flüssigen** Leitern sind es **Ionen**.

Stoffe, die neben den gebundenen Ladungen nur wenige freie Ladungen besitzen, werden **Nichtleiter** genannt.

Elektrische Spannung und Potenzial

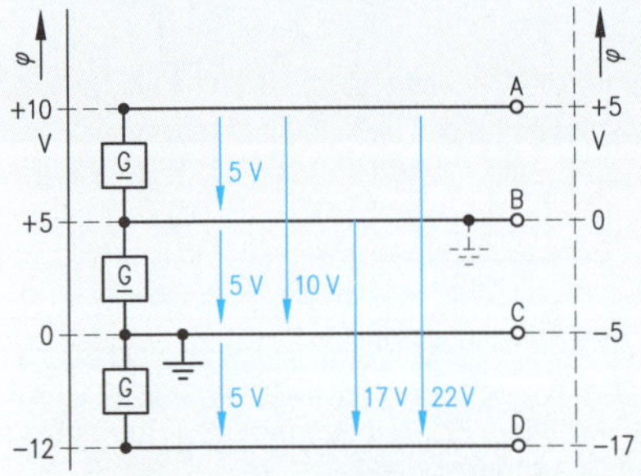

Ladungen mit unterschiedlichen Vorzeichen können unter Energieaufwand getrennt werden. Getrennte Ladungen sind von elektrischen Feldern umgeben, die an freie Ladungsträger Energie abgeben und einen Strom bewirken können. Diese Fähigkeit wird durch die Spannung U beschrieben.

$$U = \frac{W}{Q}$$

U	Spannung in V
W	erforderliche Energie zur Ladungstrennung in Nm
Q	getrennte Ladungsmenge in As

Das Potenzial ist der Ladungsunterschied zwischen einem elektrisch geladenen Messpunkt und einem anderen festgelegten Bezugspunkt. Es ist – wie die Spannung – mit einem Vorzeichen behaftet und hat die Einheit Volt. Erde bzw. Masse hat das Potenzial $\phi = 0$ V. Die Spannung zwischen zwei Punkten ist die Potenzialdifferenz.

Elektrischer Strom

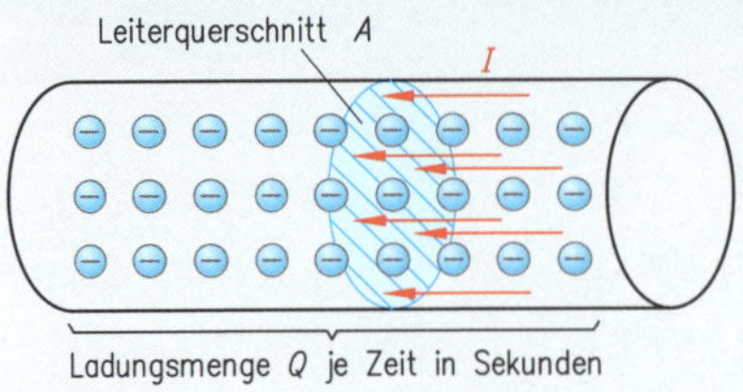

Elektrischer Strom ist die gerichtete Bewegung von Ladungsträgern in einem elektrischen Feld. Als technische Stromrichtung wurde außerhalb der Spannungsquelle die Richtung vom positiven zum negativen Pol vereinbart. Die **Stromstärke *I*** ist die Ladungsmenge, die pro Sekunde einen Leitungsquerschnitt passiert.

$$I = \frac{n \cdot e}{t} \quad \text{oder} \quad I = \frac{Q}{t} \quad \text{mit} \quad Q = n \cdot e$$

I	Stromstärke in A
Q	Ladungsmenge (Summe der Ladungsträger) in As
t	Zeit in s
n	Anzahl der Ladungsträger
e	Elementarladung (eines Elektrons) in As

Stromarten – Ohmsches Gesetz – Widerstand

Stromarten

Stromarten sind **abhängig von der Spannungsquelle** im Stromkreis und werden durch die **Bewegungsrichtung** und **Bewegungsart** der freien Ladungsträger unterschieden.

Wirkt in einem geschlossenen Stromkreis ständig eine Spannung mit konstanter Stärke in eine Richtung, dann verursacht sie einen Strom, der ebenfalls mit konstanter Stärke in eine Richtung fließt. Ein solcher Strom wird **Gleichstrom** genannt.

Wechselt in einem geschlossenen Stromkreis eine Spannung ständig Stärke und Richtung, dann verursacht sie einen Strom, der ebenfalls im vorgegebenen Takt seine Stärke und Richtung wechselt. Ein solcher Strom wird **Wechselstrom** genannt.

Wirkt in einem geschlossenen Stromkreis ständig eine Spannung, die aus einem Gleich- und einem Wechselanteil besteht, dann verursacht sie einen Strom, der ebenfalls einen Gleich- und einen Wechselanteil (**Mischstrom**) besitzt.

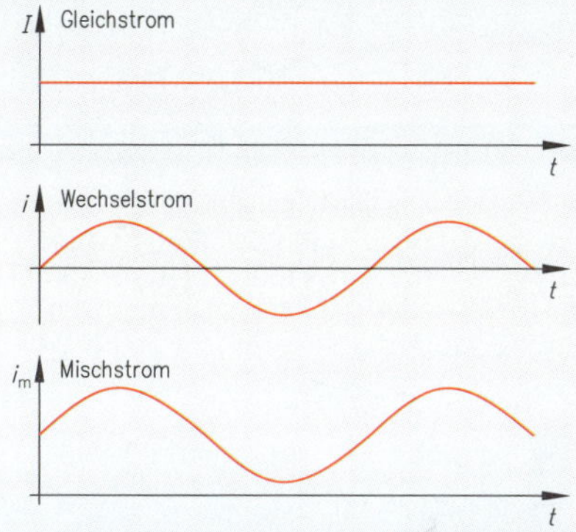

Ohmsches Gesetz

Die Stromstärke ist direkt proportional zur Spannung U, wenn der Widerstand und die Temperatur im Stromkreis konstant sind.

D. h. die Stromstärke I ändert sich im selben Verhältnis wie die Spannung U.

$$I = \frac{U}{R}$$

I Stromstärke in A
U Spannung in V
R Widerstand in Ω

Elektrischer Widerstand und Leitfähigkeit

Der elektrische Widerstand R kennzeichnet die Eigenschaft eines Leiters, den elektrischen Strom im Stromkreis zu hemmen.

Je geringer der Widerstand R ist, umso ungehinderter können sich die freien Ladungsträger im Stromkreis bewegen: Der Leiter hat eine größere **elektrische Leitfähigkeit** G.

- Der elektrische Widerstand ist gleich dem Quotienten zwischen der Spannung U und der Stromstärke I.
- Der Kehrwert des elektrischen Widerstandes R wird als elektrische Leitfähigkeit G bezeichnet.

$$R = \frac{U}{I} \quad \text{bzw.} \quad G = \frac{I}{U}$$

R Widerstand in Ω
U Spannung in V
I Stromstärke in A
G Leitfähigkeit in S

Leiterwiderstand

- Der **Leiterwiderstand** R ist gleich dem Produkt aus spezifischem Widerstand ρ und der Länge l des Leiters, dividiert durch dessen Querschnitt A.
- Der **spezifische Widerstand** ρ ist der Widerstand eines Leiters von 1 m Länge und 1 mm^2 Querschnitt bei einer Temperatur von 20 °C.
- Der Kehrwert des spezifischen Widerstandes ist die **spezifische Leitfähigkeit** κ.

$$R = \frac{\rho \cdot l}{A} \quad \text{bzw.} \quad R = \frac{l}{\kappa \cdot A} \quad \text{mit} \quad \rho = \frac{1}{\kappa}$$

R Leiterwiderstand in Ω
ρ spezifischer Widerstand in $\frac{\Omega \cdot mm^2}{m}$
l Leiterlänge in m
A Leiterquerschnitt in mm^2
κ spezifische Leitfähigkeit in $\frac{m}{\Omega \cdot mm^2}$

Kennwerte von Festwiderständen – Arbeit – Leistung – Wirkungsgrad

Widerstandsnennwerte für Festwiderstände in Ω, kΩ oder MΩ und deren Kennzeichnung

Reihe												
Reihe E6 (± 20 %)	1,0;		1,5;		2,2;		3,3;		4,7;		6,8	
Reihe E12 (± 10 %)	1,0;	1,2;	1,5;	1,8;	2,2;	2,7;	3,3;	3,9;	4,7;	5,6;	6,8;	8,2
Reihe E24 (± 5 %)	1,0;	1,1;	1,2;	1,3;	1,5;	1,6;	1,8;	2,0;	2,2;	2,4;	2,7;	3,0;
	3,3;	3,6;	3,9;	4,3;	4,7;	5,1;	5,6;	6,2;	6,8;	7,5;	8,2;	9,1

Farbkennzeichnung Metallschichtwiderstände

Ringfarbe	1. Ring (×100 Ohm)	2. Ring (×10 Ohm)	3. Ring (× Ohm)	4. Ring (Multiplikator)	5. Ring (Toleranz)
gold	–	–	–	× 0,1	5 %
silber	–	–	–	× 0,01	10 %
schwarz	0	0	0	× 1	–
braun	1	1	1	× 10	1 %
rot	2	2	2	× 100	2 %
orange	3	3	3	× 1 000	–
gelb	4	4	4	× 10 000	–
grün	5	5	5	× 100 000	0,50 %
blau	6	6	6	× 1 000 000	0,25 %
violett	7	7	7	× 10 000 000	0,10 %
grau	8	8	8	–	–
weiß	9	9	9	–	–

RKM-Code

Wert	Code
0,22 Ω	R22
2,2 Ω	2R2
22 Ω	22R
220 Ω	220R
0,22 kΩ	K22
2,2 kΩ	2K2
22 kΩ	22K
220 kΩ	220K
0,22 MΩ	M22
2,2 MΩ	2M2

Arbeit und Energie

$W = U \cdot Q$ bzw. $W = U \cdot I \cdot t$

- W elektr. Arbeit in VAs bzw. Ws
- U Spannung in V
- Q elektr. Ladung in As
- I Stromstärke in A
- t Zeit in s

- Energie ist das Vermögen, Arbeit zu verrichten.
- Werden unter Einfluss einer Spannung U Ladungsträger mit der Ladung Q bewegt, so wird elektr. Arbeit verrichtet.

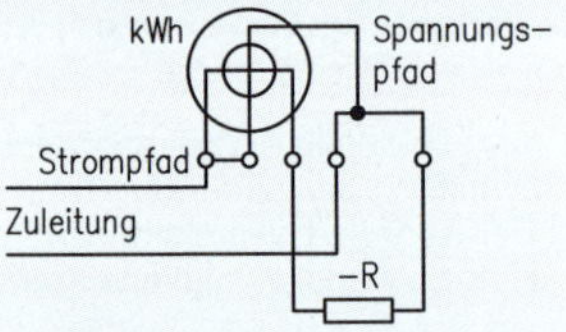

Elektrische Leistung

$P = \frac{W}{t}$ oder $P = U \cdot I$

- P elektr. Leistung in W
- W elektr. Arbeit in Ws
- t Zeit in s
- U Spannung in V
- I Stromstärke in A

- Leistung ist die Fähigkeit, eine Arbeit in einer bestimmten Zeit zu verrichten.
- Die elektr. Leistung ist das Produkt aus Spannung und Stromstärke.

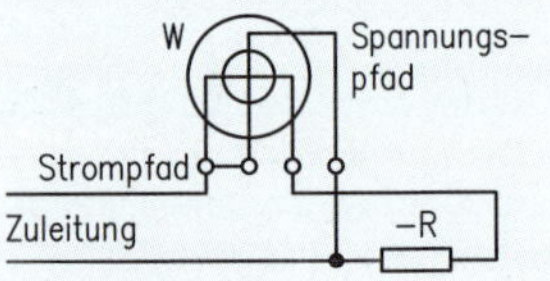

Wirkungsgrad

$\eta = \frac{P_{ab}}{P_{zu}}$ oder $\eta = \frac{W_{ab}}{W_{zu}}$

- η Wirkungsgrad (ohne Einheit)
- P_{ab} abgegebene Leistung in W
- P_{zu} zugeführte Leistung in W
- W_{ab} abgegebene Arbeit in Ws
- W_{zu} zugeführte Arbeit in Ws

- Wird Energie in eine andere Energieform umgewandelt, kann nicht die gesamte zugeführte Energie genutzt werden.
- Der Wirkungsgrad η ist das Verhältnis der beim Wandlungsprozess nutzbaren Energie W_{ab} und der dem Prozess zugeführten Energie W_{zu}.

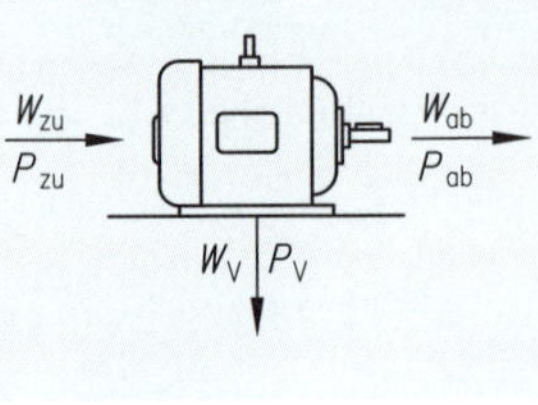

Unverzweigte und verzweigte Stromkreise

	Reihenschaltung (unverzweigter Stromkreis)	Parallelschaltung (verzweigter Stromkreis)
Schaltung	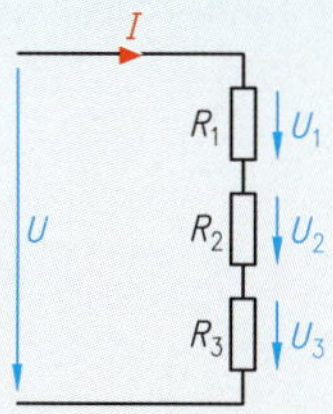	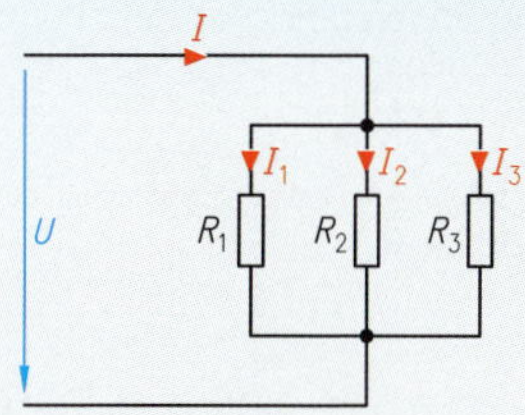
Merkmale	In Reihe liegende Verbraucher werden von demselben Strom durchflossen.	Parallel liegende Verbraucher liegen an derselben Spannung.
Spannungen	$U = U_1 + U_2 + ... + U_n$ Die Summe aller Teilspannungen U_1 bis U_n ist gleich der Gesamtspannung U (2. Kirchhoffsches Gesetz).	$U = U_1 = U_2 = ... = U_n$ Die Gesamtspannung U ist gleich den Teilspannungen U_1 bis U_n.
Stromstärke	$I = I_1 = I_2 = ... = I_n$ Die Gesamtstromstärke I ist gleich den Teilstromstärken I_1 bis I_n.	$I = I_1 + I_2 + ... + I_n$ Die Summe aller Teilstromstärken I_1 bis I_n ist gleich der Gesamtstromstärke I (1. kirchhoffsches Gesetz).
Widerstände	$R = R_1 + R_2 + ... + R_n$ Die Summe aller Teilwiderstände R_1 bis R_n ist gleich dem Gesamtwiderstand R.	$\frac{1}{R} = \frac{1}{R_1} + \frac{1}{R_2} + ... + = \frac{1}{R_n}$ Die Summe der Kehrwerte der Teilwiderstände bis ist gleich dem Kehrwert des Gesamtwiderstandes.
Proportionen	$\frac{U_1}{U_2} = \frac{R_1}{R_2}$ Das Verhältnis zweier beliebiger Spannungen ist gleich dem Verhältnis der zugehörigen Widerstände.	$\frac{I_1}{I_2} = \frac{R_2}{R_1}$ Das Verhältnis zweier beliebiger Stromstärken ist umgekehrt dem Verhältnis der zugehörigen Widerstände.

Verbraucher-Zählpfeilsystem

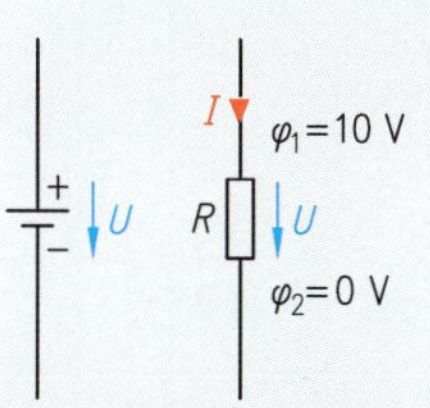

Der Spannungspfeil

- zeigt bei Spannungsquellen vom Pluspol zum Minuspol und
- bei Verbrauchern vom höheren zum niedrigeren Potenzial; also in die techn. Stromrichtung.

Maschenumlauf

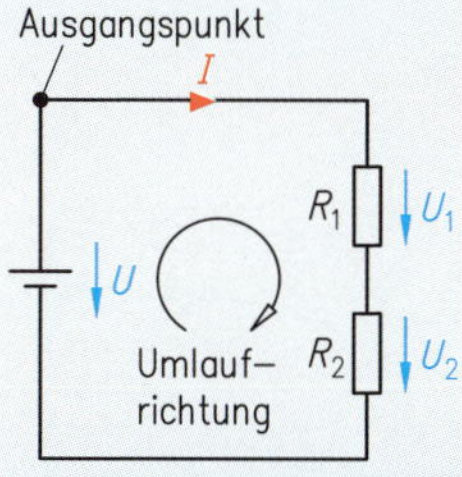

Es werden gewählt

- ein willkürlicher Ausgangspunkt
- eine willkürliche Umlaufrichtung (Uhrzeiger- oder Gegenuhrzeigersinn), die in die Schaltung eingetragen wird.

Vorzeichenregel beim Maschenumlauf

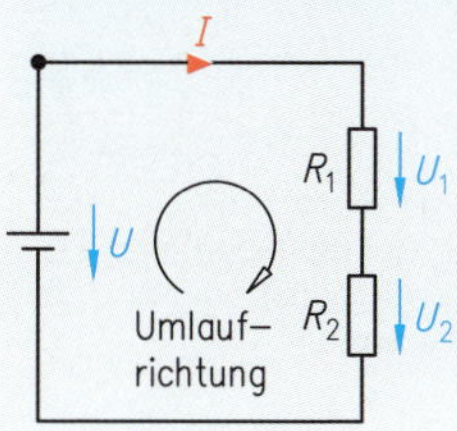

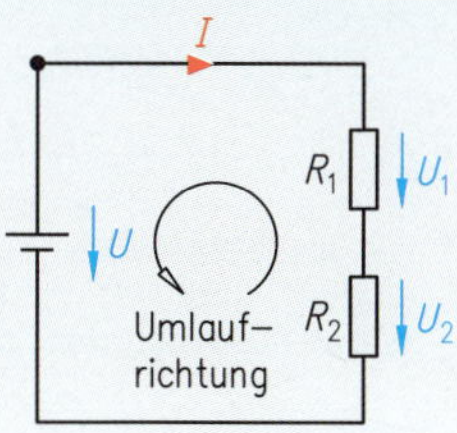

- Sind Umlaufrichtung und Spannungspfeil gleich, erhält die Spannung ein positives Vorzeichen.
- Sind Umlaufrichtung und Spannungspfeil entgegengesetzt, erhält die Spannung ein negatives Vorzeichen.

Vorwiderstand – Erweiterter Stromkreis – zeichnerische Lösungsverfahren

Vorwiderstand

Vorwiderstände sind Widerstände, die einen Verbraucher an eine Spannung anpassen. Bei der Bemessung der Widerstände ist nicht nur der **Widerstandswert**, sondern auch die auftretende **Verlustleistung** zu berücksichtigen.

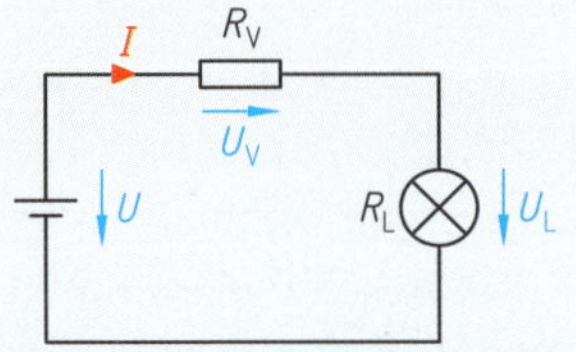

I Stromstärke in A
U Gesamtspannung in V
U_L Teilspannung an der Last in V
R_y Vorwiderstand in Ω
R_L Lastwiderstand in Ω

Gruppenschaltung

Gruppenschaltungen sind Kombinationen von Reihen- und Parallelschaltungen. Andere Bezeichnungen sind gemischte Schaltungen, zusammengesetzte Schaltungen oder Widerstandsnetzwerke.

Ist eine Parallelschaltung ein Bestandteil einer Reihenschaltung, dann wird zunächst der Ersatzwiderstand der Parallelschaltung, anschließend der Gesamtwiderstand der Reihenschaltung errechnet.

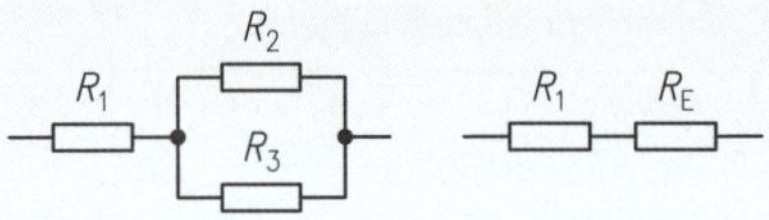

Ist eine Reihenschaltung ein Bestandteil einer Parallelschaltung, dann wird zunächst der Ersatzwiderstand der Reihenschaltung, anschließend der Gesamtwiderstand der Parallelschaltung errechnet.

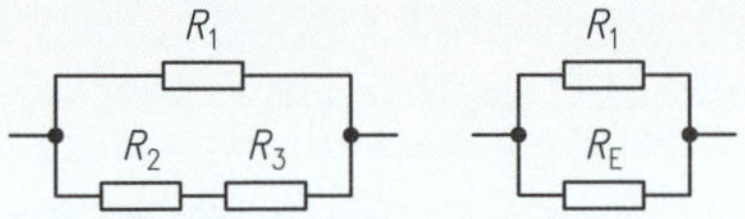

Zeichnerische Ermittlung des Arbeitspunktes im erweiterten Stromkreis

Reihenschaltung aus R_1 und R_2

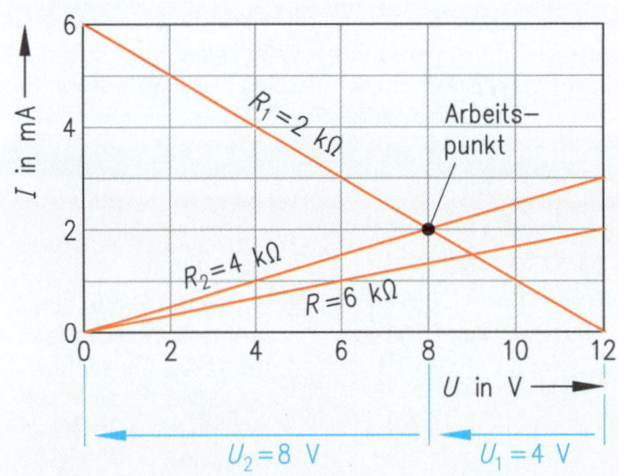

Vorgehensweise:

- Die Widerstandsgeraden beider Widerstände – bei 0 V bzw. $+U$ beginnend – einzeichnen
- Der Schnittpunkt der beiden Widerstandsgeraden legt den Arbeitspunkt fest; d. h. die Spannungsfälle U_1, U_2 und die Stromstärke I.

Parallelschaltung aus R_1 und R_2

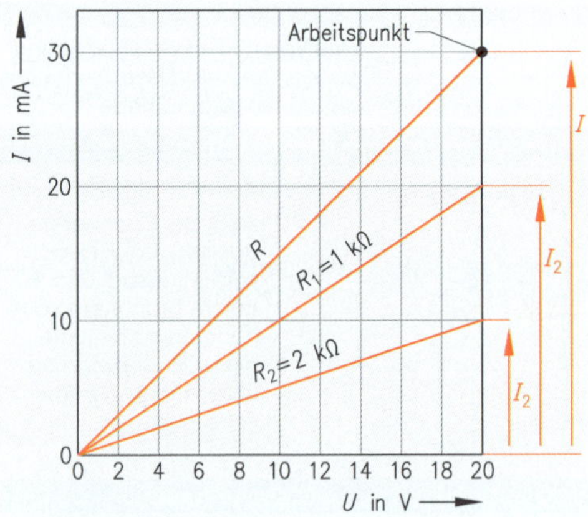

Vorgehensweise:

- Die Widerstandsgeraden beider Widerstände – jeweils bei 0 V beginnend – einzeichnen.
- Die Teilstromstärken I_1, I_2 bei der Spannung U ablesen, addieren und den Arbeitspunkt und die Widerstandsgerade R eintragen.

Spannungsteiler – Spannungsquellen

	Unbelasteter Spannungsteiler	Belasteter Spannungsteiler
Schaltung	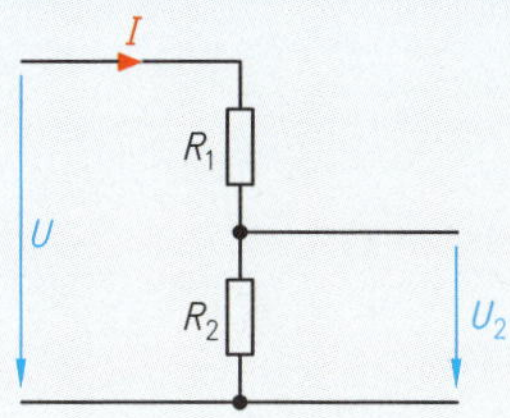	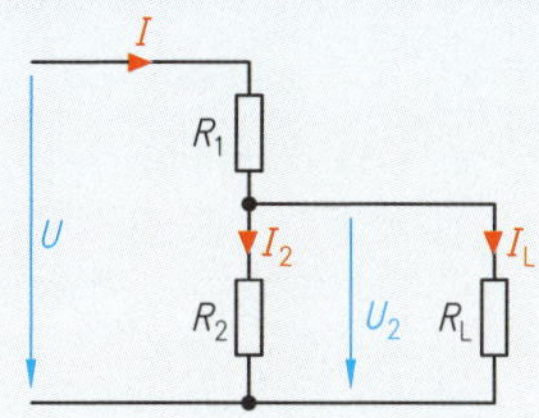
Stromstärke	$I = \frac{U}{R_1 + R_2}$	$I = \frac{U}{R_{2L} + R_1}$ mit $R_{2L} = \frac{R_L \cdot R_2}{R_L + R_2}$
Teilspannung	$U_1 = I \cdot R_1$ oder $U_1 = U \cdot \frac{R_1}{R_1 + R_2}$ $U_2 = I \cdot R_2$ oder $U_2 = U \cdot \frac{R_2}{R_1 + R_2}$	$U_1 = I \cdot R_1$ oder $U_1 = U \cdot \frac{R_1}{R_1 + R_{2L}}$ $U_2 = I \cdot R_{2L}$ oder $U_2 = U \cdot \frac{R_{2L}}{R_1 + R_{2L}}$
Eigenschaften	Die Teilspannungen verhalten sich wie die zugehörigen Widerstandswerte.	Die Teilspannung U_2 ist umso geringer, je kleiner der Lastwiderstand R_L ist.

Spannungsquellen

Jede reale Spannungsquelle besteht aus einer Quelle, die die Leerlaufspannung U_0 erzeugt und einem in Reihe liegenden Innenwiderstand R_i.

Ohne Belastung ist die Klemmenspannung U_{KL} der Leerlaufspannung U_0.

Bei Belastung sinkt die Klemmenspannung U_{KL} um den Spannungsfall U_i am Innenwiderstand der Quelle.

Unbelastete Spannungsquelle	Belastete Spannungsquelle
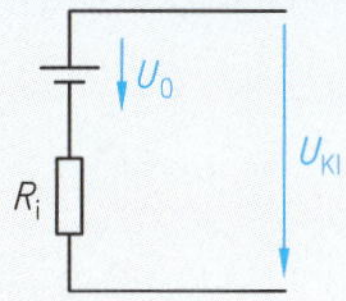	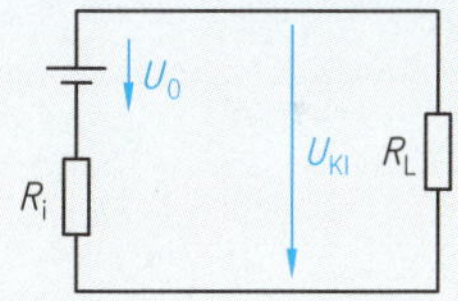
U_{KL} Klemmenspannung in V U_0 Leerlaufspannung in V	I Stromstärke in A R_i Innenwiderstand in Ω R_L Lastwiderstand in Ω

Anpassung von Spannungsquellen

Stromanpassung		Leistungsanpassung		Spannungsanpassung	
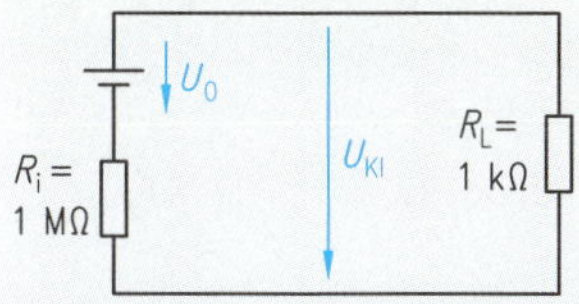		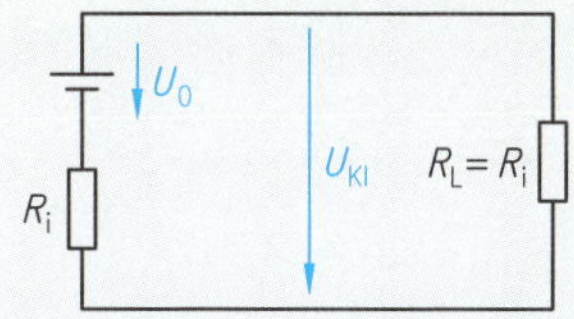		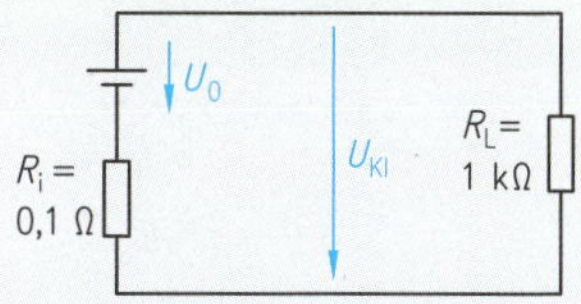	
$R_i \gg R_L$	$U_{KL} \approx 0$	$R_i = R_L$	$U_{KL} = 0{,}5 \cdot U_0$	$R_i \ll R_L$	$U_{KL} \approx U_0$
$P_L \approx 0$	$0 < \eta < 0{,}5$	$P_L = P_{Lmax}$	$\eta = 0{,}5$	$P_L \ll P_{Lmax}$	$0{,}5 < \eta < 1{,}0$
• Innenwiderstand R_i viel höher als der Lastwiderstand R_L • Stromstärke I ist weitgehend unabhängig vom Lastwiderstand R_L (Konstant-Stromquelle)		Dem Lastwiderstand wird die maximal mögliche Leistung zugeführt: $P_{Lmax} = \frac{U_0^2}{4 \cdot R_L}$		• Innenwiderstand R_i viel geringer als der Lastwiderstand R_L • Die Klemmenspannung U_{KL} ist weitgehend unabhängig vom Lastwiderstand R_L (Konstant-Spannungsquelle)	

Lernfeld 2

Elektrische Installationen planen und ausführen

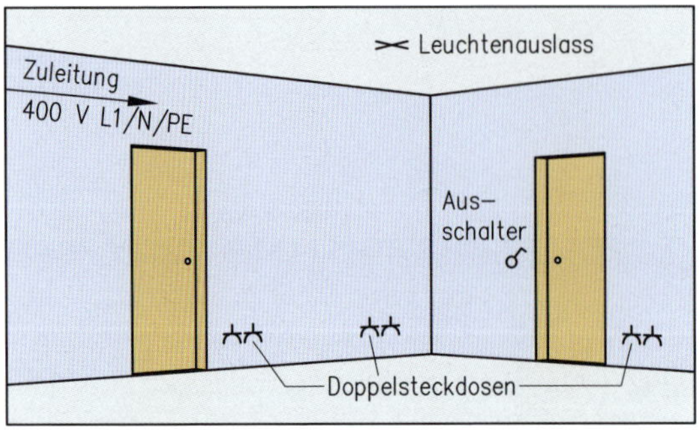

1. Wohnraum mit den gewünschten elektrischen Betriebsmitteln

Auftragsanalyse
- *Kundengespräch (Wünsche des Auftraggebers)*
- *Feststellung der örtlichen Gegebenheiten*
- *Prüfung der technischen Voraussetzungen*
- *Erstellung eines Lastenhefts*

Auftragsplanung
- *Einholen technischer Informationen und Berücksichtigung von DIN-Normen und VDE-Bestimmungen*
- *Erstellung von Schaltplänen*
- *Zusammenstellung der Betriebsmittel*
- *Ermittlung der Kosten der Betriebsmittel*
- *Ermittlung der Arbeitskosten unter Berücksichtigung von Kalkulationshilfen*
- *Termingestaltung*
- *Erstellung eines Pflichtenhefts*

Angebot
- *Zusammenstellung der Kosten*
- *Zeitrahmen mit Terminen*
- *Zahlungsbedingungen*
- *Zusendung an den Kunden (Auftraggeber)*

2. Diese Übersicht zeigt die Vorgehensweise des Auftragnehmers

1 Auftragsabwicklung

1.1 Vom Kundengespräch zum Angebot

Ein Wohnraum, der an ein Haus angebaut wurde, soll entsprechend Bild 1 mit elektrischen Betriebsmitteln ausgestattet werden. Der Besitzer vereinbart daher einen Termin mit einem Elektromeister, der ihm nach Äußerung seiner Wünsche ein Angebot erstellen soll.

Auftragsanalyse

In Übersicht 2 wird die Vorgehensweise deutlich. Der Kunde bzw. Auftraggeber vereinbart mit dem Meister einen Termin vor Ort und erläutert seine Wünsche. Der Raum soll ausgestattet werden mit
- 3 Doppelsteckdosen
- einer Ausschaltung für eine Deckenleuchte

Der Meister überprüft die **örtlichen Gegebenheiten**, indem er die Wände begutachtet. Sie bestehen aus Mauerwerk, auf dem noch kein Putz aufgetragen wurde. Ein elektrischer Anschluss für die Versorgung ist aus dem Nebenraum auch vorhanden, sodass die **technischen Voraussetzungen** gegeben sind. Die Forderungen des Auftraggebers werden in einem Lastenheft festgelegt.

> ***Ein Lastenheft ist ein Leistungsverzeichnis, das alle Forderungen des Auftraggebers bzw. Kunden enthält.***

Für diese Wohnrauminstallation enthält es die Angaben zu den zu installierenden Betriebsmitteln und zur Ausführung als Unterputzinstallation. Nachdem alle erforderlichen Daten vom Meister aufgenommen wurden, kündigt er dem Kunden die Zusendung eines Angebotes an und beendet die Ortsbesichtigung.

Auftragsplanung

Der Meister beginnt nun mit der Planung, indem er die erforderlichen Betriebsmittel zusammenstellt. Schon bei der Planung müssen Bestimmungen und Vorschriften berücksichtigt werden, die für entsprechende Installationen zutreffend sind. Das sind insbesondere DIN-Normen und VDE-Bestimmungen.

- **DIN-Normen** sind in der Übersicht 3 erläutert. Die DIN 18015 gibt Empfehlungen zur Ausstattung der Elektroinstallation in Wohngebäuden. Man findet hier unter anderem Aussagen über die Anzahl der zu installierenden Steckdosen und anderer Betriebsmittel für die einzelnen Räume.
- **VDE-Bestimmungen** (s. Übersicht 4) sind aufgrund der besonderen Gefahren beim Umgang mit der Elektrizität zu beachten. Sie beziehen sich auf die Ausführung der Elektroinstallation mit anschließender Prüfung. Unter Berücksichtigung dieser Vorschriften plant der Elektromeister die Installation.
- **Kalkulationshilfen** für das Elektrohandwerk enthalten Richtwerte für die Dauer verschiedener Tätigkeiten, wie z.B. das Verlegen von Leitungen oder das Anschließen der Betriebsmittel.

Der Meister ermittelt damit die Montagekosten.
Im Zusammenhang mit dem Lastenheft wird, insbesondere bei größeren Objekten, seitens des Auftragnehmers ein Pflichtenheft erstellt. Der Meister führt daher alle Anforderungen an die Installation einschließlich der erforderlichen Arbeiten (s. Bild 5) auf.

In einem Pflichtenheft werden neben dem Ziel des Projekts die Anforderungen an das Projekt vollständig, eindeutig und überprüfbar beschrieben.

Angebot

Der Meister erstellt ein Angebot mit den Angaben
- Teilkosten und Gesamtkosten
- Zeitplan für die Arbeiten inklusive Terminvorschläge
- Zahlungsbedingungen

Übersicht 5 zeigt den Ausschnitt des Angebotes, der die anstehenden Arbeiten beschreibt. Sie sind wegen der Putzarbeiten in zwei Vorgänge unterteilt. Der Meister lässt dem Kunden das Angebot zukommen.

Aufgaben

1. Was sollte ein Elektromeister vor Ort überprüfen, damit er die Elektroinstallation planen kann?
2. Welche Bestimmungen und Vorschriften sind schon bei der Planung einer Elektroinstallation zu berücksichtigen?

DIN Deutsches Institut für Normung e. V.
DIN-Normen dienen der Verbesserung der Eignung von Erzeugnissen, der Erleichterung der technischen Zusammenarbeit und einer umfassenden Information. Sie haben Empfehlungscharakter, werden aber durch Einbeziehung in Rechts- und Verwaltungsvorschriften verbindlich. Für die Elektroinstallation sind insbesondere folgende DIN Normen zu berücksichtigen:
- *DIN EN 61082 „Dokumente der Elektrotechnik“*
- *DIN EN 18015 mit Planungshinweisen bezüglich der Mindestausstattung der Elektroinstallation in Wohngebäuden*

3. Erklärungen zu den DIN-Normen

VDE Verband der Elektrotechnik e. V.
*Die Aufgaben des VDE sind insbesondere die Ausarbeitung und Herausgabe des VDE-Vorschriftenwerks (VDE-Bestimmungen) und die Durchführung von VDE-Prüfungen. Die **VDE-Bestimmungen** sind die Grundlage für die sichere Ausführung der Elektroinstallation. Bei elektrischen Anlagen von Gebäuden mit Spannung bis 1 000 V sind insbesondere die DIN-VDE 0100 zu beachten und einzuhalten. Die Elektrofachkraft muss sich ständig über den aktuellen Stand der VDE-Bestimmungen informieren und diese bei ihrer Arbeit berücksichtigen. Durch die Einhaltung der Bestimmungen ist ein großes Maß an Rechtssicherheit gegeben.*

4. Erläuterungen zum VDE

Arbeiten vor dem Verputzen der Wände
- *Schlitze (ca. 20 m Länge) ins Mauerwerk für die Leitungen fräsen*
- *9 Löcher für Schalter- und Verteilerdosen mit Bohrkrone bohren*
- *9 Schalter- und Verteilerdosen eingipsen*
- *20 m Mantelleitung verlegen und befestigen*

Arbeiten nach dem Verputzen der Wände
- *6 Steckdosen anschließen*
- *1 Schalterdose anschließen*
- *2 Verteilerdosen verdrahten*
- *Überprüfung der Installation*

5. Diese Arbeiten sind für die Installation vorgesehen und Teil des Pflichtenheftes.

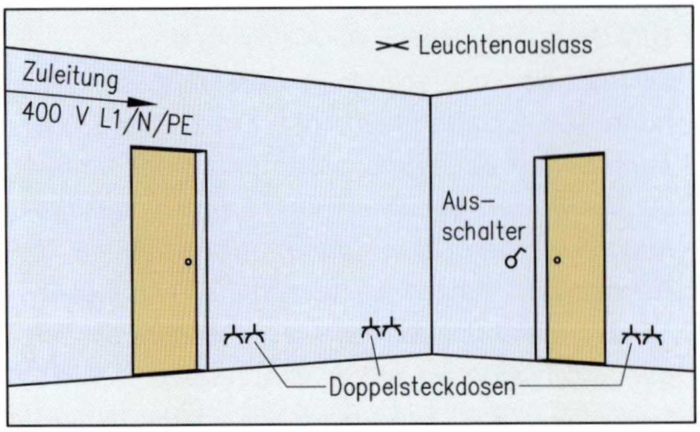

1. Eine Ausschaltung und 3 Doppelsteckdosen sollen in diesem Raum installiert werden.

Auftrag
- *Zusage zum Angebot durch den Kunden*
- *Terminvereinbarungen zur Durchführung*

Auftragsdurchführung
- *Bestellung bzw. Zusammenstellung der erforderlichen Betriebsmittel*
- *Einweisung der beteiligten Monteure*
- *Zusammenstellung der erforderlichen Maschinen und Werkzeuge für die Durchführung*
- *Durchführung der Arbeiten unter Berücksichtigung der Unfallverhütungsvorschriften*

Überprüfung der Installation
- *Besichtigung*
- *Erproben und Messen*
- *Funktionsprüfung*
- *Erstellung eines Prüfprotokolls*

Übergabe an den Kunden
- *Aushändigen der Prüfprotokolle*
- *Einweisung mit Funktionsvorführung*
- *Aushändigen der Rechnung*

2. Übersicht über die Schritte bei einem Ablauf vom Auftrag bis zur Übergabe

1.2 Vom Auftrag zur Übergabe

Für die Elektroinstallation entsprechend Bild 1 wurde von einem Elektromeister ein Angebot erstellt und dem Kunden unterbreitet. Der Kunde ist mit dem Angebot einverstanden. Der weitere Vorgang verläuft entsprechend der Übersicht 2.

Auftrag

Nach der Zusage werden zwei Termine vereinbart:
- Ein Termin für die Leitungsverlegung und das Anbringen der Dosen vor den Putzarbeiten
- Ein zweiter Termin für die Anschlussarbeiten nach dem Verputzen.

Auftragsdurchführung

Der Meister bestellt die nicht in seinem Lager vorhandenen Betriebsmittel für diese Installation und beauftragt seinen Monteur mit der Durchführung. Zunächst sollen vor dem Verputzen die Leitungen verlegt und die Dosen angebracht werden. Zum vereinbarten Termin begibt sich der Monteur mit den erforderlichen Betriebsmitteln und Werkzeugen zur Baustelle. Er setzt folgende Maschinen für seine Arbeiten ein:
- Bohrmaschine mit Bohrkrone für die Dosenlöcher
- Mauernutfräse für die Leitungsschlitze

Vor dem Einsatz sind diese Maschinen auf den ordnungsgemäßen Zustand zu überprüfen. So muss bei der Mauernutfräse die Schutzhaube sicher angebracht sein.

Beim Umgang mit Elektrowerkzeugen sind die Bedienungsanweisungen und insbesondere Sicherheitshinweise zu beachten.

Bei der Mauernutfräse wird auf das unbedingte Tragen einer Schutzbrille hingewiesen, die die Augen vor herumfliegenden Materialteilchen schützt. Der Staub wird beim Fräsen abgesaugt, trotzdem wird zusätzlich eine Staubmaske zur Filterung empfohlen. Diese Maßnahmen zählen zur **persönlichen Schutzausrüstung** (PSA) und dienen dem Gesundheitsschutz.
Bild 3 zeigt einige Gebotszeichen zur persönlichen Schutzausrüstung. Beim Bohren der Abzweigdosen und beim Schlitzfräsen im Bereich unterhalb der Decke benötigt der Monteur eine Leiter. Beim Umgang

mit Leitern und Tritten sind **Unfallverhütungsvorschriften** zu beachten, die vor Unfällen oder Verletzungen schützen sollen. Entsprechend Bild 4 links gilt:

> ***Bei Anlegeleitern ist darauf zu achten, dass der Winkel zur Waagerechten ca. 70° beträgt.***

Ansonsten besteht die Gefahr, dass die Leiter abrutscht oder nach hinten kippt. Bei der Hausinstallation verwendet der Monteur eine Stehleiter. Bei ihr muss vor dem Aufsteigen die Spreizsicherung gespannt sein, wie im Bild 4 rechts erkennbar ist. Außerdem gilt:

> ***Stehleitern dürfen nicht als Anlegeleitern verwendet werden.***

Nachdem der Monteur alle erforderlichen Arbeiten unter Berücksichtigung der Unfallverhütungsvorschriften durchgeführt hat, erfolgt die Überprüfung.

Überprüfung der Installation

Der Meister besichtigt zunächst die fachgerechte Verdrahtung in den Abzweigdosen. Anschließend werden

- die Durchgängigkeit der Schutzleiter und
- die Wirkung der Schutzeinrichtung für diesen Stromkreis mit einem Messgerät überprüft.

Abschließend erfolgt die Funktionsprüfung der Lampenschaltung und der 6 Steckdosen. Zur Prüfung wird ein Protokoll angefertigt, von dem Ausschnitte in Bild 5 zu sehen sind. Der Kunde erhält mit der Übergabe der Anlage das Prüfprotokoll und wird eingewiesen, indem ihm die Funktionen der installierten Betriebsmittel vorgeführt werden. Abschließend lässt der Elektromeister dem Kunden die Rechnung zukommen. Mit dem Bezahlen der Rechnung ist der Auftrag abgeschlossen.

Aufgaben

1. Was sollte beim Umgang mit Elektrowerkzeugen beachtet werden?
2. Warum ist beim Arbeiten mit Anlegeleitern beim Anstellen auf einen Winkel zu achten?

3. Gebotszeichen, die auch bei bestimmten Installationsarbeiten zu beachten sind.

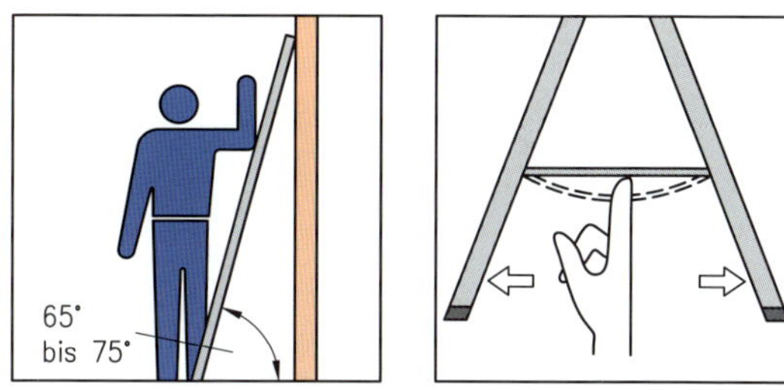

4. Diese Piktogramme zeigen, was beim Umgang mit einer Anlegeleiter (links) und einer Stehleiter (rechts) zu beachten ist.

Objekt: Elektroinstallation für den Anbau

Protokoll zur Prüfung gemäß DIN VDE 0100-600

Besichtigung *in Ordnung:*	*ja*	*nein*
Auswahl der Betriebsmittel	☒	☐
Leiterverbindungen	☒	☐
Erprobung und Messung		
Durchgängigkeit der Schutzleiter	☒	☐
Erproben der Schutzeinrichtung (RCD)	☒	☐
Funktionsprüfung		
Prüfung der Ausschaltung für die Leuchte	☒	☐
Prüfung der Steckdosen	☒	☐

5. Auszug aus dem Prüfprotokoll

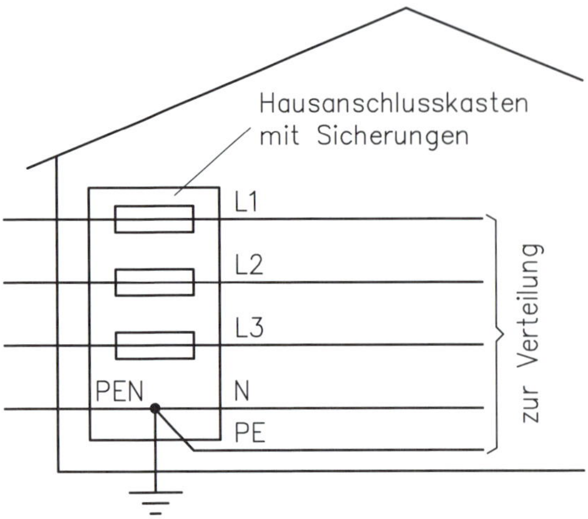

1. Die Versorgung mit elektrischer Energie erfolgt über eine vieradrige Leitung.

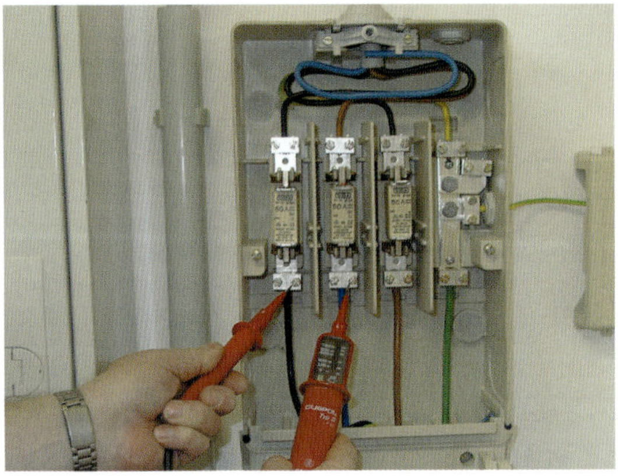

2. Hausanschlusskasten mit Sicherungen

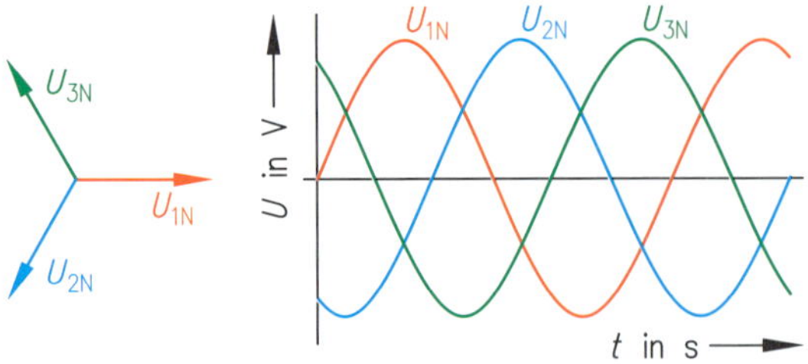

3. Das Bild zeigt den Verlauf der Strangspannungen, das sind die Spannungen zwischen den Außenleitern und N.

2 Elektrische Energieversorgung von Gebäuden

2.1 Elektrischer Anschluss zur Energieversorgung

Bild 1 zeigt die Zuleitungen zur elektrischen Energieversorgung eines Wohngebäudes. Sie erfolgt über eine Leitung mit 4 einzelnen Leitern (Adern). Sie führt zum Hausanschlusskasten.

Hausanschluss

Der Hausanschluss besteht aus dem Hausanschlusskabel mit dem Hausanschlusskasten, der drei Hausanschlusssicherungen enthält (s. Bild 2).

Der Hausanschlusskasten ist die Übergabestelle vom öffentlichen Verteilungsnetz zur Verbraucheranlage.

Worin unterscheiden sich die Leiter?

Den Anschlussklemmen der Leiter entnehmen wir folgende Bezeichnungen: L1, L2, L3 und PEN. Die drei mit L bezeichneten Leiter heißen **Außenleiter**, der vierte **PEN-Leiter**. Er vereinigt den **Schutzleiter** PE und den **Neutralleiter** N und er wird für die Hausinstallation in diese beiden aufgeteilt. Vier Leitungsadern sind erforderlich, da **Dreiphasenwechselspannung**, auch **Drehstrom** genannt, eingesetzt wird.

Zur Energieübertragung wird Dreiphasenwechselspannung verwendet.

Dreiphasenwechselspannung

Der Einsatz von Drehstrom hat folgende Gründe:

- Es wird bei der Übertragung gleicher Leistungen Leitungsmaterial eingespart.
- Drehstrom wird für den Betrieb von leistungsstärkeren Elektromotoren benötigt.

Grundsätzlich besteht Dreiphasenwechselspannung aus drei Wechselspannungen, die miteinander verkettet sind. Bild 3 zeigt den Verlauf der Spannungen.

Dreiphasenwechselspannung besteht aus drei gleich großen um 120° phasenverschobenen Wechselspannungen gleicher Frequenz.

Welche Spannungen bestehen zwischen den Leitern?

Im Drehstromnetz unterscheidet man zwischen **Leiterspannungen** und **Strangspannungen**.

- Als Leiterspannungen U bezeichnet man die Spannungen zwischen den Außenleitern.
- Strangspannungen U_{Str} liegen zwischen den Außenleitern und dem Neutralleiter (bzw. auch PEN-Leiter) an.

Im Bild 4 sind Leiterspannungen (U_{12}, U_{23}, U_{31}) und Strangspannungen (U_{Str1}, U_{Str2}, U_{Str3}) eingetragen.

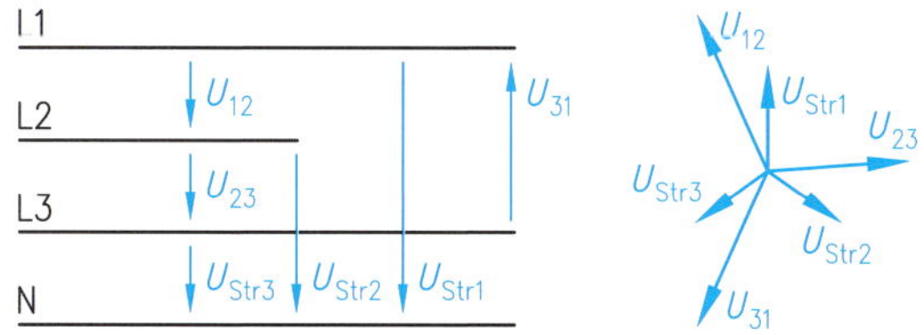

4. Mit U_{12} bezeichnet man die Leiterspannung zwischen L1 und L2.

> ***In unserem Verteilungsnetz beträgt die Leiterspannung 400 V AC und die Strangspannung 230 V AC.***

Da in den meisten Verteilungsnetzen der Neutralleiter mit der Erde verbunden ist, besteht zwischen den Außenleitern und der Erde eine Spannung von 230 V. Daher müssen besondere Vorkehrungen gegen das Berühren dieser Leiter getroffen werden.

Zusammenhang zwischen Strang- und Leiterspannung

Bild 5 zeigt die Dreiphasenwechselspannung an einer Verbraucherschaltung, die mit 3 Widerständen dargestellt ist. Aufgrund der Form bezeichnet man diese Schaltung auch als **Sternschaltung**. Aus dem Bild wird der Zusammenhang der Spannungen deutlich.

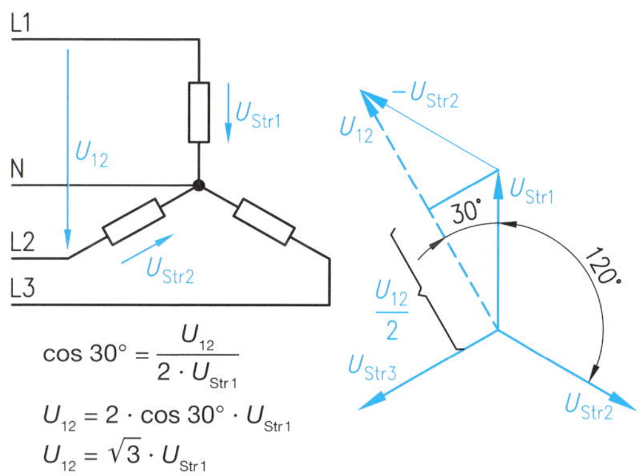

$$\cos 30° = \frac{U_{12}}{2 \cdot U_{Str1}}$$

$$U_{12} = 2 \cdot \cos 30° \cdot U_{Str1}$$

$$U_{12} = \sqrt{3} \cdot U_{Str1}$$

5. Zusammenhang zwischen Strang- und Leiterspannung bei der Sternschaltung

> ***Bei einer Sternschaltung sind die Leiterspannungen um den Faktor $\sqrt{3}$ größer als die Strangspannungen.***

Erzeugung von Drehstrom

Bild 6 zeigt ein vereinfachtes Modell eines Drehstromgenerators. Ein rotierender Elektromagnet erzeugt in 3 um 120° versetzten Wicklungen die Strangspannungen an den einzelnen Wicklungen. Durch entsprechende Verkettung dieser Spannungen erhält man dann die Leiterspannungen.

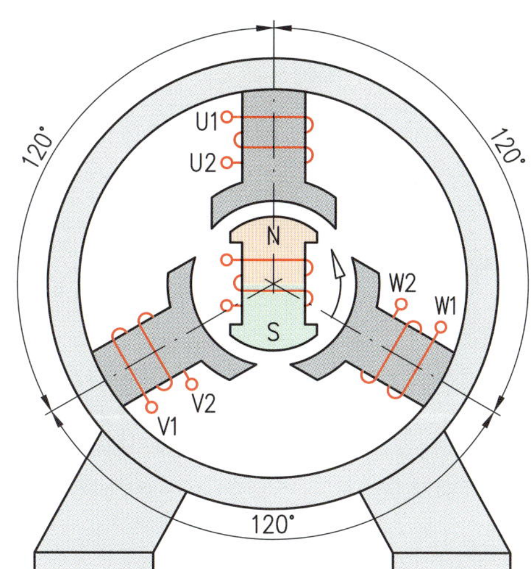

6. Vereinfachtes Modell eines Drehstromgenerators

Aufgaben

1. Warum wird zur Energieübertragung Dreiphasenwechselspannung verwendet?
2. Angenommen die Strangspannung in Bild 5 beträgt 400 V. Wie groß ist dann die Leiterspannung?

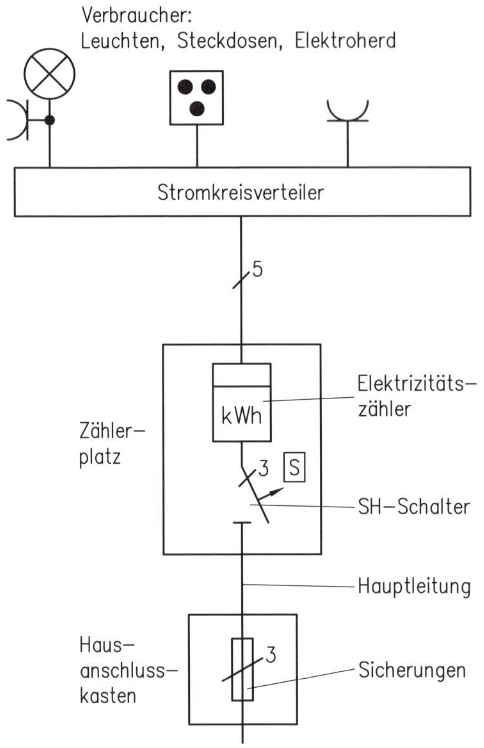

1. Übersichtsschaltplan zum Verlauf der elektrischen Energie von der Einspeisung bis zu den Verbrauchern für eine Wohneinheit. Der Verlauf erfolgt von unten nach oben.

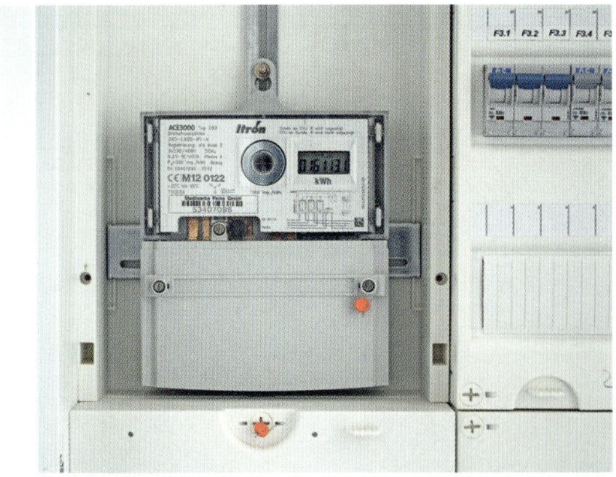

2. Zählerplatz mit einem elektronischen Haushaltszähler

2.2 Vom Hausanschluss zu den Verbrauchern

Bild 1 zeigt den Übersichtsschaltplan für eine Wohneinheit, aus dem der Weg vom Hausanschlusskasten bis zu den Verbrauchern hervorgeht. Ein Übersichtsschaltplan macht keine Aussagen über die räumliche Lage der Betriebsmittel oder ihrer Anschlüsse und Funktionen, er gibt aber einen Überblick über ein Gesamtsystem.
Aus ihm geht folgender Verlauf hervor:

- Hausanschlusskasten
- Zählerplatz
- Stromkreisverteiler
- Verbraucher

Zählerplatz und Stromkreisverteiler können auch in einem gemeinsamen Schrank untergebracht werden.

Hausanschluss

Vom Hausanschlusskasten mit den drei Sicherungen erfolgt die Verbindung zum Zählerplatz durch die sogenannte **Hauptleitung**. Bei mehreren Wohneinheiten erfolgt schon hinter dem Hausanschluss eine Aufteilung auf mehrere Zählerplätze, bei einer einzigen Wohneinheit wie in diesem Fall aber nicht.

Zählerplatz

Der Zählerplatz ist für einen Elektrizitätszähler, wie er im Bild 2 zu sehen ist, und einen SH-Schalter sowie für die entsprechenden Anschlüsse vorgesehen.

Der Elektrizitätszähler misst die elektrische Energie bzw. Arbeit, die für die elektrischen Betriebsmittel benötigt wurde. Sie wird in Kilowattstunden (kWh) angezeigt.

Entsprechend der benötigten Energie in Kilowattstunden erfolgt die Abrechnung durch das Elektrizitätsversorgungsunternehmen. Vor den Elektrizitätszähler ist ein selektiver Hauptleitungsschutzschalter (SH-Schalter) geschaltet, mit dem die elektrische Anlage abgeschaltet werden kann. Außerdem schützt der Schalter die Anlage vor unzulässig hohen Stromstärken.

Stromkreisverteiler

Im Stromkreisverteiler erfolgt die Aufteilung in einzelne Stromkreise, die zu den verschiedenen Verbrauchern führen.

> ***Jeder Stromkreis muss in einem Stromkreisverteiler einzeln abgesichert werden.***

Dieses kann durch Leitungsschutzschalter oder Schmelzsicherungen erfolgen. Bei der Verteilung in Bild 3 wurden Leitungsschutzschalter verwendet. Außerdem ist links als Fehlerstrom-Schutzeinrichtung ein RCD (Residual Current protective Device) zu erkennen.

> ***RCDs sind Schutzeinrichtungen, die im Fehlerfall den Strom abschalten und dadurch vor gefährlichen elektrischen Spannungen schützen.***

Übersichtsschaltplan 4 macht die Verbindungen im Stromkreisverteiler deutlich, unter 5 sind die Schaltzeichen erläutert. Es wurden zwei RCDs vorgesehen, wodurch im Fehlerfall nicht alles abgeschaltet wird.

Anzahl der Stromkreise

Die Anzahl der Stromkreise richtet sich nach der Größe der Wohnfläche und dem Ausstattungswert.
Man unterscheidet 3 Ausstattungswerte:

- 1 (ein Stern) Mindestausstattung gemäß DIN
- 2 (zwei Sterne) Standardausstattung
- 3 (drei Sterne) Komfortausstattung

Mithilfe von Tabelle 6 kann die Zahl der Stromkreise ermittelt werden. Bei einer Wohnfläche von 80 m² sind entsprechend Ausstattungswert 1 mindestens 5 Stromkreise für Beleuchtung und Steckdosen vorzusehen. Für leistungsstärkere Geräte, wie z. B. den Geschirrspüler im Übersichtsschaltplan 4, sind zusätzliche Stromkreise erforderlich.

Aufgaben

1. Welche Aufgaben haben Stromkreisverteiler?
2. Eine Wohnung hat eine Fläche von 110 m². Wie viele Stromkreise für die Beleuchtung und Steckdosen sind bei Ausstattungswert 2 vorzusehen?

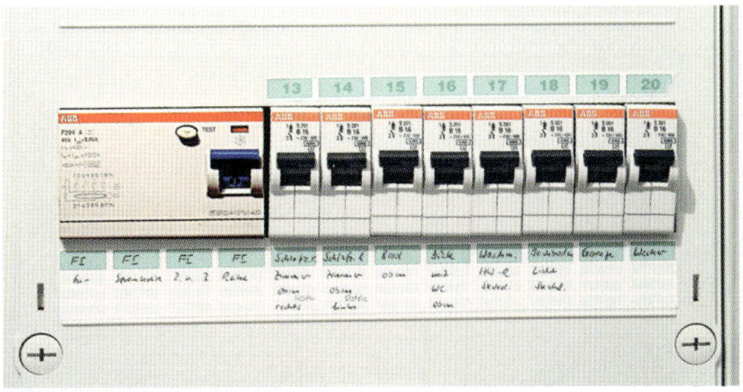

3. Stromkreisverteiler mit Leitungsschutzschaltern und einer Fehlerstromschutzeinrichtung (RCD) links.

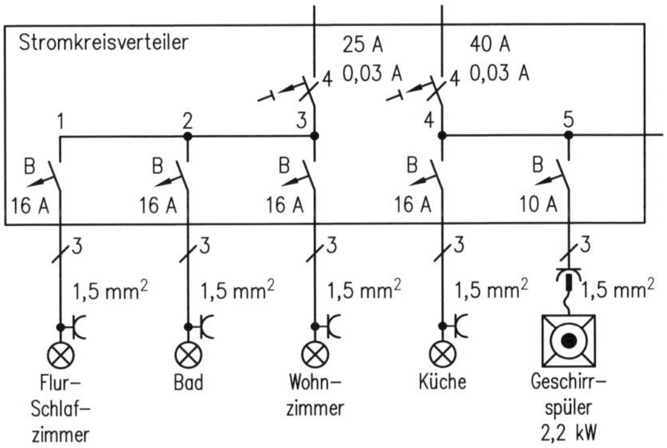

4. Ausschnitt aus dem Übersichtsschaltplan für die Verteilung der Stromkreise

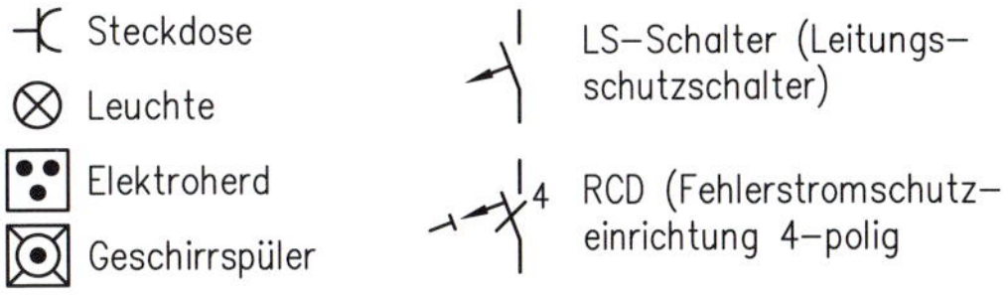

5. Erläuterung der verwendeten Schaltzeichen

Ausstattungswert		1 *	2 **	3 ***
	Wohnfläche	Anzahl	Anzahl	Anzahl
Beleuchtungs- und	bis 50 m²	3	4	5
	> 50 bis 75 m²	4	5	6
Steckdosenstrom-kreise	> 75 bis 100 m²	5	6	7
	> 100 bis 125 m²	6	7	8
	> 125 m²	7	8	9

6. Tabelle zur Ermittlung der Anzahl der Stromkreise

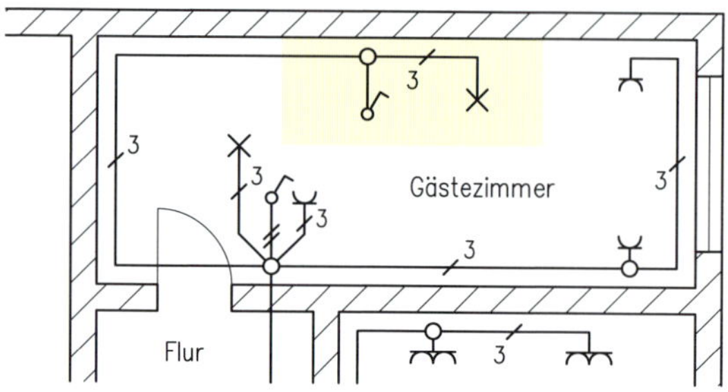

1. Ausschnitt aus einem Installationsplan

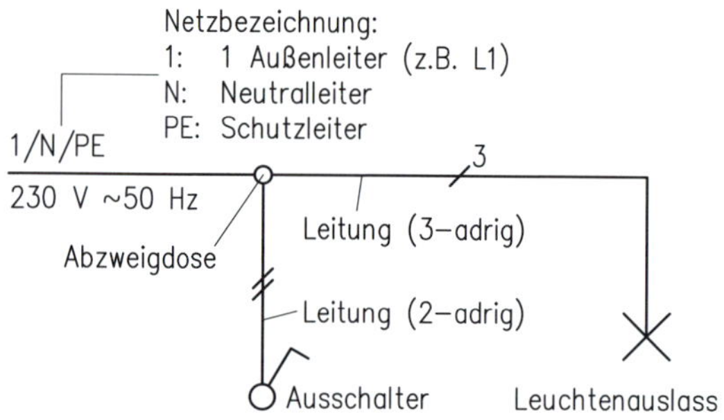

2. Übersichtsschaltplan mit Erläuterungen

	Neutralleiter *N*
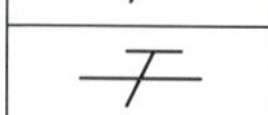	Schutzleiter *PE*
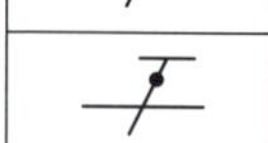	Neutralleiter mit Schutzfunktion *PEN*
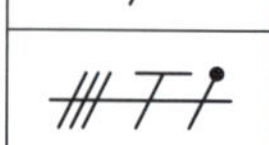	drei Leiter, ein Schutzleiter, ein Neutralleiter
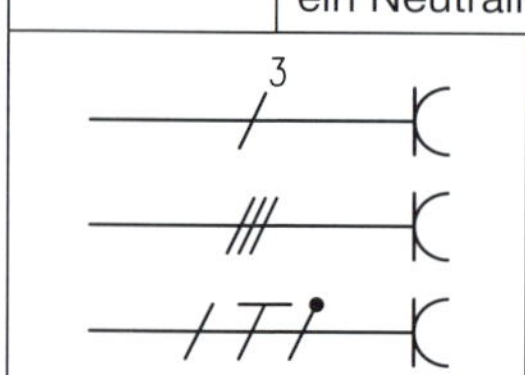	Mögliche Darstellung für eine dreiadrige Leitung zu einer Schutzkontakt-'steckdose

3. Erläuterungen zu den Leiterkennzeichen

3 Installationsschaltungen

3.1 Schaltpläne für eine Ausschaltung

Wozu dient ein Installationsplan?

Bild 1 zeigt den Ausschnitt eines Installationsplans eines Wohngebäudes. Was kann man ihm entnehmen? Außer dem Gebäudegrundriss mit den Zimmerbezeichnungen erkennt man Schaltzeichen, die sich auf die Elektroinstallation beziehen. Für jede Steckdose, jeden Schalter und jedes weitere elektrische Betriebsmittel wird ein Schaltzeichen angegeben. Die Erläuterungen für den markierten Teil können Bild 2 entnommen werden. Dabei handelt es sich um eine Ausschaltung.

Der Installationsplan ist eine einpolige Darstellung einer Installation in einer Bauzeichnung.

Dabei entspricht die Darstellung der Betriebsmittel in etwa der lagerichtigen Anordnung. Wird der Plan wie in Bild 2 ohne Bauzeichnung dargestellt, dann bezeichnet man ihn als Übersichtsschaltplan. Installations- und Übersichtsschaltpläne verwenden die gleichen Schaltzeichen; bei Installationsplänen darf auch auf die Darstellung der Leitungen verzichtet werden. Die Leitungen können entsprechend ihrer Aderzahl unterschiedlich gekennzeichnet werden. Unter 3 sind dazu Erläuterungen angegeben.
Installationspläne und Übersichtsschaltpläne geben folglich Auskunft über die Art der Schaltung und über die notwendigen Betriebsmittel. Aus ihnen geht jedoch nicht hervor, wie die Betriebsmittel angeschlossen werden müssen und wie die Schaltung funktioniert.

Schaltpläne mit Stromwegen

Die Wirkungsweise der Ausschaltung wird erst deutlich, wenn der Weg des Stromes verfolgt werden kann. Dieses ist bei Stromlaufplänen möglich. Dabei werden die Schaltzeichen mit allen Anschlüssen, also mehrpolig, dargestellt. Abb. 4 zeigt den Stromlaufplan in zusammenhängender Darstellung für die Ausschaltung.

> ***Beim Stromlaufplan in zusammenhängender Darstellung werden alle Einzelheiten der Schaltung wiedergegeben.***

Man kann mithilfe dieses Planes die Betriebsmittel anschließen und die Funktion der Ausschaltung erkennen. Wird der Schalter Q1 betätigt, dann ist der Stromkreis geschlossen und die Lampe E1 leuchtet.

Stromlaufplan in verteilter oder aufgelöster Darstellung

Stromlaufpläne in zusammenhängender Darstellung können bei umfangreichen Schaltungen unübersichtlich werden. Übersichtlicher und leichter verständlich wird die Schaltung, wenn man sie nach Stromwegen aufteilt, wie es in Bild 5 zu sehen ist. Dieser Plan wird als Stromlaufplan in verteilter Darstellung bezeichnet. Häufig wird der Schutzleiter dabei nicht mehr eingezeichnet, da es vorwiegend um die Funktion der Schaltung geht.

> ***Beim Stromlaufplan in verteilter Darstellung wird die Schaltung nach Stromwegen aufgelöst.***

Durch die übersichtliche Darstellung wird besonders die Wirkungsweise deutlich, wie aus Bild 5 hervorgeht.

In Stromlaufplänen werden die Betriebsmittel nach ihrer Art gekennzeichnet. Tabelle 6 zeigt eine Auswahl der Bezeichnungen. Wie in den Bildern 4 und 5 zu sehen ist, werden die Schalter in den Stromlaufplänen in der Regel im unbetätigten Zustand gezeichnet. Bei einer Darstellung im betätigten Zustand wird dieses durch einen Pfeil entsprechend Bild 7 besonders gekennzeichnet. Dadurch kann man einen betätigten Schließer von einem nicht betätigten Öffner unterscheiden.

Aufgaben

1. Wie unterscheiden sich Installationspläne von Stromlaufplänen?
2. Geben Sie zu folgenden Betriebsmitteln die Kennzeichnungen an: Ausschalter, Lampe, Abzweigdose, Steckdose

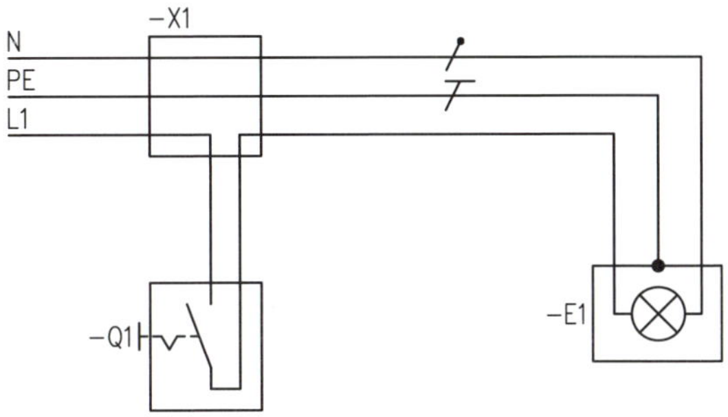

4. Stromlaufplan in zusammenhängender Darstellung

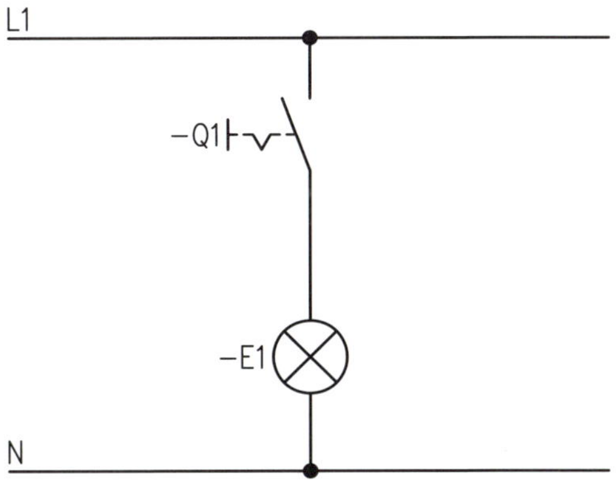

5. Stromlaufplan in verteilter Darstellung ohne Schutzleiter

– Q	Leistungsschalter, Installationsschalter
– E	Beleuchtungseinrichtungen
– X	Klemmen, Stecker, Steckdosen
– S	Steuerschalter, Tastschalter
– K	Relais, Hilfsschütz
– P	optische und akustische Meldegeräte
– T	Transformatoren

6. Betriebsmittelkennzeichnungen

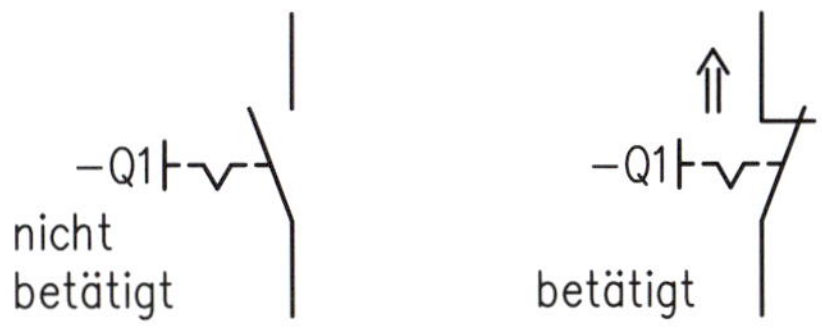

7. Zustandsdarstellung eines Schalters

Lernfeld 2: Elektrische Installationen planen und ausführen

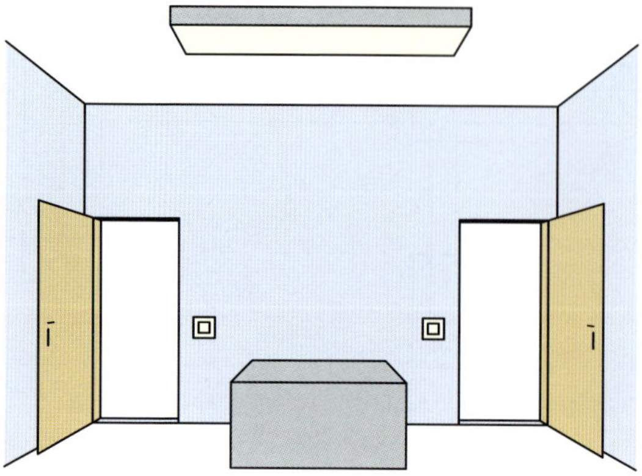

1. *Die Leuchte kann von beiden Schaltern ein- und ausgeschaltet werden.*

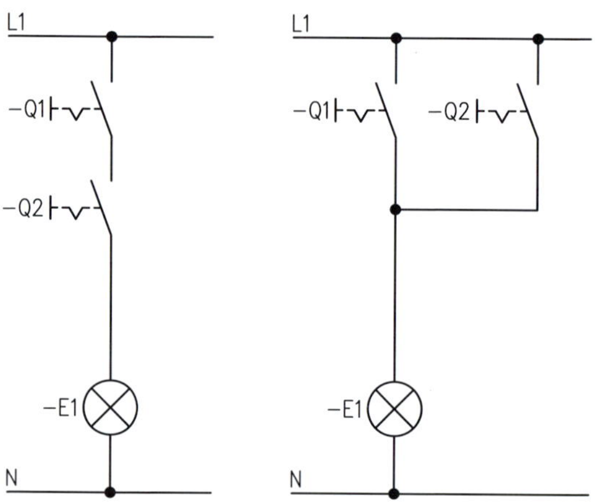

2. *Links sind die Schalter in Reihe, rechts parallel geschaltet*

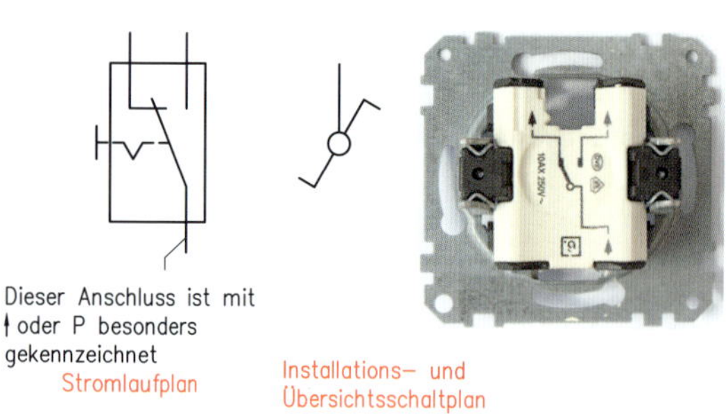

3. *Schaltzeichen und die Rückseite eines Wechselschalters mit Anschlüssen*

3.2 Wechselschaltung

Der Werkraum in Bild 1 hat zwei Zugänge. Daher wurde die Lampenschaltung so installiert, dass die Leuchte von beiden Türen aus ein- und ausgeschaltet werden kann.

> ***Eine Schaltung, bei der Betriebsmittel von zwei Schaltstellen beliebig ein- oder ausgeschaltet werden können, bezeichnet man als Wechselschaltung.***

Kann man eine Wechselschaltung mit Ausschaltern realisieren?

In Bild 2 ist der Stromlaufplan für zwei Schaltungen mit Ausschaltern dargestellt. Links sind die Schalter in Reihe, rechts parallel geschaltet.
Eine Überprüfung der Schaltungen zeigt folgendes Ergebnis:

- Linke Schaltung: Die Lampe leuchtet nur, wenn beide Schalter eingeschaltet sind.
- Rechte Schaltung: Die Lampe leuchtet, wenn mindestens einer der beiden Schalter eingeschaltet ist.

Es wird deutlich, dass eine Wechselschaltung nicht mit Ausschaltern realisiert werden kann. Bild 3 zeigt einen Schalter, der für die Wechselschaltung geeignet ist. Es ist ein Wechselschalter mit drei Anschlüssen.

> ***Für eine Wechselschaltung müssen Wechselschalter verwendet werden.***

Handelsübliche Schalter für die Elektroinstallation sind bereits als Wechselschalter ausgeführt. Sie können dann sowohl für Wechselschaltungen als auch für Ausschaltungen verwendet werden.

Anschließen der Wechselschalter

Bild 4 zeigt den Stromlaufplan in verteilter Darstellung einer Wechselschaltung. Die besonders gekennzeichnete Klemme wird bei einem Schalter an L1 und am anderen an die Leuchte angeschlossen. Die beiden anderen Anschlüsse der Schalter werden miteinander verbunden. Diese Leitungsadern bezeichnet man als **korrespondierende Leiter**.

Funktion der Wechselschaltung

Mithilfe des Stromlaufplans in Bild 4 wird die Funktion überprüft:

- Bei den Schalterstellungen leuchtet E1 nicht.
- Wird Q1 betätigt, leuchtet die Lampe.
- Mit Q2 kann sie wieder ausgeschaltet werden.

Ein unabhängiges Ein- und Ausschalten der Leuchte ist mit beiden Schaltern möglich.

Installation der Wechselschaltung

Für die Installation wird die Anzahl der erforderlichen Adern der zu verlegenden Leitungen benötigt. Dazu ist der Stromlaufplan in zusammenhängender Darstellung der Schaltung in Bild 5 geeignet. Es wird deutlich, dass man mit dreiadrigen Leitungen bei dieser Schaltung nicht mehr auskommt.

Die Sparwechselschaltung

Wird eine Wechselschaltung im Zusammenhang mit Steckdosen installiert, dann wäre für eine Steckdose am Schalter Q2 in Bild 5 anstelle der dreiadrigen Leitung von X2 zum Schalter Q2 eine sechsadrige notwendig, da L1, N und PE zusätzlich für die Steckdose benötigt werden. Durch eine besondere Schaltungsvariante der Wechselschaltung kann eine Ader eingespart werden und eine fünfadrige Leitung wäre ausreichend. Diese Schaltung wird Sparwechselschaltung genannt.

> ***Durch die Sparwechselschaltung kann eine Leitungsader eingespart werden, wenn außer der Wechselschaltung noch weitere Betriebsmittel wie z. B. Steckdosen installiert werden.***

Bild 6 zeigt die zusammenhängende Darstellung dieser Schaltung. Im Gegensatz zur normalen Wechselschaltung werden

- die besonders gekennzeichneten Klemmen der Wechselschalter miteinander verbunden.
- die korrespondierenden Leiter mit L1 und der Lampe verbunden.

Aufgaben

1. Was versteht man unter einer Wechselschaltung?
2. Wie viele Leitungsadern müssen bei einer Wechselschaltung an die Schalter angeschlossen werden?
3. Welche Vorteile könnte eine Sparwechselschaltung haben?

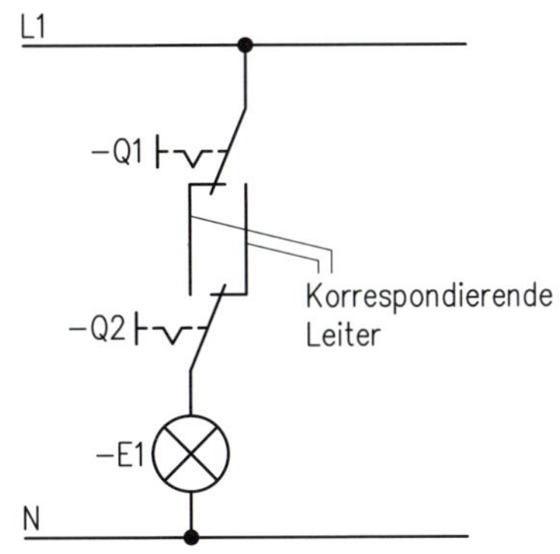

4. Stromlaufplan einer Wechselschaltung in verteilter Darstellung ohne Schutzleiter

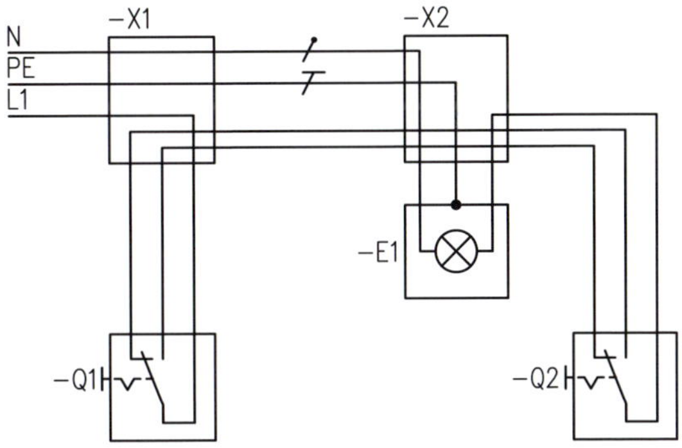

5. Stromlaufplan in zusammenhängender Darstellung

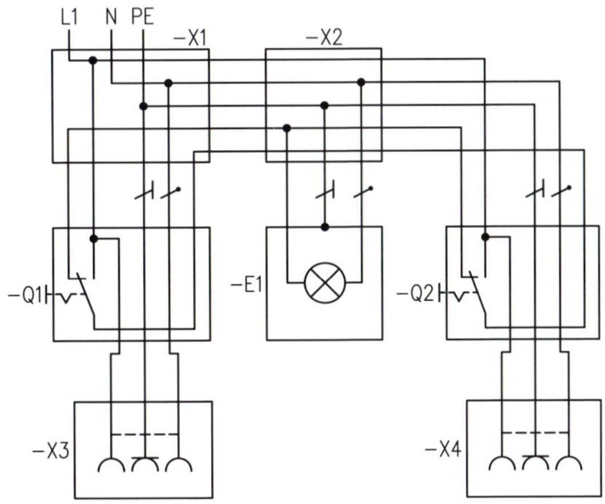

6. Stromlaufplan einer Sparwechselschaltung mit Steckdosen

Lernfeld 2: Elektrische Installationen planen und ausführen

1. *Reduzierte Helligkeit links durch Dimmen, rechts durch Schalten*

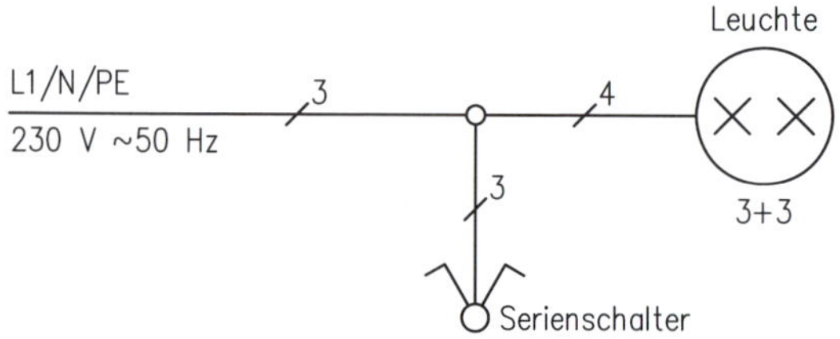

2. *Übersichtsschaltplan einer Serienschaltung*

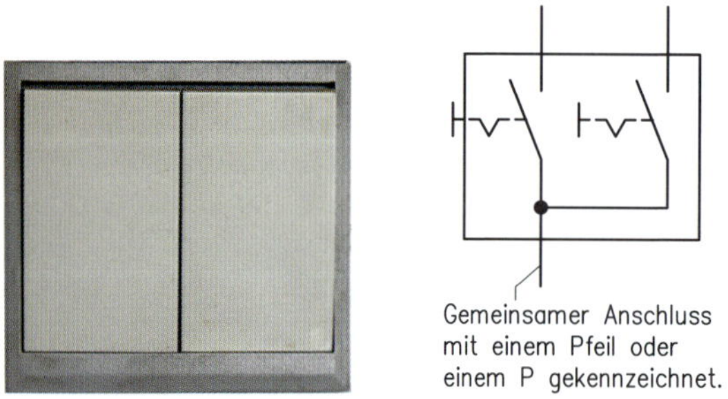

3. *Serienschalter*

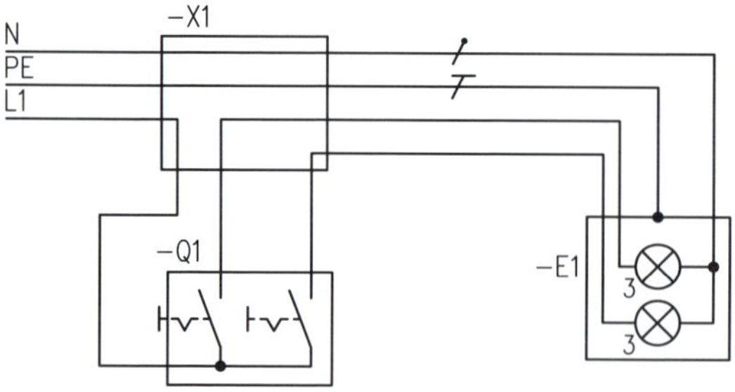

4. *Stromlaufplan in zusammenhängender Darstellung einer Serienschaltung*

3.3 Serien- und Dimmerschaltung

Eine Leuchte mit 6 Lampen in einem Wohnzimmer soll nicht immer mit voller Helligkeit leuchten. Entsprechend Bild 1 gibt es folgende Möglichkeiten:

- Abschalten von 3 Lampen, sodass nur 3 von 6 Lampen leuchten. Dies erfolgt mit einer Serienschaltung.
- Verminderung der Helligkeit durch Dimmen, wobei alle 6 Lampen eingeschaltet bleiben, aber durch einen Dimmer mit verminderter Helligkeit leuchten.

Aufbau der Serienschaltung

Bild 2 zeigt den Übersichtsschaltplan einer Serienschaltung. Die Angabe „3 + 3“ besagt, dass je nach Betätigung des Serienschalters jeweils 3 Lampen oder auch alle 6 eingeschaltet werden können.

Bei einer Serienschaltung werden Betriebsmittel oder Gruppen von Betriebsmitteln unabhängig voneinander geschaltet, wobei auch gleichzeitiger Betrieb möglich ist.

Bild 3 zeigt einen Serienschalter und seine Schaltzeichen für den Stromlaufplan. Er setzt sich aus zwei Ausschaltern zusammen, die in einem Gehäuse untergebracht sind. Der Schalter hat zwei Wippen, mit denen unabhängig voneinander geschaltet wird.

Funktion der Serienschaltung

Aus dem Stromlaufplan in zusammenhängender Darstellung unter 4 geht die Funktion hervor.
Mit dem linken Schaltkontakt von Q1 wird die obere Lampengruppe im Schaltplan, mit den rechten die untere Gruppe geschaltet. Aus dem Plan geht auch hervor, dass die Aderzahl der Leitungen größer als bei einer Ausschaltung ist. Serienschalter können auch dazu verwendet werden, zwei verschiedene Leuchten oder Betriebsmittel zu schalten. Man spart dadurch eine Schalterdose ein, die sonst für eine zweite Leuchte erforderlich wäre.

Dimmerschaltungen

Mit einem Dimmer kann die Helligkeit einer Lampe durch Verändern der elektrischen Spannung stufenlos eingestellt werden. Außerdem ist das Ein- und Ausschalten wie bei einem Ausschalter möglich. Man unterscheidet

- Dimmen durch Tasten, wobei das Dimmen durch längeres, das Schalten durch kurzes Berühren der Schaltfläche erfolgt.
- Dimmen durch Drehen, wobei das Dimmen durch Drehung und das Schalten durch Drücken eines Schaltknopfes ausgelöst wird.

Bild 5 zeigt einen Tastdimmer mit einem Anschlussbild nach Herstellerunterlagen.

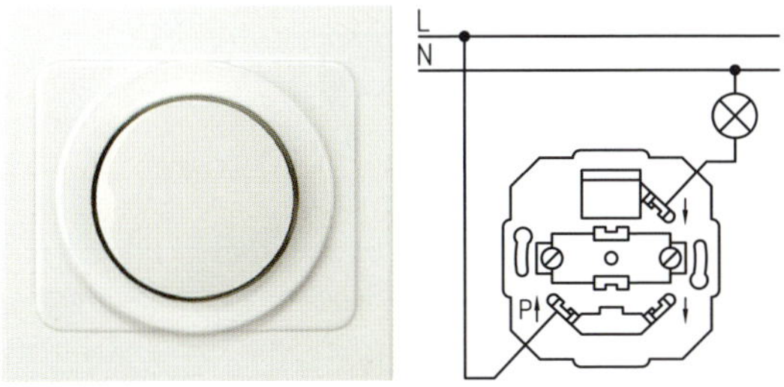

5. Tastdimmer mit Anschlussplan

Auswahl von Dimmern

Nicht alle Lampen lassen sich Dimmen und bestimmte Lampen funktionieren auch nur mit bestimmten Dimmern. Diese Angaben findet man in den Herstellerunterlagen dieser Betriebsmittel.

> ***Vor der Installation einer Dimmerschaltung ist die Dimmbarkeit der Lampen und die entsprechende Eignung des Dimmers zu prüfen.***

Es gilt

- Glühlampen und Halogenlampen für 230 V AC lassen sich problemlos dimmen.
- Für Niedervolt-Halogenlampen werden spezielle Dimmer benötigt.
- Bei Energiespar- und LED-Lampen für 230 V AC dürfen nur dimmbare Lampen und dafür geeignete Dimmer eingesetzt werden.

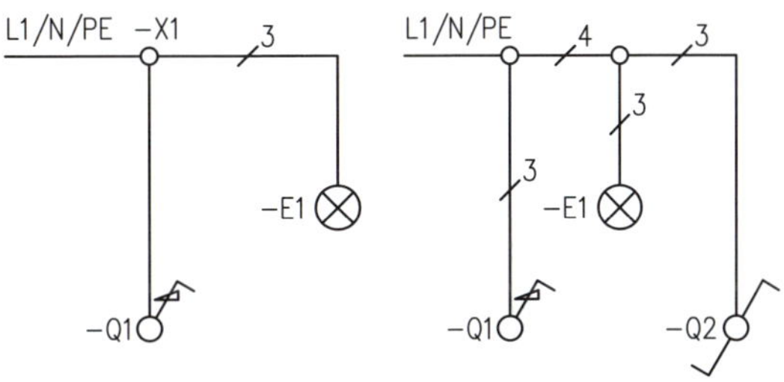

6. Übersichtsschaltplan einer Ausschaltung mit Dimmer (links) und einer Wechselschaltung mit Dimmer (rechts)

Anschließen von Dimmern

Jeder Dimmer hat mindestens zwei Anschlüsse oder, wie in Bild 5, drei Anschlüsse, womit er auch für eine Wechselschaltung entsprechend dem Übersichtsschaltplan 6 rechts verwendet werden kann. Aus dem Stromlaufplan 7 geht das Anschließen des Dimmers und die Funktion der Schaltung hervor. Die Spannung von L1 gegenüber N wird durch den Dimmer verändert.

Übersicht 8 zeigt einen Vergleich der Schaltungen.

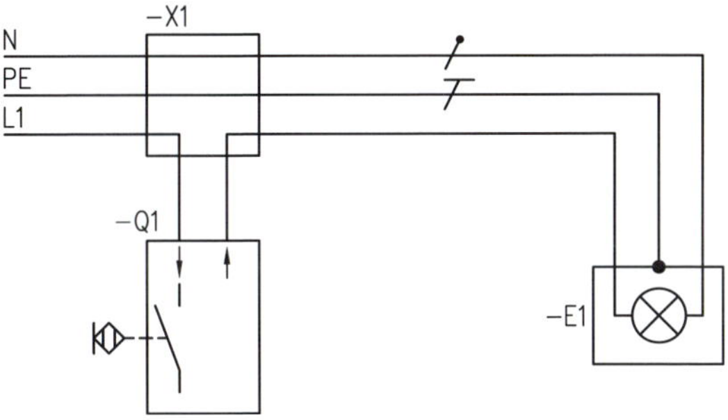

7. Stromlaufplan einer Schaltung mit Tastdimmer

Serienschaltung	Dimmerschaltung
Helligkeit nur in zwei Stufen einstellbar	Helligkeit stufenlos einstellbar
mehr Leitungsadern	weniger Leitungsadern
bei allen Lampen einsetzbar	nicht bei allen Lampen einsetzbar

8. Vergleich der Schaltungen

Aufgaben

1. Worauf ist bei einer Dimmerschaltung schon vor der Installation zu achten?
2. Wozu dient ein dritter Anschluss bei einem Dimmer?

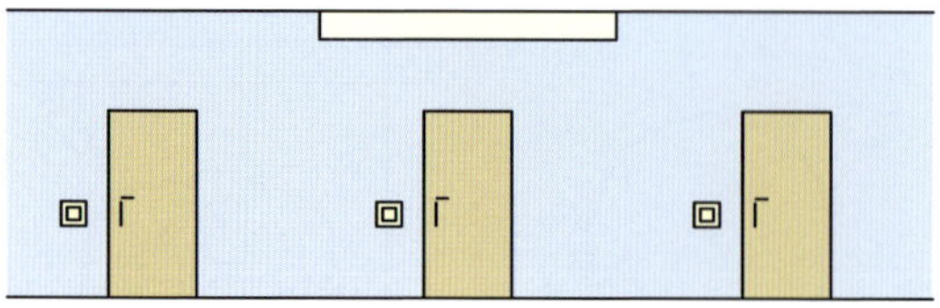

1. Die Leuchte soll von allen 3 Schaltern geschaltet werden.

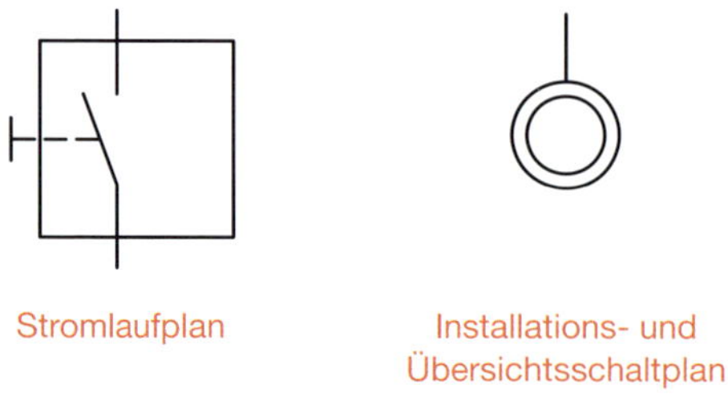

2. Schaltzeichen für einen Tastschalter

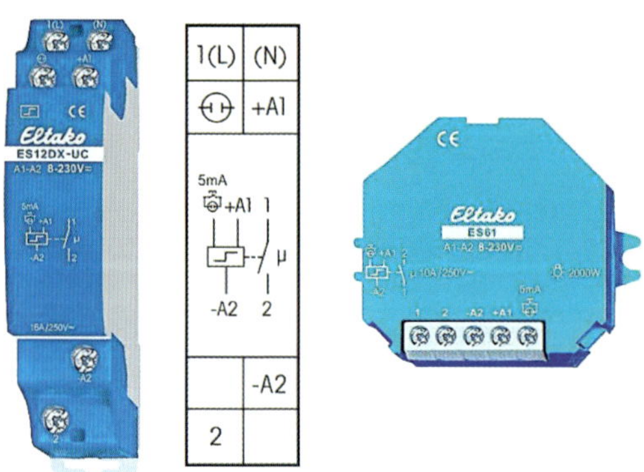

3. Stromstoßschalter für den Einbau in eine Verteilung (links) oder in eine Abzweigdose (rechts). Die Funktion der beiden Schalter ist die gleiche.

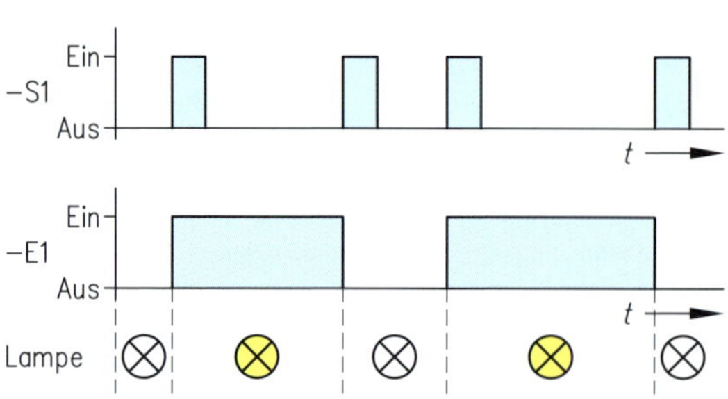

4. Das Zeitablaufdiagramm für die Stromstoßschaltung

3.4 Lampenschaltungen mit mehr als zwei Schaltstellen

Im Flur einer Schule soll entsprechend Bild 1 die Beleuchtung von mehr als zwei Schaltstellen ein- und ausgeschaltet werden können. Dafür gibt es zwei Möglichkeiten:

- Verwendung einer Stromstoßschaltung
- Einsatz einer Kreuzschaltung

Betriebsmittel der Stromstoßschaltung

Bei einer Stromstoßschaltung werden die Lampen mit einem Stromstoßschalter geschaltet, der von Tastschaltern gesteuert wird. Bild 2 zeigt die Schaltzeichen der Tastschalter. Zwischen ihren Anschlüssen besteht nur während des Drucks auf den Taster eine Verbindung. Im Bild 3 sind Stromstoßschalter für den Einbau auf einer Schiene in einem Verteiler (links) und den Einbau in einer Verteilerdose (rechts) zu sehen.

> ***Ein Stromstoßschalter ist ein elektromagnetisch betätigter Schalter, der durch Stromimpulse geschaltet wird.***

Die Stromimpulse erhält der Schalter von den Tastern. Das Zeitablaufdiagramm 4 macht deutlich, dass sich bei jeder Tasterbetätigung der Schaltzustand des Stromstoßschalters ändert und dadurch die Lampen geschaltet werden können.

Anschluss des Stromstoßschalters

Das Bild 3 zeigt die Anschlüsse für den Schalter. Man erkennt

- die Anschlüsse +A1, –A2 und einen dritten neben +A1 für die Spule.
- die Anschlüsse 1 und 2 für den Schaltkontakt, durch den die Lampen ein- und ausgeschaltet werden.

An +A1 und –A2 kann eine Mischspannung zwischen 8 V und 230 V zum Ansteuern gelegt werden. Der dritte Anschluss wird anstelle von +A1 dann verwendet, wenn die anzuschließenden Tastschalter mit Glimmlampen als Orientierungslicht ausgestattet sind. Die Schaltspannung muss dann 230 V AC betragen.

Funktion der Stromstoßschaltung

Aus dem Stromlaufplan in zusammenhängender Darstellung unter 5 geht die Funktion hervor. Im Schaltplan erkennt man zwei Stromkreise:

- Die Tastschalter S1 bis S3, die parallel geschaltet sind und den Stromstoßschalter steuern
- Den Schaltkontakt Q1, der die Leuchte E1 schaltet.

> ***Eine Stromstoßschaltung besteht aus einem Steuerstromkreis mit Tastschaltern und einem Hauptstromkreis mit dem zu schaltenden Betriebsmittel.***

Bei der hier verwendeten Schaltung wurde für beide Stromkreise 230 V AC verwendet, der Steuerstromkreis kann auch mit Kleinspannung betrieben werden.

Kreuzschaltung

Für drei und mehr Schaltstellen ist auch eine Kreuzschaltung geeignet.

> ***Für eine Kreuzschaltung mit drei Schaltstellen werden ein Kreuzschalter und zwei Wechselschalter benötigt.***

Der Kreuzschalter hat vier Anschlüsse und wird entsprechend Bild 6 an die Wechselschalter angeschlossen. Der Schaltung kann man entnehmen, dass von allen drei Schaltstellen unabhängig voneinander die Leuchte E1 geschaltet werden kann. Den Plänen 6 und 7 können die Schaltzeichen für den Kreuzschalter entnommen werden.

Vergleich der Schaltungen

Die Übersichtsschaltpläne in Bild 7 zeigen noch einmal die Unterschiede zwischen Stromstoß- und Kreuzschaltung. Bei der Stromstoßschaltung genügen einfache Tastschalter zum Schalten, daher lässt sie sich ohne großen Aufwand erweitern. Allerdings ist ein Stromstoßschalter erforderlich.

Aufgaben

1. Welche Betriebsmittel werden für eine Stromstoßschaltung, welche für eine Kreuzschaltung für vier Schaltstellen benötigt?

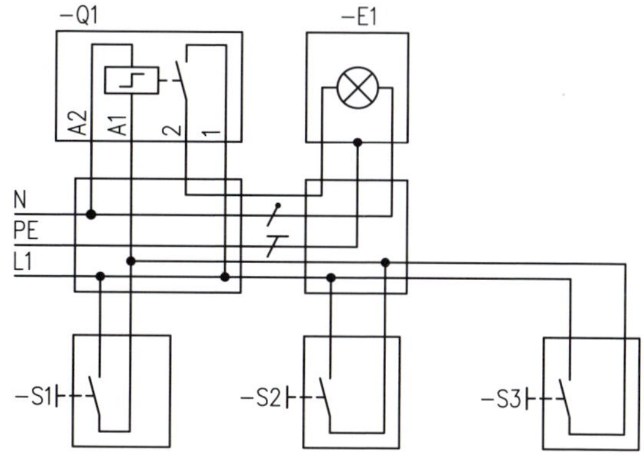

5. Stromlaufplan einer Stromstoßschaltung. Es können ohne großen Aufwand weitere Tastschalter parallel dazugeschaltet werden.

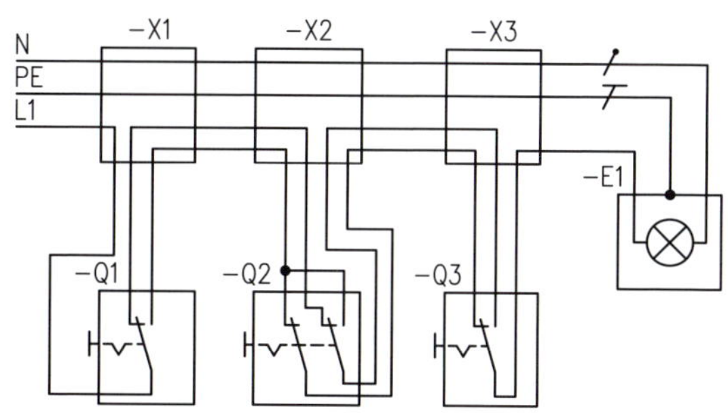

6. Stromlaufplan der Kreuzschaltung. Für eine Erweiterung auf vier Schaltstellen ist ein weiterer Kreuzschalter erforderlich.

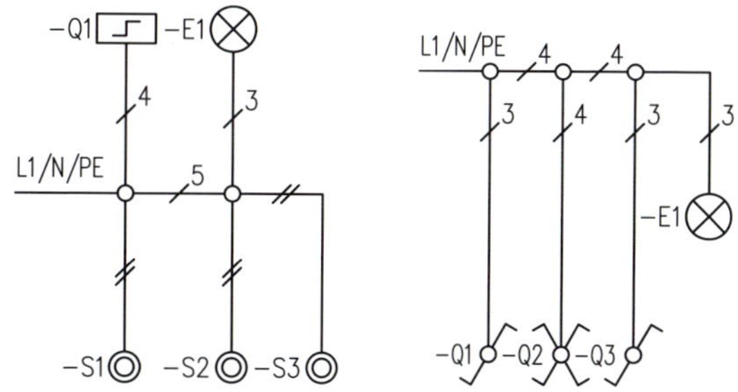

7. Übersichtsschaltplan einer Stromstoßschaltung (links) und einer Kreuzschaltung (rechts)

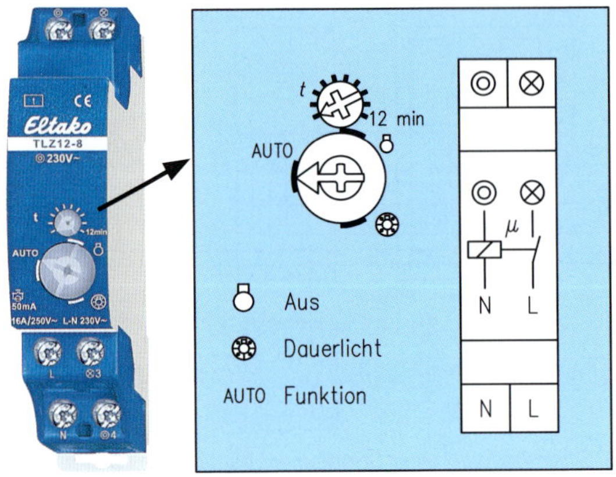

1. *Treppenlichtzeitschalter*

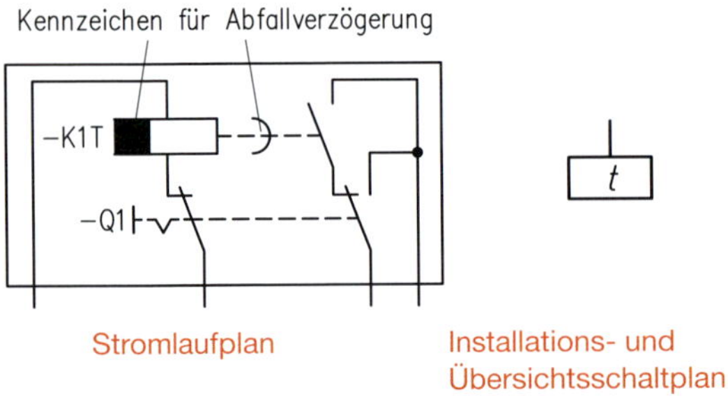

2. *Schaltzeichen eines abfallverzögerten Relais, das der Funktion eines Treppenlichtzeitschalters entspricht*

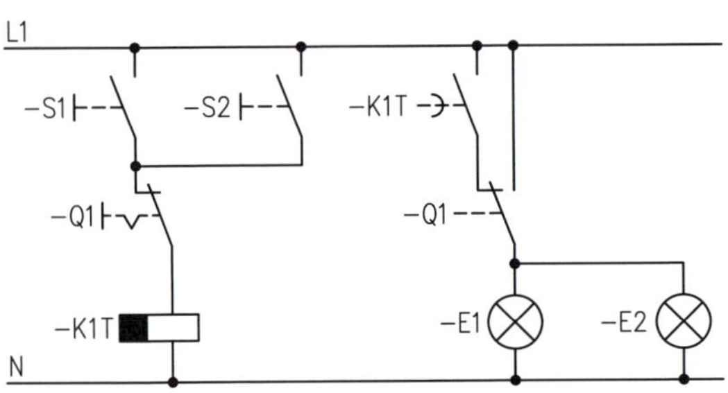

3. *Stromlaufplan in verteilter Darstellung einer Treppenhausschaltung*

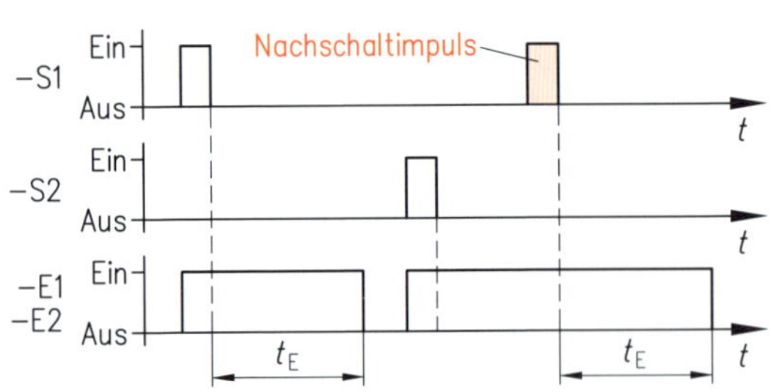

4. *Zeitablaufdiagramm*

3.5 Treppenhausschaltungen

In einem Treppenhaus mit zwei Etagen soll die Beleuchtung in jeder Etage eingeschaltet werden können. Das Ausschalten soll jedoch automatisch nach einer bestimmten Zeit erfolgen. Bild 1 zeigt dazu einen Treppenlichtzeitschalter, der dafür geeignet ist. Neben dem Anschlussplan sind noch Einstellmöglichkeiten zu erkennen.

Das Prinzip eines Treppenlichtzeitschalters

Im Prinzip enthält der Treppenlichtschalter eine Schaltung, die nach einem Stromimpuls einen Kontakt schließt und ihn dann nach einer gewissen Zeit wieder öffnet. In Bild 2 ist ein entsprechendes Schaltzeichen aufgeführt. Das Relais K1T zieht bei einem Stromimpuls an und fällt nach einer bestimmten Zeit wieder zurück. Man bezeichnet es daher als abfallverzögertes Relais und kennzeichnet es wie in Bild 2.

Treppenlichtzeitschalter sind elektromagnetische Schalter, die sofort einschalten, aber zeitverzögert ausschalten.

Die Funktion der Treppenhausschaltung geht aus dem Stromlaufplan in Bild 3 hervor:

- Durch die Tastschalter S1 oder S2 wird die Beleuchtung eingeschaltet.
- Nach einer bestimmten Zeit erfolgt automatisch das Abschalten.

Die Zeit kann am Treppenlichtzeitschalter eingestellt werden. Beim Treppenlichtzeitschalter in Bild 1 ist das durch Drehung bis maximal 12 Minuten möglich.

Nachschaltbare Treppenlichtzeitschaltungen

Das Zeitablaufdiagramm 4 macht dieses Verhalten deutlich. Bei einem weiteren Betätigen eines Tasters nach bereits eingeschaltetem Licht läuft die eingestellte Zeit erneut ab. Es hat den Vorteil, dass Personen, die das Haus bei noch eingeschalteter Beleuchtung betreten, die Beleuchtungszeit entsprechend verlängern können. Die meisten Treppenlichtzeitschalter sind (wie auch derjenige in Bild 1) bei allen möglichen Schaltungen nachschaltbar.

Vierleiterschaltung

Bild 5 zeigt den Stromlaufplan der Vierleiterschaltung, wobei die Anschlüsse des Treppenlichtzeitschalters von Bild 1 verwendet wurden.

> ***Bei einer Vierleiterschaltung stehen im obersten Geschoss noch erforderliche Leitungen für weitere Betriebsmittel zur Verfügung.***

So könnte z. B. noch eine Dachbodenbeleuchtung installiert werden, ohne dass zusätzliche Leitungen vom Erdgeschoss verlegt werden müssen.

Dreileiterschaltung

Bei der Dreileiterschaltung entsprechend Bild 6 wird ein Leiter eingespart, da der N-Leiter für die Lampen und die Tastschalter benutzt wird. Für den Treppenlichtzeitschalter werden die gleichen Anschlüsse verwendet, da er automatisch die Schaltungsart erkennt. Bei dieser Schaltung steht der L-Leiter im obersten Geschoss nicht zur Verfügung.

Vergleich der Schaltungen

Bei der Vierleiterschaltung führen (ohne den erforderlichen Schutzleiter für die Leuchten) vier Leitungen zu den Tastschaltern und den Leuchten, bei der Dreileiterschaltung sind es drei. Dafür stehen bei der Vierleiterschaltung Leitungen für weitere Betriebsmittel oberhalb der höchsten Etage zur Verfügung.

Einstellungen am Treppenlichtschalter

Der Treppenlichtschalter entsprechend Bild 1 hat außer der Zeiteinstellung drei Einstellmöglichkeiten:

- **Aus** für das Abschalten der Beleuchtung
- **Dauerlicht** für ununterbrochenes Einschalten der Beleuchtung
- **Auto** für die Normalfunktion des Schalters mit automatischer Abschaltung

Aufgaben

1. Der Treppenlichtzeitschalter in Bild 3 ist sowohl in der Dreileiterschaltung als auch in der Vierleiterschaltung nachschaltbar. Was bedeutet das?
2. Wie unterscheidet sich die Dreileiterschaltung von der Vierleiterschaltung?

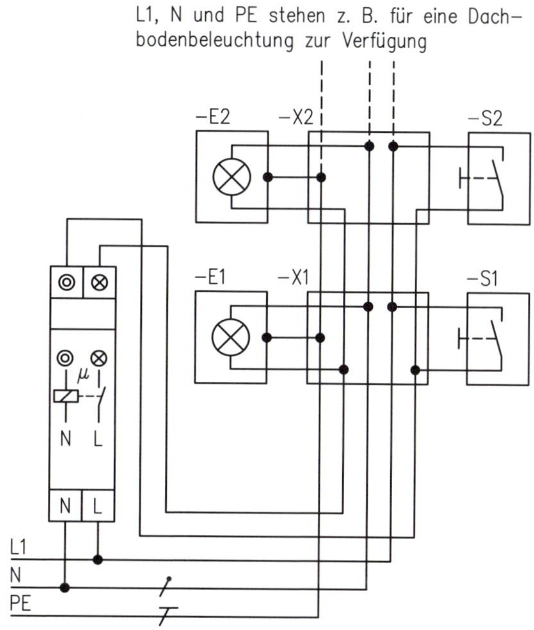

5. Stromlaufplan einer Vierleiterschaltung ohne Darstellung der Glimmlampen in den Tastschaltern

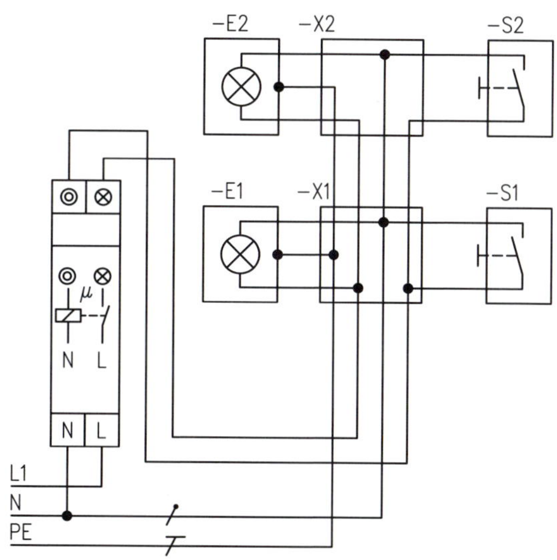

6. Stromlaufplan der Dreileiterschaltung

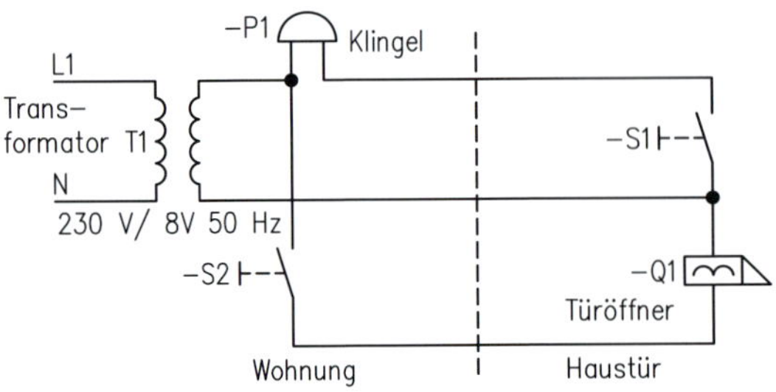

1. Stromlaufplan einer einfachen Klingel- und Türöffnerschaltung

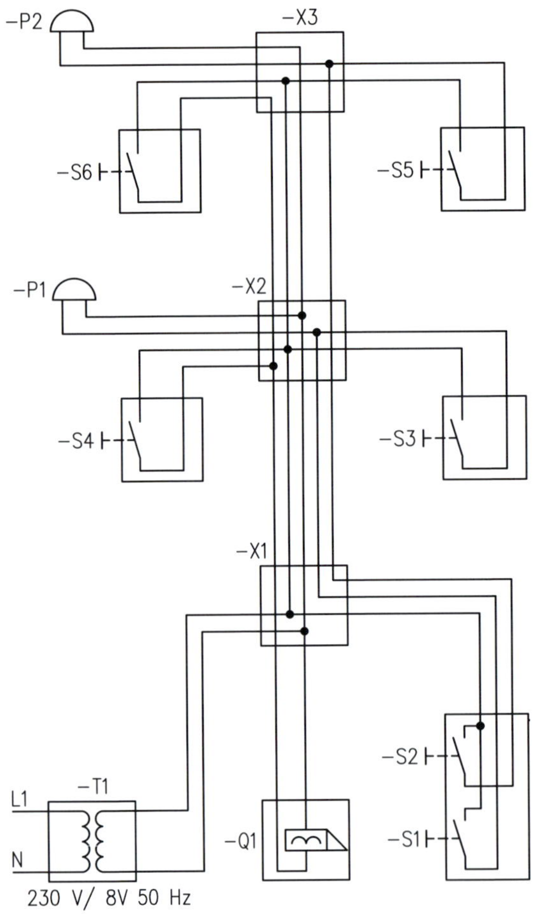

2. Klingel- und Türöffneranlage für zwei Etagen

3.6 Türkommunikationsanlagen

Für Wohngebäude gibt es verschiedene Möglichkeiten, mit Besuchern an der Haustür, die sich mit einem akustischen Meldesignal wie einer Klingel oder einem Gong gemeldet haben, zu kommunizieren. Man unterscheidet:
- Klingel- und Türöffneranlage
- Türsprechanlage mit Klingel und Türöffner
- Video-Türsprechanlage mit Klingel und Türöffner

Klingelanlage mit Türöffner

Die Schaltung und die Schaltzeichen der Betriebsmittel gehen aus Bild 1 hervor. Durch Druck auf den Tastschalter S1 wird die Klingel mit der Kleinspannung versorgt. Das Entriegeln des Türschlosses wird durch den Taster S2 und den Türöffner Q1 ausgelöst.

Klingelanlagen werden grundsätzlich mit Kleinspannung betrieben, daher müssen Transformatoren eingesetzt werden. Aus Sicherheitsgründen sind Klingeltransformatoren vorzusehen.

Für Haussignalanlagen müssen Klingeltransformatoren oder Spannungsquellen mit den gleichen Sicherheitsanforderungen verwendet werden.

Klingel- und Türöffneranlage für ein Wohnhaus mit 2 Etagen

Bild 2 zeigt den Stromlaufplan für diese Schaltung. S1 und S2 sind die Klingeltaster an der Haustür, S3 und S5 an den Wohnungstüren. Mit S4 und S6 werden die Türöffner geschaltet. Dem Schaltplan kann auch entnommen werden, wie viele Adern die Leitungen für diese Anlage haben müssen. Bis zur ersten Wohneinheit ist mindestens eine 5-adrige, bis zur zweiten mindestens eine vieradrige Leitung erforderlich.

Bei der Anlage für mehrere Etagen werden für jede Wohnung zwei Klingeltaster benötigt, da die Klingel von der Haustür und der Wohnungstür zu betätigen sein soll. Sie werden dazu parallel geschaltet. Die Tastschalter für den Türöffner werden ebenfalls parallel geschaltet, sodass er von jeder Wohneinheit ausgelöst werden kann.

Die Mindestausstattung in jedem Wohngebäude ist eine Klingelanlage mit Türöffner.

Türsprechanlage

Bild 3 zeigt die Prinzipschaltung einer Türsprechanlage. Sie besteht aus folgenden Komponenten:

- Hausstation mit Hörkapsel und Mikrofon
- Spannungsversorgung mit Gleichspannung
- Türstation mit Lautsprecher und Mikrofon
- Verstärker für den Lautsprecher

Die Schaltkontakte am Hörer, die erst eine Verbindung herstellen, wenn er abgenommen wird, sind nicht eingezeichnet. Das Mikrofon an der Türstation ist an der Spannungsquelle mit der Hörkapsel der Hausstation in Reihe geschaltet. Durch das Sprechen verändert sich die Stromstärke im Stromkreis. Diese Stromänderungen bewirken in der Hörkapsel des Partners Schallschwingungen, sodass die Sprache an der Kapsel zu hören ist. Für den Lautsprecher wird dieses Signal im unteren Stromkreis noch verstärkt.

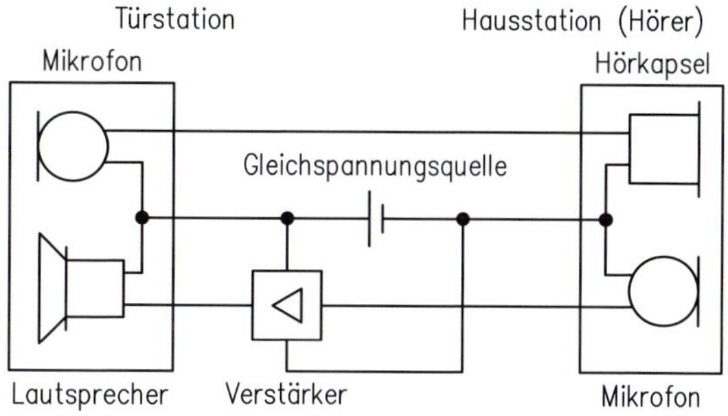

3. Stromlaufplan der Sprechanlage

Türsprechanlage für ein Wohnhaus mit zwei Etagen

Türsprechanlagen enthalten meistens auch die Klingel- und Türöffnerfunktion, wobei für die Installation bei der herkömmlichen Technik zahlreiche Leitungsadern benötigt werden. Daher werden diese Anlagen häufig mit der Bus-Technik angeboten, die im Bild 4 rechts zu sehen ist. Dabei erfolgt die Signal- und Datenübertragung über eine 2-Draht-Leitung.

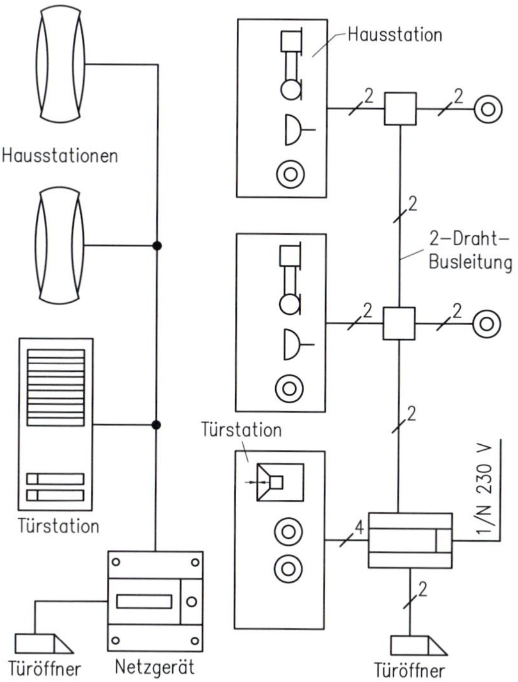

4. Türsprechanlage für 2 Etagen

Video-Türsprechanlage

Bei einer Videoanlage hat die Türsprechanlage am Hauseingang zusätzlich eine Kamera und die Türstationen haben Monitore. Beim Abheben des Hörers erscheint auf dem Monitor das Bild, das die Türkamera aufnimmt. Bild 5 zeigt eine Hausstation mit und ohne Monitor. Für die Installation gilt:

Die Installation von Türsprech- und Videoanlagen ist gemäß der Herstellerunterlagen auszuführen.

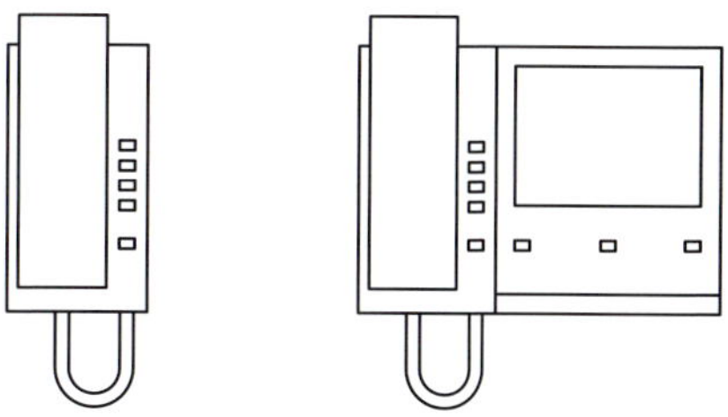

5. Hausstation ohne und mit Monitor

Aufgaben

1. Welche Betriebsmittel sind für eine Klingelanlage mit Türöffner erforderlich?
2. Welchen Vorteil hat eine Türsprechanlage gegenüber einer einfachen Klingel- und Türöffneranlage für den Hausbewohner?

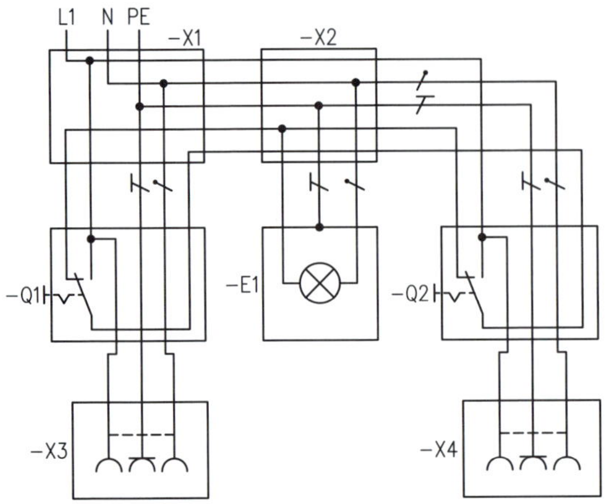

1. Die Leitungen für diese Wechselschaltung mit Steckdosen sollen ausgewählt werden. Die Leuchte E1 befindet sich unter einer Betondecke, die anderen Betriebsmittel auf der Wand.

		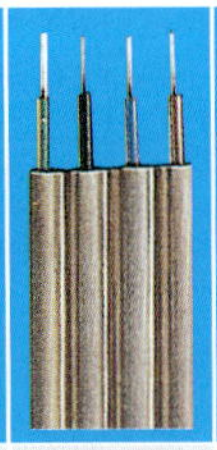	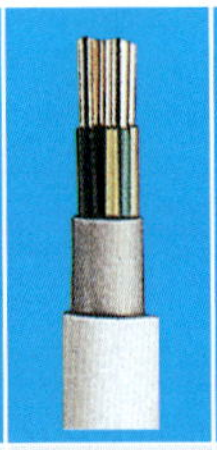	
Kennzeichnung	H07V-U	NYIF NYIFY	NYM	NYY
Bezeichnung	PVC-Aderleitung	Stegleitung	Mantelleitung	Kunststoffkabel
Verlegeform	fest	fest	fest	fest
in trockenen Räumen	in Rohr auf, unter Putz*	in, unter Putz	in, auf, unter Putz	X
in feuchten und nassen Räumen	in Kunststoffrohr auf, unter Putz **	–	in, auf, unter Putz	X
im Freien	–	–	X	X
im Erdreich	–	–	–	X
im Wasser	–	–	–	X

* In Bade- und Duschräumen nur in Kunststoffrohr

** Verlegung so, dass sich kein Wasser im Kunststoffrohr sammeln kann

2. Leitungen und Kabel zur Elektroinstallation:
X zulässig
– nicht zulässig

4 Leitungen und Leitungsschutz

4.1 Auswahl der Leitungsart

Die Leitungen zur Installation der Lampenschaltungen und Steckdosen gemäß Bild 1 sollen ausgewählt werden. Für die Haus- und Gebäudeinstallation werden Leitungen für feste Verlegung eingesetzt. Die Adern sind bis 16 mm² Querschnitt massiv. Grundsätzlich unterscheidet man **Leitungen für feste Verlegung** und **flexible Leitungen**. Flexible Leitungen werden zum Beispiel bei Elektrogeräten verwendet, die über eine Steckdose verbunden sind und bewegt werden können. Die Adern dieser Leitungen sind feindrahtig. Die Auswahl der Leitungen für die Lampenschaltung mit Steckdosen erfolgt in der Reihenfolge:

- Auswahl der Leitungsart
- Ermittlung der Aderzahl und Farben der Adern
- Bestimmung des Leiterquerschnitts

Leitungsarten für die Installation

Bild 2 zeigt verschiedene Leitungsarten, die für die Installationen in Frage kommen. Aus der Tabelle geht hervor, für welche Umgebung die Leitungen geeignet sind.

> ***Die Auswahl der Leitungsart richtet sich nach den örtlichen Gegebenheiten.***

Für Deckenleuchten werden bei Betondecken häufig Leitungen in den Beton verlegt. Das muss vor dem Einbringen des Betons geschehen. Da sie einem gewissen Druck standhalten müssen, dürfen von den Leitungen in Bild 2 ohne Schutzrohr nur NYY-Kabel verwendet werden. Für gemauerte Wände sind grundsätzlich Mantelleitungen oder auch PVC-Aderleitungen in Rohren geeignet, bei Kalksandsteinen werden auch häufig Stegleitungen verwendet.

> ***Stegleitungen dürfen nur in trockenen Räumen in oder unter dem Putz des Mauerwerks verlegt werden.***

Da Badezimmer in Wohngebäuden zu den trockenen Räumen gehören, sind sie auch dort zulässig. Allerdings dürfen sie nicht auf Holzwänden verlegt werden, dort sollte man auf NYM-Leitungen zurückgreifen. Übersicht 3 macht deutlich, welche Leitungsarten bei der entsprechenden Umgebung verwendet werden, Tabelle 4 erläutert die Leitungsbezeichnungen. Für die Leitungen zur Installationsschaltung entsprechend Bild 1 wird gewählt:

- NYY-Kabel für die Leitung zur Leuchte
- NYM für die Leitungen an der Wand

Auswahl des NYY-Kabels

Dem Schaltplan von Bild 1 entnehmen wir für die Leitung zur Leuchte die Aderzahl 3.

> ***Für den Schutzleiter muss die Aderfarbe grün-gelb sein. Diese Ader darf nur für den Schutzleiter PE oder den PEN-Leiter verwendet werden.***

Da die Leitung eine grüngelbe Ader enthält, erhält die Kabelbezeichnung den Zusatz „J". Der Tabelle 5 entnehmen wir die weiteren Farben:

- Die blaue Ader für den Neutralleiter
- die braune Ader für den spannungsführenden Leiter

Auswahl der NYM–Leitungen

Gemäß Bild 1 werden eine 3- und eine 5-adrige NYM-Leitung benötigt. Da bei beiden der Schutzleiter mitgeführt wird, müssen die Leitungen eine grün-gelbe Ader haben. Entsprechend der Tabelle 5 stehen sowohl 3-adrige als auch 5-adrige zur Verfügung. Es werden ausgewählt:

- NYM-J, 3-adrig (braun, blau, grün-gelb)
- NYM-J, 5-adrig (braun, blau, schwarz, grau, gr.-ge.)

Wird kein Schutzleiter mitgeführt, werden Leitungen ohne grün-gelbe Ader eingesetzt, die anstelle „J" den Zusatz „O" haben. Nach der Auswahl der Leitungsart mit den Aderzahlen und Aderfarben müssen die Querschnitte bestimmt werden.

Aufgaben

1. Für welche Verlegeumgebung ist Stegleitung zulässig?
2. Welche Farben haben die Adern einer dreiadrigen Leitung, die Steckdosen versorgen soll?
3. Erläutern Sie die Leitungsbezeichnung NYM-J.

Auswahl der Leitungsart		
Verlegeumgebung		
in Betondecke, z. B. für Leuchten	im Mauerwerk, z. B. bei Porotonsteinen	auf oder in Kalksandstein
Kunststoffkabel NYY	Mantelleitung NYM Aderleitungen H07 V-U im Rohr	
		Stegleitung NYIF, nur im oder unter Putz

3. Leitungsarten auf oder im Mauerwerk und in Beton

Kurzzeichen	Erläuterung	
H 07V-U	Harmonisierte Leitung	
	07	450/700 V
	V	Isolierstoff PVC
	U	eindrähtig
NYIF NYM NYY	N	Norm
	Y (Mitte)	PVC-Isolierung
	Y (rechts)	PVC-Mantel
	I	Imputz-Leitung
	F	flach
	M	Mantel

4. Erläuterungen zu den Kurzzeichen der Leitungen

Aderzahl	Farben
2	braun, blau
3 mit PE	braun, blau, grün-gelb
3 ohne PE	braun, schwarz, grau
4 mit PE	braun, schwarz, grau, grün-gelb
4 ohne PE	braun, blau, schwarz, grau
5 mit PE	braun, blau, schwarz, grau, grün-gelb
5 ohne PE	braun, blau, schwarz, grau, schwarz

5. Farben der Adern bei mehradrigen Leitungen. Alle oben beschriebenen Leitungsarten sind in den hier angegebenen Aderzahlen erhältlich.

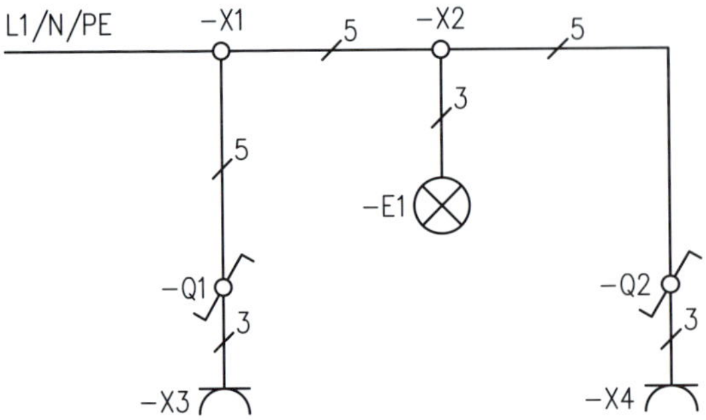

1. Übersichtsschaltplan der Sparwechselschaltung mit Steckdosen

Verlegeart	Verlegebedingungen
In Wärme dämmenden Wänden	
A2 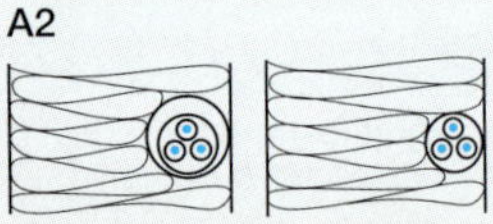	• Mehradrige Leitung in der Wand • Mehradrige Leitung im Elektroinstallationsrohr
Auf oder in Wänden oder unter Putz	
B1 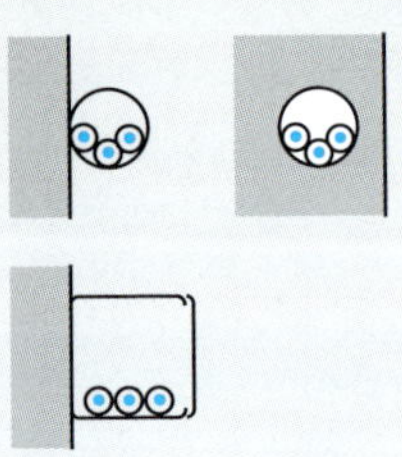	• Aderleitungen oder mehradrige Leitung im Elektroinstallationsrohr im Mauerwerk • Aderleitungen im Elektroinstallationsrohr oder -kanal auf der Wand
B2 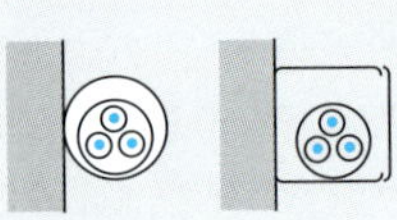	• Mehradrige Leitung im Elektroinstallationsrohr oder -kanal auf der Wand oder dem Fußboden
C 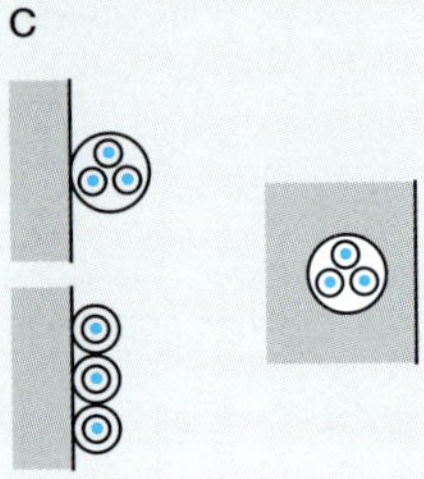	Direkt verlegte • mehradrige Leitungen oder Stegleitungen in der Wand oder unter Putz • mehradrige Leitungen und einadrige Mantelleitungen auf der Wand oder dem Fußboden

2. Häufig verwendete Verlegearten

4.2 Leiterquerschnitte und Strombelastbarkeit

Nachdem die Leitungsarten für die Installationsschaltung nach Bild 1 bereits ausgewählt wurden, sollen anschließend die Leitungsquerschnitte bestimmt werden. Zur Querschnittsbestimmung von elektrischen Leitern sind nach DIN VDE folgende Kriterien maßgebend:

- die mechanische Festigkeit der Leitung
- die Strombelastbarkeit
- der Spannungsfall, der durch den Stromfluss in der Leitung entsteht

Mechanische Festigkeit

Für feste Verlegung sind Mindestquerschnitte entsprechend Tabelle 3 vorgeschrieben.

> ***Für eine ausreichende Festigkeit muss der Aderquerschnitt bei fester geschützter Verlegung von Kupferleitungen mindestens 1,5 mm² betragen.***

Strombelastbarkeit

Wird die zulässige Strombelastbarkeit einer Leitung überschritten, dann erwärmt sich die Leitung unzulässig und es besteht Brandgefahr. Die Strombelastbarkeit einer einzeln gelegten Leitung ist abhängig von

- der Verlegeart
- der Umgebungstemperatur
- der Anzahl der belasteten Adern
- dem Querschnitt der Leiteradern

Tabelle 2 zeigt eine Auswahl der Verlegearten. Ist die Verlegeart bekannt, dann kann unter Berücksichtigung der Umgebungstemperatur die zulässige Stromstärke für zwei und drei belastete Adern aus Tabelle 4 entnommen werden. Bei mehr als 4 belasteten Adern in einer Leitung verringert sich die Strombelastbarkeit um einen Faktor entsprechend Tabelle 5.

Ermittlung des Leiterquerschnitts für die Installationsschaltung

Die Leitungsarten zur Installationsschaltung entsprechend Bild 1 wurden bereits ermittelt:

- NYY-J (3-adrig) für die Leitung von X2 zu -E1
- NYM-J (3- u. 5-adrig) für alle anderen Leitungen

Aufgrund der mechanischen Festigkeit muss der Mindestquerschnitt der Leitungen 1,5 mm² betragen. Zur Bestimmung des Leiterquerschnittes ist es erforderlich, die maximale Stromstärke für den Stromkreis zu kennen. Da Wechselstromsteckdosen im Stromkreis installiert werden, darf die Stromstärke nicht höher als 16 Ampere sein.

> ***230-V-Wechselstromsteckdosen dürfen nur mit maximal 16A betrieben werden.***

Folglich gehen wir von 16 A als Höchstwert aus. Die Strombelastbarkeit der Leitungen muss daher noch diesem Wert entsprechen. Wir überprüfen die Strombelastbarkeit zunächst für den Mindestquerschnitt von 1,5 mm². Dazu benötigen wir

- die Verlegeart
- die Umgebungstemperatur
- die Anzahl der belasteten Adern

Verlegeart: Für das Kabel in Beton und die Mantelleitungen im Mauerwerk trifft die Verlegeart C zu.
Umgebungstemperatur: Im Wohngebäude wird von einer Umgebungstemperatur von 25 °C ausgegangen.
Anzahl der belasteten Adern: Da in keiner Leitung 5 oder mehr Adern belastet werden, braucht kein Faktor entsprechend Tabelle 5 berücksichtigt werden.

Gewählte Leitungen

Entsprechend der Tabelle 4 ergeben sich die Strombelastbarkeiten für einen Querschnitt von 1,5 mm² von 21 A und bei 3 belasteten Adern von 18,5 A. Beide Stromstärken liegen über dem Wert von 16 A, die Leitungen mit diesem Querschnitt sind also geeignet. Daher werden ohne Berücksichtigung des Spannungsfalls ausgewählt:

Kabel: **NYY–J 3 x 1,5 mm²**
Mantelleitung: **NYM–J 3 x 1,5 mm²** und **5 x 1,5 mm²**

Aufgaben

1. Eine 3-adrige Leitung NYM-J 3 x 2,5 mm² wird in einem Installationskanal verlegt. Mit welcher maximalen Stromstärke darf sie belastet werden?
2. In einer 5-adrigen Mantelleitung NYM-O 5 x 1,5 mm² werden alle Adern belastet. Wie hoch ist die zulässige Stromstärke bei Verlegeart B2?

Leiter	Anwendung	Mindestquerschnitt
Mantelleitungen, Kabel, Aderleitungen	Leistungs- und Lichtstromkreise	1,5 mm²
	Melde- und Steuerstromkreise	0,5 mm²
Blanke Leiter	Leistungsstromkreise	10 mm²
	Melde- und Steuerstromkreise	4 mm²

3. Mindestquerschnitte aufgrund der mechanischen Festigkeit

Strombelastbarkeit von Leitungen für feste Verlegung, einer Umgebungstemperatur von 25 °C und PVC als Isolierwerkstoff (ϑ_{zul} = 70 °C)

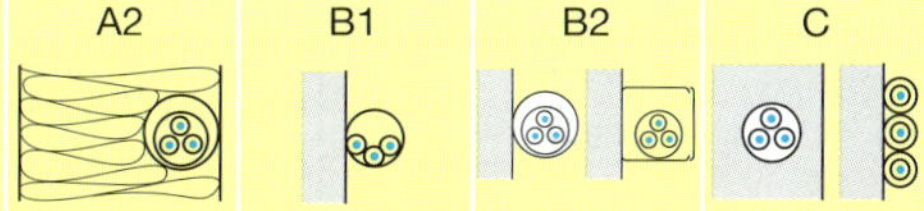

q_n (Cu) in mm²	Verlegeart A2		B1		B2		C	
	Anzahl der belasteten Adern							
	2	3	2	3	2	3	2	3
1,5	16,5	14	18,5	16,5	17,5	16	21	18,5
2,5	19,5	18,5	25	22	24	21	29	25
4	27	24	34	30	32	29	38	34
6	34	31	43	38	40	36	49	43
10	46	41	60	53	55	50[1]	67	63[2]
16	60	55	81	72	73	66	90	81
25	80	72	107	94	95	85	119	102
35	98	88	133	117	118	105	146	126
50	117	105	160	142	141	125	178	153
70	147	133	204	181	178	159	226	195
95	177	159	246	219	213	190	273	236
120	204	182	285	253	246	218	317	275

[1] Bei Verlegung auf Holz 49.
[2] Bei Verlegung auf Holz 60.

4. Auswahl der Tabelle zur Strombelastbarkeit

Umrechnungsfaktoren für vieladrige Leitungen mit Querschnitten bis 10 mm²

Anzahl der belasteten Adern	5	7	10	14	19	24	40	61
Umrechnungsfaktor	0,75	0,65	0,55	0,50	0,45	0,40	0,35	0,30

5. Die Faktoren werden mit der zulässigen Strombelastbarkeit multipliziert.

Der Widerstand eines elektrischen Leiters kann nach folgender Formel berechnet werden:

$$R = \frac{l}{\kappa \cdot q}$$

R Widerstand des Leiters in Ω
l Länge des Leiters in m
q Leiterquerschnitt in mm^2
κ Leitfähigkeit in $m/\Omega \cdot mm^2$

Nach dem Ohmschen Gesetz entsteht durch diesen Widerstand ein Spannungsfall

$\Delta U = I \cdot R$

1. Formel zur Widerstandsberechnung

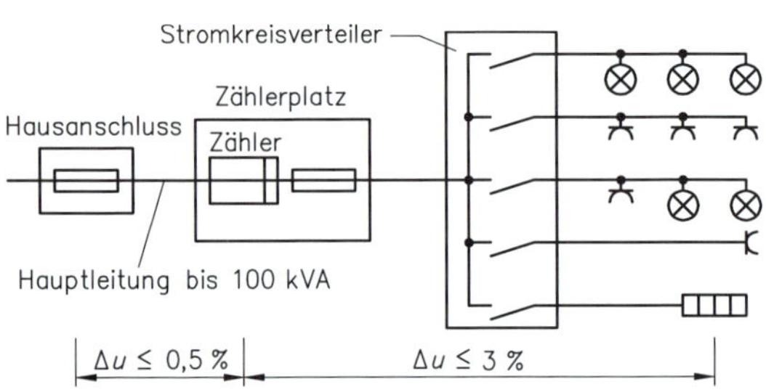

2. Zulässige Spannungsfälle in %

Gleichstrom: $$\Delta U = \frac{2 \cdot I \cdot l}{\kappa \cdot q}$$

Wechselstrom: $$\Delta U = \frac{2 \cdot I \cdot l \cdot \cos\varphi}{\kappa \cdot q}$$

Drehstrom: $$\Delta U = \frac{\sqrt{3} \cdot I \cdot l \cdot \cos\varphi}{\kappa \cdot q}$$

ΔU Spannungsfall in V
l Leitungslänge in m
I Stromstärke in A
κ Leitfähigkeit in $\frac{m}{\Omega \cdot mm^2}$
q Leiterquerschnitt in mm^2
$\cos\varphi$ Leistungsfaktor

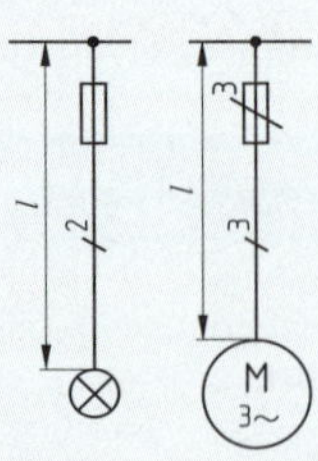

3. Berechnungsformeln zum Spannungsfall

4.3 Spannungsfall bei Leitungen

Nachdem elektrische Leitungen unter Berücksichtigung der Verlegeumgebung und der Strombelastbarkeit ausgewählt wurden, muss vor der Installation geprüft werden, ob der zulässige Spannungsfall überschritten wird.

Wodurch entsteht der Spannungsfall?

Jede Leitung hat einen Widerstand R. Bei einem Stromfluss entsteht nach dem ohmschen Gesetz ein Spannungsfall.
Der Leitungswiderstand und damit der Spannungsfall
- steigt mit der Leitungslänge
- wird geringer bei größerem Leitungsaderquerschnitt
- ist abhängig vom Leitungsmaterial

Dieses zeigen auch die Formeln in der Randspalte unter 1.

Was bewirkt der Spannungsfall?

Hohe Spannungsfälle auf Leitungen führen zu Leistungsminderungen bei den angeschlossenen Verbrauchern.

Daher wurden Grenzwerte für den Spannungsfall festgelegt.

Zulässige Spannungsfälle

Bild 2 zeigt die zulässigen Werte in Prozent, Bild 3 die Berechnungsformeln.

Der Spannungsfall darf zwischen dem Elektrizitätszähler und dem Verbraucher 3 % der Bemessungsspannung nicht überschreiten.

Berechnung von Spannungsfällen

Bild 4 zeigt einen Wohnraum mit einer Wechselschaltung mit Steckdosen. Als Leitungen sind vorgesehen: NYM-J 3 und 5 x 1,5 mm^2. Vor der Verlegung soll der Spannungsfall überprüft werden. Zunächst wird der zulässige Spannungsfall von % in Volt umgerechnet. Er beträgt bei 230 V Bemessungsspannung und 3 %:

$$\Delta U = \frac{230\ \text{V} \cdot 3}{100} = 6{,}9\ \text{V}$$

Zur Bestimmung des Spannungsfalls wird von der Leitungslänge zum von der Verteilung entferntesten

Verbraucher ausgegangen, das ist in diesem Fall die Steckdose X4. Der Spannungsfall vom Zähler zum Stromkreisverteiler kann vernachlässigt werden, da sich Zähler und Stromkreisverteiler in einem Schrank befinden. Man erhält folgende Leitungslänge:

- Verteiler – X1 5,0 m
- X1 – X2 3,0 m
- X2 – X4 4,5 m.

Das ergibt insgesamt 12,5 m. Für die Stromstärke gilt:

Für die Berechnung des Spannungsfalls ist die Stromstärke der vorgeschalteten Überstrom-Schutzeinrichtung einzusetzen.

Für die Stromstärke von maximal 16 A, einem angenommenen Leistungsfaktor von 1 und der elektrischen Leitfähigkeit von Kupfer ergibt das einen Spannungsfall bei Wechselspannung von:

$$\Delta U = \frac{2 \cdot l \cdot I \cdot \cos\varphi}{\gamma \cdot A} = \frac{2 \cdot 2{,}5\ \text{m} \cdot 16\ \text{A} \cdot 1\Omega \cdot \text{mm}^2}{56\ \text{m} \cdot 1{,}5\ \text{mm}^2}$$

$$\Delta U = 4{,}67\ \text{V}$$

Damit ist der Spannungsfall geringer als der zulässige von 6,9 V. In Tabelle 5 sind die maximalen Leitungslängen in Abhängigkeit vom Querschnitt und der Stromstärke aufgeführt. Die maximale Leitungslänge bei einem Querschnitt von 1,5 mm² und 16 A wäre dann 18,1 m.

Durch welche Maßnahmen kann der Spannungsfall verringert werden?

Eine kürzere Leitung führt zu einem geringeren Spannungsfall, aber die Leitungslängen können aufgrund der baulichen Gegebenheiten nicht verändert werden. Folglich bleiben folgende Maßnahmen:

- Verwendung größerer Leitungsquerschnitte
- Verringerung der maximal zulässigen Stromstärke

Da die maximal zulässige Stromstärke meistens wegen der Vorgaben auch nicht verringert werden kann, bleibt als geeignete Maßnahme nur die Auswahl einer Leitung mit größeren Aderquerschnitten.

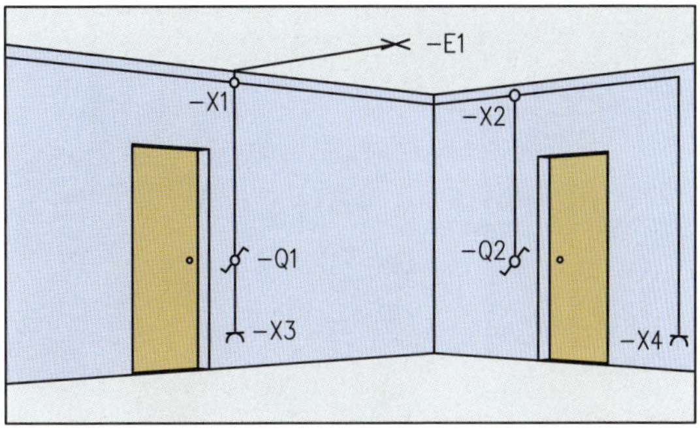

4. Die Leitung dieses Stromkreises führt von der Verteilung zur Verbindungsdose X1.

A in mm² Cu	I_n in A	Wechsel- oder Gleichspannung 230 V	Dreiphasenwechselspannung 400 V
1,5	10	29,0 m	58,3 m
	16	18,1 m	36,4 m
	20	14,5 m	29,1 m
4	16	48,3 m	97,1 m
	20	38,7 m	77,7 m
	25	30,9 m	62,2 m
	32	24,2 m	48,6 m
	35	22,1 m	44,4 m
2,5	16	30,2 m	60,7 m
	20	24,2 m	48,6 m
	25	19,3 m	38,8 m
6	20	57,9 m	116,5 m
	25	46,4 m	93,2 m
	32	36,2 m	72,8 m
	35	33,1 m	66,6 m
	50	23,2 m	46,6 m

5. Maximale Leitungslängen für einen Spannungsfall von 3 % der Bemessungsspannung, einen Leistungsfaktor cosφ von 1 und für die elektrische Leitfähigkeit von Kupfer von

$$56 = \frac{\text{m}}{\Omega \cdot \text{mm}^2}$$

Aufgaben

1. Wie lang darf eine Kupferleitung 3 x 2,5 mm² bei 230 V Wechselspannung höchstens sein, damit der Spannungsfall von 3 % nicht überschritten wird?
2. Wie kann hoher Spannungsfall verringert werden?

1. Diazed-, Neozed- und NH-Sicherung

D-Sicherungssystem			D0-Sicherungssystem		
Diazed-Sicherungssystem (Schraubsicherung)			Neozed-Sicherungssystem (Schraubsicherung) kleinere Bauform als D		
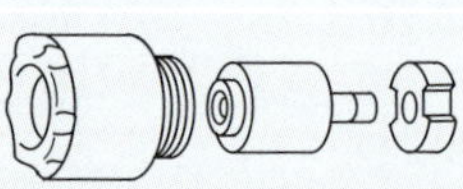			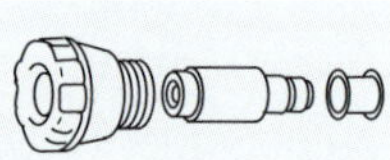		
Schraubkappe	Sicherungseinsatz	Passring	Schraubkappe	Sicherungseinsatz	Passhülse
bis 500 V AC und 100 A			bis 400 V AC und 100 A		
NH-Sicherungssystem					
Niederspannungs-Hochleistungs-Sicherungssystem (Sicherung mit Messerkontaktstücken) bis 500 V AC und von 6 A bis 1 250 A			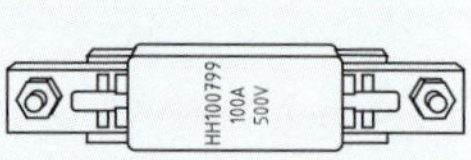		

2. Übersicht über Schmelzsicherungen

Betriebsklasse	Einsatzbereich
gG	Ganzbereichsschutz für allgemeine Anwendungen
gL	Ganzbereichs-Kabel- und Leitungsschutz
gTr	Ganzbereichs-Transformatorenschutz
aR	Teilbereichs-Halbleiterschutz

3. Betriebsklassen von Schmelzsicherungen

4.4 Schutz von Leitungen durch Schmelzsicherungen

Wird die zulässige Stromstärke in einer Leitung überschritten, dann besteht die Gefahr der unzulässigen Erwärmung mit entsprechenden Folgen. Daher werden **Überstromschutzorgane** zum Schutz von Leitungen eingesetzt.

Welche Eigenschaften müssen Überstromschutzorgane haben?

Überströme können durch Überlastung oder Kurzschluss entstehen. Bei Überlastung fließt längere Zeit ein unzulässig hoher Strom, bei einem Kurzschluss in kurzer Zeit ein wesentlich höherer Strom. Daher gilt:

> ***Überstromschutzorgane müssen bei Überlastung und bei Kurzschluss rechtzeitig abschalten, sodass keine unzulässige Erwärmung entsteht.***

Bei kurzzeitigen Überlastungen, wie es zum Beispiel beim Einschalten von Verbrauchern der Fall sein kann, dürfen sie nicht abschalten.
Als Schutzorgane können Schmelzsicherungen oder Leitungsschutzschalter eingesetzt werden.

Schmelzsicherungen

Schmelzsicherungen haben einen Schmelzdraht, der bei Überströmen schmilzt und den Stromkreis unterbricht. Bild 1 zeigt die Sicherungseinsätze für Diazed-, Neozed- und NH-Sicherungen. In der Übersicht 2 ist der Aufbau der Systeme zu erkennen.

- Diazed- und Neozed-Sicherungssysteme sind Schraubsicherungen
- NH-Sicherungen sind Niederspannungs-Hochleistungs-Sicherungen mit Messerkontaktstücken, die meistens bei höheren Stromstärken, z. B. in Hausanschlusskästen, eingesetzt werden.

Schmelzsicherungen werden entsprechend Tabelle 3 in verschiedene Betriebsklassen eingeteilt.

Diazed- und Neozed-Sicherungssysteme

Bild 4 zeigt Schmelzsicherungssockel zu den Schraubsicherungen. Diazed- und Neozed-Systeme sind vom Aufbau ähnlich, Neozed-Systeme haben jedoch geringere Abmessungen und sind daher platzsparender.

Beide Systeme bestehen, wie unter 2 zu sehen ist, aus

- dem Sockel mit Passring oder Passhülse
- dem Sicherungseinsatz mit Schmelzdraht
- der Schraubkappe.

Der Passeinsatz (Passring oder Passhülse) verhindert, dass Sicherungen mit höheren Bemessungsstromstärken eingesetzt werden. Für die Sicherungen gibt es verschiedene Bemessungsströme bzw. Nennströme. Entsprechend diesem Strom sind die Sicherungen vorn am Kennmelder farblich gekennzeichnet. Aus Tabelle 5 geht die Zuordnung dieser Farben hervor. Für Sicherungen der Betriebsklasse gG und gL gibt es Strom-Zeit-Kennlinien bzw. Auslösekennlinien.

Was können wir diesen Kennlinien entnehmen?

Bild 6 zeigt eine Auswahl von Kennlinien für die Bemessungsstromstärken 4 A, 10 A, 20 A, 32 A, 63 A und 100 A. Zu jeder Sicherung gibt es 2 Kennlinien, der Bereich zwischen diesen Linien wird als Toleranzband bezeichnet. Innerhalb dieses Bereichs muss die Sicherung auslösen. Die linke Kennlinie stellt den Verlauf der Schmelzzeit (kleinste Zeit) dar, erst nach Überschreitung dieser Kennlinie darf die Sicherung auslösen. Die rechte stellt den Verlauf der Ausschaltzeit (größte Zeit) dar, beim Erreichen dieser Kennlinie muss sie abschmelzen. Fließt z. B. bei der 10 A Sicherung eine Stromstärke von 30 A, dann

- darf sie frühestens nach 2 Sekunden auslösen.
- muss sie spätestens nach100 Sekunden ausgelöst haben (s. Bild 7).

Man entnimmt außerdem den Kennlinien in Bild 6, dass die Sicherungen bei hohen Stromstärken (etwa bei Kurzschlüssen) in kurzer Zeit abschalten, z. B. die 10 A Sicherung bei 200 A in 0,02 s.

Schmelzsicherungen der Betriebsklasse gG und gL sind für den Leitungsschutz geeignet, da sie bei Überströmen rechtzeitig auslösen.

Aufgaben

1. Wie sind Schmelzsicherungen aufgebaut?
2. Nach welcher Zeit löst eine 10-A-gG-Sicherung spätestens bei 40 A aus?

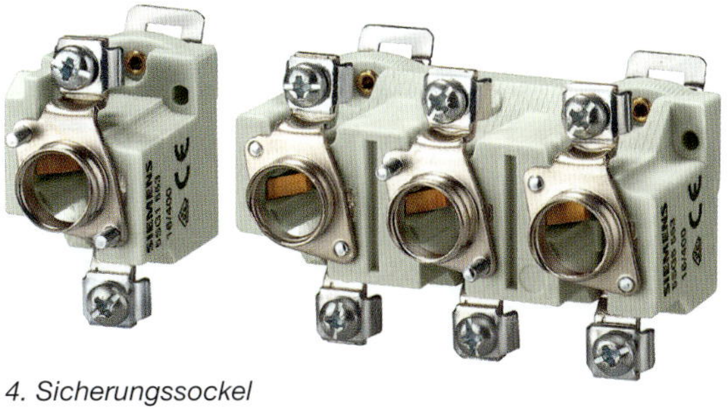

4. Sicherungssockel

I_n in A	Kennfarbe	I_n in A	Kennfarbe
2	Rosa	16	Grau
4	Braun	20	Blau
6	Grün	25	Gelb
10	Rot	35	Schwarz

5. Kennfarben von Schraubsicherungen

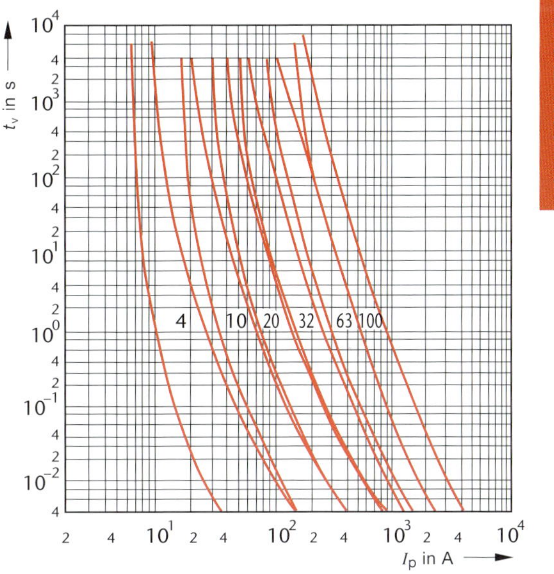

6. Strom-Zeit-Kennlinien gG/gL

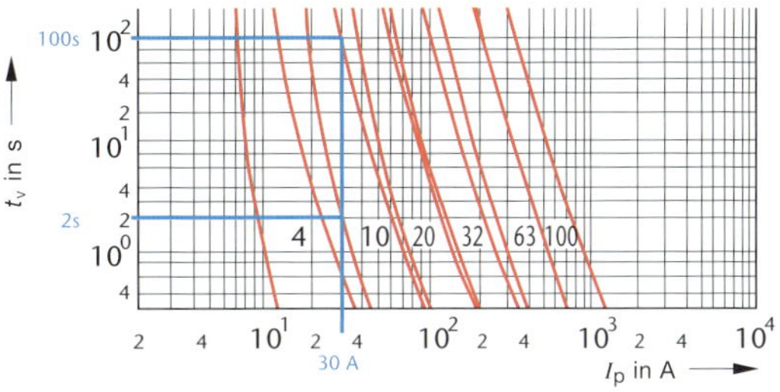

7. Zeiten für eine Stromstärke von 30 A bei einer 10 A Sicherung

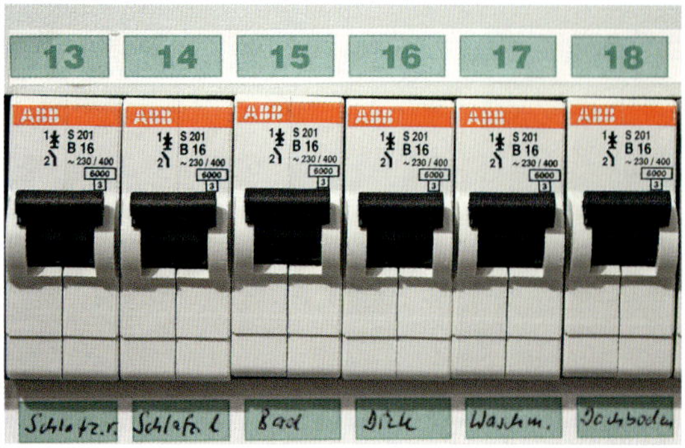

1. Leitungsschutzschalter (LS-Schalter)

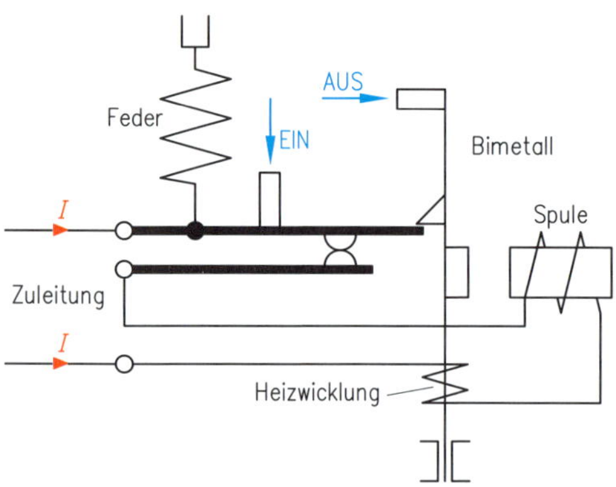

2. Schematischer Aufbau eines LS-Schalters

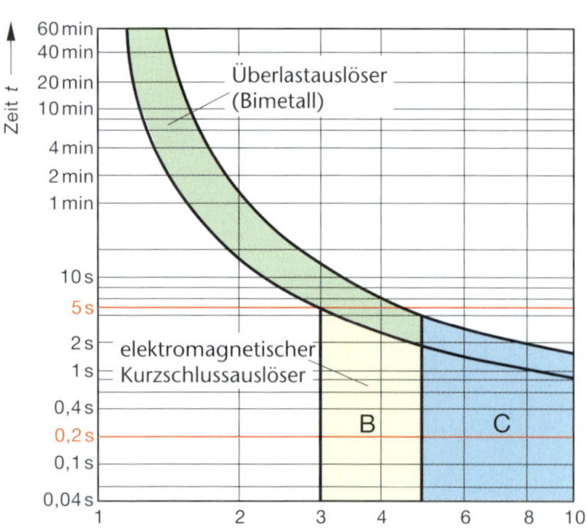

3. Auslösecharakteristik B und C von LS-Schaltern, sie sind u. a. mit folgenden Bemessungsströmen erhältlich: 10 A, 13 A, 16 A, 20 A, 25 A, 32 A, 50 A, 63 A

4.5 Schutz von Leitungen durch Leitungsschutzschalter

Bild 1 zeigt Leitungsschutzschalter in einer Verteilung. Sie werden meistens in den Endstromkreisen, die zu den Verbrauchern und Steckdosen führen, eingesetzt. Auch sie müssen bei Überstrom durch Überlastung oder Kurzschluss auslösen.

Leitungsschutzschalter haben eine thermische Überlastauslösung und eine elektromagnetische Schnellauslösung.

Bild 2 zeigt ein Prinzipschaltbild eines LS-Schalters. Bei Überlastung erwärmt eine Heizwicklung ein Bimetall, das sich verformt und nach entsprechender Zeit den Schalter unterbricht. Bei vergleichsweise hohen Kurzschlussströmen erzeugt eine Spule eine magnetische Kraft, wodurch der Schalter in sehr kurzer Zeit abschaltet. Gegenüber den Schmelzsicherungen haben LS-Schalter den Vorteil, dass sie nach Auslösung wieder eingeschaltet werden können.

Leitungsschutzschalter unterscheiden sich

- in der Bemessungsspannung
- in der Höhe des Bemessungsstromes I_n
- in der Auslösecharakteristik (Auslöseverhalten)
- im Bemessungsschaltvermögen

Auslösecharakteristik

Man unterscheidet LS-Schalter nach ihrem Auslöseverhalten. Bild 3 zeigt Zeit-Strom-Diagramme von LS-Schaltern mit B- und C-Charakteristik. Bei beiden Typen erkennt man die Bereiche für Überlastauslösung und Kurzschlussauslösung. Das Verhalten bei Überlast ist in beiden Fällen das gleiche. Wenn ein Überstrom vom doppelten Bemessungsstrom fließt, das heißt bei I_n = 16 A ein Strom von 32 A, dann lösen beide frühestens nach 30 s und spätestens nach 1,5 min aus. Im Kurzschlussfall löst der Schalter mit B-Charakteristik schon bei geringeren Kurzschlussströmen aus. LS-Schalter mit

- B-Charakteristik lösen bei 3- bis 5-fachem Bemessungsstrom kurzfristig aus.
- C-Charakteristik lösen erst bei 5- bis 10-fachem Bemessungsstrom aus.

Beide Typen sind für den Leitungsschutz geeignet. LS-Schalter mit C-Charakteristik werden dann eingesetzt, wenn Verbraucher hohe Einschaltstromspitzen verursachen. Dieses kann z. B. bei Stromkreisen von Motoren und Transformatoren der Fall sein.

> ***LS-Schalter mit Charakteristik B eignen sich als Leitungsschutz für die Hausinstallation, bei hohen Einschaltströmen wird C verwendet.***

In Tabelle 4 sind unterschiedliche Typen von LS-Schaltern aufgeführt.

Kenndaten von LS-Schaltern

Bild 5 zeigt einen einpoligen Leitungsschutzschalter mit der Typennummer B10 230 V/400 V. Das bedeutet: Der Schalter hat die Charakteristik B, hat eine Bemessungsstromstärke von 10 A und ist für Wechselspannungen von 230 V/400 V ausgelegt.
Darunter erkennen wir noch neben dem VDE-Zeichen die eingerahmte Zahl 10 000. Damit wird das Bemessungsschaltvermögen des LS-Schalters in Ampere angegeben. Es gibt an, dass der Kurzschlussstrom 10 000 A bzw. 10 kA betragen darf.

> ***Leitungsschutzschalter in Stromkreisverteilern müssen mindestens ein Schaltvermögen von 6 kA haben.***

Unter dieser Angabe ist noch eine 3 erkennbar. Damit wird die Strombegrenzungsklasse angegeben. Sie besagt, wie stark ein Kurzschlussstrom begrenzt wird. Man unterscheidet die Klassen 1, 2 und 3, wobei mit 3 die stärkste Strombegrenzung erfüllt wird. Die LS-Schalter müssen dieser Klasse entsprechen.

Aufgaben

1. Warum haben LS-Schalter neben der Überlastauslösung noch eine Schnellauslösung?
2. Bei welcher Stromstärke löst ein 20-A-LS-Schalter mit C-Charakteristik spätestens aus?
3. Erläutern Sie folgende Angabe: C16, 230 V/400 V AC, 6 kA.

Leitungsschutzschalter	
B- und C-Charakteristik	K- und Z-Charakteristik

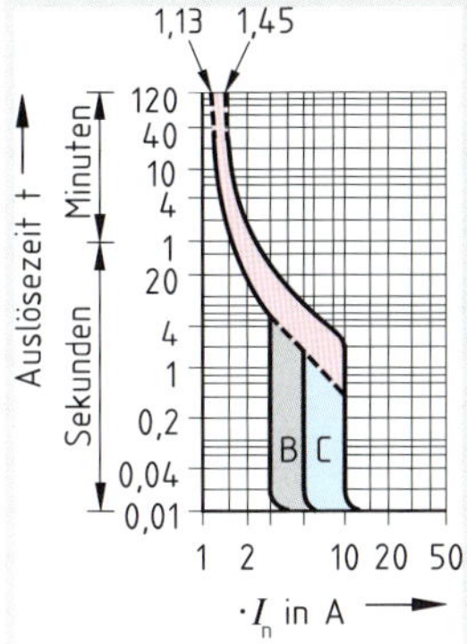

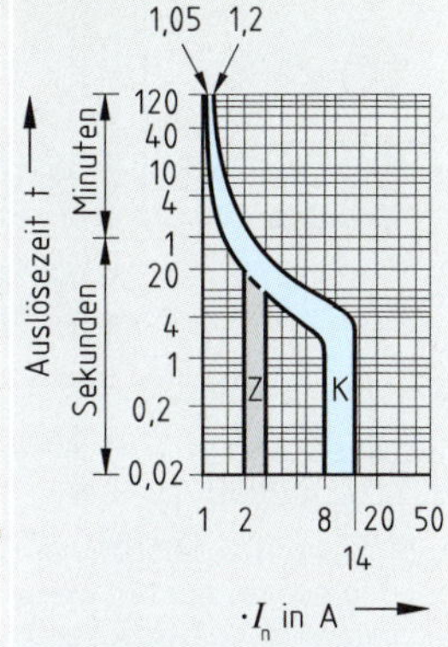

Einsatzbereich: Für den Überstromschutz von Leitungen, z. B. bei Beleuchtungsstromkreisen	Einsatzbereich K-CH.: Für Kraftstromkreise, Motoren, Transformatoren
Auslöseverhalten von LS-Schaltern	
Charakteristik	unverzögerte Auslösung bei
B	3 bis 5 x I_n
C	5 bis 10 x I_n
K	8 bis 14 x I_n
Z	2 bis 3 x I_n

4. Verschiedene LS-Schalter

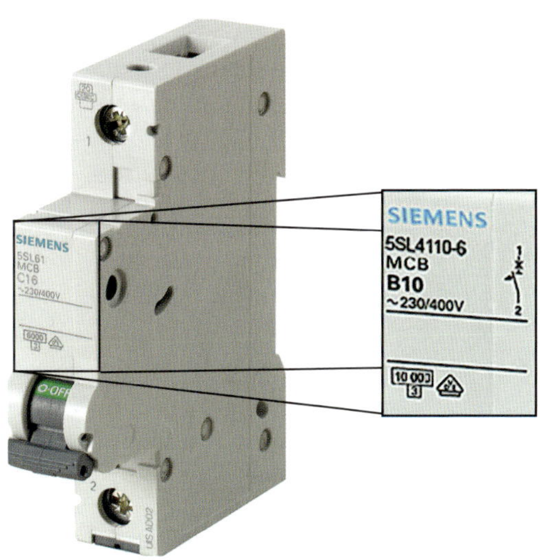

5. Einpoliger Leitungsschutzschalter

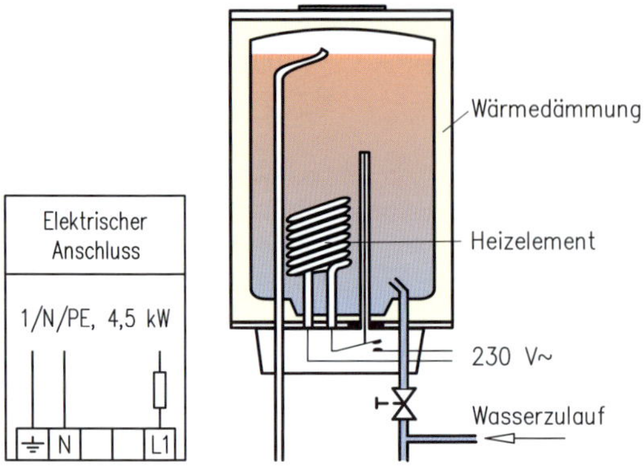

1. Der Warmwasserspeicher soll an 230 V Wechselspannung angeschlossen werden. Links ist der elektrische Anschluss abgebildet.

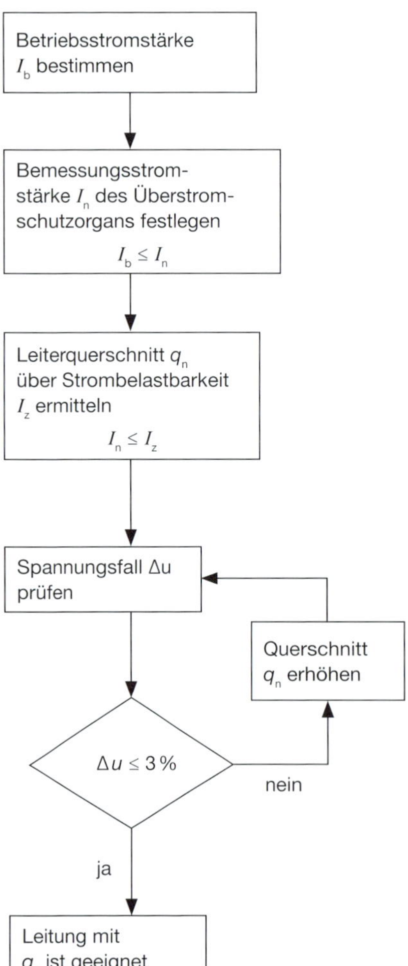

2. Ablaufdiagramm zur Dimensionierung

4.6 Leitungs- und Leitungsschutzbestimmung

Bild 1 zeigt einen elektrischen Warmwasserspeicher, der an Wechselspannung angeschlossen werden soll. Aufgrund der Leistung ist ein Anschluss über eine Wechselstromsteckdose nicht zulässig, es muss eine separate Leitung von der Verteilung bis zum Gerät verlegt werden. Diese Leitung soll mit einem geeigneten Überstromschutzorgan ausgestattet werden. Dazu werden die notwendigen Daten und die Umgebungsbedingungen für die Leitungsverlegung ermittelt:

- Spannung für das Gerät: 230 V AC
- Leistungsaufnahme: 4,5 kW
- Leitungsverlegung: auf der Wand im Installationskanal
- Leitungslänge von der Verteilung bis zum Warmwasserspeicher: 15 m

Als Leitungsart wird eine dreiadrige Mantelleitung NYM-J gewählt. Für die Ermittlung weiterer Daten ist es sinnvoll, nach einer bestimmten Reihenfolge gemäß Ablaufdiagramm 2 vorzugehen. Wir berechnen daher zunächst die Betriebsstromstärke I_b.

Ermittlung der Betriebsstromstärke I_b

Die Betriebsstromstärke I_b ist die Stromstärke, die maximal vom Elektrogerät, in diesem Fall dem Warmwasserspeicher, aufgenommen wird. Sie kann der Leistungsangabe des Gerätes entnommen werden, da bei Haushaltsgeräten immer die aufgenommene Leistung angegeben wird. Mit 4,5 kW und 230 V AC erhält man:

$$I_b = \frac{P}{U \cdot \cos\gamma} = \frac{4\,500\ \text{W}}{230\ \text{V} \cdot 1} = 19{,}6\ \text{A}$$

Bemessungsstrom des Überstromschutzorgans

Zum Leitungsschutz soll ein Leitungsschutzschalter (LS-Schalter) eingesetzt werden. Da bei dem Speicher nicht mit hohen Einschaltstromspitzen zu rechnen ist, wird die Charakteristik B gewählt. Tabelle 3 zeigt Kenndaten dazu. Der Bemessungsstrom I_n des LS-Schalters muss entsprechend den Diagrammen 2 und 4 größer oder gleich der Betriebsstromstärke I_b = 19,6 A sein. Der nächsthöhere Wert des LS-Schalters ist 20 A. Es wird ein LS-Schalter mit B-Charakteristik und I_n = 20 A gewählt.

Bestimmung des Leiterquerschnitts

Der Leiterquerschnitt muss so gewählt werden, dass der Bemessungsstrom I_n des Überstromschutzorganes kleiner oder gleich der Strombelastbarkeit I_Z ist. Dieses geht auch aus den Diagrammen 2 und 4 hervor.

Der Querschnitt wird mithilfe der Tabelle 5 bestimmt. Dazu müssen Verlegeart und die Anzahl der belasteten Adern bekannt sein.

- Verlegeart ist B2, da es sich um eine mehradrige Leitung im Installationskanal handelt.
- Die Anzahl der belasteten Adern ist zwei, da nur der L- und der N-Leiter belastet werden.

In der Spalte zur Verlegeart B2 finden wir bei 2-adriger Belastung unter anderem folgende Werte:

- 17,5 A bei 1,5 mm² Querschnitt
- 24 A bei 2,5 mm² Querschnitt

Da die Strombelastbarkeit I_Z größer oder gleich dem Bemessungsstrom I_n = 20 A des Überstromschutzorganes sein muss, wird q_n = 2,5 mm² gewählt.

Prüfung des Spannungsfalls

Nachdem der Leitungsquerschnitt ermittelt wurde, muss schließlich der Spannungsfall überprüft werden. Da sich Stromkreisverteiler und Elektrizitätszähler im gleichen Schaltschrank befinden, darf er 3 % nicht überschreiten. Die Rechnung ergibt:

$$\Delta U = \frac{2 \cdot l \cdot I}{\kappa \cdot q_n} = \frac{2 \cdot 15\ \text{m} \cdot 20\ \text{A} \cdot \text{mm}^2 \cdot \text{V}}{56\ \text{m} \cdot 2{,}5\ \text{mm}^2} = 4{,}28\ \text{V}$$

$$\Delta u = \frac{4{,}28\ \text{V} \cdot 100\ \%}{230\ \text{V}} = 1{,}86\ \%$$

Damit wird der zulässige Spannungsfall eingehalten. Es werden folgende Betriebsmittel gewählt:

- Leitungsschutzschalter 230 V/400 V AC I_n = 20 A, Charakteristik B
- Mantelleitung NYM-J, 3 x 2,5 mm²

Aufgaben

1. Eine Leitung NYM-J 3 x 1,5 mm² mit der Verlegeart C wird zu einer Wechselstromsteckdose gelegt. Wie hoch ist die Strombelastbarkeit?
2. Wie hoch ist der Spannungsfall, wenn die Leitung von Aufgabe 1 12 m lang und mit 16 A abgesichert ist?

Auslösecharakteristik	Bemessungsströme I_n in A	Bemessungsschaltvermögen
B	6; 10; 13; 16; 20; 25; 32; 40; 50; 63	6 kA; 10 kA
C	0,5; 1; 1,6; 2; 3; 4; 6; 8; 10; 13; 16; 20; 25; 32; 40; 50; 63	25 kA

3. Bemessungsströme für Leitungsschutzschalter mit Charakteristik B und C

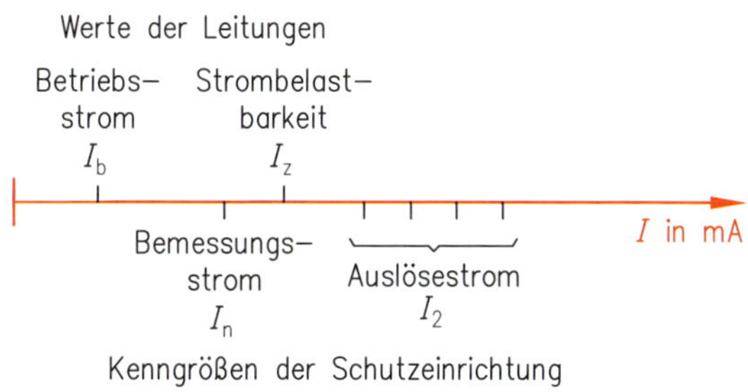

4. Zum Leitungsschutz müssen diese Bedingungen eingehalten werden.

Strombelastbarkeit von Leitungen für feste Verlegung, einer Umgebungstemperatur von 25 °C und PVC als Isolierwerkstoff (ϑ_{zul} = 70 °C)

q_n (Cu) in mm²	Verlegeart A2		B1		B2		C	
	Anzahl der belasteten Adern							
	2	3	2	3	2	3	2	3
1,5	16,5	14	18,5	16,5	17,5	16	21	18,5
2,5	19,5	18,5	25	22	24	21	29	25
4	27	24	34	30	32	29	38	34
6	34	31	43	38	40	36	49	43
10	46	41	60	53	55	50[1]	67	63[2]
16	60	55	81	72	73	66	90	81

[1] Bei Verlegung auf Holz 49.
[2] Bei Verlegung auf Holz 60.

5. Auszug aus der Tabelle zur Strombelastbarkeit

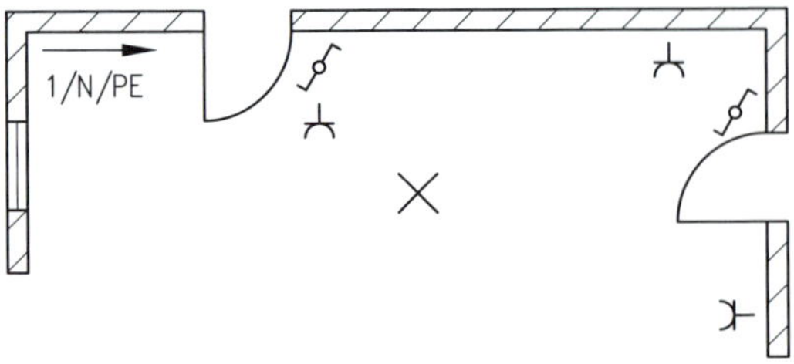

1. Auszug aus einem Installationsplan eines Wohnraumes. Die elektrische Versorgung erfolgt links oben unterhalb der Decke.

> *Installationszonen sind Bereiche einer Wand, in denen elektrische Leitungen gelegt und elektrische Betriebsmittel angebracht werden sollen. Dabei ist zu beachten:*
> - *Waagerechte Installationszonen haben eine maximale Breite von 30 cm.*
> - *senkrechte von maximal 20 cm.*
> - *Steckdosen sollten 30 cm, in Küchen auch 115 cm über dem fertigen Fußboden montiert werden.*

2. Erläuterungen zu Installationszonen

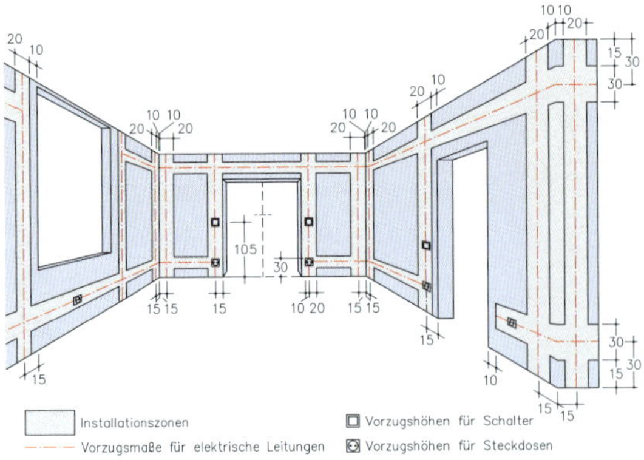

3. Installationszonen und Vorzugsmaße für Wohnräume

5 Installationstechniken

5.1 Installationszonen und Vorzugsmaße

Entsprechend Bild 1 soll an einer Mauerwand in einem Wohnraum eine Schaltung für eine Deckenleuchte und drei Steckdosen installiert werden. Die Leitung zur Deckenleuchte wurde bereits verlegt. Für die Leitungen in der Wand werden Mantelleitungen NYM verwendet. Da die Leitungen nach dem Verputzen der Wand nicht mehr zu sehen sind und später eine Beschädigung der Leitungen, z. B. durch eine Bohrung, vermieden werden soll, müssen bei der Verlegung bestimmte Bestimmungen und Empfehlungen berücksichtigt werden. Grundsätzlich gilt:

> ***An den Wänden sind die Leitungen nur senkrecht oder waagerecht zu verlegen.***

Nach einer DIN-Norm wurden für Wohnräume und Küchen Installationszonen festgelegt und Empfehlungen für die Anordnung von Schaltern und Steckdosen angegeben. Unter 2 sind einige Erläuterungen dazu aufgeführt.

Installationszonen und Vorzugsmaße für Wohnräume

Für Wohnräume sind Installationszonen entsprechend Bild 3 vorgesehen. Bei neben Türen montierten Schaltern sollte der oberste nicht mehr als 105 cm über dem fertigen Fußboden liegen, die oberste Steckdose nicht mehr als 30 cm. Häufig ist bei der Leitungsverlegung und dem Anbringen der Dosen der Fußboden noch nicht fertig.
Achtung: Wenn der Fußboden noch nicht fertig ist, müssen zu den angegebenen Maßen vom Boden noch Werte hinzuaddiert werden. Für die geplante Installation gemäß Bild 1 wurden die Leitungen in den Installationszonen verlegt und die Vorzugsmaße eingehalten, wie in Bild 4 zu sehen ist.

Installationszonen und Vorzugsmaße für Küchen und Arbeitsräume

Bei Küchen werden Schränke über der Arbeitsplatte angebracht. Da sie mit Schrauben und Dübeln im Mauerwerk befestigt werden, dürfen dort keine elektrischen Leitungen entlangführen. Daher gibt es für Küchen und Arbeitsräume eigene Installationszonen, wie im Bild 5 dargestellt. Die Breite der Installationszonen ist die gleiche wie bei Wohnräumen, für die Steckdosen und Schalter gibt es andere Abstände vom fertigen Fußboden, sie betragen hier 115 cm, wobei sie bei Steckdosen auch 30 cm betragen dürfen.

Da in Küchen Elektrogeräte mit teilweise höheren Leistungen eingesetzt werden, gibt es zusätzliche Empfehlungen.

> ***Für Geräte oder Maschinen mit Anschlussleistungen von 2 kW und mehr sind eigene Stromkreise vorzusehen, auch wenn sie über Steckdosen angeschlossen werden.***

Dies kann z. B. bei Geschirrspülern der Fall sein. Außerdem wird empfohlen, in Küchen oder Arbeitsräumen für die Beleuchtung und die Steckdosen getrennte Stromkreise vorzusehen.

Installationszonen auf der Decke

Werden Leitungen auf einer Rohdecke im Fußboden verlegt, dann sind auch Installationszonen wie in Bild 6 einzuhalten. Dabei gilt:

- Die Leitungen sind parallel zu den Wänden zu führen.
- Die maximale Breite der Zonen beträgt 30 cm, der Wandabstand mindestens 20 cm.
- Im Türdurchgang beträgt der Wandabstand mindestens 15 cm.

Wird eine Leitung nicht auf einer Decke, sondern in der Decke im Beton verlegt, dann brauchen diese Zonen nicht berücksichtigt werden und der Leitungsverlauf kann beliebig sein. Dieses wird z. B. für die Leuchten unter der Decke in Wohnräumen angewandt, dazu müssen NYY-Kabel verwendet werden.

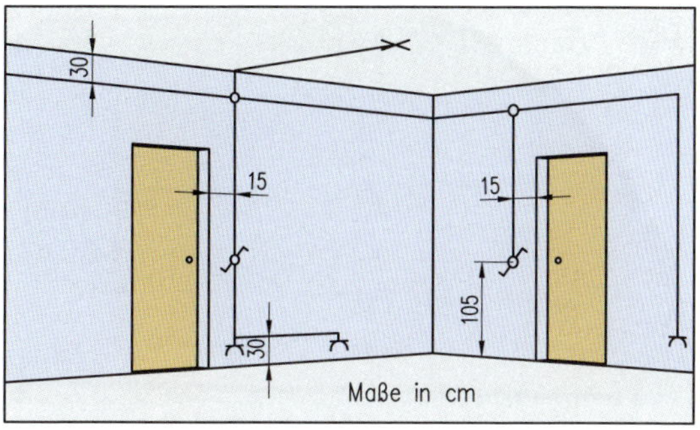

4. Diese Anordnung berücksichtigt Installationszonen und Vorzugsmaße.

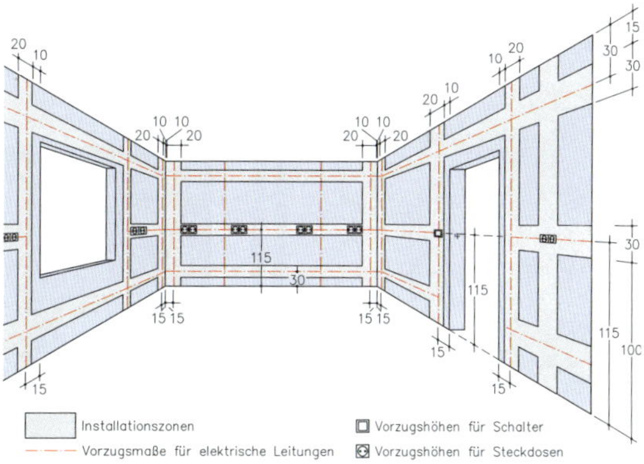

5. Installationszonen und Vorzugsmaße für Küchen und Arbeitsräume

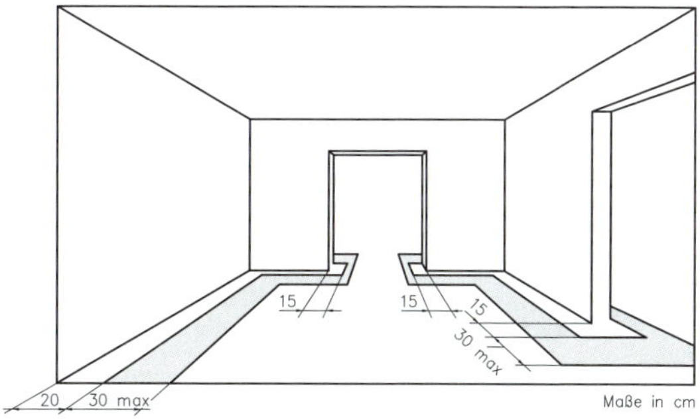

6. Installationszonen auf der Decke

Aufgaben

1. Wozu dienen Installationszonen?
2. Warum gibt es für Küchen andere Installationszonen als für Wohnräume?
3. Welchen Abstand sollten die Schalter in Küchen vom fertigen Fußboden haben?

1. Das NYY-Kabel dient zur Versorgung einer Deckenleuchte. Die Bohrung und die Verlegung der Leitung müssen vor dem Gießen der Betondecke erfolgen.

2. Durch die Auftrennung der Stegleitung bei den Bögen wird eine Beschädigung der Leitung vermieden. Zwischen parallel verlegten Leitungen ist ein Abstand einzuhalten.

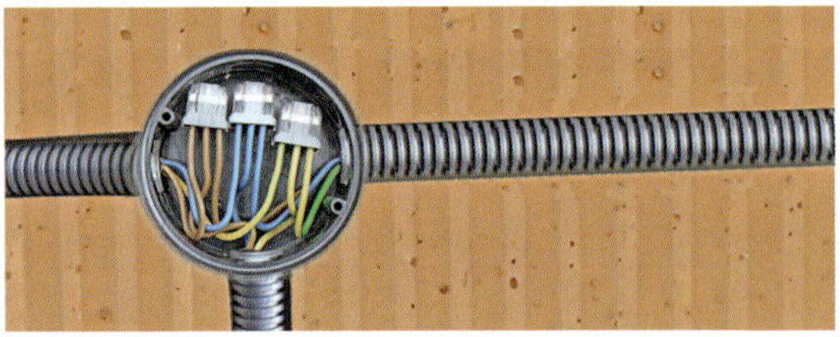

3. Die Aderleitungen werden in die flexiblen Installationsrohre hineingezogen. In diesem Fall ist auch schon die Verdrahtung in der Abzweigdose erfolgt.

5.2 Leitungsverlegung

Die Leitungsverlegung muss in den Wohnräumen eines Hauses bereits während der Erstellung des Rohbaus erfolgen, da die Leitungen in diesen Räumen durch die Baumaßnahmen verdeckt und nicht mehr sichtbar sein werden. Die Leitungen befinden sich dann in oder hinter Wänden. In Kellerräumen, Garagen und Werkräumen ist dagegen die Verlegung auf Wänden üblich und kann daher auch zu einem späteren Zeitpunkt erfolgen.

Bei Leitungsverlegungen in oder hinter Wänden unterscheidet man die Installation

- in Mauerwerk
- in Hohlwänden; das können Holz- oder Gipskartonwände sein, hinter denen ein Hohlraum ist.

Verlegung bei Mauerwerk

Es kommen diese Leitungen infrage:

- Mantelleitung NYM
- Kabel NYY
- PVC-Aderleitung in Installationsrohren
- Stegleitung NYIF

Bild 1 zeigt ein NYY-Kabel, das in einer Betondecke verlegt wurde. Aufgrund des Drucks des Betons gilt:

> ***In Betondecken dürfen ohne Schutzrohr nur NYY-Kabel verlegt werden.***

Mit Schutzrohr sind auch NYM-Leitungen zulässig. Stegleitungen dürfen nur im oder unter Putz und nur in trockenen Räumen verlegt werden. Im Bild 2 ist eine fachgerechte Verlegung zu sehen.

Man unterscheidet bei Mauerwerk

- **Im-Putz-Installation:** Die Leitungen befinden sich auf dem Mauerwerk wie in Bild 2.
- **Unterputz-Installation:** Die Leitungen werden in Mauerschlitze eingebracht, wie z. B. bei Aderleitungen in Installationsrohren (Bild 3).

Bei der Leitungsverlegung von Aderleitungen werden zunächst bewegliche bzw. flexible Installationsrohre in Mauerschlitze verlegt (s. Bild 3). In diese Rohre werden später die Aderleitungen hineingezogen. Der Arbeitsaufwand ist höher als bei der Verlegung von Mantelleitungen, es können jedoch später noch zusätzliche Aderleitungen eingezogen werden.

Verlegung in Hohlwänden

Bei der Hohlwandinstallation werden die Leitungen in den Hohlräumen hinter den Wänden verlegt. Hierzu eignen sich Mantelleitungen NYM und Installationsrohre mit Aderleitungen. Da die Leitungen in den Hohlräumen nicht befestigt werden, müssen sie an den Hohlwanddosen festgeklemmt werden.

Leitungsverlegung auf Wänden

Für die Installation auf der Wand, die auch als Auf-Putz-Installation bezeichnet wird, werden vorwiegend Mantelleitungen NYM verwendet. Die Mantelleitungen können unterschiedlich verlegt werden:

- mit Schellen
- in Rohren
- in Installationskanälen

Bei der Verlegung mit Schellen können Nagelschellen oder Abstandschellen verwendet werden. Nagelschellen sind allerdings nur in trockenen Räumen zulässig, sie eignen sich auch nur, wenn der entsprechende Untergrund, wie z. B. eine Holzwand, vorhanden ist.

Bei der Verlegung darf der Biegeradius nicht zu klein sein und es sind entsprechend Bild 4 (rechts) Abstände zu berücksichtigen. Werden Rohre eingesetzt, sind ebenfalls Schellen zur Rohrbefestigung erforderlich, der Schellenabstand kann jedoch entsprechend Bild 4 (links) größer gewählt werden. Der Installationsaufwand in Rohren ist somit geringer und wird daher bevorzugt verwendet. Auch Installationskanäle wie in Bild 5 werden häufig eingesetzt, insbesondere wenn mehrere Leitungen nebeneinander verlegt werden. Dabei ist jedoch die Verringerung der Strombelastbarkeit entsprechend Tabelle 6 zu beachten. Stegleitungen auf Wänden oder in Rohren oder Kanälen sind nicht zulässig.

Bei einer Häufung von Leitungen verringert sich die Strombelastbarkeit.

Aufgaben

1. Welche Einschränkungen gelten für Stegleitungen?
2. Die Strombelastbarkeit einer Leitung beträgt 21 A. Auf welchen Wert sinkt sie, wenn sich 4 Leitungen gebündelt in einem Installationskanal befinden?

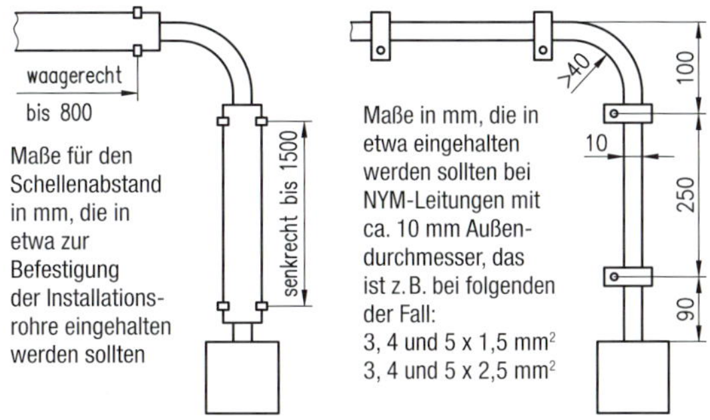

4. Empfohlene Richtmaße für Rohrverlegung (links) und für die Verlegung von Mantelleitungen mit Schellen (rechts)

5. Leitungsverlegung in Installationskanälen

Umrechnungsfaktoren für Häufung									
Anordnung der Leitungen	Anzahl der mehradrigen Leitungen								
	1	2	3	4	5	6	7	8	9
Gebündelt direkt auf der Wand, dem Fußboden, im Installationsrohr oder -kanal, auf oder in der Wand	1,00	0,80	0,70	0,65	0,60	0,57	0,54	0,52	0,50

6. Werden mehrere Leitungen gebündelt, wie z. B. in einem Installationskanal, dann verringert sich die Strombelastbarkeit der Leitungen. Die Werte für die Strombelastbarkeit müssen dann mit dem entsprechenden Faktor in der Tabelle multipliziert werden. Bei einer Strombelastbarkeit von 24 A und 3 Leitungen im Installationskanal verringert sich die Strombelastbarkeit auf $I_Z = 24\ A \cdot 0{,}70 = 16{,}8\ A$

Lernfeld 2: Elektrische Installationen planen und ausführen

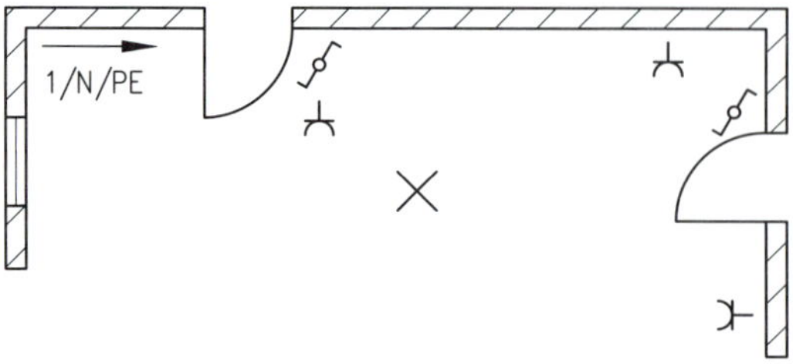

1. *Installationsplan einer Wechselschaltung mit Steckdosen*

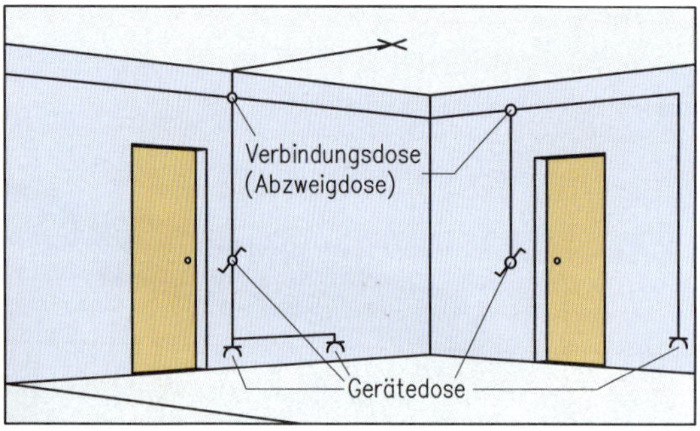

2. *Installation mit Abzweigdosen. Dabei ist auch auf die Installationszonen zu achten.*

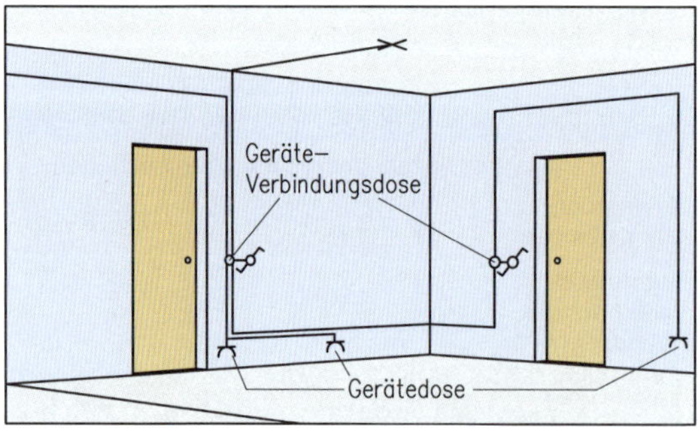

3. *Die Installation mit Geräte-Verbindungsdosen*

5.3 Installationsformen, Leiteranschlüsse und Leiterverbindungen

Eine Wechselschaltung mit Steckdosen soll entsprechend Bild 1 auf Mauerwerk installiert werden. Dabei können verschiedene Installationsformen gewählt werden. Man unterscheidet

- Installation mit Verbindungsdosen
- Installation mit Geräte-Verbindungsdosen
- Installation mit zentralen Verteilerkästen

Bei der Installation mit zentralem Verteilerkasten werden von jedem Betriebsmittel wie z. B. Schalter, Steckdosen und Leuchten Leitungen zu einem zentral angeordneten Verteilerkasten geführt, die dort entsprechend verbunden werden. Diese Installationsform ist vorwiegend für größere Gebäude wie z. B. Verwaltungsgebäude oder Krankenhäuser geeignet.

Installation mit Verbindungsdosen

Bild 2 zeigt die Installation mit Abzweigdosen gemäß dem Installationsplan von Bild 1. Dabei entspricht die Anordnung der Betriebsmittel dem Stromlaufplan. Für jeden Verzweigungspunkt wird eine Verbindungsdose bzw. Abzweigdose vorgesehen. Die Dosen werden wie die Gerätedosen in die Wand eingesetzt und z. B. mit Gips befestigt. Die Abzweigdosen werden später mit einem Dosendeckel versehen und evtl. mit Tapeten überklebt. Folglich ist später das Öffnen der Dose aufgrund eines Fehlers oder einer Prüfung nur durch Aufschneiden der Tapete möglich. Dies ist ein Nachteil dieser häufig angewendeten Installationsform.

Installation mit Geräte-Verbindungsdosen

Dabei werden anstelle von normalen Gerätedosen Geräte-Verbindungsdosen verwendet (s. Bild 3). Sie sind tiefer, sodass hinter den Schaltern noch Platz zur Verdrahtung besteht. Der Arbeitsaufwand beim Verdrahten ist zwar etwas größer als bei den Verbindungsdosen, dafür gilt andererseits:

> ***Die Installation mit Geräte-Verbindungsdosen ermöglicht bei späteren Überprüfungen einen leichten Zugang zu den Leitungsverbindungen.***

Die verschiedenen Installationsformen werden auch bei der Hohlrauminstallation verwendet. Dabei müssen Hohlraumdosen entsprechend Bild 4 eingesetzt werden.

Leiteranschlüsse und -verbindungen bei fester Verlegung

Die Leiteranschlüsse und -verbindungen erfolgen in den dafür vorgesehenen Dosen oder Kästen. Schalter und Steckdosen haben meistens Steckanschlussklemmen und werden in den Gerätedosen angeschlossen. Die Verbindung der Leitungen untereinander erfolgt in den Abzweigdosen oder Geräteverbindungsdosen. Im Inneren jeder Dose ist die maximale Anzahl der Klemmen und Leitungen entsprechend Tabelle 5 angegeben.

> ***Die Anzahl der maximalen Klemmen und Leiter in einer Dose darf nicht überschritten werden.***

Die Verbindungen erfolgen vorwiegend mit schraublosen Steckklemmen für eindrähtige feste Leiter (s. Bild 6 links). Auch Schraubklemmen wie im Bild 6 rechts sind zulässig.

Leiteranschlüsse und -verbindungen bei beweglichen Leitungen

Bei beweglichen bzw. flexiblen Leitungen, wie sie z. B. als Verlängerungen benutzt werden, sind die Adern feindrahtig. Daher muss beim Anschließen das Abspleißen einzelner Drähte verhindert werden. Sind zum Anschluss dafür keine besonderen Klemmen vorgesehen, dann müssen die Aderenden entsprechend hergerichtet werden. Aderendhülsen, die mit einer Aderendhülsen-Quetschzange angebracht werden, erfüllen diesen Zweck. Ein Verlöten der Aderspitze ist ebenfalls zulässig, das Verlöten des ganzen abisolierten Aderendes nicht. Bei Steckeranschlüssen wie im Bild 7 ist noch auf die Zugentlastung und den Schutzleiteranschluss zu achten. Bei einem Abreißen der Leitung muss dieser als letzter getrennt werden.

Aufgaben:

1. Welches ist der Vorteil einer Elektroinstallation mit Geräte-Verbindungsdosen?
2. Worauf ist beim Anschluss von flexiblen Leitungen zu achten?

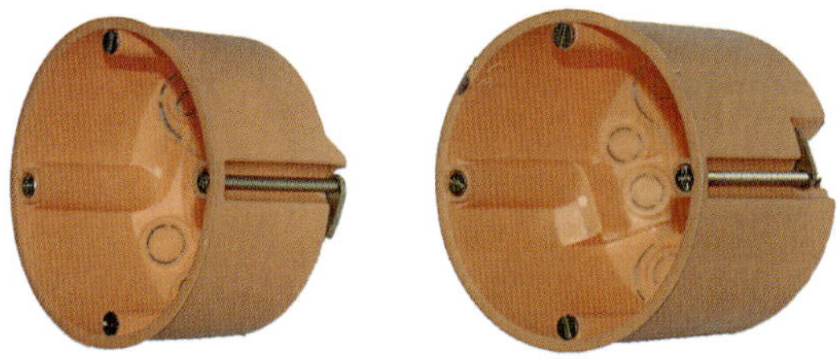

4. Die Geräte-Verbindungsdose (rechts) hat durch ihre Tiefe zusätzlichen Platz zur Verdrahtung.

Querschnitt	1,5	2,5
Klemmen	6	5
Leiter	18	15

5. Diese Dosenaufschrift hat folgende Bedeutung: Bei 1,5 mm^2 dürfen maximal 6 Klemmen und 18 Leiter vorhanden sein, z. B. 6 Klemmen mit je 3 Leitern. Bei 2,5 mm^2 entsprechend weniger.

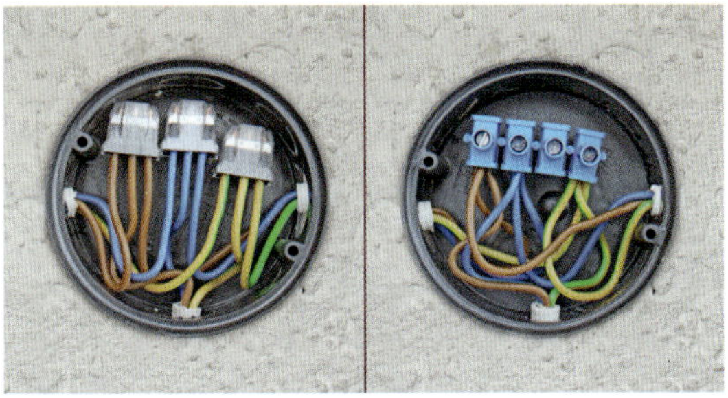

6. Leitungsverbindung mit schraublosen Steckklemmen (links) und Schraubklemmen (rechts)

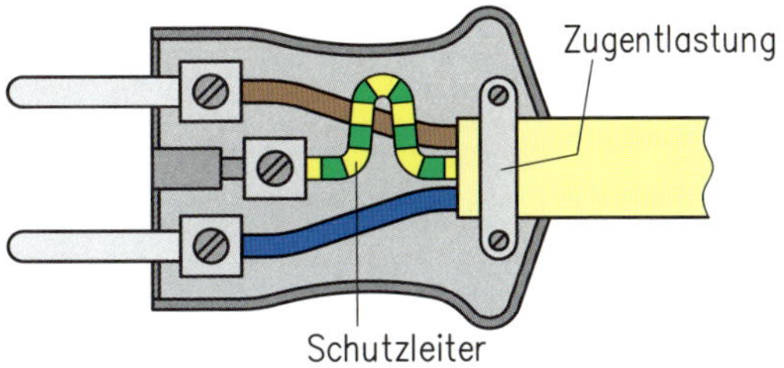

7. Steckeranschluss einer beweglichen Leitung

1. Diese Gebotszeichen auf elektrischen Geräten oder in elektrischen Anlagen sind unbedingt zu beachten.

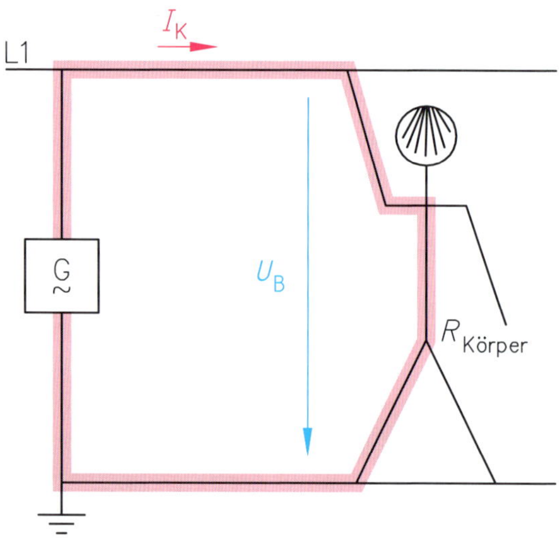

2. Die Spannung U_B bezeichnet man als Berührungsspannung.

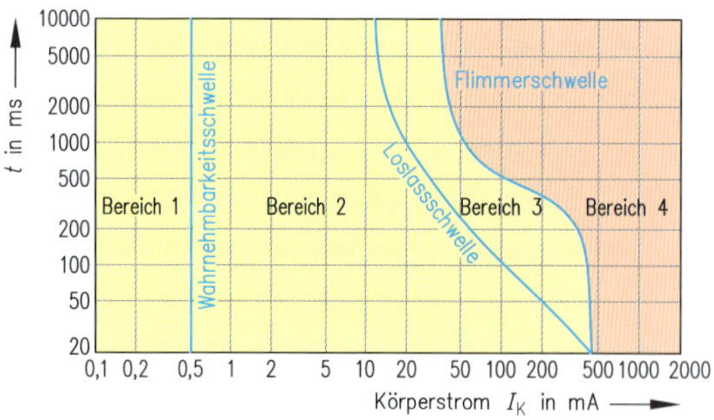

3. Gefährdung in Abhängigkeit von der Höhe des Körperstromes in mA und der Einwirkdauer in ms

6 Schutzmaßnahmen

6.1 Gefahren des elektrischen Stromes

Bild 1 zeigt Gebotszeichen zum Schutz vor elektrischen Unfällen. Trotz dieser Hinweise und Schutzmaßnahmen gegen elektrische Schläge kommt es immer wieder zu elektrischen Unfällen, die häufig zum Tode führen.

Was ist gefährlich an der Elektrizität?

Die Ursache für Verletzungen durch die Elektrizität sind elektrische Ströme, die von außen auf den menschlichen Körper einwirken. Da vom Körper selbst Stromimpulse zur Steuerung der Muskeln ausgehen, können diese zusätzlichen Fremdströme insbesondere für den Herzmuskel gesundheitsschädigende Folgen haben. Maßgebend für die Verletzungsgefahr sind dabei

- die Höhe der Stromstärke
- die Stromart (Wechsel- oder Gleichstrom und bei Wechselstrom die Frequenz)
- der Stromweg durch den Körper
- die Einwirkdauer des Stromes.

Ein Stromweg von der linken Hand zu beiden Füßen, wie er in Bild 2 gezeigt wird, wirkt sich besonders nachteilig aus, da er über das Herz führt. Für diesen Fall zeigt Bild 3 die Gefährdung in Abhängigkeit von der Zeit und Stromstärke für Wechselstrom mit einer Frequenz von 50 Hz bei einem Erwachsenen. Aus dem Diagramm gehen vier Bereiche hervor:

- Bereich 1: Keine Wahrnehmbarkeit
- Bereich 2: Leichtes Kribbeln, evtl. Verkrampfungen, noch keine schädigende Wirkungen
- Bereich 3: Muskelkrämpfe, Unregelmäßigkeiten des Herzschlages
- Bereich 4: Herzkammerflimmern und möglicher Herzstillstand.

Dem Diagramm kann man entnehmen, dass bei einer bestimmten Einwirkdauer Stromstärken ab 50 mA zum Herzstillstand führen können. Daher gilt:

Wechselströme ab 50 mA können lebensgefährlich sein.

Gefährliche Spannungen

Die Berührungsspannung U_B verursacht gemäß Bild 2 einen Strom durch den Körper. Da der Körperinnenwiderstand beim Menschen von der Hand zu den Füßen im ungünstigsten Fall etwa 1 000 Ω beträgt, erhält man nach dem Ohmschen Gesetz bei einem Strom von 50 mA eine Spannung von 50 V. Für Gleichspannung gilt ein höherer Wert.

> ***Wechselspannungen ab 50 V und Gleichspannungen ab 120 V sind lebensgefährlich.***

Da im Stromversorgungsnetz von Wohngebäuden der Neutralleiter der Versorgungsspannung mit der Erde verbunden ist, kann schon das Berühren eines spannungsführenden Leiters mit der Hand ausreichen, um einen elektrischen Schlag zu bekommen, weil die Füße mit der Erde in Verbindung stehen. Dieses geht auch aus dem Bild 2 hervor.

Sofortmaßnahmen beim Elektrounfall

Bei einem Elektrounfall muss zunächst der Stromkreis, der zum Unfall geführt hat, unterbrochen werden. Ansonsten könnte es sein, dass der Hilfeleistende sich selbst in Gefahr begibt und ebenfalls einen elektrischen Schlag bekommt.

> ***Bei einem Elektrounfall ist als Erstes der Stromkreis zu unterbrechen!***

Die Vorgehensweise geht auch aus den Sofortmaßnahmen unter 4 hervor. Nach der Unterbrechung des Stromkreises und der Untersuchung des Verletzten sollte der Notruf entsprechend Bild 5 erfolgen. Befinden sich mehrere Helfer vor Ort, dann kann der Notruf schon früher durch eine zweite Person ausgeführt werden.

Aufgaben

1. Welche Spannungswerte können lebensgefährlich sein?
2. Wie geht man bei einem Elektrounfall vor?
3. Warum kann man auch einen elektrischen Schlag bekommen, wenn man nur mit einer Hand einen spannungsführenden Leiter berührt?

⚠

1. Stromkreis sofort unterbrechen!
Dieses kann durch
- Betätigung des Not-Aus-Schalters,
- Steckerziehen,
- Herausnehmen der Sicherung

geschehen. Ist das nicht möglich, dann muss der Verletzte mit einem nicht leitenden Gegenstand, z.B. mit einer Holzlatte, von der Spannung getrennt werden. Dabei darf der Helfer den Verletzten auf keinen Fall berühren, um sich nicht selbst zu gefährden.

2. Verletzungen feststellen!
Atmet der Verunglückte nicht, dann ist sofort mit Atemspende zu beginnen. Ist außerdem kein Puls fühlbar, dann ist zusätzlich eine äußere Herzmassage durch zu führen (nur durch ausgebildete Helfer). Bei Anzeichen eines Schocks durch schwankenden Puls, Blässe, kalter Haut und Schweiß auf der Stirn sollte der Verletzte in die Schocklage gebracht werden (Beine hochlegen). Liegt kein Atem-, Kreislaufstillstand oder Schock vor, dann wird er in die stabile Seitenlage gebracht.

4. Sofortmaßnahmen bei einem Elektrounfall

WO geschah es?	Ort, Straße, Raum
WAS geschah?	Verkehrsunfall, elektrischer Schlag, Vergiftung, Feuer
WIE VIELE Verletzte?	
WELCHE Art von Verletzungen?	Bewusstlosigkeit, Atemstillstand, Blutungen, Verbrennungen
WARTEN auf Rückfragen!	

5. Diese Hinweise für einen Notruf sollten bei allen Unfällen beachtet werden.

5 Sicherheitsregeln

Vor Beginn der Arbeiten

- Freischalten
- Gegen Wiedereinschalten sichern
- Spannungsfreiheit feststellen
- Erden und kurzschließen
- Benachbarte, unter Spannung stehende Teile abdecken oder abschranken

1. Die 5 Sicherheitsregeln

2. Für das Abkleben des LS-Schalters gibt es auch besondere Klebestreifen

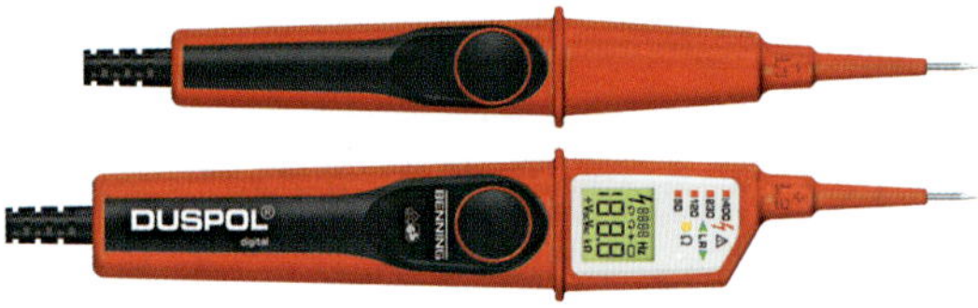

3. Geeigneter Spannungsprüfer

4. Feststellen der Spannungsfreiheit

6.2 Schutz beim Arbeiten in elektrischen Anlagen

Ein Wohnraum, der an ein Haus angebaut wurde, soll nach der Fertigstellung der Elektroinstallation an die Abzweigdose eines benachbarten Raumes angeschlossen werden. Die Klemmen in dieser Dose stehen unter Spannung. Entsprechend der Vorschriften gilt, abgesehen von besonderen Festlegungen:

An unter Spannung stehenden Teilen elektrischer Anlagen und Betriebsmitteln darf nicht gearbeitet werden.

Um die Spannungsfreiheit herzustellen, müssen daher vor Beginn der Arbeiten die 5 Sicherheitsregeln gemäß Bild 1 angewendet werden.

1: Freischalten

Das Freischalten geschieht durch Abschaltung des entsprechenden Stromkreises. Dieses kann z. B. durch Betätigung eines Schalters oder durch das Herausdrehen von Sicherungen erfolgen. In unserem Fall wird der Leitungsschutzschalter für den betreffenden Stromkreis in der Verteilung ausgeschaltet.

2: Gegen Wiedereinschalten sichern

Damit soll sichergestellt werden, dass die Anlage während der Arbeiten nicht versehentlich von einer anderen Person wieder eingeschaltet wird. Wie Bild 2 zeigt, wurde in unserem Fall der ausgeschaltete LS-Schalter mit Isolierband überklebt und es wurde ein Verbotsschild angebracht. Bei größeren Anlagen besteht die Möglichkeit, Schalter abzuschließen.

3: Spannungsfreiheit feststellen

Es kann vorkommen, dass man versehentlich beim Abschalten Stromkreise verwechselt oder die Zuordnung der Sicherung zum Stromkreis nicht stimmt. Daher ist es unbedingt erforderlich, vor Beginn der Arbeiten die Spannungsfreiheit messtechnisch zu überprüfen. Zur Messung sind zweipolige Spannungsprüfer wie im Bild 3 zu verwenden. Einpolige Spannungsprüfer sind nicht zulässig, da die Anzeige nicht zuverlässig ist. Auch Vielfachmessgeräte dürfen nicht eingesetzt werden, da die Gefahr besteht, dass ein falscher Messbereich eingestellt ist.

Die Messung kann, wie im Bild 4 links, direkt an der Abzweigdose oder, wie im Bild 4 rechts, an einer Steckdose in diesem Stromkreis erfolgen.

4: Erden und Kurzschließen

Bei Anlagen bis 1000 V kann auf diese Maßnahme verzichtet werden, wenn sichergestellt ist, dass die Anlage nicht durch eine Ersatzstromversorgungsanlage unter Spannung gesetzt ist. Das Erden und Kurzschließen erfolgt mit dazu geeigneten Leitungen und Leitungsanschlüssen, wie in Bild 5 zu sehen ist. Bei der Durchführung dieser Maßnahme ist darauf zu achten, dass zuerst zu erden und dann kurzzuschließen ist.

5: Benachbarte, unter Spannung stehende Teile abdecken oder abschranken

Diese Maßnahme ist dann erforderlich, wenn benachbarte, unter Spannung stehende Anlageteile aus zwingenden Gründen nicht abgeschaltet werden können. Diese Anlageteile sind dann durch hinreichend feste und zuverlässig angebrachte isolierende Abdeckungen gegen zufälliges Berühren zu sichern.

Arbeiten unter Spannung

Besondere Arbeitssituationen machen es manchmal erforderlich, dass unter gefährlicher Spannung gearbeitet werden muss.

> ***Arbeiten unter Spannung ist jede Arbeit, bei der eine Person in der Regel mit Werkzeugen unter Spannung stehende Teile berührt.***

Bereits das Überprüfen der Spannungsfreiheit oder Spannungsmessungen bei einer Fehlersuche mit einem Spannungsprüfer zählen dazu. Diese Tätigkeiten dürfen von einer Elektrofachkraft ohne besondere technische Maßnahmen durchgeführt werden. Auch das Wechseln von NH-Sicherungen darf von einer Elektrofachkraft erfolgen, wenn die Bedingungen aus Schaubild 6 eingehalten werden.

Aufgaben

1. Erläutern Sie die 5 Sicherheitsregeln.
2. In welchen Fällen muss unter Spannung gearbeitet werden?

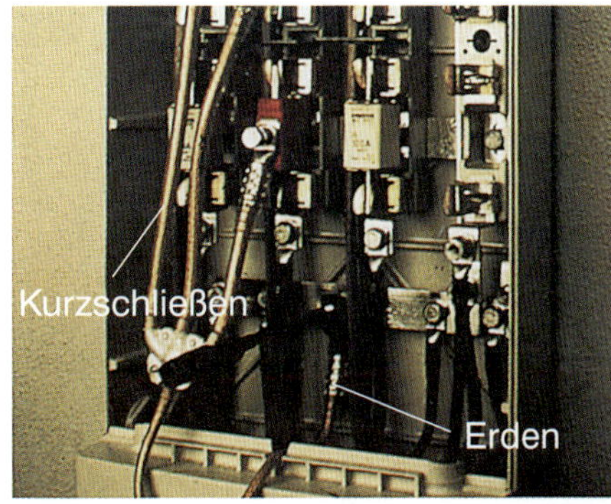

5. *Verwendung von geeigneten Leitungen beim Erden und Kurzschließen*

Anweisungen zum Wechseln von NH-Sicherungen

Beim Wechseln von NH-Sicherungen (Niederspannungs-Hochleistungssicherungen) z. B. in Hausanschlusskästen sind u. a. wegen möglicher Lichtbögen bestimmte Sicherheitsmaßnahmen zu berücksichtigen

Maßnahmen zur persönlichen Schutzausrüstung

Gesichtsschutz benutzen

NH-Sicherungsaufsteckgriff mit Handschutzstulpe

- Schutzhelm mit Gesichtsschutz
- NH-Sicherungsaufsteckgriff mit Handschutzstulpe
- Anliegende Arbeitskleidung

Maßnahmen zur Durchführung

- Stromkreise müssen freigeschaltet sein oder eine geringe Last haben
- Für die Sicherungseinsätze nur die NH-Sicherungsaufsteckgriffe mit Stulpe (s. oben) verwenden
- Bei gut leitendem Boden auf Isoliermatten stellen

6. *Sicherheitsmaßnahmen, die beim Einsetzen oder Herausnehmen von NH-Sicherungen unbedingt einzuhalten sind*

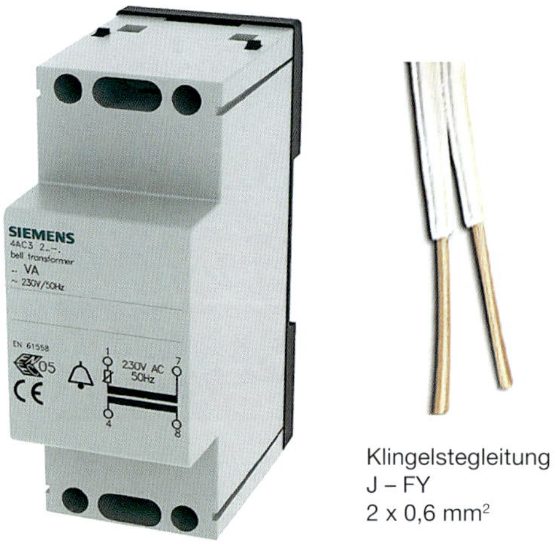

1. Klingeltrafo und Klingelstegleitung

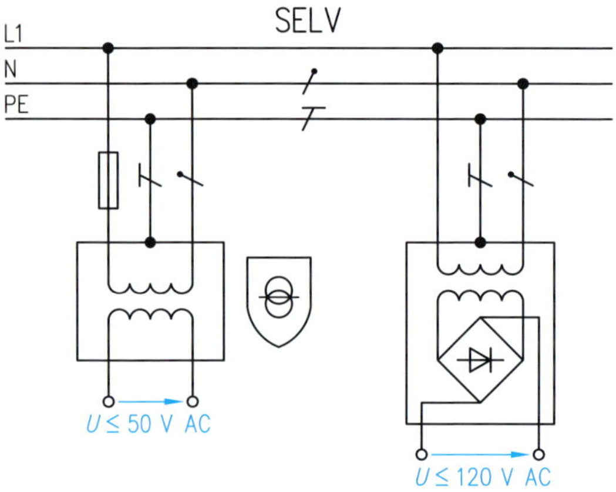

2. Schaltung für Schutzkleinspannung

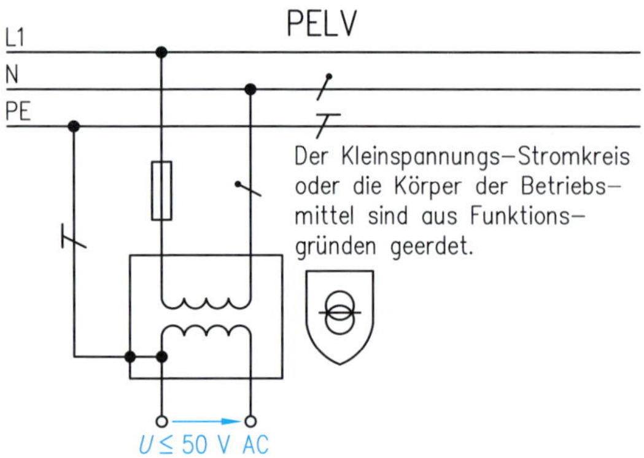

3. Auch bei PELV müssen Sicherheitstransformatoren eingesetzt werden.

6.3 Schutz durch Kleinspannung und Isolierung

Zur Installation einer Klingelschaltung darf eine einfache Klingel-Stegleitung J-FY entsprechend Bild 1 verwendet werden. Im Vergleich mit Leitungen für Niederspannungen wie z. B. für 230 V/400 V ist sie nur mit einer einfachen Isolierung versehen, was bei unsachgemäßem Umgang schnell zu einem Isolationsfehler führen kann. Allerdings besteht keine Gefahr, selbst wenn sie unter Spannung steht und direkt berührt wird, da es sich bei der Klingelschaltung Kleinspannung eingesetzt wird.

Schutz durch Kleinspannung

Die verwendete Spannung bei der Klingelschaltung beträgt 8 V AC. Damit liegt sie unterhalb der gefährlichen Spannung von 50 V AC.

Beim Schutz durch Kleinspannungen werden Bemessungsspannungen verwendet, die 50 V Wechsel- bzw. 120 V Gleichspannung nicht überschreiten.

Dabei unterscheidet man zwischen
- SELV (**S**afety **E**xtra **L**ow **V**oltage) bzw. Schutzkleinspannung entsprechend Bild 2
- PELV (**P**rotective **E**xtra **L**ow **V**oltage) bzw. Funktionskleinspannung mit sicherer Trennung gemäß Bild 3.

Bei PELV ist ein Leiter der Kleinspannung mit Erde verbunden, dieses kann aus Funktionsgründen, z. B. bei Steuerstromkreisen, der Fall sein.

Spannungsquellen für SELV und PELV

Da gewährleistet sein muss, dass die Netzspannung am Eingang eines Transformators sicher von der Kleinspannung getrennt sein muss, gilt:

Transformatoren für SELV und PELV müssen Sicherheitstransformatoren mit besonderem Kennzeichen sein.

Sicherheitstransformatoren erfüllen die Bedingungen zum Schutz durch Kleinspannung und sind mit einem Bildzeichen wie es neben den Transformatoren unter 2 und 3 zu sehen ist, gekennzeichnet. Als Spannungsquellen können auch elektrochemische Quellen wie Akkus oder Batterien oder elektronische Geräte verwendet werden. Sie müssen den gleichen Sicherheitsgrad wie Sicherheitstransformatoren haben.

Besondere Sicherheitstransformatoren

Für bestimmte Anwendungen müssen die Sicherheitstransformatoren zusätzliche Bedingungen erfüllen. Dies ist z. B. bei Klingeltransformatoren (s. Bild 1) und Spielzeugtransformatoren der Fall. Sie sind dafür mit besonderen Bildzeichen versehen. Bild 4 zeigt die Zeichen und einige Bedingungen.

Schutz durch Isolierung

Bei Kleinspannungen geht selbst dann keine Gefahr aus, wenn die spannungsführenden Teile berührt werden. Dies wäre bei gefährlichen Spannungen wie der 230-Volt-Versorgungsspannung nicht der Fall. Daher müssen bei diesen Spannungen die Teile isoliert werden.

Basisisolierung

Durch die Basisisolierung werden alle unter Spannung stehenden Teile (aktive Teile) vollständig isoliert, sodass kein direktes Berühren möglich ist. Bild 5 zeigt als Beispiele eine Leitung und eine Abzweigdose.

Schutz durch doppelte oder verstärkte Isolierung

Dabei erhalten Betriebsmittel wie z. B. Elektrogeräte eine zusätzliche oder verstärkte Isolierung, die verhindert, dass bei einem Fehler in der Basisisolierung eine gefährliche Spannung an berührbaren Teilen auftritt. Bild 6 zeigt eine Bohrmaschine mit diesem Schutz. Das Kennzeichen für diese Schutzmaßnahme ist ein Doppelquadrat. Die Maßnahme wird auch als Schutzisolierung oder Schutzklasse II bezeichnet. Sie wird häufig bei Haushaltsgeräten und Werkzeugen verwendet.

> ***Geräte mit Schutzisolierung (Schutzklasse II) werden nicht an einen Schutzleiter angeschlossen.***

Aufgaben

1. Wie hoch darf die Ausgangsspannung bei Klingeltransformatoren und Spielzeugtransformatoren höchstens sein?
2. Was versteht man unter Basisisolierung?

Bezeichnung	Bildzeichen	Zusätzliche Bedingungen
Klingeltransformator	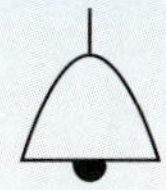	• $U_{2N} \leq$ 24 V AC/33 V DC • Müssen ortsfeste Transformatoren sein • $S_N \leq$ 100 VA
Spielzeugtransformator	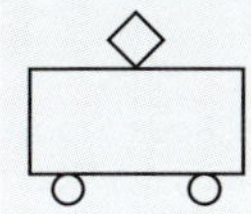	• $U_{2N} \leq$ 24 V AC/33 V DC • $U_{1N} \leq$ 250 V • Schutzklasse II • $S_N \leq$ 200 VA • $I_{2N} \leq$ 10 A

4. Sicherheitstransformatoren mit zusätzlichen Bedingungen für Klingelanlagen und Spielzeug

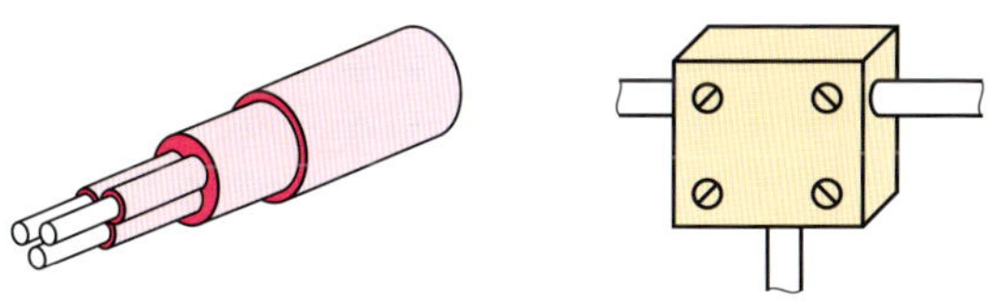

- Die Isolierung muss die aktiven Teile vollständig umgeben.
- Abdeckungen oder Umhüllungen müssen stabil und nur mittels Werkzeug entfernbar sein.

5. Die Basisisolierung dient als Basisschutz gegen elektrischen Schläge.

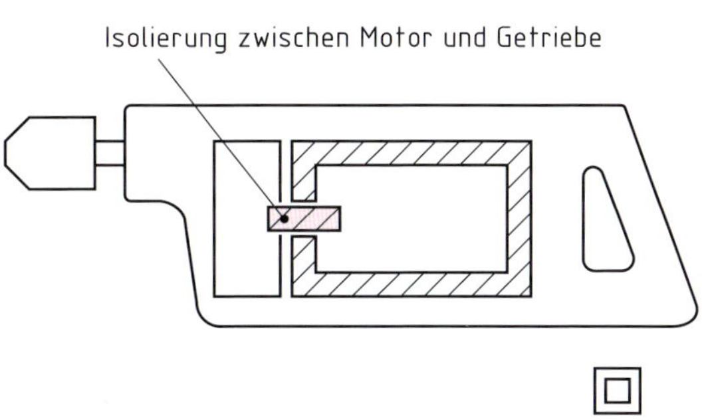

6. Die Zwischenisolierung bei einer Bohrmaschine ist eine zusätzliche Isolierung, weshalb diese Bohrmaschine zur Schutzklasse II zählt und keinen Schutzleiter hat.

1. Zwischen dem Schutzkontakt des Steckers und den leitfähigen Gehäuseteilen muss eine gut leitende Verbindung bestehen.

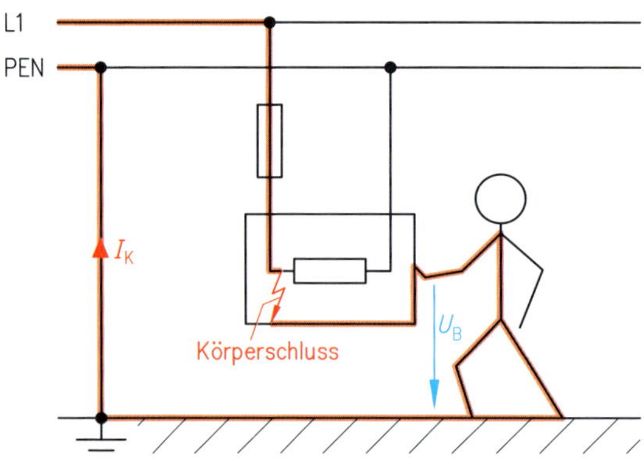

2. Ein Körperschluss führt ohne Schutzmaßnahmen zu einer gefährlichen Berührungsspannung U_B und einem Körperstrom I_K, da der PEN-Leiter mit der Erde verbunden ist.

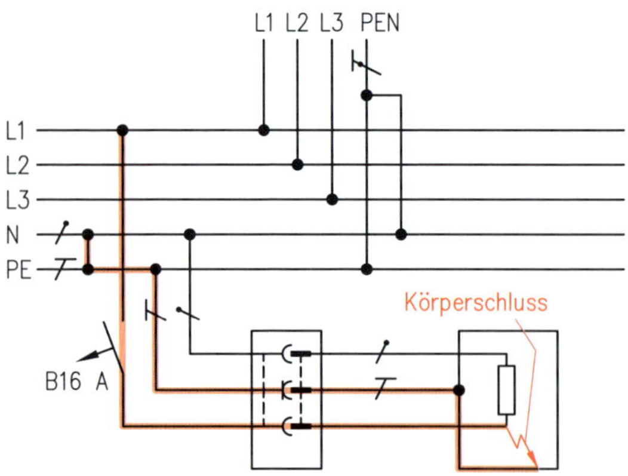

3. Das Elektrogerät, das über eine Steckdose betrieben wird, hat einen Körperschluss. Dadurch entsteht ein Kurzschluss und der LS-Schalter löst aus.

6.4 Schutz durch Abschaltung

Geräte mit Schutzleiter

Nicht bei allen Elektrogeräten ist aus Funktionsgründen ein Schutz durch Kleinspannung oder zusätzlicher Isolierung möglich. Dazu gehören z. B. Elektrogeräte, die elektrische Energie in Wärme umwandeln wie Kochplatten, Wasserkocher, Kaffeemaschinen, Lötkolben usw. Bei ihnen besteht die äußere Umhüllung bzw. das Gehäuse oder ein Teil davon aus leitfähigem Material. In diesen Fällen müssen diese Geräteteile aus Sicherheitsgründen mit einem Schutzleiter entsprechend Bild 1 verbunden sein.

Aufgabe des Schutzleiters

Der Schutzleiter ist für den Fall eines Isolationsfehlers vorgesehen. Wenn der spannungsführende Leiter im Gerät durch einen Fehler mit dem Gehäuse in Verbindung kommt, steht dieses als berührbares Teil unter Spannung. Da das Gehäuse auch Körper genannt wird, nennt man diesen Fehler auch Körperschluss.

> ***Ein Körperschluss ist eine durch einen Fehler entstandene leitende Verbindung zwischen dem Körper und einem spannungsführenden Teil.***

Wenn eine Person nun das Gehäuse dieses Gerätes berührt, besteht die Gefahr eines elektrischen Schlages, wie Bild 2 zeigt. Der Schutzleiter soll bewirken, dass in diesem Fall das Gerät von der Spannungsversorgung abgeschaltet wird. Er ist grün-gelb gekennzeichnet und ist über den Schutzleiterkontakt der Steckdose mit dem Schutzleiter PE in der Anlage verbunden. Die Abschaltung des Stromkreises erfolgt entweder durch

- eine Fehlerstromschutzeinrichtung (RCD)
- einen Leitungsschutzschalter (LS-Schalter)

Abschaltung durch LS-Schalter

Bild 3 zeigt ein Elektrogerät, das über eine Steckdose am Versorgungsnetz angeschlossen ist. Am Elektrogerät ist ein Körperschluss aufgetreten. Dadurch entsteht über den Schutzleiter eine Verbindung zwischen L1 und N und somit ein Kurzschluss. Durch diesen Kurzschlussstrom löst der LS-Schalter aus und schaltet die Stromversorgung für das Gerät ab.

> ***Bei dem Schutz „Abschaltung durch LS-Schalter“ entsteht bei einem Körperschluss ein Kurzschluss, der das Auslösen des LS-Schalters bewirkt.***

Allerdings ist für bestimmte Bereiche die Abschaltung durch RCDs vorgeschrieben.

Abschaltung durch eine Fehlerstrom-Schutzeinrichtung (RCD)

Eine Fehlerstromschutzeinrichtung wird auch als RCD (Residual Current Device) oder kurz FI-Schutzschalter bezeichnet. Bild 4 zeigt einen RCD und eine Prinzipschaltung. Ein Summenstromwandler im Schalter vergleicht die zufließenden mit den abfließenden Strömen. Bei einem Fehlerstrom, der nicht über den Schalter fließt, schaltet er ab.

> ***Ein RCD löst spätestens aus, wenn der Fehlerstrom die Höhe seines Bemessungsdifferenzstromes $I_{\Delta n}$ erreicht.***

Bild 5 zeigt die Auswirkungen bei einem Körperschluss. Der Fehlerstrom I_F fließt nicht über den RCD, wodurch dieser auslöst. Typische Werte für die Bemessungsdifferenzströme $I_{\Delta n}$ sind:
10 mA, 30 mA, 100 mA, 300 mA und 500 mA.

> ***Bei RCDs erfolgt die Abschaltung im Fehlerfall bei wesentlich geringeren Stromstärken als bei LS-Schaltern.***

Dieses ist unter anderem auch für den Brandschutz von Bedeutung. Für bestimmte Bereiche sind Fehlerstromschutzeinrichtungen mit Bemessungsdifferenzströmen von höchstens 30 mA vorgeschrieben. Dieses ist z. B. in Räumen mit Badewanne oder Dusche, bei Anlagen im Freien und bei Steckdosenstromkreisen zur allgemeinen Verwendung der Fall.

Aufgaben

1. Was versteht man unter einem Körperschluss?
2. Wie unterscheidet sich das Abschalten durch LS-Schalter von dem mit RCDs?

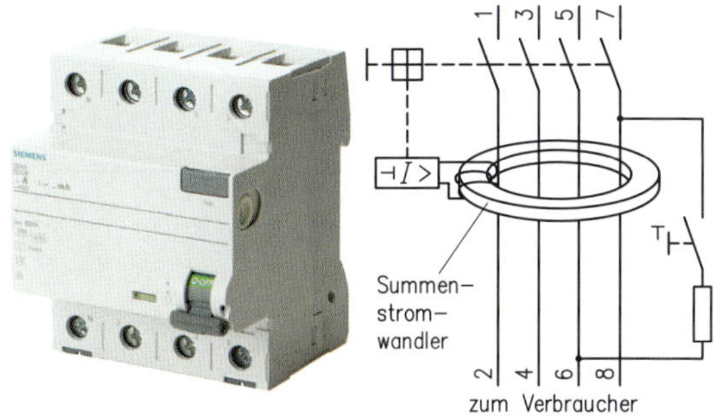

4. Fehlerstromschutzschalter (RCD)

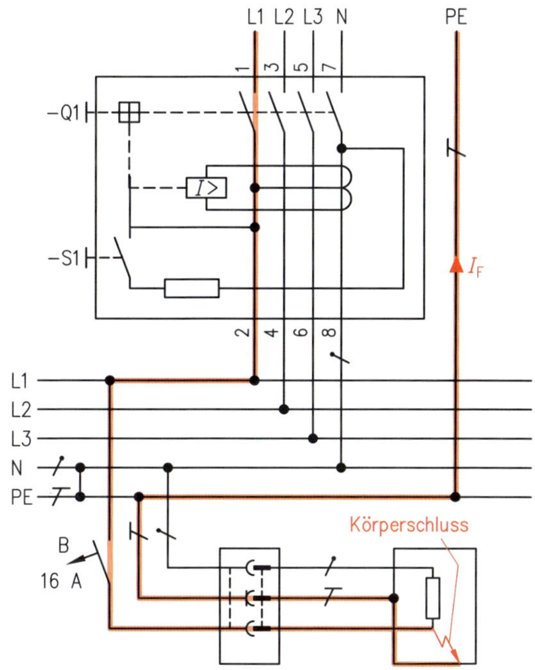

5. Der Fehlerstrom fließt nicht über den RCD, sodass dieser auslöst und das schadhafte Gerät abschaltet. Mit Q1 kann der Fehlerstromschutzschalter ein- und ausgeschaltet werden. S1 ist ein Tastschalter zum Prüfen der Funktion des RCDs. Wird er betätigt, dann wird ein Strom erzeugt, der nicht über den Summenstromwandler fließt. Die Schutzeinrichtung muss dann auslösen. Dieser Taster sollte nicht nur bei Prüfungen, sondern häufiger betätigt werden. Hersteller empfehlen, den Taster halbjährlich zu prüfen. Allerdings wird damit nur die Funktion des RCDs, nicht die Funktion der Schutzmaßnahme überprüft.

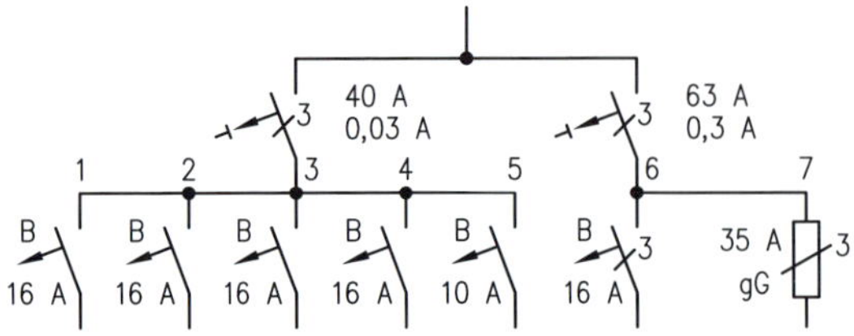

1. Übersichtsschaltplan des Stromkreisverteilers

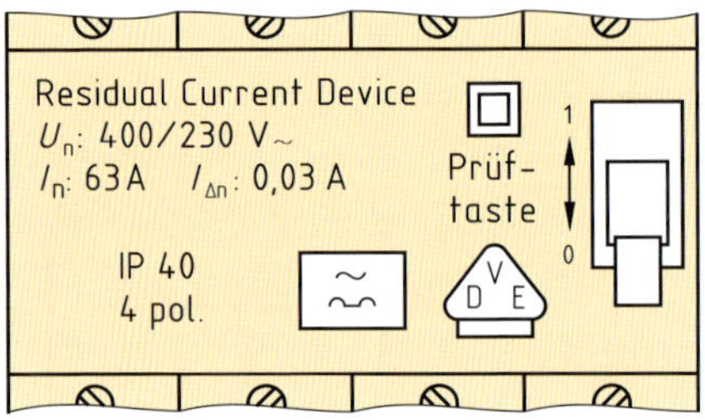

2. RCD für die Stromkreise 1 bis 5 der Verteilung in Bild 1

Begriff	Erklärung	Werte bzw. Kennzeichen
Bemessungsstrom I_n	Maximal zulässige Stromstärke für den RCD	16 A, 25 A, 40 A, 63 A, 80 A, 125 A, 160 A
Bemessungsdifferenzstrom $I_{\Delta n}$	Fehlerstrom, bei der der RCD spätestens nach 300 ms, bei 2 x $I_{\Delta n}$ nach 150 ms auslöst. Toleranz 50 % bis 100 % von $I_{\Delta n}$	10 mA, 30 mA, 100 mA, 300 mA, 500 mA
Typ	Verhalten bei verschiedenen Formen des Auslösestromes: **A** pulsstromsensitiv für Wechsel- und pulsierende Gleichströme, **B** auch für reine Gleichströme	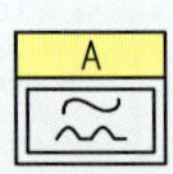 A 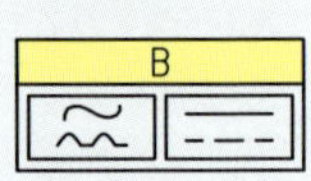 B
Zeitverzögerung	Für kurzzeitverzögerte Abschaltung von 10 ms bei besonderen Geräten	Zusatz: K
	Für selektive Abschaltung bei Reihenschaltung, sodass nachgeschalteter RCD früher auslöst	Zusatz: S

3. Erläuterungen zu den Kenndaten von RCDs

6.5 Schutz durch RCDs und durch Potenzialausgleich

Der Schutz gegen einen elektrischen Schlag bei einem auftretenden Fehler wird in Gebäuden meistens durch folgende Installationsmaßnahmen realisiert:

- Einsatz von RCDs, die bei Fehlern abschalten
- Potentialausgleich durch Verbindungen leitfähiger berührbarer Teile.

Auswahl geeigneter RCDs

Aus dem Übersichtsschaltplan 1 geht hervor, dass zwei unterschiedliche Fehlerstromschutzschalter (RCDs) eingesetzt werden. Bild 2 zeigt denjenigen für die Stromkreise 1 bis 5. In Tabelle 3 sind Erläuterungen zu den Kenndaten aufgeführt. Die maximal zulässige Stromstärke von 40 A reicht für die angeschlossenen Stromkreise aus, der Bemessungsdifferenzstrom von $I_{\Delta n}$ = 0,03 A ist vorgeschrieben, da Stromkreise für das Badezimmer und Steckdosenstromkreise für den allgemeinen Gebrauch versorgt werden. Da bei diesem RCD der Fehlerstrom mit 30 mA geringer ist als gefährliche Körperströme, bietet er einen zusätzlichen Schutz bei direkter Berührung.

In besonders gefährdeten Bereichen müssen RCDs mit Bemessungsdifferenzströmen von 10 mA oder 30 mA eingesetzt werden.

Der zweite RCD hat mit 63 A einen größeren Bemessungsstrom und mit 300 mA auch einen höheren Bemessungsdifferenzstrom. Dies ist notwendig, da im Stromkreis 7 ein Durchlauferhitzer angeschlossen ist, der im Betrieb einen verhältnismäßig hohen Strom benötigt. Er könnte auch ohne Fehler aufgrund von Ableitströmen die Auslösung von RCDs mit geringeren Bemessungsdifferenzströmen hervorrufen. Für die Mindestausstattung elektrischer Anlagen wird vorgeschrieben, dass das Abschalten eines Fehlerstromschutzschalters nicht zum Ausfall aller Stromkreise führen darf, daher sind mindestens zwei RCDs erforderlich. Ausgenommen von dieser Bestimmung sind vorgeschaltete RCDs mit selektiver Abschaltung (Kennzeichen „S“, siehe auch Tabelle 3).

Die verwendeten RCDs haben keinen Überstromschutz, weswegen für die einzelnen Stromkreise noch LS-Schalter oder Sicherungen erforderlich sind. Es gibt jedoch auch RCDs mit eingebautem Überstromschutz. Bild 4 rechts zeigt einen zweipoligen Fehlerstrom-/Leistungsschutzschalter und seine Bezeichnung.

Schutz durch Potenzialausgleich

Elektrogeräte mit leitfähigem Gehäuse, die im Fehlerfall unter Spannung stehen können, werden bei einem Körperschluss abgeschaltet. Neben den Gehäusen dieser Geräte gibt es in Gebäuden noch weitere leitfähige Teile wie z. B. Heizungen mit Heizungsrohren oder andere metallene Rohrleitungen. Diese elektrisch leitenden Teile können z. B. durch Isolationsfehler auch unter Spannung stehen.

Durch den Potenzialausgleich werden leitfähige Teile miteinander und mit der Erde verbunden, sodass keine gefährlichen Berührungsspannungen entstehen können.

Dieser Schutzpotenzialausgleich ist für alle Gebäude mit elektrischer Energieversorgung vorgeschrieben. Die leitfähigen Teile werden entsprechend Bild 5 mit der Haupterdungsschiene (HES) verbunden. Diese ist über den Erdungsleiter geerdet, wie in Bild 6 zu sehen ist. An die Schiene werden außer dem Erder (soweit vorhanden) angeschlossen:

- der Schutzleiter PE
- metallene Rohrleitungen wie Wasser- und Gasrohre
- metallene Heizungs- und Klimaanlagen
- Umhüllungen von Fernmeldeleitungen, Blitzschutzanlagen
- metallene berührbare Gebäudekonstruktionen

Der Leitungsquerschnitt der Potenzialausgleichsleiter muss für Kupfer mindestens 6 mm² betragen.

Aufgaben

1. Was ist bei der Auswahl eines RCDs zu beachten?
2. Wie erfolgt der Schutzpotenzialausgleich?

RCCB | RCBO

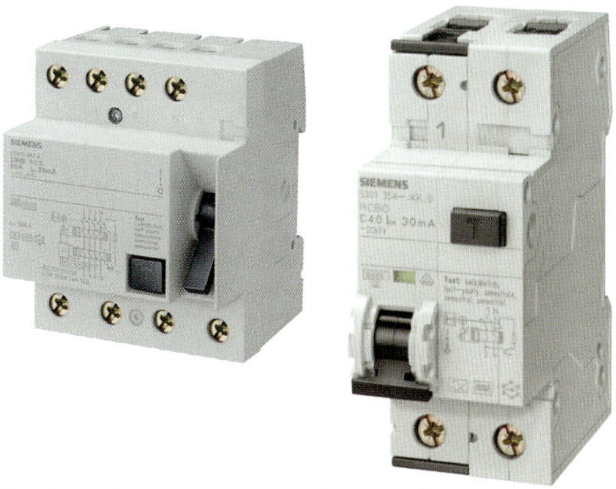

(Residual Current operated Circuit Breaker) Fehlerstrom-Schutzschalter

(Residual Current operated Circuit Breaker with Overcurrent Protector) Fehlerstrom-/Leitungsschutzschalter

4. RCD ohne eingebaute Überstromschutzeinrichtung (links) und mit Überstromschutzeinrichtung (rechts)

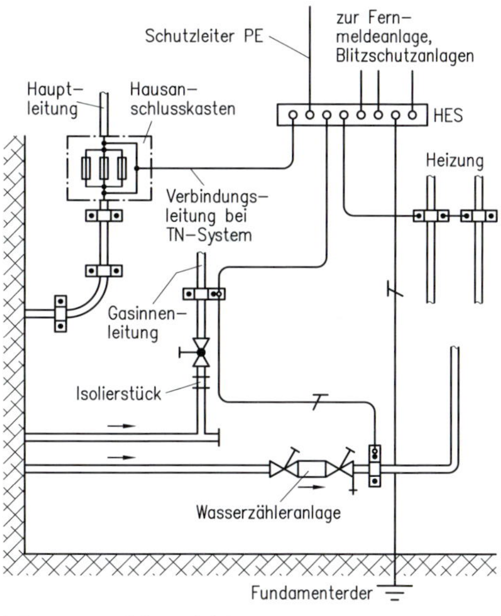

5. Schutzpotenzialausgleich

6. Die Haupterdungsschiene ist rechts über das Stahlband mit dem Fundamenterder verbunden.

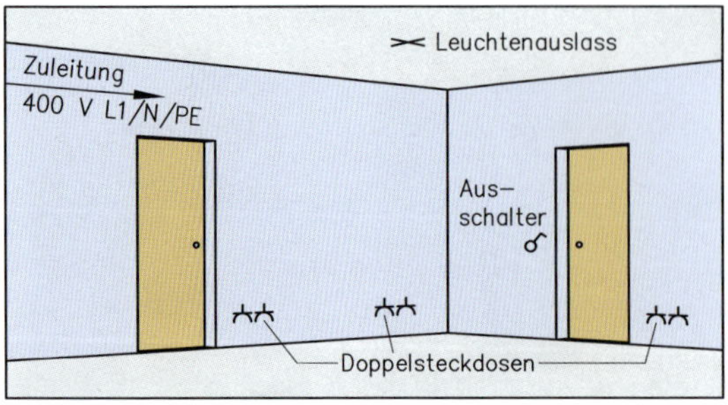

1. Raum mit den installierten Betriebsmitteln

Die Besichtigung muss, sofern zutreffend, u. a. Folgendes umfassen:
- *Richtige Auswahl der Betriebsmittel*
- *Ordnungsgemäße Anordnung u. Montage der Betriebsmittel*
- *Auswahl der Kabel und Leitungen unter Berücksichtigung der Strombelastbarkeit und des Spannungsfalls*
- *Maßnahmen zum Schutz gegen elektrischen Schlag*
- *Ordnungsgemäße Herstellung der Leiterverbindungen*

2. Teil der Prüfung: Besichtigung

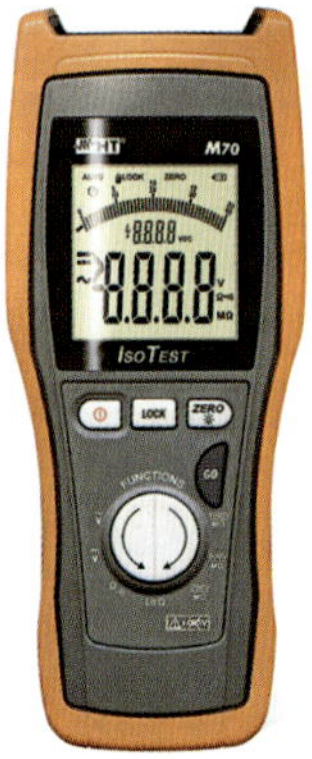

3. Prüfgerät zur Niederohmmessung

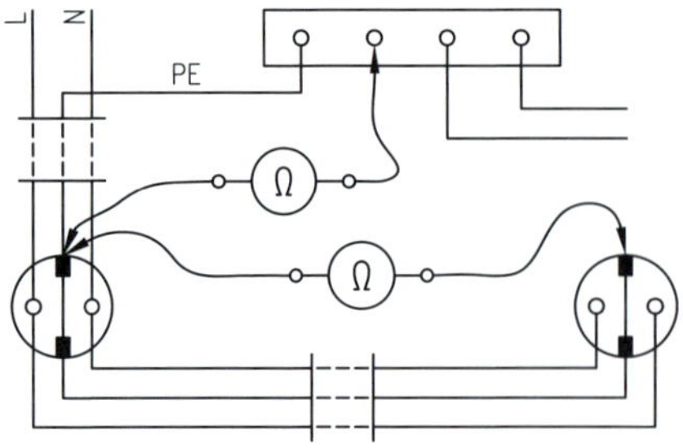

4. Messung des Schutzleiterwiderstandes

6.6 Prüfung elektrischer Anlagen

Die Installationsarbeiten in einem Wohnraum (s. Bild 1), der an ein Haus angebaut wurde, sind abgeschlossen. Bevor die Anlage an den Kunden übergeben wird, ist sie, insbesondere bezüglich der Schutzmaßnahmen, zu überprüfen. Die Überprüfung erfolgt entsprechend der Bestimmungen und umfasst:
- Besichtigen
- Erproben und Messen

Besichtigen

Die Besichtigung wird bei abgeschalteter Anlage durchgeführt. Bereits bei der Installation erfolgt die visuelle Überprüfung der eingesetzten Betriebsmittel. Die Übersicht 2 zeigt eine Auswahl der zu berücksichtigenden Punkte. Folgende Betriebsmittel wurden eingesetzt
- Mantelleitung NYM
- Schalter und Abzweigdosen
- Doppelsteckdosen und Ausschalter

Alle Betriebsmittel entsprechen den Bestimmungen und sind z. B. durch Abdeckungen oder Umhüllungen vor Berührung geschützt. Der Leiterquerschnitt von 1,5 mm^2 ist hinsichtlich der Strombelastbarkeit und dem Spannungsfall ausreichend. Die Leiterverbindungen wurden fachgerecht hergestellt.

Erproben und Messen

Aufgrund der Installationserweiterung werden folgende Messungen durchgeführt
- Durchgängigkeit des Schutzleiters
- Wirksamkeit des RCDs für diesen Stromkreis

Durchgängigkeit des Schutzleiters

Die Überprüfung wird mit einem dafür geeigneten Widerstandsmessgerät entsprechend Bild 3 oder dem Installationstester in Bild 5 durchgeführt. Die Messung erfolgt an der von der Verteilung am weitesten entfernten Steckdose der neu installierten Anlage entsprechend Bild 4. Da die Messleitung vom Schutzkontakt dieser Steckdose nicht bis zur PE-Schiene in der Verteilung reicht, wird jeweils zwischen den Kontakten benachbarter Steckdosen gemessen, wie es in Bild 4 zu sehen ist. Die Werte sind alle geringer als 1 Ω. Damit ist die Niederohmigkeit nachgewiesen.

Wirksamkeit der Fehlerstromschutzeinrichtung

Bei dieser Prüfung muss festgestellt werden, dass beim Auftreten eines Körperschlusses im neu installierten Stromkreis der RCD auslöst. Dabei ist nachzuweisen, dass der RCD mindestens beim Erreichen des Bemessungsdifferenzstromes von 30 mA kurzfristig, d. h. innerhalb von 0,4 Sekunden auslöst und dabei die zulässige Berührungsspannung von 50 V nicht überschritten wird. Die Prüfung erfolgt an der von der Verteilung am weitesten entfernten Steckdose im Stromkreis. Da die Durchgängigkeit der Schutzleiter durch Messung nachgewiesen wurde, genügt die Prüfung an einer der neu installierten Steckdosen.

Die Wirksamkeit der Fehlerstromschutzeinrichtung muss mit einem geeigneten Messgerät nach DIN erfolgen.

Bild 5 zeigt ein geeignetes Testgerät. Es simuliert einen ansteigenden Fehlerstrom, bis der RCD auslöst. Danach zeigt es folgende Werte an
- Fehlerstrom I_A bei der Auslösung
- Fehlerspannung U_F bei der Auslösung
- Auslösezeit t_A.

Eine Prinzipschaltung zu dieser Prüfung zeigt Bild 6. Durch Verringern des Widerstandwertes wird der Fehlerstrom erhöht. Die Anzeige des Installationtesters nach der Prüfung und Auslösung des RCDs zeigt Bild 7. Die Auslösung erfolgt bei einem Fehlerstrom von 21 mA nach 15 ms. Die maximal aufgetretene Berührungsspannung betrug 0,1 V. Damit ist die Wirksamkeit der Schutzeinrichtung nachgewiesen.

Funktionsprüfung und Dokumentation

Die Funktion der Steckdosen wurde bereits mit dem Installationstester festgestellt, schließlich wird die Funktion der Lampenschaltung überprüft. Die Ergebnisse der Prüfungen werden in einem Prüfbericht dokumentiert.

Aufgaben

1. Wie erfolgt die Prüfung des Schutzleiters?
2. Erläutern Sie die Vorgehensweise bei der Überprüfung der Wirksamkeit eines RCDs.

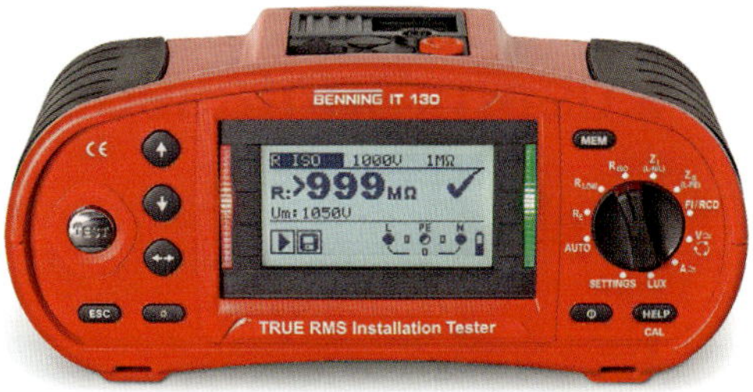

5. Installationstester zur Prüfung der Schutzmaßnahmen

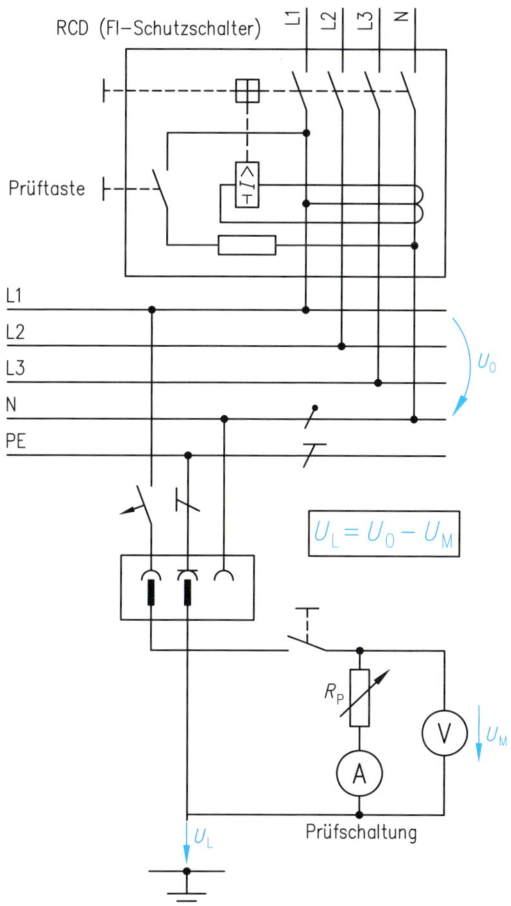

6. Prinzipschaltung zur Prüfung der Wirksamkeit der RCD-Schaltung

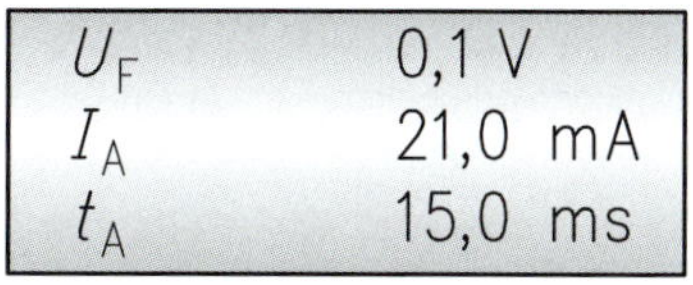

7. Anzeige des Installationstesters

Zusammenfassung Lernfeld 2

Auftragsabwicklung

Vorgehensweise

- **Auftragsanalyse**
  unter Berücksichtigung der Kundenwünsche und (bei umfangreichen Projekten) der Erstellung eines Lastenheftes
- **Auftragsplanung**
  unter Berücksichtigung der DIN-Normen und VDE-Bestimmungen. Bei umfangreichen Projekten Erstellung eines Pflichtenheftes
- **Angebot**
  mit Kostenangabe, Terminvorschlägen und Zahlungsbedingungen
- **Auftrag**
- Auftragsdurchführung
  unter Berücksichtigung der Unfallverhütungsvorschriften
- **Überprüfung**
  unter Berücksichtigung der VDE-Bestimmungen
- **Übergabe an den Kunden**

Planungsunterlagen

DIN-Normen

DIN-Normen (**DIN: D**eutsches **I**nstitut für **N**ormung e. V.) dienen der Verbesserung der Eignung von Erzeugnissen, der Erleichterung der technischen Zusammenarbeit und einer umfassenden Information. Sie haben Empfehlungscharakter, werden aber durch Einbeziehung in Rechts- und Verwaltungsvorschriften verbindlich. Für die Elektroinstallation sind u. a. folgende DIN-Normen zu berücksichtigen: „**DIN EN 61082** – Dokumente der Elektrotechnik" und „**DIN 18015** – Elektrische Anlagen in Wohngebäuden".

VDE – Bestimmungen

VDE-Bestimmungen (**VDE: V**erband **d**er **E**lektrotechnik e. V.) sind u. a. die Grundlage für die sichere Ausführung einer Elektroinstallation. Bei der Elektroinstallation sind die aktuellen Bestimmungen zu berücksichtigen, wodurch ein großes Maß an Rechtssicherheit gegeben ist. Für elektrische Anlagen von Gebäuden mit Spannungen unter 1000 V ist insbesondere die **DIN VDE 0100** zu beachten.

Unfallverhütungsvorschriften

Die Unfallverhütungsvorschriften (**UVV**) bzw. Berufsgenossenschaftlichen Vorschriften für Arbeitssicherheit und Gesundheitsschutz am Arbeitsplatz (**BGV**) beschreiben Maßnahmen, die beim Arbeiten dem Gesundheitsschutz und der Sicherheit der beteiligten Personen dienen. Bei der Elektroinstallation ist insbesondere auf die vorgeschriebene persönliche Schutzausrüstung (**PSA**) und auf den fachgerechten Umgang mit Elektrowerkzeugen und anderen Arbeitsmitteln, wie z. B. Leitern, zu achten.

Lastenheft und Pflichtenheft

Ein Lastenheft ist ein Leistungsverzeichnis, das alle Forderungen des Auftraggebers bzw. Kunden an den Auftragnehmer enthält.

In einem Pflichtenheft werden neben dem Ziel des Projekts die Anforderungen an das Projekt vollständig, eindeutig und überprüfbar beschrieben.

Elektrische Energieversorgung von Gebäuden

Dreiphasenwechselspannung

Die Versorgung erfolgt mit Dreiphasenwechselspannung (Drehstrom). Dreiphasenwechselspannung besteht aus drei gleich großen um 120° phasenverschobenen Wechselspannungen gleicher Frequenz. Man unterscheidet zwischen den Leiterspannungen (U, U_{12}, …) und den Strangspannungen (U_{Str}). Es gilt:

$$U = \sqrt{3} \cdot U_{Str}$$

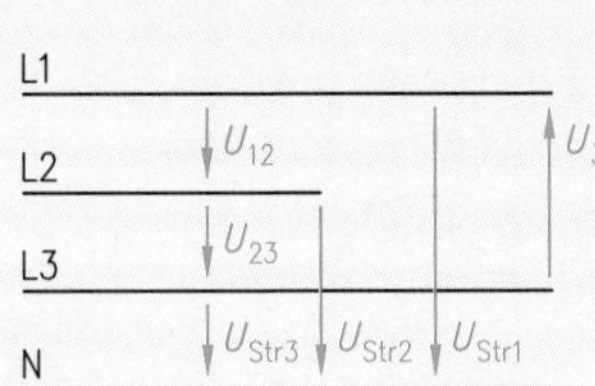

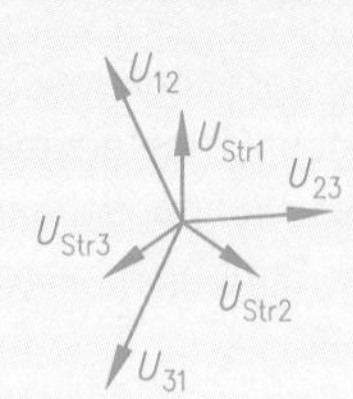

Leiterbezeichnungen:

L	Außenleiter	N	Neutralleiter
PE	Schutzleiter	PEN	Schutz- und Neutralleiter

Verteilung der elektrischen Energie

- **Hausanschluss**
  Der Hausanschlusskasten ist die Übergabestelle vom öffentlichen Verteilungsnetz zur Verbraucheranlage. In ihm sind drei Sicherungen für die drei Außenleiter.
- **Zählerplatz**
  Der Zählerplatz ist für den Elektrizitätszähler vorgesehen, der die elektrische Energie bzw. Arbeit in kWh misst, die die elektrischen Betriebsmittel „verbraucht" haben. Vor den Elektrizitätszähler ist ein Selektiver Hauptleitungsschutzschalter (SH-Schalter) geschaltet, mit dem die elektrische Anlage abgeschaltet werden kann. Außerdem schützt der Schalter die Anlage vor unzulässig hohen Stromstärken.
- **Stromkreisverteiler**
  Im Stromkreisverteiler erfolgt die Aufteilung in die einzelnen Stromkreise, die zu den Verbrauchern führen. Dabei wird jeder einzelne Stromkreis durch Schmelzsicherungen oder meistens Leitungsschutzschalter (LS-Schalter) abgesichert. Außerdem befinden sich RCDs (Residual Current Protective Device) bzw. Fehlerstromschutzeinrichtungen in der Verteilung, die im Fehlerfall vor gefährlichen Spannungen schützen und abschalten.

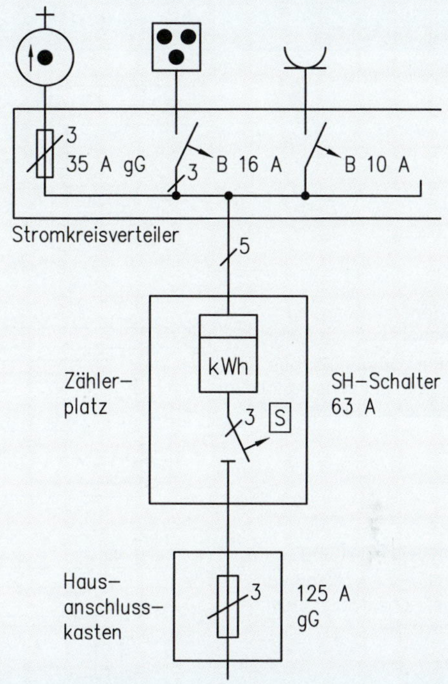

Installationsschaltungen

Schaltpläne

Für Installationsschaltungen werden folgende Schaltpläne verwendet

- **Installationsschaltpläne**
  Aus ihnen geht die Lage der Betriebsmittel in einer Bauzeichnung hervor (s. rechts).
- **Übersichtsschaltpläne**
  Sie geben einen Überblick über die Art der Schaltung und die notwendigen Betriebsmittel.
- **Stromlaufpläne**
  Aus ihnen geht die Wirkungsweise der Schaltung hervor, da u. a. alle Leitungsadern dargestellt werden.

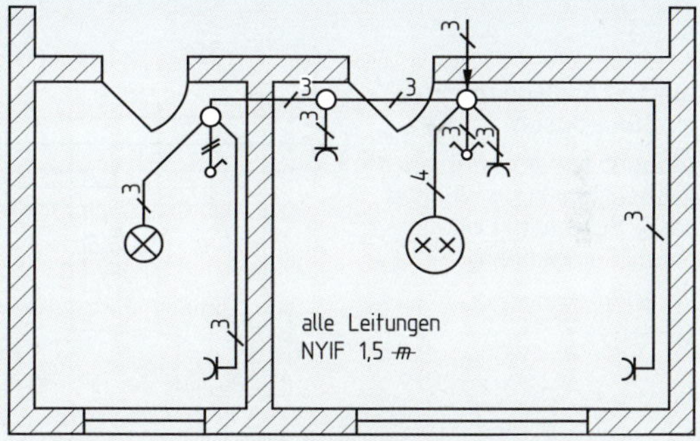

Installationsschaltplan mit Darstellung der Leitungen.

Betriebsmittelkennzeichnungen

Die Betriebsmittel werden in Stromlaufplänen nach ihrer Art gekennzeichnet; diese Kennzeichnung kann auch in Übersichtsschaltplänen und Installationsschaltplänen angewendet werden.

-Q	Leistungsschalter, Installationsschalter
-E	Beleuchtungseinrichtung
-X	Klemmen, Stecker, Steckdosen, Abzweigdosen
-P	optische und akustische Meldegeräte
-K	Relais, Hilfsschütz
-S	Tastschalter, Steuerschalter

Schaltung	Stromlaufplan in zusammenhängender Darstellung	Übersichtsschaltplan
Ausschaltung	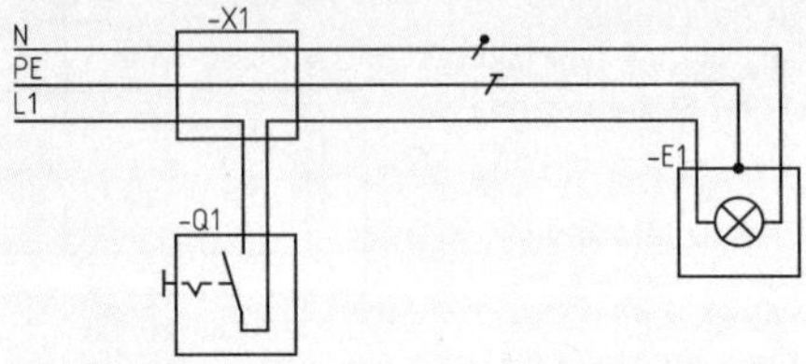	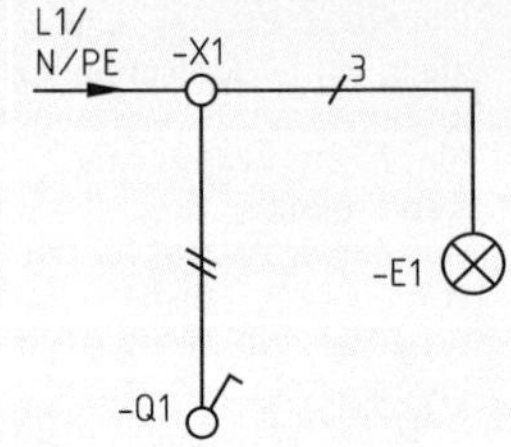
Serienschaltung mit beleuchtetem Schalter Beide Lampen können unabhängig voneinander geschaltet werden.	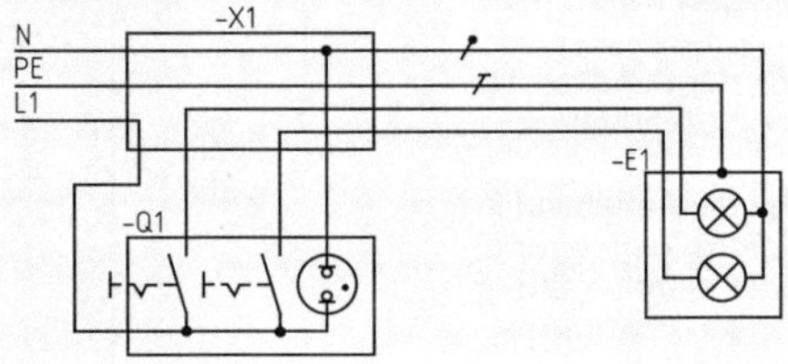	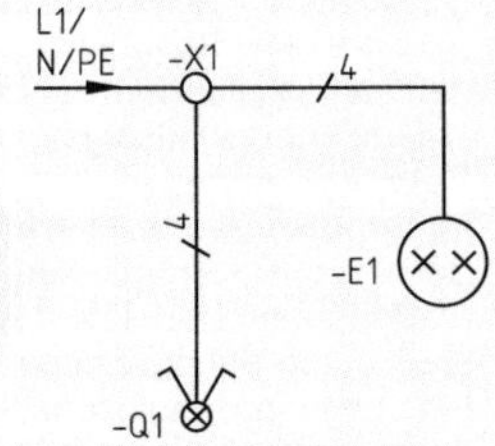
Wechselschaltung Die Lampe E1 kann von zwei Schaltstellen geschaltet werden.	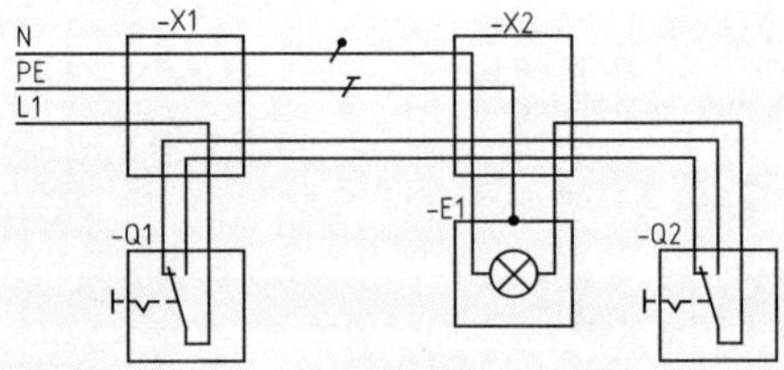	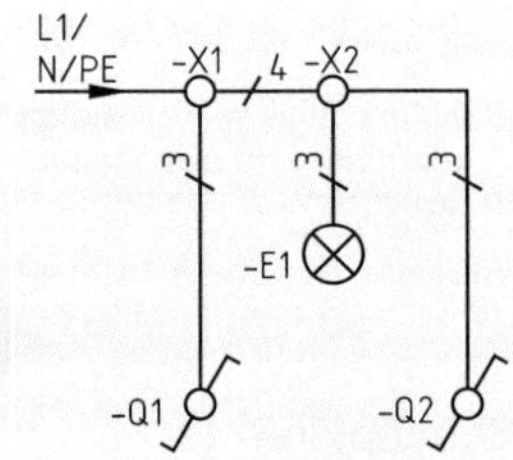
Sparwechselschaltung mit Steckdosen Gegenüber der normalen Wechselschaltung wird bei dieser Schaltung Leitungsmaterial eingespart.	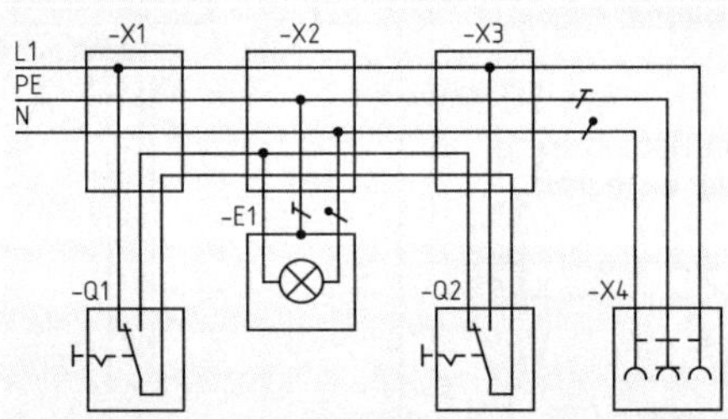	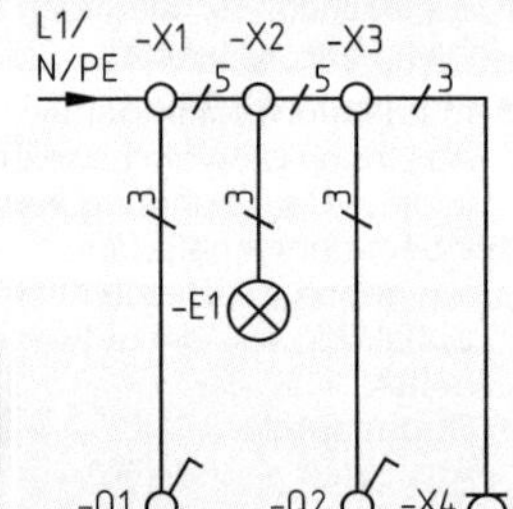
Kreuzschaltung Die Lampe E1 kann von drei Schaltstellen geschaltet werden.	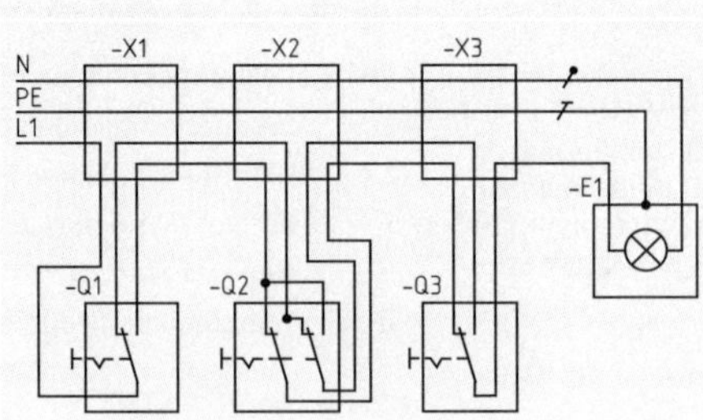	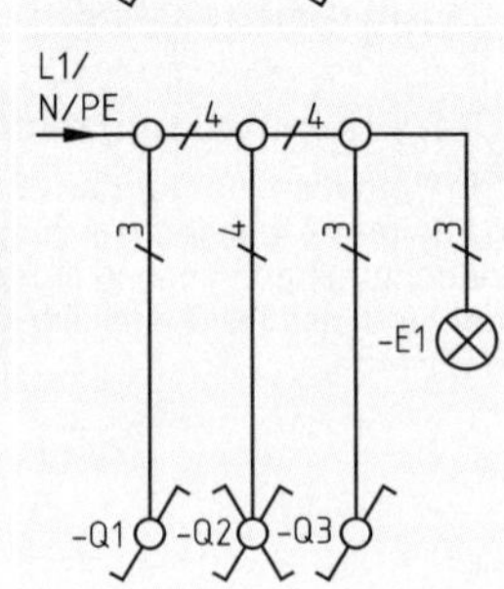

Schaltung	Stromlaufplan in zusammenhängender Darstellung	Übersichtsschaltplan
Stromstoßschaltung Es gibt auch Stromstoßschalter, die mit Kleinspannung angesteuert werden. S3 ist als beleuchteter Taster ausgeführt.	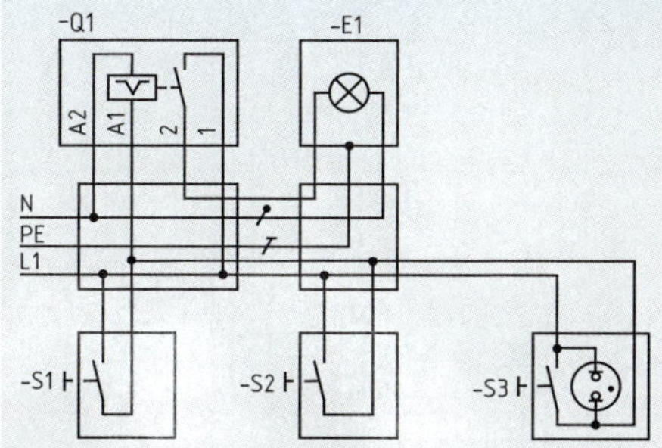	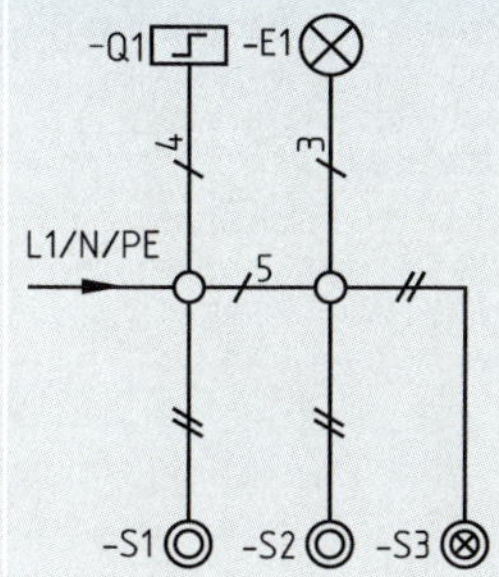
Wecker- und Türöffneranlage eines Wohnhauses mit zwei Etagen S1 und S2 sind die Klingeltaster an der Haustür, S3 und S5 die Klingeltaster an den Wohnungstüren. S4 und S6 sind die Taster für die Türöffner.	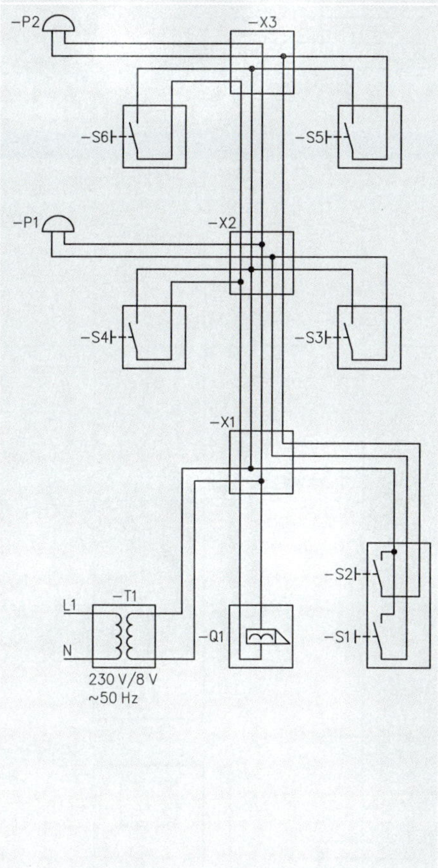	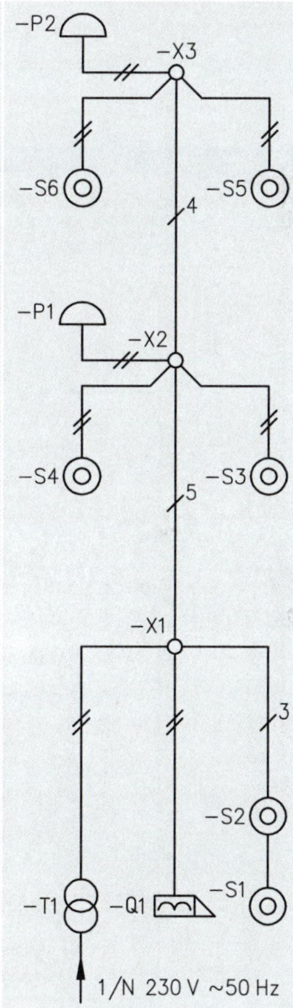

Schaltung	Stromlaufplan in zusammenhängender Darstellung	Übersichtsschaltplan
Treppenhausschaltung mit Treppenlicht-Zeitschalter (Vierleiteranschluss) Bei dieser Schaltungsind die Lampen vor Abschaltung nachschaltbar	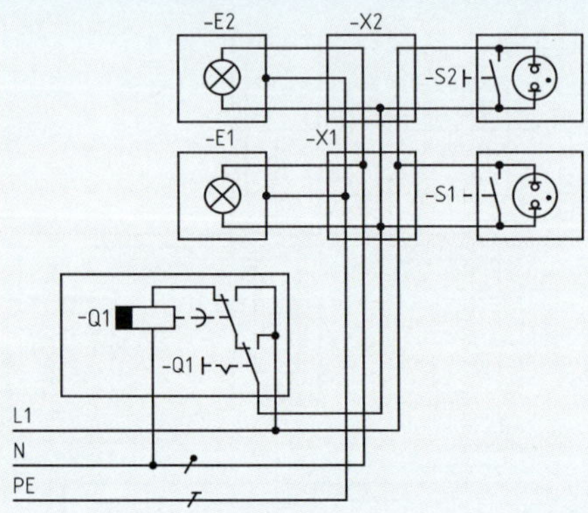	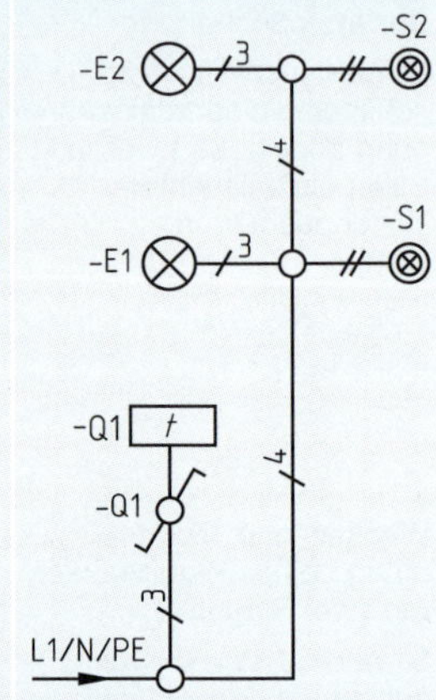

Türsprechanlagen

Ohne Bustechnik

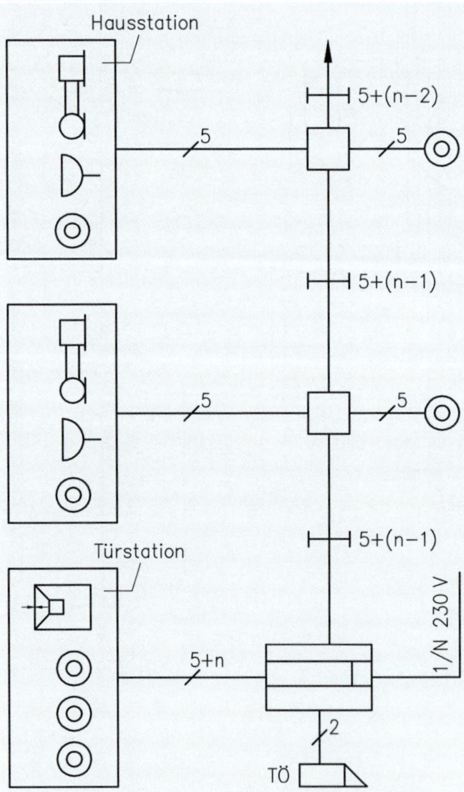

Bei den konventionellen Türsprechanlagen ist die Installation sehr aufwendig. Mit der Anzahl der Hausstationen *n* steigt auch die Anzahl der zu verlegenden Leitungen.

Mit Bustechnik

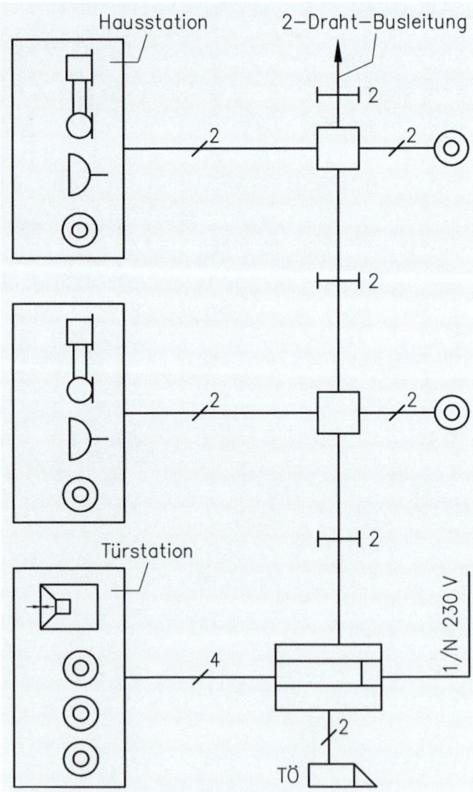

Bei den Türsprechanlagen mit Bustechnik erfolgt die Kommunikation über eine Zwei-Draht-Leitung. Alle Komponenten werden an dieses Bussystem angeschlossen, wodurch der Installationsaufwand auch bei zahlreichen Stationen nur gering ist.

Auswahl von Leitungen für feste Verlegung

Auswahl der Leitungsart

Die Auswahl der Leitungsart für feste Verlegung richtet sich nach den örtlichen Gegebenheiten. Es gilt:

- **Kunststoff-Aderleitungen** dürfen nur in Elektro-Installationsrohren, die im Mauerwerk unter Putz angebracht sind, verlegt werden.
- **Stegleitungen** dürfen nur in trockenen Räumen, im oder unter Putz vom Mauerwerk verlegt werden.
- **Mantelleitungen** sind für Mauerwerk, Hohlräume, trockene und feuchte Räume geeignet, sie dürfen jedoch nicht im Erdreich und bei erhöhtem Druck, wie z. B. in Betondecken, verlegt werden.
- **Kunststoffkabel** werden vorwiegend im Erdreich oder in Betondecken eingesetzt.

Kunststoff-Aderleitungen H07V-U

Stegleitungen NYIF

Mantelleitungen NYM

Kunststoffkabel NYY

Ermittlung des Leiterquerschnitts

Für die Querschnittsbestimmung sind folgende Kriterien maßgebend:

- **Mechanische Festigkeit**
  Bei fester Verlegung von Kupferleitungen muss der Aderquerschnitt mindestens 1,5 mm² betragen.
- **Strombelastbarkeit**
  Die Strombelastbarkeit ist abhängig von der Verlegeart, Umgebungstemperatur, Anzahl der belasteten Adern und dem Querschnitt der Leitungsadern. Der Wert für die Strombelastbarkeit kann aus Tabellen abgelesen werden. Die Tabelle rechts gilt für Kupferleitungen bei einer Umgebungstemperatur von 25 °C. Wird z. B. eine dreiadrige Mantelleitung für eine Wechselstromsteckdose im Mauerwerk unter Putz verlegt, dann ist Verlegeart C zu wählen, wobei zwei Adern belastet werden. Bei einem Querschnitt von 1,5 mm² beträgt die Strombelastbarkeit 21 A.
- **Spannungsfall**
  Wird eine elektrische Leitung vom Strom durchflossen, dann entsteht aufgrund des Leitungswiderstandes ein Spannungsfall, der zu einer Verringerung der Spannung am Verbraucher führt. Dieser darf 3 % der Bemessungsspannung (das sind bei 230 V Bemessungsspannung 6,9 V) vom Elektrizitätszähler bis zum Verbraucher nicht überschreiten. Er kann entsprechend der Formeln rechts berechnet werden.

Strombelastbarkeit von Leitungen für feste Verlegung, einer Umgebungstemperatur von 25 °C und PVC als Isolierwerkstoff (ϑ_{zul} = 70 °C)

q_n (Cu) in mm²	Verlegeart							
	A2 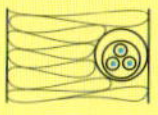		B1 		B2 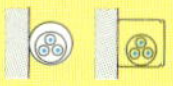		C 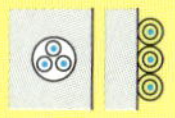	
	Anzahl der belasteten Adern							
	2	3	2	3	2	3	2	3
1,5	16,5	14	18,5	16,5	17,5	16	21	18,5
2,5	19,5	18,5	25	22	24	21	29	25
4	27	24	34	30	32	29	38	34
6	34	31	43	38	40	36	49	43
10	46	41	60	53	55	50[1]	67	63[2]
16	60	55	81	72	73	66	90	81

[1] Bei Verlegung auf Holz 49.

[2] Bei Verlegung auf Holz 60.

Wechselstrom: $$\Delta U = \frac{2 \cdot I \cdot l \cdot \cos\varphi}{\kappa \cdot q}$$

Drehstrom: $$\Delta U = \frac{\sqrt{3} \cdot I \cdot l \cdot \cos\varphi}{\kappa \cdot q}$$

ΔU Spannungsfall in V

l Leitungslänge in m

I Stromstärke in A

κ Leitfähigkeit in $\frac{\text{m}}{\Omega \cdot \text{mm}^2}$

q Leiterquerschnitt in mm²

$\cos\varphi$ Leistungsfaktor

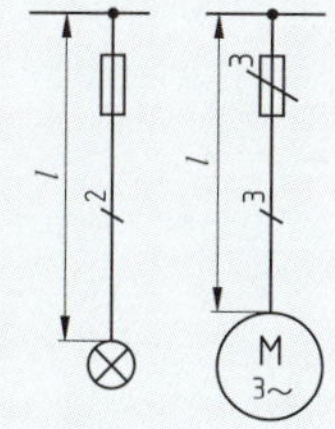

Leitungsschutz

Schutz durch Schmelzsicherungen

Schmelzsicherungen können als Überstromschutzorgane für elektrische Leitungen eingesetzt werden. Bei einem unzulässig hohen Strom, der zur Beschädigung der Leitung führen würde, lösen sie durch Abschmelzen des Schmelzdrahtes im Sicherungseinsatz aus. Sie werden ausgewählt nach

- ihrem **Einsatzbereich:** Für allgemeine Anwendungen und den Ganzbereichs-, Kabel- und Leitungsschutz ist das die Betriebsklasse gG.
- der **Bemessungsspannung:** Sie werden bei den handelsüblichen Systemen im AC-Bereich bis 400 V angeboten.
- der **Bemessungsstromstärke:** Dieser Wert darf nicht höher als die zulässige Strombelastbarkeit der Leitung sein. Für Schraubsicherungen sind rechts Bemessungsströme mit den Kennfarben angegeben.

D-Sicherungssystem

Diazed-Sicherungssystem (Schraubsicherung)

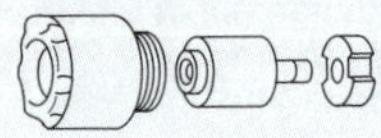

bis 500 V AC und bis 100 A

D0-Sicherungssystem

Neozed-Sicherungssystem (Schraubsicherung)

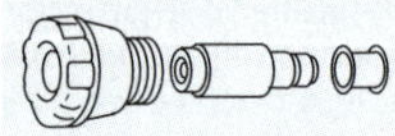

bis 400 V AC und bis 100 A

NH-Sicherungssystem

Niederspannungs-Hochleistungs-Sicherungssystem (Sicherung mit Messerkontaktstücken)

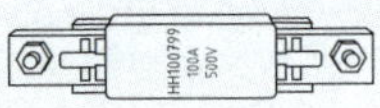

bis 500 V AC und bis 1 250 A

I_n in A	Kennfarbe	I_n in A	Kennfarbe
2	Rosa	16	Grau
4	Braun	20	Blau
6	Grün	25	Gelb
10	Rot	35	Schwarz

Schutz durch Leitungsschutzschalter

Leitungsschutzschalter (LS-Schalter) haben gegenüber Schmelzsicherungen den Vorteil, dass sie nach der Auslösung wieder eingeschaltet werden können. Sie werden daher in Endstromkreisen eingesetzt. Ebenso wie Schmelzsicherungen lösen sie bei einem hohen Kurzschlussstrom kurzfristig und bei einem Strom durch Überlastung nach einer entsprechenden Zeit aus. Dies geht auch aus ihren Kennlinien (s. rechts) hervor. Wichtige Kenndaten:

- **Auslösecharakteristik:** Bei der Gebäudeinstallation wird Charakteristik B, bei Geräten mit hohen Einschaltströmen auch C verwendet. K-Charakteristik wird vorwiegend bei Motoren und Transformatoren eingesetzt und Z für den Schutz von Halbleitern.
- **Bemessungsspannung:** Diese beträgt bei LS-Schaltern für die Hausinstallation 230 V/400 V AC.
- **Bemessungsstrom:** Er wird für die B-Charakteristik mit 6, 10, 13, 16, 20, 25, 32, 40, 50 und 63 A angeboten.

Auslöseverhalten	
B-, C- und D-Charakteristik	K- und Z-Charakteristik
Kennlinien	Kennlinien

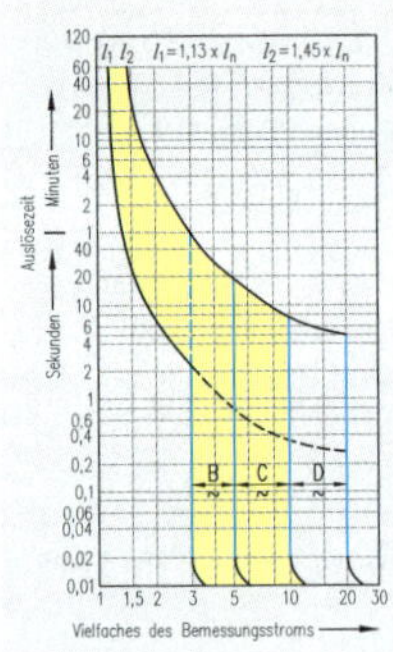

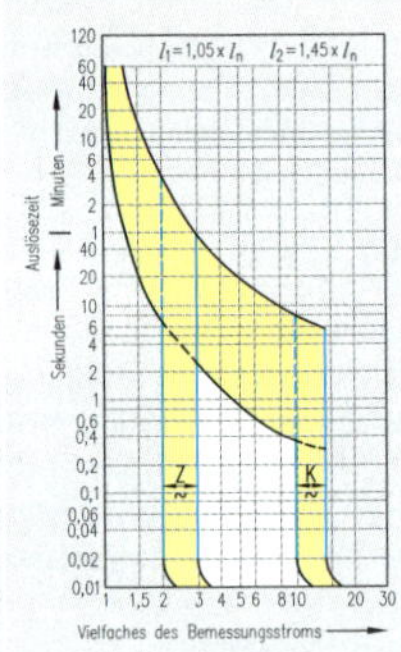

Charakteristik	unverzögerte Auslösung bei
B	3 bis 5 x I_n
C	5 bis 10 x I_n
K	8 bis 14 x I_n
Z	2 bis 3 x I_n

Installationstechniken

Bevor mit den Installationsarbeiten begonnen wird, muss geklärt werden,

- **wo** Dosen und Leitungen montiert werden.
- **welche** Dosen und Leitungen verwendet werden.
- **wie** die Betriebsmittel montiert und verlegt werden.

Daher müssen Installationszonen eingehalten werden und die Leitungsverlegung und die Leiterverbindungen unter Berücksichtigung der Installationsform fachgerecht ausgeführt.

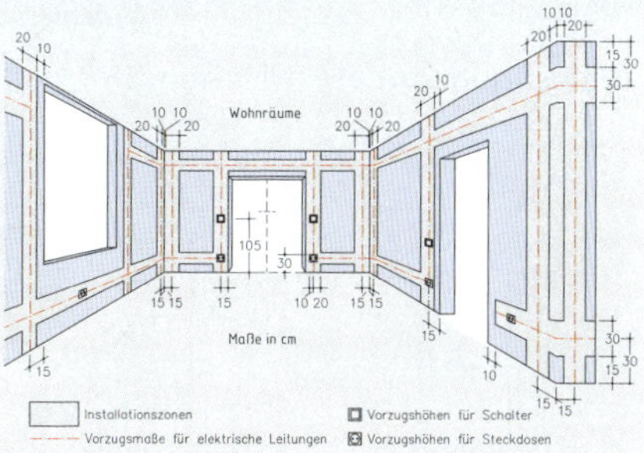

Installationszonen und Vorzugsmaße

In Wohnräumen sind Leitungen nach der Installation nicht mehr zu sehen. Um bei späteren Bohrungen in der Wand Beschädigungen zu vermeiden, werden Zonen vorgegeben, die für Leitungen und andere Betriebsmittel einzuhalten sind. Die Zeichnung rechts zeigt die Zonen für Wohnräume und Küchen. Grundsätzlich ist zu berücksichtigen:

- Die Leitungen sollten senkrecht oder waagerecht, bei Schrägen parallel zu den Bezugskanten verlaufen.
- Waagerechte Installationszonen haben eine maximale Höhe von 30 cm, senkrechte eine maximale Breite von 20 cm.

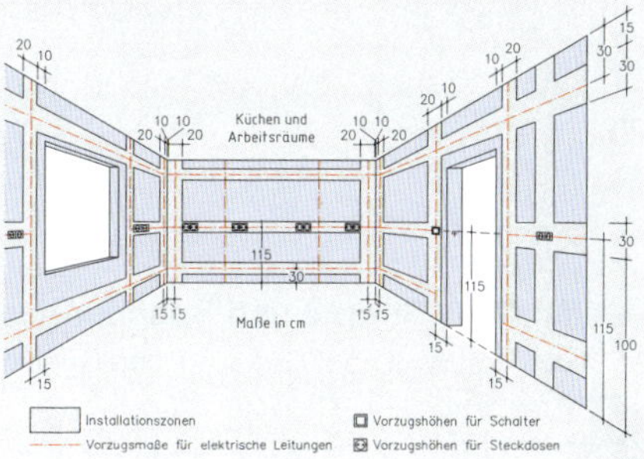

Installationsformen und Leitungsverlegung

Die Leitungswege sind auch von der Installationsform abhängig. Man unterscheidet

- **Installation mit Verbindungsdosen**, wobei Verbindungs- bzw. Abzweigdosen getrennt von den Schalterdosen angebracht werden, wie es in der Regel auch in Übersichtsschaltplänen dargestellt wird.
- **Installation mit Geräte-Verbindungsdosen**, wobei die Verdrahtung der Abzweige in der Gerätedose hinter dem Schalter erfolgt. Dafür sind wie im Bild rechts Dosen mit einer größeren Tiefe erforderlich.

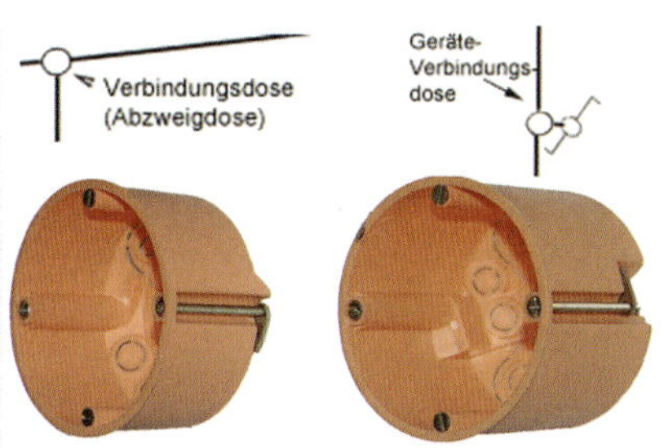

Bei der Leitungsverlegung ist darauf zu achten, dass die Leitungen insbesondere bei Biegungen nicht beschädigt werden. Der Biegeradius muss dabei groß genug gewählt werden. Bei Stegleitungen wird empfohlen, rechtwinklige Biegungen entsprechend dem Bild rechts vorzunehmen.

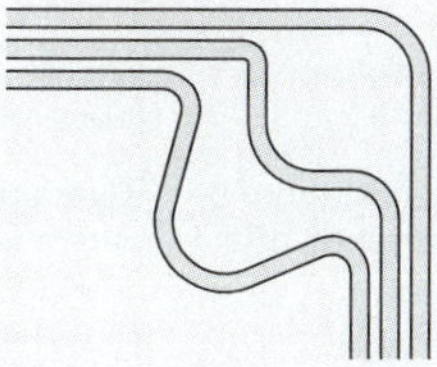

Leiterverbindungen

Bei schraublosen Steckklemmen ist darauf zu achten, dass die Adern lang genug abisoliert werden. Hersteller geben bei Verbindungsdosenklemmen wie im Bild rechts eine Abisolierlänge von 10 mm bis 13 mm vor.

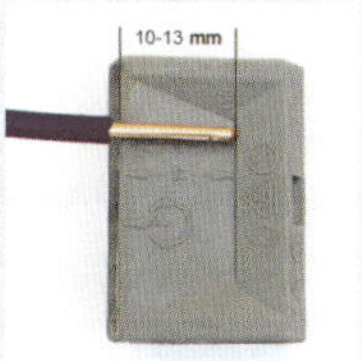

Schutzmaßnahmen

Gefahren des elektrischen Stromes

Wirkungen von elektrischen Strömen

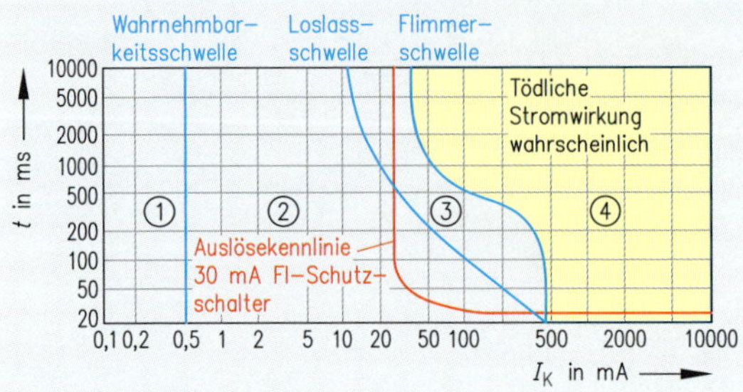

Gefährdungsbereiche von Körperwechselströmen (50 Hz) bei Erwachsenen und einem Stromweg von der linken Hand zu beiden Füßen

Bereich	Reaktion
1	Nicht wahrnehmbar
2	Keine schädigenden Einwirkungen
3	Unregelmäßigkeiten beim Herzschlag möglich, Muskelverkrampfungen
4	Mögliches Herzkammerflimmern, Herzstillstand

Gefährliche Ströme und Spannungen

- Wechselströme ab 50 mA sind lebensgefährlich, insbesondere wenn der Stromweg durch das Herz führt.
- Wechselspannungen ab 50 V und Gleichspannungen ab 120 V sind lebensgefährlich.

Sofortmaßnahmen bei einem Elektrounfall

- Stromkreis unterbrechen, ohne sich selbst zu gefährden!
- Verletzungen feststellen und bei Bedarf Erste Hilfe leisten, Notruf 112 durchführen!

Sicherheitsregeln beim Arbeiten in elektrischen Anlagen

1. Freischalten	Alle spannungsführenden Leiter der betreffenden Stromkreise sind zuverlässig abzuschalten.
2. Gegen Wiedereinschalten sichern	Schalter und Sicherungen sind durch Schlösser, Sperrelemente oder Klebefolien wirkungsvoll zu sichern. Ein Verbotsschild muss angebracht werden.
3. Spannungsfreiheit feststellen	Mit einem zweipoligen, dafür zugelassenen Spannungsprüfer, der vor der Benutzung geprüft wurde, ist die Spannungsfreiheit festzustellen.
4. Erden und Kurzschließen	In Anlagen < 1 kV meist nicht erforderlich. Zuerst Erden, dann Kurzschließen.
5. Benachbarte, unter Spannung stehende Teile abdecken oder abschranken	Kann aus wichtigen Gründen der spannungsfreie Zustand benachbarter Teile nicht hergestellt werden, dann sind diese durch feste und zuverlässig montierte Abdeckungen gegen zufälliges Berühren zu sichern.

Schutz gegen elektrischen Schlag durch Kleinspannung und Isolierung

Schutz durch Kleinspannung SELV und PELV

- Die Spannungen dürfen die gefährlichen Werte von 50 V AC und 120 V DC nicht überschreiten, typische Werte für AC sind 8 V, 12 V, 24 V.
- Die Spannungsquellen müssen Sicherheitstransformatoren sein oder diesem Sicherheitsstandard entsprechen. Beispiele: Spielzeugtransformatoren, Klingeltransformatoren.

Schutz durch Isolierung

- Durch eine Basisisolierung müssen alle unter Spannung stehenden Teile vollständig isoliert sein, z. B. Abzweigdosen, Leitungen
- Elektrogeräte, die z. B. mit 230 V AC betrieben werden, erhalten als schutzisolierte Geräte eine doppelte oder verstärkte Isolierung, sie werden nicht an einen Schutzleiter angeschlossen. Gerätekennzeichnung: ⧈

Schutz gegen elektrischen Schlag durch Abschaltung

Körperschluss und Schutzleiter

Ein Körperschluss ist eine durch einen Fehler entstandene leitende Verbindung zwischen dem Gehäuse (Körper) und einem spannungsführenden Teil (s. rechts). Da in dem Fall bei Berührung des Gehäuses die Gefahr eines elektrischen Schlags besteht, muss das Gehäuse mit einem Schutzleiter verbunden sein. Dann wird der Stromkreis durch das Schutzorgan abgeschaltet.

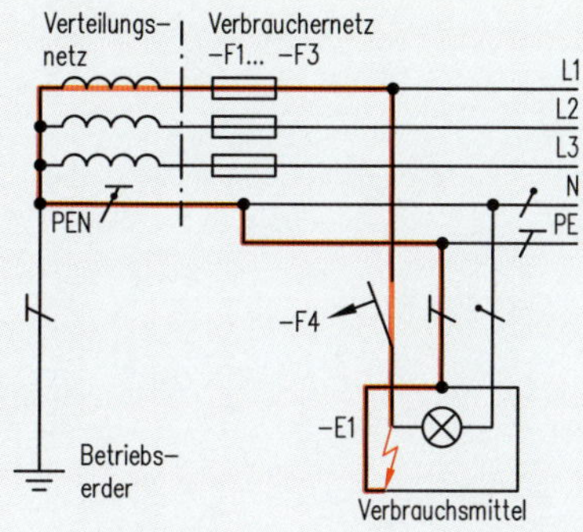

Schutz durch Abschaltung eines Leitungsschutzschalters

Wie im Bild rechts zu sehen ist, entsteht durch den Körperschluss (die Verbindung von L1 mit PE und N) ein Kurzschluss. Durch den Kurzschluss löst der LS-Schalter F4 aus und der Stromkreis wird abgeschaltet.

Schutz durch Abschaltung eines RCDs

Bei einem Körperschluss fließt entsprechend dem Bild rechts ein Fehlerstrom über den Schutzleiter. Die Fehlerstromschutzeinrichtung (FI-Schutzschalter oder RCD) löst aus, da dieser Strom nicht über den RCD fließt. Der RCD hat in diesem Fall einen Bemessungsdifferenzstrom von 0,03 A = 30 mA, bei dem er kurzfristig auslöst. Fehlerstromschutzeinrichtungen mit diesen Werten von 30 mA und weniger sind für bestimmte Bereiche wie z. B. Baderäume vorgeschrieben. Gegenüber der Abschaltung durch LS-Schalter ist hier der Abschaltstrom wesentlich geringer.

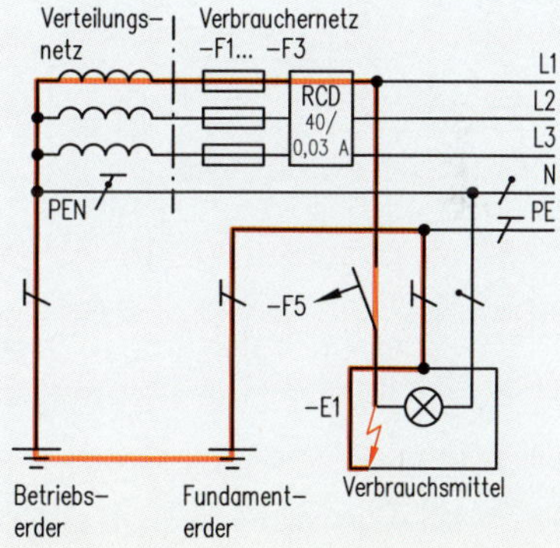

Prüfung elektrischer Anlagen

Nach jeder Neuinstallation oder Erweiterung einer elektrischen Anlage in einem Gebäude ist eine Prüfung erforderlich. Sie besteht aus dem Besichtigen, Erproben und Messen und dem Erstellen eines Prüfberichts.

Besichtigen

Das Besichtigen wird bei abgeschalteter Anlage durchgeführt. Damit sollen u. a. folgende Punkte überprüft werden:

- die richtige Auswahl der Betriebsmittel einschließlich der Leitungen und Schutzorgane
- die ordnungsgemäße Anordnung und Montage der Betriebsmittel
- die fachgerechte Leitungsverlegung und die ordnungsgemäßen Leitungsverbindungen
- die Maßnahmen zum Schutz gegen elektrischen Schlag

Erproben und Messen

Nach einer Neuinstallation sind mindestens folgende Überprüfungen und Messungen erforderlich:

- Messen der Durchgängigkeit des Schutzleiters und des Schutzpotenzialausgleichs
- Messung des Isolationswiderstandes in der Anlage
- Überprüfung der Wirksamkeit der Abschaltung durch RCDs und LS-Schalter

Erstellung eines Prüfberichtes

Der Prüfbericht muss Aufzeichnungen über die Besichtigung und über die Mess- und Prüfungsergebnisse über jeden Stromkreis mit Schutzeinrichtungen enthalten. Er ist zu unterschreiben und dem Kunden zu übergeben.

Lernfeld 3

Steuerungen analysieren und anpassen

1. *Mit einem Dimmer lässt sich die Helligkeit einer Lampe einstellen.*

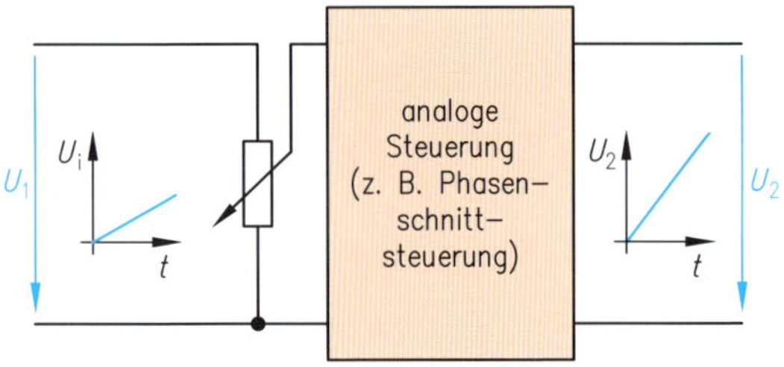

2. *Analoge Steuerung eines Dimmers. Mit dem Potentiometer P wird der Zündzeitpunkt des Triac in der Phasenanschnittsteuerung verändert.*

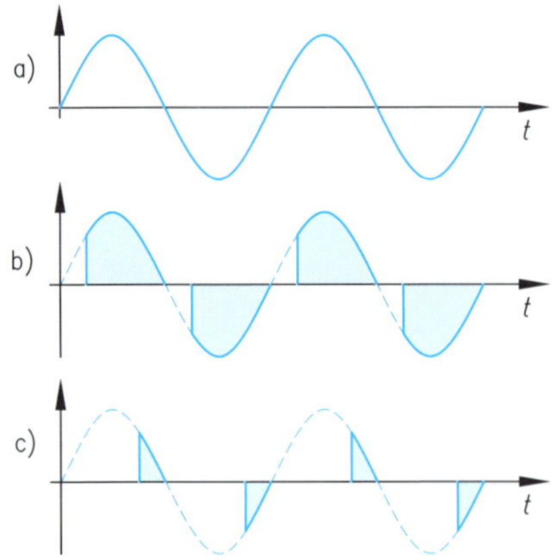

3. *Verlauf der einzelnen Spannungen:*
a) sinusförmige Netzspannung
b) Ausgangsspannung (höherer Effektivwert der Spannung)
c) Ausgangsspannung (geringerer Effektivwert der Spannung)

1 Digitaltechnik

1.1 Signal oder Information – worin liegt der Unterschied?

In Bild 1 wird die Helligkeit der Lampe mithilfe eines Dimmers eingestellt. Dabei kann die physikalische Größe Licht stufenlos, d.h. stetig, **analog** (entsprechend) der Einstellung des Dimmers verändert werden.

Analoge Signale sind sich stetig verändernde Verläufe physikalischer Größen.

Der prinzipielle Aufbau einer Dimmerschaltung ist in Bild 2 zu sehen, den zeitlichen Verlauf der zugehörigen Spannung U_2 am Dimmer zeigt Bild 3. Wird im Beispiel die Zeitdauer zwischen dem Nulldurchgang und der Zündung des Triac (*Triode for Alternating Current* = Zweirichtungs-Thyristortriode) nach „hinten" verlegt, also der Zündwinkel des Triac verändert, so kann damit der Effektivwert der Spannung (Bild 3) und damit die Helligkeit der Lampe verändert werden.

Information als Mitteilung

Eine Wechselspannung kann außer mit dem Effektivwert auch mit Maximalwert (Größtwert), Frequenz, Periodendauer und/oder Phasenlage beschrieben werden. Weshalb sind diese Parameter wichtig?
Im Allgemeinen ist nur der Teil des Gesamtverlaufs eines Signals wichtig, der im darauf folgenden System eine Wirkung auslöst. Dies wird als **Information** bezeichnet.

Information ist der Inhalt einer physikalischen Größe, der mit einem Signal übertragen wird.

Wegen der geringeren Störanfälligkeit werden bei der Informationsverarbeitung meist digitale Signale gewählt.
Was versteht man unter einem digitalen, was unter einem binären Signal?

Wie Bild 4 zeigt, ändern sich digitale Signale stufenweise. Dabei entspricht der jeweilige Spannungswert einem bestimmten Informationswert.

> ***Digitale Signale ändern sich sprunghaft in der zeitlichen Abfolge.***

Digital ist aus dem lateinischen Wort digitus (= Finger) abgeleitet. Mit den Fingern kann man auch nur „sprunghaft" zählen, also eins, zwei, drei usw. Zwischenwerte wie 2,73 lassen sich damit nicht darstellen.
Eine Signallampe wie das Rotlicht einer Ampelanlage kann entweder ein- oder ausgeschaltet sein. Dies kennzeichnet binäre (bi = zwei) Signale.

> ***Ein binäres Signal ist ein digitales Signal, das nur einen von zwei möglichen Zuständen (Werten) annehmen kann.***

Beide Zustände müssen eindeutig voneinander unterscheidbar sein. In Bild 5 sind Zuordnungen zu sehen:

- Signalzustand 1: Spannung, z. B. 5 V
- Signalzustand 0: keine Spannung, 0 V

Gebräuchlich ist auch der Begriff des **Spannungspegels** (Bild 6). Hier gelten dann folgende Zuordnungen:

- Signalzustand 1: **H**igh-/H-Pegel
- Signalzustand 0: **L**ow-/L-Pegel

Aufgaben

1. Welche Art von Signalen werden bei Schallplatte, Zeigermessinstrument, Schützschaltung und kWh-Anzeige eines Drehstromzählers jeweils verarbeitet
2. Wie unterscheiden sich binäre von digitalen Signalen?
3. Wo werden hauptsächlich analoge und wo binäre Signale verarbeitet?

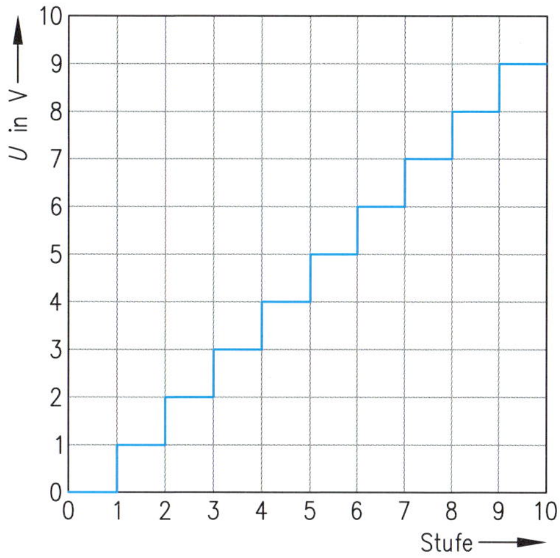

4. Die Spannungsänderungen erfolgen stufenweise.

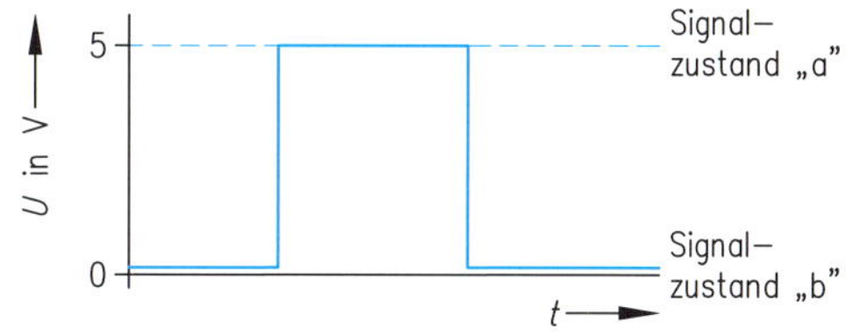

5. H- und L-Spannungsbereiche sind Kennwerte eines Bauelementes.

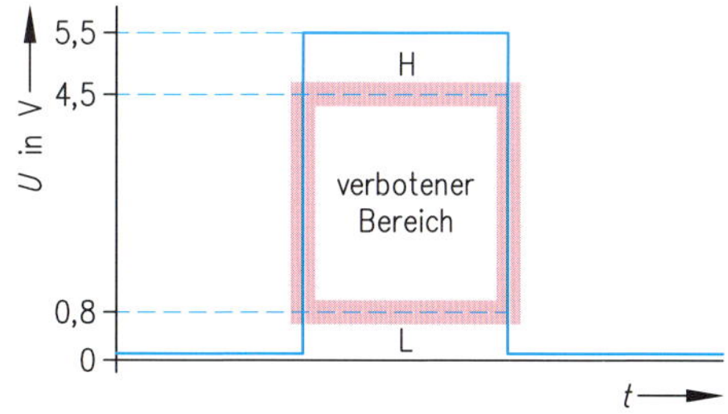

6. Der Spannungswert binärer Signale muss in einem definierten Bereich liegen, damit das Signal sicher erkannt und weiterverarbeitet werden kann.

Lernfeld 3: Steuerungen analysieren und anpassen

1. Ist eine Waschmaschine in der Lage, logische Entscheidungen zu treffen?

Bedingungen (Aussagen)			Ergebnis
Einfüllfenster geschlossen	Programm gewählt	Netzschalter betätigt	Maschine startet
nein	nein	nein	nein
nein	nein	ja	nein
nein	ja	nein	nein
nein	ja	ja	nein
ja	nein	nein	nein
ja	nein	ja	nein
ja	ja	nein	nein
ja	ja	ja	ja

2. Wahrheitstabelle für den Betrieb einer Waschmaschine

Bedingungen (Aussagen)			Ergebnis
Einfüllfenster geschlossen	Programm gewählt	Netzschalter betätigt	Maschine startet
0	0	0	0
0	0	1	0
0	1	0	0
0	1	1	0
1	0	0	0
1	0	1	0
1	1	0	0
1	1	1	1

3. Vereinfachte Wahrheitstabelle. Am besten setzt man alle Eingangsvariablen gleich null und zählt anschließend binär aufwärts.

1.2 Geräte und Maschinen mit Signalen steuern

Die Waschmaschine in Bild 1 wird gefüllt, das Einfüllfenster geschlossen, der Wasserhahn geöffnet und der Netzschalter betätigt. Obwohl die Waschmaschine technisch in Ordnung zu sein scheint, läuft sie nicht. Was kann der Grund dafür sein?

Funktionsbeschreibung mithilfe der Entscheidungslogik

Bevor die Maschine den Waschvorgang beginnt, ist zu prüfen, ob bestimmte Voraussetzungen gegeben sind:

- Ist das Einfüllfenster geschlossen und verriegelt?
- Wurde ein Waschprogramm gewählt?
- Ist der Netzschalter betätigt?

Offensichtlich müssen alle drei Bedingungen erfüllt sein; demnach lautet die Aussage jeweils: ja.
Die Maschine kontrolliert also selbstständig, ob die aufgeführten Bedingungen erfüllt sind. Ist dies der Fall, startet die Maschine das Waschprogramm; sie trifft also eine logische Entscheidung.

> ***Logische Entscheidungen sind zweiwertige logische Verknüpfungen, die zu einer folgerichtigen Entscheidung führen.***

Kombiniert man die einzelnen Bedingungen miteinander und stellt sie in Form einer Tabelle auf, so erhält man eine sogenannte **Wahrheitstabelle**.

Wie wird eine Wahrheitstabelle erstellt?

Im Tabellenkopf von Tabelle 2 sind die Bedingungen aufgeführt, die zu erfüllen sind. In der Folge werden alle infrage kommenden Kombinationen in die jeweiligen Spalten und Zeilen sowie die daraus folgenden Ergebnisse eingetragen.

Die Ergebnisse lassen sich auch vereinfacht darstellen, wie Tabelle 3 zeigt. Die einzelnen Aussagen werden in Form von Zahlen dargestellt:

- Die Aussage ist wahr: 1
- Die Aussage ist falsch: 0

Die Reihenfolge der einzelnen Aussagen in der Tabelle spielt keine Rolle; man muss nur darauf achten, dass kein Zustand übersehen oder doppelt aufgeführt wird.

Aus beiden Tabellen wird deutlich: Die Waschmaschine startet erst mit dem Waschprogramm, wenn alle drei Bedingungen erfüllt sind.

Verknüpfungsschaltungen in der Digitaltechnik

Zur technischen Umsetzung von logischen Entscheidungen werden **Logikgatter** (Verknüpfungsglieder, Verknüpfungsgatter oder kurz: Gatter) verwendet, die meist auf der Arbeitsweise von Dioden und/oder Transistoren beruhen, z. B. DTL-Technik (Diode-Transistor-Logik) wie in Bild 4 oder TTL-Technik (Transistor-Transistor-Logik).

Die Arbeitsweise digitaler Schaltungen wird mit einer **Arbeits- oder Funktionstabelle** beschrieben. Dabei ersetzt man die „1“ durch den Spannungspegel H (*High*) und „0“ durch L (*Low*). Beide Zustände müssen sich eindeutig voneinander unterscheiden. In Bild 5 sind die Zuordnungen zu sehen. Hintereinander geschaltete Gatter können leistungsstarke Schaltungen bilden, wie das Beispiel einer NAND-Schaltung (= UND + NICHT) aus dem Tabellenbuch in Bild 6 zeigt.

Aufgaben

1. Beschreiben Sie den Unterschied zwischen einer Wahrheits- und einer Arbeitstabelle.
2. Erstellen Sie die Wahrheitstabelle für einen Geschirrspüler.

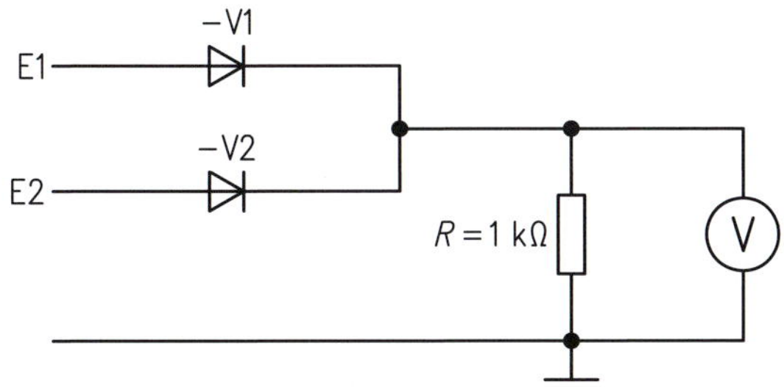

4. Logische Verknüpfung mit zwei Dioden. Liegt an einer oder an beiden Dioden eine Spannung von +5 V, so fällt über R eine Spannung von +4,3 V ab.

Fall	E2	E1	A
1	L	L	L
2	L	H	H
3	H	L	H
4	H	H	H

Fall	E2	E1	A
1	0	0	0
2	0	1	1
3	1	0	1
4	1	1	1

5. Arbeits- oder Funktionstabelle mit Pegeln (links) und Wahrheitstabelle (rechts)

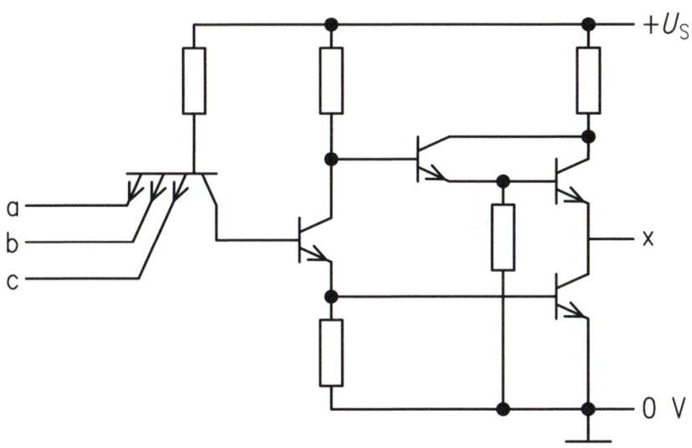

6. Beispiel für eine komplexere Schaltung in TTL-Technik (NAND-Schaltung)

1. Der Aufzug kann nur betätigt werden, wenn zwei Bedingungen erfüllt sind.

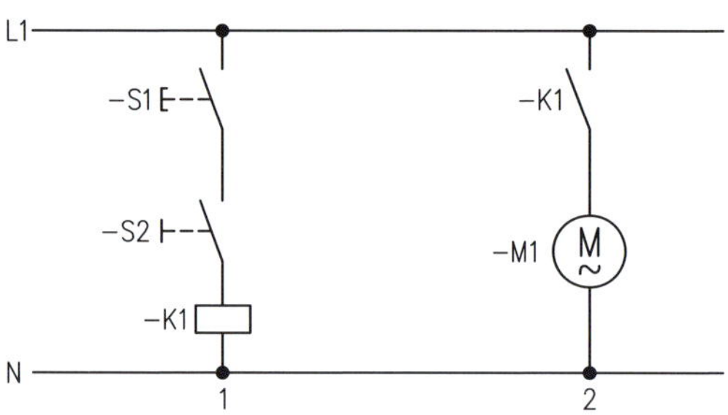

2. Stromlaufplan für einen Aufzug für Menschen mit Behinderung

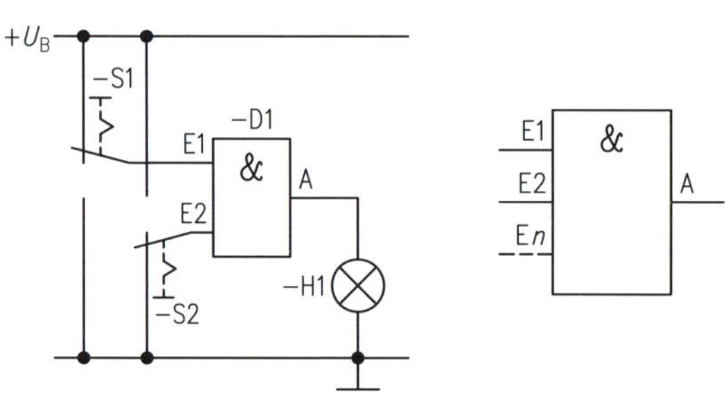

3. Links die Schaltung zu Versuch 1, rechts das entsprechende Schaltzeichen für ein UND-Glied

E2	E1	E1 ∧ E2 = A
0	0	0
0	1	0
1	0	0
1	1	1

4. Die Wahrheitstabelle zu Versuch 1: E = Eingang, A = Ausgang

1.3 Logische Verknüpfungen – wie funktionieren sie?

Der Behindertenaufzug in Bild 1 lässt sich nur betätigen, wenn die Tür verriegelt ist **und** gleichzeitig der Fahrschalter ständig betätigt wird. Der zugehörige Stromlaufplan ist in Bild 2 dargestellt.

Funktionsbeschreibung mithilfe der Entscheidungslogik

Für die Schaltung in Bild 2 gelten folgende Annahmen:

- Der Taster ist betätigt. Trifft die Annahme zu (ist sie also wahr), so wird ihr eine „1" zugeordnet; trifft sie nicht zu, ist die Aussage nicht wahr, so erhält sie eine „0".
- Das Schütz ist betätigt. Ist die Aussage wahr, so erhält sie eine „1", ansonsten eine „0".

Aus der Reihenschaltung von S1 mit S2 folgt, dass das Schütz K1 erst dann anzieht, wenn beide Taster betätigt sind. Daraus folgt wiederum:

> ***K1 ist „1", wenn S1 und S2 den Wert „1" haben.***

Diese Art der Verknüpfung heißt **UND-Verknüpfung** oder **Konjunktion**. Statt des Wortes „und" wird in der Schaltalgebra das Zeichen „∧" verwendet.

> ***K1 = S1 ∧ S2***

Versuch 1: An den Eingängen der Schaltung in Bild 3 (links) werden Signale entsprechend der Wahrheitstabelle in Bild 4 angelegt und das Ausgangsverhalten des UND-Bausteins ermittelt. Die Resultate werden in die Tabelle übertragen.

> ***Eine UND-Verknüpfung nimmt am Ausgang den Wert „1" an, wenn alle Eingänge den Wert „1" führen.***

Die Variablen E1 und E2 werden als freie Variablen bezeichnet, weil sie frei wählbar sind. A stellt dann die abhängige Variable dar.
Das Schaltzeichen für ein UND-Glied ist in Bild 3 dargestellt.

Weitere Verknüpfungen

In Bild 5 ist der Stromlaufplan für eine Klingelanlage eines Einfamilienhauses mit zwei Rufmöglichkeiten zu sehen: eine an der Eingangstür und eine zweite bei der Garagenauffahrt. Es gilt:

> *H1 ist „wahr", wenn S1 oder S2 „wahr" ist.*

Diese Verknüpfung wird **ODER-Verknüpfung** oder **Disjunktion** genannt. Anstelle des Wortes „oder" wird in der Schaltalgebra das Symbol „∨" verwendet. Für die ODER-Verknüpfung lautet dann die schaltalgebraische Gleichung:

> *H1 = S1 ∨ S2*

Versuch 2: Zur Beschreibung des Verhaltens einer ODER-Verknüpfung werden die Eingänge E1 und E2 in der Schaltung in Bild 6 (links) entsprechend geändert, das Verhalten am Ausgang A gemessen und die Ergebnisse in die Wahrheitstabelle übertragen (Bild 7). Das Schaltzeichen für die ODER-Verknüpfung ist in Bild 6, rechts zu sehen.

Der Versuch zeigt dieses Ergebnis:

> *Die Ausgangsvariable einer ODER-Verknüpfung nimmt immer dann den Wert „1" an, wenn mindestens einer der Eingänge den Wert „1" hat.*

Wie ist der zeitliche Verlauf der Signale?

Betrachtet man den zeitlichen Ablauf der Signale und überträgt diesen in ein Zeitablauf- oder Impulsdiagramm, so lässt sich erkennen, wie die Ausgangssignale auf die veränderten Eingangssignale der Schaltung reagieren.

Aufgaben

1. Erstellen Sie das Zeitablaufdiagram für eine UND-Schaltung mit zwei Eingängen.
2. Welche Veränderungen ergeben sich bei einer UND-Schaltung mit drei bzw. vier Eingängen?

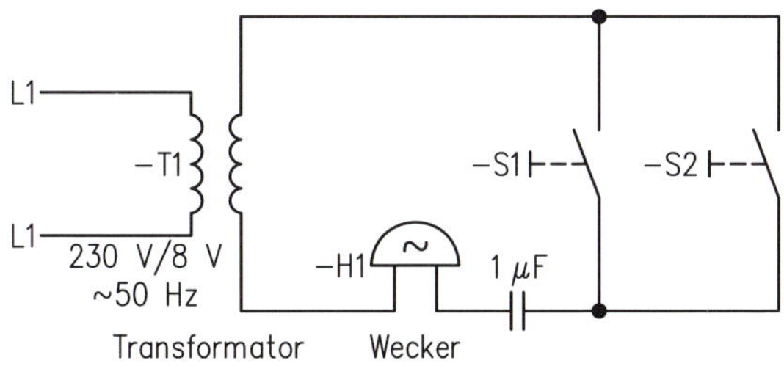

5. Weckeranlage mit zwei Rufstellen

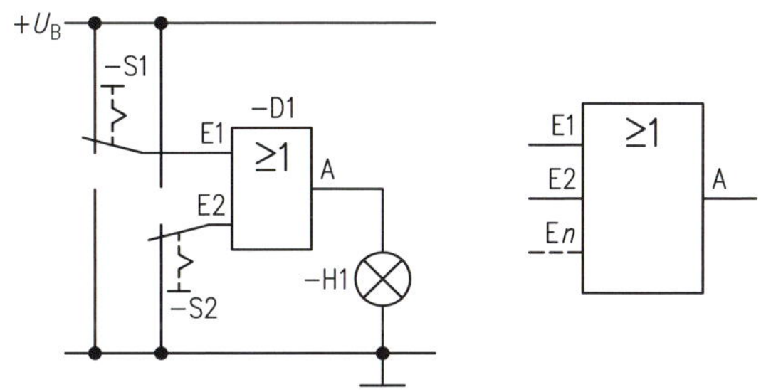

6. ODER-Schaltung für den Versuch 2 (links) und das entsprechende Schaltzeichen (rechts)

E2	E1	E1 ∨ E2 = A
0	0	0
0	1	1
1	0	1
1	1	1

7. Wahrheitstabelle einer ODER-Verknüpfung mit zwei Eingangsvariablen

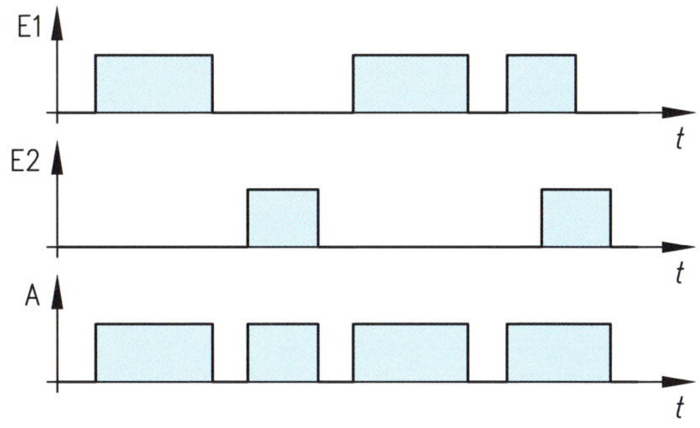

8. Zeitablaufdiagramm einer ODER-Verknüpfung mit zwei Eingängen

Lernfeld 3: Steuerungen analysieren und anpassen

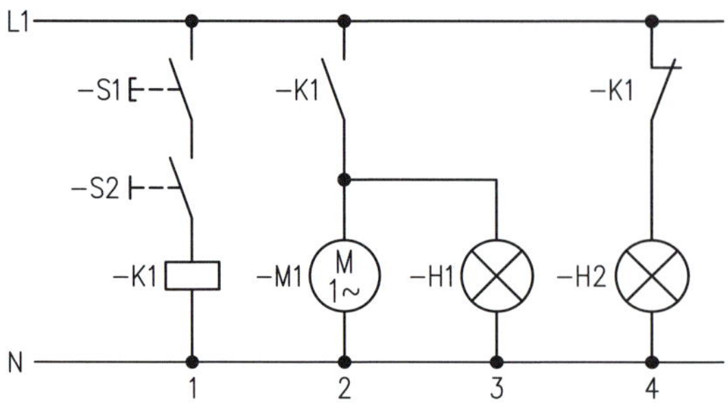

1. Der Stromlaufplan eines Aufzugs für Menschen mit Behinderung in aufgelöster Darstellung

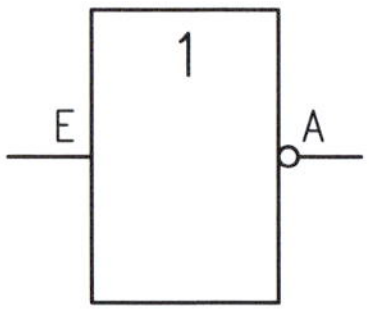

E	A = $\bar{E}$
0	1
1	0

2. Das Schaltzeichen für ein NICHT-Glied (links) und die zugehörige Wahrheitstabelle

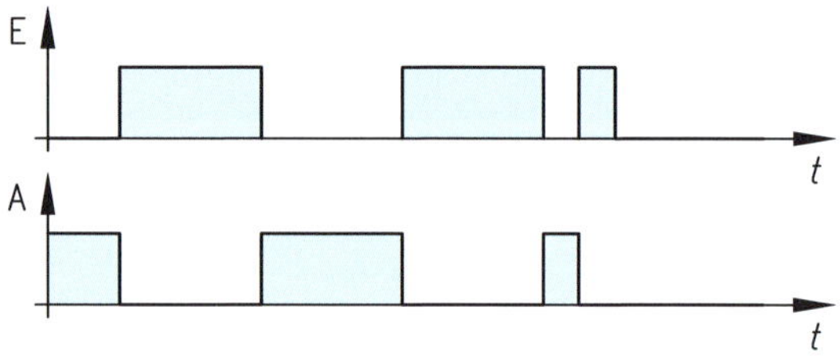

3. Das Zeitablaufdiagram für ein NICHT-Glied

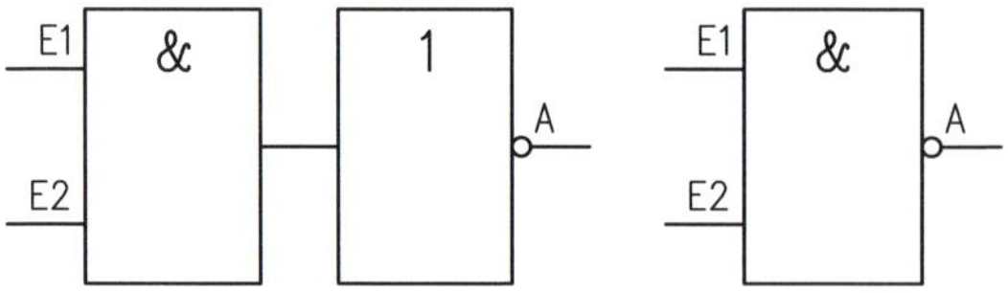

4. Schaltzeichen für ein NAND-Glied

1.4 Was ist eine Negation?

Der Stromlaufplan des Aufzugs wird so erweitert, dass er eine Beleuchtung H1 für die Armaturen und eine Kontrollleuchte H2 für den Anforderungstaster erhält.

Beschreiben der Funktion mittels Entscheidungslogik

Die Lampe H2 im Strompfad 4 leuchtet nur, wenn das Relais K1 in Ruhelage ist, also an ihm keine Spannung liegt. Unter der Voraussetzung, dass

- K1 betätigt ist (mit „1" gleich wahr und „0" gleich nicht wahr) und
- H2 leuchtet (mit „1" gleich wahr und „0" gleich nicht wahr), ergibt sich folgende Aussage:

Die Ausgangsvariable H2 nimmt nur dann den Wert „1" an, wenn die Eingangsvariable K1 den Wert „0" hat und umgekehrt.

Die Art der Verknüpfung heißt **NICHT-Verknüpfung** oder **Negation**. Die Negation wird im Schaltzeichen (Bild 2, links) durch einen Kreis am Ausgang ausgedrückt. Im Sinne der Schaltalgebra lautet die Gleichung dann:

$$A = \bar{E}$$

Die Wahrheitstabelle in Bild 2 (rechts) und das Zeitablaufdiagramm in Bild 3 bestätigen die Aussage.

Kombination von Negation mit anderen Gliedern

Welche Verbindung besteht in Bild 1 zwischen den beiden Tastern S1 und S2 einerseits und der Lampe H2?
Sind beide Taster gleichzeitig gedrückt, fließt Strom über das Relais K1 und erregt es. Damit wird der Strompfad 4 unterbrochen und die Lampe H2 erlischt.
Die Bedingungen lassen sich demnach so formulieren:

- S1/S2 sind betätigt („1" entspricht wahr, „0" gleich nicht wahr)
- H2 leuchtet („1" gleich wahr, „0" gleich nicht wahr)

Das ergibt folgende Aussage:

H2 wird zu „1", wenn S1 und S2 gleichzeitig nicht „1" sind.

Diese Art der Verknüpfung wird **NAND-Verknüpfung** genannt. (NAND ist eine Kombination aus dem Englischen *not* und ***and***.) Man kann sich ein NAND-Element als eine Kombination aus einer UND- und einer NICHT-Stufe vorstellen, wie es auch in Bild 4 zu sehen ist. Die Wertetabellen für beide Verknüpfungen in Bild 5 und das Zeitablaufdiagramm in Bild 6 verdeutlichen nochmals die getroffene Aussage.
Die schaltalgebraische Gleichung dafür lautet dann:

$H2 = \overline{S1 \wedge S2}$

Damit ergibt sich für eine NAND-Verknüpfung folgende allgemeine Aussage:

Die Ausgangsvariable A nimmt nur dann den Wert „1“ an, wenn die Eingangsvariablen E1 und E2 den Wert „0“ haben. Hat nur eine einzige Eingangsvariable den Wert „1“, führt der Ausgang den Wert „0“.

UND-NICHT		
E2	E1	A
0	0	1
0	1	1
1	0	1
1	1	0

NAND		
E2	E1	A
0	0	1
0	1	1
1	0	1
1	1	0

5. Die Wahrheitstabelle einer UND-NICHT- bzw. NAND-Stufe

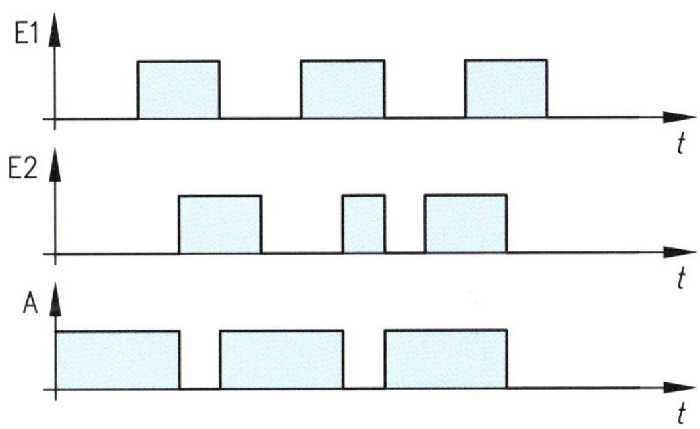

6. Das Zeitablaufdiagramm für ein NAND-Glied

Wie arbeitet die Schaltung in Bild 7?

Sind die beiden Taster S1 und S2 offen, so fließt kein Strom über das Relais K1 und die Lampe H1 leuchtet auf. Wird einer der beiden Taster S1 oder S2 betätigt, so wird das Relais K1 erregt und die Lampe H1 leuchtet nicht.
Die Schaltung setzt sich also aus einer ODER-Schaltung (S1 oder S2) sowie einer NICHT-Schaltung (K1) zusammen; sie wird deshalb **NOR-Verknüpfung** genannt. (NOR ist ebenfalls ein Kunstwort, das aus dem Englischen *not* und *or* gebildet wird.)
Mithilfe der Wertetabelle in Bild 8 lässt sich folgende schaltalgebraische Gleichung formulieren:

$H1 = \overline{S1 \vee S2}$

Oder allgemein ausgedrückt:

Die Variable A am Ausgang nimmt den Wert „0“ an, sobald eine der Eingangsvariablen E1 oder E2 den Wert „1“ hat.

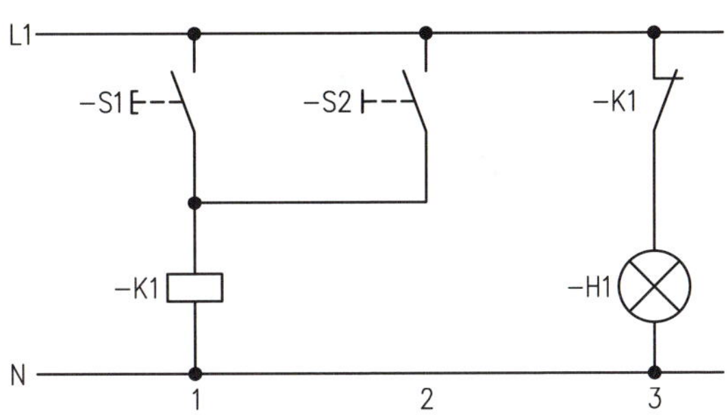

7. Eine ODER-NICHT-Schaltung in Kontakttechnik

Aufgaben

1. Wozu benötigt man eine Wertetabelle?
2. Erstellen Sie zu Bild 7 das Zeitablaufdiagramm.
3. Formulieren Sie die schaltalgebraische Gleichung für Bild 7.

NOR		
E2	E1	A
0	0	1
0	1	0
1	0	0
1	1	0

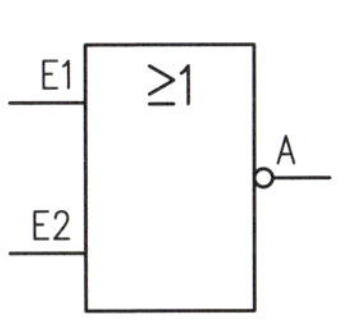

8. Wertetabelle und Schaltzeichen für eine NOR-Verknüpfung

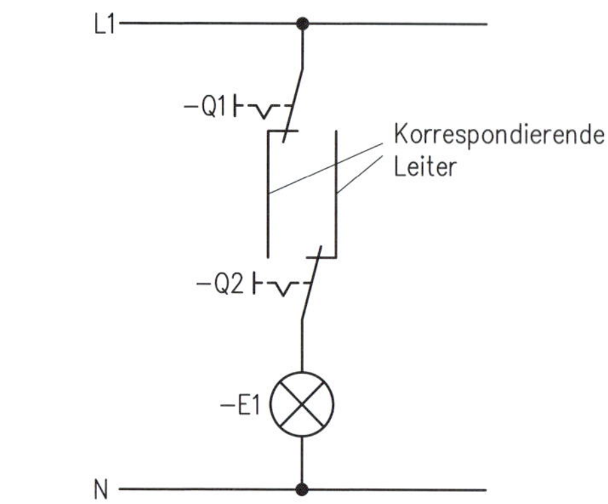

1. Der Stromlaufplan einer Wechselschaltung

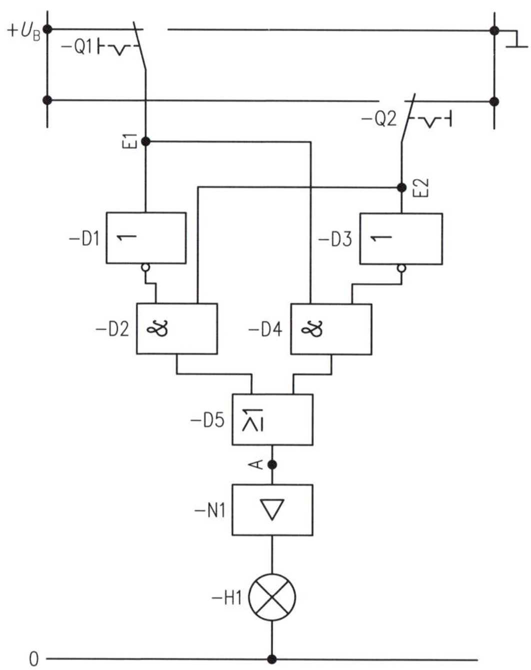

2. Wechselschaltung, aufgebaut mit logischen Verknüpfungsgliedern

E2	E1	A
0	0	0
0	1	1
1	0	1
1	1	0

3. Wahrheitstabelle einer Wechselschaltung

1.5 Installationsschaltungen mit Logik-Bauelementen

Bild 1 zeigt den Stromlaufplan einer Wechselschaltung, wobei die Lampe H1 von zwei Stellen aus betätigt werden kann. Die vorliegende Schaltung soll mit Logik-Bauelementen verwirklicht werden.

Analysieren einer digitaler Steuerung

Um das Verhalten digitaler Schaltungen zu beschreiben, werden die Signale an den Ein- und Ausgängen betrachtet. Für die vorliegende Schaltung treffen folgende Aussagen zu:

- H1 leuchtet (gleich „1"), wenn Q1 betätigt (gleich „1") und Q2 nicht betätigt (gleich „0") oder
- H1 leuchtet (gleich „1"), wenn Q1 nicht betätigt (gleich „0") und Q2 betätigt (gleich „1") sind.
- In allen übrigen Fällen leuchtet die Lampe H1 nicht, sie nimmt also den Wert „0" an.

Damit ergibt sich folgende schaltalgebraische Gleichung:

$$H1 = (Q1 \wedge \overline{Q2}) \vee (\overline{Q1} \wedge Q2)$$

Aufbau des Schaltnetzes

Für jedes Verknüpfungszeichen ist ein logisches Verknüpfungsglied erforderlich.

Die Verknüpfungsglieder werden nun so angeordnet, wie es Bild 2 zeigt. Zum Überprüfen der Schaltung wird mit dem Schalter Q1 die Betriebsspannung U_B (gleich „1") am NICHT-Glied D1 negiert → Eingangssignal für das UND-Glied D2. Der Schalter Q2 bleibt offen (Wert „0"). Das negierte Signal der Stufe D3 → Eingangssignal für das UND-Glied D4. Die Ausgangssignale der UND-Glieder D2 (Wert „1") und D4 (Wert „0") → Eingangssignale des ODER-Gliedes D5. Die Verstärkerstufe N1 verstärkt das Ausgangssignal und leitet es zur Lampe H1 → die Lampe leuchtet.
Die zweite Zeile der Wahrheitstabelle zeigt, dass der Eingang E1 „1" und der Eingang E2 „0" führen und deshalb der Ausgang A „1" annimmt. Damit bestätigt sich die oben gemachte Aussage.

Die Gleichung eines Schaltnetzes kann aus der Wertetabelle erstellt werden – und zwar so:

- Alle Eingangsvariablen mit dem Ausgangswert „1“ werden mit einem UND verbunden.
- Alle Eingangsvariablen mit dem Wert „0“ werden negiert.
- Die so erhaltenen Teile der Gleichung werden mit einem ODER miteinander verknüpft.

Aufbau eines Schaltnetzes mit nur einem Bausteintyp

In der Digitaltechnik werden logische Schaltungen als integrierte Schaltkreise (ICs, engl. *Integrated Circuits*) hergestellt. Aus Kostengründen werden diese in der Regel aus einem bestimmten Grundtyp zusammengestellt. In Bild 4 ist ein Auszug aus dem Datenblatt eines ICs vom Typ 74LS03 zu sehen, das aus vier NAND-Gliedern aufgebaut ist.

Für den Aufbau des Schaltnetzes in Bild 2 werden UND-, ODER- und NICHT-Glieder benötigt. Wie lässt sich diese Schaltung mit NAND-Gliedern aufbauen?

NICHT aus NAND

NAND-Glieder wie in Bild 4 haben zwei oder mehr Eingänge. Werden diese miteinander verbunden, so entsteht ein negiertes Signal am Ausgang, also ein NICHT-Glied (Bild 5).

UND aus NAND

Das Ausgangssignal eines NAND-Gliedes wird negiert. Die doppelte Verneinung hebt die erste Negation auf und es entsteht ein UND-Glied (Bild 6).

ODER aus NAND

Ein ODER-Glied lässt sich verwirklichen, indem man die Eingangssignale des NAND-Gliedes negiert und diese als Eingangssignale für ein weiteres NAND-Glied nutzt.

Bild 8 zeigt nun die Wechselschaltung von Bild 1 aus NAND-Gliedern.

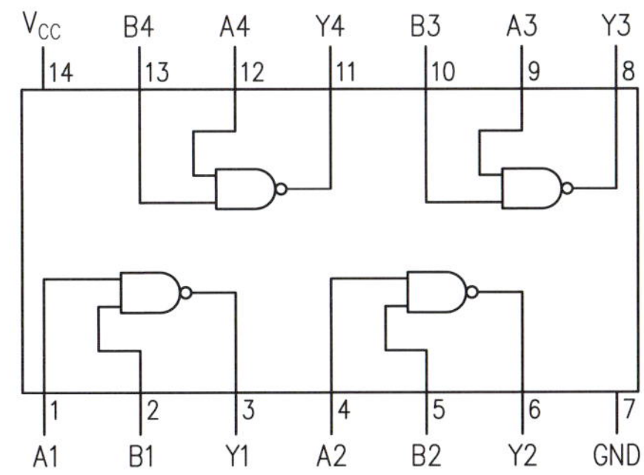

*4. Auszug aus dem Datenblatt eines IC 74LS03 Die Schaltzeichen entsprechen der so genannten ASA-Norm, ASA = **A**merican **S**tandards **A**ssociation.*

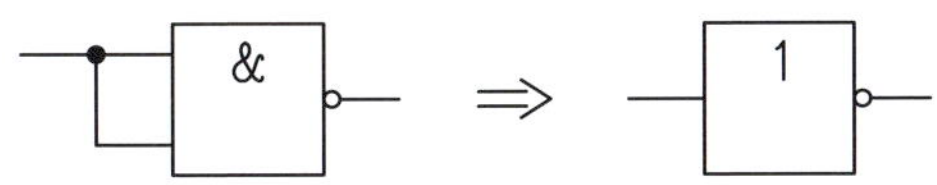

5. Ein NICHT-Glied, das mit einem NAND-Glied realisiert wird

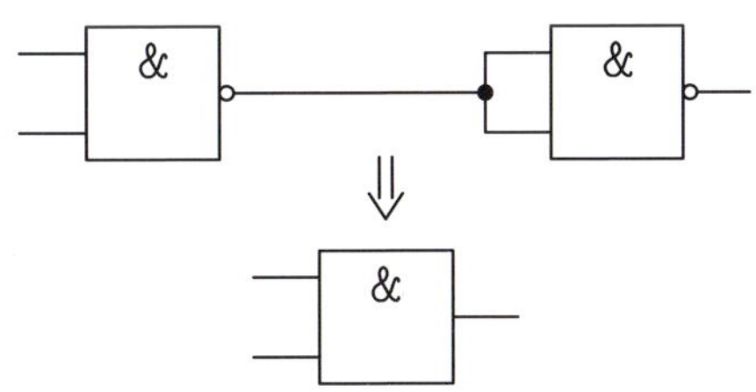

6. UND-Glied, das mit zwei NAND-Gliedern realisiert wird

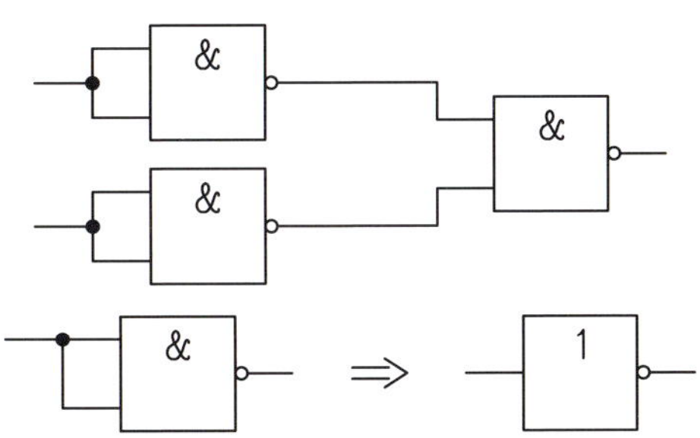

7. ODER-Glied aus NAND-Gliedern

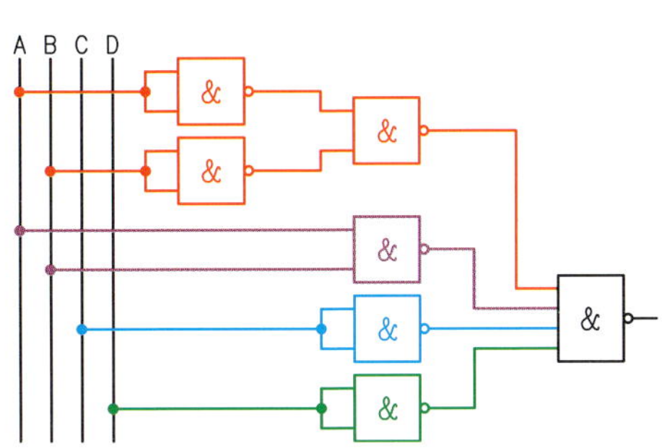

8. Wechselschaltung aus NAND-Gliedern

Aufgaben

1. Erstellen Sie aus der dritten Zeile der Wertetabelle in Bild 3 den Term für die schaltalgebraische Gleichung.
2. Bilden Sie aus einem NOR-Glied ein NICHT-, UND- und ODER-Glied.

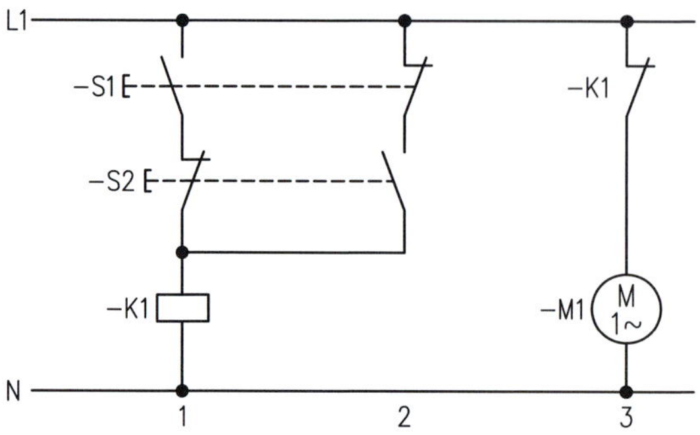

1. Stromlaufplan einer Bandsteuerung

E2	E1	A
0	0	0
0	1	1
1	0	1
1	1	0

2. Wahrheitstabelle für den Betrieb eines Steigförderbandes. Wie unterscheidet sie sich von der ODER-Verknüpfung?

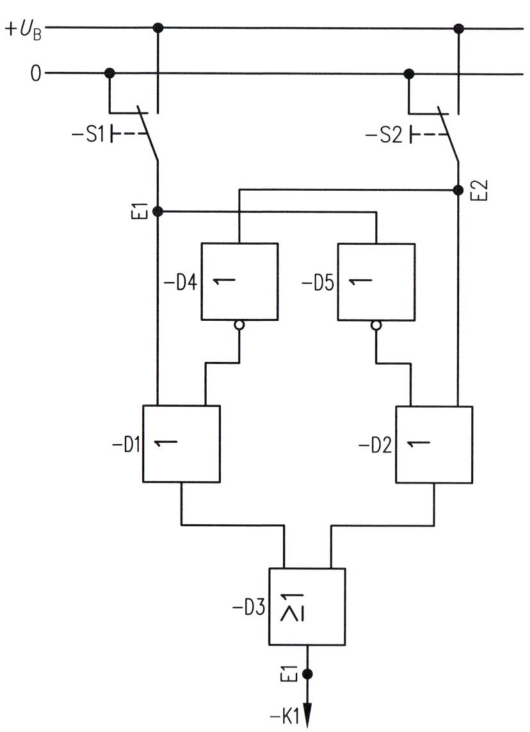

3. Bandsteuerung mit logischen Verknüpfungsgliedern

1.6 Logische Verknüpfungen überwachen eine Anlage

Ein Steigförderband soll Mais in ein oben liegendes Silo transportieren. Der Motor M1 in Bild 1 soll mit den Tastern S1 und S2 betätigt werden können. Bei gleichzeitiger Betätigung beider Taster wird der Stromkreis unterbrochen und der Motor ausgeschaltet. Wie kann die Steuerung mit logischen Verknüpfungsgliedern realisiert werden?

Analysieren der Schaltung

Strompfad 1: Wird Taster S1 betätigt und S2 nicht, so wird der Stromkreis geschlossen, das Relais K1 zieht an und der Motor M1 läuft an.
Strompfad 2: Wird Taster S1 nicht betätigt und S2 → das Relais K1 zieht an.
Werden beide Taster gleichzeitig betätigt oder beide nicht betätigt, wird der Stromkreis unterbrochen.
Aus der Wahrheitstabelle in Bild 2 folgt:

Die Ausgangsvariable A nimmt den Wert „1" an, wenn eine – und nur eine – Eingangsvariable E1 oder E2 den Wert „1" führt.

Damit ergibt sich folgende Gleichung:

$$A = (E1 \wedge \overline{E2}) \vee (\overline{E1} \wedge E2)$$

Welche Verknüpfungsglieder werden benötigt?

Man erhält folgende Verknüpfungsglieder

- aus Strompfad 1 oder aus der zweiten Zeile der Wahrheitstabelle → E1 UND NICHT E2;
- aus Strompfad 2 oder aus der dritten Zeile der Wahrheitstabelle → NICHT E1 UND E2; und
- weil das Relais K1 sowohl über Strompfad 1 als auch über Strompfad 2 erregt werden kann, werden beide Aussagen mit ODER verknüpft.

Daraus ergibt sich die Schaltung in Bild 3.

Wird in dieser Schaltung Taster S1 betätigt, erhält das UND-Element D1 an beiden Eingängen „1" (einmal über U_B und dazu über das negierte „0"-Signals von S2). Am UND-Element D2 liegt an jedem der beiden Eingänge ein „0"-Signal (einmal vom offenen Taster S2 und zum anderen das negierte „1"-Signal vom geschlossenen Taster S1). An den Eingängen des ODER-Elements hat nun das eine Signal den

Wert „1“ und das andere den Wert „0“ → das Relais K1 zieht an.

Die Art der Verknüpfung nennt man **Exklusiv-ODER** (Kurzform: XOR) oder **Antivalenz-Schaltung**.

Die Schaltung kann gleichwertig durch die in Bild 4 ersetzt werden; das entsprechende Schaltzeichen zeigt Bild 5.

Eine alternative Sicherheitsschaltung

Wo hohe Anforderungen an die Sicherheit und Verfügbarkeit von Geräten und Einrichtungen gestellt werden, wie in der Eisenbahntechnik, werden wesentliche Teile, z. B. von Signalanlagen, mehrfach ausgelegt.
Bild 6 zeigt ein Schaltnetz – digitale 2-von-3-Auswahlschaltung genannt – mit dessen Hilfe drei Datenkanäle zusammengefasst werden, ohne dass das Ausgang-1-Signal deswegen geändert oder gesperrt werden würde.
Damit der Ausgang ein „1“-Signal führt und die Lampe H1 leuchtet, müssen zwei der drei Schalter betätigt sein. Das entsprechende Schaltzeichen für die „Auswahlschaltung-2-aus-3“ zeigt Bild 7.

Aufgaben

1. Nennen Sie Beispiele für den Einsatz von Auswahlschaltungen.
2. Beschreiben Sie den Signalverlauf in Bild 6, indem Sie ein „1“- bzw. „0“-Signal an die Eingänge der Schaltung legen.
3. Erstellen Sie für die Sicherheitsschaltung „Auswahl-2-aus-3“ entsprechend Bild 6 die schaltalgebraische Gleichung und die Wahrheitstabelle.

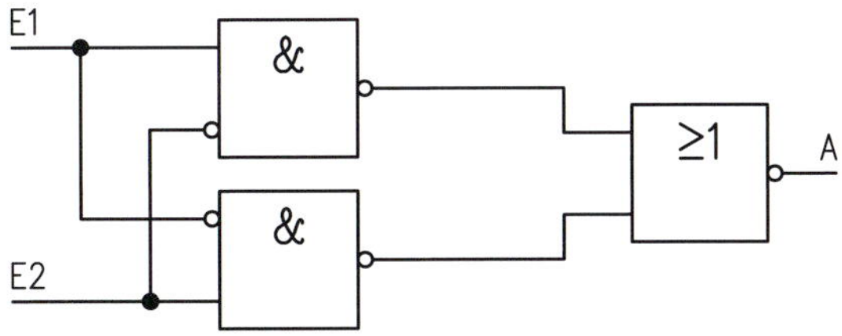

4. Eine Exklusiv-ODER-Schaltung (XOR)

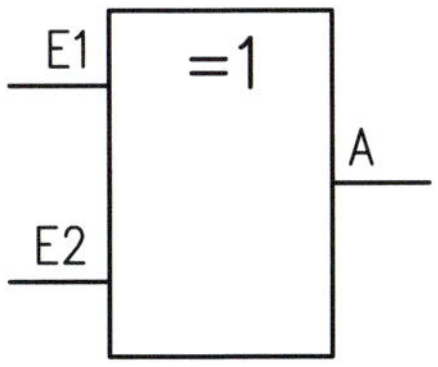

5. Schaltzeichen für eine XOR-Schaltung oder „Auswahlschaltung-1-aus-2“

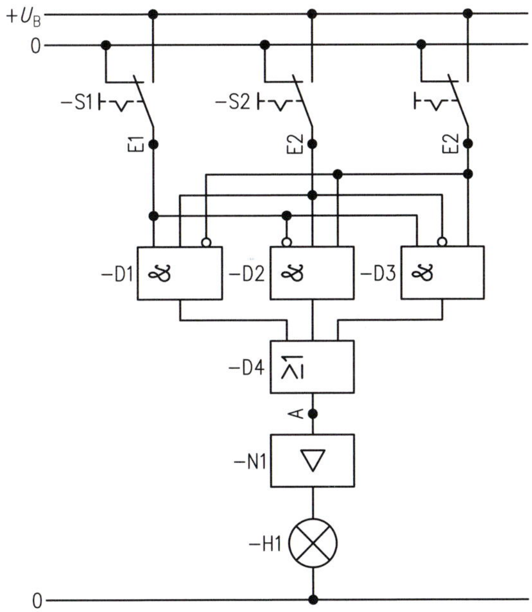

6. Sicherheitsschaltung – „Auswahl 2-aus-3“

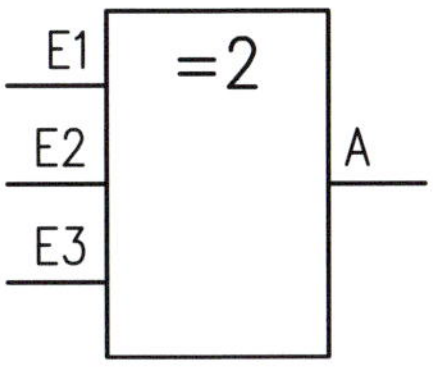

7. Schaltzeichen für eine „Auswahlschaltung-2-aus-3“

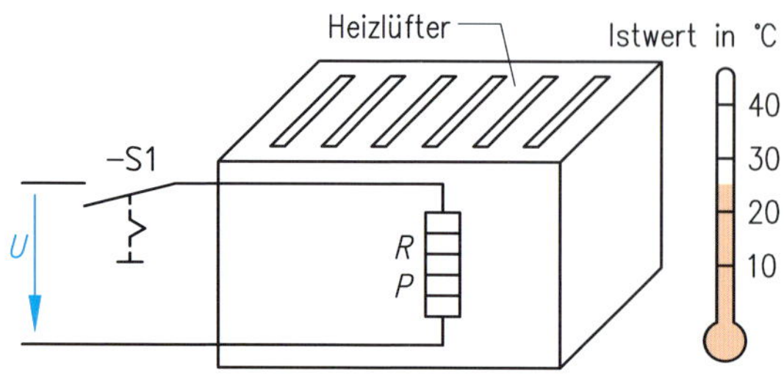

1. Einfacher Aufbau eines Heizlüfters

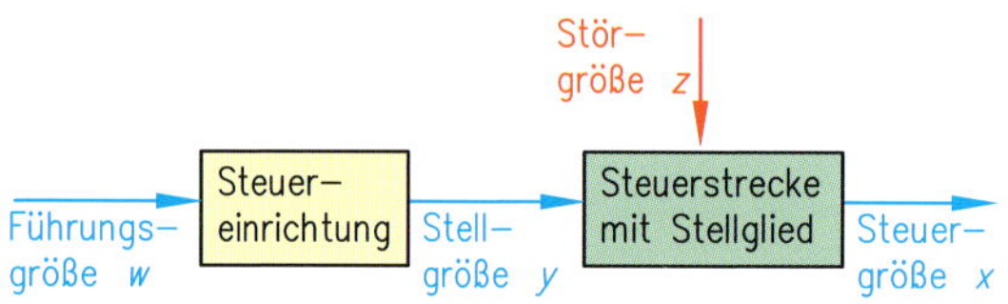

2. Der Datenfluss einer Steuerung verläuft in einer Richtung vom Eingang zum Ausgang.

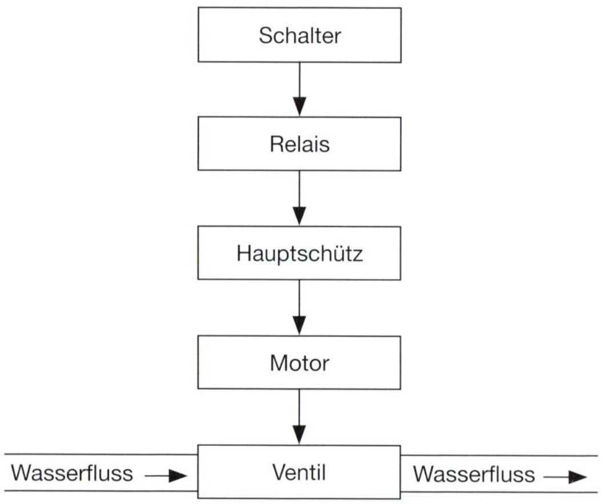

3. Wirkungsplan für die Steuerung eines Volumenstroms

2 Verbindungsprogrammierte Steuerungen

2.1 Wirkungsablauf einer Steuerung

Bild 1 zeigt die Prinzipschaltung eines Heizlüfters. Wird der Schalter S1 betätigt, heizt sich der Heizwiderstand so lange auf, bis der Schalter wieder betätigt wird. Will man z. B. eine Raumtemperatur von konstant 20 °C, so ist dies nur durch ein ständiges Ein- und Ausschalten zu steuern.

Was versteht man unter Steuern?

DIN 19226 beschreibt Steuern als „einen Vorgang in einem System, bei dem einzelne oder mehrere Größen als Eingangsgrößen andere Größen als Ausgangsgrößen aufgrund der dem System eigentümlichen Gesetzmäßigkeiten beeinflussen."
Im obigen Beispiel wirkt die am Eingang angelegte Spannung *U* auf den Widerstand *R*, heizt diesen auf und gibt die erzeugte Wärme an die Umgebung ab.

> ***Bei einer Steuerung ist ein Eingriff in das System nur über das Eingangssignal möglich.***

Die einzelnen Elemente einer Steuerung, wie in Bild 2, bilden eine Kette, bei welcher der Wirkungsablauf offen ist.

Welche Größen wirken in einer Steuerung?

Wie in Bild 2 zu sehen, besteht eine Steuerung aus der **Steuereinrichtung** und der **Steuerstrecke**. Die Steuerstrecke ist der Bereich, in dem die zu steuernde Größe beeinflusst werden kann. Zur Steuereinrichtung gehören Elemente der Steuerkette, die durch das Stellglied den Energie- oder Massefluss bestimmen. Es treten folgende Signale auf:

- Führungsgröße *w* (Eingangsgröße)
- Stellgröße *y* (z. B. Spannung *U*)
- Ausgangsgröße x_a (z. B. Wärmeleistung)
- Störgröße *z* (z. B. offenes Fenster)

Bild 3 zeigt den Wirkungsplan einer Steuerung, die den Wasserfluss einer Rohrleitung steuert. Der betätigte Schalter schaltet über ein Schütz einen Motor ein. Dieser schließt ein Ventil, der den Wasserfluss unterbricht; Entsprechendes gilt umgekehrt.

In Bild 4 wird die Steuereinrichtung nochmals unterteilt, und zwar in

- Steller zum Ansteuern des Stellantriebs,
- Stellantrieb zum Betätigen des Stellgliedes,
- Stellglied zum Regulieren des Energieflusses in der Steuerstrecke.

Nach welchem Prinzip arbeitet eine Steuerung?

Bild 5 zeigt den Wirkungsablauf einer Steuerung nach dem sog. **EVA-Prinzip**.

Die Eingabe-Ebene

In Bild 1 wird das Eingangssignal durch Betätigen des Schalters Q1 erzeugt. Neben Schaltern und Tastern werden in der Steuerungstechnik Sensoren eingesetzt, die physikalische Größen wie Weg, Temperatur, u. a. in elektrische Signale wandeln.
Dabei unterscheidet man zwischen

- passiven Sensoren, die Hilfsenergie benötigen,
- aktiven Sensoren, die ein Messsignal erzeugen.

Passive Sensoren (Bild 6) enthalten Widerstände, Induktivitäten oder Kapazitäten, die durch die Messgröße verändert und in elektrische Signale gewandelt werden.
Aktive Sensoren erzeugen ein Messsignal, das durch ein physikalisches Phänomen in elektrische Energie gewandelt wird, z. B.: Druck → Piezoeffekt, Temperatur → Thermoeffekt.

Die Verarbeitungsebene

Die Eingangssignale werden entsprechend den vom Kunden geforderten und technisch machbaren Vorgaben in der Verarbeitungsebene entweder durch eine feste Verdrahtung (sogenannte Verbindungsprogrammierte Steuerungen = VPS) oder durch ein Programm (Speicherprogrammierbare Steuerungen = SPS) verarbeitet und an die Ausgänge angepasst.

Die Ausgabe-Ebene

Die in der vorangegangenen Ebene erzeugten Signale steuern Stellglieder (z. B. Schütze, Relais, Ventile) oder Aktoren (z. B. Antriebe, Melde- und Signalsysteme).

Aufgaben

1. Welche Betriebsmittel gehören zur Steuereinrichtung und welche zur Steuerstrecke?
2. Welche Vorteile und welche Nachteile weisen Steuerungen auf?

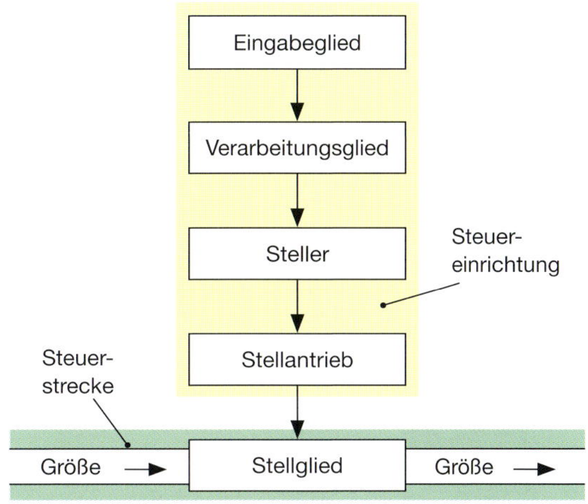

4. Wirkungsplan der Steuerung in allgemeiner Darstellung

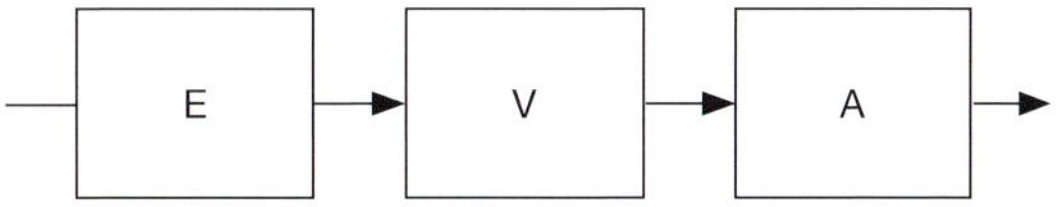

5. Das EVA-Prinzip

6. Passive Sensoren benötigen Hilfsenergie.

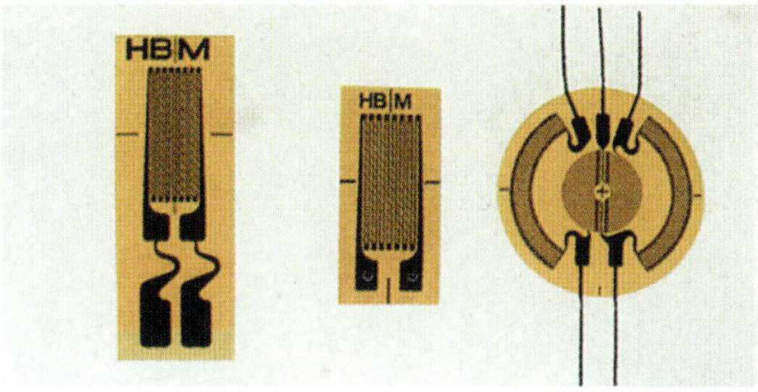

7. Aktive Sensoren erzeugen Signale, die weiterverarbeitet werden können.

Lernfeld 3: Steuerungen analysieren und anpassen

Kühlzonen im Kühlschrank

1. Warum ist es nicht gleichgültig, wo etwas im Kühlschrank gelagert wird?

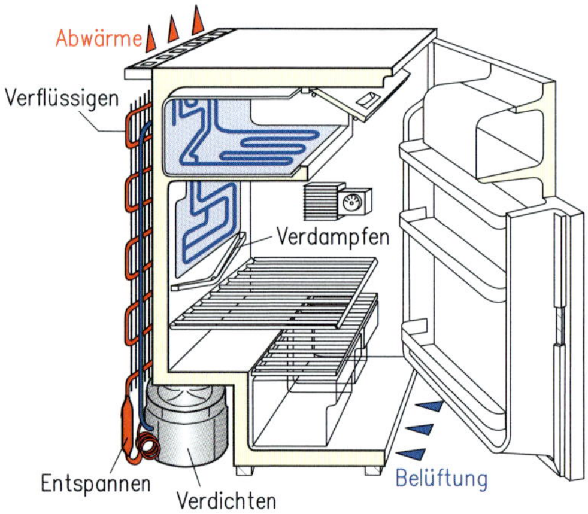

2. Wie kommt die Wärme aus dem Innenraum eines Kühlschranks?

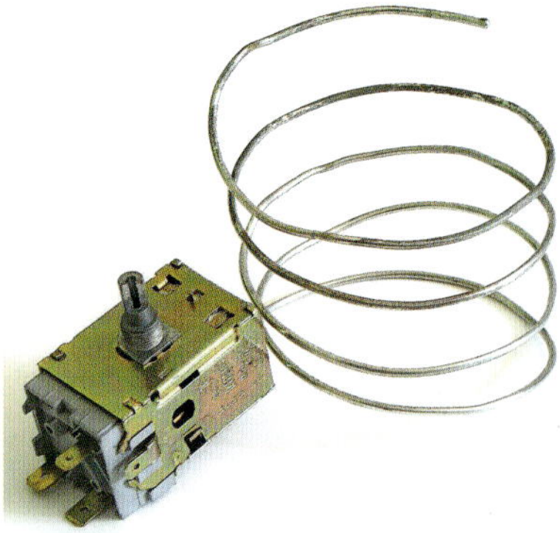

3. Thermostat für einen Kühlschrank

2.2 Wie funktioniert eine Regelung?

Die meisten Kühlschränke wie in Bild 1 dienen dazu, Lebensmittel für eine kurze Zeit zu lagern. Die optimale Temperatur dafür liegt zwischen 2 °C und 8 °C.

Wie wird die Temperatur in einem festgelegten Bereich konstant gehalten?

Bei den meisten Kühlschränken (Kompressionsprinzip) wird eine Flüssigkeit mit einem niederen Siedepunkt (Kältemittel) verwendet. Damit reicht die Wärme der Lebensmittel aus, um das Kältemittel zum Sieden zu bringen. Während das Kältemittel verdampft, entzieht es seiner Umgebung Wärme. Die aufgenommene Wärme wird durch ein Rohr zu einem Kompressor (Verdichter) geleitet (Bild 2). Der Kompressor verdichtet den Kältemitteldampf und pumpt ihn in einen Kondensator (Verflüssiger), der aus dunklen, schlangenförmigen Kühlrippen an der hinteren Außenwand des Kühlschranks besteht. Das Kältemittel gibt die aufgenommene Wärme an die Umgebung ab, kühlt ab und wird wieder flüssig.

Ein Thermostat reagiert automatisch

Wenn die Flüssigkeit verdampft ist und die Temperatur im Innenraum steigt, schaltet der Thermostat (Bild 3) die Umwälzpumpe ein. Die Pumpe zieht den Kühlmitteldampf aus dem Kühlschrankinneren heraus, komprimiert ihn zugleich und leitet die abgekühlte Flüssigkeit wieder in den Innenraum. Der durch die Pumpe erzeugte Druck wird mithilfe eines Drosselventils so reduziert, dass die Kühlflüssigkeit verdampft und damit Wärme aufnehmen kann.

> ***Ein Thermostat ist ein durch die Temperatur gesteuerter Schalter.***

Um die Temperatur im Innenraum zwischen 2 °C und 8 °C zu halten, muss der Thermostat entsprechend ein- und ausschalten. Dies zeigt auch Bild 4. Folgende Voraussetzungen sind zu schaffen:

- Die tatsächliche Temperatur im Innenraum des Kühlschranks wird als **Istwert** erfasst.
- Der gewünschte, mit dem Regler eingestellte Temperaturwert, der so genannte **Sollwert**, muss mit dem Istwert verglichen werden.
- Entsprechend der festgestellten Differenz zwischen dem Soll- und dem Istwert ist die Pumpe ein- oder auszuschalten.

Der Wirkungsablauf stellt eine Regelung dar. Wie aus Bild 5 hervorgeht, erfolgt der Regelvorgang in Form eines Kreises. Deshalb bezeichnet man diesen Vorgang auch als **Regelkreis**.

Wirkungsplan einer Regelung

Der Innenraum des Kühlschranks ist die **Regelstrecke**. Die **Stellgröße** *y* als Eingangsgröße der Regelstrecke bestimmt über die Stellung des Drosselventils, sodass die Kühlflüssigkeit verdampfen und wieder Wärme aufnehmen kann. Die **Regelgröße** *x* als Ausgangsgröße der Regelstrecke gibt den Temperaturwert an. Dieser Istwert wird durch eine Messeinrichtung erfasst, umgeformt und als **Rückführungsgröße** *r* der Regeleinrichtung wieder zugeführt. Als zweite Eingangsgröße erhält die Regeleinrichtung den Temperatur-Sollwert, die **Führungsgröße** *w*.
In Abhängigkeit von beiden Eingangsgrößen bildet die Regeleinrichtung die Stellgröße, mit der das **Stellglied** eingestellt wird.

In welche Richtung soll die Regelung wirken?

Um die Temperatur konstant zu halten, muss die Regeleinrichtung eine Stellgröße bilden, die das Drosselventil entsprechend öffnet oder schließt. Die Reaktionsrichtung wird als **Wirkungsrichtung** der Regelung bezeichnet.

> ***Die Wirkungsrichtung einer Regelung legt fest, wie die Stellgröße y auf die Änderung der Regelgröße x reagieren muss.***

Nach Bild 6 ergibt die Differenz zwischen der Führungsgröße und Rückführgröße die **Regeldifferenz** *e*.

Aufgaben

1. Wie unterscheidet sich die Regelung von einer Steuerung?
2. Welche Aufgabe hat das Vergleichglied in einer Regelung?
3. Bei einer Wärmepumpe wird dasselbe Prinzip wie beim Kühlschrank angewendet. Wodurch unterscheiden sich beide Systeme?

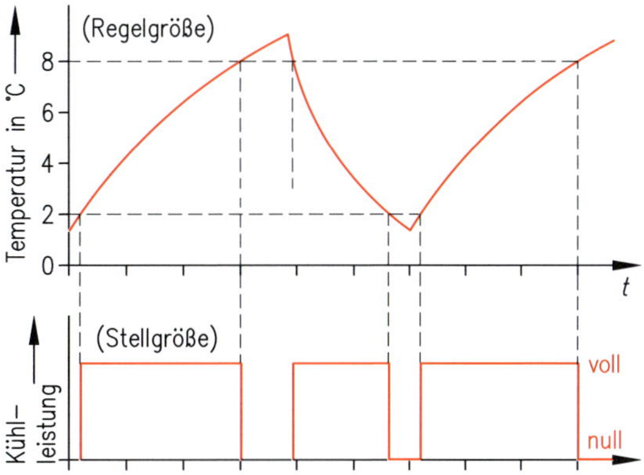

4. Entsprechend der herrschenden Temperatur wird die Kühlung ein- oder ausgeschaltet.

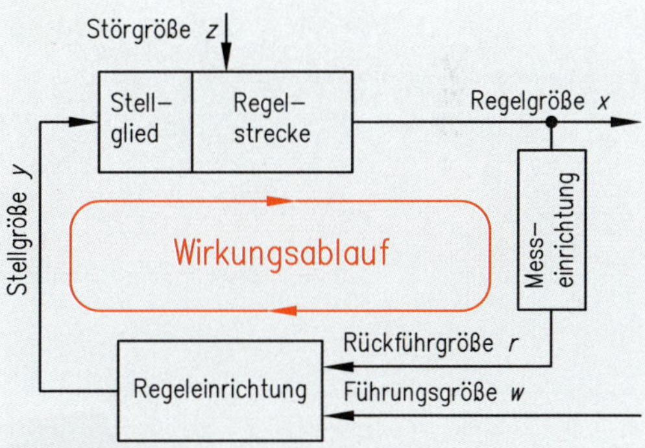

x Regelgröße (z. B. Temperatur im Innenraum)
r Rückführgröße (z. B. tatsächliche Temperatur im Innenraum)
w Führungsgröße (z. B. gewünschte/eingestellte Temperatur)
y Stellgröße (z. B. Ventileinstellung)
z Störgröße (z. B. durch Öffnen des Kühlschranks)

5. Ein Regelkreis besitzt einen geschlossenen Wirkungsablauf.

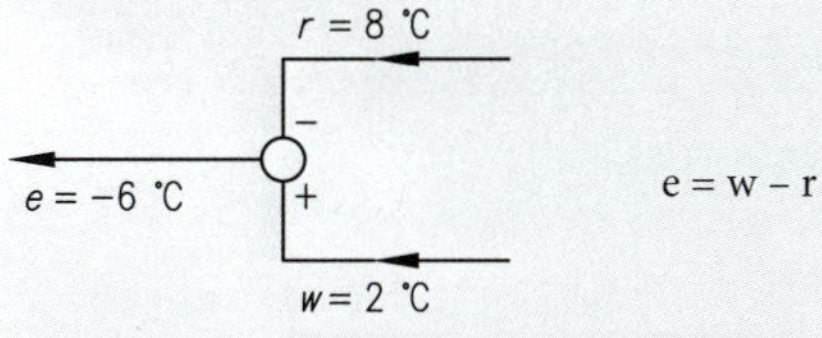

e Regeldifferenz
w Führungsgröße
r Rückführgröße

6. Das Vergleichsglied vergleicht die Rückführgröße r mit der Führungsgröße w.

Lernfeld 3: Steuerungen analysieren und anpassen

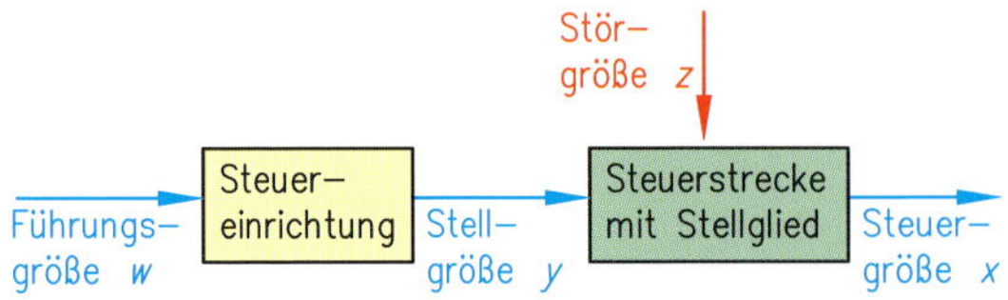

1. Blockschaltbild einer Steuerung

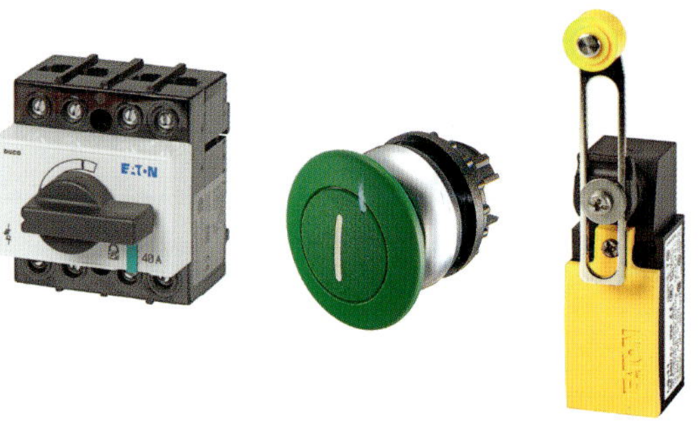

2. Schaltgeräte, die keine Hilfsenergie benötigen

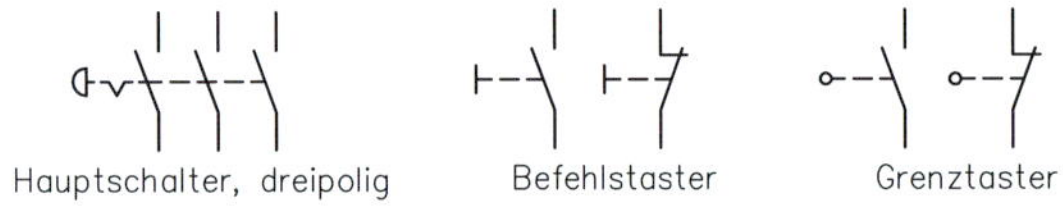

3. Schaltzeichen für ausgesuchte Schaltgeräte

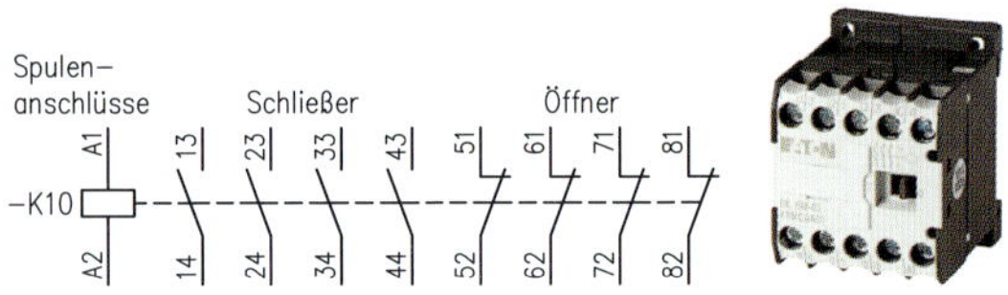

4. Hilfsschütz und sein Schaltzeichen

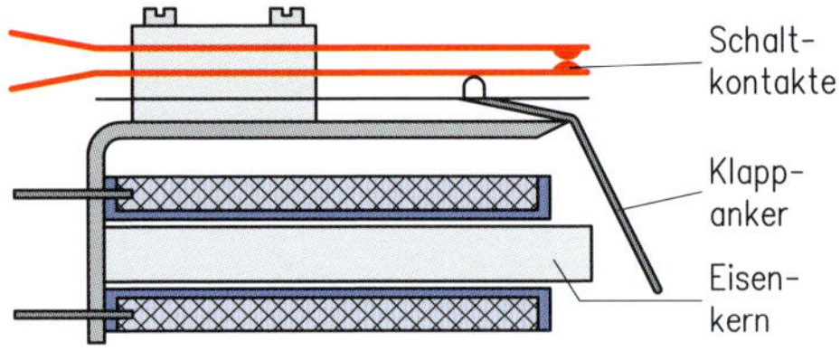

5. Relais mit Federsätzen

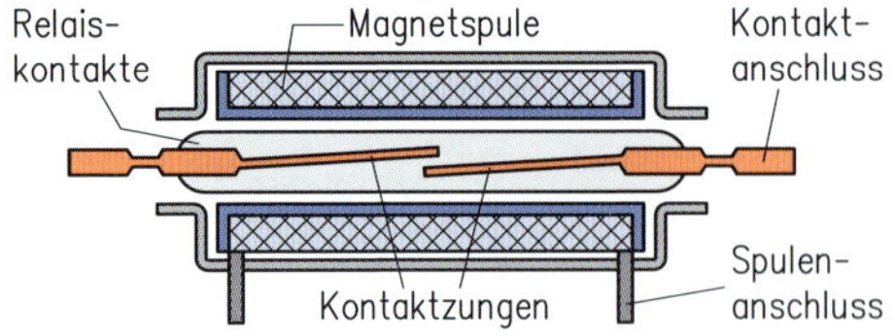

6. Aufbau eines Zungenkontaktrelais (Reed-Relais)

2.3 Betriebsmittel für Steuerungen

Bild 1 zeigt das Blockschaltbild einer Steuerung. Welche Betriebsmittel werden verwendet?

Betriebsmittel für Steuereinrichtungen

Schaltgeräte: Zum Schließen und Öffnen von Stromkreisen werden entsprechend dem Verwendungszweck Schaltgeräte eingesetzt. Diese unterscheidet man nach der Art der Betätigung zwischen Schaltgeräten ohne Hilfsenergie (Bilder 2 und 3) und Schaltgeräten mit Hilfsenergie. Ohne Hilfsenergie arbeiten z. B. Hauptschalter oder Grenztaster. Dagegen benötigen Relais oder Schütze eine Hilfsenergie.
Schalter und Taster unterscheiden sich darin, dass ein Schalter nach dem Betätigen aufgrund seiner Rastereinrichtung im betätigten Zustand verbleibt, während ein Taster nach dem Betätigen in den Ausgangszustand zurückfällt.

Hilfsschütz: Ein Hilfsschütz wie in Bild 4 ist nur für Belastungen durch geringe Steuerströme ausgelegt. Deshalb werden sie bevorzugt dazu verwendet, um logische Verknüpfungen zu verwirklichen.

Relais: Sie unterscheiden sich von Hilfsschützen in Größe, Aufbau und Schaltleistung. Wie in Bild 5 zu sehen ist, erfolgt die Kontaktgabe über Kontaktfedern, wobei ein Klappanker vom Magnetfeld der Relaisspule angezogen wird.

Zungenkontaktrelais (Reed-Relais): Im Vakuum eines geschlossenen Glasröhrchens befinden sich Kontaktfedern, die sich gegenseitig anziehen, wenn die Spule von einem Strom durchflossen wird.
Reed-Relais haben eine hohe Lebensdauer und werden deshalb auch gerne in SPS-Anlagen eingesetzt.

Zeitrelais: Bild 7 zeigt Relais mit Einschalt- bzw. Ausschaltverzögerung. Damit lassen sich Verzögerungen bis zu einigen Millisekunden realisieren.

Betriebsmittel für Steuerstrecken

Hauptschütz: Hauptschütze (auch Lastschütze genannt) wie in Bild 8 werden zum Schalten großer Leistungen wie bei Motoren, elektrischen Heizungen etc. bis zu einer Leistung von 500 kW eingesetzt. Sie sind als zweipolige Gleichstromschütze oder dreipolige Wechselstromschütze ausgelegt, die mit drei Hauptschaltgliedern den Laststrom schalten können.

Motorschutzrelais wie in Bild 9 sollen Elektromotoren bei Überlastung, Nichtanlauf und/oder Ausfall eines Außenleiters (bei Drehstrom) schützen. Sie enthalten im Allgemeinen Thermobimetalle mit einem Widerstandsdraht, der vom Motorstrom durchflossen wird. Je größer der Strom, der durch den Draht fließt, desto stärker wird das Bimetall erwärmt und entsprechend gekrümmt. Bei einer definierten Bimetall-Krümmung wird eine Sperre im Schaltschloss geöffnet und der angeschlossene Motor wird vom Netz getrennt. Motorschutzrelais werden auf einen bestimmten Motorstrom eingestellt.

Je höher die Überlastung, desto schneller spricht das Motorschutzrelais an.

Anschlussbezeichnungen

Schaltgeräte für Hauptstromkreise werden durch einstellige, Steuerkontakte durch zweistellige Zahlen dargestellt. Diese werden jeweils von oben nach unten und von links nach rechts durchnummeriert. Die zweite Ziffer gibt die Funktion an:

- 1 – 2 = Öffner bzw. 5-6 Öffner, zeitverzögert
- 3 – 4 = Schließer bzw. 7-8 Schließer, zeitverzögert
- 1 – 2 – 4 = Wechsler

Aufgaben

1. Worin unterscheiden sich Hilfsschütze, Relais und Hauptschütze voneinander?
2. Der Nennstrom eines Drehstrom-Asynchronmotors beträgt 45 A. Der Einschaltstrom ist sechsmal größer als der Nennstrom. Auf welche Stromstärke ist das Motorschutzrelais einzustellen?

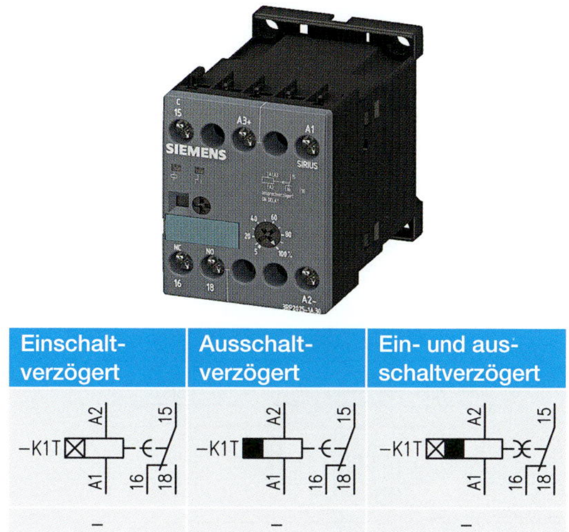

7. Zeitrelais mit Schaltzeichen. Die Halbkreise kennzeichnen die Verzögerungsrichtung.

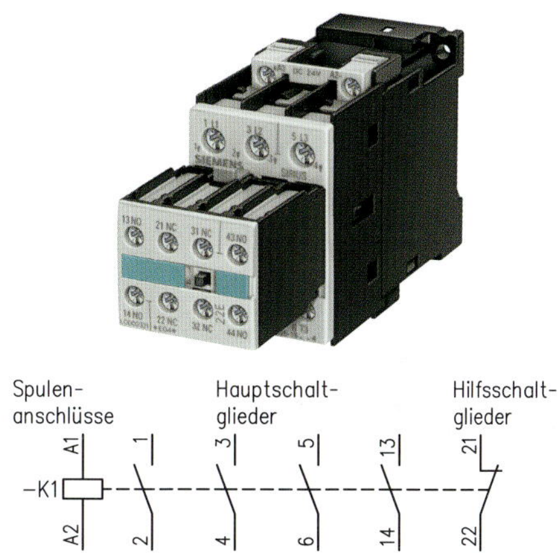

8. Hauptschütz und sein Schaltzeichen

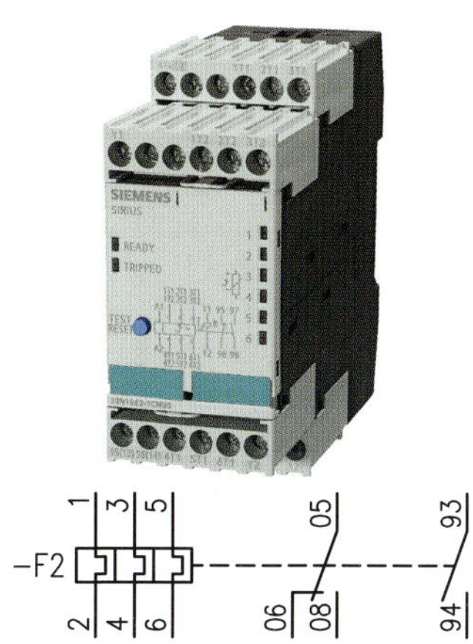

9. Motorschutzrelais mit zugehörigem Schaltzeichen

1. Einfahrt zu einem Betriebsgelände

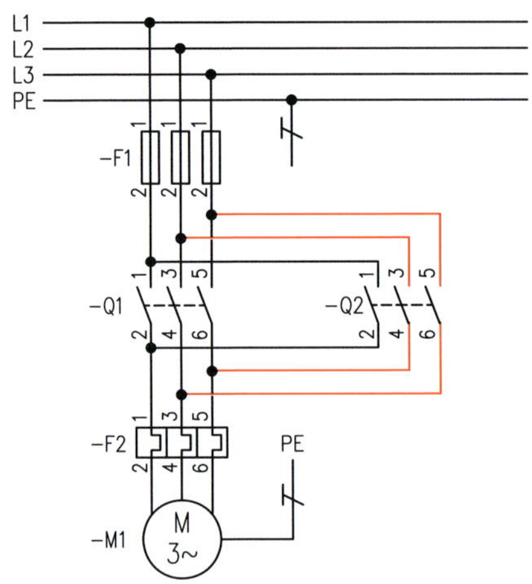

2. Hauptstromkreis

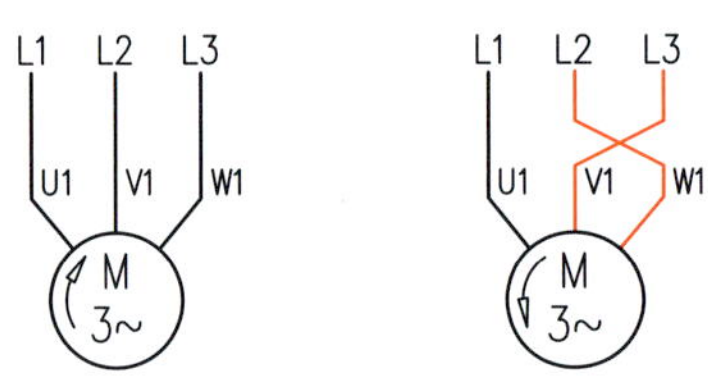

3. Änderung der Drehrichtung beim Drehstrommotor durch Vertauschen der Außenleiter L1 und L3

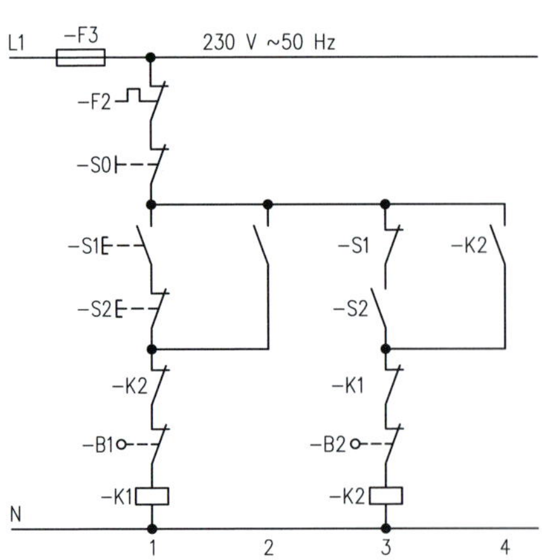

4. Wendeschützschaltung mit Nullzwang

2.4 Torsteuerung für eine Einfahrt

Bild 1 zeigt die Zufahrt zu einem Betriebsgelände. Um die Bewegungen „Tor auf" und „Tor zu" realisieren zu können, muss die Drehrichtung des Drehstrommotors umkehrbar sein. Wie geschieht dies?

Aufbau der Schaltung

Bild 2 zeigt die zugehörige Schaltung als Stromlaufplan in aufgelöster Darstellung. Bei dieser Darstellung wird die Schaltung nur nach Strompfaden (Stromwegen) mit allen Leitungen und Einzelheiten dargestellt. So werden z.B. Spule und Kontakte eines Schützes getrennt gezeichnet, sie werden in die Strompfade eingetragen, in denen sie eine bestimmte Funktion ausüben.
Der Stromlaufplan ist aufgeteilt in Haupt- oder Arbeitsstromkreis, Steuerstromkreis (Hilfsstromkreis), Meldestromkreis und Störungsstromkreis.
Zur besseren Übersicht werden die einzelnen Strompfade von links nach rechts gezeichnet und durchnummeriert.

Wie arbeitet die Schaltung?

Hauptstromkreis: Zur Änderung der Drehrichtung des Drehstrommotors sind zwei Hauptschütze erforderlich. Wie in den Bildern 2 und 3 zu sehen ist, wird beim Rechtslauf Hauptschütz K1 angezogen. Dabei stellt das Schütz eine Verbindung zwischen L1 über den Motorschütz F2 zu U1, zwischen L2 und V1 und zwischen L3 und W1 her. Beim Linkslauf werden im Beispiel lediglich L2 und L3 getauscht. Welche der drei Außenleiter vertauscht werden, spielt dabei keine Rolle.

> ***Die Drehrichtungsänderung beim Drehstrommotor erfolgt durch Vertauschen von zwei Außenleitern.***

Bei häufigen betriebsbedingten Drehrichtungswechseln werden zwei Hauptschütze eingesetzt, die den Motor so an das Drehstromnetz anschließen, dass sowohl ein Rechtslauf als auch ein Linkslauf möglich ist. Werden beide Schütze angezogen, so liegt ein zweipoliger Kurzschluss vor, der unbedingt zu vermeiden ist! So ein zweipoliger Kurzschluss ist durch eine Schütz- oder Kontaktverriegelung (Bild 4) zu verhindern.

Steuerstromkreis: Wird in Bild 4 der Taster S1 betätigt, zieht das Hauptschütz K1 (Rechtslauf) an und hält sich selbst über den Schließer K1 im Strompfad 2. Der Öffner K1 im Strompfad 3 öffnet (verriegelt) gleichzeitig den Stromkreis zum Hauptschütz K2. Nun lässt sich der Motor nicht in den Linkslauf umschalten, wenn Taster S2 betätigt wird: Dies verhindert die **Schützverriegelung** von K1 im Strompfad 3.

> ***Die Verriegelung verhindert ein gleichzeitiges Ausführen von gegensinnigen Befehlen, z. B. rechts/links.***

Durch Betätigen des Schalters S0 wird der Motor ausgeschaltet. Da dies die Voraussetzung für das Umschalten des Drehstrommotors ist, nennt man es **Nullzwang**. So lässt sich der Motor auch bei Linkslauf nicht direkt in den Rechtslauf umschalten.
Ist das Tor vollständig geöffnet/geschlossen, muss es sich selbsttätig ausschalten. Das Abschalten des Motors erfolgt in Bild 4 durch die **Endschalter** (Positionsschalter) B1 und B2. Endschalter wie in Bild 6 sind in der Regel mit einem Schließer- und einem Öffnerkontakt ausgelegt, beide mit Doppelunterbrechung wie beim Schütz.

Direktes Umschalten

Wie ein Drehstrommotor direkt vom Rechts- in den Linkslauf umgeschaltet werden kann, zeigt der Stromlaufplan in Bild 7. Diese Steuerungen findet man häufig in Werkzeugmaschinen.

Tippbetrieb und Dauerbetrieb

Bild 7 zeigt zwei Möglichkeiten, einen Motor einzusetzen, und zwar im

- **Tippbetrieb:** Hier läuft der Antriebsmotor so lange, wie der Taster S1-2 gedrückt wird. Der Steuerkreis im Tippbetrieb hat nur einen stabilen Zustand: AUS.
- **Dauerbetrieb:** Der Motor läuft so lange, bis der AUS-Taster betätigt wird. Im Dauerbetrieb hat der Steuerkreis zwei stabile Zustände: EIN und AUS.

Aufgaben

1. Um welche Art von Stromkreis handelt es sich in Bild 7 im Stromkreis 3 bei Dauerbetrieb?
2. Beschreiben Sie mit Bild 3, wie ein direktes Umschalten vom Links- in den Rechtslauf verhindert wird.

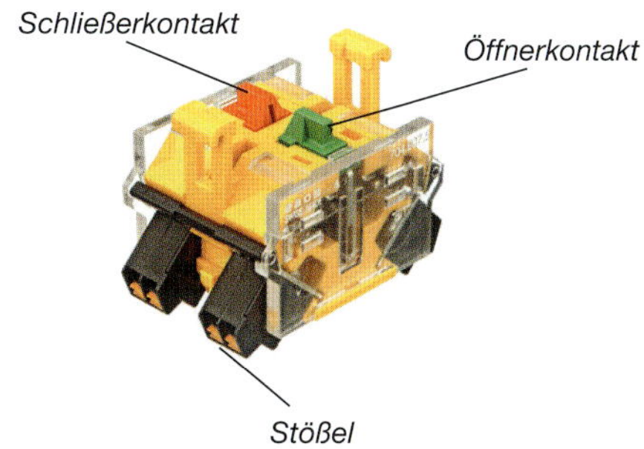

5. Endschalter mit Schließer- und Öffnerkontakten, die einen Stromkreis schließen oder unterbrechen, wenn ein Grenzwert erreicht wird.

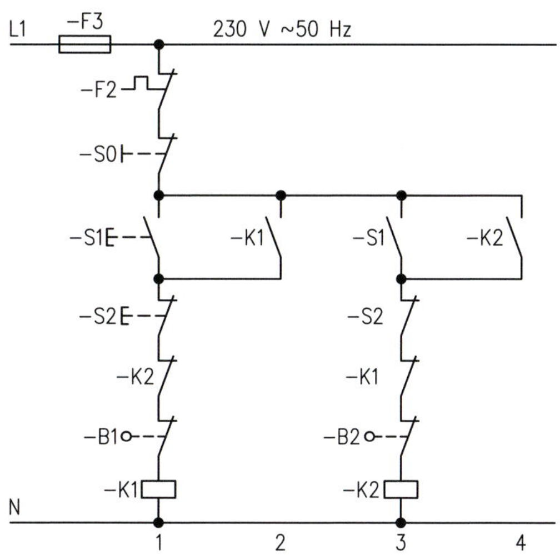

6. Wendeschützsteuerung für direkte Umschaltung

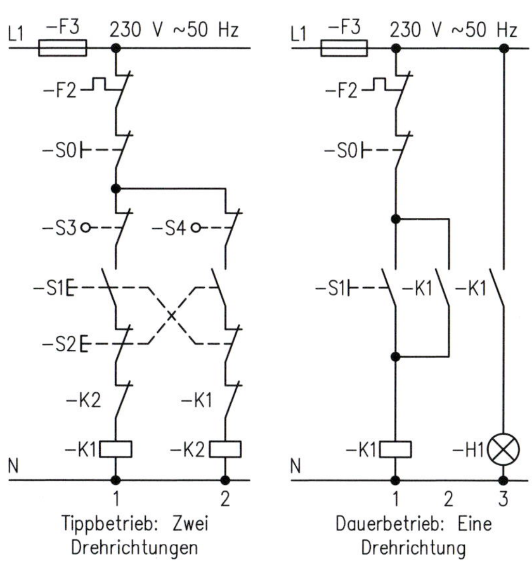

7. Steuerstromkreise für Tipp- und für Dauerbetrieb

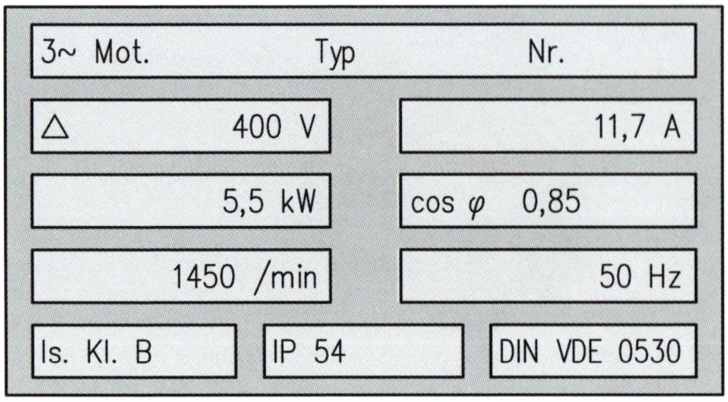

1. Leistungsschild eines Drehstrommotors

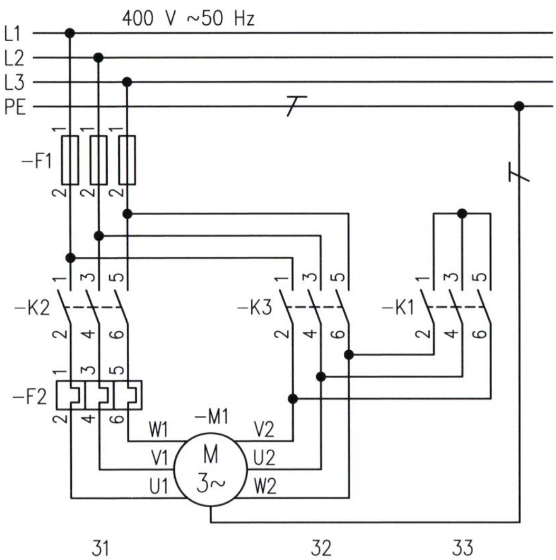

2. Der Hauptstromkreis

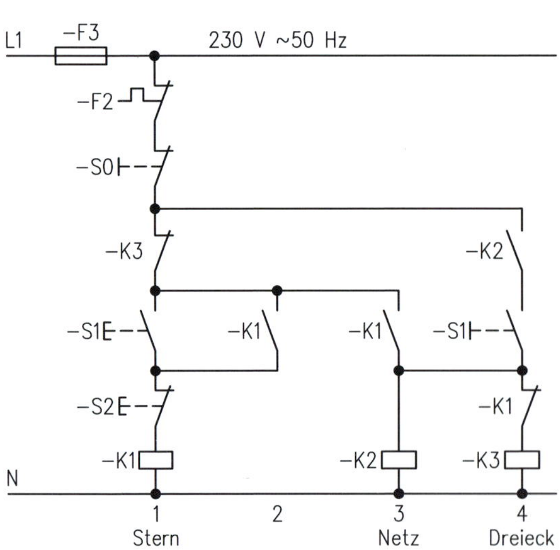

3. Steuerstromkreis für Handbetätigung

2.5 Steuerung einer Stern-Dreieck-Schaltung

Eine Kompressoranlage soll mithilfe eines Drehstrommotors (Bild 1) angetrieben werden.

Um Spannungseinbrüche zu verringern, lässt man bei Drehstrommotoren ab einer Leistung von 4 kW in Sternschaltung an und schaltet nach dem Hochlaufen auf Dreieckschaltung um. So reduziert man das Anzugsmoment und die Anzugsleistung in einer Sternschaltung auf ein Drittel der Werte, die bei einer direkten Inbetriebnahme in Dreieckschaltung aufträten.
Wie wird der Vorgang gesteuert?

Der Haupt- oder Arbeitsstromkreis

Wie Bild 2 zeigt, besteht der Haupt- oder Arbeitsstromkreis im Wesentlichen aus Sternschütz K1, Netzschütz K2 und Dreieckschütz K3.

Der Steuerstromkreis einer handbetätigten Stern-Dreieck-Schaltung

Einschalten in Sternschaltung: Wie Bild 3 zeigt, zieht das das Sternschütz K1 beim Betätigen des Tasters S1 an. Das Sternschütz K1 hält sich selbst über den Schließer K1 im Strompfad 2. Mit dem Öffner von K1 im Strompfad 4 wird das Dreieckschütz K3 gegen Einschalten gesperrt.

Stern- und Dreieckschütze dürfen nie gleichzeitig anziehen, weil dies zu einem dreipoligen Kurzschluss führen würde und sind deshalb gegenseitig zu verriegeln.

Zeitgleich wird der Kontakt des Sternschützes K1 im Strompfad 3 geschlossen, das Netzschütz K2 zieht an und hält sich selbst über den Schließer des Netzschützes K2 im Strompfad 4: Der Motor läuft in Sternschaltung an.

Umschalten auf Dreieckschaltung: Durch Betätigen des Tasters S2 wird der Stromkreis im Strompfad 1 unterbrochen. Das Sternschütz K1 fällt ab, der Öffner K1 im Strompfad 4 schließt und das Dreieckschütz K3 zieht an. Der Motor läuft in Dreieckschaltung. Mit dem Öffner des Dreieckschützes K3 im Strompfad 1 wird das Sternschütz K1 gegen Einschalten gesperrt.

Ausschalten: Wird der Schalters S0 betätigt, so wird der Stromkreis unterbrochen, die Schütze K2 und K3 fallen ab: Der Motor M1 wird ausgeschaltet.

Automatische Stern-Dreieck-Schaltung

Einschalten in Stern-Schaltung: Wie in Bild 4 zu sehen, werden beim Betätigen des Tasters S1 das Sternschütz K1 und gleichzeitig das Zeitrelais K1T erregt. Der Öffner des Sternschützes K1 im Strompfad 4 verriegelt das Dreieckschütz K3 und der Schließer des Schützes K1 im Strompfad 3 schaltet das Netzschütz K1 ein. Das Schütz K2 hält sich selbst über den Schließer K2 im Strompfad 4: Der Motor M1 läuft in Sternschaltung an.
Nach Ablauf der eingestellten Zeit unterbricht der Kontakt K1T im Strompfad 1 den Stromkreis und das Sternschütz K1 fällt ab. Der Öffner des Schützes K1 im Strompfad schließt und das Dreieckschütz K3 zieht an. Das Netzschütz K2 bleibt eingeschaltet: Der Motor M1 läuft in Dreieckschaltung.

Ausschalten: Durch Betätigen des Tasters S0 wird der Stromkreis unterbrochen und die Schütze K2 und K3 fallen ab: Der Motor M1 wird ausgeschaltet.

Anlassen mit einem Nockenschalter

Mit einem Nockenschalter wie in Bild 5 kann der Drehstrommotor mit der Hand von Stern auf Dreieck umgeschaltet werden.

Aufgaben

1. Welche Folgen können ein zu frühes Umschalten eines Drehstrommotors von Stern- auf Dreieckschaltung haben?
2. Erstellen Sie für die handbetätigte Stern-Dreieck-Schaltung eine Schaltung mit logischen Verknüpfungsgliedern.

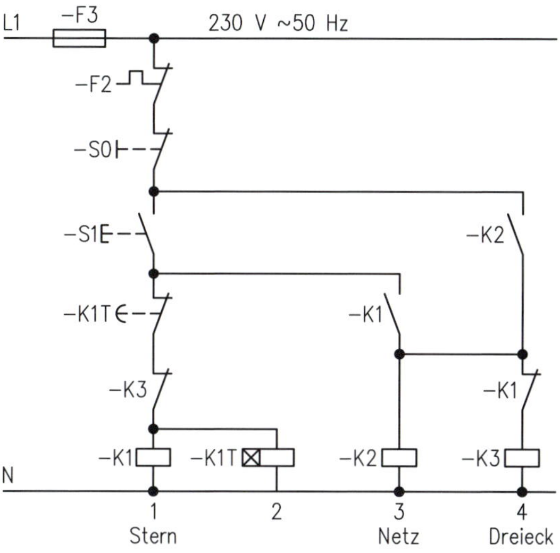

4. Steuerstromkreis für ein automatisches Umschalten von Stern auf Dreieck

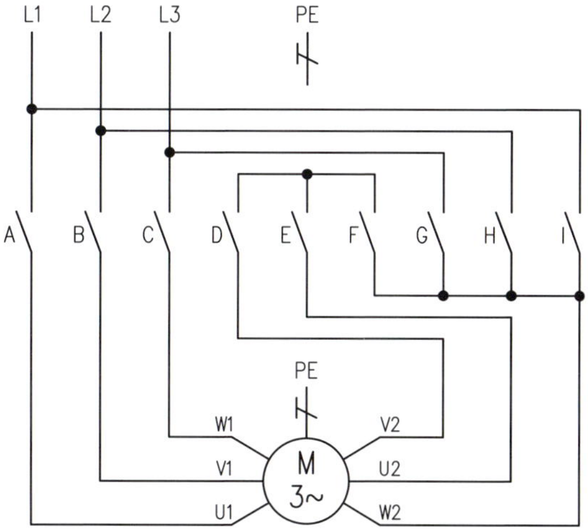

5. Stern-Dreieck-Nockenschalter, vereinfacht dargestellt

Schaltstellung	Schaltglied A	B	C	D	E	F	G	H	I
0									
1 (Y)	X	X	X	X	X	X			
2 (Δ)	X	X	X				X	X	X

6. Schalterstellungen des Nockenschalters. Für die Sternschaltung sind die Schaltglieder A-F, für die Dreieckschaltung diejenigen von A-C und G-I.

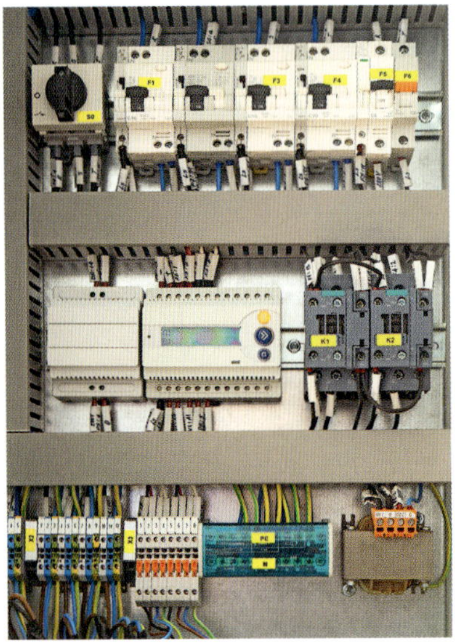

1. Schaltschrank mit einer Schützsteuerung

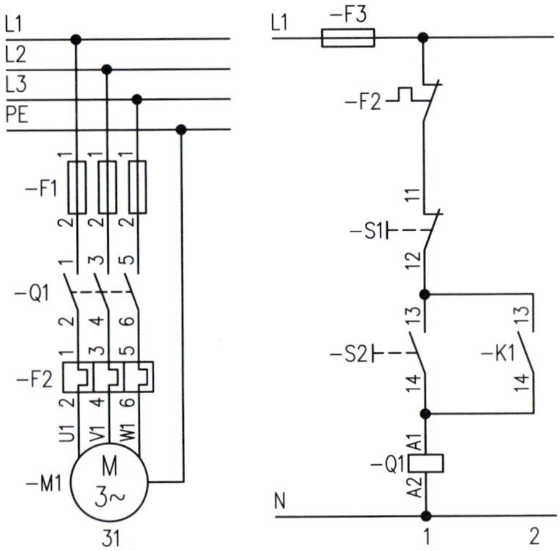

2. Die in Reihe oder parallel verdrahteten Öffner und Schließer bestimmen den Ablauf einer Steuerung.

3. Eine modular aufgebaute SPS kann für anspruchsvolle Steuerungsaufgaben erweitert werden.

3 Speicherprogrammierte Steuerungen

3.1 Von der verdrahteten zur programmierten Steuerung

Schützsteuerungen, die fest verdrahtet werden, bezeichnet man als verbindungsprogrammierte Steuerungen (VPS). Dabei wird der Steuerungsablauf durch seine Verdrahtung festgelegt.

Wie werden VPS entwickelt?

Bei einem Stromlaufplan (Bild 2) unterscheidet man zwischen Haupt- und Steuerstromkreis, der die gewünschte Funktion der Steuerung festlegt. Die einzelnen Betriebsmittel werden in einem Schaltschrank entsprechend verbaut. Ändert sich die Steuerungsaufgabe, so muss die Verdrahtung geändert werden. Wie lässt sich Abhilfe schaffen?

Maschinen steuern, ohne zu verdrahten

Bild 3 zeigt ein sogenanntes **Automatisierungsgerät**, das über dieselben Steuerfunktionen verfügt wie vergleichbare VPS.

> ***Mit einem Automatisierungsgerät wird lediglich der Steuerstromkreis ersetzt. Elektrische Maschinen müssen weiterhin mit Leistungsschützen und -relais geschaltet werden.***

Der gewünschte Steuerungsablauf wird als Programm in das Automatisierungsgerät eingegeben und dort gespeichert (Bild 3). Solche Steuerungen werden als **speicherprogrammierbare Steuerungen (SPS)** bezeichnet.

Aufbau eines Automatisierungsgerät es (AG)

Wie die Bilder 3 und 5 zeigen, besteht das AG aus (1) Stromversorgungs-, (3, 4) Eingabe-, (2) Zentral- (CPU) und (5) Ausgabeeinheit. Dazu werden ein Betriebssystem (Firmware) und Schnittstellen benötigt.

Die **Spannungsversorgung** (1) stellt aus der externen Versorgungsspannung die für den Betrieb des AGs erforderliche interne Betriebsspannung bereit und isoliert das AG vom speisenden Netz.

Die **Eingabeeinheit** (3, 4) filtert die über Sensoren an eine Schnittstelle ankommenden Signale, passt die Spannungspegel an und setzt sie in einen Code um, den die Zentraleinheit verarbeiten kann.

In umgekehrter Weise arbeitet die **Ausgabeeinheit** (5): Die Signale von der Zentraleinheit werden decodiert, verstärkt und über eine Schnittstelle an Aktoren (Schütze, Relais usw.) weitergeleitet.
Die galvanische Trennung erfolgt wie bei der Eingabeeinheit mithilfe von Optokopplern (Bild 6).
Die **Zentraleinheit** (2) besteht neben dem Steuerwerk aus folgenden Einheiten:

- **Akkumulator (Akku):** Register, um die Voreinstellungen für Zeitgeber und Zähler zu laden und arithmetische Operationen durchzuführen
- **Programmspeicher:** In ihm ist das Steuerprogramm hinterlegt. Damit das Programm bei Stromausfall nicht verloren geht, kann das Programm entweder in einem RAM (batteriegepuffert) oder in einem EEPROM (kann elektrisch gelöscht und neu beschrieben werden) abgelegt werden.
- **Prozessabbild der Eingänge:** Ein Bereich des Arbeitsspeichers, in dem die Eingangssignale gespeichert sind.
- **Speicher:** Darin sind Zeitglieder, Merker und Zähler hinterlegt.
- **Interner Bus:** Über ihn werden die Informationen zwischen den einzelnen Komponenten ausgetauscht.

Um bei einem Systemausfall der SPS gewisse sicherheitsrelevante Funktionen wie NOT-AUS zu gewährleisten, wird die SPS meist mit einer VPS ergänzt.

Aufgaben

1. Nennen Sie Gründe für die weite Verbreitung von SPS-Geräten.
2. Nennen Sie Beispiele aus der Praxis, wo VPS und wo SPS eingesetzt werden.

4. Die Auswahl eines Automatisierungsgerätes richtet sich nach der Verknüpfungstiefe einer Steuerung.

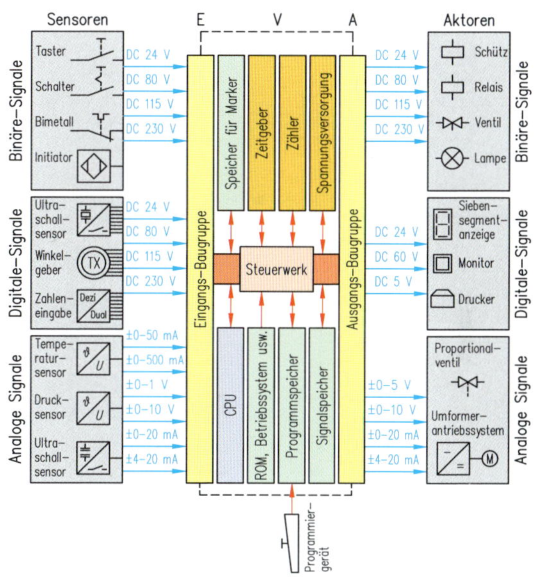

5. Prinzipieller Aufbau einer SPS. Sie arbeitet nach dem EVA-Prinzip.

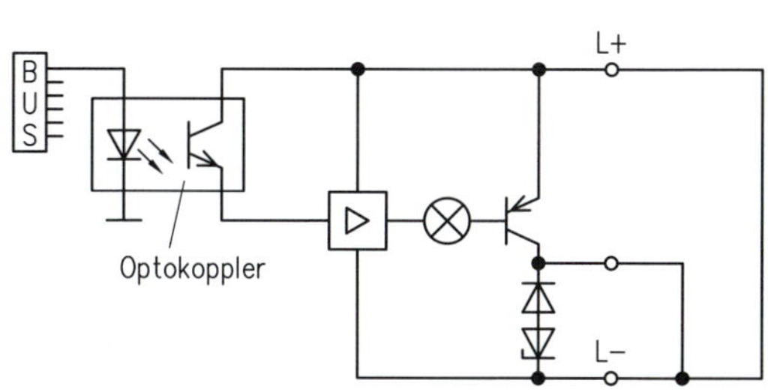

6. Der Optokoppler trennt die Zentraleinheit galvanisch von der Ausgabeeinheit.

1. Mit einer Werkzeugmaschine ist man in der Lage, Werkstücke mit sehr hoher Genauigkeit zu fertigen.

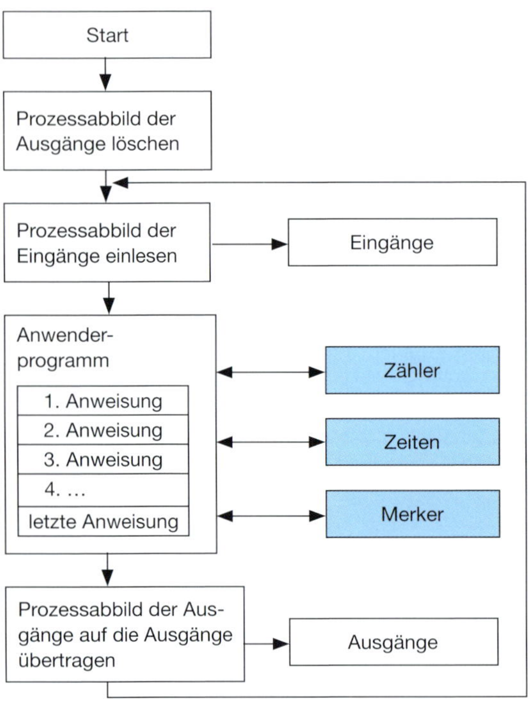

2. Ablauf eines Steuerzyklus in einer SPS

Speicherplatz-Adresse	Operation	Operand
0000	U	E 0.0
0001	U	E 0.1
0002	=	A 0.0

3. Den einzelnen Anweisungen werden Adressen von Speicherplätzen zugeordnet.

3.2 Wie arbeitet eine SPS?

Bild 1 zeigt die Steuerung einer Werkzeugmaschine. Woher bekommt die Werkzeugmaschine die erforderlichen Informationen?

Arbeitsweise einer SPS

Die SPS steuert einen Prozess, indem sie die an ihren Ausgängen angeschlossenen Aktoren mit den notwendigen Daten und Spannungen versorgt. Wie in Bild 2 zu sehen ist, geschieht dies auf folgende Weise:

- Nach dem Einschalten werden alle Ausgänge initialisiert, d.h., das **Prozessabbild** aller **Ausgänge PAA** wird gelöscht.
- Anschließend werden die Signalzustände aller im Gerät vorhandenen digitalen Eingänge abgefragt und ihre Signale in einem Bereich des Arbeitsspeichers als **Prozessabbild der Eingänge PAE** abgelegt.
- Zum Betrieb einer Maschine sind Verknüpfungen als Anweisungen in Form einer Liste (Bild 3), der sog. **Anweisungsliste (AWL)**, verfasst.
- Die logischen Verknüpfungen und Steuerungsanweisungen werden in vorgegebener Reihenfolge nacheinander, beginnend bei der ersten Anweisung, ausgelesen. Dies erfolgt durch einen **Programmzähler**, der die einzelnen Adressen aufruft und den Inhalt weiterleitet.
- Während der folgenden Programmbearbeitung greift das Steuerwerk nur noch auf die PAE zu.
- Der Status aus den PAA wird an die Ausgänge übertragen und die angeschlossenen Aktoren ein- oder ausgeschaltet.
- Ist die letzte Adresse abgefragt worden, überspringt der Programmzähler alle weiteren freien Adressplätze und geht an den Anfang des Programms zurück.
- Die Bearbeitung erfolgt in sich ständig wiederholenden Zyklen (= zyklische Bearbeitung).

Ändern sich die Signale für die Ausgänge aufgrund des Programmablaufs, so werden diese erst im PAA zwischengespeichert und nach der letzten Anweisung an die Ausgänge weitergegeben.

Komplexere Steuerprogramme werden meist in kleinere Programmmodule (Unterprogramme) aufgeteilt, den **Funktionsbausteinen (FB)**. Die Reihenfolge, in denen die einzelnen Funktionsbausteine abgearbeitet werden, ist in einem **Organisationsbaustein (OB)** festgelegt (Bild 5). Diese Art der Programmierung nennt man **strukturierte Programmierung**.

Wie verhält sich die SPS in einem kritischen Zustand?

Tritt ein unvorhergesehenes Ereignis auf, wird der Ablauf des Programms unterbrochen. Diese **ereignisgesteuerte Programmunterbrechung** kann erforderlich sein, wenn Menschen oder zeitkritische Maschinen wie Werkzeugmaschinen gefährdet sind.
Entsprechend der auftretenden Fehlerart oder des Fehlerortes (Eingabe-, Verarbeitungs-, Ausgabeebene) muss die CPU entscheiden, ob die Anlage in den sicheren Halt oder im Falle der Werkzeugmaschine in eine sichere Geschwindigkeit gefahren werden soll. Dazu ruft die CPU einen dafür vorgesehenen **Fehler-Organisationsbaustein** auf und arbeitet diesen ab. Danach kehrt sie wieder zum Steuerprogramm zurück und führt den Programmzyklus fort. Ist das nicht möglich, weil z. B. so ein Organisationsbaustein fehlt, fährt die Anlage in den sicheren Halt.

Wie lange dauert ein Bearbeitungszyklus?

Für den Durchlauf eines Zyklus benötigt die SPS eine der Art der Rechenoperation entsprechende Zeit (s. Bild 6), die meist für 1024 Anweisungen (1 k) angegeben wird. Diese als **Zykluszeit** bezeichnete Zeitdauer stellt ein Auswahlkriterium für eine SPS dar.

Aufgaben

1. Beschreiben Sie den Ablauf eines Bearbeitungszyklus einer SPS.
2. Welche Vorteile bietet es, längere Programme modular aufzubauen?
3. Berechnen Sie die Zykluszeit einer SPS, wenn die Bearbeitung einer Anweisung 10 µs dauert.

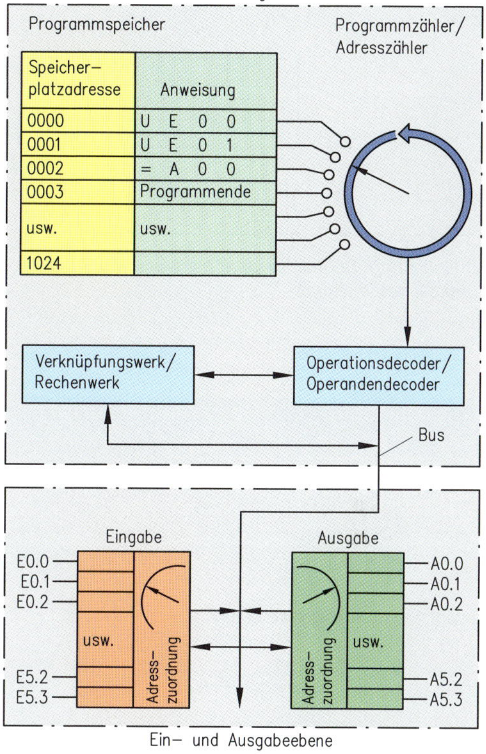

4. Zwischen der Eingabe- und Ausgabeebene laufen codierte Signale über einen internen Bus (parallele Leitungen in der SPS).

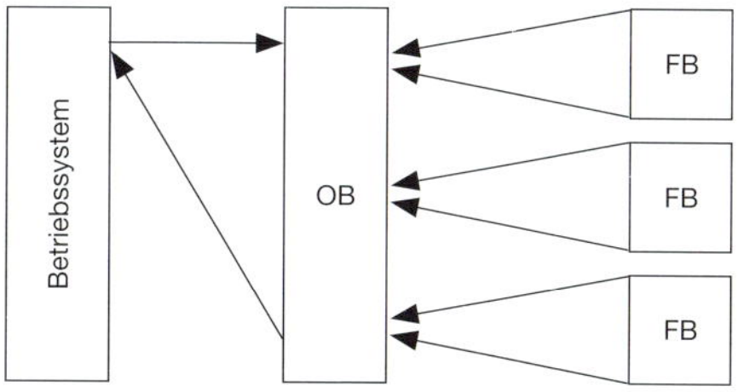

5. Bei einer strukturierten Programmierung wird das Programm in einzelne Blöcke unterteilt, die hierarchisch aufgebaut sind.

Art der Operation	Werte	Einheit
Bit-Operation	1	µs
Byte-Operation	1,5	µs
Wort-Operation	3	µs
Zeit-, Zähl-Operation	2	µs
Festpunkt-Addition	12	µs
Gleitpunkt-Addition	50	µs
SPS-Zyklus	10 – 30	ms

6. Typische Bearbeitungszeiten von SPS-Operationen (Schütz: > 0,5 ms)

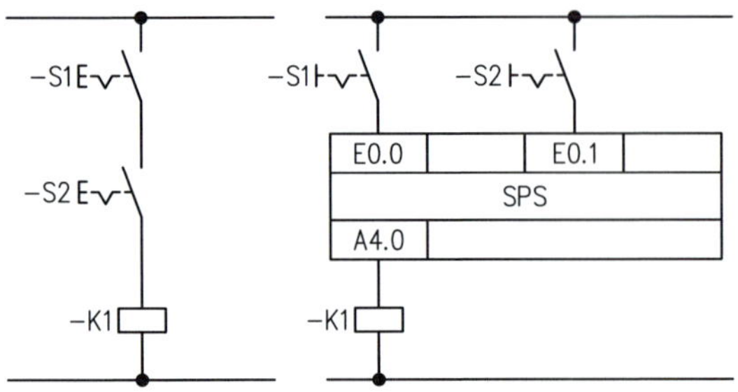

1. UND-Schaltung. Schütz K1 zieht an, wenn die Schalter S1 und S2 betätigt sind.

Operation		Operanden-Kennzeichen	
Code	Bedeutung	Code	Bedeutung
U	UND	**E**	Eingang
O	ODER	**A**	Ausgang
N	NICHT		
=	Zuweisung		

2. Auswahl von Operationsbefehlen

Operation	Operand	
	Kennzeichen	Parameter
U	E	0.0
UND	Eingang	Nr. 0.0
U	E	0.1
UND	Eingang	Nr. 0.1
=	A	0.0
Zuweisung	Ausgang	Nr. 0.0

3. Jede der einzelnen Steueranweisungen besteht aus einer Operation und einem Operanden.

Operation		Operanden-Kennzeichen	
Code	Bedeutung	Code	Bedeutung
U	UND	**E**	Eingang
O	ODER	**A**	Ausgang
N	NICHT		
=	Zuweisung		

4. Die Anzahl der verschiedenen Operationsbefehle ist ein Kriterium für die Auswahl einer SPS.

3.3 Wie wird eine SPS programmiert?

Bild 1 (links) zeigt eine VPS für eine Presse mit Zweihandbetrieb, d.h., dass das Schütz K1 nur dann anzieht, wenn die Taster S1 **und** S2 betätigt sind. Die VPS soll durch eine SPS (rechts) ersetzt werden. Wie wird diese programmiert?

Es gilt: Sind S1 und S2 betätigt, ist die UND-Bedingung erfüllt und Ausgang A 4.0 ist aktiv. An den Ausgang wird das sogenannte **Verknüpfungsergebnis VKE** weitergegeben.

Zur Programmierung dienen Stromlaufpläne, logische Verknüpfungen und/oder schaltalgebraische Gleichungen. Das Steuerprogramm selbst ist eine Arbeitsvorschrift, die in einer Programmiersprache abgefasst ist.

Die DIN führt folgende Sprachen als Standardsprachen auf: AWL, FUP und KOP.

Die Anweisungsliste AWL

Da die SPS die Kennzeichnung der Betriebsmittel S1, S2 und K1 in dieser Form nicht verarbeiten kann, sind die Ein- und Ausgänge der SPS aufzurufen, an denen die Betriebsmittel angeschlossen sind.

Mit den Abkürzungen in Tabelle 2 ergibt sich das folgende Programm:

U E 0.0 } Logische Verknüpfung der Eingänge
U E 0.1 } bzw. der Taster S1, S2
= A 4.0 Ausgabebefehl, Zuweisung

Die Anweisungsliste ist eine zeilenorientierte Sprache, d.h., jede Zeile enthält eine Arbeitsvorschrift, die man als Anweisung bezeichnet.

Wie sind Anweisungen aufgebaut?

Wie Bild 3 zeigt, besteht eine Anweisung aus einem Operations- und einem Operandenteil.

Im Operationsteil einer Anweisung wird angegeben, wie der Operand verknüpft oder verändert wird.

Einige Operationsbefehle sind in Bild 4 aufgeführt. Wichtige Operanden für eine SPS sind Eingänge (engl. *input*), Ausgänge (engl. *output*), Merker (engl. *flag*), Zeitglieder (engl. *timer*) und Zähler (engl. *counter*).

Die Operanden werden mit einem Kennzeichen und einem Parameter versehen.

In Bild 4 sind der Eingang und der Ausgang als Operanden-Kennzeichen benannt. Allgemein gilt:

Das Programm ist im Programmspeicher stets als AWL (im Binärcode) abgelegt.

Tabelle 6 zeigt verschiedene Programmspeicher.

Der Funktionsplan FUP

Eine Möglichkeit das Steuerprogramm grafisch darzustellen, bietet der **Funktionsplan FUP**.

Der Funktionsplan FUP ist eine Programmiersprache, die Symbole der Digitaltechnik verwendet.

Bild 7 (links) zeigt das Eingangsbeispiel in FUP-Darstellung. Den Eingängen E 0.0 und E 0.1 wird der Ausgang A 4.0 zugewiesen.
Durch die Verwendung boolescher Symbole wird das Verhalten der Ein- und Ausgänge leichter nachvollziehbar und der Aufbau eines Steuerprogramms erscheint übersichtlicher. Da für Öffner keine Symbole vorgesehen sind, behilft man sich damit, den Eingang zu negieren. Dies erfolgt durch einen Kreis am Eingang (Bild 7, rechts).

Der Kontaktplan KOP

Der KOP bietet eine weitere Möglichkeit, Programme grafisch darzustellen. Aus dem Stromlaufplan (Bild 8, links) wird der Kontaktplan (Bild 8, rechts) entwickelt.

Die Darstellung des Programms im KOP ist ähnlich den Stromlaufplänen.

Dabei werden Eingänge mit zwei parallel gezeichnete Linien, Ausgänge mit zwei zueinander gebogene Linien dargestellt. Schließer und Öffner haben dasselbe Symbol. Eine Negierung wird durch einen schrägen Strich ausgedrückt (Tabelle 5).

Aufgaben

1. Welche Bedingungen müssen im obigen Beispiel erfüllt sein, damit der Ausgang 0.0 einen L-Pegel führt?
2. Bestimmen Sie das Verknüpfungsergebnis für eine ODER-Schaltung.

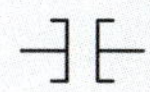	Abfrage (z. B. eines Einganges) auf H-Pegel. ⇒ Ein H-Pegel wird als H-Pegel verknüpft.
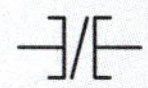	Abfrage auf L-Signal. ⇒ Ein L-Pegel wird als H-Pegel verknüpft (Invertierung der Signale).
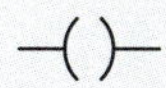	Zuweisung z. B. eines Ausganges. Bei Ansteuerung mit H-Pegel erscheint am Ausgang ein H-Pegel.

5. Logische Verknüpfungen werden durch Reihen- und Parallelschaltung von Elementen festgelegt.

Speichertyp	Löschen	Programmieren
RAM Random Access Memory, „Speicher mit wahlfreiem Zugriff“, Schreib-Lese-Speicher	elektrisch*	elektrisch
ROM Read-Only-Memory, Nur-Lese-Speicher, Festwertspeicher	nicht möglich	bei Herstellung
PROM Programmable ROM, Programmierbar Festwertspeicher		elektrisch
EPROM Erasable PROM, Löschbarer Festwertspeicher	durch UV-Licht	
EEROM Elektrisch Erasable ROM, Elektrisch löschbarer Festwertspeicher	elektrisch	

* Speicherinhalt ist bei Stromabschaltung flüchtig

6. Die Wahl eines Speichertypen richtet sich nach den an ihn gestellten Anforderungen.

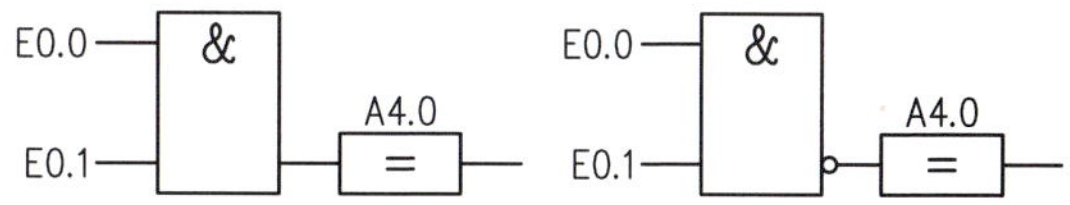

7. FUP-Darstellung einer UND-Schaltung (links als Schließer, rechts als Öffner)

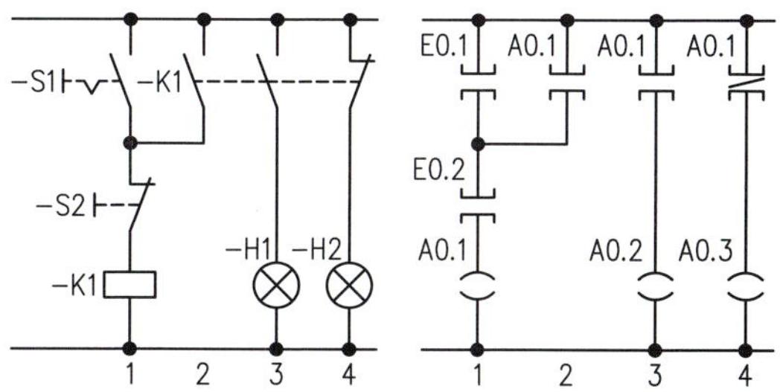

8. Aus dem Stromlaufplan (links) entsteht ein Kontaktplan. Schließer S1 und Öffner S2 erhalten im KOP dasselbe Symbol.

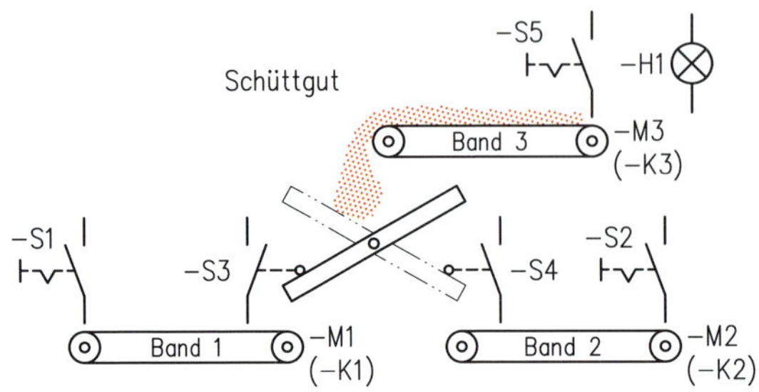

1. Technologieschema einer Bandförderanlage

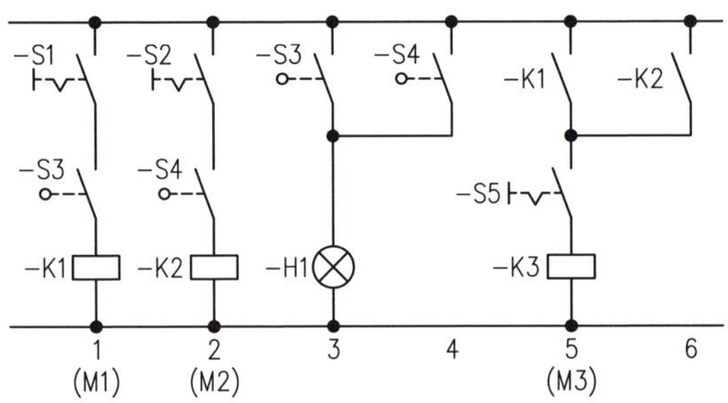

2. Vereinfachter Stromlaufplan der Verbindungsprogrammierten Steuerung

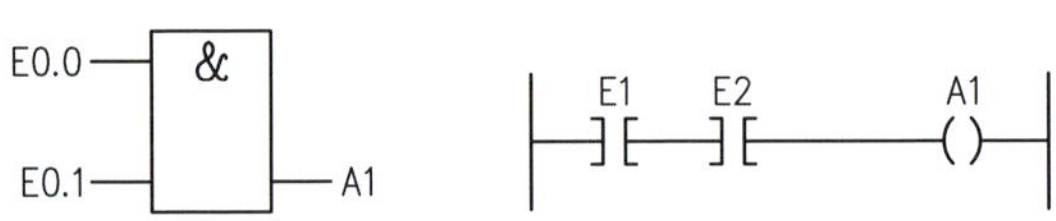

3. Der Funktionsplan FUP (links) und der Kontaktplan KOP (rechts) des Strompfades 1

Betriebsmittel-Kennzeichen	Operand	Kommentar
S1	E 1	Schalter, Schließer
S3	E 2	Grenztaster
K1	A 1	Schütz

4. Zuordnungsliste für den Strompfad 1

Operation	Operand		Kommentar
	Kennzeichen	Parameter	
U	E	1	Schalter 1, Schließer
U	E	2	Grenztaster
=	A	1	Schütz K1

5. Anweisungsliste AWL für die UND-Verknüpfung

3.4 Vom Stromlaufplan zum SPS-Programm

Bild 1 zeigt das Technologieschema einer Bandförderanlage, mit der Schüttgut vom Band 3 über eine Verteilerklappe Y entweder auf Band 1 oder auf Band 2 transportiert werden soll. Der vereinfachte Stromlaufplan der zugehörigen VPS in Bild 2 soll durch eine SPS ersetzt werden.

Analysieren der Steuerung

Band 1: Schalter S1 und Grenztaster S3 schalten den Motor M1 über das Schütz K1 ein.
Band 2: Schalter S2 und Grenztaster S4 schalten den Motor M2 über das Schütz K2 ein.
Band 3: Sind Band 1 oder Band 2 in Betrieb und Schalter S5 betätigt, läuft der Motor M3 an.
Kontrollleuchte: Die Grenztaster S3 und S4 zeigen durch die Leuchte H1 die Stellung der Verteilerklappe Y an – „links“ oder „rechts“.

Steuern mithilfe einer SPS

Aus dem Stromlaufplan wird zunächst für die UND-Verknüpfung im Strompfad 1 der Funktionsplan (Bild 3) entwickelt.
Bild 3 zeigt, dass den einzelnen Betriebsmitteln bestimmte Eingänge bzw. Ausgänge zugeordnet sind, was auch die **Zuordnungsliste** in Tabelle 4 verdeutlicht.

> ***In einer Zuordnungsliste werden die Betriebsmittel den jeweiligen Eingängen und Ausgängen zugeordnet.***

Welche Aufgaben die einzelnen Betriebsmittel in einer Steuerung haben und in welcher Ausführung der Signalgeber (Schließer oder Öffner) jeweils anzuschließen sind, kann dem entsprechenden Kommentar in der Zuordnungsliste entnommen werden.

Vom FUP zur AWL

Aus FUP und Zuordnungsliste kann die Anweisungsliste für die UND-Verknüpfung im Strompfad 1 erstellt werden, die in Tabelle 5 angegeben ist:

- UND-Eingang E1
- UND-Eingang E2
- gleich Ausgang A1

Programm für die übrigen Strompfade

Für die Strompfade 3 und 4 ist der FUP in Bild 6 dargestellt. Daher lautet hier die Aussage: Führt Ein-

gang E0.0 oder Eingang E0.1 „1“-Signal, so liegt am Ausgang A1.0 ebenfalls ein „1“-Signal.
Den Betriebsmitteln werden die entsprechenden Eingänge und der Ausgang zugeordnet (Tabelle 7). Das zugehörige AWL-Programm für die ODER-Verknüpfung zeigt Tabelle 8.

Wie lässt sich bei einem Drahtbruch Sicherheit herstellen?

Bei auftretenden Fehlern wie Drahtbruch oder Erdschluss muss gewährleistet sein, dass die Anlage sicher ausschaltet. Bei einem Öffner wird ein Drahtbruch als Abschalten der Anlage gedeutet (Bild 9). Deshalb gilt zwingend:

Zum Abschalten einer Steuerung müssen Öffner verwendet werden.

Vor dem Programmieren ist auf die Ausführung der Geber zu achten, d.h., ob es sich bei dem Kontakt um einen Schließer oder einen Öffner handelt. Eine SPS kann nicht zwischen einem Schließer oder einem Öffner unterscheiden.

Wie wird dann ein Öffner programmiert?

In Bild 10 ist der Stromlaufplan einer UND-Verknüpfung zu sehen. Dabei zieht das Schütz K10 an, wenn die Schalter S10 und S11 betätigt werden und der NOT-AUS-Taster S12 nicht betätigt ist. Den Betriebsmitteln sollen die Eingänge und der Ausgang der SPS zugeordnet werden. Folgendes ist zu beachten:

Öffner werden für die Eingabekontakte wie Schließer programmiert.

Ob am Eingang einer SPS ein Schließer oder ein Öffner angeschlossen ist, lässt sich nur aus dem Kommentar in der Zuordnungsliste ersehen.

Bei der Inbetriebnahme einer SPS ist auf den Betriebszustand der Öffner zu achten.

Aufgaben

1. Erstellen Sie den Funktionsplan für die in Bild 2 dargestellte Steuerung.
2. Begründen Sie, warum für das Abschalten einer Anlage ein Öffner verwendet werden muss.

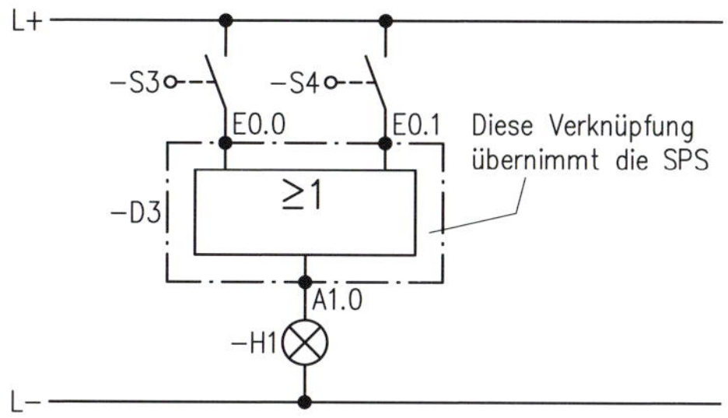

6. Der Funktionsplan für die ODER-Verknüpfung der Strompfade 3 und 4

Betriebsmittel-kennzeichen	Operand	Kommentar
S3	E 0.0	Grenztaster
S4	E 0.1	Grenztaster
H1	A 1.0	Kontrolllampe für y

7. Zuordnungsliste für die ODER-Verknüpfung der Strompfade 3 und 4

Operation	Operand		Kommentar
	Kennzeichen	Parameter	
O	E	1.0	Grenztaster
O	E	1.1	Grenztaster
=	A	1.0	Kontroll-lampe für y

8. AWL für die ODER-Verknüpfung der Strompfade 3 und 4

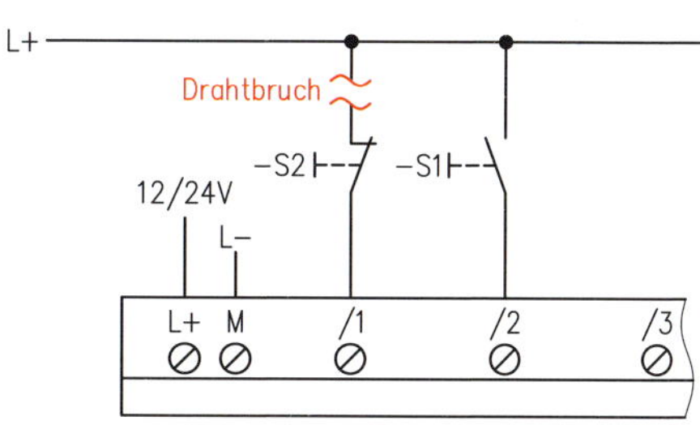

9. Einen Drahtbruch in der Leitung eines Öffners deutet die SPS als Abschalten.

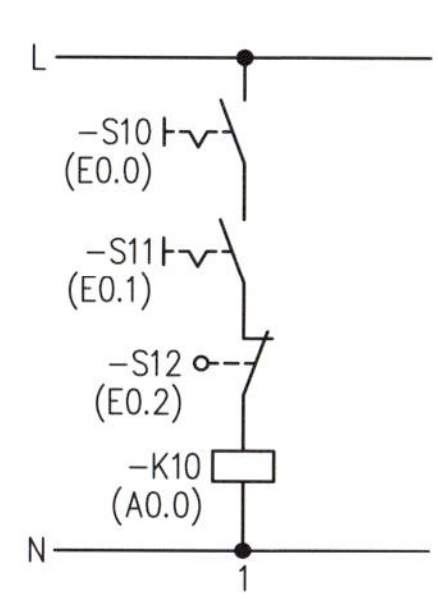

10. Stromlaufplan einer UND-Verknüpfung

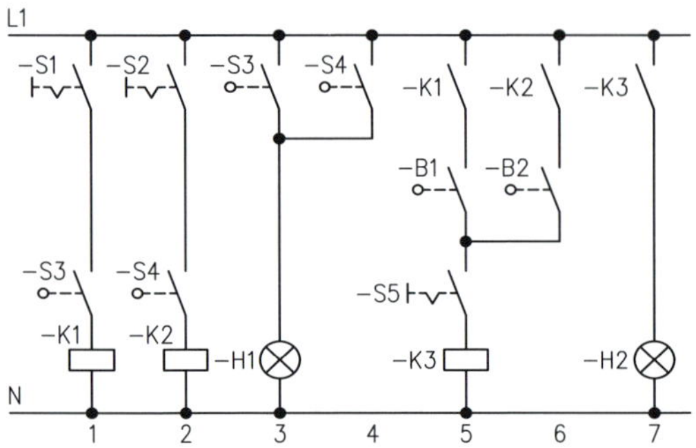

1. Bandwächter sollen die sichere Funktion einer Anlage gewährleisten.

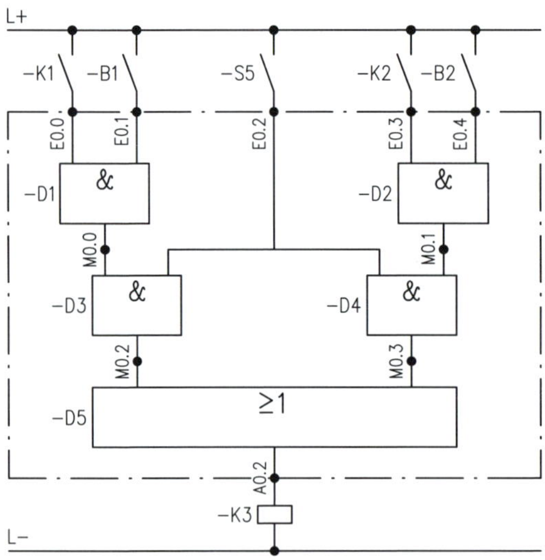

2. Funktionsplan für die Strompfade 5 und 6

Operation	Operand	
	Kennzeichen	Parameter
U	E	0.0
U	E	0.1
=	M	0.0
U	M	0.0
U	E	0.2
=	M	0.1
U	E	0.3
U	E	0.4
=	M	0.1
U	E	0.2
U	M	0.1
=	M	0.3
O	M	0.2
O	M	0.3
=	A	0.2

3. Die Anweisungsliste ohne Kommentare

3.5 Wie können Werte zwischengespeichert werden?

Aus Sicherheitsgründen sollen die Förderbänder 1 und 2 mit den Bandwächtern B1 und B2 erweitert werden (Bild 1).

Analysieren der Funktion

Bandwächter (Schlupfwächter) sollen die Anlage abschalten, wenn das Förderband zu stark rutscht, festklemmt, reißt oder der Antriebsmotor eine kritische Drehzahl erreicht.

> ***Ist der Schlupf des Förderbandes oder der Antriebswelle zu hoch, besteht Brandgefahr!***

Funktionsplan für die Strompfade 5 und 6

Wegen der Sicherheit werden die Ausgänge der Schütze K1 und K2 auf ihren Betriebszustand abgefragt. Dazu werden die Schließer von K1 und K2 an Eingänge der SPS angeschlossen (Bild 2). Führen die Eingänge E 0.0 und E 0.1 jeweils ein „1“-Signal, so erhält M 0.0 ein „1“-Signal. Hat E 0.2 ein „1“-Signal, führt M 0.2 ebenfalls ein „1“-Signal und damit auch der Ausgang A 0.2.
Für den Strompfad 6 gilt sinngemäß dasselbe.

Was bedeuten die Bezeichnungen M1 ... M4?

Bild 2 zeigt, dass die Eingänge E 0.0 und E 0.1 mit einem UND-Gatter verknüpft sind. Das Verknüpfungsergebnis wird in einem sogenannten **Merker** zwischengespeichert.
Die Adressen im Register „merken“ sich Signale, ohne dabei einen Ausgangsoperanden anzusprechen. Merker gleichen internen Speichern.

> ***Merker sind Speicherplätze in der CPU.***

Im Beispiel soll das Verknüpfungsergebnis von E 0.0 und E 0.1 nicht zu einem Ausgangssignal führen, muss aber in der Zwischenzeit irgendwo abgelegt werden, weil es später wieder benötigt wird; in diesem Fall kann man einen Merker zum Speichern des Zwischenergebnisses verwenden.

Arten von Merkern

Man unterscheidet folgende Merker: **Remanente Merker** behalten ihren Signalzustand auch nach dem Trennen der SPS von der Versorgungsspannung. **Nichtremanente Merker** verhindern ein selbstständiges Anlaufen von Antrieben bei Netzwiederkehr.

Die Anweisungsliste

Die AWL in Tabelle 3 zeigt:

> ***Merker werden wie alle anderen Operanden programmiert.***

Programm für den Strompfad 7

Die Betriebsbereitschaft des Antriebes M3 für Band 3 wird durch die Leuchte H2 angezeigt (Bild 4).
In Tabelle 4 sind die möglichen Verknüpfungen zu sehen.

> ***Logische Verknüpfungen können mehreren Ausgängen und Merkern zugewiesen werden.***

Programmieren mit Klammern

Bild 5 zeigt den Stromlaufplan einer Steuerung bei der statt Merker Klammerebenen verwendet werden.

> ***Klammerebenen können Merker ersetzen.***

Mit Klammern wird festgelegt, in welcher Reihenfolge das Programm abgearbeitet wird.
Die zugehörige AWL wird so gelesen: „ODER → Klammer auf → UND-Eingang 0.0 → UND-Eingang 0.1 → UND-Eingang 0.2 → Klammer zu“.
Dabei belegt jede Klammer einen Speicherplatz.
Bild 6 zeigt den Stromlaufplan einer weiteren Steuerung mit der dazugehörigen Anweisungsliste.

Aufgaben

1. Welche Vorteile haben Merker gegenüber Klammerebenen?
2. Weshalb heißt die Schaltung in Bild 5 UND vor ODER und die in Bild 6 ODER vor UND?

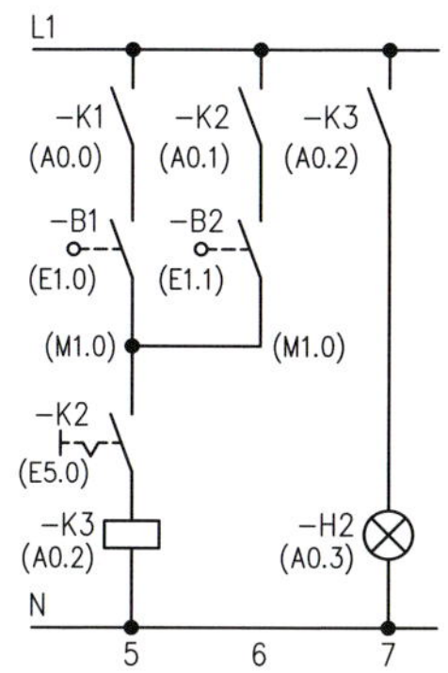

U	E 0.5
=	A 0.2
=	A 0.3

Operation	Operand
U	A 0.0
U	E 1.0
=	M 1.0
U	A 0.1
U	E 1.1
=	M 1.1
O	M 1.0
O	M 1.1
=	M 1.2
U	M 1.2
U	E 0.5
=	A 0.2
U	A 0.2
=	A 0.3

4. Mehrfachzuweisungen. Die gelb unterlegten Anweisungen sind austauschbar.

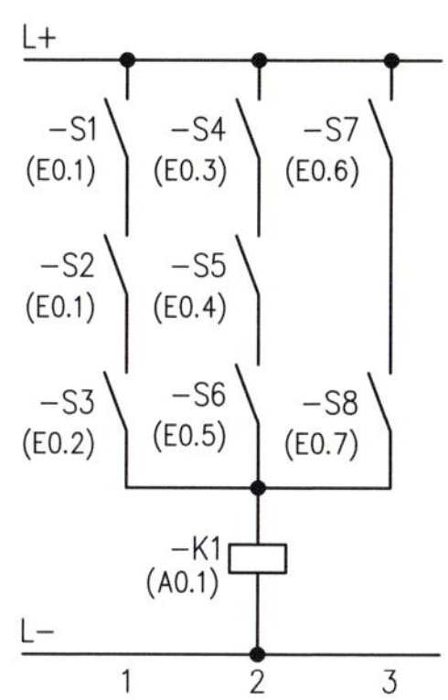

Operation	Operand
O(	
U	E 0.0
U	E 0.1
U	E 0.2
)	
O(	
U	E 0.3
U	E 0.4
U	E 0.5
)	
O(	
U	E 0.6
U	E 0.7
)	
=	A 0.0

5. Programmieren mit Klammern: UND vor ODER

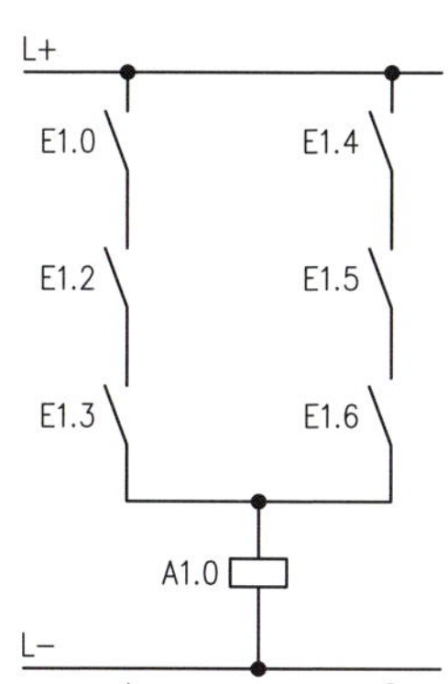

Operation	Operand
U(	
O	E 1.0
O	E 1.4
)	
U(	
O	E 1.2
O	E 1.5
)	
U(	
O	E 1.3
O	E 1.6
)	
=	A 1.0

6. Programmieren mit Klammern: ODER vor UND

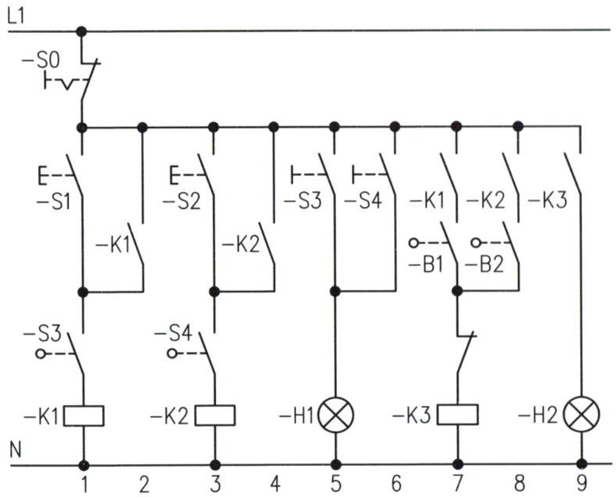

1. Die Bandförderanlage wird durch eine Selbsthaltung erweitert.

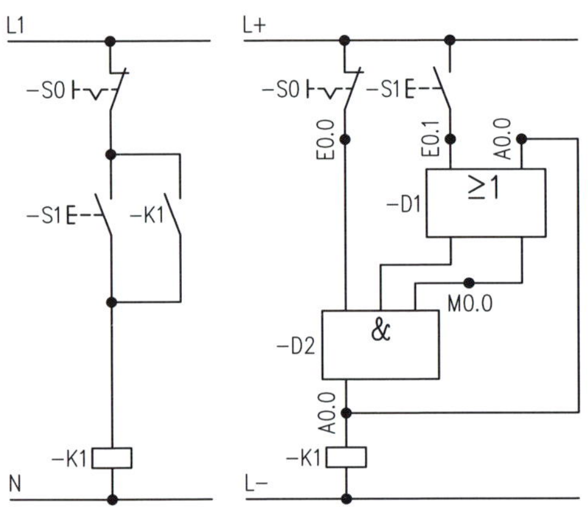

2. Bei der vereinfachten Darstellung der Strompfade 1 und 2 wird auf den Schalter S3 verzichtet (links). Rechts ist der zugehörige Funktionsplan der Strompfade.

Operation	Operand	
	Kennzeichen	Parameter
O	E	0.1
O	A	0.0
=	M	0.0
U	M	0.0
U	E	0.0
=	A	0.0

3. Die Anweisungsliste zu Bild 2

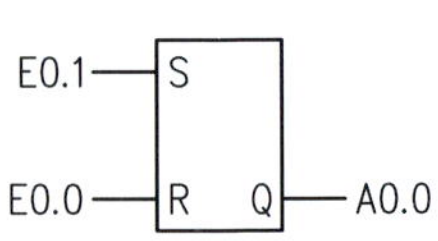

Operation	Operand
U	E 0.1
S	A 0.0
U	E 0.0
R	A 0.0

4. RS-Speicher mit dominierendem Rücksetzen

3.6 Wie lässt sich der Selbstanlauf einer Anlage verhindern?

Aus Sicherheitsgründen soll sich eine Bandförderanlage nach einem Stromausfall nicht selbst aktivieren können. Bei der Schaltung in Bild 1 werden die Rasterschalter S1 und S2 durch einen Taster ersetzt. Mit dem Taster S0 wird die gesamte Anlage ausgeschaltet. Wie funktioniert die Schaltung?

Analysieren der Funktion

Band 1: Befindet sich die Verteilerklappe Y in der Stellung „links", ist S3 geschlossen. Wird nun Taster S1 betätigt, zieht das Schütz K1 an und hält sich selbst über den Schließer K1 im Strompfad 2. Die **Selbsthalteschaltung** besteht also aus dem Schütz K1, den beiden Tastern S0 und S1 sowie dem Kontakt des Schützes. Bei betätigtem Taster S0 fällt das Schütz ab, K1 öffnet wieder. Wird Taster S1 betätigt, zieht Schütz K1 an und geht in Selbsthaltung.
Band 2: Wird Taster S2 betätigt, zieht Schütz K2 an und hält sich selbst über den Schließer K2 im Strompfad 4.

Der Funktionsplan für die Strompfade 1 und 2

Wegen der Übersichtlichkeit wird auf die Darstellung von S3 verzichtet (Bild 2, links). Der FUP (Bild 2, rechts) zeigt die Beschaltung der Ein- und Ausgänge.

Die Anweisungsliste für die Strompfade 1 und 2

In der Tabelle 3 ist die AWL für die Schaltung der Strompfade 1 und 2 aufgeführt.

Was geschieht, wenn in Bild 2 die Taster S0 und S1 gleichzeitig betätigt werden?

Werden **beide** Taster betätigt, zieht K1 nicht an. Damit handelt es sich um ein (dominierendes) vorrangiges Rücksetzen. Bei der Funktion Rücksetzen (***Re****set*) werden gesetzte Operanden durch ein kurzzeitiges „1"-Signal gelöscht. Woran ist ein dominierendes Rücksetzen zu erkennen?

> ***Die Zuordnung R-Q im FUP zeigt das dominierende Rücksetzen. In der AWL bestimmt die letzte Anweisung die Dominanz.***

In Bild 5 ist eine Steuerung mit Selbsthaltung zu sehen. Was geschieht, wenn beide Taster S0 und S1 zur selben Zeit betätigt werden?

Werden beide Taster S0 und S1 gleichzeitig betätigt, zieht K1 an. In diesem Fall ist es ein **dominierendes Setzen**. Bei der Funktion Setzen (*Set*) werden Operanden durch ein kurzzeitiges „1“-Signal **dauerhaft, auch nach dem Wegfall des „1“-Signals,** gesetzt. Bild 6 zeigt den FUP und die AWL des RS-Speichers mit dominierendem Setzen.

> ***Die Zuordnung S-Q im FUP zeigt ein dominierendes Setzen an, das in der AWL durch die letzte Anweisung festgelegt ist.***

Für elektrische Maschinen werden Steuerungen mit dominierendem Rücksetzen eingesetzt, wenn ein selbstständiges Wiederanlaufen, z. B. einer Werkzeugmaschine, nach einem Stromausfall verhindert werden soll.

> ***Durch ein dominierendes Rücksetzen kann ein selbstständiges Wiederanlaufen nach der Stromwiederkehr verhindert werden.***

Dominierendes Setzen wird gewählt, wo bestimmte Funktionen aufrechterhalten bleiben müssen, z. B. bei Fahrstühlen, Bremsen usw.

RS-Speicher mit negiertem Rücksetzbefehl

In Bild 4 kann der Ausgang A 0.0 nur mit einem „1“-Signal am Eingang E 0.0 zurückgesetzt werden. Welchen Nachteil hat das?
Bei einem Drahtbruch ist ein Rücksetzen nicht möglich. Daher werden RS-Speicher wie in Bild 7 programmiert.

Die vollständige AWL und den FUP für die Strompfade 1 und 2 zeigen Bild und Tabelle 8.

> ***Liegt an beiden Eingängen ein „1“-Signal, so hat der zuletzt abgefragte Eingang Vorrang.***

Aufgaben

1. Erstellen Sie zu Bild 1 den Funktionsplan mit RS-Speichern und schreiben Sie die Anweisungsliste.
2. Erstellen Sie zu Bild 6 eine drahtbruchsichere Anweisungsliste.
3. Was gibt die letzte Anweisung eines Programms für einen RS-Speicher an?

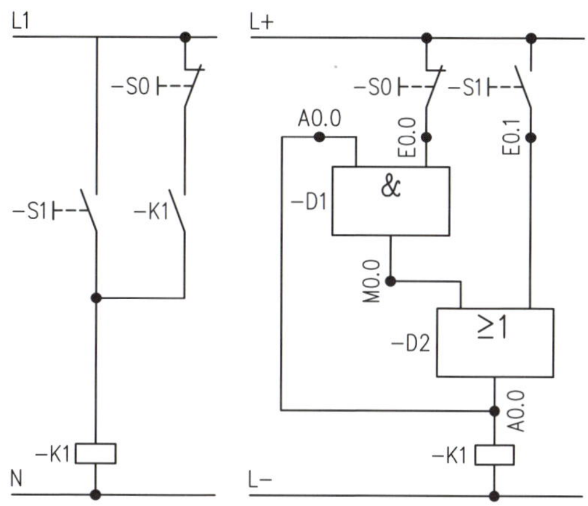

5. Steuerung mit Selbsthaltung. Wie unterscheidet sich diese von der Steuerung in Bild 2?

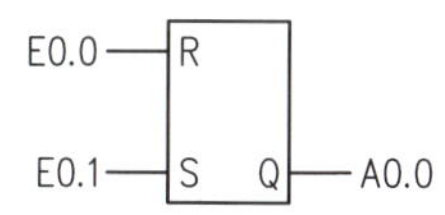

Operation	Operand
U	E 0.0
R	A 0.0
U	E 0.1
S	A 0.0

6. RS-Speicher mit dominierendem Setzen

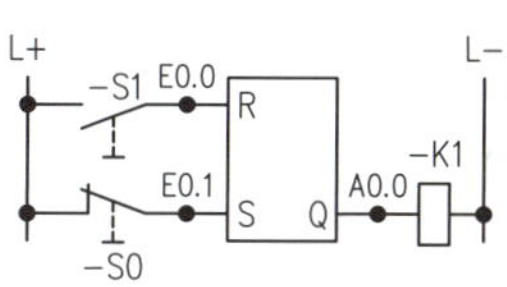

Operation	Operand
U	E 0.1
S	A 0.0
UN	E 0.0
R	A 0.0

7. RS-Speicher mit negiertem Rücksetzbefehl

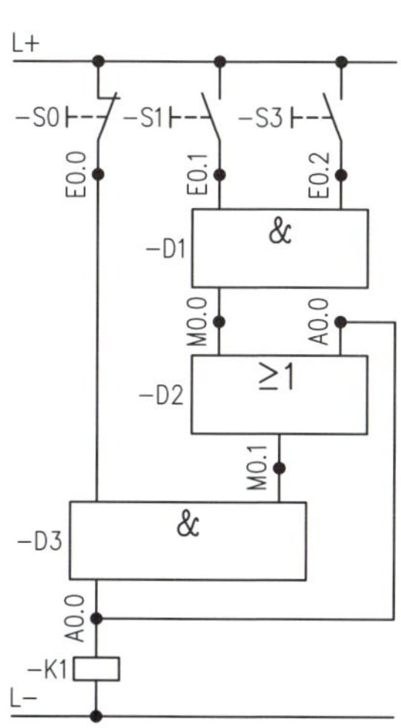

Operation	Operand
U	E 0.1
U	E 0.2
=	M 0.0
O	M 0.0
O	A 0.0
=	M 0.1
U	M 0.1
U	E 0.0
=	A 0.0

8. Funktionsplan und Anweisungsliste für die Strompfade 1 und 2

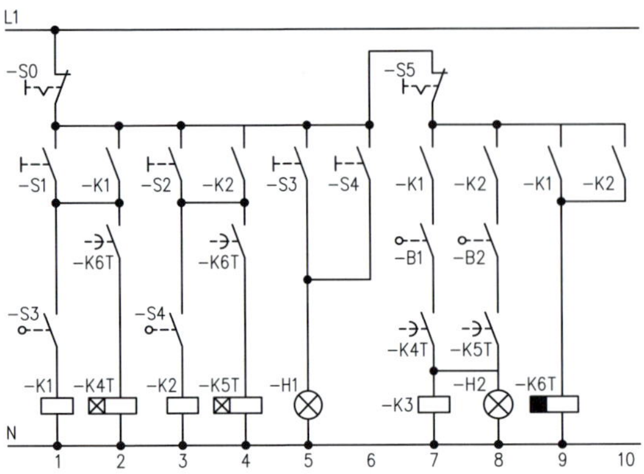

1. Stromlaufplan einer Bandförderanlage mit einer Einschalt- und Ausschaltverzögerung

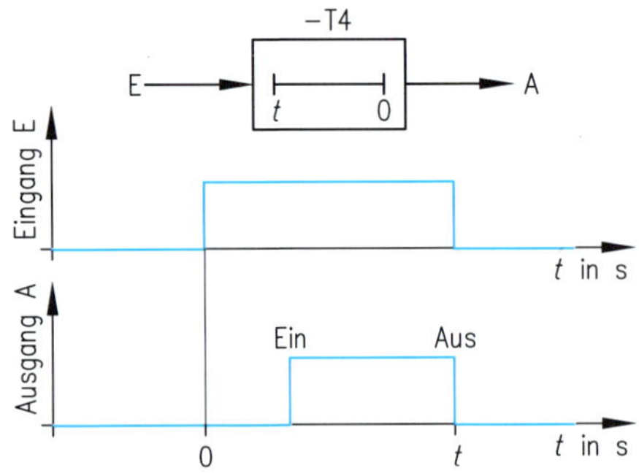

2. Einschaltverzögerung

Beispiel: *L* *KT* *10.2*

Lade → *L*
konstanter Zeitwert → *KT*
Wert (0 bis max. 999) → *10*
→ *2* (Basis)

Basis	0	1	2	3
Faktor	0,01 s	0,1 s	1 s	10 s

3. Anweisung für Zeiteinstellung. Je nach Anlage können sich Abweichungen ergeben!

Operation	Operand	
	Kennzeichen	Parameter
U	E	0.0
L	KT	10.2
SE	T	4
U	T	4
=	A	0.0

4. Anweisungsliste. SE T 4 bedeutet: Setze einschaltverzögert den Timer 4.

3.7 Mit einer SPS Anlagen zeitversetzt schalten

Beim Stillstand einer Bandförderanlage soll kein Schüttgut auf den Bändern zurückbleiben. Wie ist die Steuerung anzupassen?

Analysieren der Funktion

Der Stromlaufplan in Bild 1 zeigt, dass S3 geschlossen und Band 1 betriebsbereit ist.

Band 1 einschalten: Ist S1 betätigt, zieht Schütz K1 an und hält sich selbst über den Kontakt von K1 und über das Zeitrelais K6T im Strompfad 2. Zugleich wird das Zeitrelais K4T erregt.

Band 3 einschalten: Das Schütz K3 im Strompfad 7 wird über den Schließer von K1, den Bandwächter B1 und zeitversetzt über den Kontakt von K4T erregt. Band 3 läuft an und die Kontrolllampe H2 leuchtet. Das Zeitrelais K6T im Strompfad 9 wird über den Schließer von K1 erregt.

Band 3 ausschalten: Durch Betätigen des Ausschalters S5 im Strompfad 7 fällt das Relais K3 ab. Band 3 wird ausgeschaltet. Zeitgleich unterbricht der Schalter S5 den Stromkreis im Strompfad 9.

Band 1 ausschalten: Unterbricht der Zeitrelaiskontakt K6T nach Ablauf der eingestellten Zeit, z. B. t = 10 s, den Stromkreis im Strompfad 2 und das Schütz K1 fällt ab: Band 1 ist ausgeschaltet.

Wie lassen sich die Verzögerungszeiten mit einer SPS programmieren?

Jede SPS hat eine bestimmte Anzahl von Zeitgliedern (zwischen 64 bis 512 Zeitfunktionen). Sie werden z. B. mit T0 bis T15 (*T* = *Timer*) gekennzeichnet.

> ***Mit einer SPS lassen sich Zeitfunktionen programmieren.***

Neben dem **Impulsgeber TP** (*Timer Pulse*) nennt die Norm noch zwei weitere Typen von Zeitgliedern:

Einschaltverzögerung TON (*Timer **ON** Delay*). Bild 2 zeigt das Schaltzeichen mit dem dazugehörigen Zeitablaufdiagramm, Bild 3 die Anweisung für eine Zeiteinstellung: Lade einen konstanten Zeitwert von 10 · 1 s = 10 s.

Die AWL der Einschaltverzögerung ist in Tabelle 4 wiedergegeben: Mit dem Eingang E 0.0 wird das Zeitglied gestartet, das einen konstanten Zeitwert t = 10 s lädt. Das Zeitglied T4 (Timer 4) wird einschaltverzögert gesetzt, mit dem Eingang E 0.0 UND-verknüpft und dem Ausgang A 0.0 zugewiesen.

Ausschaltverzögerung TOF (*Timer Off Delay*). Bild 5 zeigt das Schaltzeichen einer Ausschaltverzögerung mit dem entsprechenden Zeitablaufdiagramm; die zugehörige AWL ist in Tabelle 6 zu sehen.

Welche Bedeutung haben die einzelnen Angaben eines Zeitgliedes?

Die Werte eines Timers werden in einer Zeitzelle abgelegt, die 16 Bit (gleich 2 Byte oder 1 Wort) umfasst. Die Parameter des Timers sind in Bild 8 zu sehen. Die Eingangs- und Ausgangsoperanden haben folgende Bedeutung:

- **T + Nummer:** Die Timer-Nummer gibt die Zeitzeile an, z. B. T13.
- **T-Funktion:** Typ des Timers, z. B. Einschalt-, Ausschaltverzögerung oder Impulsgeber.
- **S:** Setzeingang des Timers.
- **TW:** Zeitwert-Vorgabe (Timer-Wert).
- **R:** Rücksetzeingang
- **DUAL:** Restlicher Zeitwert im Dualcode.
- **DEZ:** Der restliche Zeitwert im BCD-Code.
- **Q:** Ausgang des Timers.

> ***Mit Zeitgliedern lassen sich Ausgänge und Merker ansprechen.***

Wie sieht die AWL für die Bänder 1 und 3 aus?

Tabelle 7 zeigt die Anweisungsliste für die Ein- und Ausschaltbedingungen.

Aufgaben

1. Zeichnen Sie den Funktionsplan zu der Tabelle 7.
2. Analysieren Sie die Schaltung anhand der AWL für die Bänder 1 und 3.

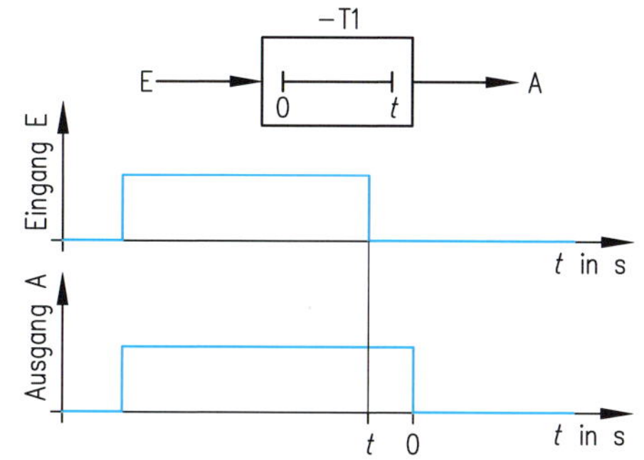

5. Anweisungsliste. SA T1 bedeutet: Setze ausschaltverzögert den Timer 1.

Operation	Operand	
	Kennzeichen	Parameter
U	E	1.0
L	KT	50.1
SA	T	1
U	T	1
=	A	1.0

6. Ausschaltverzögerung

Operation	Operand	Kommentar
U	E 0.1	S1
U	E 0.2	S3
S	A 0.0	K1 (Band 1)
U	A 0.0	
L	KT 10.2	t = 10 s
SE	T 0	Timer 0
U	T 0	
=	M 10.0	K4T
U	A 0.0	
U	E 1.0	Bandwächter 1
U	M 10.2	
S	A 0.2	K2 (Band 3)
U	A 0.2	
=	A 0.3	H2
UN	E 0.5	S5
R	A 0.2	
R	A 0.3	
UN	E 0.5	
L	KT 10.2	t = 10 s
SA	T 2	Timer 2
U	T 2	
=	M 10.2	K6T

7. Anweisungsliste für die Einschalt- und Ausschaltbedingungen der Bänder 1 und 3

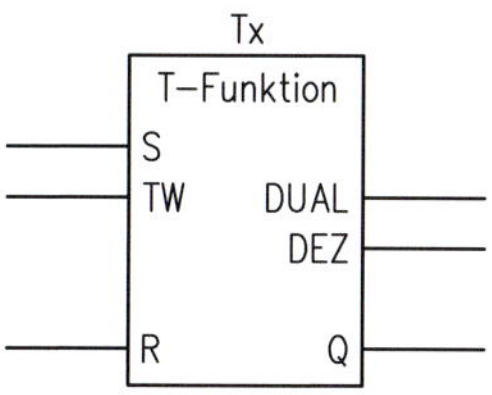

8. Parameter eines Timers

1. *Leistungsstarke Kompaktsteuerungen werden in vielen Bereichen eingesetzt. Bei Bedarf können sie noch erweitert werden.*

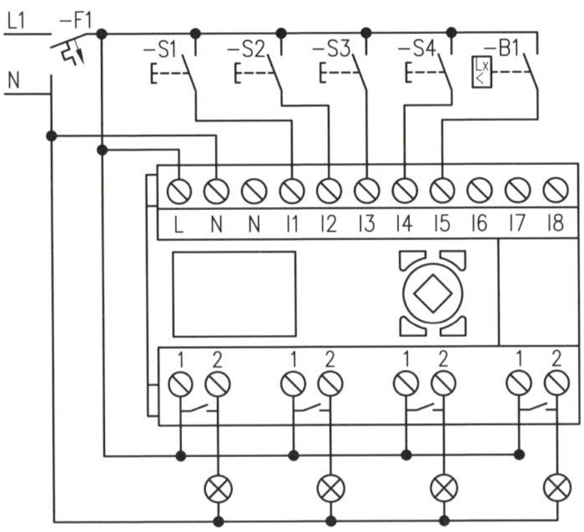

2. *Digitale Eingänge der „LOGO!“ werden mit I, analoge mit AI und einer laufenden Nummer bezeichnet.*

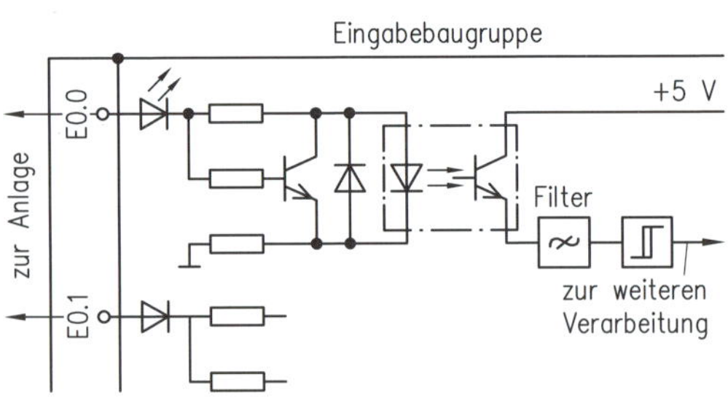

3. *Impulsartige Störungen werden durch eine Verzögerung der Eingangssignale weitgehend verhindert.*

Geber-spannung	Eingangsspannung		Eingangs-strom bei H-Pegel
	H-Pegel	L-Pegel	
DC 24 V	12… 30 V	02… 5 V	8,5 mA
AC 48 V	132… 60 V	02… 5 V	10 mA
AC 230 V	170… 264 V	02… 70 V	15 mA

4. *Um einen H- oder L-Pegel eindeutig als solchen zu interpretieren, müssen bestimmte Spannungs- und Stromwerte eingehalten werden.*

3.8 Welche SPS ist die richtige?

Bild 1 zeigt eine SPS in Kompaktbauweise, die vielseitig einsetzbar ist. Worauf ist bei der Auswahl einer SPS zu achten?

Leistungsfähigkeit der CPU

Bei der Auswahl einer CPU ist folgendes zu berücksichtigen:

- Befehlsumfang, z. B. logische Funktionen (UND, ODER, NICHT), Zeitgeber, Zähler usw.,
- Verarbeitungsgeschwindigkeit,
- Größe des Arbeitsspeichers,
- Anzahl der Ein- und Ausgänge (digital/analog),
- Möglichkeiten, die Anlage variabel zu erweitern.

Wie werden die Eingänge beschaltet?

Bild 2 zeigt den Anschlussplan einer SPS, bei der die Signalgeber (Sensoren, Schalter usw.) angeschlossen werden. Meist zeigt eine LED den Schaltungszustand des Gebers an. Die Spannungen betragen 5 V/24 V DC; für Spannungen von 48 V/115 V/ 230 V AC sind zusätzliche Netzteile erforderlich.

Wie werden Eingangssignale weiterverarbeitet?

Zum Schutz der CPU wird diese galvanisch von den Gebern durch Optokoppler (Bild 3) getrennt. Diese bestehen aus einer Fotodiode und einem Fototransistor. Die Übertragung erfolgt durch Licht, das von der Fotodiode erzeugt und vom Fototransistor empfangen und in Strom gewandelt wird.
Damit die CPU die Signale weiterverarbeiten kann, muss ein H- oder L-Pegel zweifelsfrei als solcher interpretiert werden. Die Daten zeigt Bild 4.
Fehlerhafte Geber und/oder zu lange Leitungen können die Eingangssignale verfälschen und zu ungewünschten Reaktionen führen. Deshalb geben die Hersteller **maximale Leitungslängen** für die Zuleitungen zu den Ein- und Ausgängen ihrer Geräte an.

Was ist bei der Verlegung der Leitungen zu beachten?

Da SPS mit relativ niedrigen Leistungen arbeiten, machen sich Störsignale besonders negativ bemerkbar. Um die zu verhindern, sind:

- Steuer- und Laststromkreise räumlich zu trennen,
- Koppelschleifen zu vermeiden (keine Hin- und Rückleiter in derselben Leitung),

- unterschiedliche Spannungspotenziale auf den Leitungen zu verhindern,
- die **maximalen Leitungslängen** zu beachten, die die Hersteller für die Zuleitungen angeben: bis zu 1 km bei geschirmten Leitungen und bis zu 600 m bei ungeschirmten Leitungen. In Bild 5 sind Möglichkeiten der Abschirmung von Leitungen zu sehen.

Ausgangsdaten für SPS

Zum Anschließen der benötigten Aktoren (Motoren, Schütze usw.) werden die elektrischen Werte an den SPS-Ausgängen (Bild 6) benötigt.

Lösen komplexer Aufgaben

Sind sich ständig verändernde Größen wie Temperaturen oder Drücke zu verarbeiten, lassen sich modular aufgebaute SPS wie in Bild 7 an die gestellten Aufgaben anpassen.

VPS oder SPS?

Die SPS bietet gegenüber einer verdrahteten Steuerung eine Reihe von Vorteilen, nämlich:
- flexibler und geringerer Platzbedarf,
- verschleißfrei und zuverlässiger,
- geringerer Stromverbrauch,
- Fehler können früher erkannt werden, z. B. durch akustische/optische Störmeldungen,
- leichtere Einbindung in automatisierte Prozesse.

Nachteile einer SPS sind:
- notwendige Anschaffung von zusätzlichen Programmiergeräten, geeigneter Software und Datensicherung,
- Lasten können nicht direkt geschaltet werden,
- aufwändiges Sicherheitskonzept zur Vermeidung möglicher undefinierter Anlagenzustände,
- aufwändiges Absichern gegenüber unerlaubter Zugriffe von außen,
- teuer bei weniger komplexen Aufgabenstellungen,
- komplexere Bedienung.

Aufgabe

1. Welche Betriebsmittel können anhand von Tabelle 6 von den Ausgängen geschaltet werden?

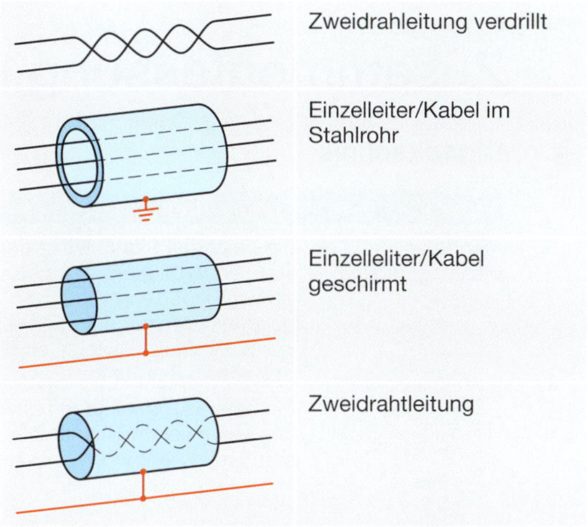

5. Um eine Verschleppung von Störsignalen zu verhindern, soll die Abschirmung nur im Schaltschrank mit dem Bezugspotenzial verbunden werden.

Ausgang	Anwendung im		Daten
	Gleichstromkreis	Wechselstromkreis	
Transistor	X		5 V/0,1 A 24/ 0,5 A
Triac		X	115 V/230 V/2 A
Relais	X	X	DC 24 V/ 2 A AC 115 V/230 V/ 5 A

6. Einsatzmöglichkeiten von verschiedenen Bauelementen

7. Mit modular aufgebauten Steuerungen lassen sich (fast) alle Steuerungsaufgaben lösen.

Lernfeld 3: Steuerungen analysieren und anpassen

Zusammenfassung Lernfeld 3

Digitaltechnik

<table>
<tr><th>Begriff</th><th>Erläuterung</th><th>Beispiel</th></tr>
<tr><td>Signale (analog, digital, binär)</td><td>Ein analoges Signal weist den stetigen Verlauf einer physikalischen Größe innerhalb festgelegter Grenzen auf, digitale nur bestimmte Werte zu einem definierten Zeitpunkt.

Ein binäres Signal kann nur einen von zwei möglichen Zuständen annehmen.</td><td>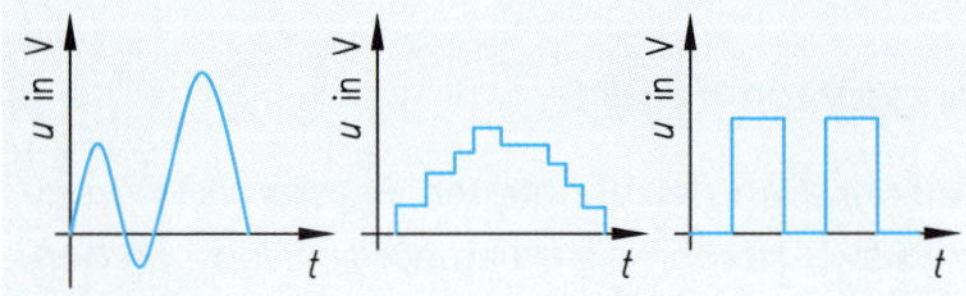
Analoge (links), digitale (Mitte) und binäre (rechts) Signale</td></tr>
<tr><td>Pegel</td><td>Bei binären Signalen gilt für die Pegel folgende Zuordnung: Der positivere Spannungsbereich führt den Pegel High (H), der niedrigere den Pegel Low (L).</td><td>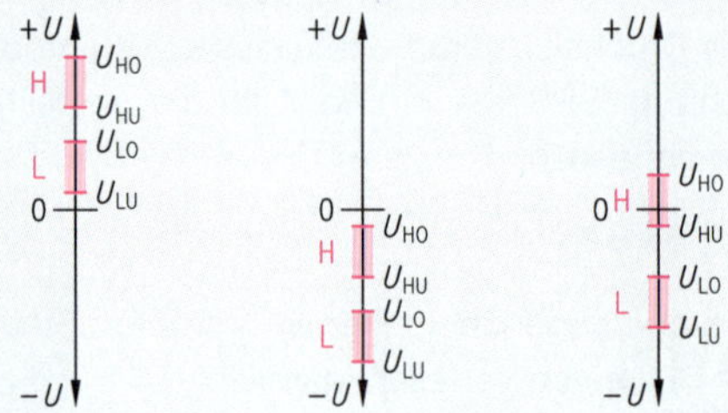
Spannungspegel bei verschiedenen Bezugspunkten</td></tr>
<tr><td>Funktionstabelle
Arbeitstabelle</td><td>Signalzustände der Ausgänge einer logischen Verknüpfung werden den entsprechenden Signalkombinationen der Eingänge zugeordnet. Dabei wird der Spannungspegel mit H (High) oder L (Low) angegeben.</td><td>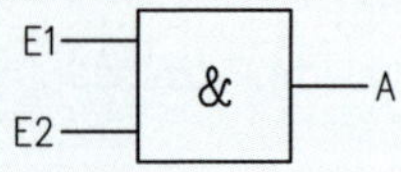
<table><tr><th>E2</th><th>E1</th><th>A</th></tr><tr><td>L</td><td>L</td><td>L</td></tr><tr><td>L</td><td>H</td><td>L</td></tr><tr><td>H</td><td>L</td><td>L</td></tr><tr><td>H</td><td>H</td><td>H</td></tr></table></td></tr>
<tr><td>Wahrheitstabelle</td><td>Die Wahrheitstabelle ist eine tabellarische Aufstellung von Bedingungen am Eingang mit ihren möglichen Kombinationen und den daraus folgenden logischen Aussagen (Entscheidungen) am Ausgang einer Verknüpfung.</td><td>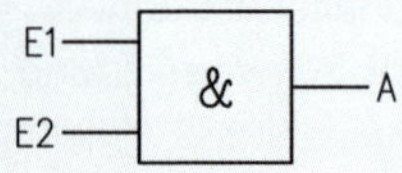
<table><tr><th>E2</th><th>E1</th><th>A</th></tr><tr><td>0</td><td>0</td><td>0</td></tr><tr><td>0</td><td>1</td><td>0</td></tr><tr><td>1</td><td>0</td><td>0</td></tr><tr><td>1</td><td>1</td><td>1</td></tr></table></td></tr>
<tr><td>Zeitablaufdiagramm</td><td>Das Zeitablaufdiagramm zeigt die Veränderung der Ausgangssignale logischer Verknüpfungen bei verschiedenen Kombinationen der Eingangssignale. Dabei sind:
• die Zeit-Achse waagrecht,
• die Bezugslinie der „0“-Wert des Signals,
• der „1“-Wert nach oben aufzutragen.</td><td>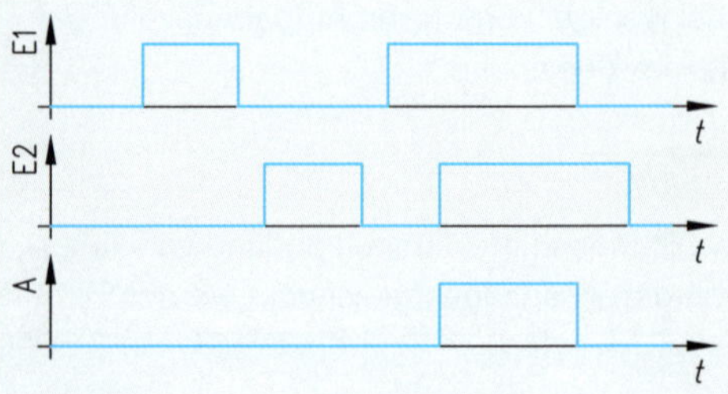</td></tr>
</table>

Logische Grundverknüpfungen

Benennung/ Gleichung	Schaltzeichen	Erläuterung	Wahrheitstabelle	Zeitablaufdiagramm
UND Konjunktion $A = E1 \wedge E2$	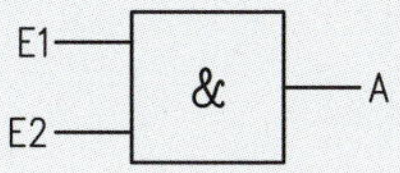	Die Ausgangsvariable A nimmt nur dann den Wert „1“ an, wenn alle Eingangsvariablen E den Wert „1“ haben.	E2 E1 A 0 0 0 0 1 0 1 0 0 1 1 1	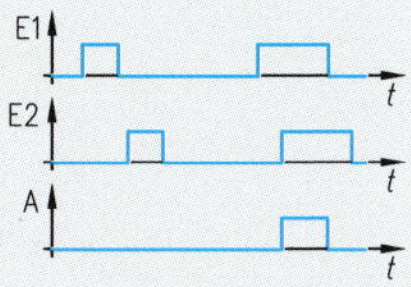
ODER Disjunktion $A = E1 \vee E2$	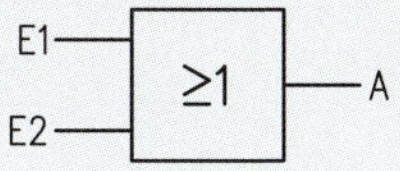	Die Ausgangsvariable A nimmt immer dann den Wert „1“ an, wenn mindestens eine der Eingangsvariablen E den Wert „1“ führen.	E2 E1 A 0 0 0 0 1 1 1 0 1 1 1 1	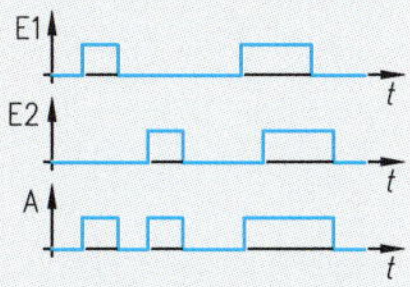
NICHT Negation $A = \overline{E}$	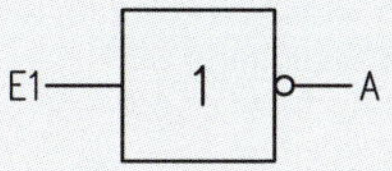	Die Ausgangsvariable A nimmt immer den entgegengesetzten Wert der Eingangsvariablen E an.	E A 0 1 1 0	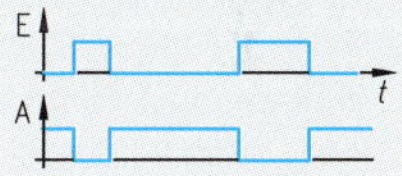
NAND $A = \overline{E1 \wedge E2}$	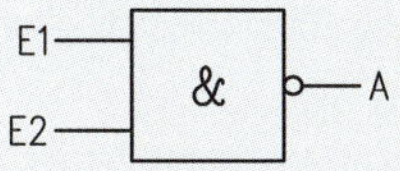	Die Ausgangsvariable A nimmt den Wert „0“ an, wenn alle Eingangsvariablen auf „1“ liegen. Führt eine der Eingangsvariablen „0“, so liegt am Ausgang der Wert „1“.	E2 E1 A 0 0 1 0 1 1 1 0 1 1 1 0	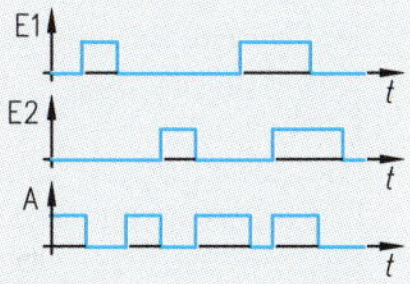
NOR $A = \overline{E1 \vee E2}$	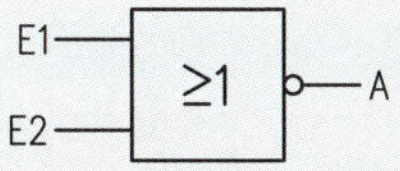	Die Ausgangsvariable A nimmt dann den Wert „0“ an, wenn mindestens eine Eingangsvariable E den Wert „1“ hat.	E2 E1 A 0 0 1 0 1 0 1 0 0 1 1 0	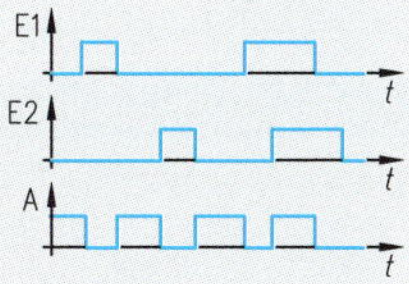
Exklusiv-NOR Äquivalenz $A = (\overline{E1} \wedge \overline{E2}) \vee (E1 \wedge E2)$	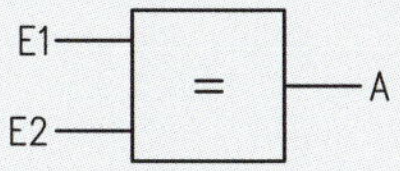	Die Ausgangsvariable A nimmt nur dann den Wert „0“ an, wenn eine und nur eine der Eingangsvariablen E den Wert „0“ hat.	E2 E1 A 0 0 1 0 1 0 1 0 0 1 1 1	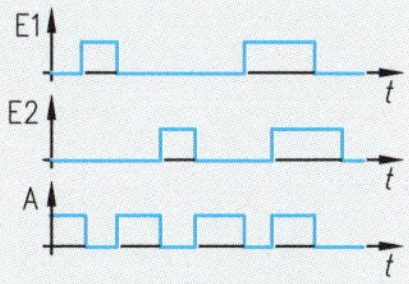
Exklusiv-ODER Antivalenz $A = (E1 \wedge \overline{E2}) \vee (\overline{E1} \wedge E2)$	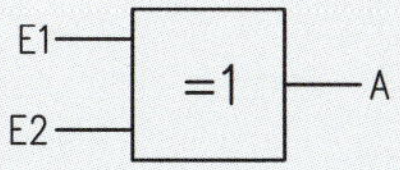	Die Ausgangsvariable A nimmt den Wert „1“ an, wenn eine und nur eine der Eingangsvariablen E den Wert „1“ hat.	E2 E1 A 0 0 0 0 1 1 1 0 1 1 1 0	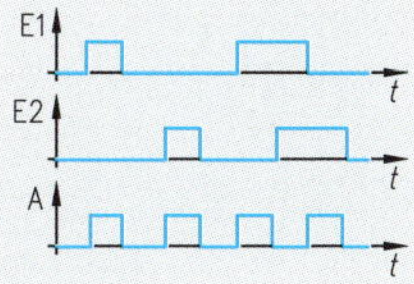

Steuerungstechnik

Steuerkette

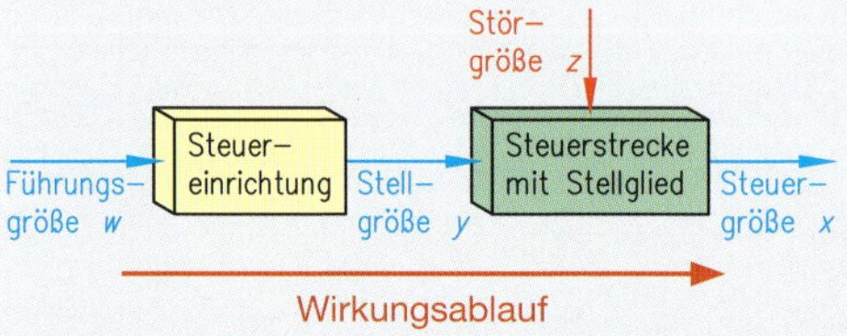

Steuern ist „ein Vorgang in einem System, bei dem einzelne oder mehrere Größen als Eingangsgrößen andere Größen aufgrund der dem System eigentümlichen Gesetzmäßigkeiten beeinflussen." DIN 19226

Den offenen Wirkungsablauf eines Steuerungsvorgangs bezeichnet man als **Steuerkette**.

Regelkreis

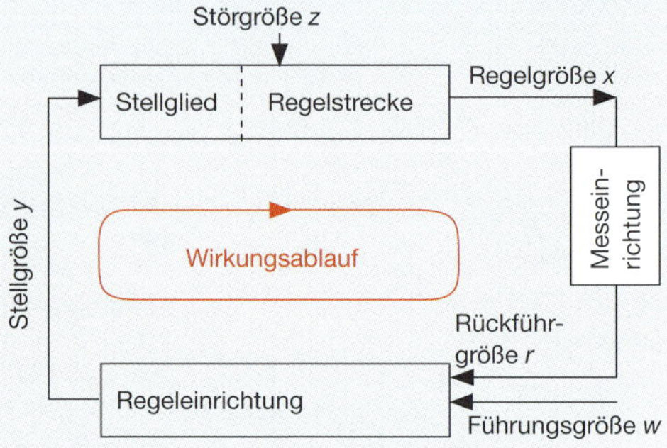

Kennzeichnend für eine Regelung ist

- das ständige Erfassen des **Istwertes**,
- der Vergleich zwischen Soll- und Istwert,
- das Anpassen des Istwertes an den Sollwert mithilfe eines Stellglieds.

Den Regelvorgang bezeichnet man als **Regelkreis**.

Begriffe der Steuerungs- und Regelungstechnik

- Die **Steuereinrichtung** beeinflusst aufgrund der Eingangsgrößen und der vorgegebenen Verarbeitung die Steuerstrecke (EVA-Prinzip = **E**ingabe – **V**erarbeitung – **A**usgabe).
- Die **Steuerstrecke** stellt den Teil der Steuerung dar, der beeinflusst werden soll.
- Das **Stellglied** ist der Teil der Steuerstrecke/des Regelkreises, der den Energie- bzw. Massenfluss beeinflusst.
- Die **Stellgröße** *y* überträgt die Wirkung der Steuereinrichtung auf die Steuerstrecke.
- Die **Führungsgröße** *w* ist eine von außen zugeführte Größe, die der Ausgangsgröße folgen soll. Sie gibt den Sollwert der Regelung an.
- Die **Störgröße** *z* wirkt von außen auf eine Steuerung und beeinflusst die Aufgabengröße.
- Die **Regelstrecke** ist der Teil der Regelung, der das Stellglied und die Regelstrecke beeinflusst.
- Die **Regelgröße** *x* ist die Ausgangsgröße der Regelstrecke.
- Die **Führungsgröße** *r* ist die Größe, die der Regeleinrichtung wieder zugeführt wird.

Arten von Steuerungen (Unterscheidung nach Aufgaben)

Hauptstromkreis (= Laststromkreis)

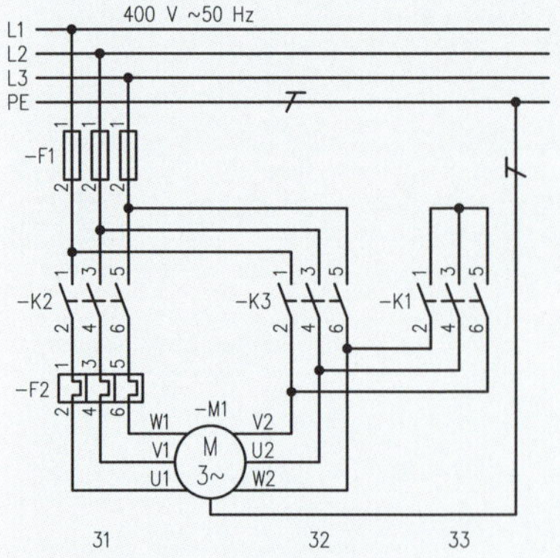

Steuerstromkreis
Tippbetrieb, zwei Drehrichtungen

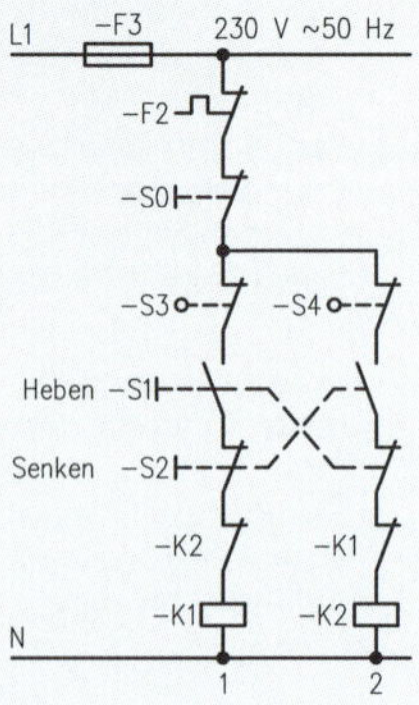

Steuerstromkreis
Dauerbetrieb, zwei Drehrichtungen

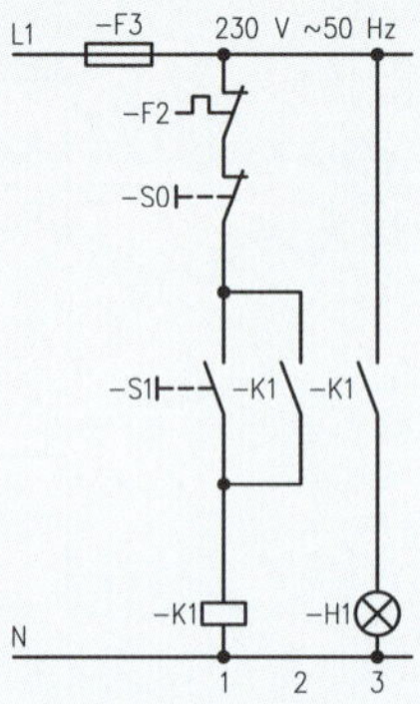

Der **Hauptstromkreis** ist der Teil einer Schaltung, der mit dem Laststrom betrieben wird. Er besteht aus den Hauptgeräten und den Hauptleitungen. Die Geräte werden vom Laststrom in der Reihenfolge Elektrische Sicherung → Hauptschalter → Hauptschütz → Motorschutzschalter → Verbraucher durchflossen. Um die hohen Lastströme sicher zu beherrschen, sind die Leitungen und Kontakte entsprechend zu dimensionieren.

Der **Steuerstromkreis** enthält die für die Steuerung oder Verriegelung des Hauptstromkreises notwendige Logik.

Tippbetrieb: Hier läuft der Antriebsmotor nur so lange, wie der Taster S1 gedrückt wird. Der Steuerkreis im Tippbetrieb hat nur einen stabilen Zustand: AUS.

Dauerbetrieb: Wird der Schalter S1 betätigt, zieht das Schütz K1 an und hält sich über den Schließer des Schützes K1. Der Motor läuft so lange, bis der AUS-Taster betätigt wird. Der Steuerkreis hat zwei stabile Zustände: EIN und AUS.

Steuerung zur Drehrichtungsänderung

Hauptstromkreis

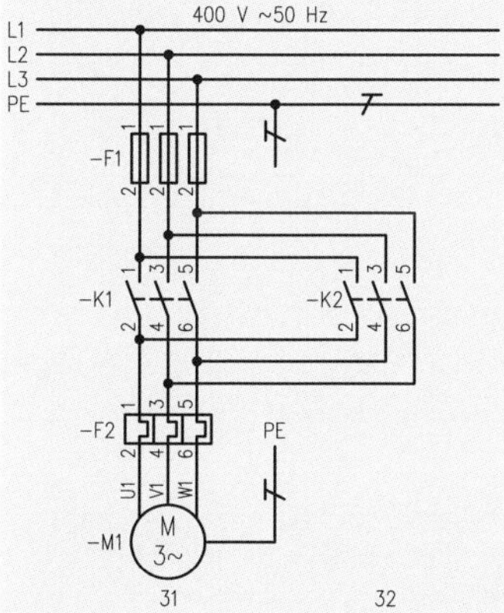

Steuerstromkreis
(Umschalten mit Nullzwang)

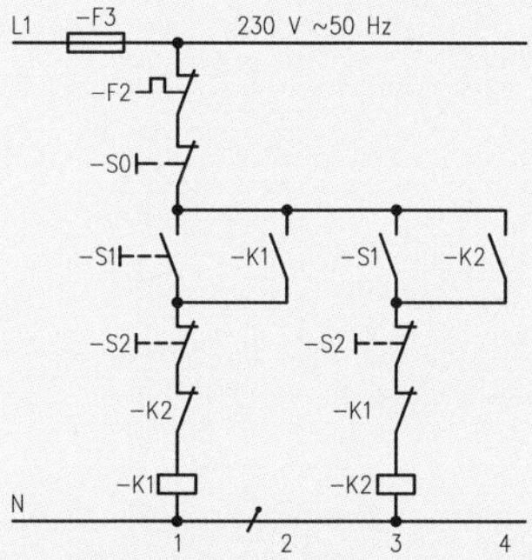

Steuerstromkreis
(direktes Umschalten)

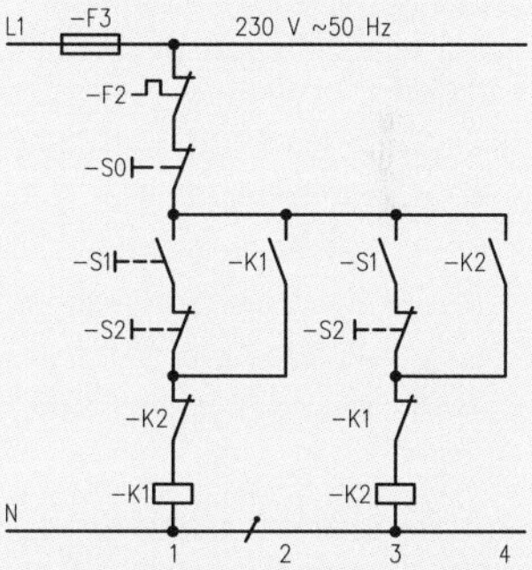

Stern-Dreieckschaltung (Anlassverfahren für Drehstrommotoren)

Hauptstromkreis

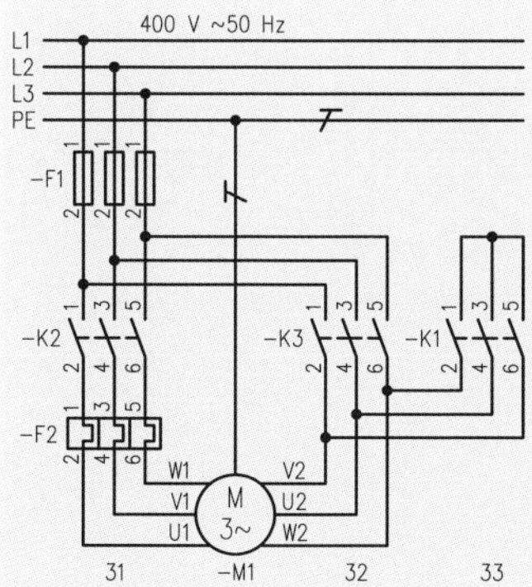

Steuerstromkreis
(Umschalten von Hand)

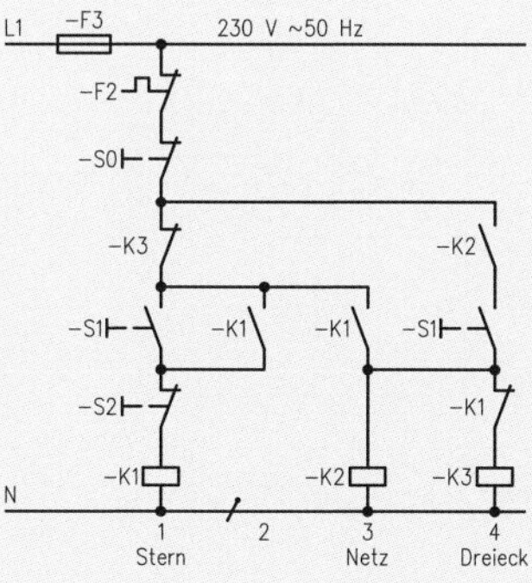

Steuerstromkreis
(automatisches Umschalten)

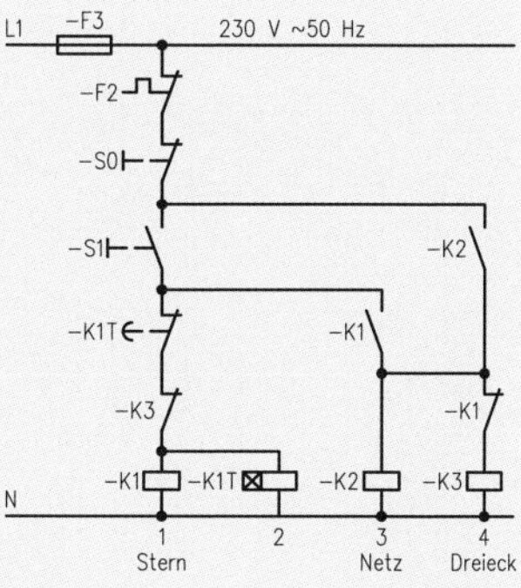

Betriebsmittel

Last- oder Hauptschütze dienen zum Schalten großer Leistungen, z. B. zum Schalten von Motoren.

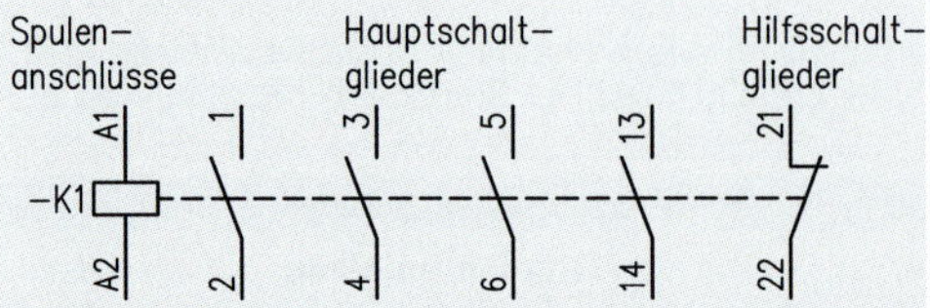

Hilfsschütze sind Schaltgeräte zur Steuerung, Signalgabe und Verriegelung von Schaltgeräten und Schaltanlagen in Steuer- und Hilfsstromkreisen.

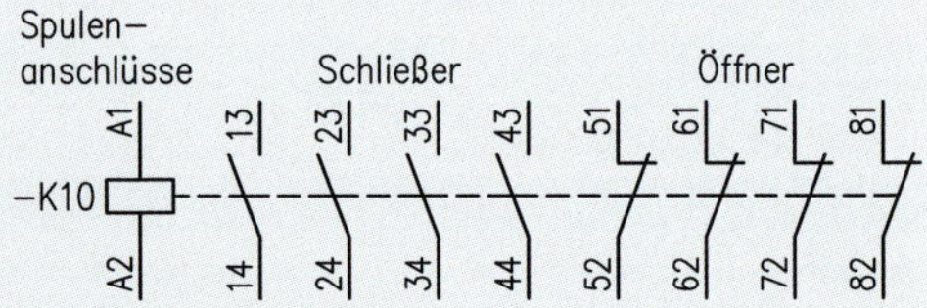

Kennzeichnung von Steuerkontakten

Steuerkontakte werden mit der 1. Ziffer fortlaufend von links nach rechts durchnummeriert. Die 2. Ziffer gibt die Funktion an:

- 1 – 2 = Öffner
- 3 – 4 = Schließer
- 5 – 6 = Öffner, zeitverzögert
- 7 – 8 = Schließer, zeitverzögert
- 1 – 2 – 4 = Wechsler
- 5 – 6 – 8 = Wechsler mit besonderer Funktion

Motorschutzrelais sollen Elektromotoren vor (thermischer) Überlastung schützen oder bei Ausfall von einem oder zweier Außenleiter.

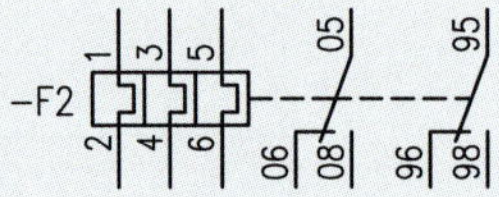

Zeitrelais sind Relais, mit denen Einschalt- und Ausschaltverzögerungen in der Steuerungs- und Automatisierungstechnik erreicht werden sollen.

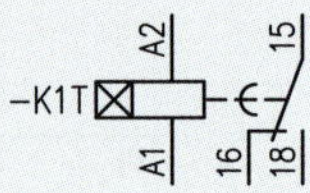

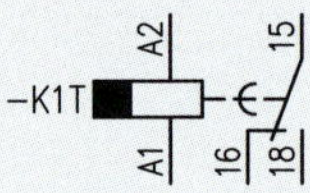

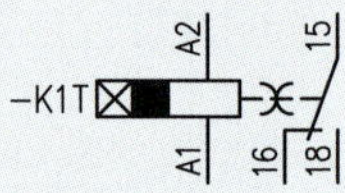

Speicherprogrammierbare Steuerungen

Funktionale Struktur einer SPS

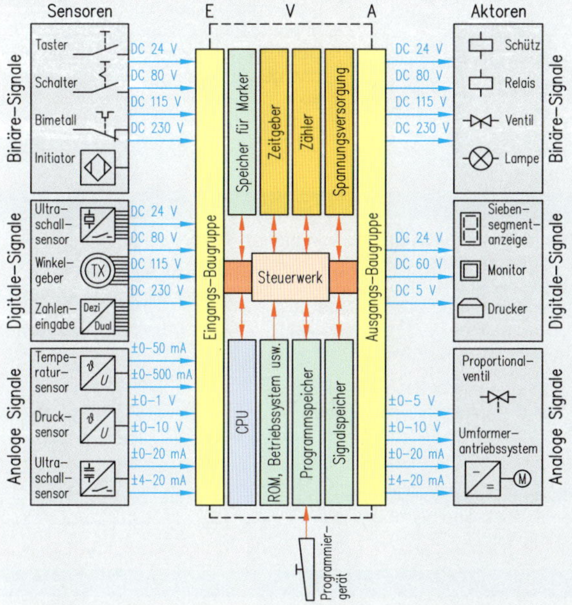

Beschreibung

Aufbau einer SPS

- Zentralbaugruppe mit
  - **Mikroprozessor** und **Steuerwerk**, die die Rechenoperationen steuern und die logischen Verknüpfungen durchführen (je schneller die Programmbearbeitung und je größer die **Programmspeicher**, desto leistungsfähiger der Rechner)
  - **Speicher für das Betriebssystem** (ROM)
  - **Speicher für die Anwenderprogramme** (batteriegepuffertes RAM oder EEPROM)
  - **Signalspeicher** (RAM) zum Speichern der an den Ein- und Ausgängen anliegenden Signale
- **Eingabe**baugruppe
  ist die Schnittstelle zwischen der Zentralbaugruppe und an den Eingängen angeschlossenen Gebern, z. B. Schließer, Öffner, Sensoren usw.
  Zur galvanischen Trennung der beiden Baugruppen werden Optokoppler verwendet.
  Mögliche Spannungen s. links
- **Ausgabe**baugruppe
  ist die Schnittstelle zwischen Zentralbaugruppe und den an den Ausgängen angeschlossenen Aktoren, z. B. Leistungsschütze, -relais, Lampen usw.
  Galvanische Trennung mithilfe von Optokopplern
  Mögliche Spannungen s. links
- **Spannungsversorgungs**baugruppe
  wandelt die externe Versorgungsspannung in die interne Betriebsspannung.

Speicherarten

Speichertyp	Löschen	Programmieren
RAM (*R*andom *A*ccess *M*emory) Schreib-Lese-Speicher „Speicher mit wahlfreiem Zugriff“	elektrisch (Speicherinhalt ist beim Abschalten flüchtig.)	elektrisch
ROM (*R*ead *O*nly *M*emory) Nur-Lese-Speicher Festwertspeicher	nicht möglich	bei der Herstellung
PROM (*P*rogrammable *ROM*) Programmierbarer Festwertspeicher	nicht möglich	elektrisch
EPROM (*E*rasable *PROM*) Löschbarer Festwertspeicher	mit UV-Licht	elektrisch
EEPROM (*E*lectrically *E*rasable *ROM*) Elektrisch löschbarer Festwertspeicher	elektrisch	elektrisch

Strukturierte Programmierung	
Programmstruktur	Beschreibung
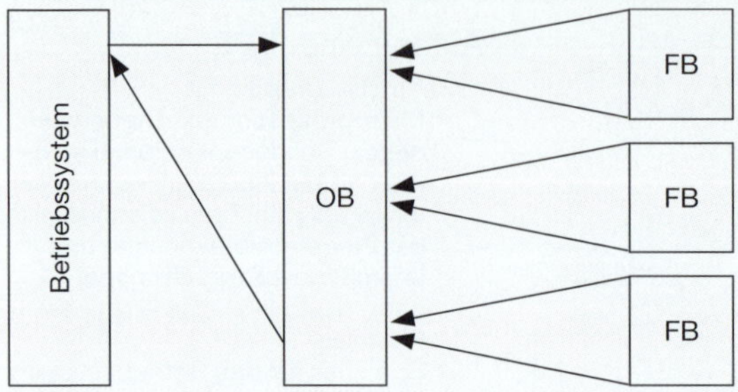	Bei einer strukturierten Programmierung wird das Programm in einzelne Blöcke unterteilt, die hierarchisch aufgebaut sind: • Das Betriebssystem ruft einen Organisationsbaustein OB auf. • Der Organisationsbaustein OB wiederum ruft dann den vom Anwenderprogramm vorgegebenen Funktionsbaustein FB auf. • Der Funktionsbaustein FB arbeitet das gewünschte Steuerprogramm ab.

Programmiersprachen

Bezeichnung	Beschreibung	
Anweisungsliste, AWL (*Instruction List, IL*)	Die AWL ist eine textuelle, zeilenorientierte Programmiersprache. Das bedeutet, dass jede Zeile eine Arbeitsvorschrift enthält, die als Anweisung bezeichnet wird. Eine Anweisung besteht aus einem Operationsteil und einem Operanden. Der Operationsteil gibt an, wie der Operand verknüpft wird.	Reihenschaltung: U E1 (UND Eingang 1) U E2 (UND Eingang 2) = A1 (Ausgang 1 zugewiesen)
Funktionsplan, FUP (*Function Block Diagramm, FBD*)	Der FUP ist eine grafikorientierte Programmiersprache, die Symbole der Digitaltechnik verwendet.	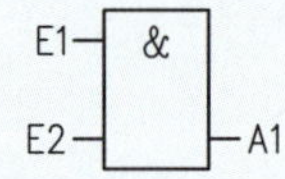
Kontaktplan, KOP (*Ladder Diagramm, LD*)	Der KOP ist ebenfalls eine grafikorientierte Programmiersprache, deren Aufbau und Symbolik den Stromlaufplänen ähnlich ist.	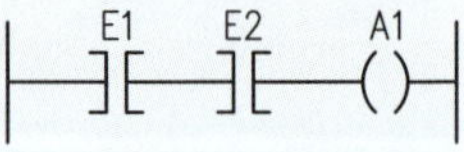

Logische Grundfunktionen				
Funktion	Stromlaufplan	AWL	FUP	KOP
UND	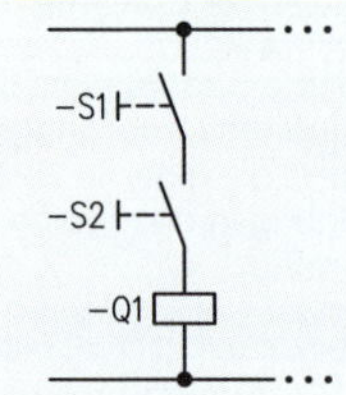	U E 1.0 U E 1.1 = A 3.0	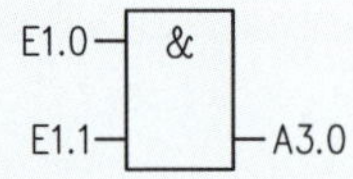	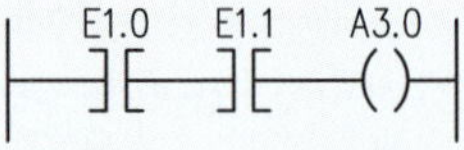
ODER	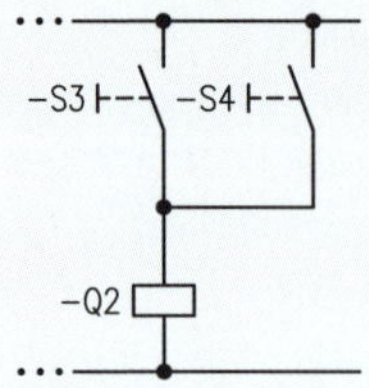	O E 1.2 O E 1.3 = A 3.1	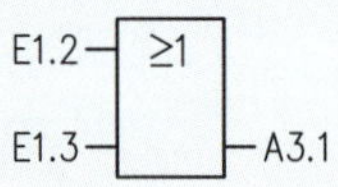	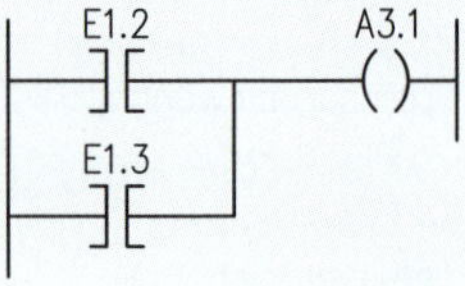
NICHT		UN E 1.4 = A 3.2	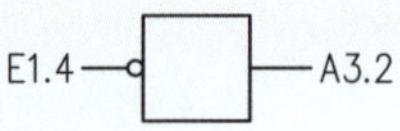	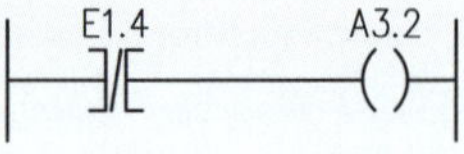

Bistabile Elemente

Funktionsbaustein	AWL		FUP	KOP
Speicherschaltung Vorrangiges Rücksetzen	Adresse	Steueran- weisg.	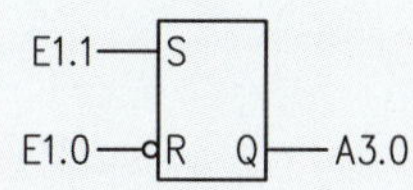	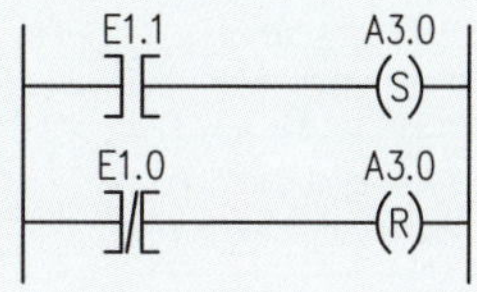
	00 01 02 03 04	U E 1.1 S A 3.0 UN E 1.0 R A 3.0 BE		
Speicherschaltung Vorrangiges Setzen	Adresse	Steueran- weisg.	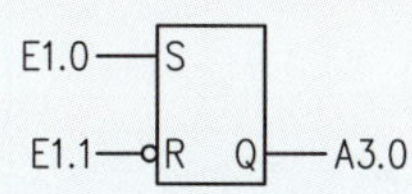	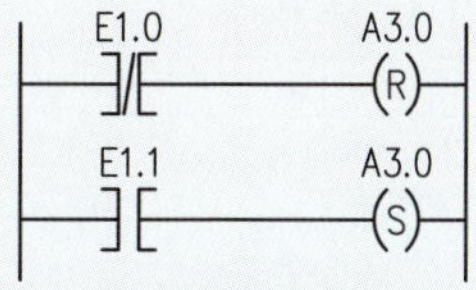
	00 01 02 03	UN E 1.0 R A 3.0 U E 1.1 S A 3.0		

Zeitgeber

Symbol	Signal-Zeit-Diagramm	AWL	FUP
Einschaltverzögerung 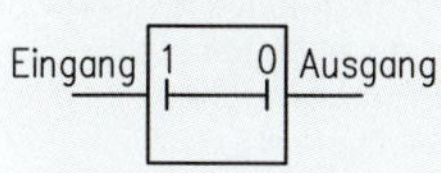	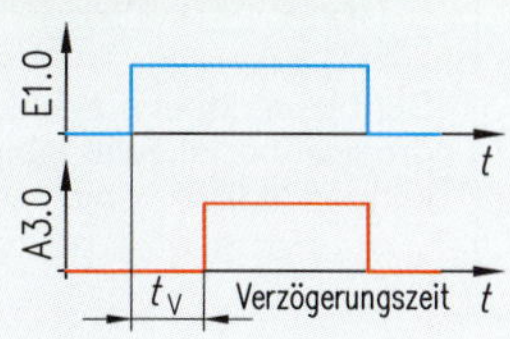	*U E1.0* *LKT 10.2* *SE T1* *U T1* *= A3.0* *BE*	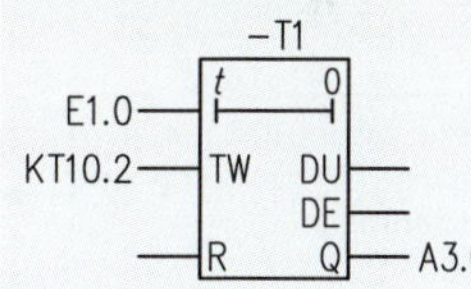
Ausschaltverzögerung 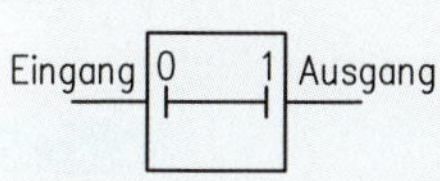	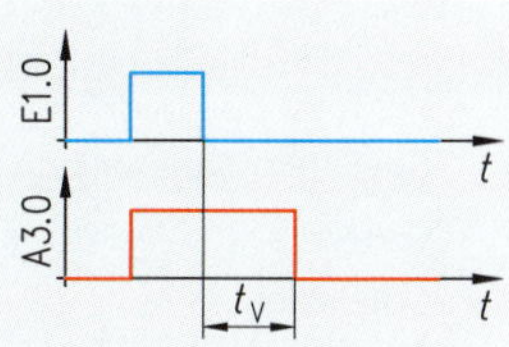	*U E1.0* *LKT 10.2* *SA T1* *U T1* *= A3.0* *BE*	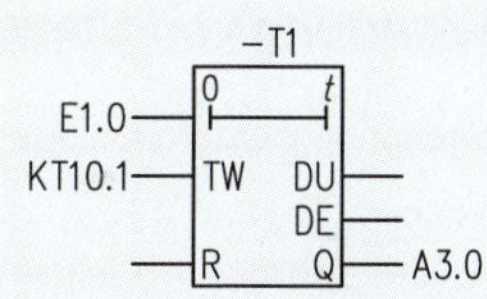
Impuls 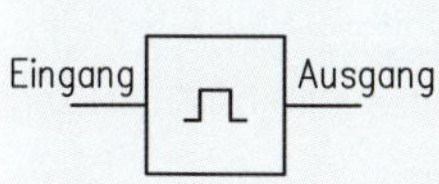	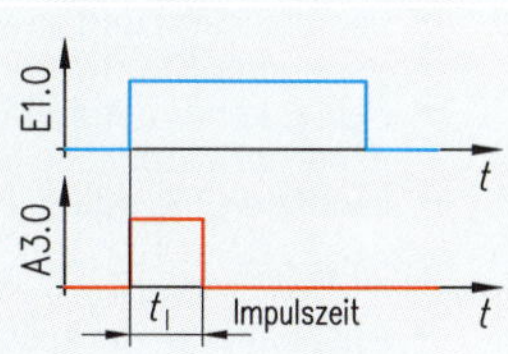	*U E1.0* *LKT 10.2* *SI T1* *U T1* *= A3.0* *BE*	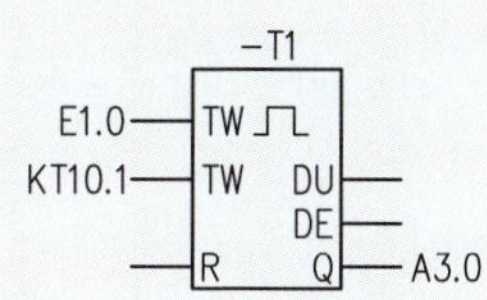

Ablauf eines Steuerprogramms

Struktur

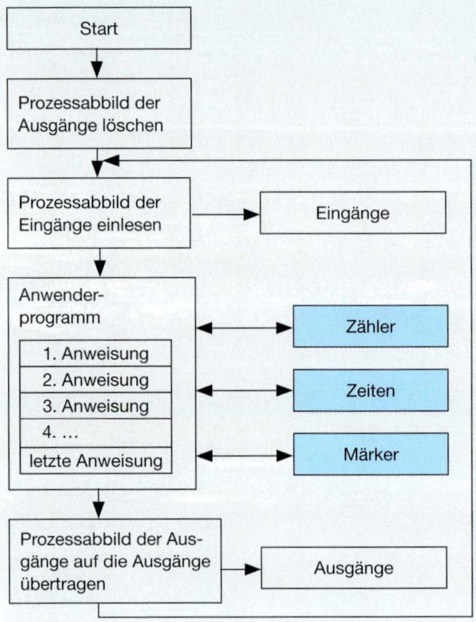

Beschreibung

Zyklischer (kreislaufförmiger) Ablauf eines Programms:

- Initialisieren aller Ausgänge, d.h., das Programmabbild aller Ausgänge wird gelöscht
- Abfragen aller Eingänge und Bilden des Programmabbilds der Eingänge
- Herstellen der gewünschten Verknüpfungen in Form einer Anweisungsliste
- Schrittweises Auslesen und Weiterleiten der logischen Verknüpfungen und Steueranweisungen durch den Programmzähler
- Bei Bedarf: Zugriff auf die Speicherbereiche für Zähler, Zeitglieder, Merker
- Bilden des Programmabbilds der Ausgänge und Weiterleiten der Signale an die Aktoren
- Überspringen eventuell vorhandener freier Adressplätze und Zurückgehen auf den Anfang des Programms
- Wiederholen des Zyklus

Der beschriebene zyklische Ablauf eines Steuerprogramms ist zwar typisch, einzelne Hersteller können jedoch von dieser Form abweichen.

Bewertung von Steuerungen

Verbindungsprogrammierte Steuerungen (VPS)	Speicherprogrammierte Steuerungen (SPS)
Vorteile: • übersichtlich • einfacher Aufbau bei geringeren Anforderungen • robust • sehr zuverlässig • sehr gut für Sicherheitsschaltungen	Vorteile: • flexibler • geringerer Platzbedarf • verschleißfrei und zuverlässiger • geringerer Stromverbrauch • Fehler können früher erkannt werden, z.B. durch akustische/optische Störmeldungen. • leichtere Einbindung in automatisierte Prozesse
Nachteile: • aufwendige Kommunikation • geringe Flexibilität • beschränkter Funktionsumfang • analoge und digitale Signale können kaum verarbeitet werden • Fehler können zum Stillstand der Anlage führen	Nachteile: • Anschaffung von zusätzlichen Programmiergeräten, geeigneter Software und Datensicherung • Lasten können nicht direkt geschaltet werden. • aufwendiges Sicherheitskonzept zur Vermeidung möglicher undefinierter Anlagenzustände • aufwändiges Absichern gegenüber unerlaubter Zugriffe von außen • zu teuer bei weniger komplexen Aufgabenstellungen • qualifizierteres Personal vonnöten

Lernfeld 4

IT-Systeme bereitstellen

1. *Informationstechnische Systeme (IT-Systeme) verarbeiten Daten, stellen sie bereit und übertragen sie.*

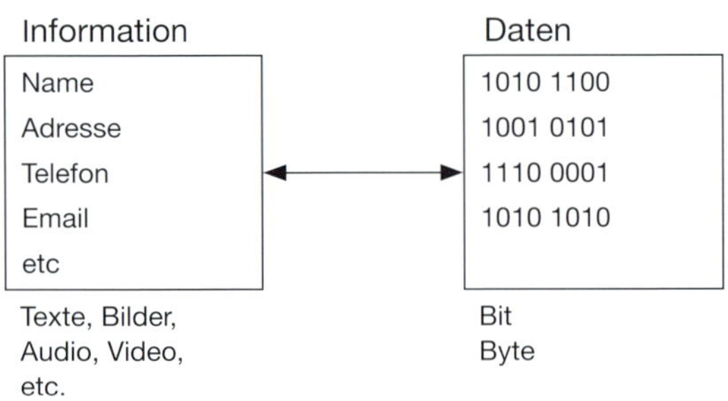

2. *Informationen werden in Form von Bits bzw. Bytes verarbeitet, bereitgestellt und übertragen.*

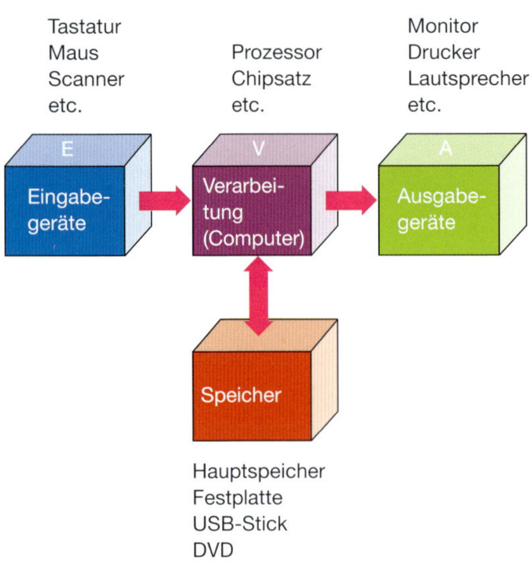

3. *EVA-Prinzip, ergänzt durch die Speicherfunktion*

1 Arbeiten mit IT-Systemen

1.1 IT-Systeme

Informationstechnische Systeme werden kurz als IT-Systeme bezeichnet. **IT** steht für **I**nformationstech**n**ik. IT-Systeme haben die Aufgabe, Informationen zu verarbeiten, bereitzustellen und zu übertragen.

Was versteht man unter Informationen?

Informationen sind Kenntnisse über Personen, Vorgänge, Funktionen usw. Zur Verarbeitung, Bereitstellung und Übertragung werden sie in (Computer-)Daten, also in Bits umgewandelt. Umgekehrt lassen sich Informationen aus Daten reproduzieren. Bild 2 verdeutlicht das.

Bit – Byte

Bit ist die kleinste Informationseinheit in einem Computer. Ein Bit kann nur die Zustände 1 oder 0 annehmen.

Bit ist die Abkürzung für *binary digit*. Zur Datenverarbeitung in einem Computer werden Bits zu Bytes zusammengefasst.

Ein Byte ist die Zusammenfassung von 8 Bit.

Computer verarbeiten z. B. 2, 4 oder 8 Bytes parallel, d. h. gleichzeitig.

Wie erfolgt die Verarbeitung?

Zur Verarbeitung von Informationen werden Computersysteme genutzt.

Ein Computersystem besteht aus einem Computer, Eingabe- und Ausgabegeräten und Software.

Bild 3 verdeutlicht den Ablauf der Informationsverarbeitung.

- Eingabegeräte (Tastatur, Maus, etc.) dienen dazu, Texte, Bilder, Messwerte usw. an den Computer zu übergeben.
- Im Computer werden sie vom Prozessor in der durch die Software (Computerprogramm) vorgegebenen Weise verarbeitet.
- Das Ergebnis wird mithilfe von Ausgabegeräten (Monitor, Drucker etc.) ausgegeben.

Diesen Ablauf bezeichnet man als EVA-Prinzip.

EVA-Prinzip:
Eingabe – Verarbeitung – Ausgabe

Die heute am weitesten verbreiteten Computer sind Mikrocomputer (siehe Exkurs). Eingesetzt werden sie sowohl für industrielle Anwendungen (Bild 4), z. B. bei der Steuerung und Überwachung von Fertigungsprozessen, wie auch als Personal Computer, kurz PC (Bild 5), am Arbeitsplatz oder zuhause.

Bereitstellung

Die Bereitstellung von Informationen erfolgt durch die Speicherung von Daten z. B. entsprechend Bild 3 im Hauptspeicher, auf einer Festplatte oder in einem USB-Stick. Die gespeicherten Informationen können – u. a. mithilfe von Suchprogrammen – aus dem Speicher gelesen, bearbeitet und wieder gespeichert werden.

Übertragung

Die Übertragung von Daten kann leitungsgebunden über Kupfer- oder Glasfaserkabel erfolgen oder per Funk. Zur Übertragung stehen u.a. Netzwerke zur Verfügung, die einen weltweiten Informationsaustausch ermöglichen.

Hardware und Software

Computer, Speicher und Ein- und Ausgabegeräte bezeichnet man als Hardware (harte Ware).

Hardware ist die gerätetechnische Ausstattung eines Computersystems.

In Bild 3 sind Beispiele aufgelistet.
Im Unterschied dazu gehören Programme und die zugehörigen Daten zur Software (weiche Ware).

Software ist die programmtechnische Ausstattung eines Computersystems.

Aufgaben

1. Beschreiben Sie anhand von Beispielen, wie die Verarbeitung, Bereitstellung und Übertragung von Informationen erfolgt.
2. Wie unterscheiden sich Informationen und Computerdaten?
3. Wie viele Bits enthalten 4 bzw. 8 Bytes?

Mikrocomputer – Mikroprozessor

Mikrocomputer: Computer, dessen zentrale Einheit (CPU: Central Processing Unit) ein Mikroprozessor ist.
Prozessor: Rechen- und Steuereinheit eines Computers, die Befehle (Software) ausführen kann.
Mikroprozessor: Prozessor, der aus einem einzigen Chip (integrierter Schaltkreis, IC) besteht.
Mikrocontroller: Mikrocomputer, bei dem Mikroprozessor, Speicher, Schnittstellen für Peripheriegeräte und weitere Funktionseinheiten auf einem Chip integriert sind.
Mikrocontroller dienen zur Lösung von Spezialaufgaben. Sie sind als – **embedded Systeme** (eingebettete Systeme) – u. a. in Waschmaschinen, Flugzeugen, Kraftfahrzeugen, Kühlschränken, Fernsehern, Mobiltelefonen eingesetzt.

4. Mikrocomputersystem für industrielle Anwendungen

5. Personal Computer (PC) für das Büro oder die private Nutzung

1. Tape Library

Auswahl technischer und organisatorischer Maßnahmen beim Umgang mit personenbezogenen Daten gemäß Bundesdatenschutzgesetz (BDSG):

Zutrittskontrolle verhindert, dass unbefugte Personen den Zutritt zu Datenverarbeitungsanlagen erhalten. Maßnahmen: z. B. Zäune, Videoüberwachung, Sicherheitsschlösser, Alarmanlagen

Zugangskontrolle verhindert, dass Datenverarbeitungsanlagen von Unbefugten benutzt werden. Maßnahmen: z. B. Benutzerkennung mit Passwort, Firewall

Weitergabekontrolle verhindert, dass personenbezogene Daten bei der elektronischen Übertragung unbefugt gelesen, kopiert, verändert oder gelöscht werden. Maßnahmen: z. B. Verschlüsselung, Firewall

Eingabekontrolle stellt sicher, dass nachträglich überprüft werden kann, ob und von wem personenbezogene Daten eingegeben, verändert oder gelöscht worden sind. Maßnahmen: z. B. Protokollierung, Benutzeridentifikation

Auftragskontrolle stellt sicher, dass personenbezogene Daten, die im Auftrag verarbeitet werden, gemäß den Weisungen des Auftraggebers verarbeitet werden. Maßnahmen: z. B. Weisungsbefugnisse festlegen, Vor-Ort-Kontrollen

Verfügbarkeitskontrolle schützt personenbezogene Daten gegen Zerstörung oder Verlust. Maßnahmen: z. B. Brandschutzmaßnahmen, unterbrechungsfreie Stromversorgung, Backupkonzept, RAID (Festplattenspiegelung), Virenschutz

1.2 Datensicherheit und Datenschutz

Beim Umgang mit IT-Systemen ist die Datensicherheit besonders wichtig.

Unter Datensicherheit versteht man Maßnahmen zur Erhaltung von gespeicherten Daten.

Daten müssen vor Verlust, Verfälschung, Beschädigung oder Löschung geschützt werden. Welche Maßnahmen bieten Schutz? U. a. gehören dazu:

- Datensicherung
- Virenschutz
- Firewall

Datensicherung

Als Datensicherung bezeichnet man das Kopieren von Daten in der Absicht, diese im Fall eines Datenverlustes zurückkopieren zu können.

Speichermöglichkeiten bieten u. a. externe Festplatten, ein Online-Backup oder eine Tape-Library.
Externe Festplatten werden in der Regel über eine USB-Schnittstelle an den Computer angeschlossen. Sie eignen sich vorwiegend für den privaten Gebrauch.
Online-Backup (Web-Backup) erfolgt über das Internet auf Datenspeichern in einem Rechenzentrum. Dieses Verfahren eignet sich z. B. für kleinere Unternehmen.
Tape-Library (Bandbibliothek) ist eine Datenspeicherung auf Magnetbändern. Genutzt wird dieses Verfahren z. B. von größeren Unternehmen.
Die Aufbewahrung von Datensicherungen sollte örtlich entfernt vom Computer und in einer sicheren Umgebung erfolgen. Bei der Speicherung personenbezogener Daten müssen die Maßnahmen aus dem Exkurs links befolgt werden, wie z. B. die Verfügbarkeitskontrolle, die u. a. Brandschutzmaßnahmen und Virenschutz fordert.

Virenschutz

Unter Virenschutz versteht man den Schutz vor Schadsoftware.

Als Schadsoftware, auch Malware genannt, bezeichnet man Programme, die unerwünschte oder schädliche Funktionen ausführen. Der Exkurs rechts stellt Beispiele vor. Die meisten Schadprogramme zeigen die Struktur von Trojanern. Deren primäres Ziel ist nicht die Verbreitung, sondern die Fernsteuerbarkeit.

Zur Vermeidung von Schadsoftware gilt grundsätzlich: Antivirenprogramme verwenden und keine Programme unbekannter Herkunft nutzen.

Firewall

Eine Firewall (Bild 2) ist ein Sicherungssystem, das den Datenfluss zwischen dem internen Netzwerk oder einem einzelnen Computer und dem externen Netzwerk, z. B. dem Internet, kontrolliert. Alle Daten, die das Netz verlassen, werden ebenso überprüft wie die, die hinein wollen.

Datenschutz

Die beschriebenen Maßnahmen sind Teil der vom Bundesdatenschutzgesetz (BDSG) geforderten Maßnahmen zur Datensicherheit. Der Exkurs links zeigt eine Auswahl. Beispielsweise erfolgt eine

- Zutrittskontrolle durch bauliche Maßnahmen.
- Zugangskontrolle durch Passwörter.
- Weitergabekontrolle durch Verschlüsselungen.

Diese Maßnahmen bilden eine wesentliche Voraussetzung für den Datenschutz.

Unter Datenschutz versteht man Maßnahmen zum Schutz personenbezogener Daten gegen Missbrauch.

Zweck und Ziel des Datenschutzes ist die Sicherung des Grundrechts auf informationelle Selbstbestimmung jeder Einzelperson. Jeder soll selbst bestimmen können, wem er wann welche seiner Daten und zu welchem Zweck zugänglich macht.

Aufgaben

1. Erläutern Sie den wesentlichen Unterschied zwischen Datensicherheit und Datenschutz.
2. Wodurch unterscheiden sich Viren, Würmer und Trojaner?
3. Welche Forderungen stellt das BDSG an die Speicherung personenbezogener Daten?

Schadsoftware (Malware):

Viren sind Schadprogramme, die Daten eines Computers beschädigen, manipulieren oder zerstören können. Sie vermehren sich selbst und verbreiten sich bei der Weitergabe von Dateien, z. B. auf einem USB-Stick.

Würmer sind Viren ähnlich. Sie verbreiten sich selbständig über Netzwerkverbindungen, z. B. per E-Mail. Deshalb treten sie deutlich häufiger auf und richten mehr Schaden an als Viren.

Trojaner (Trojanisches Pferd) tarnen sich als nützliche Hilfsprogramme. Sie spionieren persönliche Nutzerdaten aus oder schleusen andere Schadprogramme ein. Meist werden Trojaner vom Anwender selbst auf den PC geladen, häufig in dem Glauben, eine nützliche Software kostenlos erhalten zu haben.

Spyware (Spionage-Programme) gelangen oft über Trojaner in den Computer. Ziel ist es, Informationen über die Tätigkeiten des Benutzers zu sammeln, um z. B. gezielt Werbung zu platzieren. Diese Malware wird häufig mit nützlicher Software ohne Kenntnis des Anwenders installiert und bleibt nach einer Deinstallation weiter aktiv.

Backdoor (Hintertür) wird üblicherweise durch Viren, Würmer oder Trojaner installiert. Sie ermöglicht Dritten den direkten Zugang auf den Computer bis hin zur Fernsteuerung. Z. B. wurde mancher PC-Benutzer zum Versender von Werbe-E-Mails.

Scareware soll den Benutzer verunsichern und ihn dazu verleiten, Malware zu installieren oder für ein unnützes Produkt zu bezahlen. So werden z. B. Warnmeldungen über einen im Computer angeblich vorhandenen Virus angezeigt, der mit einer direkt käuflich zu erwerbende Software entfernt werden soll.

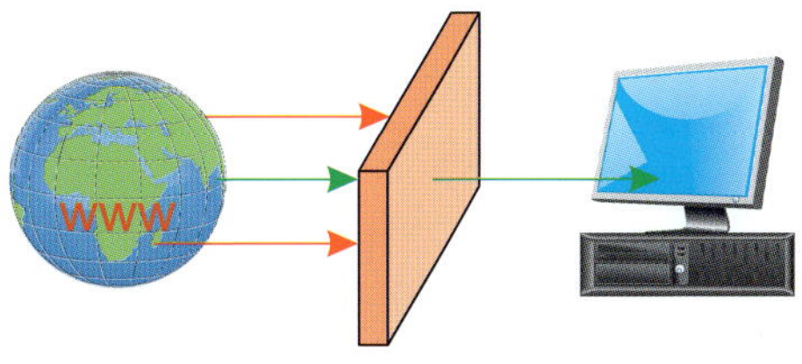

2. Firewall. Nur die Daten von zugelassenen Sendern dürfen die Brandschutzmauer passieren.

1. Computerarbeitsplätze müssen an die Mitarbeiter angepasst sein.

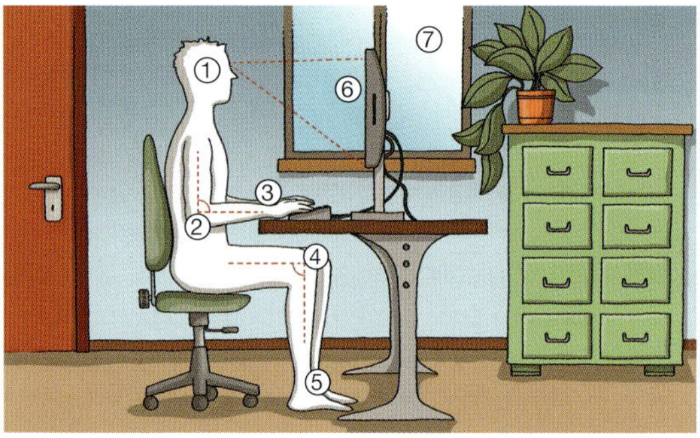

1	Die oberste Bildschirmzeile sollte leicht unterhalb der waagerechten Sehachse liegen.
2	Der Winkel zwischen Ober- und Unterarm sollte 90° betragen.
3	Tastatur und Maus befinden sich in einer Ebene mit Ellenbogen und Handflächen.
4	Der Winkel zwischen Ober- und Unterschenkel sollte 90° betragen.
5	Die Füße benötigen eine feste Auflage. Gegebenenfalls sollte man einen Fußhocker nutzen.
6	Für den Bildschirm gilt ein Sichtabstand von mindestens 50 cm.
7	Der Bildschirm sollte senkrecht zum Fenster stehen.

2. Wesentliche Merkmale eines ergonomischen Computerarbeitsplatzes

Körpergröße	159 cm	171 cm	175 cm	187 cm
Tischhöhe	65 cm	71 cm	73 cm	79 cm

3. Tischhöhen in Abhängigkeit von der Körpergröße

1.3 Computerarbeitsplätze – ergonomisch und umweltverträglich

In Ihrem Unternehmen sollen für neu einzustellende Mitarbeiter Computerarbeitsplätze (Bild 1) eingerichtet werden, die den ergonomischen Anforderungen unter Berücksichtigung der Umweltverträglichkeit von IT-Geräten entsprechen. Sie gehören zu dem Team, dass diese Arbeitsplätze planen und einrichten soll. Was versteht man unter einem ergonomischen Arbeitsplatz?

Ergonomie des Arbeitsplatzes

Unter einem ergonomischen Arbeitsplatz versteht man einen Arbeitsplatz, an dem die Benutzung des Arbeitsgerätes keine Gefährdung für die Arbeitnehmer mit sich bringt. Das heißt:

> ***Ein ergonomischer Arbeitsplatz ist ein an die Fähigkeiten und Bedürfnisse des Menschen angepasster Arbeitsplatz.***

Bild 2 erläutert mithilfe der zugehörigen Tabelle wesentliche Merkmale eines PC-Arbeitsplatzes. Weiterhin müssen u. a. der Arbeitstisch und der Arbeitsstuhl bestimmte Anforderungen erfüllen. Welche sind das?

Arbeitstisch

Der Arbeitstisch muss eine reflexionsarme Oberfläche besitzen und so groß sein, dass eine flexible Anordnung von Bildschirm, Tastatur, Schreibgut und weiteren Arbeitsmitteln möglich ist.
Ideal sind in der Höhe von 65 cm bis 79 cm verstellbare Tische, damit die Arbeitshöhe der Körpergröße angepasst werden kann. Tabelle 3 zeigt typische Werte. Die Höhe nicht verstellbarer Tische beträgt 72 cm.

Arbeitsstuhl

Der Arbeitsstuhl kann die Ursache für eine falsche Sitzhaltung sein und zu Rückenschmerzen, verspannten Muskeln und Ermüdungserscheinungen führen. Eine stark nach vorne gebeugte Sitzhaltung kann Schäden an der Wirbelsäule und den Bandscheiben verursachen.
Damit die Durchblutung der Oberschenkel durch die Vorderkante des Stuhles nicht gestört wird, muss die Sitzfläche waagerecht oder leicht nach vorne geneigt sein.

Optimal ist eine Sitzhöhe, bei der die Ober- und Unterschenkel etwa einen 90°-Winkel bilden und die Fußsohlen ganzflächig auf dem Boden oder einer Fußstütze aufliegen. Deshalb muss bei Arbeitsstühlen die Sitzhöhe verstellbar sein.
Weitere Forderungen sind in Bild 4 aufgeführt.

Bildschirm

Die Arbeit am Bildschirm kann zu einer starken Belastung der Augen führen. Um das weitgehend zu vermeiden, muss der Blick auf den Schirm leicht geneigt sein, etwa um 30° gegen die Horizontale. Dabei soll sich die oberste Zeile auf dem Bildschirm höchstens in Augenhöhe befinden.
Der Bildschirm muss eine Diagonale von mind. 19 Zoll (48,26 cm) aufweisen. Die günstigste Entfernung zum Bildschirm beträgt 50 cm bis 60 cm.

Tastatur

Damit die Tastatur eine bequeme Haltung des Benutzers ermöglicht und durch sie vermieden wird, dass Arme und Hände einschlafen, muss sie geneigt, vom Bildschirm getrennt und genügend groß sein.

Beleuchtung

Für Beleuchtung sollten Spiegelrasterleuchten zur Vermeidung von Blendungen verwendet werden. Der Raum sollte gleichmäßig ausgeleuchtet sein, damit nicht ein ständiger Wechsel der Lichtverhältnisse belastend auf das Auge wirkt. Schreibtischlampen sollten nicht ohne Deckenbeleuchtung oder genügend Licht von außen eingeschaltet werden. Um Blendungen durch Sonnenlicht zu vermeiden, sollten Rollos oder Lamellen eingesetzt werden.

Umweltverträglichkeit

Erläuterungen zur Umweltverträglichkeit von IT-Geräten enthält der gleichnamige Exkurs rechts.

Aufgaben

1. Beschreiben Sie mit der Angabe von Maßen, welche Bedingungen ein für Sie gestalteter ergonomischer PC-Arbeitsplatz erfüllen muss.
2. Welche gesundheitlichen Beeinträchtigungen können sich durch die falsche Wahl der Arbeitsplatzmöbel ergeben?

Rückenlehne:

höhenverstellbar oder bis Mitte Schulterblatt

senkrecht nach innen gewölbt

gewölbt und atmungsaktiv

Armlehnen:

höhenverstellbar mind. 20 cm lang mind. 4 cm breit

Sitz:

höhenverstellbar

gepolstert und atmungsaktiv

federt beim Hinsetzen ab

Sitzfläche mit Beckenstütze

Sitzvorderkante abgerundet

Fuß:

mind. 5 Rollen

wegrollsicher

kippsicher

stolpersicher

4. Anforderungen an einen ergonomischen Bürostuhl

Umweltverträglichkeit von IT-Geräten

Computer und zugehörige Peripheriegeräte sind selbstverständliche Bestandteile in Büros und privaten Haushalten. Durch ihren Betrieb entsteht zusätzlicher Energiebedarf.

Weitaus größere Umweltbelastungen entstehen bei der Herstellung und durch die Entsorgung der Geräte. Unter Energieeinsatz werden Rohstoffe verbraucht und giftige Schadstoffe freigesetzt.

Aufgrund der rasanten Entwicklung in der Computerwelt ist die Gebrauchsdauer dieser Geräte entsprechend kurz. Daraus resultiert eine enorme Zunahme an Elektronikabfällen.

Aus diesen – und weiteren, hier nicht aufgeführten Gründen – gewinnen Forderungen nach umweltfreundlichen IT-Geräten zunehmend an Bedeutung. IT-Geräte werden als umweltfreundlich eingestuft, wenn Produktion, Betrieb und Entsorgung besondere Kriterien der Umweltverträglichkeit erfüllen. Das bedeutet u. a.:

- Geringer Energieverbrauch/Energiesparmodus
- Keine giftigen Schadstoffe und Schwermetalle
- Langlebigkeit durch einfache Nachrüstbarkeit, Reparatursicherheit und lange Garantiezeit
- Recyclinggerechte Konstruktion: keine Verbundmaterialien, vollständig zerlegbar
- Rücknahme von Altgeräten durch den Hersteller

1. Personal Computer (PC)

2. Komponenten eines Personal Computers

Software-Konfiguration

Unter der Konfiguration der Software versteht man das Anpassen der Software an die Anforderungen des Benutzers.

Dazu gehört zunächst die Auswahl der gewünschten Programme. Besonders zu beachten ist dabei, dass die ausgewählten Softwarekomponenten einwandfrei miteinander arbeiten.

Weiterhin gehört zur Software-Konfiguration, dass Hardwarekomponenten miteinander funktionieren. Ein Beispiel dafür ist die Installation eines Druckertreibers. Dieser bewirkt, dass z. B. im Computer bearbeitete Texte und Bilder gedruckt werden können.

2 Konfiguration eines Personal Computers

2.1 PC-Komponenten

Für die Auszubildenden Ihres Betriebes soll ein Raum eingerichtet werden, in dem Projektarbeiten erstellt und präsentiert werden können. Wichtiger Bestandteil der Ausstattung sind Personal Computer (PCs).
Einige davon sollen einfachen Anforderungen genügen (Textverarbeitung, Tabellenkalkulation usw.), andere sollen zusätzliche Anforderungen (z. B. 3D-Grafik oder Surround-Sound) erfüllen. Alle PCs sollen an das Computernetz angeschlossen werden und Zugang zum Internet erhalten.
Sie sind bei der Auswahl der Komponenten und beim Zusammenbau der PCs beteiligt.

Welche Komponenten gehören zur Grundausstattung?

Bild 2 zeigt den Aufbau eines typischen Personal Computers mit den wesentlichen Komponenten:

1. Gehäuse zur Aufnahme der Komponenten
2. Netzteil für die Energieversorgung aller Komponenten
3. Hauptplatine, auch Mainboard oder Motherboard genannt, mit Schnittstellen zu allen anderen Komponenten des Computers
4. Hauptprozessor, auch CPU (**C**entral **P**rocessing **U**nit) genannt, und zugehöriger Kühler
5. Hauptspeicher, auch Arbeitsspeicher oder RAM (**R**andom **A**ccess **M**emory) genannt, in dem die aufgerufenen Programme und aktuellen Daten vorübergehend gespeichert werden
6. Grafikkarte, auch Grafikadapter genannt, meist zusätzlich zu dem direkt auf der Hauptplatine integrierten Grafikchip
7. Festplattenlaufwerk zum dauerhaften Speichern von Programmen und Daten
8. Optisches Laufwerk zum Abspielen von CDs, DVDs oder Blu-Ray-Discs
9. Monitor zur Anzeige von Texten, Bildern etc.
10. Tastatur zur Eingabe von Buchstaben, Zahlen, Satz- und Sonderzeichen und Steuerbefehlen
11. Maus als Eingabe- bzw. Steuergerät zum Bedienen von Software

Auswahl der Komponenten

Die Auswahl der Komponenten gehört zur Konfiguration eines Computers.

> ***Als Konfiguration bezeichnet man die Zusammenstellung bzw. Ausstattung eines PCs mit Hard- und Software.***

Vor dem Zusammenbau des PCs ist zunächst die Hardware-Konfiguration erforderlich. Die Software-Konfiguration erläutert der Exkurs links.

Hardware-Konfiguration

Mit der Hardware-Konfiguration wird sichergestellt, dass die PC-Komponenten baulich zusammenpassen und miteinander arbeiten. Der Textkasten rechts oben zeigt eine mögliche Schrittfolge bei der Wahl der Komponenten. In jedem Fall gilt:

> ***Die Hardware-Konfiguration beginnt mit der Wahl der Hauptplatine.***

Die Hauptplatine hat eine zentrale Funktion. Sie
- bestimmt zusammen mit der CPU die Leistungsfähigkeit des Computers.
- beeinflusst die Wahl des Gehäuses.

Aufgrund der verschiedenen Anforderungen, z. B. der Anzahl von Steckplätzen, gibt es Hauptplatinen in unterschiedlichen Ausstattungen und Größen. Bild 3 zeigt eine Auswahl. Unterschieden werden sie anhand von Formfaktoren.

Formfaktor

Durch Formfaktoren (siehe Exkurs rechts) werden für PC-Hauptplatinen u. a. Abmessungen, Anzahl der Steckplätze (Bild 3), Bestückungshöhen der elektronischen Bauelemente sowie Anzahl, Ort und Größe der Befestigungslöcher festgelegt.

Aufgaben

1. Geben Sie an, welche PC-Komponenten Programme, Daten, Videos etc. speichern können.
2. Warum beginnt man bei der Wahl der PC-Komponenten mit der Hauptplatine?
3. Erläutern Sie die Funktion des Formfaktors bei der Hardware-Konfiguration.

PC-Hardware konfigurieren:

1. Hauptplatine einschließlich CPU
2. Hauptspeicher
3. Zusatzkarten, z. B. Grafikkarte
4. Festplatte
5. Optischer Speicher
6. Gehäuse
7. Netzteil

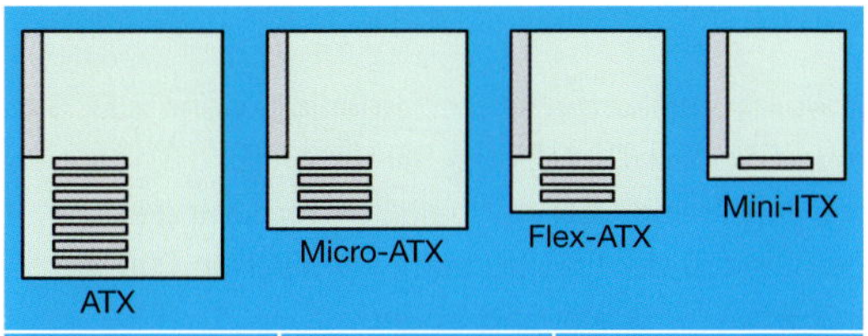

Formfaktor	Maße in mm	PCI-Steckplätze (typisch)
ATX	305 × 244	7
Mikro-ATX	244 × 244	4
Flex-ATX	229 x 191	3
Mini-ITX	170 x 170	1

3. Beispiele von Formfaktoren für Hauptplatinen. Formfaktoren unterscheiden u. a. die Größe von Hauptplatinen und die Anzahl der Steckplätze für Erweiterungskarten.

Formfaktor

In der Computertechnik ist der Formfaktor eine Angabe über Größe und Befestigungsmöglichkeiten eines Bauteils. Durch diese Standardisierung können unterschiedliche PC-Komponenten einfach zusammengefügt und ausgetauscht werden.

Formfaktoren beschreiben z. B. Hauptplatinen, Laufwerke und Netzteile. Darüber hinaus wird festgelegt, welches Netzteil und welches Gehäuse verwendet werden dürfen.

Es gibt unterschiedliche Formfaktoren, z. B. ATX oder ITX. Diese unterscheiden sich wiederum in Varianten, wie z. B. ATX, Micro-ATX und Flex-ATX.

Statt „Formfaktor" wird häufig der Begriff „Format" verwendet.

2.2 Hauptplatine wählen

Für die zu konfigurierenden PCs wird zuerst die Hauptplatine – auch Mainboard oder Motherboard genannt – gewählt. Die Wahl fällt auf eine Platine mit vier PCI-Steckplätzen (Slots) für Erweiterungskarten. Bild 1 zeigt ein Beispiel.

Wozu dienen die PCI-Steckplätze?

Die PCI-Steckplätze dienen zur Aufnahme von Erweiterungskarten.

Erweiterungskarten sind erforderlich, wenn z. B. Surround-Sound (Bild 2) oder 3D-Grafik (Bild 3) realisiert werden sollen. Bei normalen Anforderungen genügen die auf der Hauptplatine installierten Funktionseinheiten für Grafik und Sound.
Die PCI-Steckplätze unterscheiden sich in ihrer Leistungsfähigkeit und daher in ihren Formen und Bezeichnungen (PCI, PCIe x1, PCIe x16).

Welche weiteren Funktionseinheiten enthält die Hauptplatine?

Die Hauptplatine enthält die Grundausstattung eines Computers.

Die Hauptplatine ist die zentrale Platine. Auf ihr befinden sich die wesentlichen Funktionseinheiten. Neben den PCI-Steckplätzen sind das u. a.:

- die CPU mit dem Chipsatz
- der Hauptspeicher
- die Schnittstellen

Diese Funktionseinheiten sind so ausgelegt, dass sie normalen Anforderungen entsprechen.

CPU und Chipsatz

Die CPU ist die zentrale Rechen- und Steuereinheit im PC.

1. Micro-ATX-Hauptplatine

Die CPU (*__C__entral __P__rocessing __U__nit*) arbeitet die aktuellen Programme ab und steuert zusammen mit dem Chipsatz den Datenaustausch mit anderen Komponenten des PCs wie Maus, Tastatur, Festplattenlaufwerk oder Drucker.
Auf der Hauptplatine befinden sich der Chipsatz und der Sockel für die CPU. Diese muss zusätzlich ausgewählt werden.

Hauptspeicher

> ***Im Hauptspeicher sind die gerade ausgeführten Programme und die dabei benötigten Daten gespeichert.***

Die Hauptplatine enthält vier Steckplätze für Speichermodule (Bild 4), die ebenfalls zusätzlich gewählt werden müssen. Damit ist es möglich, den Hauptspeicher auch mit einer Speicherkapazität für höhere Anforderungen auszustatten.

Schnittstellen

> ***Schnittstellen verbinden die Hauptplatine mit internen und externen Komponenten.***

Zu den internen Verbindungen gehören die SATA-Schnittstellen zum Anschluss von Festplatten- und Blu-Ray-Laufwerken.
Bei den externen Schnittstellen (Bild 5) dient die USB-Schnittstelle als universelle Schnittstelle, an die sehr viele Peripheriegeräte wie Maus, Tastatur, Drucker usw. angeschlossen werden können. Audio dient z. B. zum Anschluss von Lautsprechern, HDMI zum Anschluss eines Monitors. Mithilfe der LAN-Schnittstelle kann der PC in ein Computer-Netzwerk integriert werden.
Weiter befinden sich auf der Hauptplatine eine Batterie u. a. zur Stromversorgung der Systemuhr bei ausgeschaltetem PC und das BIOS, das den Start des PCs ermöglicht.

Aufgaben

1. Geben Sie an, welche Funktionseinheiten steuern, speichern oder interne oder externe Komponenten anschließen.
2. Erläutern Sie, mit welchen Komponenten die Hauptplatine zusätzlich bestückt werden muss bzw. werden kann.

2. *Soundkarte als Erweiterungskarte für PCIe-x1-Steckplatz (PCIe: **P**eripheral **C**omponent **I**nterconnect **E**xpress).*

3. *Grafikkarte für PCIe-x16-Steckplatz. PCIe x16 verfügt über eine 16-mal höhere Datenübertragungsrate als PCIe x1.*

4. *Speichermodule zur Bestückung der Steckplätze für den Hauptspeicher*

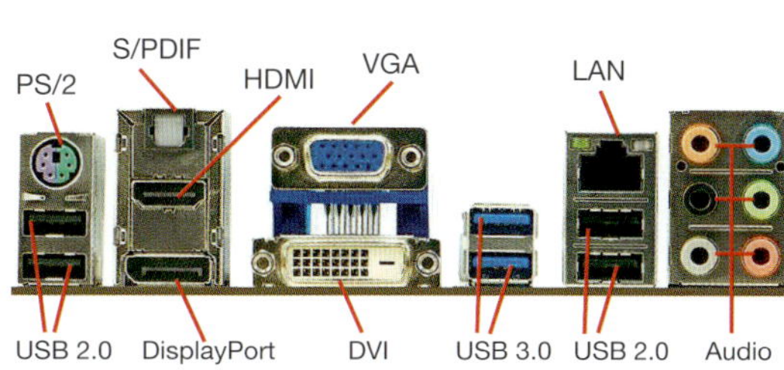

5. *Schnittstellen zum Anschluss externer Geräte.*

Prozessor	Dual Core	Quad Core
Sockel	Intel® 1156	Intel® 1156
Kerne	2	4
L1:	2 x 32 KB	4 x 32 KB
L2:	2 x 256 KB	4 x 256 KB
L3:	4 MB Shared	8 MB Shared
Takt:	2 x 3,2 GHz	4 x 2,8 GHz

1. CPUs mit Kenndaten

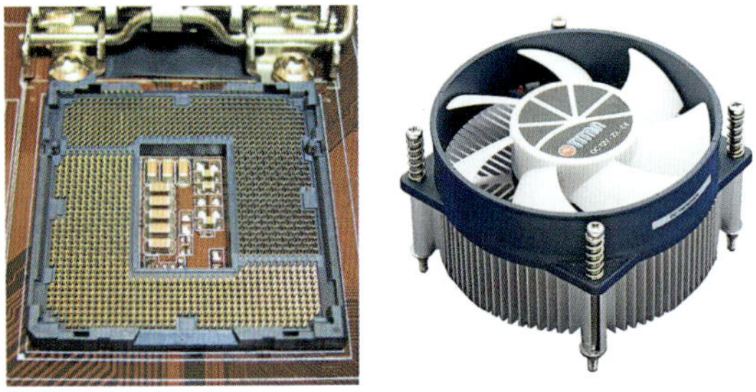

2. CPU-Sockel und CPU-Kühler. Der Kühler schützt die CPU vor Schäden durch Überhitzung.

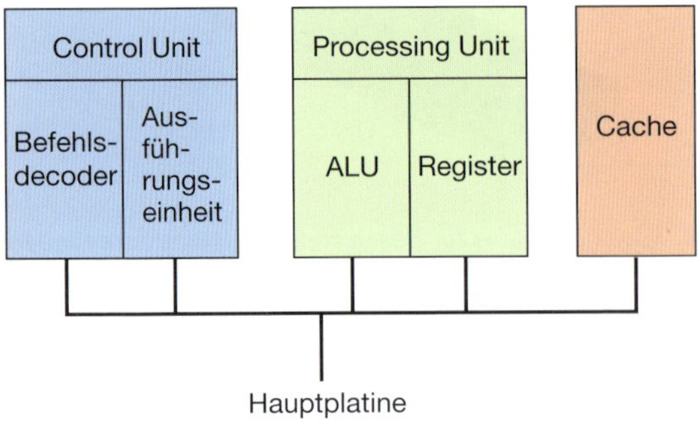

3. Grobstruktur der CPU. Die Register der Processing Unit dienen dazu, Zwischenergebnisse der ALU zu speichern.

2.3 CPU wählen

CPU (Bild 1) und Hauptplatine bilden zwei Komponenten, die aufeinander abgestimmt sein müssen. So muss die CPU in den Sockel (Bild 2 links) auf der Hauptplatine passen und zusätzlich kompatibel zur Hauptplatine sein. In der Regel stehen unterschiedliche Prozessoren als CPU (*C*entral *P*rozessing *U*nit, *Zentraleinheit*) zur Wahl.

> ***Die CPU ist der Hauptprozessor in einem PC.***

Um die CPU vor Schäden durch Wärmeeinwirkung zu schützen, ist sie mit einem Kühler ausgestattet. Bild 2 rechts zeigt ein Beispiel.

Welche Aufgabe hat eine CPU?

Die CPU führt die Verarbeitung der Daten durch. Dazu liest sie diese aus dem Hauptspeicher aus, bearbeitet sie in der durch das jeweilige Programm vorgegebenen Weise und speichert anschließend die Ergebnisse wieder im Hauptspeicher ab.
Bild 3 zeigt wichtige Funktionsbereiche der CPU:
Die **Control Unit** (CU) ist das Steuerwerk.

> ***Die Control Unit steuert den Ablauf der Befehlsverarbeitung.***

Dazu entschlüsselt sie die gelesenen Befehle des gerade bearbeiteten Programms und führt sie aus.
Die **Processing Unit** (PU) ist das Rechenwerk mit der ALU (arithmetisch-logische Einheit).

> ***Die ALU führt mathematische Berechnungen und logische Verknüpfungen durch.***

Im Vergleich zur Arbeitsgeschwindigkeit der CPU läuft das Lesen der Programmbefehle und Daten aus dem Hauptspeicher in die CPU deutlich langsamer ab. Damit dadurch die Arbeitsgeschwindigkeit der CPU nicht gebremst wird, ist diese mit einem Cache ausgestattet.
Im Cache werden Daten bereitgestellt, die bereits einmal eingelesen oder berechnet wurden bzw. vermutlich bald benötigt werden.

> ***Der Cache ist ein schneller Zwischenspeicher zwischen der CPU und dem Hauptspeicher.***

Mehrkernprozessoren

Ein Mehrkernprozessor wird auch als Multikernprozessor oder Multicore-Prozessor bezeichnet. Bild 4 zeigt eine mögliche Struktur.

> ***Ein Mehrkernprozessor ist ein Prozessor, der mehrere Prozessorkerne in einem IC enthält.***

Jeder Kern entspricht etwa der Struktur einer CPU in Bild 3. Die Kerne arbeiten parallel und unabhängig voneinander.

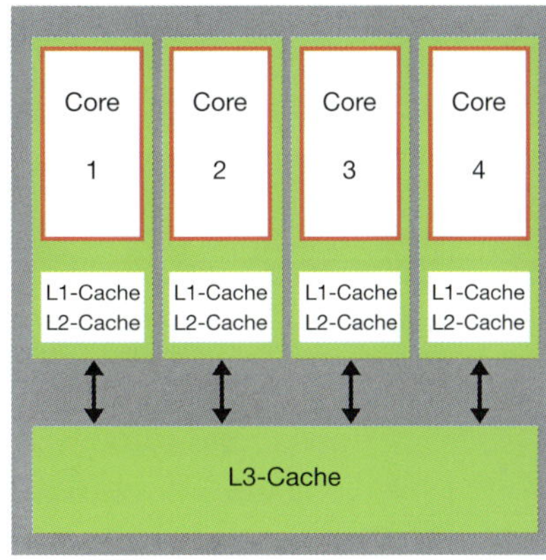

4. Struktur von Mehrkernprozessoren. L1 steht für Level 1, L2 für Level 2 usw.

Daten der Prozessoren in Bild 1

Bild 1 zeigt je einen Prozessor mit zwei Kernen (Dual-Core) und vier Kernen (Quad-Core). Jeder Kern besitzt einen eigenen L1- und L2-Cache. Den großen L3-Cache müssen sich alle Kerne teilen. Bild 4 verdeutlicht das Prinzip:

- häufig vorkommende Daten speichert der große L3-Cache mit 4 bzw. 8 MB (Tabelle 5),
- häufiger vorkommende Daten speichert der L2-Cache mit 256 KB und
- sehr häufig vorkommende Daten speichert der kleine, aber schnelle L1-Cache mit 32 KB.

1 B (Byte) = 8 Bit
1 KB (KiloByte) = 1024 Byte = 8192 Bit
1 MB (MegaByte) = 1024 KB
1 GB (GigaByte) = 1024 MB
1 TB (TeraByte) = 1024 GB

5. Einheiten für Speicherkapazität

Takt

Ein Takt ist die kürzeste Zeitspanne, in der ein Computer eine Aktion ausführen kann. Entsprechend Bild 6 gilt:

> ***Je kürzer die Zeitspanne eines Taktes ist, umso höher ist die Taktfrequenz.***

Die Taktfrequenz beeinflusst die Verarbeitungsgeschwindigkeit im PC. Die Taktfrequenzen der CPUs in Bild 1 betragen 2,8 GHz bzw. 3,2 GHz.

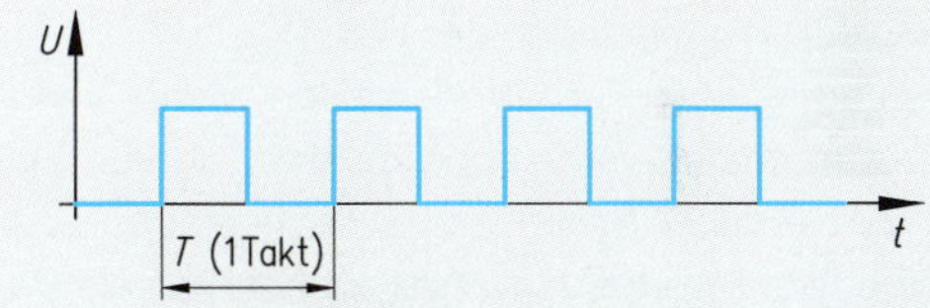

U Spannung in V
t Zeit in s
T Periodendauer in s
f Taktfrequenz in 1/s = 1 Hz
(1 MHz = 10 ^{6}Hz; 1 GHz = 10 ^{9}HZ

$$f = \frac{1}{T}$$

Beispiel: Wie lang ist die Zeitspanne für einen Takt bei einer Taktfrequenz von 1 GHz?

Lösung: geg.: f = 1 GHz; ges.: T

$$f = \frac{1}{T}$$

$$T = \frac{1}{f} = \frac{1}{1\ \mathrm{GHz}} = \frac{1}{1 \cdot 10^9\ 1/\mathrm{s}} = 1 \cdot 10^{-9}\ \mathrm{s}$$

$$T = 1\ \mathrm{ns}$$

6. Die Taktfrequenz wird in Megahertz (MHz) oder Gigahertz (GHz) angegeben.

Aufgaben

1. Welchen der Prozessoren in Bild 1 würden Sie wählen? Begründen Sie Ihre Wahl.
2. Erläutern Sie, wie ein Mehrkernprozessor aufgebaut ist.
3. Wodurch unterscheiden sich die Caches L1, L2 und L3?
4. Drücken Sie 32 MB in KB und in Bit aus.

1. *DDR3-Speichermodule. Die Speicher-ICs sind häufig mit einem Wärmeverteiler aus Aluminium verkleidet.*

	DDR3-1600	DDR3-2400
Max. Frequenz	1600 MHz	2400 MHz
Spezifikation	PC3 12800	PC3 19200
Formfaktor	DIMM 240 Pin	DIMM 240 Pin
Dual Channel	ja	ja
Speicherkapazität	2 x 8 GB	2 x 8 GB
Technologie	DDR3 SDRAM	DDR3 SDRAM

2. *Datenblattauszüge von DDR3-Speichermodulen (DDR: Double Data Rate).*

DRAM – SRAM

In einem **DRAM** (*Dynamic* ***RAM***) entspricht die gespeicherte Information (ein Bit) dem Ladezustand eines Kondensators: geladen ist der Wert 1 gespeichert, ungeladen der Wert 0.
Die Ladungen gehen – von selbst – wieder verloren. Um das zu verhindern, müssen sie von Zeit zu Zeit – daher dynamisch – nachgeladen bzw. aufgefrischt werden. Das bezeichnet man als *Refreshing*. Während des Auffrischens kann auf den DRAM nicht zugegriffen werden.
Das verzögert die Zugriffszeiten. Dennoch werden DRAM für Speichermodule verwendet, da sie viel weniger Raum als SRAM benötigen.
SRAM (***S****tatic* ***RAM***) arbeitet deutlich schneller als DRAM. Es speichert die Informationen in einer logischen Schaltung (Kippglied). Da sich der jeweilige Zustand dieser Schaltung von selbst nicht verändert, also statisch ist, müssen SRAM nicht aufgefrischt werden. Wegen der sich dadurch ergebenden kürzeren Zugriffszeiten werden sie u. a. in Cache-Speichern eingesetzt.
Eine weitere Anwendung finden SRAMs als CMOS-RAM. Damit wird ein batteriegepufferter SRAM in CMOS-Technik bezeichnet, in dem die BIOS-Parameter gespeichert werden.

2.4 Hauptspeicher wählen

Sie bekommen den Auftrag, für die zu konfigurierenden PCs den Hauptspeicher, auch Arbeitsspeicher genannt, auszuwählen. Laut Datenblatt der Hauptplatine muss diese mit DDR3-Speichermodulen (Bild 1) bestückt werden. Das bedeutet:

Hauptspeicher und Hauptplatine müssen kompatibel sein.

Tabelle 2 zeigt Datenblattauszüge von zwei zur Wahl stehenden Speichermodulen.

Unterschiede laut Datenblatt

Die Kenndaten für die **max. Frequenz** und die **Spezifikation** unterscheiden sich.
Das Modul DDR3-1600 kann mit einer max. Taktfrequenz von 1600 MHz arbeiten. Die Spezifikation PC3 12800 gibt an, dass die Datenübertragungsrate pro Modul 12,8 GB/s beträgt.
Das Modul DDR3-2400 arbeitet schneller: mit max. 2400 MHz und 19,2 GB/s.

Übereinstimmungen laut Datenblatt

Der Formfaktor kennzeichnet ein Speichermodul (DIMM: *Dual Inline Memory Module*) mit 240 Anschlüssen.
Die Eigenschaft **Dual Channel** (Doppelkanal) ermöglicht den parallelen Betrieb von zwei Speichermodulen. Dadurch verdoppeln sich die pro Modul geltenden Datenübertragungsraten.
Die **Speicherkapazität** von zwei 8 GB-Modulen (Dual Channel) beträgt 16 GB.

Wieviel Speicher benötigt ein PC?

Es gibt Module mit 2, 4 oder 8 GB. Da die gewählte Hauptplatine vier Hauptspeicher-Steckplätze besitzt, können maximal 32 GB eingebracht werden.

Die benötigte Speicherkapazität ist vom Anwendungsbereich abhängig.

Für komplexe Grafikprogramme oder Computerspiele kann ein Speicher bis zu 32 GB erforderlich sein. Büro- oder Heim-PCs benötigen 4-8 GB. Unter Berücksichtigung hinreichender Reserven sollten für die zu konfigurierenden PCs 8-16 GB gewählt werden.

Flüchtiger Speicher (RAM)

Die Module bestehen aus DDR3 SDRAM. Dabei handelt es sich um eine Weiterentwicklung der RAM-Technologie. **RAM** steht für *Random Access Memory* (Speicher mit wahlfreiem Zugriff). In ein RAM können Daten geschrieben, dort verändert und wieder gelesen werden. Das bedeutet:

> *RAM ist ein Schreib-Lese-Speicher.*

Wird die Versorgungsspannung der Speicherbausteine abgeschaltet, geht ihr Inhalt verloren. Daher werden diese Speicher als flüchtige Speicher bezeichnet.
Flüchtige Speicher gibt es in Ausführungen als DRAM und SRAM. Der Exkurs DRAM – SRAM links erläutert Unterschiede.

Festspeicher (ROM)

Festspeicher behalten ihre gespeicherten Daten auch ohne Versorgungsspannung. Sie werden als ROM bezeichnet. **ROM** steht für *Read Only Memory*. Das bedeutet:

> *ROM ist ein Nur-Lese-Speicher.*

Daten können – grundsätzlich – nur aus Speichern gelesen werden. Veränderungen sind je nach Variante des Festspeichers nur mit zusätzlichem technischen Aufwand oder gar nicht möglich.
Eine Variante ist das FEEPROM, in dem z. B. das BIOS gespeichert ist; der Exkurs ROM-Varianten rechts zeigt weitere.

Halbleiterspeicher

Alle Speicher auf der Hauptplatine sind **Halbleiterspeicher**, d. h. sie bestehen aus integrierten Schaltkreisen (ICs). Die Übersicht in Bild 3 ordnet den unterschiedlichen Speicherarten bzw. -techniken die jeweilige Funktion im PC zu.

Aufgaben

1. Erläutern Sie die Kenngrößen von Speichermodulen in Tabelle 2.
2. Wodurch unterscheiden sich flüchtige Speicher von Festspeichern?
3. Erläutern Sie die Begriffe in Bild 3.

ROM-Varianten

ROM: ***R****ead* ***O****nly* ***M****emory*: Nur-Lese-Speicher

PROM: ***P****rogrammable* ***ROM***: Programmierbarer ROM

EPROM: ***E****rasable* ***PROM***: Löschbarer und programmierbarer ROM

EEPROM: ***E****lectrically* ***E****rasable* ***PROM***: Elektrisch löschbarer und programmierbarer ROM

FEEPROM: ***F****lash* ***EEPROM***: „Blitzschnell" elektrisch löschbarer und programmierbarer ROM

ROM und PROM können nicht gelöscht werden. Programmiert wird ein ROM bei der Herstellung, ein PROM mit einem speziellen Programmiergerät.

Ein EPROM kann mit UV-Licht gelöscht werden, Das geschieht in einem Löschgerät innerhalb von ca. 20 Minuten. Zum Programmieren ist ein besonderes Programmiergerät erforderlich.

EEPROM und FEEPROM können sowohl elektrisch programmiert wie gelöscht werden. Dabei kann der Speicherbaustein im Gerät bzw. auf der Platine verbleiben.

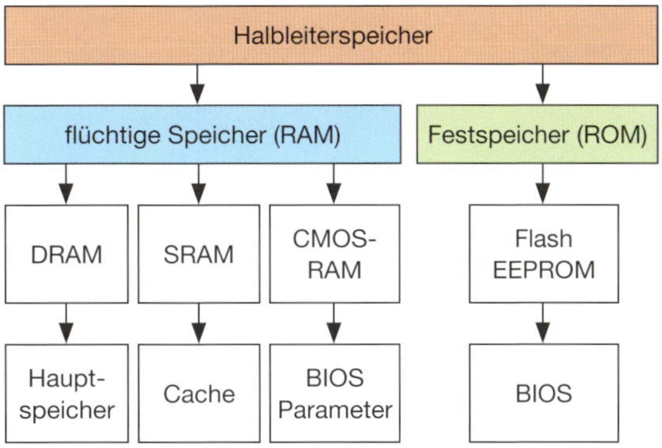

3. Halbleiterspeicher auf der Hauptplatine

1. Hauptplatine

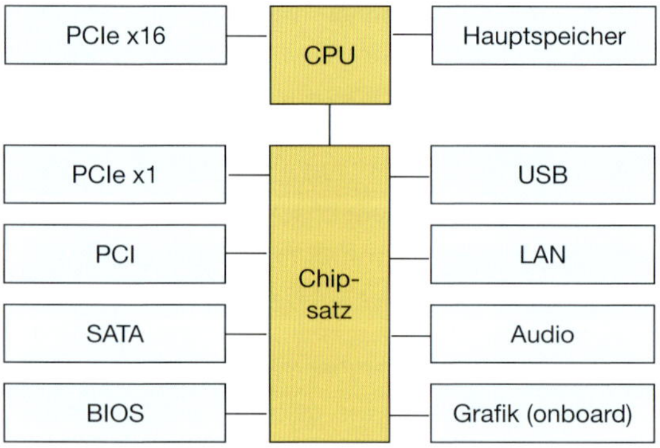

2. Aufgabenteilung zwischen CPU und Chipsatz

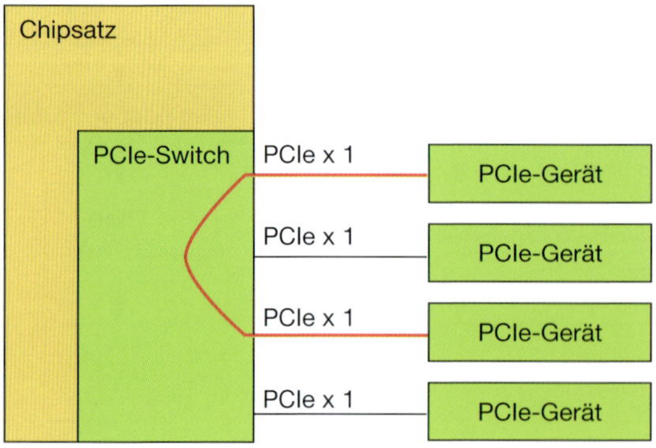

3. PCIe-Struktur

2.5 Datenübertragung auf der Hauptplatine

Die Datenübertragung zwischen der CPU und peripheren Geräten wird nicht allein von der CPU gesteuert. Der Chipsatz unterstützt sie dabei. Bild 1 zeigt die Anordnung von CPU und Chipsatz auf einer Hauptplatine. Welche Aufgaben übernehmen sie jeweils?

CPU und Chipsatz

Bild 2 zeigt beispielhaft die Aufgabenteilung von CPU und Chipsatz. Für die CPU gilt:

> ***Die CPU steuert den Datenaustausch zwischen CPU, Hauptspeicher und Grafikkarte.***

Damit der Datenaustausch mit einer sehr hohen Datenrate erfolgen kann, befindet sich die CPU zwischen den Steckplätzen für den Hauptspeicher und dem PCIe-x16-Steckplatz für die Grafikkarte.
Für den Chipsatz gilt entsprechend Bild 2:

> ***Der Chipsatz steuert die Datenübertragung mit Komponenten der Hauptplatine und peripheren Geräten.***

Dazu gehören auf der Hauptplatine unter anderem die PCI- und PCIe-x1-Steckplätze und die SATA-Schnittstellen sowie der Onboard-Grafikadapter und das BIOS. Über die USB-Schnittstellen erfolgt der Datenaustausch mit peripheren Geräten wie z. B. Maus, Tastatur und Drucker. Die LAN-Schnittstelle ermöglicht den Datenaustausch mit anderen Computern in einem Netzwerk. Die Audio-Schnittstellen dienen zur Übertragung akustischer Signale.
Chipsätze gibt es abhängig von der CPU und vom Hersteller in unterschiedlichen Ausführungen und in einem oder in zwei ICs.
Die Datenübertragung zwischen CPU, Chipsatz und den anderen Funktionseinheiten auf der Hauptplatine erfolgt über Bussysteme.

Bussystem

> ***Ein Bussystem ist ein Leitungssystem zur Übertragung von Daten.***

In einem PC werden Daten über parallele und serielle Bussysteme übertragen. Den grundsätzlichen Unterschied erläutert der Exkurs rechts.

PCI

PCI steht für *Peripheral Component Interconnect*. Der PCI-Bus dient zur Verbindung von PCI-Erweiterungskarten mit dem Chipsatz. Dieser Bus ist ein paralleler Bus mit 64 Bit bzw. 64 Leitungen.

PCIe

PCIe, auch PCI-E oder PCI Express genannt, steht für *Peripheral Component Interconnect Express*. Im Unterschied zum PCI-Bus handelt es sich hier um serielle Punkt-zu-Punkt-Verbindungen, die als Lanes bezeichnet werden (Bild 3). Ein Lane besteht aus zwei Sende- und zwei Empfangsleitungen. Eine Verbindung mit einem Lane bezeichnet man mit PCIe x1.
Durch die Kopplung mehrerer Lanes lässt sich die Datenübertragungsrate erhöhen. Ein Beispiel dafür ist der PCIe x16 für den Anschluss einer PCIe-Grafikkarte. Der PCIe x16 enthält 16 Lanes und somit 16 x 4 = 64 Leitungen. Dadurch erhöht sich die Datenrate gegenüber dem PCIe x1 um das 16-fache. Tabelle 4 erläutert PCIe-Varianten.
Über einen im Chipsatz integrierten Switch (elektronischer Schalter) lassen sich separat geschaltete Verbindungen bedarfsorientiert zwischen PCIe-Geräten herstellen.

SATA

SATA steht für *Serial Advanced Technology Attachment*. SATA dient vor allem zum Anschluss von Laufwerken für Festplatten, CD-, DVD- und Blu-Ray-Laufwerken.
Durch eine serielle Punkt-zu-Punkt-Verbindung steht für jedes Laufwerk ein eigener Kanal zur Verfügung. Die Datenübertragung erfolgt pro Kanal über zwei Sende- und zwei Empfangsleitungen.

Aufgaben

1. Erläutern Sie die Aufgabenteilung zwischen CPU und Chipsatz.
2. Erläutern Sie, was man unter einem Bussystem versteht.
3. Beschreiben Sie den Unterschied zwischen paralleler und serieller Datenübertragung.
4. Um wie viel erhöhen sich die Datenraten von PCIe x 4 und PCIe x 16 gegenüber PCIe x 1?

PCIe-Varante	Anzahl der Lane(s)	Anzahl der Leitungen
PCIe x1	1	4
PCIe x4	4	16
PCIe x8	8	32
PCIe x16	16	64

4. PCIe-Varianten

Parallele und serielle Datenübertragung

Parallele Datenübertragung: Die Daten werden nebeneinander und gleichzeitig über mehre Leitungen übertagen.

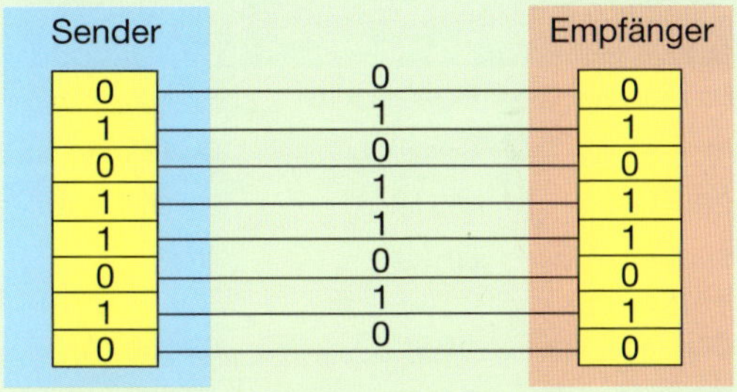

Die Anzahl der Leitungen, d. h. der Bits, ist nicht festgelegt. Meist wird ein Vielfaches von acht gewählt. Ein Beispiel im PC ist der PCI-Bus mit 64 Bit.
Der wesentliche Nachteil der parallelen Datenübertragung ist, dass die einzelnen Laufzeiten entlang der parallelen Leitungen nicht alle exakt gleich sind. Dadurch kommt es bei sehr hohen Übertragungsgeschwindigkeiten zu Empfangsfehlern. Daher werden zunehmend serielle Übertragungsverfahren eingesetzt.
Serielle Datenübertragung: Die Daten werden Bit für Bit über eine Leitung übertragen.

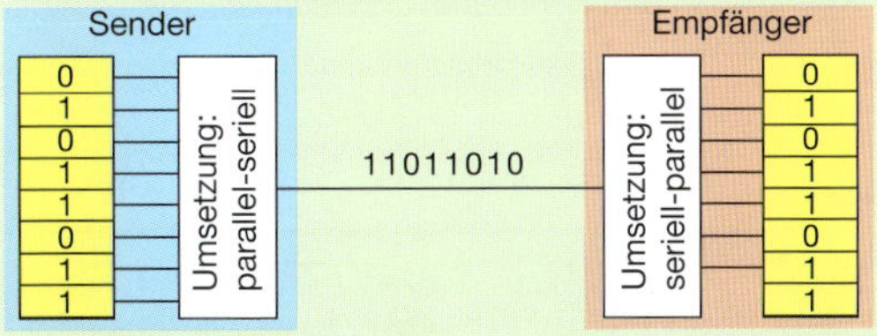

Dadurch ist eine störungsfreie und sehr schnelle Datenübertragung möglich. Da Daten parallel verarbeitet werden, müssen sie beim Sender in ein serielles Format umgesetzt werden und beim Empfänger wieder in ein paralleles Format.

1. Grafikkarte für PCIe-x16-Steckplatz

Kenngröße	Einfache Grafikkarte	High-End-Grafikkarte
Schnittstelle	PCIe 2.1 x16	PCIe 3.0 x16
GPU-Anzahl	Single Core	Dual Core
GPU-Takt	650 MHz	2 x 950 MHz
Streamprozessoren	80	4096
Grafikspeicher	1 GB	6 GB
Speichertyp	GDDR3	GDDR5
Speichertakt	450 MHz	2 x 1,5 GHz
Speicher-Anbindung	64 Bit	2 x 384 Bit
RAMDAC-Takt	400 MHz	400 MHz
Max. Auflösung	2048 x 1536	2560 x 1600
Bildschirmschnittstellen	1 x VGA 1 x DVI-I 1 x HDMI	1 x DVI-I 4 x DP
Leistungsaufnahme	20 W	375 W
Kühlung	Kühlkörper	Kühlkörper und Lüfter

2. Kenngrößen und Kenndaten unterschiedlicher Grafikkarten (Auswahl)

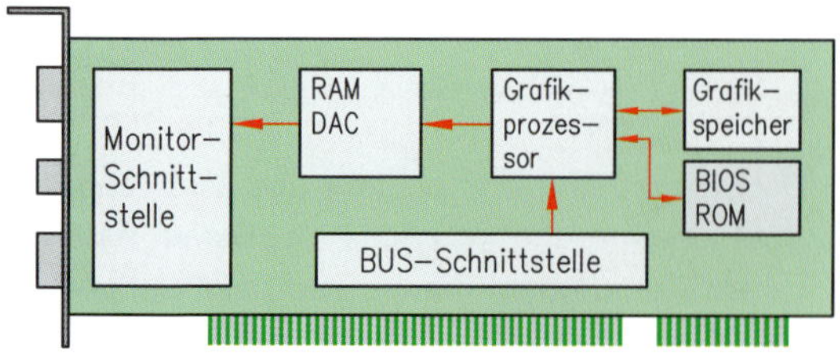

3. Prinzipieller Aufbau einer Grafikkarte

2.6 Erweiterungskarten für Grafik und Ton

Einige der zu konfigurierenden PCs sollen 3D-Darstellung und Surround-Sound ermöglichen. Dazu müssen sie mit Grafik- und Soundkarten ausgestattet werden.
Warum ist diese Ergänzung erforderlich, obwohl auf der Hauptplatine bereits Grafik- und Soundadapter fest installiert sind?

Grafikadapter

> ***Der Grafikadapter ermöglicht die Darstellung von Text und Grafik auf dem Bildschirm.***

In der Regel befindet sich ein Grafikadapter onboard im fest verlöteten Chipsatz auf der Hauptplatine. Für normale Anforderungen, z. B. für einen typischen Büro-PC, ist dieser Onboard-Grafikadapter ausreichend.
Soll dagegen z. B. 3D-Grafik realisiert werden, müssen sehr viele Daten sehr schnell berechnet und übertragen werden. Dazu ist eine leistungsstarke Grafikkarte (Bild 1) erforderlich. Die Hauptplatine besitzt zu deren Aufnahme einen Grafikkarten-Steckplatz (PCIe x16).
Die folgende Betrachtung vergleicht Kenndaten einer Grafikkarte für besonders hohe Anforderungen mit denen einer für normale Anforderungen.

Grafikprozessor

Zentrum einer Grafikkarte (Bild 3) ist der Grafikprozessor (**GPU:** *G*raphics *P*rocessing *U*nit). Er dient zur Berechnung der Bildschirmausgabe. Grafikkarten für besonders hohe Anforderungen besitzen leistungsstarke GPUs.
Tabelle 2 verdeutlicht das. Die GPU der High-End-Grafikkarte enthält zwei Kerne und 4096 Streamprozessoren. Die GPU der einfachen Karte einen Kern und 80 Streamprozessoren.
Streamprozessoren sind kleine Prozessoren (Coprozessoren), die Datenströme parallel bearbeiten. GPUs sind daher häufig den CPUs in ihrer Rechenleistung überlegen und benötigen aufwendige Kühllösungen.

Grafikspeicher

Im Grafikspeicher werden die vom Grafikprozessor verarbeiteten und auf dem Bildschirm anzuzeigenden Texte und Bilder digital gespeichert.

Der Grafikspeicher der High-End-Karte verfügt über eine Speicherkapazität von 6 GB. Mit einer Taktfrequenz von 1,5 GHz werden zu jedem GPU-Kern 384 Bit parallel übertragen. Die einfache Grafikkarte verfügt über 1 GB und überträgt mit 450 MHz parallel 64 Bit. Das bedeutet:

> ***Leistungsstarke Grafikkarten verfügen über große Rechenleistungen und hohe Datenübertagungsraten.***

Leistungsstarke Grafikkarten haben einen hohen Leistungsbedarf. Während die einfache Grafikkarte mit 20 Watt arbeitet, benötigt die High-End-Karte 375 Watt. Sie muss daher direkt an das Netzteil angeschlossen werden. Und das Netzteil muss die geforderte Leistung liefern können.

RAMDAC

Der **RAMDAC** (**RAM** *Digital* *Analog* **C***onverter*) setzt die digitalen Signale aus dem Grafikprozessor in analoge Signale für die analogen Monitorausgänge VGA oder DVI-I um. Bild 4 zeigt analoge und digitale Bildschirmschnittstellen.

Soundadapter

> ***Der Soundadapter verarbeitet akustische Signale.***

Zur Aufgabe des Soundadapters gehört u. a. die Aufzeichnung, Bearbeitung und Wiedergabe von akustischen Signalen. In der Regel besitzt eine Hauptplatine einen Onboard-Soundadapter.
Für höhere Ansprüche stehen – wie für die Grafik – Soundkarten (auch Audiokarten genannt) zur Verfügung, die z. B. den Betrieb von Mehrkanal-Tonsystemen ermöglichen.
Bild 5 zeigt eine Surround-Sound-5.1-Soundkarte. 5.1 bezeichnet ein Mehrkanal-Tonsystem für 5 Hoch- und Mittelton- und 1 Tiefton-Lautsprecher.

Aufgaben

1. Erläutern Sie weitere Unterschiede zwischen den Grafikkarten-Kenndaten in Tabelle 2.
2. Welche Bildschirmschnittstellen in Tabelle 4 benötigen keinen Digital-analog-Umsetzer?
3. Was bezeichnet man als Onboard-Adapter?

VGA: ***Video Graphics Array***	
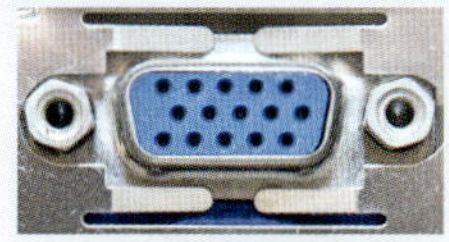	Analoge Monitorschnittstelle für Monitore und Videoprojektoren
DVI: ***Digital Video Interface***	
	Eine DVI-D-Schnittstelle überträgt nur digitale Daten. Eine DVI-I- Schnittstelle (I für Integrated) überträgt digitale und analoge Videosignale.
HDMI: ***High Definition Multimedia Interface***	
	Schnittstelle für die digitale Übertragung von Audio- und Videosignalen, u. a. um hochauflösende Bildquellen wie Blu-Ray-Spieler an HD-Fernseher anzuschließen.
DP: ***DisplayPort***	
	Digitale Schnittstelle zum Anschluss von Monitoren und Fernsehgeräten an Computer, DVD-Spieler und ähnliche Geräte.

4. Bildschirmschnittstellen

Farbe und Funktion	
	Line-IN: Eingang für Aufnahmen
	Mic-IN: Mikrofoneingang
	Line-OUT: Kopfhörer oder Frontlautsprecher
	Ausgang für Rücklautsprecher
	Ausgang für Seitenlautsprecher
	Ausgang für Tieftonlautsprecher

5. Soundkarte für PCIe x1. Die dargestellten Farben und ihre Zuordnung können sich abhängig vom Hersteller unterscheiden.

1. Festplattenlaufwerk

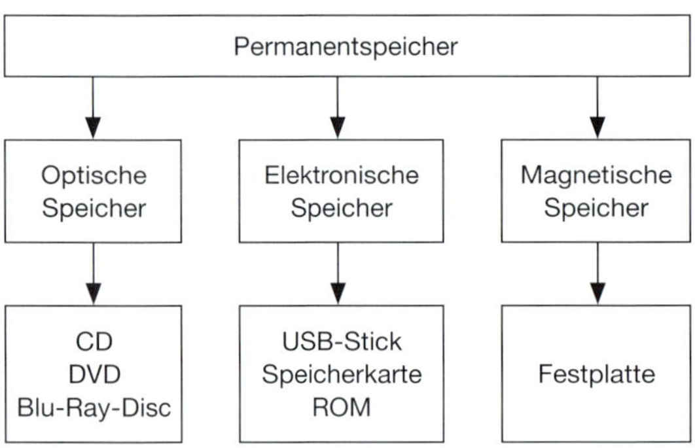

2. Permanentspeicher (Auswahl)

Kenngröße	Kenndaten
Festplattentyp	PC-Festplatte
Formfaktor	3,5 Zoll
Schnittstelle	SATA
Kapazität	3 TB (Terabyte)
Drehzahl	5400 1/min
Max. Lesegeschwindigkeit	129 MB/s
Max. Schreibgeschwindigkeit	124 MB/s
Mittlere Zugriffszeit	7,3 ms
Cache	64 MB

3. Kenndaten einer Festplatte (Beispiel)

2.7 Festplatte und Speicherkarten

Bei der Zusammenstellung der PC-Komponenten werden Sie von ihrem Meister gebeten, ein Festplattenlaufwerk (Bild 1) auszuwählen. Dazu informieren Sie sich zunächst über:

- die Funktion der Festplatte im PC.
- den Aufbau eines Festplattenlaufwerkes.
- wichtige Kenngrößen.

Funktion der Festplatte im PC

Die Festplatte wird auch als ***Hard Disk***, kurz **HD**, bezeichnet, das Festplattenlaufwerk als **HDD**: *Hard Disk Drive*. Auf der Festplatte sind normalerweise das Betriebssystem, Anwenderprogramme und Dateien dauerhaft gespeichert. Deshalb und aufgrund ihrer hohen Datenübertragungsgeschwindigkeit und enormen Speicherkapazität gilt:

> ***Die Festplatte ist der wichtigste permanente Datenspeicher in einem PC.***

Aufbau eines Festplattenlaufwerkes

Festplatten sind magnetische Speicher, die aus mehreren übereinandergestapelten Aluminiumscheiben bestehen (s. Bild 1).

Die Aluminiumscheiben besitzen eine hartmagnetische Beschichtung, die beim Schreiben entsprechend der aufzuzeichnenden Information magnetisiert wird. Das Auslesen erfolgt durch Abtastung der Magnetisierung. Schreiben und Lesen erfolgt über je einen Schreib-/Lese-Kopf pro Platte.

Kenngrößen

Tabelle 3 zeigt wichtige Kenngrößen und Kenndaten einer Festplatte. Was sagen sie aus?

- Festplattentyp und Formfaktor kennzeichnen ein typisches PC-Festplattenlaufwerk mit einer Breite von 3,5 Zoll.
- Als Schnittstelle für das Laufwerk dient eine SATA-Schnittstelle auf der Hauptplatine.
- Die Speicherkapazität gibt an, wie viel Byte das Festplattenlaufwerk speichern kann.
- Die Drehzahl gibt an, mit welcher Geschwindigkeit sich die Platten drehen.
- Die Schreib- und Lesegeschwindigkeit geben die Datenraten beim Schreiben und Lesen an.

- Die Zugriffszeit ist die benötigt Zeit für die Positionierung des Schreib-/Lese-Kopfes.
- Der Cache speichert beim Beschreiben zunächst die schnell von der CPU gesendeten Daten. Der länger dauernde Magnetisierungsvorgang der Platten erfolgt anschließend.

Festplattenlaufwerke gibt es in Ausführungen zum Einbau in den PC (Bild 1) oder als externe Festplatte (Bild 4).

Neben der Festplatte gibt es weitere Permanentspeicher. Bild 2 zeigt eine Auswahl. Zunächst wird die Speicherkarte betrachtet.

4. Externe Festplatte mit USB-Anschluss

Speicherkarte

Eine Speicherkarte, auch Flash Card oder Memory Card genannt, ist ein elektronischer Speicher, auf dem beliebige Daten gespeichert werden können.

> ***Speicherkarten speichern Daten in wiederbeschreibbaren Flash-EEPROMs.***

Verwendet werden sie für kleine, mobile Geräte wie Digitalkameras oder Mobiltelefone, aber auch – mithilfe eines Kartenlesers – an PCs oder Laptops. Erhältlich ist eine Vielzahl von unterschiedlichen Typen. Tabelle 5 zeigt eine Auswahl. Die dabei angegebenen Speicherkapazitäten sind Beispiele.

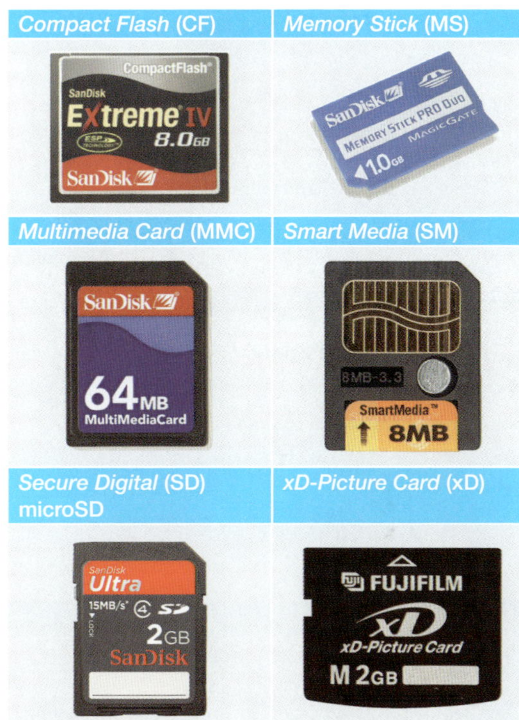

5. Speicherkarten

USB-Speicherstick

Ein USB-Speicherstick (Bild 6), kurz USB-Stick genannt, wird über USB z. B. mit einem PC verbunden. Dabei sind USB-Stecker und Gehäuse ohne verbindendes Kabel direkt miteinander verbunden. Die Daten werden – wie bei der Speicherkarte – elektronisch in einem wiederbeschreibbaren Flash-EEPROM gespeichert.

USB-Sticks gibt es in unterschiedlichen Formen mit unterschiedlichen Speicherkapazitäten bis in den Terabyte-Bereich.

6. USB-Stick

Aufgaben

1. Was versteht man unter einem Permanentspeicher?
2. Beschreiben Sie, warum die Festplatte der wichtigste Permanentspeicher im PC ist.
3. Erläutern Sie Gemeinsamkeiten und Unterschiede von Speicherkarten und USB-Sticks.

1. Blu-Ray-Laufwerk

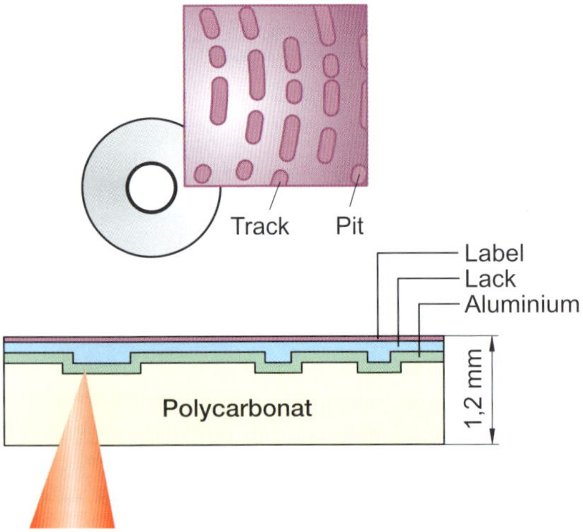

2. Aufbau einer CD

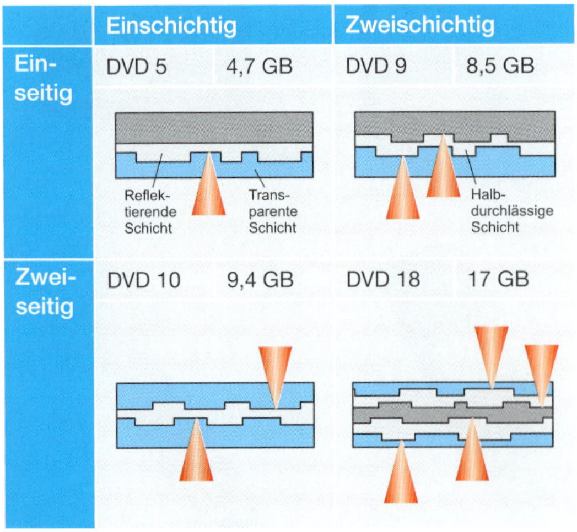

3. DVD-Varianten bieten unterschiedliche Speicherkapazitäten.

2.8 CD, DVD und Blu-Ray-Disc

Die zu konfigurierenden PCs sollen mit Blu-Ray-Laufwerken ausgestattet werden. Bild 1 zeigt ein Beispiel. Sie möchten aber neben Blu-Ray-Discs auch CDs und DVDs lesen und beschreiben können. Ist das mit einem Blu-Ray-Laufwerk möglich?

Optische Speicher

> ***CD, DVD und Blu-Ray-Disc sind optische Speicher.***

CD, DVD und Blu-Ray-Disc sind runde Scheiben mit einem Durchmesser von 12 cm und einer Dicke von 1,2 mm. Auf ihnen werden – entsprechend Bild 2 – Daten mithilfe einer von innen nach außen laufenden Spiralspur aus Pits (Gruben) und Lands (Flächen) gespeichert.

Pits und Lands sind auf einer Polykarbonatschicht aufgebracht. Darüber befindet sich eine aufgedampfte Aluminiumschicht als Reflexionsschicht für den Laser. Geschützt wird die Aluminiumschicht mit einer Lackschicht, die gleichermaßen zur Aufnahme des Labels dient.

Die Abtastung erfolgt kontaktlos über einen der Spur nachgeführten Laserstrahl von der spiegelnden Unterseite her.

Wodurch unterscheiden sich die optischen Speicher?

CD

CD ist die Abkürzung für ***C**ompact **D**isc* (kompakte Scheibe). Die Speicherkapazität beträgt etwa 700 MB. Genutzt wird sie als Speicher für z. B. Musik oder Anwendersoftware.

DVD

DVD steht für ***D**igital **V**ersatile **D**isc* (digitale vielseitige Scheibe). Die DVD ähnelt der CD, verfügt aber über eine deutlich höhere Speicherkapazität und Datenübertragungsrate (s. Tabelle 4).

Während eine CD immer nur eine Datenschicht besitzt, gibt es DVD-Varianten (Bild 3) mit mehreren Datenschichten. Abhängig davon verfügen DVDs über Speicherkapazitäten von 4,7 GB, 8,5 GB, 9,4 GB oder 17 GB.

Die Datenübertragungsrate der DVD beträgt 10,8 Mbit/s gegenüber 1,2 Mbit/s bei der CD.

DVDs finden häufig Anwendung als Datenträger für Filme. Aber auch Betriebssysteme und umfangreiche Anwenderprogramme werden auf ihnen vertrieben.

Blu-Ray-Disc

Die **B**lu-Ray-Disc (blauer Strahl) wird kurz als **BD** bezeichnet. Prinzipiell funktioniert die Blu-Ray-Disc wie eine CD oder DVD, verfügt aber über eine noch höhere Speicherkapazität und eine ebenfalls höhere Datenübertragungsrate.
Entsprechend Tabelle 4 speichert eine Blu-Ray-Disc mit einer Datenschicht 25 GB, mit zwei Datenschichten bis zu 50 GB. Dadurch wird es z. B. möglich, mehrere Stunden Film mit hochaufgelösten Bildern zu speichern.
Die Datenübertragungsrate beträgt 36 Mbit/s.

Was bewirkt diese Unterschiede?

CD und DVD verwenden rötliche Laser mit Wellenlängen von 780 nm bzw. 650 nm. Blu-Ray nutzt blaue Laser mit einer kürzeren Wellenlänge von 405 nm (s. Bild 5).
Bei der CD muss der Laser eine 1,1 mm dicke Polycarbonatschicht durchdringen, bis er auf die die Datenschicht trifft. Bei der DVD sind das 0,6 mm und bei der Blu-Ray-Disc nur 0,1 mm.
Durch diese Maßnahmen lässt sich der Laser leichter und vor allem auf kleinere Punkte fokussieren. Lands und Pits können näher zusammengerückt werden. Die Datendichte steigt.

Optische Laufwerke

Blu-Ray-Player spielen in der Regel neben Blu-Ray-Discs auch DVDs und CDs ab. Meist bestehen Laufwerke aus einer Kombination von Player und Brenner. Somit gibt es Blu-Ray-Brenner, die neben Blu-Ray-Discs auch CDs und DVDs brennen und abspielen können.
Der Exkurs rechts erläutert Beispiele beschreibbarer Varianten.

Aufgaben

1. Nennen Sie Anwendungsbeispiele für CDs, DVDs und Blu-Ray-Discs.
2. Beschreiben Sie den Aufbau einer CD.
3. Erläutern Sie Unterschiede und Gemeinsamkeiten von CD, DVD und Blu-Ray-Disc.
4. Begründen Sie, warum die Speicherkapazitäten und die Datenraten von CD, DVD und Blu-Ray-Disc unterschiedlich groß sind.

Kenngröße	CD	DVD	BD
Durchmesser	12 cm	12 cm	12 cm
Dicke	1,2 mm	1,2 mm	1,2 mm
Spurabstand	1,6 µm	0,74 µm	0,32 µm
Laserfarbe	infrarot	rot	blau
Wellenlänge	780 nm	650 nm	405 nm
Speicherkapazität	700 MB	4,7 GB 8,5 GB 9,4 GB 17 GB	25 GB 50 GB
Datenübertragungsrate	1,2 Mbit/s	10,8 Mbit/s	36 Mbit/s

4. Vergleich der Kenndaten optischer Speicher

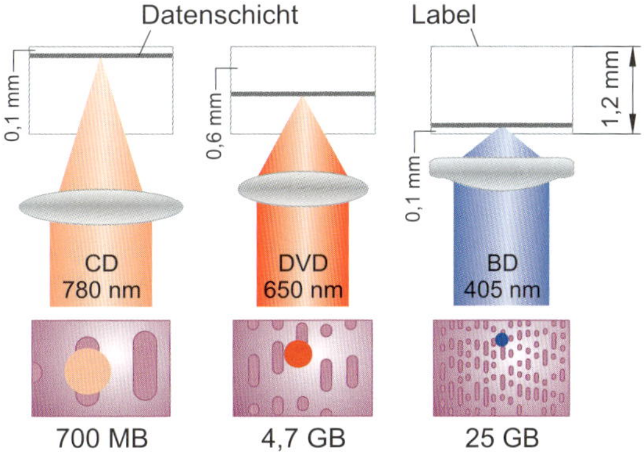

5. Unterschiedliche Verfahren optischer Speicherung

Optische Speicher mit den Bezeichnungen

- CD-R, DVD-R oder BD-R sind einmal beschreibbar.
- CD-RW, DVD-RW oder BD-RE sind mehrfach wiederbeschreibbar.

R steht für ***R**ecordable*, **RW** für ***R**e**W**ritable* und **RE** für ***R**ecordable **E**rasable*.
In der Regel kann
- ein CD-Brenner nur CDs brennen und abspielen.
- ein DVD-Brenner CDs und DVDs brennen und abspielen.
- ein Blu-Ray-Brenner CDs, DVDs und Blu-Ray-Discs brennen und abspielen.

Lernfeld 4: Informationstechnische Systeme bereitstellen

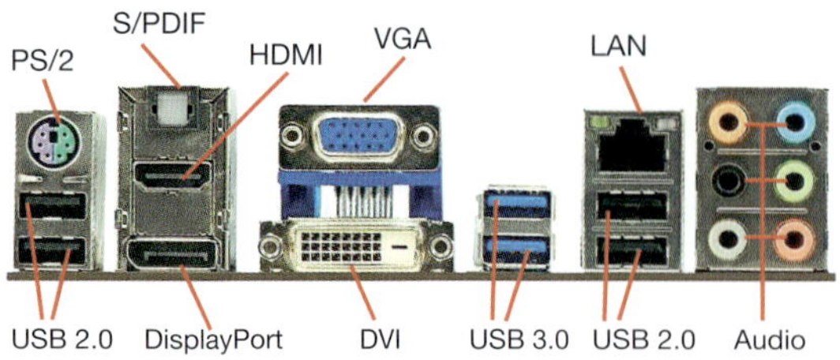

1. Externe PC-Schnittstellen auf der Hauptplatine

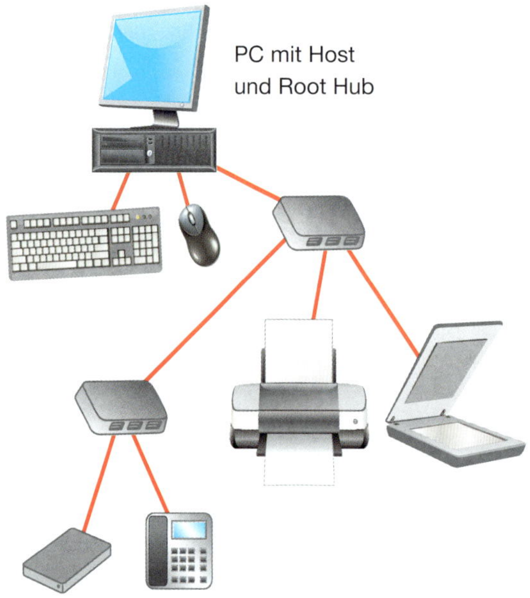

2. USB-Struktur

3. USB-Hub. Ein USB-Hub ist ein Vervielfacher für USB-Schnittstellen.

2.9 Schnittstellen für externe Geräte

Zum Anschluss von externen Geräten an den PC sind am Gehäuse Buchsen angebracht. Während an der Vorderseite die Auswahl meist auf USB- und Audio-Buchsen für Mikrofon und Lautsprecher beschränkt ist, ist auf der Rückseite des Gehäuses die Auswahl deutlich größer. Bild 1 zeigt ein Beispiel. Besonders fällt auf, dass insgesamt sechs USB-Schnittstellen vorhanden sind.

USB

USB steht für ***U**niversal **S**erial **B**us*. An USB können nahezu alle externen Geräte wie Tastatur, Maus, Drucker, Mikrofon, Lautsprecher, Kamera usw. angeschlossen werden. Das bedeutet:

USB ist eine universelle serielle Schnittstelle.

Bild 2 zeigt die Struktur. Auf der Hauptplatine befindet sich ein *Host-Controller*, der den gesamten USB-Datenverkehr steuert. Der Host besitzt als Anschlussmöglichkeit einen Hub (Verteiler). Dieser Hub wird als Root Hub bezeichnet und dient als Wurzel (Root) aller weiteren angeschlossenen Geräte und Hubs.
In Bild 2 sind an den Root Hub des Rechner Tastatur, Maus und ein separater Hub (Bild 3) angeschlossen. An diesen Hub ist neben Drucker und Scanner ein weiterer Hub angeschlossen, usw.
Insgesamt können bis zu 127 Geräte einschließlich Hubs an den Root Hub angeschlossen werden.

USB-Kabel

USB-Kabel besitzen unterschiedliche Stecker-Typen Bild 4 verdeutlicht das. Stecker vom Typ A kommen am PC und an der Verteilerseite eines Hubs zum Einsatz, Stecker vom Typ B an den Peripheriegeräten.

USB-Standards

Die aktuellen Standards USB 2.0 und USB 3.0 unterscheiden sich entsprechend Bild 4 und Tabelle 5 erheblich:

- USB 2.0 besitzt eine Datenübertragungsrate von 480 Mbit/s, USB 3.0 von 5 Gbit/s.
- USB 2.0 verwendet ein Kabel mit vier Adern, USB 3.0 eines mit neun Adern.
- USB 2.0-Kabel dürfen maximalen 5 m lang sein, USB 3.0-Kabel maximal nur 3 m.

Jedes Kabel besitzt zwei Adern zur direkten Stromversorgung von Geräten mit geringem Strombedarf. Bei Geräten an USB 2.0 dürfen 500 mA nicht überschritten werden, bei USB 3.0 sind maximal 900 mA möglich.
USB 3.0 ist abwärtskompatibel, sodass auch USB-2.0-Geräte betrieben werden können.
USB-Schnittstellen verfügen über *Hot Plugging*.

Durch Hot Plugging können PC-Komponenten während des laufenden Betriebs hinzugefügt oder entfernt werden.

VGA, DVI, HDMI und DP

VGA, DVI, HDMI und DP sind Bildschirmschnittstellen. Erläuterungen dazu finden sich im Kapitel über die Grafikkarte.

Audio und S/PDIF

Audio kennzeichnet die Audio- bzw. Soundschnittstellen. Erläuterungen dazu finden sich im Kapitel zur Soundkarte.
S/PDIF steht für ***S****ony/****P****hilips* ***D****igital* ***I****nterface*. Dabei handelt es sich um eine Schnittstelle für die elektrische oder optische Übertragung digitaler Stereo- oder Mehrkanal-Audiosignale zwischen verschiedenen Geräten im Bereich der Unterhaltungselektronik, z.B. zwischen DVD-Player und Heimkinoreceiver. Bild 6 zeigt optische Stecker für S/PDIF.

LAN

LAN steht für Local Area Network. Die LAN-Schnittstelle ermöglicht mithilfe eines RJ45-Steckverbinders (Bild 7) den Anschluss des PCs an ein Computernetzwerk.

PS/2

PS/2 ist eine Schnittstelle für Eingabegeräte wie Tastatur oder Maus. Die PS/2-Schnittstelle ist praktisch durch USB ersetzt worden.

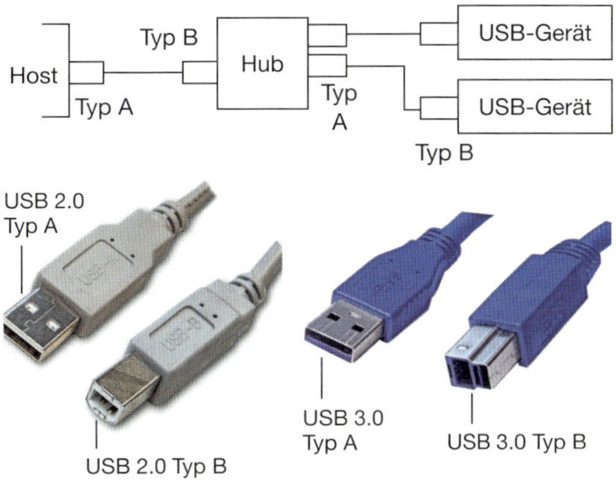

4. USB-2.0- und USB-3.0-Steckverbinder

	USB 2.0	USB 3.0
Modus	High Speed	Super Speed
Übertragungsrate	480 Mbit/s	5 Gbit/s
Geräteanzahl	127	127
Leitungslänge	5 m	3 m
Adern	4	9
Stromversorgung von USB-Geräten	max. 500 mA	max. 900 mA

5. Aktuelle USB-Standards. Die Standards USB 1.0 und USB 1.1 sind nicht mehr aktuell.

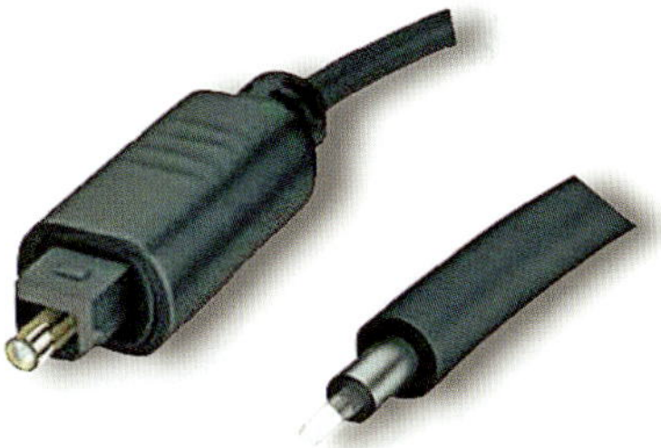

6. S/PDIF-Stecker. S/PDIF wird auch als TOSLINK bezeichnet.

7. RJ45-Stecker

Aufgaben

1. Beschreiben Sie die USB-Struktur.
2. Wodurch unterscheiden sich bei USB Typ-A- von Typ-B-Steckverbindern?
3. Erläutern Sie Unterschiede und Gemeinsamkeiten von USB 2.0 und USB 3.0.

Big Tower
Größter Tower, wird meistens für Server verwendet, da zusätzliche Hardware und weitere Festplatten eingebaut werden können

Mini Tower
Wesentlich kleiner als ein Big Tower, typisch für Büro- oder Heim-PC

Desktop
Gehäuse, das oft liegend auf den Schreibtisch gestellt wird

Mini-PC
Noch kleiner als Desktop, für einfache Office-Anwendungen oder als Media-PC im Wohnzimmer

1. PC-Gehäusebauformen (Beispiele)

2. Midi Tower-Gehäuse mit Netzteil

2.10 PC-Gehäuse und Netzteil wählen

Nachdem die Komponenten gewählt wurden, die wesentlich auf die Anwendungen der zusammenzubauenden PCs bezogen waren, erfolgen nun die Wahl des Gehäuses und des Netzteils. Bei der Wahl des Gehäuses ist zu beachten:

> ***Das Gehäuse und die einzubauenden Komponenten müssen aufeinander abgestimmt sein.***

Das gilt sowohl für die Hauptplatine wie auch für die anderen einzubauenden Komponenten, wie Festplattenlaufwerk, Blu-Ray-Laufwerk und das noch zu wählende Netzteil.
Entsprechend der Checkliste rechts sind bei der Wahl des Gehäuses folgende Punkte zu berücksichtigen:

- Die Hauptplatine hat den Formfaktor ATX.
- Die Hauptplatine wird mit max. zwei Steckkarten bestückt.
- Als Laufwerke müssen ein Festplattenlaufwerk und ein Blu-Ray-Laufwerk in das Gehäuse eingebaut werden.

Da die Hauptplatine und die weiteren Komponenten im ATX-Format bzw. kompatibel dazu gewählt wurden, muss das Gehäuse ebenfalls dem Formfaktor ATX entsprechen.

Gehäusebauformen für PCs

Für den Einbau eines Hauptplatinen-Formats stehen i. d. R. unterschiedliche Gehäusebauformen zur Verfügung. So kann z. B. eine Micro-ATX-Hauptplatine in ATX-kompatible Gehäuse wie Big Tower, Midi Tower, Mini Tower oder Desktop eingebaut werden Bild 1 zeigt Beispiele.
Bild 2 zeigt ein Midi-Tower-Gehäuse. Es kann folgende Komponenten aufnehmen:

1. 5,25"-Einschübe für optische Laufwerke, wie Blu-Ray-Disc
2. 3,5"-Einschübe – z. B. für Kartenleser
3. 3,5"-Einschübe für Festplattenlaufwerke
4. Aussparungen zum Herausführen der Anschlüsse von Steckkarten, z. B. Grafikkarte
5. Lüftungsgitter zum Einbau eines zusätzlichen Lüfters (sofern der Lüfter des Netzteils nicht ausreicht)
6. Netzteil (bereits eingebaut)

Lernfeld 4: Informationstechnische Systeme bereitstellen

Aus welchem Material besteht das PC-Gehäuse?

Das Gehäuse dient dazu, alle PC-Komponenten aufzunehmen und vor äußeren Einflüssen wie Schmutz, Wasser und elektromagnetischen Störungen zu schützen. Gleichermaßen schirmt das Gehäuse die eingebauten Komponenten ab und schützt so die Umgebung vor elektromagnetischen Störungen durch den PC.
Deshalb bestehen Computergehäuse meist aus verzinktem Metall oder anderweitig beschichtetem Stahlblech oder Aluminium.

Checkliste zur Wahl des Gehäuses
1. *Formfaktor der gewählten Hauptplatine feststellen*
2. *Platzbedarf für Steckkarten berücksichtigen*
3. *Anzahl der Laufwerke (Festplattenlaufwerk, optische Laufwerke) berücksichtigen*
4. *Platzbedarf für weitere Komponenten (z. B. Kartenleser) berücksichtigen*

Netzteil

> ***Das Netzteil liefert alle erforderlichen Betriebsspannungen für die PC-Komponenten (s. Bild 3).***

Zur Versorgung der Komponenten im PC wandelt das Netzteil die Netzwechselspannung in die benötigten Gleichspannungen um. Zudem besitzen Netzteile Lüfter zur Kühlung des PCs. Reicht dieser – bei leistungsstärkeren PCs – nicht aus, muss ein zusätzlicher Lüfter installiert werden.

3. Spannungsversorgung im PC

Wahl des Netzteils

Gehäuse und Netzteil müssen aufeinander abgestimmt sein. So lässt sich z. B. in ein ATX-Gehäuse ohne Probleme ein ATX-Netzteil (Bild 4) einbauen. Weiter ist darauf zu achten, dass:
- das Netzteil die von den Komponenten geforderte Leistung liefert. Das ist besonders zu beachten, wenn z. B. eine leistungsstarke Grafikkarte eingebaut werden soll.
- alle Leitungen zu den einzelnen Komponenten vorhanden und lang genug sind.
- alle erforderlichen Steckverbindungen vorhanden sind.

4. PC-Netzteil (ATX). In der Regel liefern ATX-Netzteile die Gleichspannungen +3,3 V, +5 V, –5 V, +12 V und –12 V.

Aufgaben

1. Wodurch unterscheiden sich PC-Gehäuse?
2. Beschreiben Sie, von welchen Faktoren die Wahl des PC-Gehäuses abhängig ist.
3. Geben Sie an, welche PC-Komponenten an das Netzteil angeschlossen werden.
4. Warum ist bei der Wahl eines Netzteils die Leistung des Netzteils besonders zu beachten?

1. PC-Peripherie

Technik	*LCD-TFT-Monitor*
Schnittstellen	*HDMI, VGA*
Bildschirmdiagonale	*24" (60,96 cm)*
Auflösung	*1.920 x 1.080 Pixel*
Zeilenfrequenz	*30 – 80 kHz*
Bildwiederholfrequenz	*56 – 76 Hz*
Reaktionszeit	*5 ms*
Blickwinkel	*170° horizontal; 160° vertikal*
Helligkeit	*250 cd/m²*

2. Monitor-Datenblattauszug

Wichtige Kenngrößen von PC-Monitoren:

Bildschirmdiagonale: Bildschirmgröße, gemessen von der rechten oberen bis zur linken unteren Ecke, angegeben in Zoll (") oder cm
Auflösung: Gesamtzahl der Bildpunkte (Pixel), angegeben durch die Anzahl der Spalten (Breite) und Zeilen (Höhe)
Zeilenfrequenz: Anzahl der Bildschirmzeilen, die pro Sekunde geschrieben werden können. Die Angabe erfolgt in kHz (1 Hz = 1/s).
Bildwiederholfrequenz: Anzahl der auf dem Bildschirm angezeigten Bilder pro Sekunde
Reaktionszeit: die Zeit, die ein Bildpunkt benötigt, um seinen Zustand zu wechseln
Blickwinkel: gibt den Winkel an, ab dem Farbveränderungen, Helligkeits- und Kontrastverluste bei seitlicher Betrachtung auftreten
Helligkeit: angegeben in Candela pro Quadratmeter. Sie sollte 200 cd/m² nicht unterschreiten.

2.11 PC-Peripherie

Tastatur, Maus und Monitor gehören zu einem PC, oft auch ein Drucker (Bild 1). Die Eingabegeräte Tastatur und Maus sind meist über USB angeschlossen. Weitere Unterschiede gibt es vor allem beim Design. Monitor und Drucker sind Ausgabegeräte. Monitore werden abhängig von der Schnittstelle über Kabel angeschlossen, Drucker über USB oder Funk. Monitore unterscheiden sich vor allem in Größe und Qualität, Drucker zusätzlich in der Drucktechnik. Worauf sollte geachtet werden?

Monitor

Der Monitor – auch Bildschirm oder Display genannt – dient der Darstellung der Benutzeroberfläche und der Datenausgabe.
PC-Monitore sind nahezu ausschließlich in LCD-TFT-Technik hergestellt. LCD steht für *Liquid Crystal Display* (Flüssigkristallbildschirm), TFT für *Thin Film Transistor* (Dünnschichttransistor).
TFT-Technik bedeutet, dass spannungsabhängige Flüssigkristalle über Dünnschichttransistoren gesteuert werden. Jeder Bildpunkt (Pixel) wird einzeln angesteuert. Dadurch ergeben sich sehr gute Kontraste und kurze Ansprechzeiten.
Tabelle 2 zeigt den Datenblattauszug eines Monitors, der auch gehobenen Ansprüchen genügt. Im Kasten darunter werden die aufgeführten Kenngrößen erläutert.
Als Drucker für den PC werden überwiegend Laser- oder Tintenstrahldrucker eingesetzt.

Laserdrucker

Ein Laserdrucker gehört zu der Gruppe der Seitendrucker. Bild 3 erläutert das Prinzip.
Die Bildtrommel wird elektrisch aufgeladen. Mit einem Laserstrahl wird das Druckbild aufgebracht. An den vom Laser belichteten Stellen wird die Trommel wieder entladen.
Danach wird das Tonerpulver aufgebracht. An den geladenen, nicht belichteten Stellen werden die Tonerpartikel abgestoßen, an den belichteten Stellen bleiben sie haften. Daraufhin wird das Tonerpulver von der Bildtrommel auf das Papier gebracht und anschließend kurz aufgeschmolzen, damit es auf dem Papier haften bleibt.

Tintenstrahldrucker

Tintenstrahldrucker besitzen einen Druckkopf auf einem beweglichen Schlitten, der horizontal bewegt wird. Der Druckkopf hat mehrere Tintendüsen, die die Druckfarbe als kleinste Bildpunkte auf das Druckmedium spritzen.

Unterschieden werden das Thermoverfahren und das piezoelektrische Verfahren (Bild 4).

Beim **Thermoverfahren**, auch ***Bubble-Jet*-Verfahren** genannt, werden in den Düsen kleine Heizelemente durch Spannungsimpulse erhitzt. Dabei bilden sich Dampfbläschen, die sich rasch ausdehnen und die Tinte auf das Blatt spritzen. Anschließend kühlt das Dampfbläschen ab und erzeugt so einen Sog, der wieder neue Tinte in die Düsen befördert.

Bei dem **piezoelektrischen Verfahren** werden in den Düsen Piezoelemente durch Spannungsimpulse so verformt, dass die Tinte in den Düsen auf das Druckmedium gespritzt wird.

Piezo-Druckköpfe bieten eine höhere Lebensdauer und arbeiten schneller als Bubble-Jet-Verfahren. Bei beiden Verfahren ist Spezialtinte notwendig und für optimale Druckqualität, z. B. für Fotos, Spezialpapier. Tabelle 5 zeigt Vor- und Nachteile von Laser- und Tintenstrahldruckern.

Farbdruck

Tintenstrahldrucker können grundsätzlich schwarzweiß und farbig drucken. Laserdrucker gibt es als Schwarzweiß-Drucker oder als Farbdrucker, die auch Schwarzweiß drucken können.

Farbdrucker bilden ihre Farben durch Mischen der CMY-Farben Cyan, Magenta und Yellow (Bild 6). Da hiermit kein tiefes Schwarz entsteht, wird Schwarz in der Regel durch eine zusätzliche Farbpatrone geliefert. Diese Kombination wird als CMYK bezeichnet. K steht für Black.

Aufgaben

1. Erläutern Sie wesentliche Kenngrößen von Monitoren im Hinblick auf die Auswahl eines qualitativ hochwertigen Monitors.
2. Wie unterscheiden sich die Druckertypen hinsichtlich Druckqualität, Kosten und Dokumentenechtheit?
3. Erstellen sie eine Mind Map zur Darstellung möglicher Peripheriegeräte.

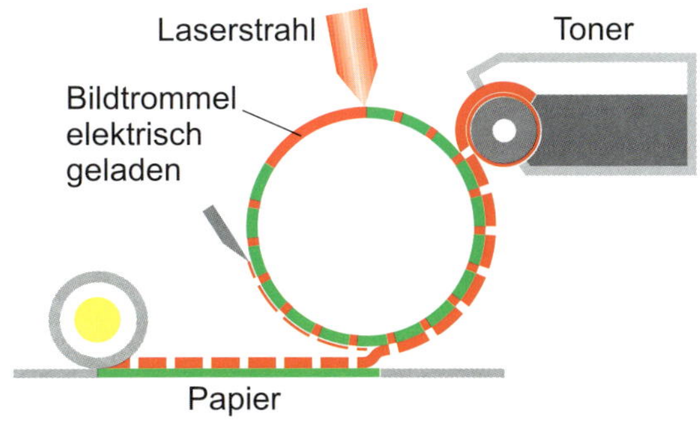

3. Prinzip des Laserdruckers

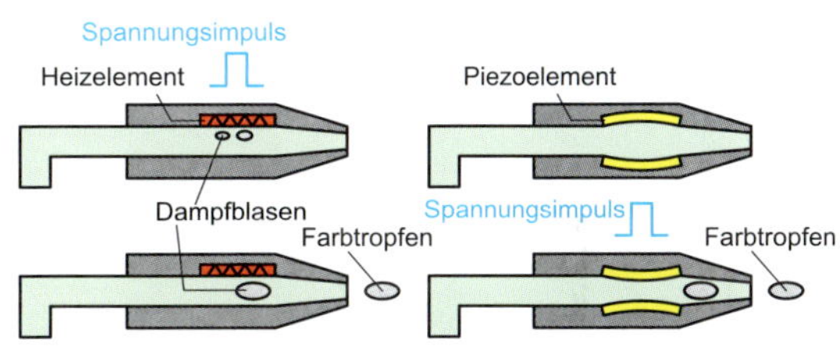

4. Tintenstrahldrucker: Thermoverfahren (links) und piezoelektrisches Verfahren

Laserdrucker	Tintenstahldrucker
Vorteile	**Vorteile**
• hohe Druckqualität bei Texten und Grafiken • schneller Ausdruck • lange Lebensdauer • niedrige Druckkosten • Ausdrucke sind i. d. R. wisch- und wasserfest • beständig gegen Licht	• hohe Farbechtheit • hohe Druckqualität bei Fotos • günstiger Anschaffungspreis • druckt leiser • CD-Druck und Druck auf Spezialpapier möglich
Nachteile	**Nachteile**
• Tonerpulver kann Blei und Kadmium enthalten, Feinstaubbelastung (für gute Lüftung sorgen!) • schlechtere Auflösung • Fotodruck in schlechter Qualität • höherer Anschaffungspreis • längere Aufwärmphase	• empfindlicher gegenüber UV-Licht • druckt langsamer • Tintenpatronen bzw. Druckköpfe können eintrocknen • kleines Papiervorratsfach • höhere Druckkosten • nicht wasser- und wischfest

5. Vor- und Nachteile von Laser- und Tintenstrahldruckern

6. CMYK-Farben

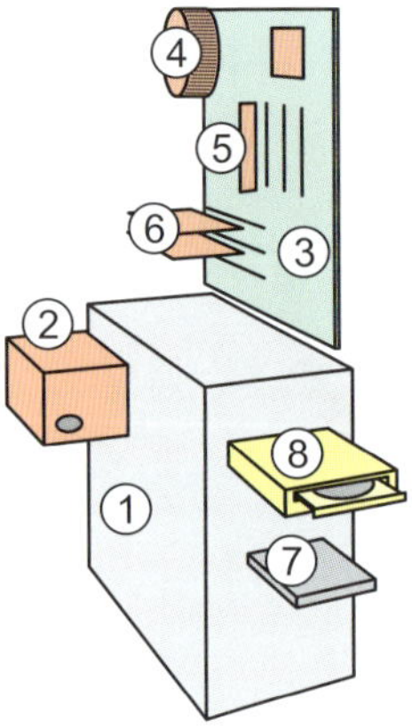

① *Gehäuse*
② *Netzteil*
③ *Hauptplatine*
④ *CPU mit Kühler*
⑤ *Hauptspeicher*
⑥ *Grafikkarte und Soundkarte*
⑦ *Festplattenlaufwerk*
⑧ *Laufwerk für CDs, DVDs und Blue-Ray-Discs*

1. Aufbau eines Personal Computers

Mögliche Schrittfolge beim Zusammenbau eines Personal Computers

1. Vorbereitungen
   - Die gewählten Komponenten auf Vollständigkeit und intakten Zustand überprüfen
   - Hersteller- und Produktnamen und Versions- und Seriennummern dokumentieren
   - Werkzeuge und Hilfsmittel bereitlegen
2. Gehäuse öffnen und Netzteil einbauen
3. Hauptplatine bestücken und einbauen
   - CPU in Sockel einsetzen und Kühler montieren
   - Hauptspeicher einsetzen
   - Hauptplatine in das Gehäuse einbauen
4. Bei Bedarf: Erweiterungskarten einsetzen, z. B. Grafikkarte und Soundkarte
5. Laufwerke einbauen
   - Festplattenlaufwerk einbauen
   - Laufwerk für CDs, DVDs und Blu-Ray-Discs einbauen
6. Kabel zur Spannungsversorgung und Datenkabel anschließen
7. Kontrollieren, ob alle Komponenten vollständig und richtig eingebaut sind
8. Hardwaretest
9. Gehäuse schließen

3 Zusammenbau eines Personal Computers

3.1 Vorbereitungen treffen und Netzteil einbauen

Nachdem die Konfiguration der PCs abgeschlossen ist und alle Komponenten und Bauteile vorhanden sind, beginnen Sie mit dem Zusammenbau der PCs. Bild 1 zeigt, wo die Komponenten angeordnet werden.

In welcher Reihenfolge werden die Komponenten montiert?

Der Textkasten links zeigt die Schrittfolge für die Montage eines PCs an. Zunächst werden Vorbereitungen getroffen.

Vorbereitungen

Vor dem Zusammenbau eines PCs werden alle ausgewählten Komponenten auf einer für den Einbau geeigneten Arbeitsfläche bereitgelegt. Um Beschädigungen durch elektrostatische Entladungen (siehe Exkurs rechts) zu vermeiden, gilt:

Alle Bauteile verbleiben bis unmittelbar vor dem Einbau in den antistatischen Beuteln, in denen sie geliefert wurden.

Anschließend wird überprüft, ob alle Komponenten und Bauteile vollständig und bei äußerlicher Betrachtung unversehrt sind.
Nun werden Herstellername, Seriennummer usw. dokumentiert. Dadurch können bei später auftretenden Fehlern defekte Komponenten ohne größeren Aufwand ersetzt werden.

Welche Werkzeuge werden benötigt?

- **Kreuz- und Schlitzschraubendreher** in unterschiedlichen Größen mit möglichst langen Klingen zum Befestigen der einzubauenden Komponenten
- **Steckschlüssel** in unterschiedlichen Größen zum Befestigen von Schraubverbindungen mit Muttern
- **Flachzange**, u. a. zum Befestigen der Abstandhalter für die Hauptplatine
- **Seitenschneider** zum Durchtrennen von Kabelbindern und – gegebenenfalls – Leitungen
- **Pinzette**, um u. a. in das Gehäuse gefallene Schrauben aufzuheben

- **Antistatikband**, auch **Erdungsband** genannt (Bild 2), um Komponenten bzw. Bauteile vor elektrostatischen Entladungen (siehe Exkurs) zu schützen.

Beim Anlegen des Antistatikbandes wird die Schlaufe des Armbands wird um das Handgelenk gelegt und das Kabel mit einem geerdeten metallischen Gegenstand verbunden, z. B. einem Heizkörper oder einem geerdeten Gehäuse.

Hilfsmittel

Als Hilfsmittel sollten u. a. eine Taschenlampe, Kabelbinder, Isolierband, Wärmeleitpaste und ein Behälter für Kleinteile bereitliegen.

Montage

Die folgenden Ausführungen erläutern die grundsätzliche Vorgehensweise bei der Montage.

> ***Beim Einbau der Komponenten in das PC-Gehäuse müssen die Herstellerangaben beachtet werden.***

Einbau des Netzteils

PC-Gehäuse sind meist so gestaltet, dass die Montage des Netzteils an der Rückseite entweder oben oder unten erfolgt. Bild 3 zeigt ein Beispiel.

Das Netzteil wird so in das Gehäuse eingesetzt, dass die Buchse für den Netzstecker von außen zugänglich ist. Stimmen die Bohrungen am Netzteil mit denen am Gehäuse überein, wird es mit den dazu vorgesehenen Schrauben befestigt.

Grundsätzlich ist beim Einbau von Netzteilen darauf zu achten:

> ⚠ **Netzteile mit wählbarer Netzspannung müssen auf 230 V gestellt werden.**

Aufgabe

1. Begründen Sie, warum vor dem Zusammenbau des PCs Herstellername, Seriennummer usw. der einzubauenden Komponenten aufgeschrieben werden sollen.
2. Empfindliche elektronische Bauteile können allein durch eine Berührung beschädigt oder zerstört werden.
   a) Warum ist das so?
   b) Wie lässt sich das vermeiden?

2. Antistatikband (Erdungsband)

Elektrostatische Entladungen

Durch Reibung unterschiedlicher Materialien werden Ladungen getrennt. So kann sich eine Person z. B. beim Gehen über einen Bodenbelag aufladen. Sofern kein sofortiger Ladungsaustausch erfolgt, behält die Person die Ladung. Berührt sie nun z. B. Kontakte an einem IC, fließen Ladungen in das IC und können es so beschädigen oder zerstören.

Personen können sich auf Spannungswerte bis 30 000 V aufladen, gefährdete Bauteile werden schon mit Spannungen unter 100 V zerstört.

Zum Schutz davor gilt unter anderem:

- Personen müssen sich vor der Berührung gefährdeter Bauteile über einen geerdeten Gegenstand entladen, z. B. einen Heizkörper.
- Gefährdete Bauteile sollen bis zur Verarbeitung in der Originalverpackung bleiben.
- Bei der Entnahme eines Bauteils aus der Verpackung zuerst die Verpackung entladen.

3. PC-Gehäuse. Das Netzteil wird vor die Öffnung montiert.

1. CPU mit Kühler

3.2 Hauptplatine bestücken und einbauen

Nach der Montage des Netzteils in das PC-Gehäuse erfolgt nun der Einbau der Hauptplatine. Zuvor wird die Hauptplatine bestückt mit:

- CPU einschließlich Kühler (s. Bild 1)
- Speichermodulen für den Hauptspeicher

Dabei muss beachtet werden:

> ***Bei der Arbeit mit empfindlichen elektronischen Bauteilen sind Maßnahmen gegen elektrostatische Entladungen zu treffen.***

Das bedeutet für die Montagearbeiten:

- Elektronische Bauteile bzw. Komponenten nur mit angelegtem Antistatikband (Erdungsband) berühren und einbauen
- Bauteile bis zur Verarbeitung in der Verpackung belassen
- Vor der Entnahme eines Bauteils zuerst die Verpackung entladen

CPU und Kühler montieren

Erst jetzt wird die Hauptplatine aus der antistatischen Verpackungsfolie genommen und auf diese gelegt. Die Montage der CPU und ihres Kühlers erfolgt gemäß der Liste rechts (s. auch Bild 2).

Nachdem die Schutzabdeckung aus dem CPU-Sockel entfernt worden ist, wird die CPU ausgepackt. Dabei und weiterhin sollte das Berühren der CPU-Kontakte vermieden werden.

Die CPU verfügt über zwei Kerben und wird passend dazu in den Sockel gelegt. Dabei gilt:

> ***Beim Einlegen der CPU in den Sockel darf keine Kraft aufgewendet werden.***

Anschließend wird die Halterung nach unten geklappt und verriegelt. Nun erfolgt die Montage des Kühlers.

> ***Der Kühler besteht aus einem Kühlkörper und einem Lüfter.***

Zunächst wird Wärmeleitpaste auf die CPU gestrichen. Die Paste dient dazu, die Wärme von der CPU gut auf den Kühlkörper zu leiten. Der Kühlkörper wird mit dem Lüfter auf die CPU gesetzt und auf der Hauptplatine befestigt. Danach wird der Lüfter an die Spannungsversorgung angeschlossen.

2. Montage der CPU

Lernfeld 4: Informationstechnische Systeme bereitstellen

Speichermodule einsetzen

Zunächst werden die Plastikhalter an den Enden der Steckplätze nach außen geklappt. Die einzusetzenden Module (Bild 3) werden nur am Rand angefasst. Die Kontakte der Module sollten nicht berührt werden.

Jedes Speichermodul wird anschließend senkrecht von oben an dem Steckplatz so angelegt, dass die Kerbe am Modul zu der zugehörigen Nase im Speichersteckplatz passt. Nun wird das Speichermodul mit sanftem Druck in die Fassung gedrückt, bis die seitlichen Plastikhalter einrasten.

Die Klammern an den Seiten der Steckplätze verhindern, dass sich die Speichermodule aus den Sockeln lösen können.

Hauptplatine einbauen

Zur Erleichterung des Einbaus wird das Gehäuse in eine liegende Position gebracht. Beim Einbau der Hauptplatine ist zu beachten:

Die Hauptplatine darf keinen direkten Kontakt zum Gehäuse haben.

Bei Kontakt mit dem Gehäuse können Kurzschlüsse entstehen, die die Hauptplatine beschädigen. Deshalb müssen zwischen Hauptplatine und Gehäuse Abstandshalter angebracht werden. Diese werden in die dazu vorgesehenen Gewinde geschraubt und mit einer Zange leicht angezogen.

Bei der Befestigung der Hauptplatine muss darauf geachtet werden, dass sie ohne Spannungen sitzt. Anderenfalls können Leiterbahnen beschädigt werden. Die Schrauben sollten daher diagonal festgeschraubt werden.

Um den Einbau der weiteren Komponenten zu erleichtern, erfolgt der Anschluss der Hauptplatine an das Netzteil erst später.

Aufgaben

1. Beschreiben Sie die Montage der CPU.
2. Erläutern Sie, worauf man beim Einsetzen der Speichermodule und beim Einbau der Hauptplatine achten muss.
3. Begründen Sie, warum die Hauptplatine erst nach der Bestückung mit der CPU, dem Kühler und den Speichermodulen in das Gehäuse eingebaut werden soll.

Schritte zur Montage von CPU und Kühler

1. *Verriegelung des CPU-Sockels öffnen*
2. *Halterung aufklappen*
3. *Schutzabdeckung im CPU-Sockel entfernen*
4. *CPU auspacken*
5. *CPU in den Sockel einsetzen (Kerben beachten)*
6. *Halterung nach unten klappen*
7. *Halterung verriegeln*
8. *Wärmeleitpaste aufbringen*
9. *Kühler aufsetzen und befestigen*
10. *Kühler an die Spannungsversorgung anschließen*

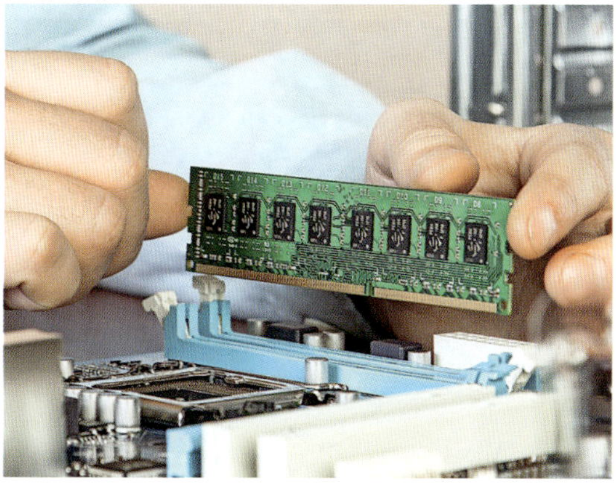

3. Module für den Hauptspeicher

4. Gehäuse mit eingebauter Hauptplatine (ohne CPU)

1. Grafikkarte auf der Hauptplatine

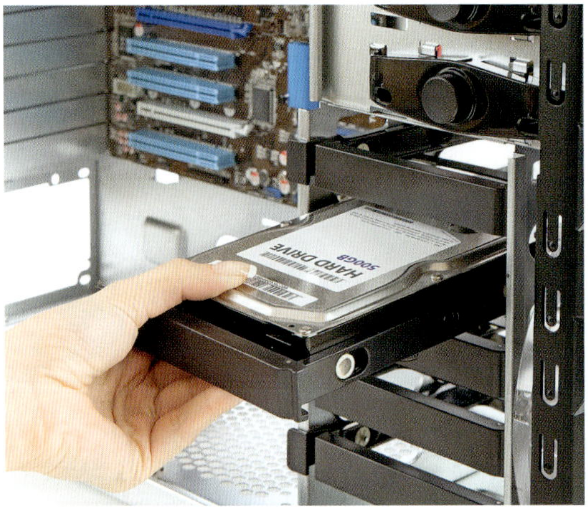

2. Festplattenlaufwerk einbauen

3. PC-Vorderseite mit optischem Laufwerk und Anschlussmöglichkeiten für USB-Geräte, Kopfhörer und Mikrofon (u. a.)

3.3 Erweiterungskarten und Laufwerke einbauen

Nach der Installation der Hauptplatine werden nun die weiteren Hardwarekomponenten eingebaut:

- Erweiterungskarten
- Festplattenlaufwerk
- Blu-Ray-Laufwerk

Erweiterungskarten einsetzen

Vorgesehen sind Erweiterungskarten für Grafik (Bild 1) und Sound. Die Karten werden vorsichtig in die entsprechenden Steckplätze gesteckt.

- Die PCIe-x16-Grafikkarte in den dafür vorgesehenen PCIe-x16-Steckplatz neben der CPU.
- Die PCIe-x1-Soundkarte in den entsprechenden PCIe-x1-Steckplatz.

Jede Karte wird danach mit einer Schraube am Gehäuse fixiert.

Bei der Verwendung von Grafikkarten ist zusätzlich zu beachten:

> ***Leistungsstarke Grafikkarten benötigen eine separate Stromversorgung.***

In einem solchen Fall ist ein Anschluss an das Netzteil erforderlich.

Festplattenlaufwerk einbauen

Ein Gehäuse verfügt i. d. R. über mehrere Festplattenschächte. Zur Befestigung gibt es abhängig vom Gehäuse unterschiedliche Verfahren.

Bild 2 zeigt ein Beispiel. Zur Befestigung des Laufwerkes dienen Einschubschienen, die auf jeder Längsseite des Laufwerks angebracht werden. Das Laufwerk wird so in einen Festplattenschacht geschoben, dass die Anschlussbuchsen ins Innere des PC-Gehäuses zeigen. Bei korrekter Montage rasten die Halterungen im Schacht ein.

Blu-Ray-Laufwerk einbauen

Das Blu-Ray-Laufwerk wird in einen Schacht eingebaut, der von außen zugänglich ist, damit CDs, DVDs oder Blu-Ray-Discs eingelegt werden können. Bild 3 zeigt ein Beispiel.

Vor dem Einbau muss eine Blende an der Vorderseite des Gehäuses entfernt werden. Danach wird das Laufwerk in den Schacht geschoben. Es ist i. d. R. richtig positioniert, wenn es plan mit der Gehäuse-Vorderseite abschließt.

Die Befestigung erfolgt abhängig vom Gehäuse.

Kabel für Spannungsversorgung und Datenkabel anschließen

> ***Jedes Laufwerk wird mit der Hauptplatine und dem Netzteil verbunden.***

Ein SATA-Laufwerk besitzt zwei Anschlussbuchsen (Bild 4): links für die Spannungsversorgung und rechts für den Datenaustausch.
Mit SATA-Datenkabeln wird jeweils eine Verbindung zwischen der rechten Buchse des Laufwerks und einem SATA-Anschluss auf der Hauptplatine (Bild 5) hergestellt. Für die Spannungsversorgung wird jeweils ein Stecker vom Netzteil in die linke SATA-Buchse des Laufwerks gesteckt.
Weiterhin müssen die noch fehlenden Verbindungen zwischen der Hauptplatine und dem Netzteil und – soweit vorhanden – den Buchsen auf der Gehäusevorderseite (Bild 3) für USB-Geräte, Kopfhörer usw. hergestellt werden.

Test der Hardware

Vor dem Hardwaretest sollte eine Überprüfung der Montagearbeiten nach der Liste rechts unten erfolgen. Im Anschluss daran werden Monitor, Tastatur, Maus und Netzkabel angeschlossen und der PC eingeschaltet.

> ⚠ **Dreht sich der CPU-Lüfter nach dem Einschalten nicht, muss die Spannung sofort abgeschaltet werden.**

Anderenfalls kann die CPU schon nach wenigen Sekunden einen Defekt aufweisen.
Mithilfe des BIOS führt der PC nun – automatisch – einen Start durch, d. h. der PC „fährt hoch“. Liegt kein Fehler vor, wird dieser Vorgang nach einiger Zeit mit der Meldung, dass kein Betriebssystem gefunden wurde, abgebrochen.
In diesem Fall wird das Gehäuse geschlossen. In einem nächsten Schritt muss nun die PC-Software installiert werden.

Aufgabe

1. Erstellen Sie eine ausführliche Checkliste für den Zusammenbau eines Personal Computers.
2. Erläutern Sie, worauf beim Einbau einer Grafikkarte zu achten ist.

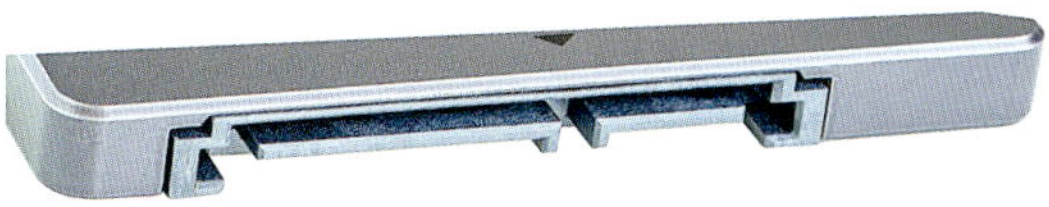

4. SATA-Anschlüsse an Laufwerken. Links: Spannungsversorgung, rechts: Datenanschluss

5. SATA-Anschlüsse auf der Hauptplatine

Nach der Montage der Hardware ist zu prüfen, ob:
- *alle Kleinteile, z. B. Schrauben, Muttern usw., aus dem Gehäuse entfernt sind.*
- *die Erweiterungskarten richtig eingesteckt und fest verschraubt sind.*
- *die Verbindungen für die Spannungsversorgungen vollständig und korrekt gesteckt sind.*
- *die Datenkabel zwischen Hauptplatine und den Komponenten vollständig und korrekt gesteckt sind.*
- *der CPU-Kühler richtig befestigt und an die Spannungsversorgung angeschlossen ist.*
- *die Speichermodule eingerastet sind.*

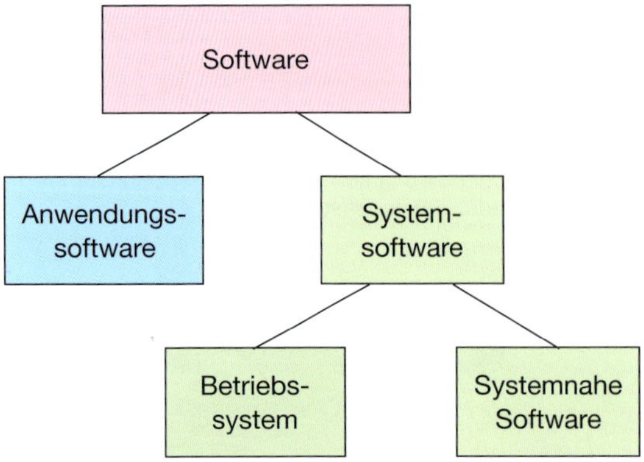

1. Software für den PC

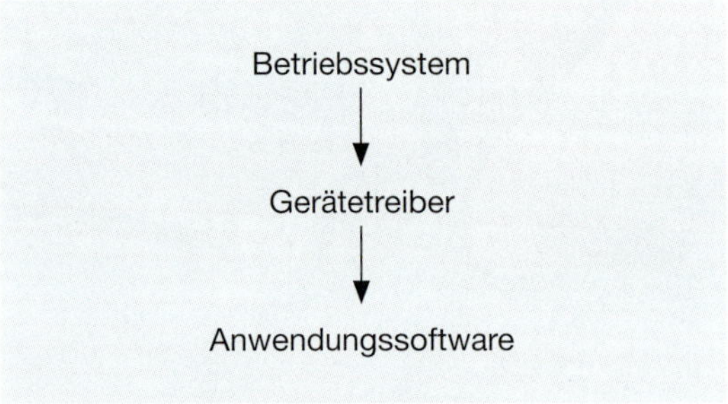

2. Schritte der Softwareinstallation

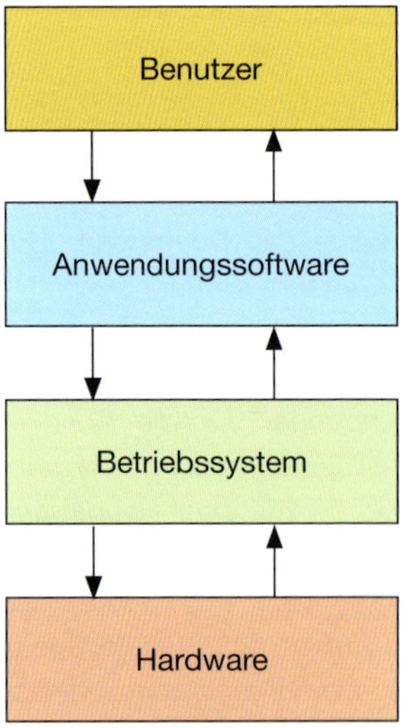

3. Software zwischen Benutzer und Hardware

4 PC-Software

4.1 Betriebssystem installieren

Nach dem Zusammenbau der PCs bekommen Sie den Auftrag, die Software zu installieren. Zuvor besprechen Sie mit Ihrem Meister,

- wodurch sich die einzelnen zu installierenden Softwares unterscheiden.
- welche Funktion das Betriebssystem hat.

Software für den PC

> ***Unter Software versteht man die Gesamtheit aller Programme mit den zugehörigen Daten einschließlich der Dokumentation.***

Entsprechend Bild 1 lässt sich Software grundsätzlich in Systemsoftware und Anwendungssoftware unterteilen. Die Anwendungssoftware ist vom Bedarf des Benutzers abhängig und kann somit sehr unterschiedlich sein.

Zwingend erforderlich zum Betrieb eines Computers ist die Systemsoftware. Zu ihr gehören

- die systemnahe Software, wie u. a. das BIOS (siehe Exkurs rechts), das sich auf der Hauptplatine in einem IC befindet.
- das Betriebssystem, das gemäß Bild 2 nach dem Zusammenbau zuerst installiert wird.

Wozu dient das Betriebssystem?

Ein Betriebssystem ist eine Zusammenstellung von Programmen, die die Arbeit mit dem PC erst ermöglichen. Entsprechend Bild 3 gilt:

> ***Das Betriebssystem verbindet die Hardware-Komponenten mit der Anwendungssoftware des Benutzers.***

Betriebssysteme sind modular aufgebaut. Module ermöglichen u. a. das Starten und Ausführen der Anwendungsprogramme, organisieren die Speicherung auf Datenträgern wie Festplatte und USB-Stick und verwalten die Systemkomponenten wie Hauptspeicher, Festplatte und Ein- und Ausgabegeräte.

Betriebssysteme befinden sich praktisch auf allen Computern, Tablets, Smartphones usw. Beim Kauf eines PCs ist das Betriebssystem vorinstalliert oder es wird auf einer DVD mitgeliefert. Beispiele für Betriebssysteme finden Sie im Kasten oben rechts.

Installation des Betriebssystems

Ein PC ohne Betriebssystem meldet sich entsprechend der Aufstellung rechts nach dem Einschalten mit der Aufforderung, einen Datenträger (z. B. eine DVD) mit dem zu installierenden Betriebssystem in das Laufwerk zu legen. Danach startet die Installation automatisch.

Zunächst muss die Lizenznummer für das Betriebssystem eingegeben werden, danach müssen die Lizenzbestimmungen akzeptiert werden.

Im nächsten Schritt muss eine Festplatten-Partition als Speicherort für das Betriebssystem gewählt werden. Da es sich um eine neue Festplatte handelt, muss diese zuvor partitioniert werden.

> ***Unter Partitionierung versteht man die Aufteilung einer Festplatte in einen oder mehrere Bereiche.***

Sinnvoll sind zwei Partitionen auf der Festplatte:

- eine primäre Partition für das Betriebssystem und die zu installierende Anwendungssoftware und
- eine zweite Partition, auf der der Benutzer die von ihm erstellten Dateien speichern kann.

Die Partitionen werden mit Laufwerksnamen angesprochen: die erste mit dem Namen „C:“, die zweite mit „D:“.

Nach diesem Schritt wird das Betriebssystem auf der Festplatte in der ersten Partition (C:) gespeichert. Danach wird der PC erneut gestartet. Die Installation ist abgeschlossen.

Gerätetreiber installieren

Nach der Installation des Betriebssystems erfolgt entsprechend Bild 2 die Installation der Gerätetreiber. Dabei handelt es sich jedoch nur um die Treiber, die nicht Bestandteil des Betriebssystems sind, wie z. B. der Treiber für einen speziellen Scanner. Schließlich erfolgt die Installation der Anwendungssoftware.

Aufgaben

1. Erläutern Sie, welche unterschiedlichen Arten von Software ein PC benötigt.
2. Beschreiben Sie, wodurch sich die Aufgaben von Betriebssystem und BIOS unterscheiden.
3. Erläutern Sie die Vorgehensweise bei der Installation des Betriebssystems.

Betriebssysteme (Beispiele)

Windows *(Fa. Microsoft) ist das in PCs am häufigsten eingesetzte Betriebssystem. Versionen sind u. a. Windows XP, Vista, 7 und 8.*

Mac OS *ist das Betriebssystem von Apple für Macintosh-Computer. Es wird bevorzugt im Printmedien- und Multimediabereich eingesetzt.*

Linux *bzw.* ***GNU/Linux*** *ist ein in der Regel freies Mehrbenutzer-Betriebssystem, das in Mobiltelefonen, Netbooks und auch in Großrechnern eingesetzt wird.*

Installation des Betriebssystems

1. *Datenträger mit Betriebssystem in das Laufwerk legen*
2. *Lizenznummer eingeben und Lizenzbestimmungen akzeptieren*
3. *Festplatten-Partition als Speicherort wählen*
4. *Betriebssystem auf der Festplatte speichern*
5. *PC neu starten*

BIOS

Das **BIOS** (**B**asic **I**nput **O**utput **S**ystem) besteht aus einer Sammlung von Programmen, die unmittelbar nach dem Einschalten ausgeführt werden. Das BIOS gehört zur systemnahen Software. Zu seinen Aufgaben gehört es u. a., die Hardware-Komponenten in Betrieb zu nehmen, um den PC funktionsfähig zu machen. Anschließend leitet es den Start des Betriebssystems ein, das auf der Festplatte gespeichert ist. Von dort wird es in den Hauptspeicher geladen.

Das Laden des Betriebssystems bezeichnet man als Booten, Hochfahren oder Starten. Das BIOS ist somit das Bindeglied zwischen der Hardware und dem Betriebssystem.

Das BIOS ist auf der Hauptplatine in einem nichtflüchtigen Speicher – meist einem Flash EEPROM – gespeichert. Es gehört zum Lieferumfang einer Hauptplatine. Die BIOS-Software wird als **Firmware** bezeichnet. Damit bezeichnet man die Software, die in elektronische Geräte eingebettet ist, wie z. B. in DVD-Laufwerken oder Digitalkameras.

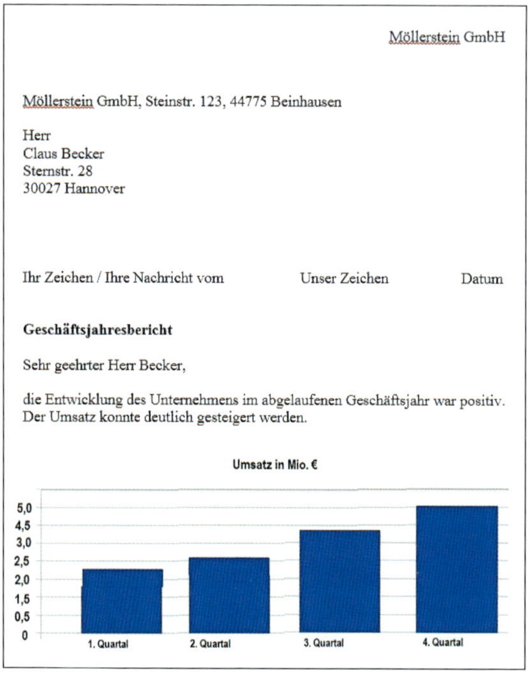

Möllerstein GmbH

Möllerstein GmbH, Steinstr. 123, 44775 Beinhausen

Herr
Claus Becker
Sternstr. 28
30027 Hannover

Ihr Zeichen / Ihre Nachricht vom | Unser Zeichen | Datum

Geschäftsjahresbericht

Sehr geehrter Herr Becker,

die Entwicklung des Unternehmens im abgelaufenen Geschäftsjahr war positiv. Der Umsatz konnte deutlich gesteigert werden.

1. Geschäftsbrief

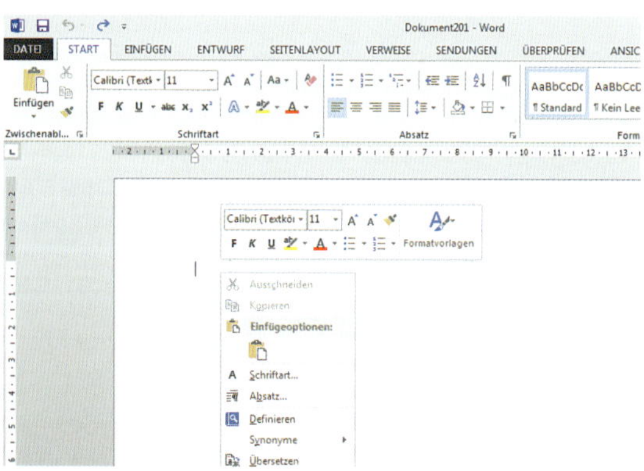

2. Textverarbeitung

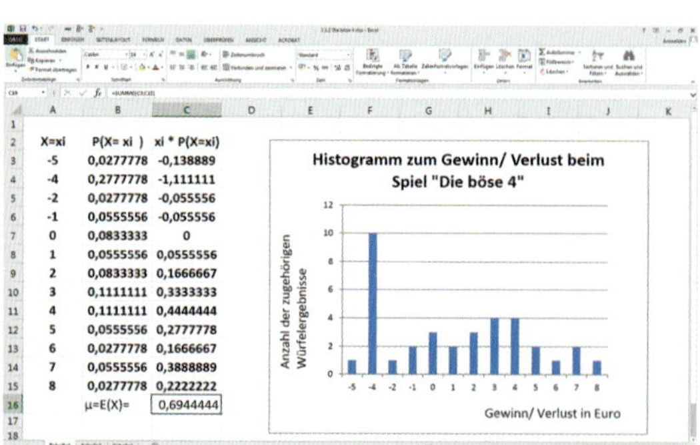

3. Tabellenkalkulation

4.2 Anwendungssoftware auswählen

Sie bekommen den Auftrag, die Anwendungssoftware für die neuen PCs auszuwählen.

> ***Unter Anwendersoftware versteht man alle Programme, mit denen ein Computer für die gewünschten Verwendungszwecke eingesetzt werden kann.***

Grundsätzlich sollen mit allen PCs
- Briefe (z. B. entsprechend Bild 1) und
- Präsentationen

erstellt und bearbeitet werden.

Welche Programme sind erforderlich, um den Brief in Bild 1 zu erstellen?

- Ein Datenbank-Programm, das die Anschriften der Kunden enthält.
- Ein Textverarbeitungs-Programm, um Texte zu erstellen und zu bearbeiten.
- Ein Tabellenkalkulations-Programm, um Daten zu berechnen und Diagramme zu erstellen.

Datenbank

Datenbank-Programme dienen zur Datenverwaltung. Dazu werden die gewünschten Daten mit dem PC erfasst, verarbeitet und in Dateien gespeichert. Dabei kann es sich z. B. um Kunden-, Lieferanten- oder Artikeldateien in einem Betrieb, aber auch um Telefon- oder Adressendateien handeln.
Die jeweils gewünschten Daten können abgerufen und beispielsweise zum Drucken von Adressaufklebern, Listen oder Tabellen zusammengestellt werden. Des Weiteren lassen sich Daten nach unterschiedlichen Gesichtspunkten wie Namen oder Postleitzahlen sortieren. Jederzeit können Daten hinzugefügt, geändert oder gelöscht werden.

Textverarbeitung

Programme zur Textverarbeitung (Bild 2) erleichtern wesentlich das Erfassen und Bearbeiten von beliebigen Texten. Durch Überschreiben, Löschen, Ersetzen oder Einfügen werden Texte verändert. In bereits vorhandene Texte können neue Daten eingefügt werden. Mehrere Textbausteine können zu einem neuen Text verknüpft werden.

Tabellenkalkulation

Mit diesen Programmen können z. B. Kostenvoranschläge erstellt werden. Weiter werden Kalkulationsprogramme, z. B. bei der Haushaltsplanung oder bei statischen Auswertungen, angewandt. Die erstellten Daten können übersichtlich in Flächen-, Balken-, Linien- oder Kreisdiagrammen dargestellt werden (Bild 3).

Software für Präsentationen

Ein Präsentations-Programm dient zur Erarbeitung und Präsentation von Vorträgen oder Referaten. Jede Präsentationsfolie (Bild 4) wird einzeln bearbeitet. Auf ihr können Texte, Bilder, Grafikclips, Diagramme, Tabellen, Filmsequenzen und Musikdateien kombiniert werden. Die Folien für eine Präsentation werden in einer Datei gespeichert.

Office-Pakete

Die aufgezeigten Programme gehören zur Office-Software. Sie werden in der Regel als Paket angeboten. Bild 5 zeigt ein Beispiel.

Die Zusammenfassung von Programmen erleichtert den Datenaustausch. So lässt sich z. B. ein mit dem Tabellenkalkulationsprogramm erstelltes Diagramm problemlos in eine Textdatei oder eine Präsentationsfolie einfügen. Office-Software gehört zur Standardsoftware.

Standard- und Individualsoftware

Anwendungssoftware wird in die Kategorien Standardsoftware und Individualsoftware unterteilt. Entsprechend der Liste rechts wird die Standardsoftware wiederum in eine allgemeine Standardsoftware und die Branchensoftware eingeteilt.

Zur allgemeinen Standardsoftware gehören u. a. Programme des Office-Bereichs. Branchensoftware wird durch Standardprogramme für Handwerk, Einzelhandel, Krankenhäuser usw. gebildet. Zur Individualsoftware gehören u. a. spezielle Programme für große Behörden oder zur betrieblichen Steuerung von Fertigungsprozessen.

Aufgaben

1. Was versteht man unter Software für den Office-Bereich?
2. Erläutern Sie, wodurch sich Standardsoftware von Individualsoftware unterscheidet.

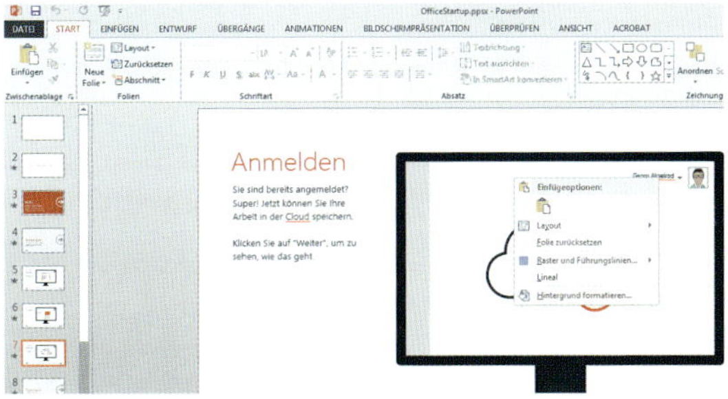

4. Präsentationssoftware. Die erstellten Präsentationsfolien können z. B. mit einem Beamer direkt auf eine Leinwand projiziert werden.

Word	Textverarbeitung
Excel	Tabellenkalkulation
PowerPoint	Präsentationsprogramm
Outlook	Personal Information Manager
Access	Datenbankverwaltungssystem
Publisher	Desktoppublishing
OneNote	Informationsmanagement

5. Programme eines Office-Paketes (Beispiel)

Standard- und Individualsoftware

Standardsoftware – Allgemeine

- übernimmt grundlegende Aufgaben am PC
- in verschiedenen Bereichen einsetzbar
- hohe Stückzahlen
- kostengünstig
- wird ständig verbessert bzw. aktualisiert

Standardsoftware – Branchensoftware

- für branchenspezifische Bedürfnisse
- nur in den speziellen Branchen einsetzbar
- geringe Verkaufszahlen
- wesentlich teurer

Individualsoftware

- für konkrete Anforderungen einzelner Nutzer
- nur bei den entsprechenden Anwendern einsetzbar
- sehr geringer Stückzahl
- teuerste Anwendersoftware
- wird nur auf speziellen Wunsch verbessert oder erweitert

5 Netzwerke

5.1 Netzwerke für Computer

1. Welche Vorteile bietet es, Computer miteinander zu verbinden?

Ihre Firma erhält den Auftrag, die Computer in einem Büroraum miteinander zu vernetzen. Welchen Vorteil hat das?

Computernetze ermöglichen die gemeinsame Nutzung von Daten, Programmen und Geräten.

So können z. B. mehrere Mitarbeiter an unterschiedlichen Arbeitsplätzen (Bild 1) mit demselben Programm eine Datei bearbeiten und an einem beliebigen Drucker drucken. Dazu werden Computer miteinander zu Computer-Netzwerken verbunden. Diese Verbindungen können auf unterschiedliche Weise realisiert werden. Man spricht dabei von Netzwerktopologien.

Die Topologie eines Netzwerkes beschreibt, wie Netzwerk-Stationen über Kabel miteinander verbunden sind.

Grundsätzlich wird zwischen den Topologien Stern, Bus und Ring unterschieden.

Sterntopologie

Bild 2 zeigt die Struktur der Sterntopologie.

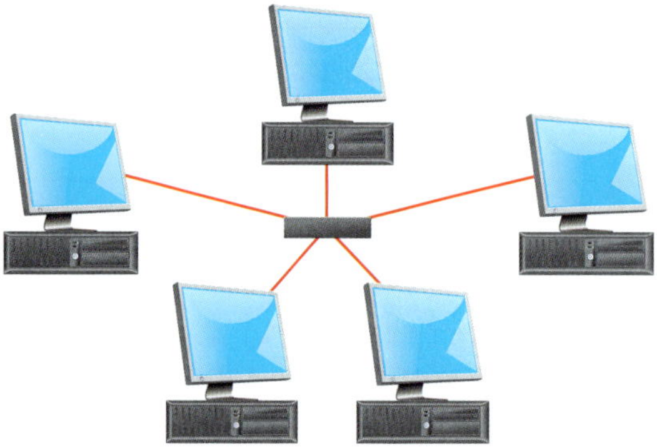

2. Sterntopologie

Sterntopologie: Alle Stationen sind über einen zentralen Verteiler miteinander verbunden.

Die Sterntopologie wird sehr häufig angewendet. Der zentrale Verteiler bildet den Netzwerkknoten. Zwischen ihm und jeder Station des Netzwerks besteht eine direkte Verbindung. Der Datenaustausch zwischen den Stationen erfolgt immer über den Verteiler.
Vorteile: Das Netzwerk ist einfach realisierbar, leicht erweiterbar und bietet eine hohe Ausfallsicherheit.
Nachteile: Fällt der Verteiler aus, fällt auch das komplette Netz aus. Für die Verkabelung entstehen hohe Kosten, da für jede Station ein Kabel zum zentralen Verteiler erforderlich ist.

Bustopologie

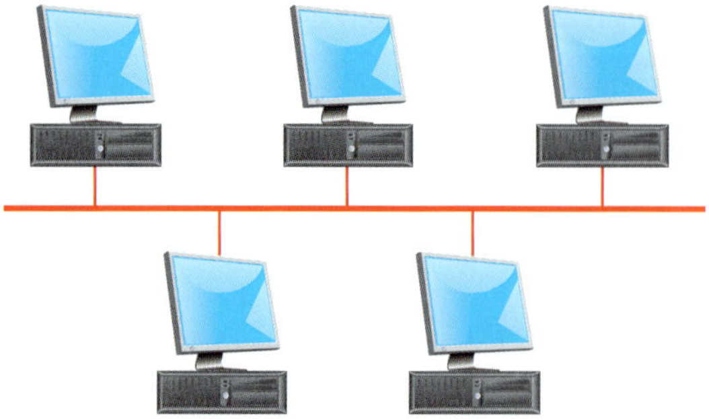

3. Bustopologie

Die Bustopologie gemäß Bild 3 stellt die einfachste Form zur Realisierung eines Netzwerks dar.

Lernfeld 4: Informationstechnische Systeme bereitstellen

> ***Bustopologie: Alle Stationen werden über eine Leitung, den sogenannten Bus, miteinander verbunden.***

Der Datenaustausch zwischen den Stationen erfolgt in beiden Richtungen direkt.

Vorteile: Das Netzwerk ist einfach realisierbar und leicht erweiterbar. Der Verkabelungsaufwand ist gering. Ein Verteiler wird nicht benötigt. Bei Ausfall eines Gerätes funktioniert das Netz weiter.

Nachteile: Eine Leitungsunterbrechung führt zum Ausfall einer oder mehrerer Stationen. Störungen sind schwer lokalisierbar.

Ringtopologie

> ***Ringtopologie: Alle Stationen bilden einen geschlossenen Ring.***

Bild 4 zeigt die Struktur. Jede Station ist mit zwei Nachbarstationen verbunden. Die Daten werden von Station zu Station weitergeleitet. Jede Station prüft, ob die Daten für sie bestimmt sind.

Vorteile: Für den Aufbau des Netzwerkes entstehen nur geringe Verkabelungskosten. Ein Verteiler wird nicht benötigt.

Nachteile: Die Dauer der Datenübertragung steigt mit der Anzahl der Stationen. Der Ausfall einer Station beeinträchtigt das Netzwerk.

Mischformen

Durch Kombination der Topologien Stern, Ring und Bus oder deren Erweiterung lassen sich beliebige Topologien bilden. Die Bilder 5 und 6 zeigen die Beispiele Baumtopologie und vermaschte Topologie. Während die Baumtopologie vorwiegend in komplexen Netzen Anwendung findet, ist der Einsatz der vermaschten Topologie auf kleine Netze beschränkt.

Aufgaben

1. Vergleichen Sie die Netzwerktopologien Stern, Bus und Ring und stellen Sie Gemeinsamkeiten und Unterschiede heraus.
2. Wie wirkt sich der Ausfall einer Station in den unterschiedlichen Topologien aus?
3. Beschreiben Sie Vor- und Nachteile der Baumtopologie und der vermaschten Topologie (Bilder 5 und 6).

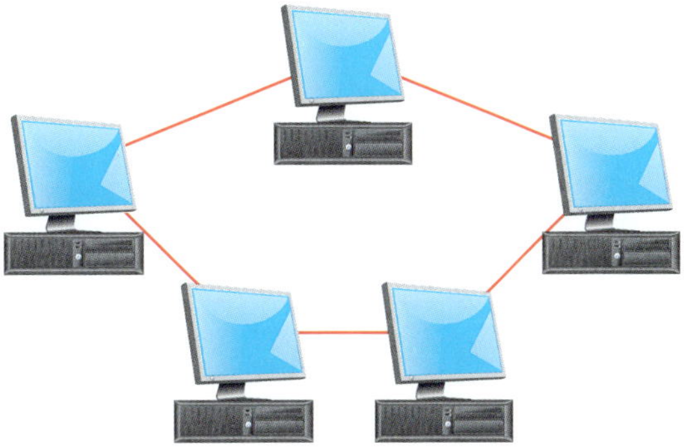

4. Ringtopologie

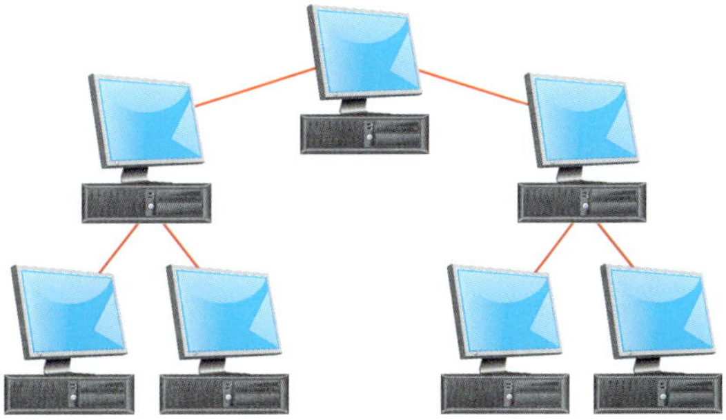

5. Baumtopologie

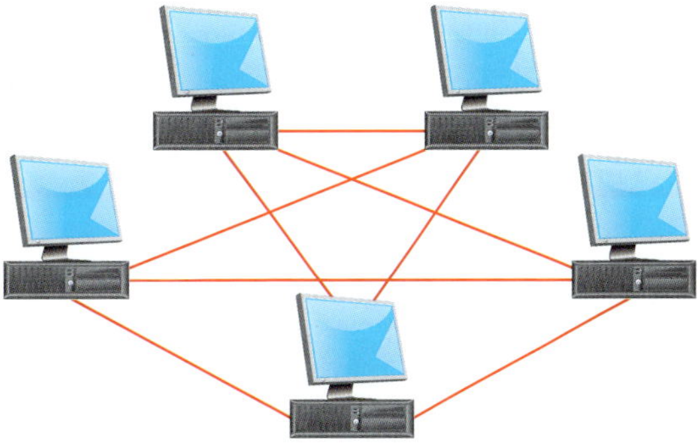

6. Vermaschte Topologie

Lernfeld 4: Informationstechnische Systeme bereitstellen

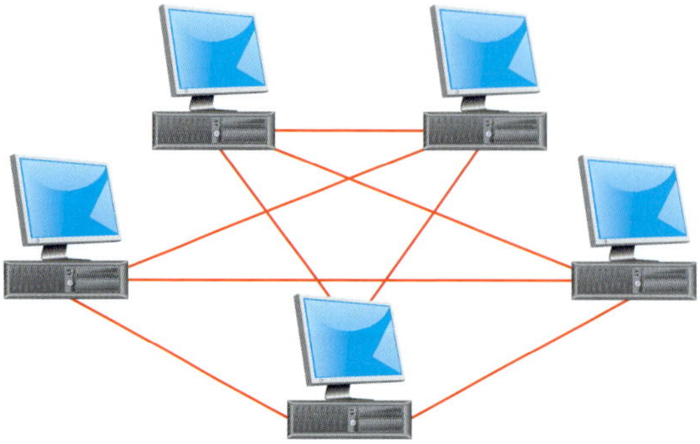

1. Peer-to-Peer-Netzwerk, auch kurz P2P-Netzwerk genannt

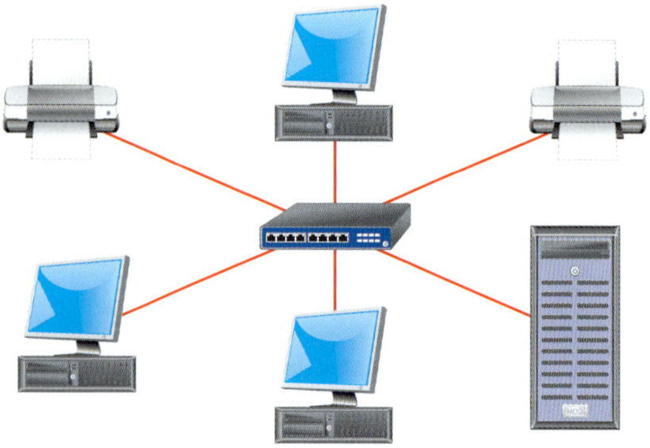

2. Client-Server-Netzwerk in Sterntopologie

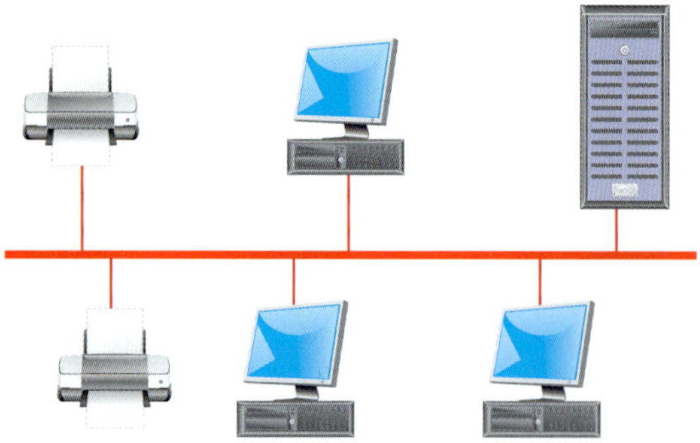

3. Client-Server-Netzwerk in Bustopologie

5.2 Netzwerke mit Server

In dem vorhandenen Peer-to-Peer-Netzwerk in Bild 1 befinden sich auf den Computern jeweils unterschiedliche Programme und Daten, auf die die anderen Computer bei Bedarf zugreifen können. Um alle Ressourcen nutzen zu können, müssen aber auch alle Computer eingeschaltet sein.
Sie sollen das Netzwerk so umgestalten, dass ein Zugriff auch von nur einem eingeschalteten Computer aus erfolgen kann. Das ist bei einem Client-Server-Netzwerk (Bild 2) möglich. Wie unterscheiden sich die Netzwerktypen?

Peer-to-Peer-Netzwerk

Im Peer-to-Peer-Netzwerk stellt jeder Computer den anderen Computern im Netzwerk seine Ressourcen zur Verfügung.

In einem Peer-to-Peer-Netzwerk sind alle Computer gleichberechtigt. Jeder Teilnehmer bestimmt, welche Programme und Dateien er freigibt. Ebenso muss an jedem Computer die Datensicherung selbst durchgeführt werden. Ein Peer-to-Peer-Netzwerk ist relativ schnell und kostengünstig aufgebaut. Allerdings eignet es sich nur für kleine Netzwerke. Ein Netzwerk sollte nicht mehr als 10 Stationen enthalten, da es sonst unübersichtlich wird.

Client-Server-Netzwerk

Bild 2 zeigt die Struktur eines Client-Server-Netzwerkes in Sterntopologie. An den Verteiler sind mehrere Computer, Drucker und der Server angeschlossen. Wozu dient der Server?

Der Server stellt allen an das Netz angeschlossenen Computern (Clients) Ressourcen zur Verfügung.

Jeder **Client** (Kunde, Dienstnutzer) arbeitet als unabhängiger Computer, der Dienste beim Server anfordern kann.
Der **Server** ist der zentrale Computer im Client-Server-Netzwerk. Auf ihm sind Programme und Daten gespeichert, die die Clients anfordern und benutzen können. Außerdem speichert er das Netzwerkbetriebssystem.

> ***Server übernehmen die Vergabe und Überwachung von Benutzerberechtigungen und koordinieren die Bearbeitung von Druckaufträgen.***

Der Server ist meist der stärkste und am besten ausgebaute Computer in einem Netzwerk. Unter anderem verfügt er über
- eine sehr große Festplattenkapazität.
- eine schnelle CPU.
- spezielle Hard- oder Software (falls benötigt).

Der Einsatz eines Servers ist nicht von der Netzwerktopologie abhängig. Bild 3 zeigt das am Beispiel der Bustopologie. Im Unterschied dazu benötigen Netzwerke in Sterntopologie (Bild 2) einen Verteiler. Dazu dient ein Hub oder ein Switch.

Hub

Bild 4 zeigt das Prinzip. Ein Hub nimmt die an ihn gesendeten Daten an und leitet sie an alle anderen Teilnehmer weiter. Aber nur der Teilnehmer, für den die Daten bestimmt sind, kann sie empfangen.

> ***Ein Hub kann immer nur eine Verbindung zwischen Teilnehmern herstellen.***

Da die Daten an alle Ports des Hubs geschaltet werden, sind alle Ports belegt. Weitere Teilnehmer können – gleichzeitig – keine Daten senden.

Switch

Ein Switch (Bilder 5 und 6) schaltet direkte Verbindungen zwischen den Ports und leitet empfangene Daten nur an den Port des Empfängers weiter.

> ***Ein Switch kann gleichzeitig mehrere Verbindungen zwischen Teilnehmern herstellen.***

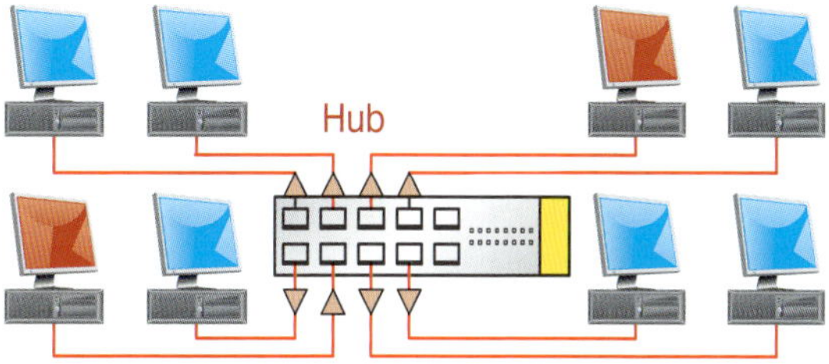

4. Hub-Prinzip: Vom Hub empfangene Daten werden an alle Ports des Hubs geschaltet.

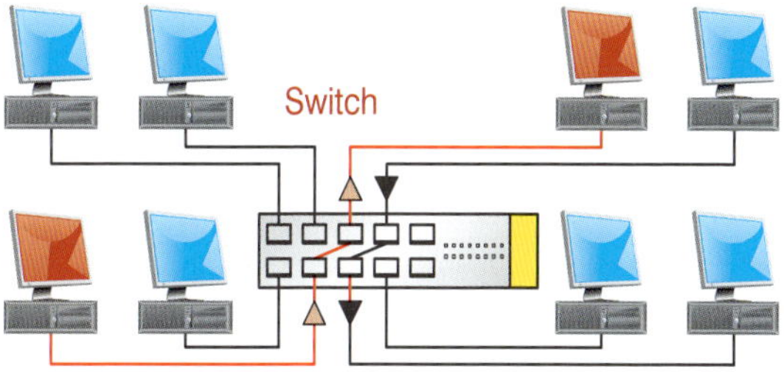

5. Switch-Prinzip: Vom Switch empfangene Daten werden gezielt weitergeleitet.

6. Switch

Aufgaben

1. Stellen Sie wesentliche Unterschiede und Vor- und Nachteile der Netzwerke Client-Server und Peer-to-Peer gegenüber.
2. Beschreiben Sie die Funktion des Servers in einem Netzwerk.
3. Erläutern Sie, welchen wesentlichen Vorteil ein Switch gegenüber einem Hub besitzt.

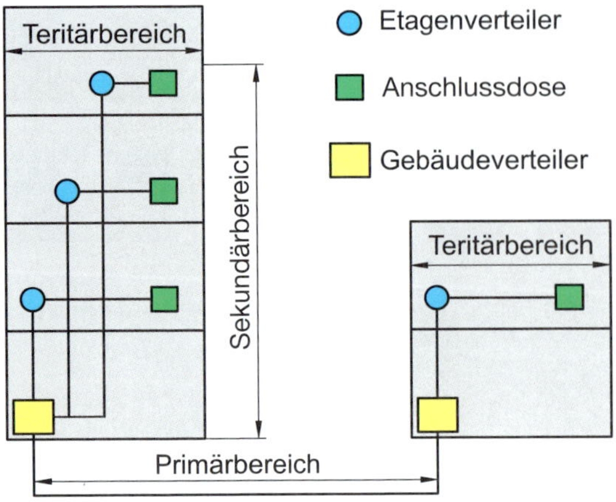

1. Bereiche der strukturierten Verkabelung

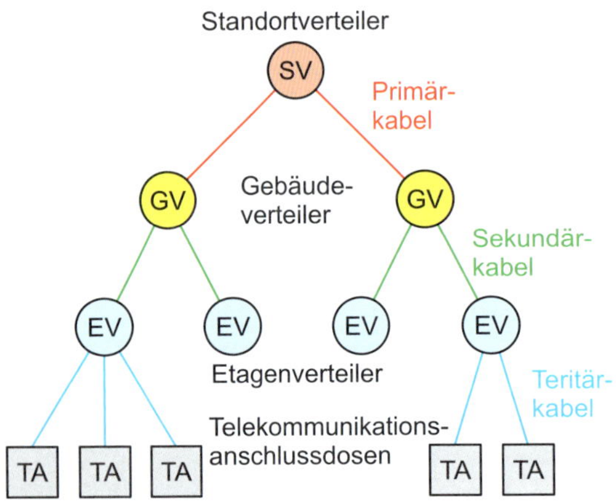

2. Verkabelungsstruktur

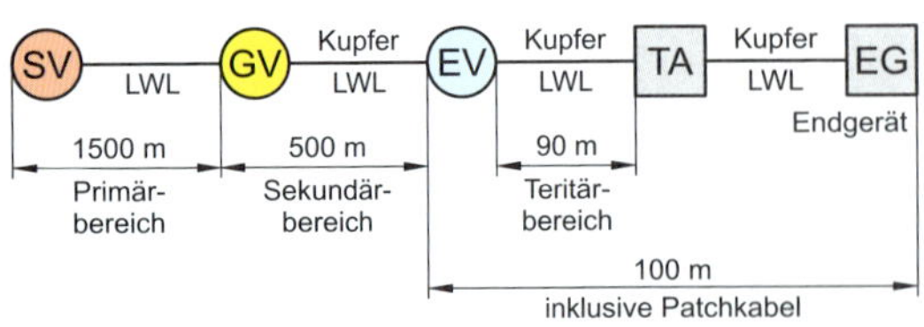

3. Kabelarten und Kabellängen für die Bereiche der strukturierten Verkabelung

5.3 Verkabelung für Netzwerke

Sie arbeiten am Aufbau eines Netzwerkes für die Firma Sommerfest mit. Das Netzwerk erstreckt sich über zwei Gebäude und soll Anschlüsse für Computer und Telefone bieten. Eine wesentliche Forderung ist dabei, dass die Verkabelung einen einheitlichen Aufbau haben soll. Das bezeichnet man als strukturierte Verkabelung.

Eine strukturierte Verkabelung stellt einen einheitlichen Aufbau von Verkabelungen für unterschiedliche Dienste (Sprache oder Daten) dar.

Dadurch wird erreicht, dass ein Netzwerk räumlich verändert oder erweitert werden kann, ohne neue Netzwerkkabel zu verlegen.
Entsprechend Bild 1 weist eine strukturierte Verkabelung drei Bereiche auf: den Primärbereich, den Sekundärbereich und den Tertiärbereich.

Primärbereich

Dieser Bereich wird auch als **Geländeverkabelung** oder **Campusverkabelung** bezeichnet.

Der Primärbereich umfasst die Verkabelung der Gebäude eines Standortes untereinander.

Entsprechend Bild 2 gehören dazu:
- der Standortverteiler (SV) zur Außenanbindung des Standortes.
- die Gebäudeverteiler (GV).
- die Kabel (Primärkabel) zur Verbindung zwischen diesen Verteilern.

Für die Verkabelung zwischen Standort- und Gebäudeverteiler werden nach Bild 3 LWL (Lichtwellenleiter, auch Glasfaserkabel genannt) verwendet. Die max. Leitungslänge beträgt 1500 m.

Sekundärbereich

Der Sekundärbereich wird auch als **Gebäudeverkabelung** oder als **Steigbereichsverkabelung** bezeichnet. Dabei handelt es sich um die vertikale Stockwerkverkabelung (Bild 1).

Der Sekundärbereich umfasst die Verkabelung der Stockwerke eines Gebäudes untereinander.

Zum Sekundärbereich gehören gemäß Bild 2:
- die Gebäudeverteiler (GV).
- die Kabel (Sekundärkabel) vom Gebäudeverteiler zu den Etagenverteilern (EV).

Für die Verkabelung des Sekundärbereichs werden gemäß Bild 3 vorzugsweise Lichtwellenleiter (LWL) verwendet. Alternativ können auch Kupferkabel verlegt werden. Die maximale Länge beträgt 500 m.

Tertiärbereich

Der Tertiärbereich umfasst die Verkabelung innerhalb der Etagen.

Der Tertiärbereich wird auch als **Etagenverkabelung** bezeichnet. Dazu gehören nach Bild 4
- die Etagenverteiler (EV).
- die Kabel (Tertiärkabel) zu den Anschlussdosen.
- die Anschlussdosen für die Endgeräte.

Die Verkabelung erfolgt entsprechend Bild 3 meist mit Kupferkabeln. Dabei beträgt die maximale Länge zwischen Etagenverteiler und Endgerät 100 m:
- 90 m für das Kabel zwischen Etagenverteiler und Anschlussdose in fester Verlegung.
- 10 m für den Anschluss eines Endgerätes in loser Verkabelung.

Ausdehnung von Netzwerken

Netzwerke, die zur Vernetzung von Büros oder auch z. B. von Gebäuden auf einem Grundstück dienen, sind lokale Netzwerke.

Lokale Netzwerke bezeichnet man als LAN (Local Area Network).

Neben lokalen Netzwerken gibt es weitere, durch ihre Ausdehnung unterschiedene Netzwerkarten (siehe Exkurs Netzwerkarten).

Aufgaben

1. Welche Topologie weist die strukturierte Verkabelung auf?
2. Skizzieren Sie die strukturierte Verkabelung für drei Gebäude mit je 2 Etagen.
3. Erläutern Sie, wodurch sich ein LAN von einem PAN und einem WAN unterscheidet.

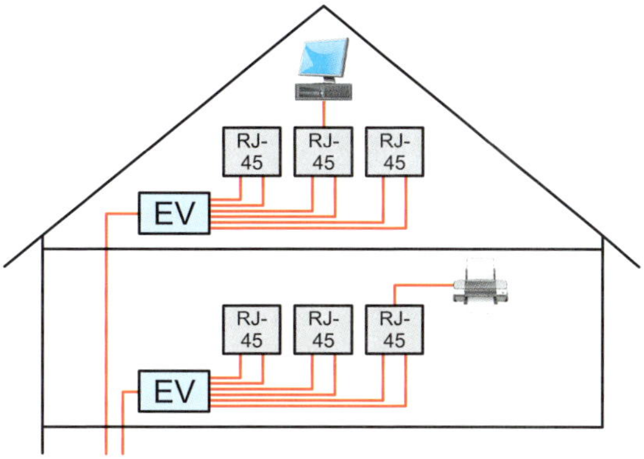

4. Tertiärbereich: sternförmige Verbindung von jedem EV zu den Anschlussdosen

Netzwerkarten

Man unterscheidet verschiedene Arten von Netzwerken. Die Grenzen zwischen den einzelnen Netzwerkarten sind nicht klar definiert. Eine genaue Abgrenzung ist somit nicht möglich.

PAN: *Personal Area Network*
Persönliches Netzwerk, das von Kleingeräten wie Laptops, Tablets oder Mobiltelefonen drahtgebunden (z. B. USB) oder drahtlos (z. B. Bluetooth, WLAN) auf- und abgebaut werden kann.

LAN: *Local Area Network*
Lokales Netzwerk. Lokale Netze dienen zur Vernetzung von Computern sowohl in einem Raum als auch in beieinanderliegenden Gebäuden.

MAN: *Metropolitan Area Network*
Auf eine Stadt oder auf eine Region begrenztes Netzwerk zur Verbindung von LANs. Ein MAN kann eine Ausdehnung bis zu 100 km haben.

WAN: *Wide Area Network*
Weitverkehrsnetz: WANs erstrecken sich über Länder oder sogar Kontinente um LANs, aber auch einzelne Rechner miteinander zu vernetzen. WANs werden u. a. durch Internetdienstanbieter errichtet, um Zugänge zum Internet anbieten zu können.

GAN: *Global Area Network*
Globales Netzwerk. Globale Netze dienen zur weltweiten Vernetzung von MANs oder WANs, z. B. zur Vernetzung weltweiter Standorte einer internationalen Firma oder das Internet.

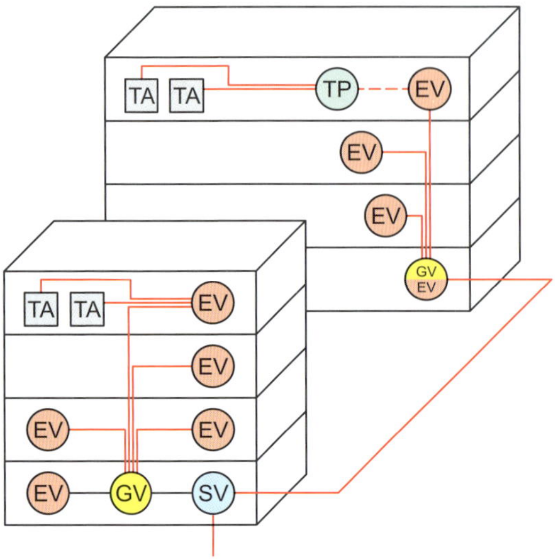

1. Strukturierte Verkabelung eines lokalen Netzwerkes in zwei zusammengehörigen Gebäuden

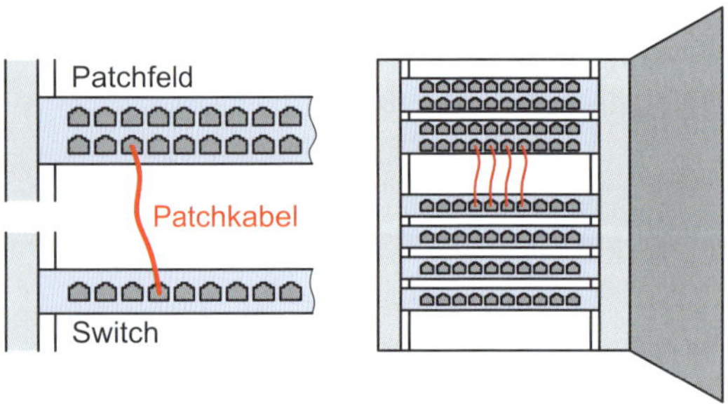

2. Patchfeld und Switch in einem Verteilerschrank, der meist in 19-Zoll-Systemtechnik ausgeführt ist.

Netzwerkkomponenten	
Aktive Netzwerkkomponenten	Passive Netzwerkkomponenten
benötigen eine Stromversorgung, z. B.:	benötigen keine Stromversorgung, z. B.:
Hubs Switches Router Bridges Telefonanlagen	Patchfelder Leitungen, Kabel Anschlussdosen Stecker Buchsen

3. Aktive und passive Netzwerkkomponenten

5.4 Verteiler in Netzwerken

Damit in einem Computernetz Teilnehmer in unterschiedlichen Büros miteinander kommunizieren können (s. Bild 1), werden Verteiler benötigt. Danach unterscheiden sich Standortverteiler (SV), Gebäudeverteiler (GV) und Etagenverteiler (EV). Welche Aufgaben haben sie?

Der **Standortverteiler** ist der Knoten- bzw. Verbindungspunkt von zwei oder mehreren Gebäuden auf einem Grundstück. Er verbindet das lokale Netzwerk mit dem Computer- und dem Telefonnetzwerk der Außenwelt.

Der **Gebäudeverteiler** ist der Verbindungspunkt des Gebäudes mit dem Standortverteiler.

Der **Etagenverteiler** ist der Verbindungspunkt einer Etage mit dem Gebäudeverteiler.

Die jeweiligen Verteiler sind in speziellen Schränken untergebracht.

Verteilerschränke

> ***Verteilerschränke sind Schaltschränke für Standort-, Gebäude- und Etagenverteiler.***

Wie Bild 2 verdeutlicht, enthalten Verteilerschränke – neben anderen im Bild nicht dargestellten Komponenten – Switches und Patchfelder. Switches sind gemäß Tabelle 3 aktive Netzwerkkomponenten, Patchfelder passive Netzwerkkomponenten.

Patchfeld

Ein Patchfeld wird auch als **Patchpanel** oder **Rangierfeld** bezeichnet.

> ***Patchfelder sind Verteilerfelder für Kupfer- oder Glasfaserkabel.***

Patchfelder werden in Verteilerschränken montiert. Dort stellen sie die benötigte Anzahl von Anschlüssen zur Verfügung. An der Frontseite besitzen Patchfelder z. B. RJ45-Buchsen, über die mit Patchkabeln variable Verbindungen zu den Switches hergestellt werden können. Bild 4 zeigt ein Beispiel.

Auf der Rückseite der Patchfelder sind die Netzwerkkabel fest verdrahtet. Bei einem Etagenverteiler sind das die Kabel, die in der Wand oder in einem Kabelkanal zu den Anschlussdosen für die Endgeräte führen (s. Bild 5). Über das Patchfeld werden neben Datenverbindungen auch Telekommunikationsverbindungen geschaltet.

Was wird durch die strukturierte Verkabelung erreicht?

Aufgrund der strukturierten Verkabelung kann ein Netzwerk räumlich verändert oder erweitert werden, ohne neue Netzwerkkabel zu verlegen.

> ***Veränderungen oder Erweiterungen werden im Verteilerschrank durch angepasste Verbindungen zwischen Switch und Patchfeld realisiert.***

Anschlussdose für Endgeräte

Die Anschlussdose für Endgeräte wird als Telekommunikationsanschlussdose (TA) oder als Netzwerkdose bezeichnet. Eine Telekommunikationsanschlussdose dient zum Anschluss von meist zwei Endgeräten. Bild 6 zeigt ein Beispiel.

Die Endgeräte (z. B. PC, Drucker, Telefon) werden über Patchkabel mit der Telekommunikationsanschlussdose verbunden. Dazu ist diese mit RJ45-Buchsen oder GG45-Buchsen ausgestattet.

Patchkabel

> ***Patchkabel verbinden Patchfelder mit aktiven Komponenten (Switch, Telefonanlage, usw.) oder Netzwerkdosen mit Endgeräten.***

Patchkabel gibt es in Kupfer- oder in Lichtwellenleiterausführung. Kupfer-Patchkabel (Bild 6) enthalten Adern aus flexiblen Kupferlitzen.

Aufgaben

1. Beschreiben Sie den Verbindungsweg vom Gebäudeverteiler bis zu einer Anschlussdose mit allen darin enthaltenen Komponenten.
2. Erläutern Sie anhand von Beispielen den Unterschied zwischen passiven und aktiven Netzwerkkomponenten.
3. Erstellen Sie als Erweiterung zu Aufgabe 1 eine Liste mit allen benötigten aktiven und passiven Netzwerkkomponenten.

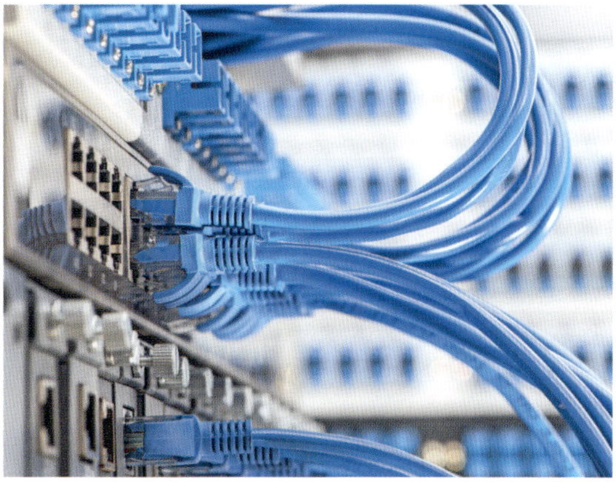

4. Patchkabel verbinden in einem Verteilerschrank Patchfelder und Switch.

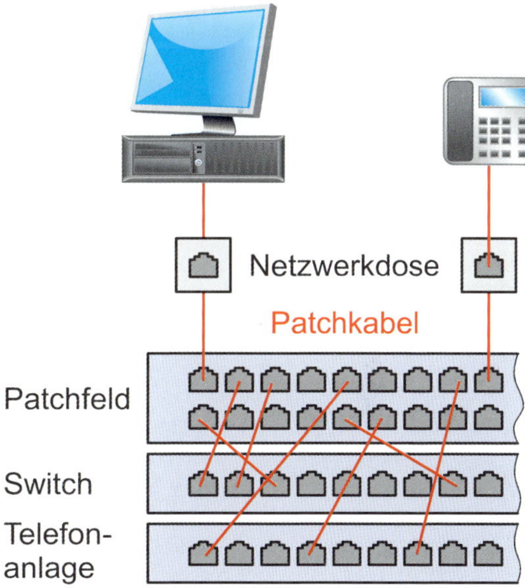

5. Daten- und Telekommunikation in einem Netzwerk

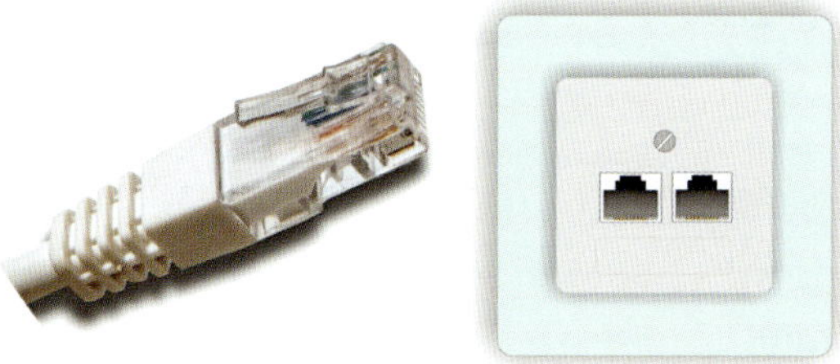

6. RJ45-Stecker und Telekommunikationsanschlussdose (Netzwerkdose) mit zwei RJ45-Buchsen

Lernfeld 4: Informationstechnische Systeme bereitstellen

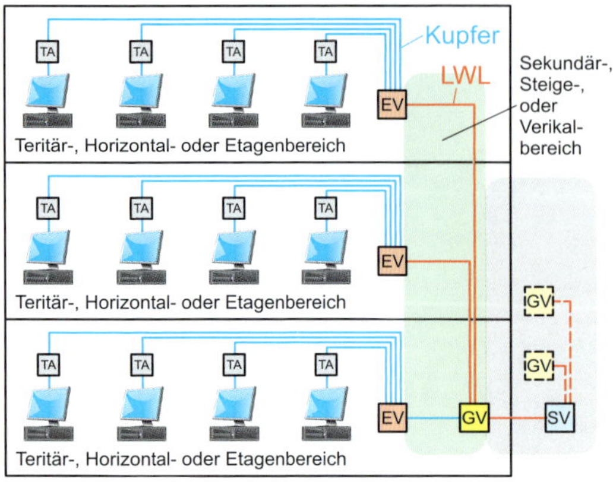

1. Leitungsarten in lokalen Netzen

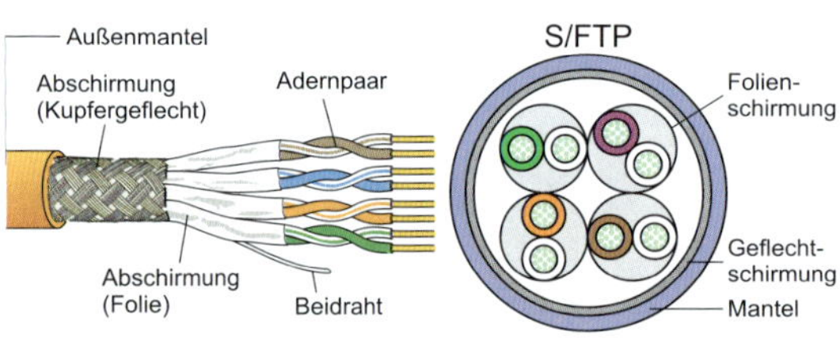

2. TP-Kabel vom Typ S/FTP

Bezeichnungssystem ***XX/YTP***

steht immer für die Aderpaarschirmung: TP Twisted Pair

XX steht für die Gesamtschirmung:
U ohne Schirm
F Folienschirm
S Geflechtschirm
SF Geflecht- und Folienschirm

Y steht für die Aderpaarschirmung:
U ohne Schirm (ungeschirmt)
F Folienschirm
S Geflechtschirm

3. Kennzeichnung von TP-Kabeln

U/UTP	Unscreened/Unshielded Twisted Pair
U/STP	Unscreened/Shielded Twisted Pair
S/STP	Screened/Shielded Twisted Pair
F/STP	Foiled/Shielded Twisted Pair
U/FTP	Unscreened/Foiled Twisted Pair
S/FTP	Screened/Foiled Twisted Pair
F/FTP	Foiled/Foiled Twisted Pair
SF/FTP	Screened Foiled/Foiled Twisted Pair

4. Typen von TP-Kabeln

5.5 Netzwerkkabel aus Kupfer

Beim Aufbau eines lokalen Netzwerkes werden entsprechend Bild 1 für die Verkabelung unterschiedliche Leitungsarten verwendet: Lichtwellenleiter (LWL) und Kupferleitungen.
Für die Verkabelung vom Etagenverteiler zu den Anschlussdosen und weiter zu den Endgeräten werden Kupferleitungen genutzt.

> ***Kupferleitungen in lokalen Netzen sind Twisted-Pair-Kabel.***

In seltenen Fällen findet man noch Koaxialkabel vor (s. Exkurs Koaxialkabel rechts).

Twisted-Pair-Kabel

Twisted-Pair-Kabel (TP-Kabel) enthalten zwei oder vier Adernpaare. Jedes Adernpaar besteht aus zwei verdrillten (verseilten) Adern. Die Adernpaare sind wiederum verdrillt.
Bild 2 zeigt als Beispiel ein S/FTP-Kabel. Schaubild 3 ermöglicht die Entschlüsselung dieser Kennzeichnung nach dem Schlüssel XX/YTP:

- TP: TP-Kabel
- Y ⇒ F: um jedes Adernpaar ist eine Abschirmungsfolie (Folienschirm) gelegt
- XX ⇒ S: das gesamte Adernpaarbündel ist mit einem Gesamtschirm aus Drahtgeflecht umgeben.

Wodurch unterscheiden sich TP-Kabel?

Tabelle 4 zeigt weitere Typen von TP-Kabeln. Unterscheiden lassen sich ungeschirmte (U) und geschirmte TP-Kabel. Bei den geschirmten Ausführungen wird zwischen Geflechtschirmung (S) und Folienschirmung (F) unterschieden. Das gilt sowohl für die Schirmung der Adernpaare wie auch für den Gesamtschirm.

Welche Vorteile bieten TP-Kabel gegenüber anderen Kupferleitungen?

Die paarweise Verdrillung und eine elektrisch leitende Abschirmung vermindern störende Einflüsse von äußeren magnetischen Wechselfeldern. Diese werden durch andere stromführende Kabel hervorgerufen. Weiterhin verringert sich das Übersprechen zwischen benachbarten Adernpaaren innerhalb des Kabels.
Der elektrisch leitende Schirm besteht aus einer um die Adernpaare gewickelten Aluminiumfolie (F) oder

einem Drahtgeflecht (S). Das Drahtgeflecht dient als Abschirmung gegen niederfrequente Störfelder. Eine Kombination aus Geflecht und Folienschirm ist besonders effektiv.

Kategorien

Twisted-Pair-Kabel sind in verschiedene Kategorien unterteilt: Cat 1 bis Cat 7. Tabelle 5 zeigt heutige Anwendungen. Eingesetzt werden nur noch Kabel ab Kategorie Cat 5.

Jede Kategorie erfüllt aufsteigend immer höhere Anforderungen bezüglich der Einsatzfähigkeit. So stehen für Übertragungsraten bis

- 1 Gbit/s Kabel der Kategorien ab Cat 5a
- 10 Gbit/s Kabel der Kategorien ab Cat 6a

zur Verfügung.

Installations- und Patchkabel

Bei Leitungen in der Elektrotechnik bestehen die Adern in der Regel aus massiven Kupferdrähten. Patchkabel dagegen enthalten flexible Kupferlitzen. Bis Cat 6a sind Patchkabel mit RJ45-Steckverbindern ausgestattet und ab Cat 7 mit GG45-Steckverbindern (s. Bild 6).

Welche Vorteile haben TP-Kabel im Bereich der Etagenverkabelung?

Bis zu einer maximalen Leitungslänge von 100 m bieten TP-Kabel der entsprechenden Kategorie gegenüber Lichtwellenleitern eine ausreichende Qualität. Aufgrund

- der einfachen Verlegung
- des niedrigen Preises
- des relativ robusten Aufbaus

werden TP-Kabel daher Lichtwellenleitern vorgezogen.

Nur bei einem besonders hohen Datenaufkommen oder einer notwendigen galvanischen Trennung zwischen Etagenverteilern und Endgeräten werden Lichtwellenleiter in diesem Bereich verwendet.

Aufgaben

1. Beschreiben Sie, wie die TP-Kabel F/STP und SF/FTP aufgebaut sind.
2. Mit welchen Steckverbindern sind Cat-5- bzw. Cat-7-Patchkabel ausgestattet?
3. Wodurch unterscheiden sich TP-Kabel der Kategorien Cat 5, Cat 6 und Cat 7?

Kategorie	Max. Frequenz	Kabeltyp	Übertragungsraten bis zu
Cat 5	100 MHz	F/UTP S/FTP	100 Mbit/s
Cat 5a	100 MHz	F/UTP S/FTP	1 Gbit/s
Cat 6	250 MHz	F/UTP S/FTP	1 Gbit/s
Cat 6a	500 MHz	S/FTP	10 Gbit/s
Cat 7	600 MHz	S/FTP	10 Gbit/s
Cat 7a	1 GHz	S/FTP	10 Gbit/s
Cat 8	1,2 GHz	In Planung	
Cat 9	2 GHz		

5. TP-Kabelkategorien

6. Steckverbinder für Patchkabel; links: RJ45, rechts: GG45

Koaxialkabel

Koaxialkabel wurden früher in Netzwerken verwendet. Heute sind sie nicht mehr von Bedeutung.

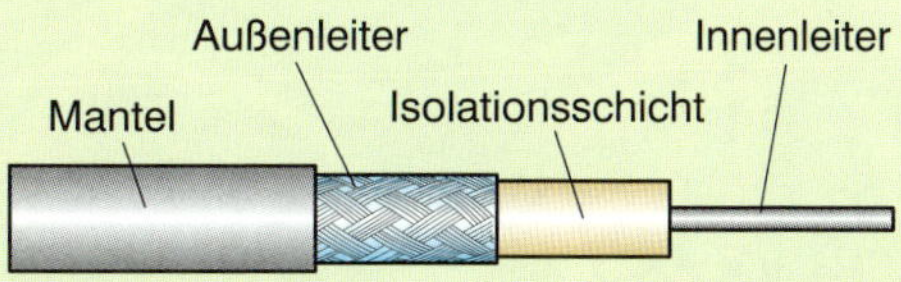

Innen- und Außenleiter sind durch eine Isolationsschicht getrennt. Der Außenleiter wirkt zusätzlich als Abschirmung.

1. LSA+ Auflagetechnik in einem Patchfeld

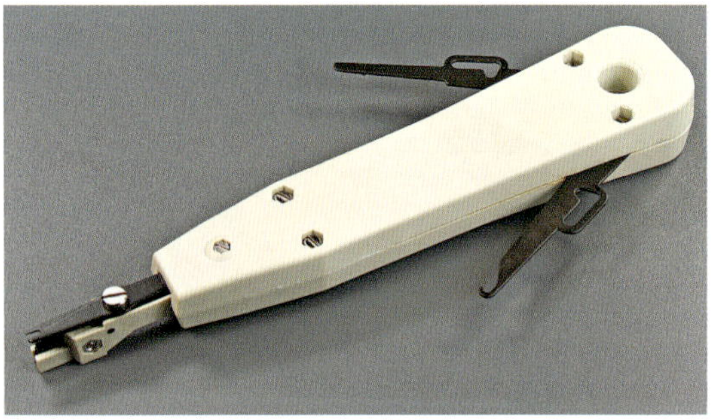
2. LSA+ Anlegewerkzeug wird oft auch als Auflegewerkzeug bezeichnet.

3. Netzwerkkabeltester

5.6 Patchfeld und Netzwerkdosen auflegen

Nachdem die erforderlichen TP-Kabel vom Etagenverteiler zu den Netzwerkdosen fest verlegt worden sind, erhalten Sie den Auftrag, Patchfelder und Netzwerkdosen anzuschließen. Das Anschließen wird auch als Auflegen bezeichnet. Es erfolgt in LSA+ Auflage- bzw. Anschlusstechnik.

> ***LSA+ kennzeichnet eine löt-, schraub- und abisolierfreie Auflagetechnik.***

Ohne die einzelnen Kabeladern abzuisolieren, werden diese in entsprechende Anschlussleisten mit Schneideklemmen gepresst. Bild 1 zeigt ein aufgelegtes Patchfeld.

In welcher Reihenfolge wird die Arbeit durchgeführt?

1. Werkzeug bereitlegen
2. TP-Kabel vorbereiten
3. TP-Kabel auflegen

Welches Werkzeug wird benötigt?

- LSA+ Anlegewerkzeug
- kleine Schere
- Schraubendreher (Kreuzschlitz)
- Cutter (oder vergleichbar)
- Seitenschneider
- Netzwerkkabeltester

Für die LSA+ Anschlusstechnik wird ein LSA+ Anlegewerkzeug benötigt. Bild 2 zeigt ein Beispiel.
Das LSA+ Anlegewerkzeug kürzt das überschüssige Ende der Ader und schneidet gleichzeitig die Isolierung der Ader auf. Dieses Aufschneiden der Aderisolierung ermöglicht die elektrisch leitfähige Verbindung der Ader mit der Klemmleiste.
Der Netzwerkkabeltester (Bild 3) dient zum Überprüfen von TP-Kabeln auf Unterbrechungen, Kurzschlüsse, Kreuzungen, Vertauschungen usw.

TP-Kabel vorbereiten

Die Vorbereitung erfolgt in zwei Schritten:
Schritt 1: Mithilfe des Cutters wird die Ummantelung des TP-Kabels ca. 8 – 9 cm entfernt. Die Folienschirme um die einzelnen Adernpaare sollten nicht beschädigt werden.

Schritt 2: Die Geflechtsschirmung um das gesamte Adernbündel wird nach hinten gedrückt und mit der kleinen Schere auf ca. 1 cm gekürzt (Bild 4).

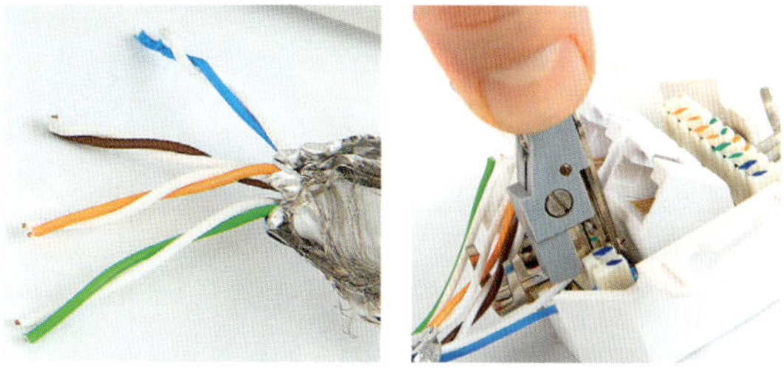

4. Vorbereitetes TP-Kabel (links), Auflegen mit Anlegewerkzeug (rechts)

TP-Kabel auflegen

Das Auflegen am Patchfeld unterscheidet sich nicht von dem Auflegen an einer Netzwerkdose. Es erfolgt in vier Schritten.

Schritt 1: Das Kabel wird mit dem Geflechtsschirm unter der Zugentlastung befestigt.

Schritt 2: Die Kabeladern werden lose über die Klemmleiste gelegt. Die Anordnung der Adern erfolgt nach der Standard-Belegung EIA/TIA T568A oder T568B (Bild 5).

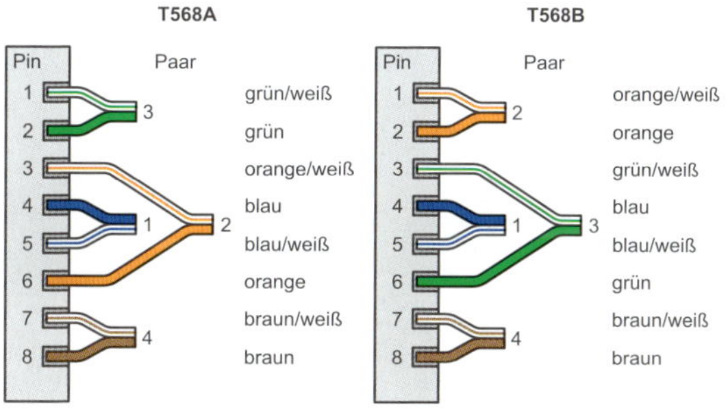

5. Standard-Belegung EIA/TIA T568A und T568B. Der einzige Unterschied zwischen TIA-568A und TIA-568B ist die Vertauschung der Adernpaare 2 und 3.

> ***In einer Netzwerkinstallation wird immer nur ein Standard verwendet.***

Schritt 3: Der Folienschirm wird so gekürzt, dass er nicht in die Schneidklemmen ragt. Die paarige Verdrillung soll so weit wie möglich bestehen.

> ⚠ **Vor dem Auflegen mit dem Anlegewerkzeug sollte geprüft werden, ob die Farbzuordnung richtig ist.**

Schritt 4: Die Kabel werden in die Klemmleiste gedrückt. Dabei gilt:

> ***Zum Eindrücken der Adern in die Klemmleiste wird nur das LSA+ Anlegewerkzeug verwendet.***

Das Anlegewerkzeug wird korrekt angesetzt und in einem Schritt nach unten gedrückt. Dabei wird gleichzeitig das überstehende Ende der Ader abgeschnitten.

Die Verbindungen zwischen Patchfeldern und Netzwerkdosen bezeichnet man als 1-zu-1-Verbindung (siehe Exkurs rechts).

Aufgaben

1. Erläutern Sie, was man unter der LSA+ Auflagetechnik versteht und welche Funktion dabei das LSA+ Anlegewerkzeug hat.
2. Beschreiben Sie mögliche Fehler beim Auflegen der TP-Kabel.

➡ 1-zu-1-Verbindung/Crossover-Verbindung

1-zu-1-Verbindung: Verbindung zwischen einem Switch (oder Hub) und dem Netzwerkanschluss z. B. eines Computers.

Dabei wird Pin 1 des Anschlusses im Switch über das Patchfeld und die Netzwerkdose mit Pin 1 des Netzwerkanschlusses verbunden, Pin 2 mit Pin 2 usw.

Crossover-Verbindung: Direkte Verbindung zwischen zwei Switches (Hubs) oder zwischen zwei Computern.

Dabei werden jeweils die Sende- und Empfangsleitungen gekreuzt. Ein Crossover-Kabel unterscheidet sich somit im Aufbau von einem „normalen" Netzwerkkabel mit 1-zu-1-Verbindung.

Moderne Netzwerkgeräte führen die Kreuzung der Adern elektronisch durch.

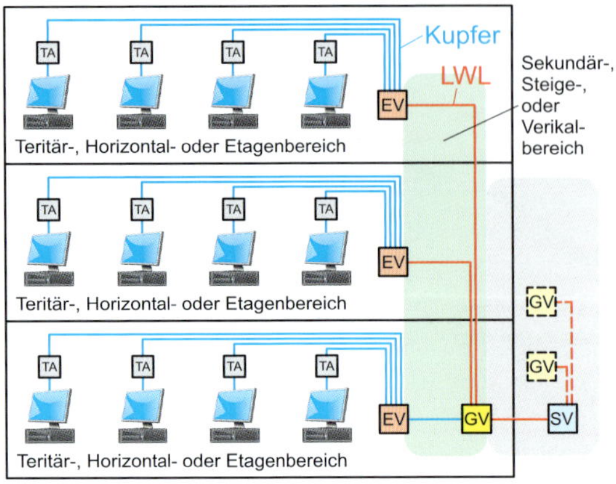

1. Der Einsatz von Lichtwellenleitern bei der strukturierten Verkabelung

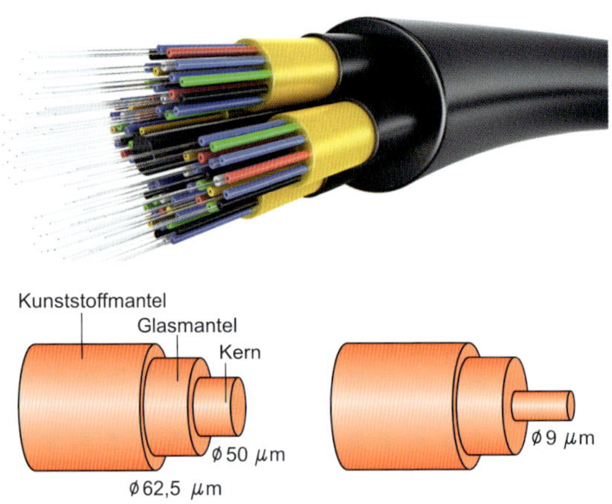

2. Der Aufbau von LWL

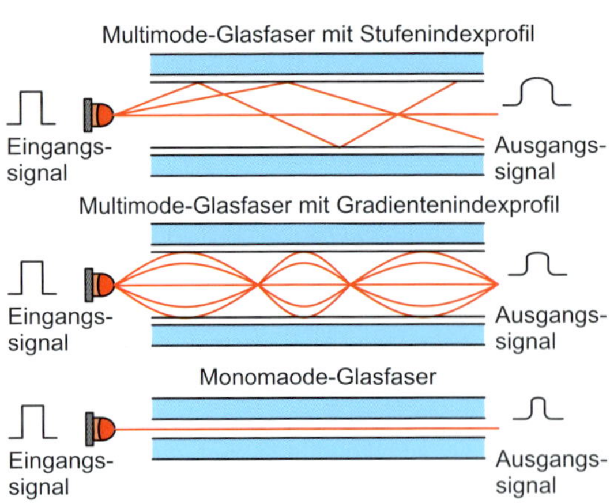

3. Moden mit kürzeren Wegstrecken durchlaufen den LWL schneller.

5.7 Lichtwellenleiter

Für die Verkabelung im Primär- und Sekundärbereich lokaler Netzwerke werden entsprechend Bild 1 Lichtwellenleiter (LWL) verwendet.

Unterschiede zwischen Kupfer- und Lichtwellenleitern

Lichtwellenleiter sind dünne Glas- oder Kunststofffasern, in denen Licht weitergeleitet wird.

Bild 2 zeigt den prinzipiellen Aufbau. Eine Faser besteht aus dem Faserkern, dem Fasermantel und einer schützenden Umhüllung. Unterschieden wird zwischen Multimode- und Monomodefasern.

Multimodefaser

Durch eine Multimodefaser werden mehrere Lichtsignale (Moden) gleichzeitig gesendet. Da Faserkern und Fasermantel unterschiedliche physikalische Eigenschaften aufweisen, werden die Lichtsignale an der Grenzfläche zwischen Kern und Mantel reflektiert. Bild 3 veranschaulicht das.

Multimodefasern mit Stufenprofil weisen große Kerndurchmesser im Bereich von 100 µm bis 400 µm auf. Die Reflexion am Übergang vom Faserkern zum Fasermantel führt zu einem zickzackförmigen Verlauf der Strahlen im Kern. Je nach Einfallswinkel pflanzt sich das Licht auf vielen verschiedenen Bahnen innerhalb des Kerns fort. Dadurch ergeben sich unterschiedliche Laufzeiten.

Durch unterschiedliche Laufzeiten entstehen Impulsverbreiterungen, die man als Modendispersion bezeichnet.

Die Modendispersion begrenzt die Länge des Übertragungsweges. Eingesetzt werden Lichtwellenleiter mit Stufenprofil daher bestenfalls noch für kurze Entfernungen.

Multimodefasern mit Gradientenprofil haben einen kleineren Kerndurchmesser von 50 µm oder 62,5 µm. Dadurch ergibt sich entsprechend Bild 3 eine weiche Reflexion der Lichtsignale. Die Modendispersion wird deutlich verringert.

Diese Lichtwellenleiter werden u. a. für Verkabelungen in lokalen Netzwerken eingesetzt.

Monomodefaser (Singlemodefaser)

Der Kern der Monomodefaser besitzt einen noch weiter reduzierten Durchmesser von – typischerweise – 9 µm. Wie Bild 3 zeigt, lässt ein so verringerter Kerndurchmesser nur noch einen Ausbreitungsweg zu. Das bedeutet:

> *Bei Monomodefasern tritt keine Modendispersion auf.*

Monomodefasern eignen sich daher auch für sehr lange Übertragungswege.

Wie werden Eingangssignale erzeugt?

Lichtwellenleiter dienen zur optischen Übertragung digitaler Daten, die meist als elektrische Signale vorliegen. Vor der Übertragung müssen sie nach Bild 4 in Lichtsignale gewandelt werden.

> *Leuchtdioden (LEDs) oder Laserdioden wandeln elektrische Signale in Lichtsignale um.*

Am Ende der Übertragung werden die Lichtsignale mithilfe eines Fotoelements, z. B. eines Fototransistors, in elektrische Signale umgewandelt.
Die jeweilige Wandlung der Signale erfolgt mit Medienkonvertern. Bild 5 zeigt ein Beispiel und gebräuchliche Steckverbinder.

Vorteile der Lichtwellenleiter

- Sehr hohe Übertragungsgeschwindigkeit
- Geringe Dämpfung
- Keine entfernungsbedingten Verluste, z. B. durch den Leitungswiderstand.
- Keine elektromagnetischen Störeinflüsse (Störfelder von Maschinen, Schaltern usw.)
- Lichtwellenleiter können beliebig mit anderen Versorgungsleitungen parallel verlegt werden

Allerdings sind Lichtwellenleiter teurer als Kupferleitungen. Die Kosten für Material und der Aufwand für die Montage sind höher (s. Exkurs).

Aufgaben

1. Wodurch unterscheiden sich Monomodefasern von Multimodefasern?
2. Beschreiben Sie die Funktion eines Medienkonverters (Bild 5).

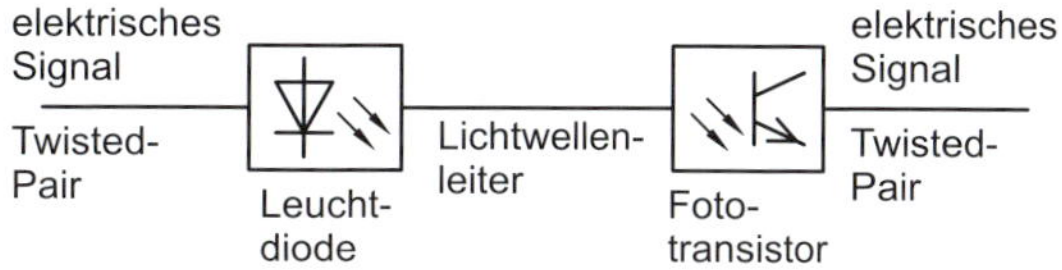

4. Die Erzeugung der Lichtsignale erfolgt mit Leucht- oder Laserdioden.

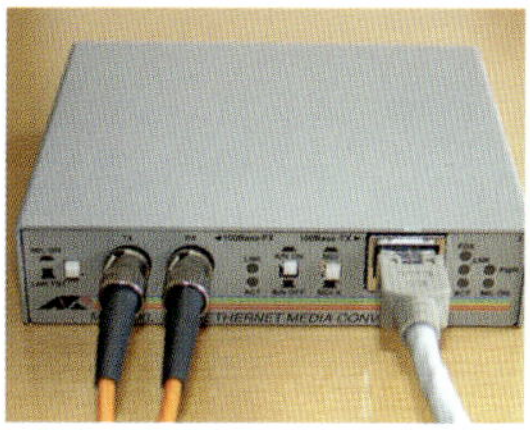

LC-Stecker

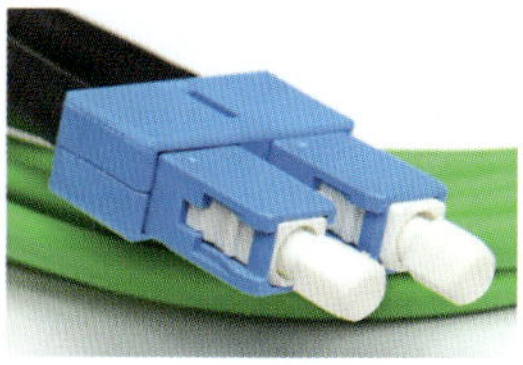

SC-Stecker

ST-Stecker

5. Medienkonverter und LWL-Steckverbinder (Beispiele). Zwei Fasern sind für gleichzeitiges Senden und Empfangen erforderlich.

LWL-Montage

Bei der Montage von LWL-Steckern oder beim Verbinden von LWL führen geringste Unsauberkeiten, Fehlanpassungen oder Toleranzen zur Erhöhung der Dämpfung und damit zu Leistungsverlusten. Das bedeutet:

Die Montage von Steckern (z. B in Klebe- oder Crimptechnik) ist mit hohem Aufwand verbunden.

Das feste Verbinden von LWL (spleißen) ist schwierig und erfordert zusätzlich spezielle Werkzeuge.

In der Praxis werden daher vorzugsweise fertig konfektionierte, d. h. mit Steckern versehene LWL-Kabel verwendet.

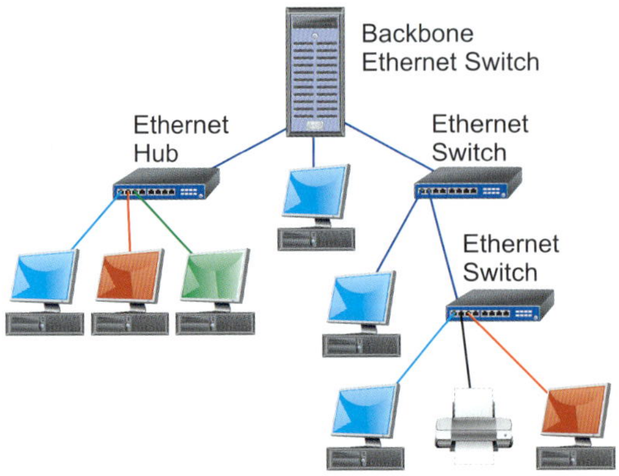

1. Ethernet Netzwerk. Das Backbone verbindet lokale Netze miteinander.

08 00 20 3A 00 4F	08 00 2A 0B FE FD	08 00	…	FD B8 0D 33
MAC-Adresse des Empfängers	MAC-Adresse des Senders	Typ-feld	Daten 46 bis 1500 Bytes	CRC-Prüfsumme

2. Ethernet-Frame
Typfeld: Identifikation des verwendeten Protokolls, z. B. IP
CRC-Prüfsumme (Cyclic Redundancy Check): Verfahren zur Erkennung von Fehlern bei der Übertragung

MAC-Adresse: 00-07-E9-4F-63-A2

Hersteller (00-07-E9) *Codierung* (4F-63-A2)

Beispiele von Herstelleradressen:

00-07-E9-xx-xx-xx	*Intel*
00-60-2F-xx-xx-xx	*Cisco*
00-15-F2-xx-xx-xx	*Asus*

3. Die einzelnen Teile der MAC-Adresse

IEEE 802

IEEE steht für **I**nstitute of **E**lectrical and **E**lectronics **E**ngineers: Institut für Ingenieure der Elektrotechnik und Elektronik.

IEEE 802 enthält unterschiedliche Standards für lokale Netzwerke (LANs). Der Ethernet-Standard wird im Teil IEEE 802.3 beschrieben.

5.8 Ethernet

Sie sind weiterhin mit dem Netz für die Fa. Sommerfest beschäftigt und befassen sich nun mit der zu verwendenden Netzwerktechnologie. Laut Leistungsverzeichnis soll Ethernet-Standard realisiert werden. Was bedeutet das?

Ethernet-Standard

Ethernet ist die Bezeichnung für einen weit verbreiteten herstellerneutralen Standard für die Datenübertragung in kabelgebundenen lokalen Netzwerken (LANs). Festgelegt ist dieser Standard in der Spezifikation IEEE 802.3 (s. Exkurs IEEE 802). Der Standard umfasst Festlegungen für Hardware (Kabel, Stecker etc.) und Software zur Datenübertragung. Für die Datenübertragung gilt:

> ***In Ethernet-Netzwerken erfolgt die Übertragung der Daten in Form von Datenpaketen, sogenannten Frames.***

Ethernet-Frame

Bild 2 zeigt die Struktur eines Ethernet-Frames. Pro Frame (Datenpaket) werden mindestens 46 Bytes, maximal 1500 Bytes an Nutzdaten übertragen. Mit 1 500 Bytes können z. B. 1 500 Buchstaben, Ziffern, Sonderzeichen usw. übertragen werden.
Neben den Nutzdaten enthält ein Datenpaket u. a. die MAC-Adressen des Empfängers und des Senders.

MAC-Adressen

Die MAC-Adresse (**MAC:** ***M****edia* ***A****ccess* ***C****ontrol*) ist die Hardware-Adresse jedes einzelnen Netzwerkadapters, die zur eindeutigen Identifikation des Geräts in einem Rechnernetz dient. Das bedeutet:

> ***Computer, Drucker etc. mit Netzwerkanschluss haben immer eine MAC-Adresse.***

Gebildet wird die MAC-Adresse aus sechs hexadezimalen Zahlenpaaren. Bild 3 zeigt ein Beispiel. Die ersten drei Hexadezimalzahlen geben den Hersteller an, die weiteren drei sind vom Hersteller codiert.

Zugriffsverfahren auf das Netz

Der Ethernet-Standard IEEE 802.3 schreibt als Zugriffsverfahren das CSMA/CD-Verfahren vor.

CSMA/CD steht für

- *Carrier Sense*: Abhören der Leitung durch die Endgeräte
- *Multiple Access*: mehrfacher Zugriff der Endgeräte
- *Collision Detection*: Erkennen und Beseitigen von Datenkollisionen

Bild 4 erläutert das Verfahren. Grundsätzlich gilt:

> ***Ein Endgerät darf nur dann senden, wenn die Leitung frei ist.***

Will ein Endgerät senden, „hört" es zunächst das Netz ab. Werden keine Daten gesendet, kann das Endgerät selbst senden.

Beginnen zwei oder mehrere Endgeräte gleichzeitig damit, Daten zu senden, erkennen sie die Kollision und brechen den Sendevorgang sofort ab. Jedes Endgerät wartet nun eine zufällig ermittelte Zeit ab und startet dann die Senderoutine erneut. Dieser Vorgang wird so lange wiederholt, bis eines der Endgeräte erfolgreich ist.

Ethernet-Varianten

Ethernet gibt es in unterschiedlichen Varianten. Tabelle 5 zeigt Beispiele. Sie unterscheiden sich u.a. hinsichtlich der Leitungsart, Segmentlänge oder Übertragungsgeschwindigkeit.

Repeater

> ***Repeater dienen zur Verstärkung oder Aufbereitung elektrischer oder optischer Signale.***

Repeater werden auch als Regeneratoren bezeichnet. Sie empfangen Signale und senden sie aufbereitet weiter. Dadurch kann eine größere Distanz überbrückt werden. Bild 6 zeigt ein Beispiel.

Aufgaben

1. Erläutern Sie, was man unter Ethernet versteht.
2. Erläutern Sie die Datenübertragung in einem Ethernet-Netz.
3. Beschreiben sie die Funktionsweise des Zugriffsverfahrens CSMA/CD.
4. Welche grundlegenden Erkenntnisse lassen sich aus Tabelle 5 (Ethernet-Varianten) ziehen?
5. Welche Funktion haben Repeater?

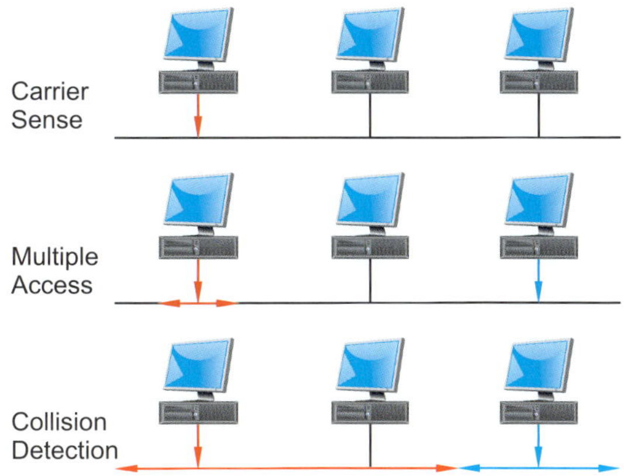

4. CSMA/CD

Variante	Leitungsart	Segmentlänge	Übertragungsgeschw.
100Base-TX	CAT 5-7	100 m	100 Mbit/s
100Base-FX	Multimode	400 m	100 Mbit/s
	Monomode	20 km	100 Mbit/s
1000Base-CX	STP	25 m	1 Gbit/s
1000Base-LX	Multimode	550 m	1 Gbit/s
	Monomode	3 km	1 Gbit/s
10GBase-ER	Monomode	40 km	10 Gbit/s
40GBASE-CR4	Twinax-Kabel [1]	7 m	40 Gbit/s
40GBASE-LR4	Monomode	10 km	40 Gbit/s
100GBASE-CR10	Twinax-Kabel [1]	7 m	100 Gbit/s
100GBASE-LR4	Monomode	10 km	100 Gbit/s
100GBASE-ER4	Monomode	40 km	100 Gbit/s

[1] Spezielle Kupferkabel für die verlustarme Übertragung von symmetrischen Signalen

5. Ethernet-Varianten (Auswahl)

6. Repeater werden z.B. in LANs in Bus-Topologie eingesetzt, um die maximale Kabellänge (= Segmentlänge aus Tabelle 5) zu verlängern.

1. Das Internet

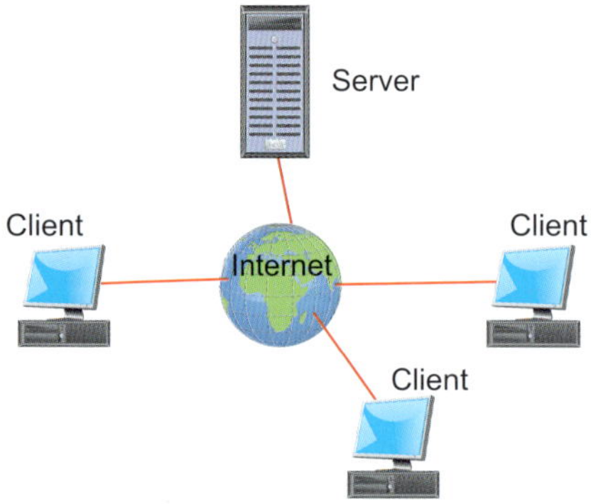

2. Internet-Struktur: Client-Server-Prinzip

IP-Adressen

Internet Protocol Version 4 (IPv4)

Eine IPv4-Adresse besteht aus 4 Dezimalzahlen zwischen 0 und 255, die jeweils durch einen Punkt getrennt sind. Jede Dezimalzahl wird aus 8 Bit gebildet. Insgesamt stehen 32 Bit zur Verfügung. Damit können 4.294.967.296 Adressen gebildet werden.

Beispiel IPv4: 201.17.7.177

Internet Protocol Version 6 (IPv6)

Eine IPv6-Adresse besteht aus 8 vierstelligen Hexadezimalzahlen zwischen 0000 und FFFF, die jeweils durch einen Doppelpunkt getrennt sind. Jede Hexadezimalzahl wird aus 16 Bit gebildet. Insgesamt stehen 128 Bit – und damit ca. 3,4 x 10^{38} Adressen – zur Verfügung.

Beispiel IPv6: 2AD1:EFB:0:12C:0:8B2D:11:7355

5.9 Internet

Ein Kunde, für den Sie einen Internetzugang einrichten sollen, bittet Sie um Informationen über das Internet. Konkret möchte er wissen,

- wie das Internet aufgebaut ist.
- wie Verbindungen im Internet erfolgen.
- welche Zugangsmöglichkeiten bestehen.

Aufbau des Internets

Das Internet ist entsprechend Bild 1 ein die Erde umspannender Zusammenschluss von Computern und Netzwerken. Das bedeutet:

> ***Das Internet ist die Gesamtheit aller weltweit miteinander kommunizierenden Computer und Computernetzwerke.***

Die Übertragungsmedien können Kupferkabel, Lichtwellenleiter, Telefonleitungen oder Satellitenverbindungen sein.
Bild 2 zeigt die Struktur des Internets. Der Client baut eine Verbindung zu einem Server auf. Dieser stellt seinen Dienst (s. Exkurs Internet-Dienste) zur Verfügung und kann in der Regel mehrere Client-Anfragen parallel bearbeiten. Wie entstehen Verbindungen im Internet?

IP-Adressen

> ***Jedes Gerät, das an das Internet angeschlossen ist, hat eine IP-Adresse.***

IP steht für *Internet Protocol*. Die IP-Adresse wird jedem Gerät zugewiesen, das an das Netz angeschlossen ist. Durch diese Adressierung ist das Gerät erreichbar.
Im Unterschied zur MAC-Adresse, die jeder Netzwerkschnittstelle fest zugeordnet ist, kann die IP-Adresse „von außen" zugeordnet bzw. verändert werden.
IP-Adressen gibt es in den Versionen 4 (IPv4) und 6 (IPv6). IPv6 wurde u. a. wegen des steigenden Bedarfs an IP-Adressen für einen erheblich größeren Adressraum entwickelt (s. Exkurs links).
Jede IP-Adresse enthält eine Netznummer und eine Rechnernummer. Somit lässt sich ermitteln, ob der Zielcomputer im eigenen Netzwerk erreicht werden kann. Ist das nicht der Fall, muss er über einen Router erreicht werden.

Router

> ***Router leiten Datenpakete zwischen Netzen weiter.***

Bild 3 verdeutlicht die Funktion. Diese Weiterleitung, z. B. von einem LAN zum WAN, bezeichnet man als Routing. Meist werden Router zur Anbindung an das Internet eingesetzt.

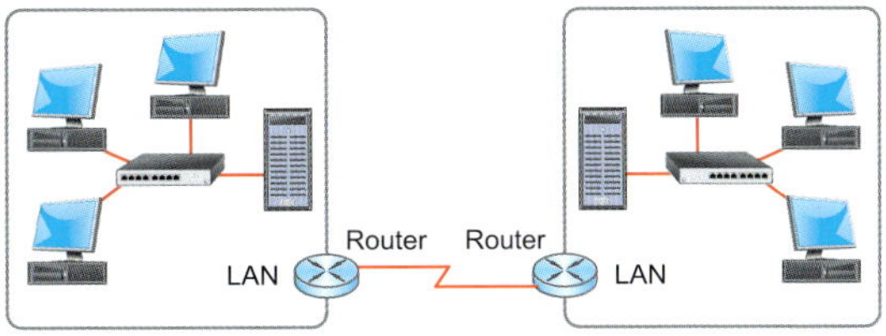

3. Verbindung zweier LANs über Router

Muss der Nutzer IP-Adressen kennen?

IP-Adressen sind nur schwer merkbar und enthalten keine Zusatzinformationen. Daher wurde eine merkbare Namensstruktur eingeführt:

> ***Das Domain Name System, kurz DNS, ordnet IP-Adressen Namen zu.***

Beispiel: Die Internetadresse *www.bildungsverlag1.de* enthält einen Domainnamen aus zwei Teilen:
Top-Level-Domain (TLD): *de*
Second-Level-Domain (SLD): *bildungsverlag1*.
Die TLD ist die Endung des Domainnamens. Zur Verfügung stehen geografische und organisatorische TLDs. Tabelle 4 zeigt Beispiele.
Die SLD ist frei wählbar, muss aber unter der TLD einmalig sein. Die Umwandlung in IP-Adressen erfolgt beim Verbindungsaufbau.

Geographische Domänen		Organisatorische Domänen	
Name	Land	Name	Bedeutung
.de	Deutschland	.com	commercial[1]
.eu	Europa	.net	network[1]
.ch	Schweiz	.org	organization[1]
.gr	Griechenland	.travel	Reiseunternehmen
.tr	Türkei	.jobs	Stellenangebote

[1] für jeden frei zugängliche Domain

4. Top-Level-Domains (Beispiele)

Zugang zum Internet

Grundsätzlich gibt es zwei Möglichkeiten:
Beim **direkten Zugang** ist der Computer Teil eines Netzwerkes, das über Router und Standleitungen dauerhaft mit anderen Netzwerken – und somit mit dem Internet – verbunden ist. Solche Netzwerke werden z. B. von Firmen oder Organisationen betrieben.
Beim **Einwählzugang** wird die Verbindung zum Internet über Telefonleitungen oder Mobilfunk (UMTS) hergestellt. Der Zugang wird dabei von einem Provider (Anbieter) zur Verfügung gestellt.

Aufgaben

1. Erläutern Sie den Unterschied zwischen einem LAN und dem Internet.
2. Welche Funktion haben Router?
3. Was versteht man unter IP-Adressen, MAC-Adressen und DNS?

➡ Internet-Dienste (Auswahl)

WWW: ***World Wide Web***
Standard zur Übermittlung von Multimedia-Dokumenten. Zur Anzeige der Seiten auf dem PC wird ein sogenanntes Browser-Programm benötigt, z. B. Firefox, Internet Explorer, Opera oder Google Chrome.

E-Mail (elektronische Post)
Standard für den Versand von Nachrichten über das Internet. Populäre Programme zur Nutzung und Verwaltung von E-Mails sind z. B. Microsoft Outlook und Mozilla Thunderbird.

FTP: ***File Transfer Protocol***
Standard zur Übertragung von Dateien von einem Computer auf einen anderen. Benötigt wird dazu als Software einen FTP-Client wie z. B. FileZilla.

Newsgroups (auch **Usenet**)
Zur Übertragung von Netzwerk-Nachrichten. Mit einem entsprechenden Browser können News gesendet und empfangen werden.

Chat
Ein Chat ermöglicht eine schriftliche Echtzeitunterhaltung mit beliebig vielen Nutzern. Für Gruppenchats zu einem bestimmten Thema werden Chaträume eingerichtet.

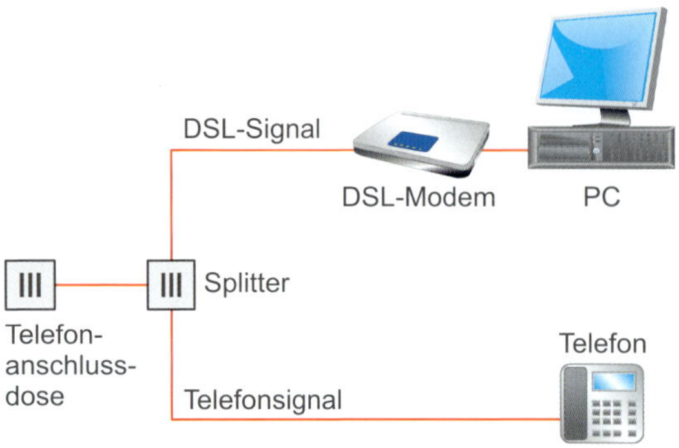

1. Internetzugang über die Telefonleitung

DSL-Anschluss

DSL steht für ***Digital Subscriber Line*** (digitale Anschlussleitung) und bezeichnet ein Übertragungsverfahren für den gleichzeitigen Betrieb einer schnellen Datenverbindung mit dem Internet und einer analogen Telefonleitung oder ISDN-Leitung.
Der DSL-Anschluss wird vom Telefonanbieter zur Verfügung gestellt. Der Datenaustausch mit dem Internet erfolgt asymmetrisch. Das bedeutet: das Herunterladen aus dem Internet auf den PC erfolgt mit höheren Übertragungsgeschwindigkeiten als das Versenden (Hochladen/Upload) von Daten.
DSL-Anschlüsse lassen sich für unterschiedliche Übertragungsraten einrichten. Üblich ist ein DSL-16000-Anschluss, der eine Download-Übertragungsrate von bis zu 16000 Kbit/s und eine Upload-Übertragungsrate von bis zu 1 024 Kbit/s bietet.

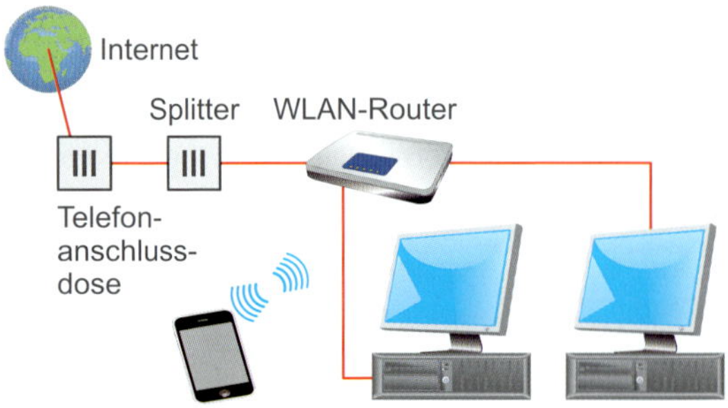

2. Internetzugang für zwei PCs und ein Tablet über den Telefonanschluss

5.10 Internet per Telefonleitung

Sie erhalten den Auftrag, zwei PCs eines Kunden in seiner Wohnung über die Telefonleitung für ein analoges Telefon an das Internet anzuschließen. Zusätzlich soll ein Tablet über Funk ebenfalls Zugang zum Internet erhalten. Ihr Meister erläutert Ihnen anhand der Skizze in Bild 1, wie der Internetzugang über den analogen Telefonanschluss erfolgt. Dazu sind ein Splitter und ein DSL-Modem erforderlich. Welche Funktionen haben diese Geräte?

Splitter

Bei einem DSL-Anschluss (siehe Exkurs links) werden über die Telefonleitung sowohl das Telefonsignal wie auch das DSL-Signal (Internet-Signal) übertragen. Beide Signale haben unterschiedliche Frequenzen.

Mit dem Splitter werden die unterschiedlichen Frequenzen von Telefon und DSL getrennt bzw. zusammengeführt.

Ein Splitter ist eine Frequenzweiche. Die Signale, die gemeinsam über eine Telefonleitung übertragen werden, werden in Empfangsrichtung aufteilt und in Senderichtung zusammenführt. Bild 1 verdeutlicht das.
Das für das Telefon bestimmte Telefonsignal gelangt vom DSL-Splitter über den im Bild unten dargestellten Signalpfad direkt zum Telefon.
Das für den PC bestimmte DSL-Signal gelangt vom DSL-Splitter über das DSL-Modem zum PC.

Welche Funktion hat das DSL-Modem?

Das DSL-Modem übernimmt die Aufgabe eines Übersetzers.

Das DSL-Modem wandelt die Signale eines Computers so um, dass sie über eine Telefonleitung übertragen werden können.

Das DSL-Signal besteht aus einem Trägersignal, das eine schnelle Übertragung ermöglicht, und einem Nutzsignal, das die zu übertragenden Informationen enthält. In Senderichtung fügt das Modem das Nutzsignal dem Trägersignal hinzu. Das bezeichnet man als **Modulation**.

Bei ankommenden Signalen trennt das Modem das Nutzsignal vom Trägersignal. Das wird als **Demodulation** bezeichnet.

Internetzugang für weitere Geräte

Um dem Kundenwunsch (Bild 2) zu entsprechen, müssen noch ein weiterer PC und ein Tablet – per Funk – Zugang zum Internet erhalten. Dazu wird das Modem durch einen WLAN-Router ersetzt.

WLAN Router

WLAN steht für *Wireless* LAN (LAN ohne Kabel). WLAN-Router übernehmen das Routing zwischen drahtlosen und drahtgebundenen Netzwerken.

> ***Ein WLAN-Router verbindet WLAN-fähige Geräte mit dem Internet.***

Damit sind über Funk angeschlossene Computer, Tablets, Smartphones usw. gemeint.
Im Handel erhältliche WLAN-Router können in der Regel – zusätzlich – lokale Netzwerke (LANs) bilden und mit dem Internet verbinden. Dazu enthalten sie entsprechend Bild 3 folgende Komponenten:

- Switch zum leitungsgebundenen Anschluss eines oder mehrerer PCs (über LAN)
- DSL-Router
- DSL-Modem

Bild 4 verdeutlicht die praktische Ausführung des Internetzugangs per Telefonleitung. An den Splitter werden das analoge Telefon und der WLAN-Router angeschlossen. Die beiden PCs werden drahtgebunden (LAN) an den WLAN-Router angeschlossen, das Tablet über WLAN. Sowohl die PCs wie auch das Tablet haben Zugang zum Internet.
Die Kombination aus DSL-Router und DSL-Modem wird auch als *Internet-Gateway* bezeichnet. Der Exkurs rechts erläutert dies.

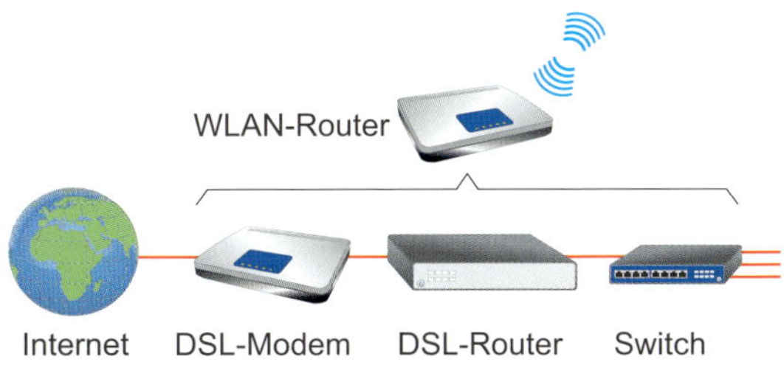

3. Komponenten eines WLAN-Routers

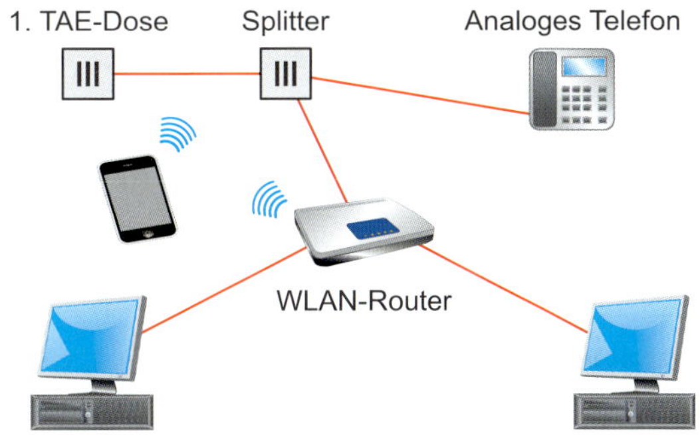

4. Anschluss eines WLAN-Routers und eines analogen Telefons an eine Telefonleitung

Gateway – Bridge

Ein **Gateway** verbindet Rechnernetze, die auf völlig unterschiedlichen Netzwerkprotokollen basieren können.
Ein **Internet-Gateway** ist eine Variante des Gateways. Es ermöglicht den Teilnehmern eines lokalen Netzwerks den Datenaustausch mit dem Internet, z. B. in Heimnetzwerken durch einen DSL-Router und ein DSL-Modem. Diese Geräte verbinden Netzwerke miteinander, die unterschiedliche Protokolle benutzen. So werden bei DSL-Verwendung IP-Pakete aus dem Heimnetzwerk meistens über das PPPoE-Protokoll (*Point-to-Point Protocol* über eine **E**thernet-Verbindung) in das Netz des Providers übersandt.
Eine **Bridge** verbindet zwei gleichartige lokale Netze und ermöglicht damit die Kommunikation eines Teilnehmers des einen Netzes mit Teilnehmern eines anderen Netzes.

Aufgaben

1. Erläutern Sie, was man unter DSL versteht.
2. Welche Funktion haben Splitter und Modem beim Internetzugang?
3. Beschreiben Sie Aufbau und Funktion eines WLAN-Routers.
4. Wodurch unterscheiden sich Gateway und Bridge?

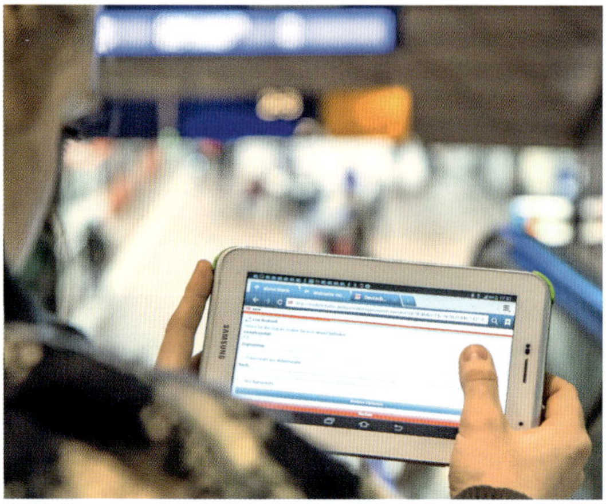

1. Internet am Bahnhof

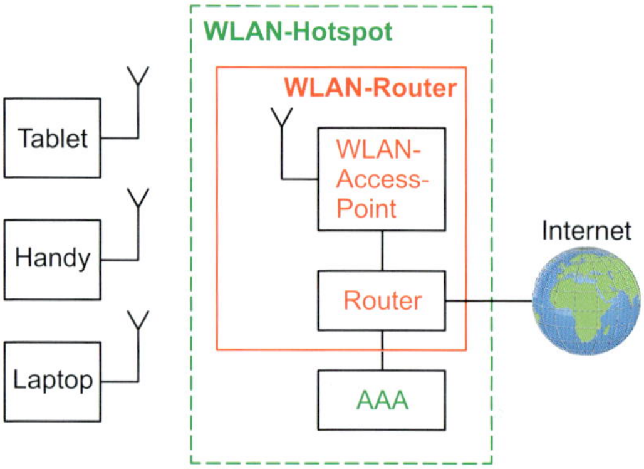

2. Prinzipieller Aufbau eines WLAN-Hotspots. Häufig wird dieser auch als öffentlicher WLAN-Router oder öffentlicher WLAN-Access-Point bezeichnet.

WLAN-Adapter

WLAN steht für Wireless LAN und kennzeichnet ein drahtloses lokales Netzwerk. Daten werden nicht – wie in einem LAN – leitungsgebunden, sondern per Funk übertragen.
PCs, Laptops, Tablets, Handys usw. sind für die Nutzung von WLAN in der Regel mit einem WLAN-Adapter ausgestattet.
Für Geräte ohne WLAN-Adapter, z. B. ältere PCs oder Laptops, gibt es WLAN-Adapter als:

- WLAN-Stick in Form eines USB-Sticks
- externes Gerät mit USB-Anschluss
- PC-Zusatzkarte

5.11 WLAN-Varianten

Bild 1 zeigt, dass in einem Bahnhof von einem Tablet aus eine WLAN-Verbindung zum Internet besteht. Über den häuslichen Internetzugang per WLAN-Router und Telefonanschluss ist das wegen der begrenzten Reichweite von WLAN-Verbindungen nicht möglich. Also muss sich in der Nähe des Tablets ein WLAN-Router befinden. Dieser wird als Hotspot bezeichnet.

Hotspot

Ein Hotspot ist ein öffentlicher WLAN-Router.

Hotspots sind u. a. in Hotels, Restaurants, Flughäfen, Bahnhöfen und Zügen installiert. Über sie lässt sich ein Zugang zum Internet herstellen.
Bild 2 zeigt den prinzipiellen Aufbau eines Hotspots. Dieser enthält einen WLAN-Router, der aus einem Router für die Verbindung zum Internet und einem WLAN-Access-Point besteht.

Welche Funktion hat der Access Point?

Ein Tablet z. B. stellt mithilfe des eingebauten WLAN-Adapters (siehe Exkurs links) eine drahtlose Verbindung zum Access Point her. Dieser wiederum ermöglicht über ein drahtgebundenes Netz (z. B. LAN oder Telefonnetz) die Verbindung mit dem Internet.

Ein WLAN-Access-Point dient als Schnittstelle zwischen drahtlosen und drahtgebundenen Verbindungen.

Der Hotspot besitzt, wie Bild 2 zeigt, neben dem WLAN-Router eine mit AAA bezeichnete Einheit. AAA steht für Authentifizierung, Autorisierung und Accounting (s. Text rechts oben). Diese Einheit überprüft, ob ein Teilnehmer zugangsberechtigt ist und gibt in diesem Fall den Zugang frei.

Können die mit dem Hotspot verbundenen Geräte auch untereinander Daten austauschen?

Ein WLAN mit Access Point ist ein WLAN im Infrastruktur-Modus. Das bedeutet:

Im Infrastruktur-Modus erfolgen die Verbindungen zwischen den Teilnehmern über einen Access Point.

Bild 3 verdeutlicht das. Der Access Point steuert – ähnlich einem Switch – die Verbindungen zwischen den Teilnehmern. Das bedeutet: Teilnehmer können untereinander Daten austauschen.
In Verbindung mit einem Hotspot gilt das nicht. Hier werden Verbindungen zwischen Teilnehmern aus Sicherheitsgründen unterdrückt.

Über einen Hotspot erfolgt der Verbindungsaufbau grundsätzlich nur zwischen Teilnehmer und Internet.

WLAN mit mehreren Access Points

Soll ein Wireless LAN eine große Fläche abdecken oder über viele Räume verteilt sein, werden mehrere Access Points zusammengeschaltet. Bild 4 zeigt eine mögliche Struktur. Für eine große Flächendeckung eignen sich besonders Rundstrahlantennen.
Mithilfe von Verschlüsslungen oder der MAC-Filter lassen sich Berechtigungen vergeben, durch die festlegt wird, welcher Benutzer auf welchen Access Point zugreifen kann.
Neben dem Infrastruktur-Modus gibt es eine weitere WLAN-Betriebsart.

Ad-hoc-Modus

Ad hoc bedeutet sinngemäß: „für diesen Augenblick gemacht".

Im Ad-hoc-Modus wird eine direkte Funkverbindung zwischen WLAN-Geräten hergestellt.

Bild 5 zeigt die Struktur. Ein Ad-hoc-Netz ist ein Funknetz, das – ohne Access Point – zwei oder mehr Teilnehmer (Laptop, Tablet, Smartphone, etc.) auf Peer-to-Peer-Basis zu einem Netz verbindet. Dabei baut jeder Teilnehmer mit einem anderen eine eigene Verbindung auf.

Aufgaben

1. Beschreiben Sie, wodurch sich ein Hotspot von einem WLAN-Router im häuslichen bzw. privaten Einsatz unterscheidet.
2. Erläutern Sie, durch welche Maßnahmen sich ein großflächiges WLAN realisieren lässt.
3. Wodurch unterscheidet sich ein WLAN im Ad-hoc-Modus von einem WLAN im Infrastruktur-Modus?

Zugangsprüfung und Dokumentation bei Nutzung eines Hotspots

Authentifizierung: Überprüfung der Identität (z. B. mit Benutzername und Passwort)
Autorisierung: Feststellung, welche Dienste dem Benutzer zur Verfügung gestellt werden
Accounting: Dokumentation der Nutzung des Hotspots, z. B. kann bei kostenpflichtigen Hotspots die Nutzung abgerechnet werden

3. Infrastruktur-Modus. Der Access Point ist der Knotenpunkt des WLAN.

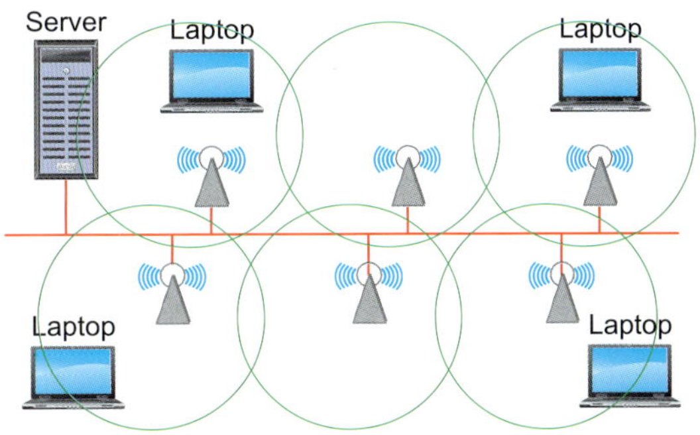

4. WLAN mit mehreren Access Points

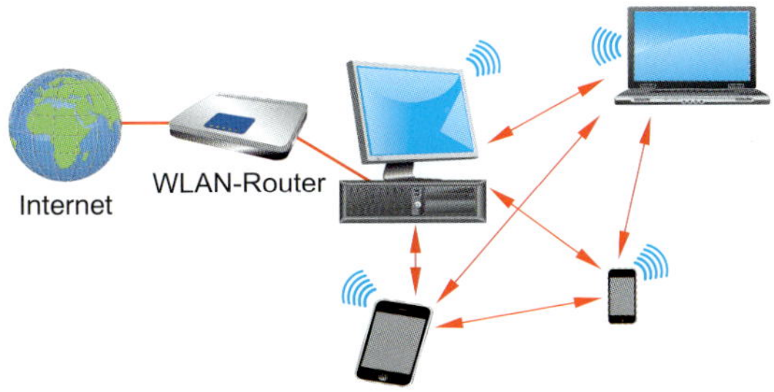

5. WLAN im Ad-hoc-Modus

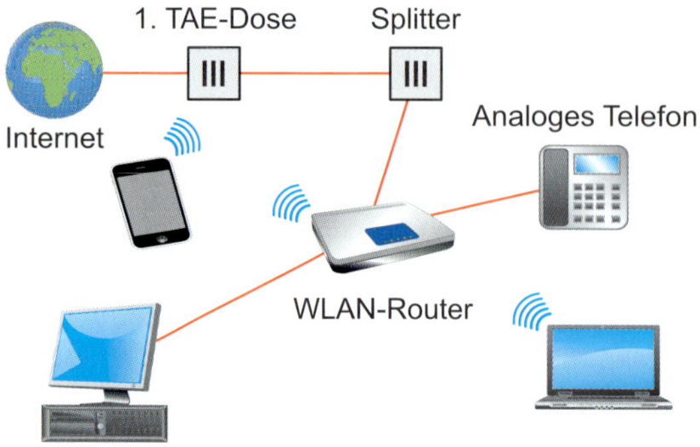

1. WLAN mit Internetzugang

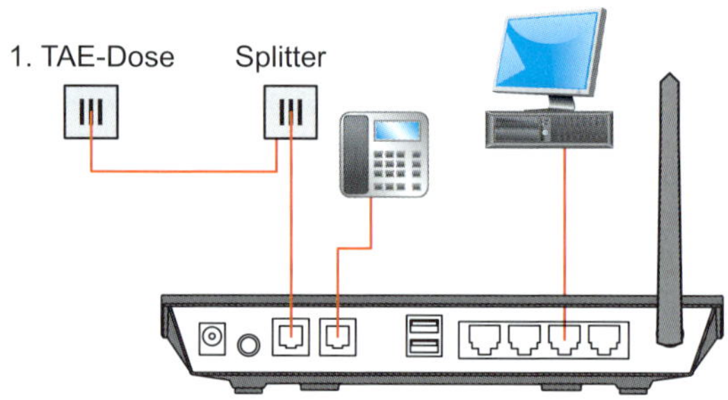

2. Anschlüsse eines WLAN-Routers (Beispiel)

DSL-Technologie: ADSL
DSL-Modem integriert: Ja
Filterung: MAC-Filterung
Firewall: Ja
WLAN-Standard: IEEE 802.11b oder IEEE 802.11g
Integrierter Switch: Ja
LAN-Protokolle: TCP/IP
LAN-Ports: 4 x RJ45
LAN-Standard: Fast Ethernet
LED-Anzeigen: Ja
Printer-Port: 1 x USB
Prüfzeichen: CE
Verschlüsselung: WPA2, WPA oder WEP
Wireless Access Point: Ja

3. Auszug aus dem Datenblatt eines WLAN-Routers

5.12 WLAN einrichten

Sie bekommen den Auftrag, die Anlage nach Bild 1 in Betrieb zu nehmen. Dazu müssen Sie den WLAN-Router anschließen und anschließend konfigurieren. Ihr Meister gibt Ihnen eine Checkliste für die Konfiguration des WLAN-Routers:

1. Komponenten mit dem Router verbinden
2. Konfigurationsmenü des Routers aufrufen
3. Passwort des Routers ändern
4. Verschlüsselungsmethode einstellen
5. Kennwort für die Verschlüsselung festlegen
6. MAC-Adressfilterung aktivieren
7. Netzwerkkennung (SSID) ändern
8. WLAN-Signalstärke einstellen

Komponenten mit dem Router verbinden

Bild 2 zeigt die Anschlüsse des WLAN-Routers und die daran angeschlossenen Geräte. Zur Konfiguration des Routers wird dieser über ein Netzwerkkabel mit dem PC verbunden.

Konfigurationsmenü des Routers

Mit dem angeschlossenen PC wird das Konfigurationsmenü über den Browser wie eine gewöhnliche Internetseite aufgerufen.
Dazu wird die IP-Adresse des WLAN-Routers in die Adresszeile des Browsers eintragen. Die vom Hersteller voreingestellte IP-Adresse des WLAN-Routers steht in der Regel im Benutzerhandbuch oder lässt sich direkt auf dem Gerät ablesen.

Passwort des Routers ändern

Der Zugriff auf den WLAN-Router ist durch Benutzername und Passwort gesichert. Das voreingestellte Passwort sollte durch ein vom Benutzer gewähltes Passwort ersetzt werden.

Verschlüsselungsmethode einstellen

Als Verschlüsselung für die WLAN-Verbindung stehen laut Datenblatt (s. Text 3) die Methoden WEP, WPA oder WPA2 zur Verfügung. Diese drei Verschlüsslungen sind zum Schutz bei privater Nutzung ausgelegt. Entsprechend dem Textfeld rechts oben sollte WPA2 eingestellt werden.

WPA2 verfügt über den höchsten Sicherheitsstandard.

Kennwort für Verschlüsselung

Dieses Kennwort, auch Netzwerkschlüssel oder z. B. WLAN-WPA2-Schlüssel genannt, ermöglicht den Zugang zum WLAN.

> *Der voreingestellte Netzwerkschlüssel sollte unbedingt durch einen neuen ersetzt werden.*

Der Schlüssel muss zwischen 8 und 63 Zeichen lang sein und sollte möglichst aus einer Kombination von Zahlen und Buchstaben bestehen.

MAC-Adressfilterung aktivieren

Jedes Gerät im Netzwerk hat eine MAC-Adresse. Diese ist einmalig und zur Identifizierung der Geräte gedacht. Der MAC-Adressenfilter bewirkt, dass nur in die MAC-Liste eingetragene Geräte Zugriff auf das WLAN haben.

Netzwerkkennung (SSID) ändern

In den Routereinstellungen lässt sich das WLAN aktivieren. Nun kann man dem neuen WLAN einen Namen geben. Dieser wird als SSID (**S**ervice **S**et **Id**entifier) bezeichnet. Eine voreingestellte SSID sollte geändert werden.

Reduzierung der WLAN-Signalstärke

Bietet der WLAN-Router diese Option an, kann die Reichweite des WLAN z. B. auf die Größe der Wohnung reduziert werden.

Reichweiten von WLAN-Verbindungen

Laut Datenblatt unterstützt der Router die IEEE-Standards 802.11b und 802.11g. Tabelle 4 zeigt deren Kenndaten. Danach beträgt die max. Reichweite im Freien etwa 140 m. Müssen Wände oder Decken durchdrungen werden, reduziert sich die Reichweite. Im Textfeld rechts finden Sie weitere Hinweise zur Installation eines WLAN.

Aufgaben

1. Erläutern Sie die Angaben auf dem Datenblatt des WLAN-Routers (linke Seite unten).
2. Begründen Sie, warum die Datenübertragung im WLAN verschlüsselt erfolgen sollte.
3. Welche Möglichkeit bieten MAC-Adressen in einem WLAN?

WLAN-Verschlüsselung für private Nutzung

- **WEP** (Wired Equivalent Privacy) ist eine überholte Verschlüsselungsmethode für WLAN.
- **WPA** (WiFi Protected Access) ist eine Verbesserung der WEP-Verschlüsselung.
- **WPA2** ist der Nachfolger von WPA und verfügt über einen höheren Sicherheitsstandard.

WiFi wird häufig als eine weitere Bezeichnung für WLAN verwendet.

IEEE Standard	802.11a	802.11b	802.11g
Max. Übertragungsrate	54 Mbit/s	11 Mbit/s	54 Mbit/s
Frequenz	5 GHz	2,4 GHz	2,4 GHz
Reichweite im Haus	25 m	35 m	35 m
Reichweite im Freien	100 m	140 m	140 m
Kompatibel zu	–	802.11g	802.11b

4. IEEE-802.11-Standards (Auswahl)

Hinweise zur Installation eines WLAN

- Access Point und Endgerät sind ideal aufgestellt, wenn zwischen beiden Sichtverbindung besteht. Aus diesem Grund sollte der Access Point leicht erhöht aufgestellt oder an einer Wand oder der Decke angebracht werden.
- Wände in Leichtbauweise mindern die Reichweite.
- Wände und Decken aus Beton oder Stahl, ebenso Brandschutztüren, schränken die Reichweite ein.
- In Ecken und Nischen können sich Funklöcher bilden.
- Im Außenbereich erhöhen externe Antennen die Reichweite.
- Um die Flächendeckung des WLAN-Netzwerkes zu erweitern, können mehrere Access Points zusammengeschaltet werden. Hier ist darauf zu achten, dass die Access Points in entsprechendem Abstand zueinander aufgestellt werden.

Zusammenfassung Lernfeld 4

IT-Systeme (Informationstechnische Systeme)

IT-Systeme haben die Aufgabe, Informationen zu verarbeiten, bereitzustellen und zu übertragen.

Informationen und Daten

Informationen sind Kenntnisse über Personen, Vorgänge, Funktionen usw. Zur Verarbeitung, Bereitstellung und Übertragung werden sie in (Computer-)Daten umgewandelt.

Information		Daten
Name Adresse Telefon Email etc	⟷	1010 1100 1001 0101 1110 0001 1010 1010
Texte, Bilder, Audio, Video, etc.		Bit Byte

Bit – Byte

Bit (*binary digit*): Kleinste Informationseinheit in einem Computer. Ein Bit kann nur die Zustände 1 (ein) oder 0 (aus) annehmen.

Byte: Zusammenfassung von acht Bit. Ein Byte kann damit $2^8 = 256$ Zustände wiedergeben.

Computer verarbeiten z. B. 2, 4 oder 8 Bytes parallel, d. h. gleichzeitig.

1 Byte = 8 Bit
1 KB = 1 024 Byte = 8 192 Bit
1 MB = 1 024 KB = 1 048 576 Byte
1 GB = 1 024 MB = 1 048 576 KB
1 TB = 1 024 GB = 1 048 576 MB

Verarbeitung von Informationen

Die Verarbeitung von Informationen erfolgt mit Computersystemen. Ein Computersystem besteht aus einem Computer, Eingabe- und Ausgabegeräten und Software.

Hardware (harte Ware): Gerätetechnische Ausstattung eines Computersystems, also Hauptplatine, Speicher, Ein- und Ausgabegeräte usw.

Software (weiche Ware): Programmtechnische Ausstattung eines Computersystems , z. B. Betriebssystem und Anwenderprogramme.

Die Verarbeitung in Computersystemen erfolgt nach dem EVA-Prinzip:

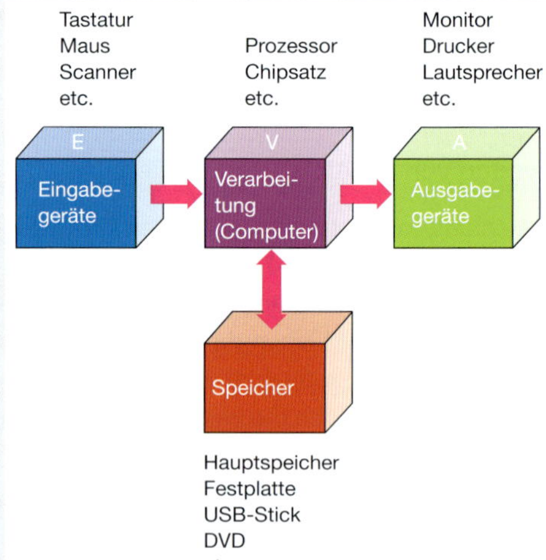

Bereitstellung von Informationen

Die Bereitstellung erfolgt durch die Speicherung von Daten. So können z. B. mithilfe von Suchprogrammen Informationen aus Datenbanken abgerufen und bearbeitet werden.

Übertragung von Informationen

Die Übertragung von Daten kann leitungsgebunden über Kupfer- oder Glasfaserkabel erfolgen oder per Funk. Zur Übertragung stehen u. a. Netzwerke zur Verfügung, die einen weltweiten Informationsaustausch ermöglichen.

Personal Computer (PC)

Aufbau

1. Gehäuse
2. Netzteil
3. Hauptplatine (Mainboard, Motherboard)
4. CPU (Hauptprozessor) mit Kühler
5. Hauptspeicher (Arbeitsspeicher, RAM)
6. Grafikkarte
7. Festplattenlaufwerk
8. Optisches Laufwerk (CD, DVD, Blu-Ray)
9. Monitor
10. Tastatur
11. Maus

PC konfigurieren

Als Konfiguration bezeichnet man die Hard- und softwaremäßige Zusammenstellung bzw. Ausstattung eines Computers.

Hardware-Konfiguration: Sicherstellung, dass die Hardware-Komponenten den gewünschten Anforderungen entsprechen, baulich zusammenpassen und miteinander arbeiten.

Wahl der Komponenten bei der Hardware-Konfiguration

1. Hauptplatine einschließlich CPU
2. Hauptspeicher
3. Zusatzkarten, z. B. Grafikkarte
4. Festplatte
5. Optischer Speicher
6. Gehäuse
7. Netzteil

Die Hardware-Konfiguration beginnt mit der Wahl der Hauptplatine, da diese zusammen mit der CPU die Leistungsfähigkeit des Computers bestimmt. Die weiteren Schritte der Vorgehensweise können variiert werden.

Software-Konfiguration. Anpassen der Software an die Anforderungen des Benutzers.

PC zusammenbauen

1. Vorbereitungen
   - Die gewählten Komponenten auf Vollständigkeit und intakten Zustand überprüfen
   - Hersteller- und Produktnamen und Versions- und Seriennummern dokumentieren
   - Werkzeuge und Hilfsmitteln bereitlegen
2. Gehäuse öffnen und Netzteil einbauen
3. Hauptplatine bestücken und einbauen
   - CPU in Sockel einsetzen und Kühler montieren
   - Hauptspeicher einsetzen
   - Hauptplatine in das Gehäuse einbauen
4. Bei Bedarf Erweiterungskarten einsetzen, z. B. Grafikkarte oder Soundkarte
5. Laufwerke einbauen
   - Festplattenlaufwerk einbauen
   - Laufwerk für optische Speicher einbauen
6. Kabel zur Spannungsversorgung und Datenkabel anschließen
7. Kontrollieren, ob alle Komponenten vollständig und richtig eingebaut sind
8. Hardwaretest
9. Gehäuse schließen

PC-Zusammenbau prüfen

Nach der Montage wird geprüft, ob

- alle Kleinteile, z. B. Schrauben, Muttern, usw., aus dem Gehäuse entfernt sind.
- die Erweiterungskarten richtig eingesteckt und fest verschraubt sind.
- die Verbindungen für die Spannungsversorgungen vollständig und korrekt gesteckt sind.
- die Datenkabel zwischen Hauptplatine und den Komponenten vollständig und korrekt gesteckt sind.
- der CPU-Kühler richtig befestigt und an die Spannungsversorgung angeschlossen ist.
- die Speichermodule eingerastet sind.

PC-Software installieren

Nach dem Zusammenbau wird die Software installiert. Unter Software versteht man die Gesamtheit aller Programme einschließlich Daten und Dokumentation. Unterschieden wird grundsätzlich zwischen

- Systemsoftware (Betriebssystem, Gerätetreiber, BIOS etc.) und
- Anwendungssoftware (Textverarbeitung, Tabellenkalkulation etc.)

Die Installation der Anwendungssoftware erfolgt nach der Installation des Betriebssystems und der Gerätetreiber.

Hauptplatine/Mainboard/Motherboard

Die Hauptplatine ist die zentrale Platine in einem PC. Sie enthält alle Komponenten zur Steuerung der angeschlossenen Hardware und der Peripheriegeräte.

Wesentliche Komponenten der Hauptplatine

- CPU
- Chipsatz
- Steckplätze für Hauptspeicher-Module
- PCI-Steckplätze
- interne Schnittstellen
- externe Schnittstellen
- BIOS

Bauformen von Hauptplatinen

Formfaktoren unterscheiden u. a. die Größe von Hauptplatinen und die Anzahl der Steckplatzes für Erweiterungskarten.

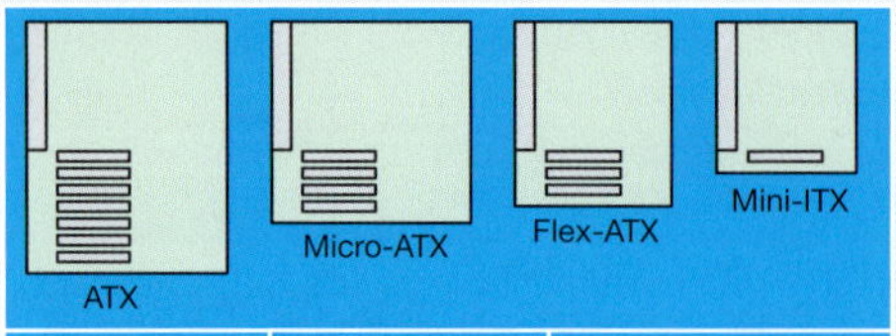

Formfaktor	Maße in mm	PCI-Steckplätze (typisch)
ATX	305 × 244	7
Mikro-ATX	244 × 244	4
Flex-ATX	229 x 191	3
Mini-ITX	170 x 170	1

Beispiele von Formfaktoren für Hauptplatinen. Formfaktoren unterscheiden u. a. die Größe von Hauptplatinen und die Anzahl der Steckplätze für Erweiterungskarten.

Formfaktor

In der Computertechnik ist der Formfaktor eine Angabe über Größe und Befestigungsmöglichkeiten eines Bauteils.

Formfaktoren beschreiben z. B. Hauptplatinen, Laufwerke und Netzteile.

Mit dem Formfaktor wird festgelegt, welches Netzteil und welches Gehäuse verwendet werden dürfen.

Es gibt unterschiedliche Formfaktoren, z. B. ATX oder ITX. Diese unterscheiden sich wiederum in Varianten, wie z. B. ATX, Micro-ATX und Flex-ATX.

Statt Formfaktor wird häufig der Begriff Format verwendet.

CPU/Prozessor

CPU (*Central Processing Unit*, Zentraleinheit):

Die CPU ist ein Prozessor. Befindet sich der Prozessor in einem IC, spricht man von einem Mikroprozessor.

Die CPU ist die zentrale Komponente in einem PC. In ihr werden die aus dem Speicher gelesenen Daten in der durch das Programm vorgegebenen Weise verarbeitet.

CPU

CPU-Kühler

Mehrkernprozessor (Multikernprozessor, Multicore-Prozessor): Prozessor, der mehrere Prozessorkerne in einem IC enthält. Die Kerne können parallel und unabhängig voneinander Prozesse bearbeiten. Mehrkernprozessoren gibt es u. a. als Dual- oder Quad-Core-Prozessoren. Wesentliche Funktionsbereiche der CPU:

Control Unit (Steuerwerk). Steuert den Ablauf der Befehlsverarbeitung.

Processing Unit (Rechenwerk). Führt mithilfe der **ALU** (*Arithmetic Logic Unit*, arithmetisch-logische Einheit) mathematische Berechnungen und logische Verknüpfungen durch.

Cache: Schneller Zwischenspeicher zwischen CPU und Hauptspeicher. Er besteht aus SRAM (Static RAM).

Kühler:
Der Kühler besteht aus einem Kühlkörper mit Lüfter. Er schützt die CPU vor Schäden durch Wärmeeinwirkung.

Chipsatz

Der Chipsatz unterstützt die CPU bei der Steuerung des Datenaustausches mit dem Hauptspeicher und den Steckplätzen und Schnittstellen. Er kann aus einem oder zwei ICs bestehen.

Hauptspeicher/Arbeitsspeicher

Der Hauptspeicher (Arbeitsspeicher) besteht aus Speichermodulen in den entsprechenden Steckplätzen. Darin werden die Programme und Daten gespeichert, die die CPU bearbeitet. Der Hauptspeicher besteht aus DRAM (Dynamic RAM). Erläuterungen dazu auf den nächsten Seiten.

PCI-Steckplätze

Die PCI-Steckplätze (PCI-Slots) dienen zur Aufnahme von Erweiterungskarten, z. B. für Grafik und Ton. Unterschieden werden PCI- und PCIe-Steckplätze:

PCI (*Peripheral Component Interconnect*). Paralleler Bus, vorwiegend zum Anschluss älterer Erweiterungskarten

PCIe (**PCI-E**xpress). Weiterentwicklung des parallelen PCI-Busses zu einem seriellen Bus. Unterschieden werden:

- PCIe x1 für Komponenten mit mittlerer Bandbreite, z. B. für Soundkarten.
- PCIe x16 für Komponenten mit großer Bandbreite, z. B. für Grafikkarten.

BIOS

BIOS (*Basic Input Output System*): Mini-Betriebssystem, das die Programme und Daten enthält, die der Computer nach dem Einschalten u. a. zum Ansprechen der Tastatur und des Monitors benötigt.

Das BIOS bildet die Schnittstelle zwischen Hardware und Software. Gespeichert ist es meist in einem Flash EEPROM.

Interne und externe Schnittstellen

Interne Schnittstellen verbinden die Hauptplatine mit internen Komponenten.

SATA (*Serial Advanced Technology Attachment*): Serielle Schnittstelle zum Anschluss von Festplatten- und Blu-Ray-Laufwerken.

Externe Schnittstellen verbinden die Hauptplatine mit externen Komponenten. Erläuterungen dazu auf den nächsten Seiten.

Speicher im PC

In einem PC befinden sich unterschiedliche Speicherarten:
- Halbleiterspeicher
- Magnetspeicher
- Optische Speicher

Halbleiterspeicher

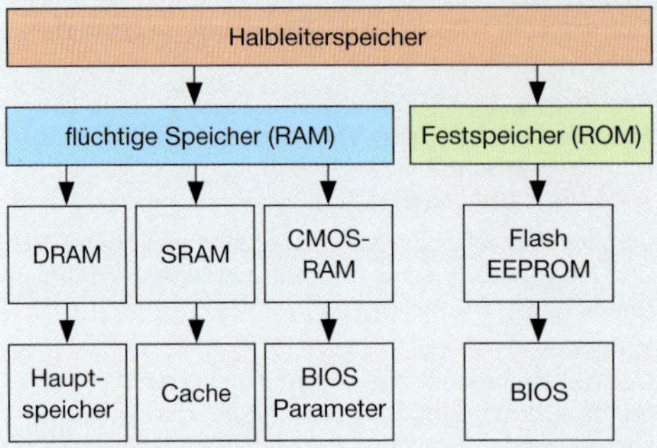

Secure Digital (SD) microSD USB-Stick

Flüchtiger Speicher (Bezeichnung für RAM): Beim Abschalten der Versorgungsspannung gehen die gespeicherten Daten verloren.

RAM (*Random Access Memory*, Speicher mit wahlfreiem Zugriff/Schreib-Lese-Speicher): Daten können in den Speicher geschrieben und aus ihm gelesen werden.

DRAM (*Dynamic RAM*):
- Einsatz als Hauptspeicher
- Große Speicherkapazität pro IC
- Lange Zugriffszeiten

SRAM (Static RAM):
- Einsatz als Cache-Speicher
- Geringe Speicherkapazität pro IC
- Kurze Zugriffszeiten

Festspeicher: Bezeichnung für ROM. Beim Abschalten der Versorgungsspannung bleiben die gespeicherten Daten erhalten.

ROM (**R**ead **O**nly **M**emory: Nur-Lese-Speicher). Daten können nur gelesen werden.

Flash **EEPROM** („Blitzschnell" elektrisch löschbarer und programmierbarer ROM). Besondere Variante des ROM, das elektrisch programmiert und gelöscht werden kann. Im PC ist in ihm das BIOS gespeichert.

Speicherkarten und **USB-Stick. B**esondere Formen von Flash-EEPROMs.

Magnetspeicher/Festplatte

Festplatte (**HD:** *Hard Disc*). In der Regel Speicher für Betriebssystem, Anwenderprogramme und Dateien. Wichtigster permanenter Datenspeicher in einem PC aufgrund
- hoher Datenübertragungsraten.
- sehr großer Speicherkapazitäten.

Festplattenlaufwerk (**HDD:** *Hard Disc Drive*). Festplattenlaufwerke gibt es als
- Einbaugeräte in den PC.
- externe Festplatten.

Externe Festplatten werden i. d. R. über eine USB-Schnittstelle an den PC angeschlossen. Häufig werden sie zur Datensicherung genutzt.

Optische Speicher:

	CD	DVD	BD
Laserfarbe	infrarot	rot	blau
Wellenlänge	780 nm	650 nm	405 nm
Speicherkapazität	700 MB	4,7 GB 8,5 GB 9,4 GB 17 GB	25 GB 50 GB
Datenübertragungsrate	1,2 Mbit/s	10,8 Mbit/s	36 Mbit/s

Einmal beschreibbar: CD-R, DVD-R, BD-R
Wiederbeschreibbar: CD-RW, DVD-RW, BD-RE

R: Recordable.
RW: Rewritable
RE: Recordable Erasable

Externe Schnittstellen

USB

USB (*Universal Serial Bus*, universeller serieller Bus): Schnittstelle zum Anschluss von Peripherie (Tastatur, Maus, Drucker etc.) an den PC

	USB 2.0	USB 3.0
Modus	High Speed	Super Speed
Übertragungsrate	600 Mbit/s	5 Gbit/s
Geräteanzahl	127	127
Leitungslänge	5 m	3 m
Adern	4	9
Stromversorgung von USB-Geräten	max. 500 mA	max. 900 mA

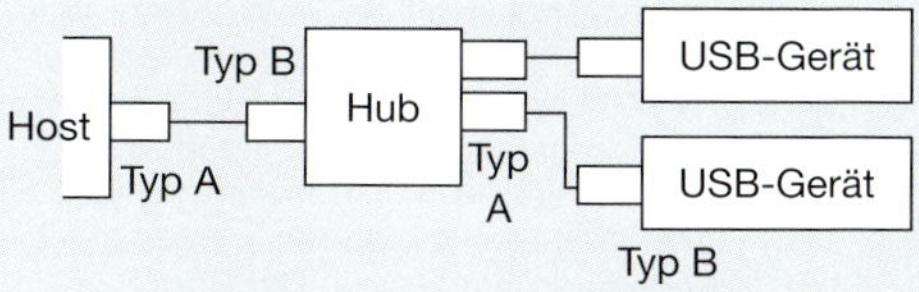

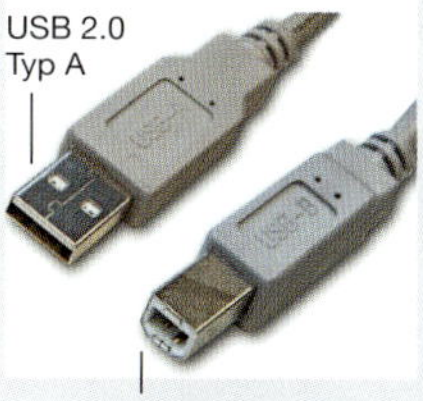

- **USB 2.0** – 4 Adern: 2 zur Datenübertragung und 2 zur Spannungsversorgung
- **USB 3.0** – 9 Adern: zusätzlich zu USB 2.0 jeweils ein Adernpaar für Sende- und Empfangsdaten und eine Masseleitung.

Hot Plugging: USB-Geräte können während des Betriebs hinzugefügt oder entfernt werden.

Grafik-Schnittstellen/Bildschirm-Schnittstellen

VGA: *Video Graphics Array*

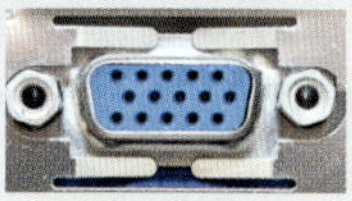

Analoge Monitorschnittstelle für Monitore und Videoprojektoren

DVI: *Digital Video Interface*

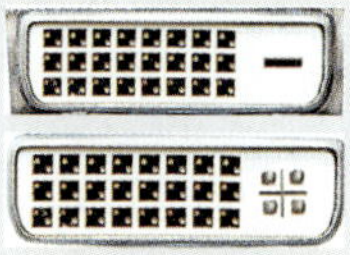

Eine DVI-D-Schnittstelle überträgt nur digitale Daten.

Eine DVI-I-Schnittstelle (I für integrated) überträgt digitale und analoge Videosignale.

HDMI: *High Definition Multimedia Interface*

Digitale Schnittstelle zum Anschluss hochauflösender Bildquellen, z. B. Blu-Ray-Spieler an HD-Fernseher

DP: *Display Port*

Digitale Schnittstelle zum Anschluss von Monitoren und Fernsehgeräten an Computer, DVD-Spieler und ähnliche Geräte

Audio-Schnittstellen – S/PDIF

Farbe und Funktion	
(blau)	Line-IN: Eingang für Aufnahmen
(rosa)	Mic-IN: Mikrofoneingang
(grün)	Line-OUT: Kopfhörer oder Frontlautsprecher
(schwarz)	Ausgang für Rücklautsprecher
(grau)	Ausgang für Seitenlautsprecher
(orange)	Ausgang für Tieftonlautsprecher

S/PDIF (*Sony/Philips Digital Interface*). Schnittstelle für die elektrische oder optische Übertragung digitaler Stereo- oder Mehrkanal-Audiosignale.

LAN/Netzwerk-Schnittstelle

LAN (Local Area Network): Schnittstelle zum Anschluss des PCs an ein Computernetzwerk

PS / 2

Diese Schnittstelle für Tastatur oder Maus ist praktisch durch USB ersetzt worden.

Netzwerke

LAN – WLAN

Als **LAN** (**L**ocal **A**rea **N**etwork: Lokales Netzwerk) bezeichnet man ein Netzwerk, das mehrere Computer und Peripheriegeräte innerhalb eines oder einiger zusammengehöriger Gebäude miteinander verbindet.

Peer-to-Peer-Netzwerk

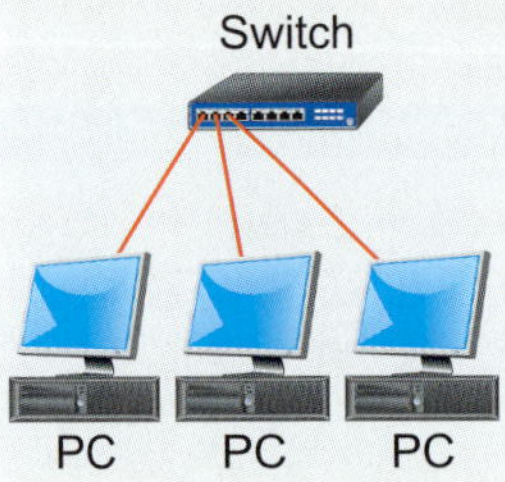

Ein Peer-to-Peer-Netzwerk ist ein einfaches Netzwerk, in dem zwei Computer über eine Direktverbindung (Cross-over-Kabel) oder mehrere Computer über ein Kopplungselement (Hub oder Switch) miteinander verbunden sind. Jeder Computer kann die freigegebene Hard- und Software des jeweils anderen Computers mitbenutzen (Ressourcen-Sharing), sodass ein Server (Client-Server-Netzwerk) nicht erforderlich ist.

Client-Server-Netzwerk

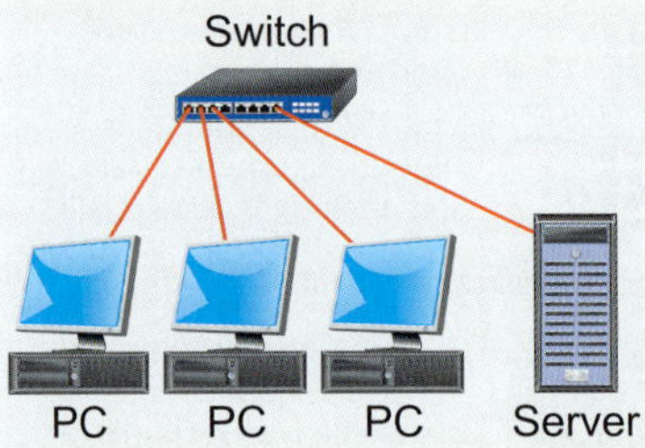

Ein Client-Server-Netzwerk ist ein Netzwerk, das aus mindestens einem Server und einem oder mehreren Clients besteht. Ein Server ist ein meist sehr leistungsstarker Computer, der Rechenleistung, Speicher, Programme und Daten für alle anderen Computer (Clients) bereitstellt und Zugriffsrechte verwaltet. Die Clients fungieren als unabhängige Arbeitsplatzrechner, die Dienste beim Server anfordern können.

WLAN mit Internetzugang

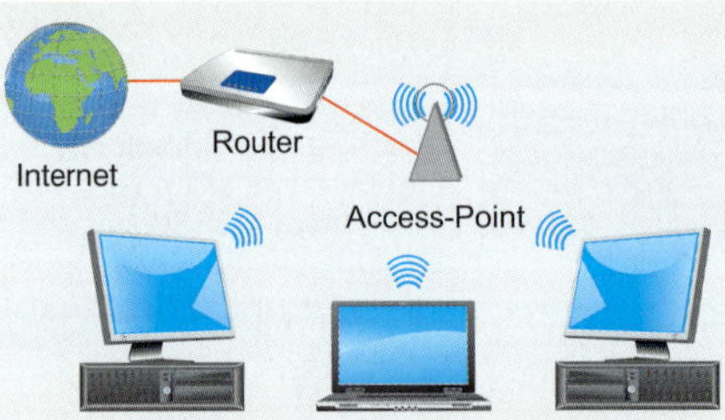

WLAN steht für **W**ireless **LAN** und bezeichnet ein drahtloses lokales Netzwerk, d. h. ein Funknetz. Dazu muss jeder Computer mit einem WLAN-Adapter (Netzwerkkarte mit Antenne) ausgestattet sein. Im Infrastruktur-Modus erfolgt die Kommunikation über einen Access Point. Beim Ad-hoc-Betrieb wird eine direkte Funkverbindung auf Peer-to-Peer-Basis hergestellt. Der Router ermöglicht den Zugang zum Internet.

Kommunikationseinrichtung: LAN mit integriertem WLAN, Internetzugang und Telefonanschluss

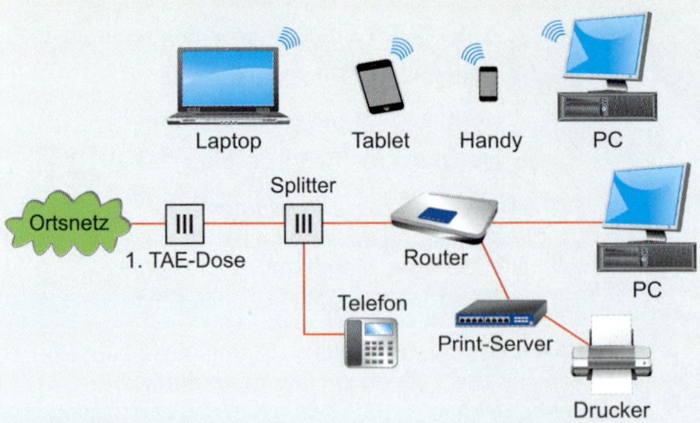

Der **DSL-Splitter** trennt die Telefonsignale von den DSL-Signalen. DSL (Digital Subscriber Line: Digitaler Teilnehmeranschluss) bezeichnet ein Übertragungsverfahren für den gleichzeitigen Betrieb einer schnellen Datenleitung und einer Telefonleitung.

Der **DSL-WLAN-Router** besitzt ein DSL-Modem, einen Switch und einen Access Point. Das DSL-Modem ermöglicht den Anschluss an das Internet, der Switch den Aufbau eines LAN und der Access Point den Aufbau eines WLAN.

Der **Print-Server** ermöglicht den Anschluss eines Druckers an das Netzwerk. Dadurch können alle angeschlossenen LAN- und WLAN-Geräte auf diesen Drucker zugreifen.

LAN-Topologien			
Stern	Ring	Bus	Baum
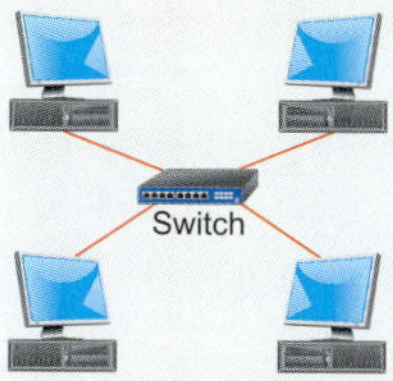	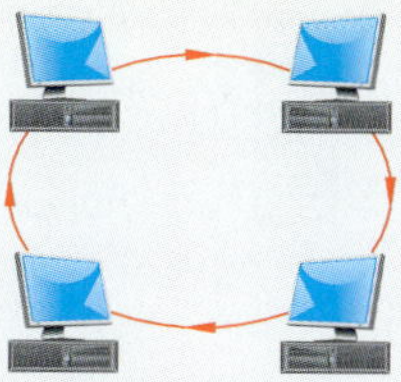	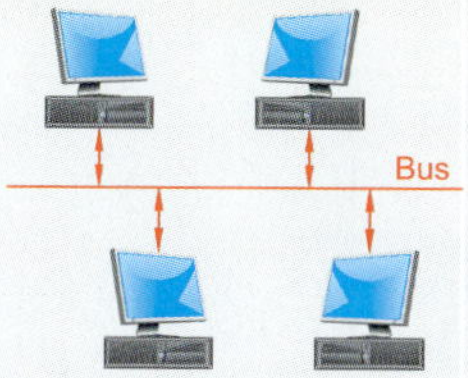	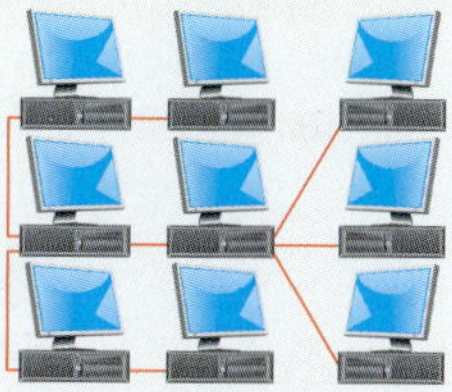
Jeder PC ist direkt an den Netzwerkknoten (z. B. Switch) angeschlossen. Zwischen jedem PC und dem Knoten besteht eine Punkt-zu-Punkt-Verbindung	Alle PC sind zu einem Ring verbunden. Die Daten werden in einer Richtung von PC zu PC weitergeleitet. Jeder PC prüft, ob die Daten für ihn bestimmt sind.	Alle PC sind an einen Kabelstrang, den Bus, angeschlossen. Der Datenaustausch zwischen den Teilnehmern erfolgt in beiden Richtungen direkt.	Eine Baumstruktur kann verschiedene Topologien enthalten. Alle PC sind miteinander verbunden. Der Datenaustausch zwischen den Teilnehmern erfolgt direkt.
Vorteile: • Einfacher Netzaufbau • Leicht erweiterbar • Sicherungs- und Kontrollmaßnahmen gut möglich	Vorteile: • Geringer Verkabelungsaufwand • Keine Vermittlungsstelle, alle PC sind gleichrangig	Vorteile: • Einfacher Netzaufbau • Leicht zu erweitern • Geringer Verkabelungsaufwand	Vorteile: • Leicht zu erweitern • Sehr flexible Struktur • Besonders geeignet für komplexe Netze
Nachteile: • Bei Ausfall des Netzknotens ist kein Datenaustausch möglich. • Hoher Verkabelungsaufwand	Nachteile: • Ausfall eines PC beeinträchtigt das Netzwerk. • Lange Übertragungsdauer bei vielen Teilnehmern	Nachteile: • Leitungsunterbrechung führt zum Ausfall eines oder mehrer PC.	Nachteile: • Kann im Aufbau komplex und unüberschaubar werden • Lokalisierung von Fehlern kann schwierig sein.

Hinweise zur Installation des WLAN

- Access Point und Endgerät sind ideal aufgestellt, wenn zwischen beiden Sichtverbindung besteht. Aus diesem Grunde sollte der Access Point leicht erhöht aufgestellt oder an einer Wand oder der Decke angebracht werden.
- Die Reichweite zwischen Access Point und WLAN-Endgerät ist abhängig vom verwendeten Standard und von den zu durchdringenden Hindernissen wie Wänden, Decken usw.
- Wände in Leichtbauweise mindern die Reichweite, Wände und Decken aus Beton oder Stahl, ebenso Brandschutztüren, schränken die Reichweite ein.
- In Ecken und Nischen können sich Funklöcher bilden.
- Für den Standard IEEE 802.11g gilt grundsätzlich: Mit den Antennen handelsüblicher WLAN-Endgeräte lässt sich auf freier Fläche eine Reichweite bis etwa 140 m erreichen, in geschlossenen Räumen bis 35 m. Mit einer externen Antenne lässt sich im Außenbereich bei Sichtkontakt eine Reichweite bis ca. 300 m überbrücken
- Um die Flächendeckung des WLAN zu erweitern, können mehrere Access Points zusammengeschaltet werden.

WLAN-Standards (Auswahl)			
Standard	802.11a	802.11b	802.11g
Max. Übertragungsrate	54 Mbit/s	11 Mbit/s	54 Mbit/s
Frequenzband	5 GHz	2,4 GHz	2,4 GHz
Reichweite bis	25 m bis 100 m	35 m bis 140 m	35 m bis 140 m

IEEE 802.11g stellt den vorwiegend eingesetzten Standard dar. Er ist mit dem älteren Standard 802.11b kompatibel. IEEE 802.11a darf nur in Gebäuden und mit verringerter Sendeleistung eingesetzt werden, da er ebenfalls für militärische Zwecke und zur Flugsicherung verwendet wird.

Netzwerkkomponenten

Repeater

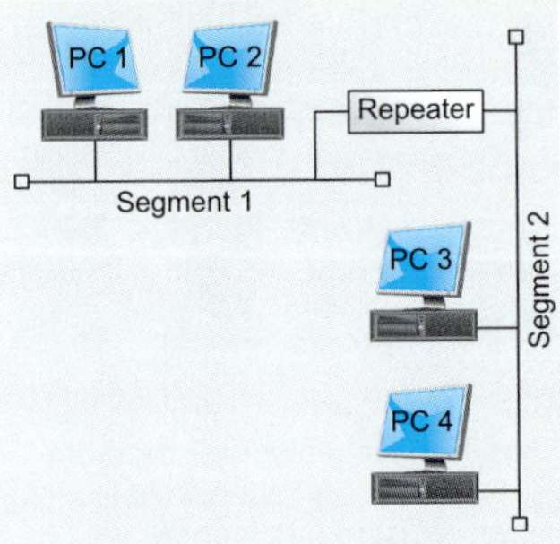

Ein Repeater
- verbindet zwei Netzwerksegmente miteinander,
- verlängert Netzwerksegmente,
- verstärkt Signale auf langen Übertragungsleitungen,
- mit mehreren Ports wird auch als (aktiver) Hub bezeichnet.

Hub

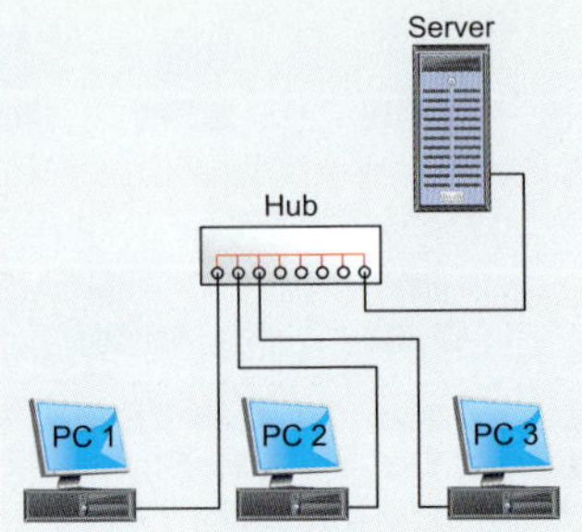

Der Hub
- hat eine reine Verteilfunktion,
- nimmt ein Datenpaket an und sendet es an alle angeschlossenen PC,
- ist einfach und kostengünstig herzustellen.

Switch

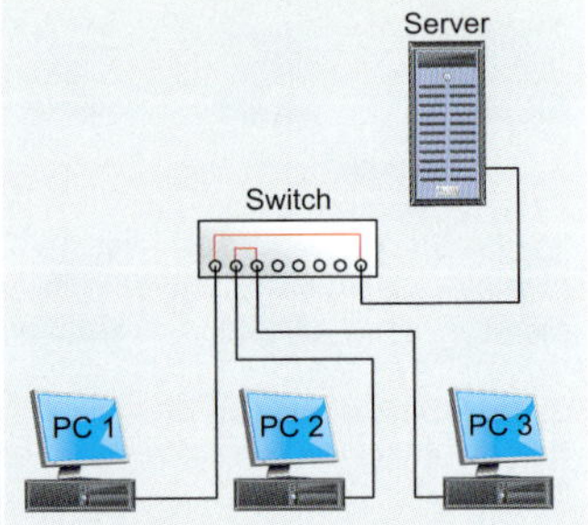

Der Switch
- ist ein „intelligenter“ Hub, der sich „merkt“, welcher PC an welchem Port angeschlossen ist,
- leitet Datenpakete gezielt (anhand der IP-Adresse) an den Empfänger weiter,
- kann gleichzeitig mehrere Datenkanäle schalten.

Bridge

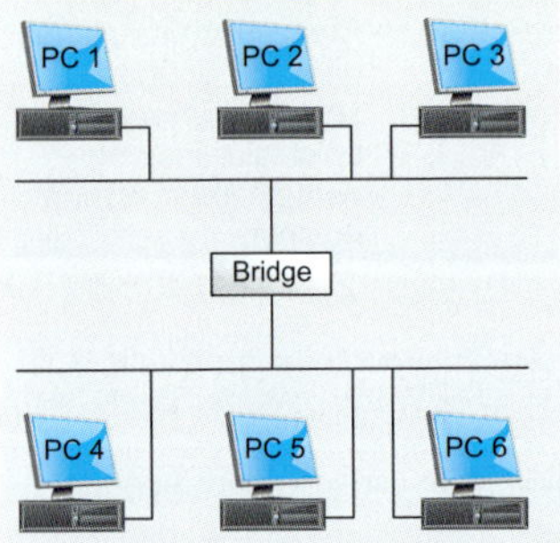

Die Bridge
- verbindet zwei oder mehrere Netzwerke gleichen Typs miteinander,
- entkoppelt zwei Netzwerke, sodass Störungen auf der einen Seite der Bridge sich nicht auf die andere Seite übertragen.

Router

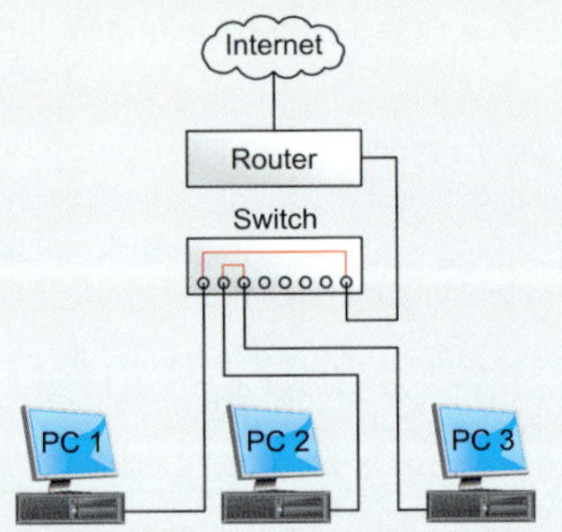

Der Router
- verbindet zwei oder mehrere Netzwerke unterschiedlichen Typs (auch mit unterschiedlichen Protokollen),
- befindet sich häufig an der Grenze eines Netzwerkes, um es mit dem Internet oder einem anderen Netzwerk zu verbinden.

Gateway

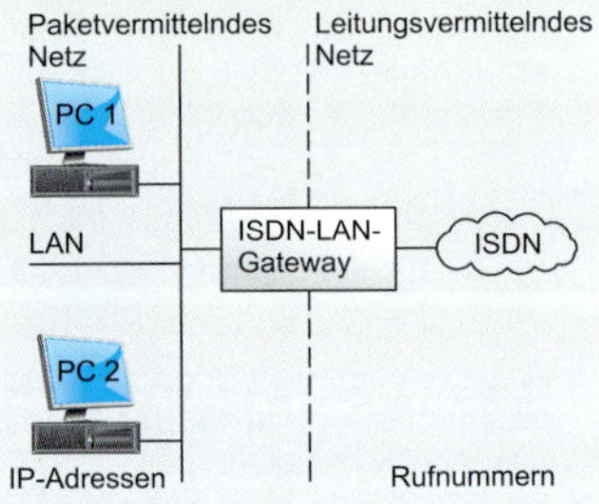

Ein Gateway
- verbindet zwei Netzwerke unterschiedlichen Typs und unterschiedlicher Protokolle,
- verbindet z. B. ein LAN mit dem öffentlichen Telefonnetz (ISDN),
- führt gleichzeitig die Funktionen eines Repeaters, einer Bridge und eines Routers aus.

Server

- Ein Server ist ein Computer, der Rechenleistung, Speicher und Daten bereitstellt und Zugriffsrechte verwaltet.
- In den meisten Fällen handelt es sich um einen sehr leistungsfähigen Computer, der je nach Anwendungsfall mit spezieller Hardware oder Software ausgestattet ist.
- Auf dem Server laufen mehrere Dienste und Anwendungen, die Benutzer über das Netzwerk anfordern und nutzen können.
- In einigen wenigen Fällen wird ein Server für eine einzige Anwendung oder einen Dienst eingerichtet, um die Verfügbarkeit dieses Computers zu erhöhen.

Ethernet

Ethernet ist eine herstellerneutrale Technik für lokale Netze (LAN).

Im Ethernet können Übertragungsgeschwindigkeiten von 10 Mbit/s bis zu 100 Gbit/s realisiert werden.

Ethernet kann in verschiedenen Topologien aufgebaut werden. Meistens erfolgt der Aufbau in Sterntopologie. Das gilt besonders für größere bzw. schnelle Netzwerke. Bei kleineren Netzwerken wird neben der Sterntopologie auch die Bustopologie angewandt.

Strukturierte Verkabelung

Eine strukturierte Verkabelung bildet die Grundlage für eine zukunftsorientierte und anwendungsunabhängige Netzwerkinfrastruktur. Damit können teure Fehlinstallationen und Erweiterungen vermieden und die Installation von neuen Netzwerkkomponenten erleichtert werden.

Beispiel:

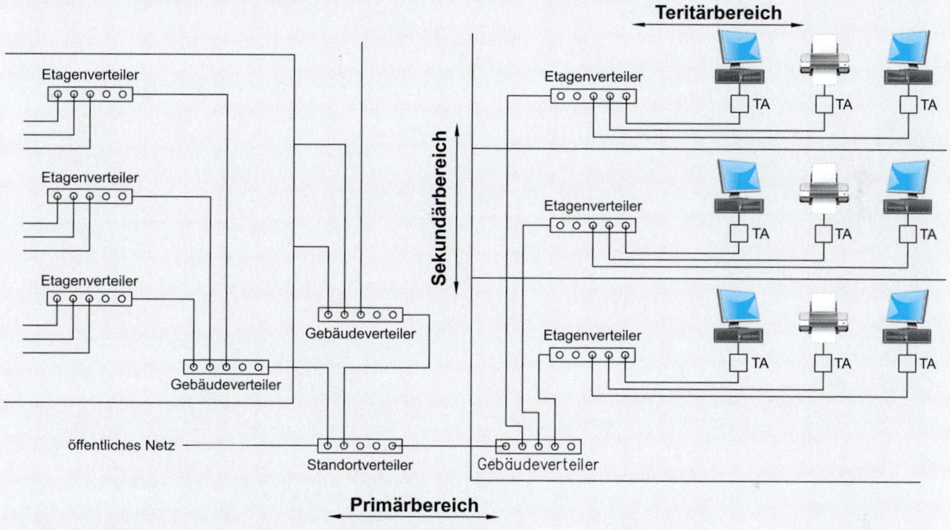

Der **Primärbereich** verbindet alle z. B. zu einer Firma gehörenden Gebäude. Dazu dienen Glasfaserkabel mit einer maximalen Länge von 1 500 m.

Im **Sekundärbereich** werden die Etagen einzelner Gebäude untereinander verbunden. Dazu sind Glasfaserkabel mit einer maximalen Länge von 500 m vorgesehen.

Im **Tertiärbereich** erfolgt die horizontale Verkabelung auf einer Etage. Die Verkabelung erfolgt jeweils vom Etagenverteiler bis zur Anschlussdose (TA) am Arbeitsplatz des Anwenders. Der Standard sieht Twisted-Pair-Kabel vor, deren Länge auf 90 m, zzgl. 10 m Anschlusskabel, begrenzt ist.

Der **Standortverteiler** bildet die Zentralstelle z. B. eines Firmennetzes. Zur Verbindung mit den Gebäudeverteilern dienen Primärkabel.

An den **Gebäudeverteiler** werden über Sekundärkabel die Etagenverteiler in diesem Gebäude angeschlossen.

An den **Etagenverteiler** werden über Tertiärkabel die Anschlussdosen (TA) auf dieser Etage angeschlossen.

DieTelekommunikations**technische Anschlussdose (TA)** dient zum Anschluss eines Computers oder Peripheriegerätes an das Netz. Der Anschluss erfolgt mit einem Arbeitsplatzkabel. Da i. d. R. wesentlich mehr Anschlussdosen installiert werden, als aktive Komponenten an das Netz angeschlossen sind, werden in den Etagenverteilern Patchfelder installiert.

Zusatzmaterial

Soft Skills

Besichtigen:
- Sichtkontrolle der fachgerechten Installation, z. B. Leitungsverlegung, Leiterquerschnitt, Sicherungsautomaten, Klemmstellen, Schutzleiter, Potentialausgleichsleiter

Erproben
- Prüfung der Funktionsfähigkeit der Schaltung sowie der Schutzeinrichtungen

Messen
- Messungen sollen gewährleisten, dass alle Grenzwerte oder Forderungen erfüllt werden. Die gemessenen Werte sind im Messprotokoll zu dokumentieren.

1. Im Falle eines festgestellten Fehlers sind Erprobungen und Messungen zu wiederholen, nachdem der Fehler behoben wurde.

Die Behebung einer Störung kann eine sehr komplexe Aufgabe sein
- *Suchen Sie konzentriert den Fehler.*
- *Lassen Sie sich unter keinen Umständen stören.*
- *Verhindern Sie Gedankenblockaden.*
- *Gehen Sie angefangene Wege zu Ende.*
- *Brechen Sie die Fehlersuche nicht ab, auch wenn sie mit einem erheblichen Zeitaufwand verbunden ist.*
- *Prüfen Sie weiter, auch wenn der vermeintliche Fehler beim Prüfen immer unwahrscheinlicher wird.*
- *Vermeiden Sie ein unsystematisches Probieren*

↓

Standardisierte Abläufe verhindern unsystematisches Herumprobieren

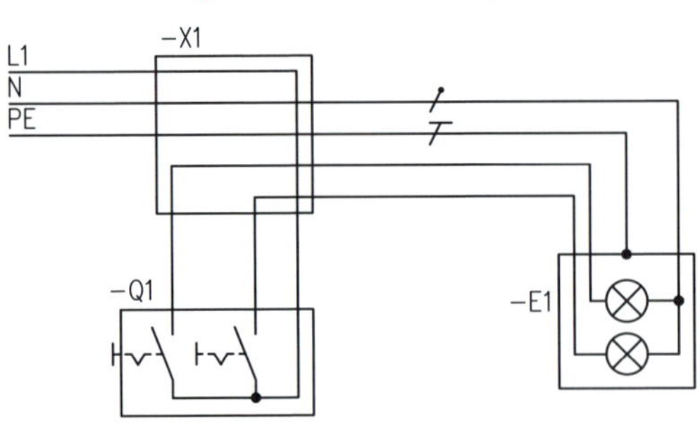

2. Beide Lampen können unabhängig voneinander geschaltet werden.

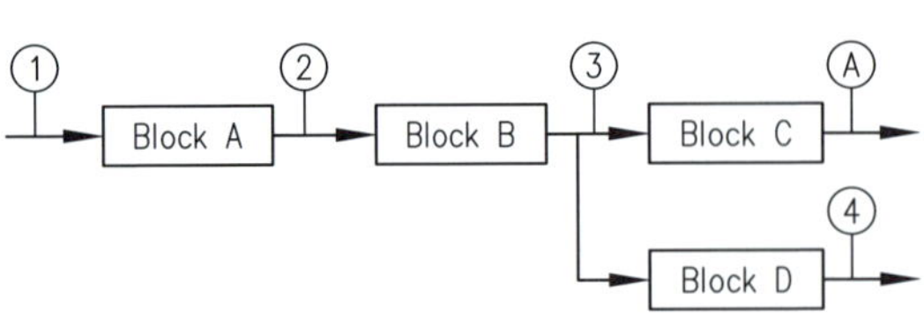

3. Beginnend am Messpunkt 1 werden Spannungswerte und Signale entlang des Signalflusses überprüft.

1 Inbetriebnahme, Fehlersuche und Instandsetzung

Ein Installateur hat den Auftrag, in einem Wohnzimmer die vorhandene Ausschaltung für zwei Lampen in eine Serienschaltung zu ändern.
Der Kunde trägt die Verantwortung für deren sicheren Betrieb, wenn sich die elektrische Anlage im mängelfreien, vollständig dokumentierten Zustand befindet.

Vor der ersten Inbetriebnahme von Anlagen und Geräten muss eine Prüfung durchgeführt werden.

Die Prüfung soll sicherstellen, dass Vollständigkeit und Funktionsfähigkeit gewährleistet sind. Sie soll nach den Schritten **besichtigen – erproben – messen** erfolgen.

Besichtigen ist der wichtigste Teil der Prüfung an elektrischen Anlagen und Betriebsmitteln. Besonders ist festzustellen, ob der Schutz gegen direktes Berühren aktiver Teile vorhanden und die Schutzmaßnahmen bei indirektem Berühren nicht fehlerhaft sind.
Bei der Besichtigung der Installation waren keine äußerlichen Mängel feststellbar.

Bei der **Erprobung** wird festgestellt, dass die Anlage nicht richtig funktioniert:
- Schalter 1 schaltet die Lampe 1 ein und aus
- Schalter 2 kann die Lampe 2 nur dann einschalten, wenn Schalter 1 betätigt ist.

Oft weiß ein Monteur zunächst nicht, wo er mit der Fehlersuche beginnen soll. Beachten Sie die Ratschläge links, was Sie dagegen tun können.

Systematische Fehlersuche

Voraussetzungen dafür sind:
- Ein Grundverständnis über die Funktionsweise der Schaltung ist vorhanden.
- Die Funktionsweise und die Handhabung der Messgeräte sind bekannt.
- Die Schaltung funktioniert grundsätzlich.
- Es gibt eine aussagekräftige Fehlerbeschreibung.

Unterlagen

Unterlagen sind zum Verstehen der Schaltung nötig: z. B. Stromlaufpläne (Bild 2), Schaltbilder oder Blockschaltbilder mit klar ersichtlichen Funktionsblöcken und deren Schnittstellen (Bild 3).

Vorgehensweise

Ein Funktionstest erspart in den meisten Fällen die separate Überprüfung der Versorgung. Folgende Fälle sind denkbar:

Fall 1: Zeigt die Anlage keine Reaktion auf das Bedienen der Bedienungselemente, handelt es sich um einen Fehler in der energetischen Versorgung.

Fall 2: Reagiert die Anlage fehlerhaft, ist die Energieversorgung prinzipiell gegeben.

Vorsicht bei der Fehlersuche

- Besondere Vorsicht ist geboten, wenn Schaltungen unter **Spannung** durchgemessen werden.
- Unbeabsichtigte **Kurzschlüsse** durch die Messspitze vermeiden.
- Der Umbau einer Schaltung darf grundsätzlich nur im **spannungslosen Zustand** durchgeführt werden.

Fehlerdiagnose in der Serienschaltung

Da offensichtlich alle Bauteile und einige Funktionen funktionieren, kann nur ein Schaltungsfehler vorliegen (Bild 1). Eine Überprüfung der Schaltung bestätigt diese Vermutung (Bild 4).

Nachdem der Schaltungsfehler beseitigt ist, funktioniert die Schaltung einwandfrei. Dies wird als **Instandsetzung** bezeichnet. Die **Instandsetzung** umfasst alle Maßnahmen zur Beseitigung von Fehlern oder Schäden in Anlagen, Baugruppen oder Geräten, die die Nutzung beeintrachtigen (können).

Was bedeutet Instandsetzung allgemein?

Die Instandsetzung ist nach Bild 5 ein Teilbereich der **Instandhaltung**.

> ***Instandhaltung ist die Kombination von Maßnahmen zur Erhaltung des funktionsfähigen Zustandes eines technischen Systems.***

Warum Instandhaltung?

Viele Anlagen sind in Aufbau und Technik komplexer geworden. Unternehmen sind gezwungen, Wartungs- und Instandhaltungssysteme einzuführen, um ungewollte Anlagenausfälle zu vermeiden.

Nach Schaubild 6 gibt es unterschiedliche Instandhaltungsmethoden.

Aufgabe

1. Ermitteln Sie jeweils Vor- und Nachteile der reaktiven und der vorbeugenden Instandhaltung.

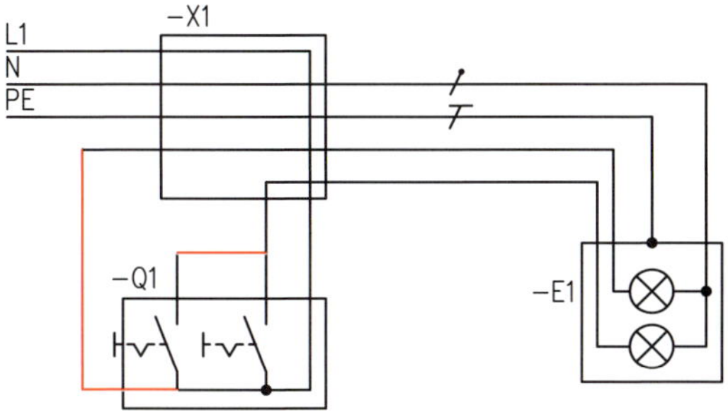

4. Das Vertauschen von einer Eingangs- und Ausgangsklemme führte zu einer Fehlfunktion.

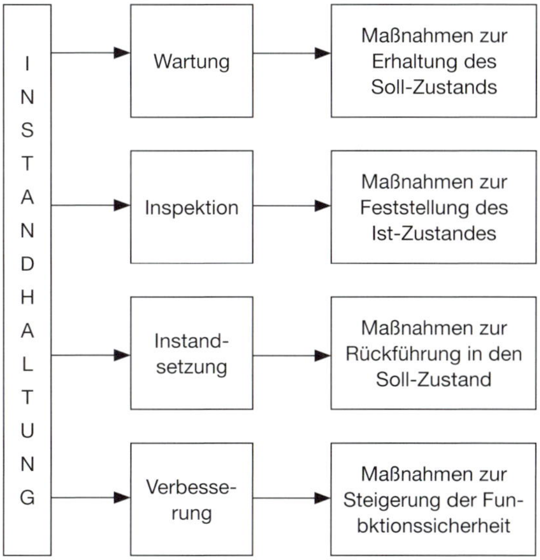

5. Die Instandhaltung soll sicherstellen, dass der funktionsfähige Zustand erhalten bleibt oder bei Ausfall wiederhergestellt wird.

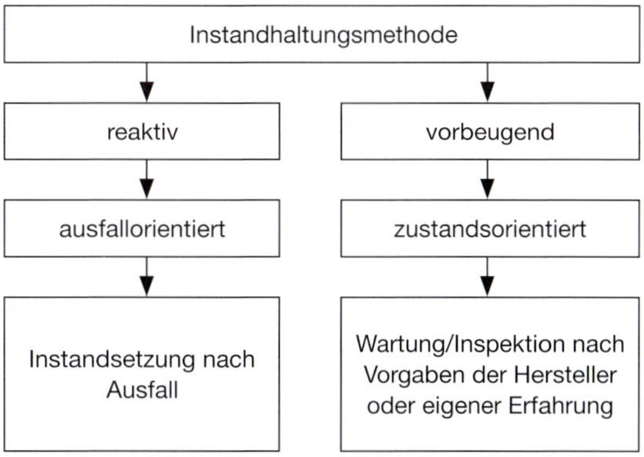

6. Im Wettbewerb um Qualität und Produktivität ist eine vorbeugende sinnvoll.

1. Heutige und zukünftige Anforderungen an die Mitarbeiter in den Betrieben

2. Die Beherrschung und Verinnerlichung dieser vielfältigen Qualifikationen führt zu beruflicher Handlungskompetenz.

Fachlich
- Fachwissen aufbauen
- systematisch arbeiten
- zielgerichtet arbeiten
- Arbeitsschritte festlegen
- Arbeitsverfahren auswählen
- Fachsprsche anwenden
- Pläne lesen
- Normen/Regelwerke beachten
- Ausführungsregeln und -verfahren einbeziehen
- Verbesserungsvorschläge entwickeln
- Arbeitsergebnis kontrollieren

Methodisch
- zielgerichtet arbeiten
- selbstständig planen und durchführen
- komplexe Aufgabenstellungen gliedern
- Alternativen finden
- Lösungsstrategien entwickeln
- Probleme eingrenzen
- Pläne bewerten und korrigieren
- Realisierbarkeit erkennbarer Lösungen abschätzen
- Insormationen beschaffen/ strukturieren

Sozial
- kooperativ arbeiten
- Teamfähigkeit
- Toleranz
- sachlich argumentieren
- Probleme erkennen und zur Lösung beitragen
- Rücksicht nehmen
- sich in gruppendynamische Prozesse integrieren
- arbeitsteilig vorgehen
- Kooperation fördern
- Kritik fair üben
- Informationen austauschen
- eigene Interessen ge-genüber der Aufgabe/dem Arbeitsteam zurückstellen können

Personal
- Zuverlässigkeit
- Verantwortungsbewusstsein
- Sorgfalt/Einsatzfreude
- eigene Stärken und Schwächen erkennen
- Bereitschaft zur Fort- und Weiterbildung
- Bedarfe/Interessen artikulieren
- sich flexibel auf neue Situationen einstellen
- Urteile verantwortungsbewusst bilden
- Ausdauer zeigen
- kreativ sein
- Selbstvertrauen zeigen

3. Neben der fachlichen Kompetenz sind weitere Kompetenzen erforderlich.

2 Berufliche Handlungskompetenz

Arbeit im Wandel

Ein Grund dafür ist, dass mehr und mehr individuelle, auf den Kunden zugeschnittene Produkte nachgefragt werden. Außerdem veralten spezifische Fachkenntnisse heute viel schneller als noch vor 20 Jahren. Arbeitnehmer müssen lebenslang flexibel sein, sich kurzfristig Wissen effizient anzueignen.

Welche Qualifikationen benötigen Facharbeiter?

Nach Bild 1 müssen zukünftige Facharbeiter nicht nur über Kenntnisse und Fertigkeiten verfügen. Sie müssen auch selbständig und eigenverantwortlich handeln, im Team arbeiten und kostenbewusst fertigen, warten oder reparieren.
Facharbeiter sollen
- Zusammenhänge verstehen, auf nicht vorhersehbare Situationen kompetent reagieren, kommunikations- und kooperationsfähig sein.
- Entscheidungen treffen, Kritik üben und in der Lage sein, sich entsprechend wechselnder Anforderungen weiterzubilden und zu spezialisieren.

Ausbildende Betriebe und Berufsschule haben die Aufgabe, Jugendliche eine **berufliche Handlungskompetenz** zu vermitteln.

Was bedeutet Berufliche Handlungskompetenz?

Bekannt ist, dass das beste Wissen nichts nutzt, wenn man es nicht in eine Handlung umsetzen kann. Deshalb müssen angehende Facharbeiter lernen, Wissen kompetent in berufliches Handeln umzusetzen. Je nach arbeitsorganisatorischen Gegebenheiten geschieht dies entweder allein oder im Team.

Berufliche Handlungskompetenz ist die Fähigkeit, zielgerichtet, aufgabengemäß, angemessen und verantwortungsbewusst betriebliche Aufgaben zu erfüllen und Probleme zu lösen.

Das Ziel ist eine an Geschäftsprozessen orientierte Sichtweise der relevanten Aufgaben und Tätigkeiten im Betrieb.

Die in Übersicht 3 aufgeführten Handlungsbereiche entwickeln sich während der Ausbildung zur Fachkompetenz, Methodenkompetenz, Sozialkompetenz und Personalkompetenz, die die berufliche Handlungskompetenz beschreiben.

Modell der vollständigen Handlung

Ziel der Ausbildung ist der Erwerb der beruflichen Handlungskompetenz.
Die Grundlage für diesen Lernprozess ist nach Bild 4 das **Modell der vollständigen Handlung**.

> ***Das Modell der vollständigen Handlung teilt Arbeitsaufträge in sechs Phasen auf.***

Diese Phasen stellen das Vorgehen in der beruflichen Praxis nach. Mit diesem Vorgehen ist das **handlungsorientierte Lernen** verknüpft.

Was ist handlungsorientiertes Lernen?

Das handlungsorientierte Lernen beinhaltet die Elemente der vollständigen Handlung.
Die rechts beschriebenen Phasen sollen möglichst bei allen Problembehandlungen/Arbeitsaufträgen komplett durchlaufen werden.

Wichtig dabei ist, dass neben der Planung eine Reflexion über die Ausführung und das Ergebnis des Auftrags erfolgt.

Für beide Bereiche sind diese Leitfragen hilfreich:

- *Wer ist Kunde?*

- *Was soll als Ergebnis entstehen?*
- *Welche Bedingungen sind vorgegeben?*
- *Was bedeuten die Angaben in der Auftragsbeschreibung?*
- *Gibt es Muss-/Wunschkriterien des Kunden?*

- *Welche Informationen sind schon vorhanden?*
- *Welche Informationen müssen beschafft werden?*

- *Welche inhaltliche Variante ist am besten?*

- *Wo wird die Auftragsdurchführung stattfinden?*
- *Wer ist noch am Auftrag beteiligt?*

- *Wann ist die Übergabe an den Kunden?*
- *Wie soll die Übergabe erfolgen?*

- *Ist der Auftrag fachgerecht gefertigt?*
- *Ist das Ziel erreicht worden?*

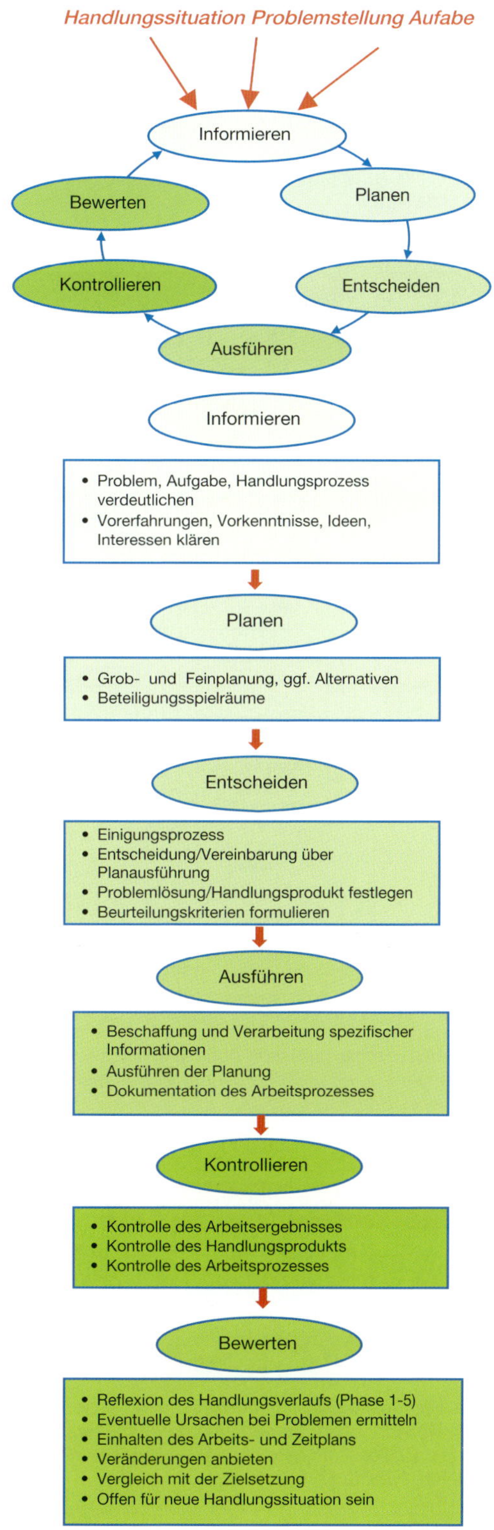

4. Elemente einer vollständigen Handlung

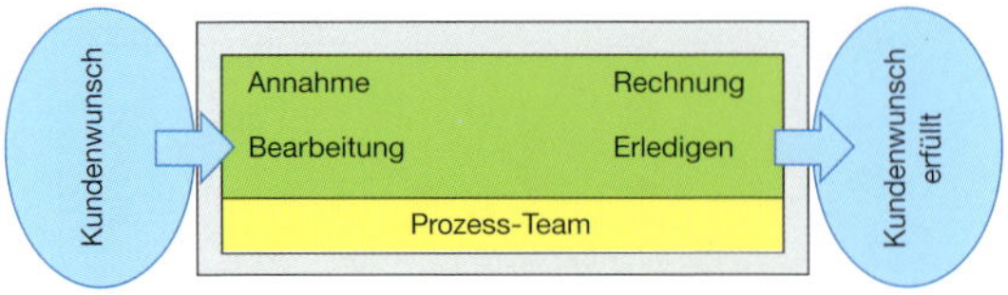

1. *Ein Geschäft ist eine wirtschaftliche Tätigkeit, die Gewinn erzielen will.*

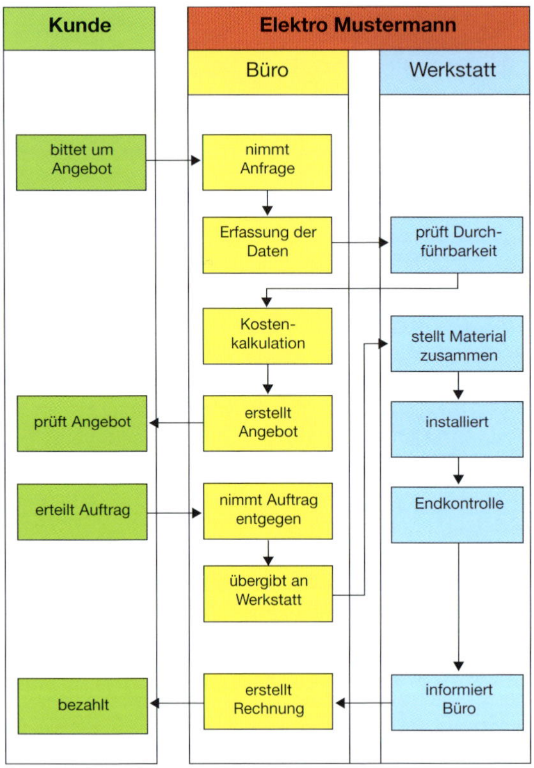

2. *Geschäftsprozesse gehen oft über Abteilungs- und Betriebsgrenzen hinweg und gehören zur Ablauforganisation eines Betriebs.*

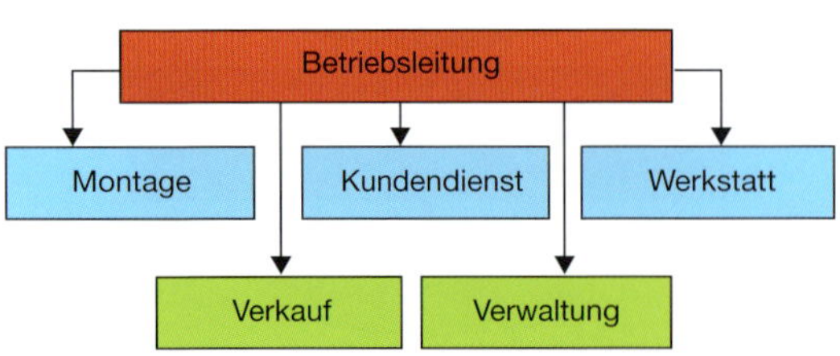

3. *Mitarbeiter und Außenstehende erkennen die hierarchischen Verhältnisse im Betrieb, und die Aufgabengliederung in z. B. Geschäftsbereiche, Abteilungen und Stellen sowie ihre Funktion.*

3 Geschäftsprozesse und Kundenorientierung

Was ist ein Geschäftsprozess?

Ein **Geschäftsprozess** besteht aus logisch verknüpften **Aufgaben** und **Aktivitäten**, die ausgeführt werden, um ein geschäftliches oder betriebliches Ziel zu erreichen.

> *Ein Geschäftsprozess hat einen definierten Anfang und ein definiertes Ende. Er benötigt erforderliche **Eingaben** und produziert **Ergebnisse**.*

Entsprechend Bild 1 können Eingaben Kundenwünsche und die produzierten Ergebnisse die Befriedigung der Kundenwünsche sein, z. B. die Installation eines Raumes oder ein Reklamationsprozess.

Wozu werden Geschäftsprozesse benötigt?

Wahrgenommene Geschäftsprozesse bieten die Möglichkeit, in Prozesse einzugreifen durch:

- Analyse, Optimierung, Umgestaltung und
- eine Reaktion auf neue Rahmenbedingungen (z. B. Änderungen von DIN-Normen).
- bessere Ausschöpfung der Ressourcen.

Im Bild 2 ist als Beispiel ein Geschäftsprozess für eine Kundenanfrage vereinfacht dargestellt.

Die Transparenz des Geschäftsprozesses ist auch für Mitarbeiterinnen und Mitarbeiter außerordentlich wichtig: Sie wissen verlässlich, wann und wie sie entscheiden müssen, um betriebliches Handeln zu beschleunigen und die Kundenzufriedenheit zu erreichen.

Aufbau- und Ablauforganisation

Bild 3 zeigt beispielhaft eine **Aufbauorganisation**.

Sie ist der organisatorische Rahmen des Betriebs. Dadurch wird festgelegt, welche Aufgaben durch welche Mitarbeiter erledigt werden und wer wem Anweisungen geben darf.

Aus der Aufbauorganisation ergibt sich die **Ablauforganisation**.

> ***Die Ablauforganisation beschreibt das zeitliche und örtliche Hinter- und Nebeneinander der auszuführenden Arbeiten zur Erreichung des bestimmten Arbeitsergebnisses.***

Betriebliche Kommunikation

Der Erfolg eines Unternehmens oder Betriebs hängt auch von einer reibungslosen Kommunikation ab.

Kommunikation ist der Prozess, mit dem Nachrichten oder Informationen von einem Sender zu einem oder mehreren Empfängern übermittelt werden.

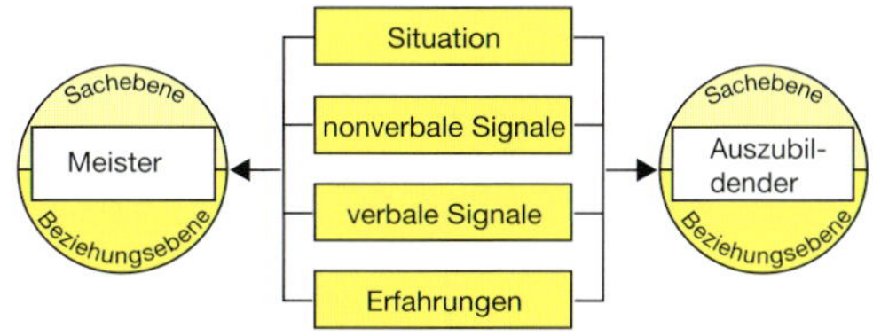

4. Was sagt der Meister wie zum Auszubildenden mit welchem Erfolg?

Kommunikationsmodell

Das Grundprinzip der Kommunikation ist nach Bild 4 einfach: Zwischen einem Sender und einem Empfänger werden Informationen ausgetauscht.
Nach Bild 5 gibt es zwei grundlegenden Ebenen:

- die **verbale** Ebene – durch die hörbar gesprochene Sprache,
- die **nonverbale** Ebene – durch sichtbare Sprache (Körper, Zeichen, Symbole).

Eine Kommunikation kann nur dann funktionieren, wenn **grundlegende Aspekte** beachtet werden:

- Keine Botschaft ohne Reaktion
- Kommunikation ist immer ein Dialog
- Gesagt heißt nicht automatisch verstanden
- Missverständnisse gehen zu Lasten des Senders

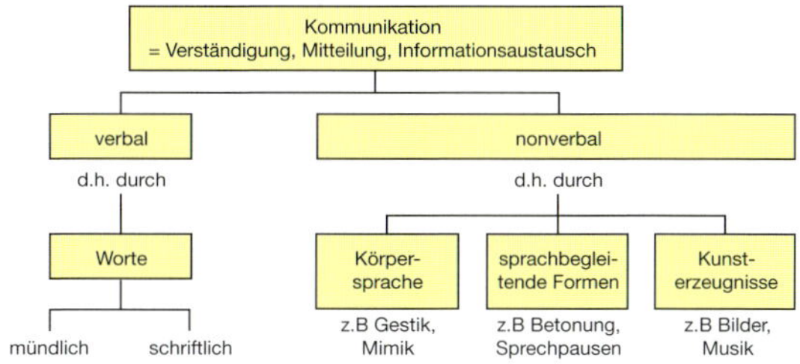

5. Wenn es um Verständigung geht, ist auch die nonverbale Mitteilungsform wichtig.

Durch unterschiedliche Absichten und Erfahrungen von Sender und Empfänger kann es zu Kommunikationsstörungen kommen.

Kommunikationsstörungen

Werden Informationen verbal oder nonverbal ausgetauscht können Kommunikationsstörungen auftreten (Tabelle 6).
Zusätzlich können Störungen auch durch eine zu große Sprachdistanz oder zu laute Umgebungsgeräusche verursacht werden.

Sender	Empfänger
• benutzt Fachsprache (Fachchinesisch) • gibt zu viele Informationen auf einmal • überfordert den Empfänger • schweift vom Thema ab	• hört nicht zu • hat kein Interesse • hat immer Zweifel • glaubt sowieso nichts • ist unkonzentriert • weiß sowieso alles besser
die beteiligten Personen	**Beziehung zwischen Sender und Empfänger**
• haben Vorurteile • haben unterschiedliche Vorkenntnisse • haben unterschiedliche Erfahrungen • unterstellen eigene Normen und Regeln	• es bestehen keine guten Beziehungen • es ist kein Vertrauen vorhanden • es wird nicht die Wahrheit gesagt • der Ton macht die Musik.

6. Schulungen der Mitarbeiter und der Führungskräfte führen zu einer reibungsloseren Kommunikation.

Horizontale und vertikale Kommunikation

Entsprechend Bild 7 wird die betriebliche Kommunikation wird in eine **vertikale** und eine **horizontale** Komponente unterteilt:
Vertikale Kommunikation: Verständigung der Führungskräfte mit ihren Mitarbeitern.
Horizontale Kommunikation: Verständigung jeweils auf einer Unternehmensebene, z. B. innerhalb einer Arbeitsgruppe in der Werkstatt.

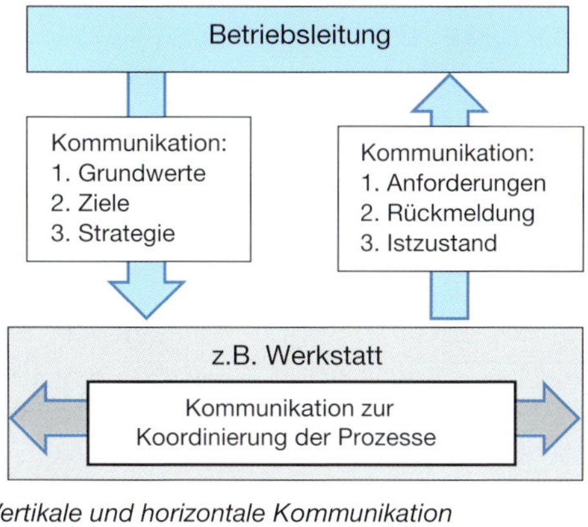

7. Vertikale und horizontale Kommunikation

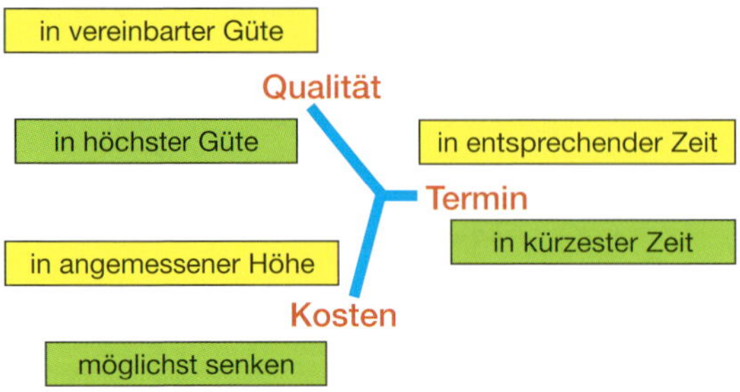

1. Gelb: Sichtweise des Betriebs; Grün: Sichtweise des Kunden

Zielklarheit
- konkrete Aufgaben des Teams klären
- Ziele der internen Zusammenarbeit definieren
- Erfolg der Teamarbeit beschreiben

Verantwortlichkeiten
- Verantwortlichkeiten festlegen: Wer- Was?
- Befugnisse klären: Wer – Was – Wie?
- Wer trifft Entscheidungen?

Arbeitsabläufe
- Konkretisieren der Arbeitsschritte: Was — Wer — Zeitrahmen?
- Informations-/Besprechungsstruktur festlegen: Was — Wann — Mit wem?
- Leistungen der Kunden/Lieferanten definieren: Was — in welcher Qualität?
- Qualitätskontrollen durchführen: Wann – Wie?

Zusammenarbeit

Spielregeln vereinbaren
Feedback-Prozesse installieren

2. Arbeitsebenen eines Teams

Aufträge sind diffus/bleiben liegen
Aufträge werden nicht in der geplanten Zeit bearbeitet.
Kunden-Reklamationen (intern/extern)
Hoher Bedarf, sich abzustimmen
Es werden keine Entscheidungen getroffen.
Wichtige Dinge werden nicht besprochen.
Arbeitsabläufe werden nicht gemeinsam geplant.
Meeting-Zeiten werden nicht eingehalten.
Man redet aneinander vorbei – kein Verantwortlichen/kein Endtermin.
Wichtige Dinge werden nicht besprochen.
Beschlossene Spielregeln werden nicht eingehalten.
Man hört nicht gut zu/lässt andere nicht ausreden.
Meinung der anderen interessiert nicht

3. Checkliste zur Entwicklung der zukünftigen Arbeitsorganisationen im Team

4 Teamarbeit und Arbeitsorganisation

Eine große Herausforderung für Betriebe ist, Mitarbeiter umfassend für Veränderungen zu qualifizieren und in Optimierungsprozesse einzubinden.
Im Dreieck von **Qualität – Termin – Kosten** (Bild 1) kann die **Arbeit im Team** Kundenprozesse optimieren und Arbeitsprozesse effektiver gestalten.

> *Arbeit im Team bedeutet,* ***eine gemeinsame Aufgabe*** *zu übernehmen, die Arbeitsabläufe* ***selbst zu kontrollieren*** *und gemeinsam für das Resultat verantwortlich zu sein.*

Teamentwicklung – aber wie?

Einigen sich Mitarbeiter mit der Geschäftsführung auf Bereiche wie **Zielklarheit – Verantwortlichkeiten – Arbeitsabläufe – Zusammenarbeit**, kann in kurzer Zeit eine Teambildung stattfinden.
Folgende Fragen muss die Gruppe zunächst gemeinsam beantworteten:

Zielklarheit	Verantwortlichkeiten
Auftraggeber (Wer? Ziele?) Aufgaben (welchen Nutzen schafft das Team?) Zusammenarbeit (Teamziele) Wann sind wir erfolgreich?	Wer ist für was verantwortlich? Wer liefert welchen Teilbeitrag? Wie werden Entscheidungen getroffen?
Arbeitsabläufe	**Zusammenarbeit**
Wie werden Aufgaben konkret abgearbeitet? Was muss wann mit wem besprochen werden? Wie kontrollieren wir Qualität?	Welchen Umgangsstil pflegen wir? Wie sehen unsere Feedback-Prozesse aus?

Wichtig ist, dass die in Bild 2 beschriebene Überprüfung und Durchführung der 4 Ebenen des Arbeitsablaufs vom Team immer wieder durchlaufen werden. Dabei kann die Arbeitsorganisation stetig optimiert werden.

Welche Vorteile hat Teamarbeit?

Menschen, die im Team arbeiten:
- planen besser, lösen Probleme gemeinsam.
- tragen gemeinsam die Verantwortung.
- lernen ständig durch Reflexion.
- fördern die Verantwortungsbereitschaft des Einzelnen für seine Handlungsweise.
- Verständnis für Andere wird größer.

Arbeitsorganisation

Tätigkeiten, die mit dem Abwickeln von Aufgaben oder Aufträgen erforderlich sind, werden unter dem Begriff **Projektmanagement** zusammengefasst.

> ***Projektmanagement umfasst die Planung, Organisation, Durchführung, Steuerung, Kontrolle und Dokumentation eines Projektes.***

Durch Projektmanagement werden Projekte systematisch zerlegt, abgewickelt und bewertet.

Bild 4 zeigt ein allgemeines Phasenmodell.
Der Ablauf ergibt sich aus Vorgaben des **Lastenheftes** und des zu erstellenden **Pflichtenheftes**.

Lasten- und Pflichtenheft

Der Kunde erstellt das Lastenheft. Es beschreibt als Grobkonzept die Anforderungen, Erwartungen und Wünsche des Auftraggebers (**Was** und **wofür**?).

> ***Das Lastenheft enthält die Gesamtheit der Forderungen an die Lieferungen und Leistungen eines Auftragnehmers.***

Damit ist das Lastenheft ein schriftlicher Anforderungskatalog, des Kunden mit Eckdaten der durchzuführenden Aufgabe.

Das Pflichtenheft enthält eine Zusammenfassung aller fachlichen Anforderungen.

> ***Das Pflichtenheft beschreibt die Realisierung aller Anforderungen des Lastenheftes.***

Damit sind die Inhalte des Pflichtenheftes im Gegensatz zum Lastenheft präzise, vollständig und prüfbar.

- Die notwendigen Anforderungen müssen in ausreichender Detaillierung und ausreichendem
- Präzisierungsgrad beschrieben werden.
- Der Funktions-, Daten- und Leistungsumfang muss aus der Sicht des Kunden verständlich und vollständig beschrieben sein.

Eine Zusammenfassung wesentlicher Aufgaben des Pflichtenheftes zeigt Text 5.

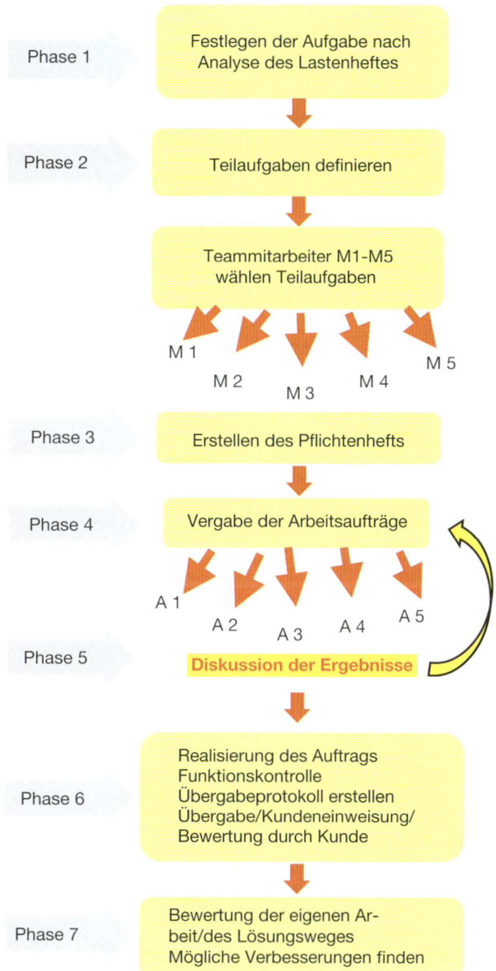

4. Phasenmodell zur Arbeitsorganisation in einem Team

- *Fachlicher Funktions-, Daten-, Leistungs- und Qualitätsumfang des Produktes*
- *Verknüpfung technischer Festlegungen, die die Betriebs- und Wartungsumgebung festlegen*
- *Pflichtenheft ist verbindlich, d. h., es dient als Basis eines juristischen Vertrags und stellt somit die vertragliche Beschreibung des Lieferumfangs dar.*
- *Pflichtenheft ist Grundlage der Produktabnahme*
- *Beschriebene Anforderungen müssen realisierbar sein.*
- *Darf keine vorweggenommenen Einschränkungen oder Entscheidungen der Entwurfs- und Implementierungsphase enthalten.*

5. Das Pflichtenheft ist die vertraglich bindende, detaillierte Beschreibung einer zu erfüllenden Leistung.

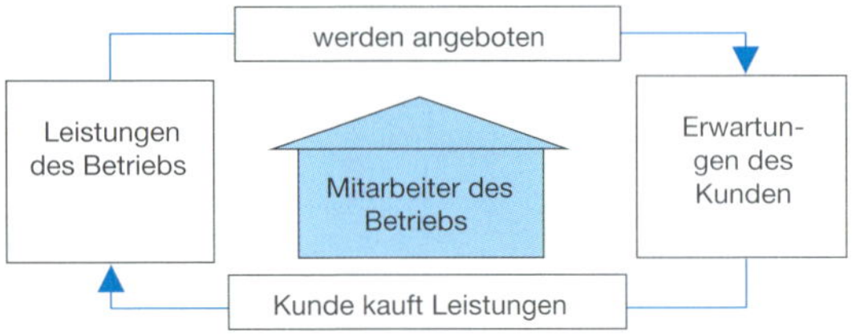

1. Betriebe, deren Mitarbeiter kundenorientierte Leistungen anbieten, sind erfolgreich.

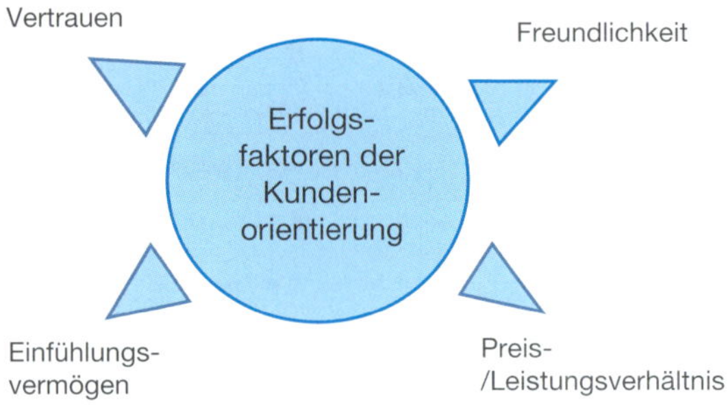

2. Diese Faktoren ermöglichen eine Kundenbindung und zukünftige Aufträge.

Je nach Verhalten der Mitarbeiter kann ein negativer oder positiver Eindruck beim Kunden entstehen:

Positive Grundeinstellung zum Kunden

- *Bildungsstand und Sozialstatus berücksichtigen*
- *Fachkenntnisse bei der Gesprächsführung erkennen*
- *Stimmung des Kunden einschätzen*
- *Den Kunden akzeptieren wie er ist*

Verhaltensregeln und Strategien im Gespräch

Rhetorik:

- *Klare Aussprache (nicht nuscheln)*
- *Richtige Sprechgeschwindigkeit*
- *Hervorheben wichtiger Satzteilen*

Gesprächsführung:

- *Unklare Kundenfragen höflich klären*
- *Falsche Kundenargumente infrage stellen*
- *Kundenmeinungen durch Aufzeigen der möglichen Wirkungen oder Folgen korrigieren*

Satzbildung:

- *Kurze, vollständige Sätze bilden*

Aussprache:

- *Deutlich und verständlich sprechen*
- *Nicht zu leise, aber auch nicht zu laut*

Wortschatz:

- *Wenige Fachausdrücke, keine Wiederholungen*
- *Nur Begriffe verwenden, die der Kunde versteht*
- *Abwechslungsreiche Wortwahl*

5 Umgang mit Kunden

Das wichtigste Ziel eines Betriebs besteht darin, Gewinne zu erwirtschaften.

Betriebe stellen Leistungen bereit, die den Wünschen und Erwartungen der Kunden entsprechen.

Die Ausrichtung der unternehmerischen Aktivität an den individuellen Wünschen der Kunden wird als „Kundenorientierung" bezeichnet.

Was bedeutet Kundenorientierung?

Die Kundenorientierung bezieht sich entsprechend Bild 1 auf Leistungen und Verhaltensweisen der Mitarbeiter im Umgang mit Kunden.
Wichtige Faktoren zur Kundenorientierung sind in Bild 2 dargestellt. Der persönliche Kontakt, höfliches Auftreten, sauberes Arbeiten in Verbindung mit hoher Qualität sind die Grundlagen für eine hohe Kundenzufriedenheit.

Was beeinflusst die Qualität der Kundenbeziehung?

Die Qualität drückt sich im Wesentlichen aus durch:

Wissen	Jeder, der anfragt, ist Ihr Kunde. Er ist das Zentrum aller Bemühungen.
Vorbereitung	Nichts dem Zufall überlassen. Sinnvolle Alternativen im Vorfeld überlegen.
Aufrichtigkeit	Ehrliche Beratung: Niemals etwas versprechen, was man nicht halten kann.
Vertrauen	Niemals behaupten, etwas zu können, wenn die Qualifikation der Mitarbeiter nicht vorhanden ist.
Höflichkeit	Kunden fühlen sich nur dann wohl, wenn sie 100 % Aufmerksamkeit für sich oder ihr Anliegen erhalten.
Qualität	Jeder Kunde kann erstklassigen Service erwarten.
Profilierung	Nur die eigene Leistung zählt.
Verantwortung	Niemals schlecht über Mitarbeiter, Vorgesetzte oder Partner reden. Für gemachte Fehler entschuldigen.
Verhandeln	Es wird nicht die Zeit bezahlt, in der gearbeitet wird, sondern die Leistung.
Ergebnis	Kundenbeziehung, die von Aufrichtigkeit, Partnerschaftlichkeit und Vertrauen geprägt ist.

Wie bekommt man zufriedene Kunden?

Der Text links verdeutlicht, wie sich der Mitarbeiter auf den Kunden einstellen kann und welche Verhaltensregeln er einhalten sollte.

Richtiger Umgang mit unzufriedenen Kunden

Sie als Mitarbeiter oder ihr Vorgesetzter müssen sich mit dem Kunden auseinandersetzen, das Problem klären und gegebenenfalls nacharbeiten. Dennoch sollten Beschwerden von Kunden ernstgenommen und als Chance betrachtet werden!

Mitarbeiter seine Erwartungen nicht erfüllt haben.

> ***Mit einer Beschwerde bringt der Kunde seine Unzufriedenheit über die vereinbarten Leistungen zum Ausdruck.***

Der Kunde drückt seine Unzufriedenheit nach Bild 3 oft indirekt aus.

Kundenreklamationen als Chance

Jede vom Kunden geäußerte Beschwerde oder Reklamation bietet eine Vielzahl von Chancen. Reagieren Mitarbeiter richtig, dann:

- erhält der Betrieb mehr Informationen über die Erwartungen der Kunden an die Produkte und Dienstleistungen.
- bleibt der Reklamierende weiter als Kunde erhalten.

Es ist die Aufgabe des Mitarbeiters, die Reklamationsbearbeitung sachbezogen zu führen, um einen Konflikt zu vermeiden.
Sinnvoll ist es, den Gesprächsablauf so zu strukturieren, dass er entsprechend Bild 4 vier Phasen umfasst.

Wie können Fehler vermieden werden?

Jede kritische Rückmeldung zu mangelhaftem Service, fehlerhaften Arbeiten oder Produkten sind Informationsquellen, die sonst nicht zur Verfügung stehen. Sie sind ein Bild, wie das Angebot eines Betriebs nach außen wirkt.

Bei der Anwendung eines sogenannten **Beschwerdemanagements** (Bild 5) geht es darum, die Gründe für die Unzufriedenheit von Kunden zu erfahren und vorhandenen Ärger professionell aus der Welt zu schaffen.

3. Durch Beschwerden können unangenehme Konfliktsituationen entstehen.

Verständnis bekunden und entschuldigen

- Kunden in Ruhe ausreden und den Grund seiner Reklamation vortragen lassen
- Verständnis für sein Problem durch Körpersprache und Blickkontakt signalisieren
- Entschuldigen: „Wir verstehen Ihren Ärger ... und es tut uns sehr leid"

⇓

Gründe für die Reklamation suchen

- Gründe für die Beschwerde durch gezielte Nachfragen finden (Wann, Warum, Wo, ...)
- Deutlich machen, dass durch Fragen die Problemlösungen gefunden werden sollen.
- Schilderung des Kunden aufgreifen, um zu erläutern, warum was passiert ist

⇓

Lösung finden

- Vorschläge des Kunden aufgreifen
- mögliche Lösungsansätze und Grenze zu unmöglichen Wünschen
- Überzogene Forderungen in einem sachlichen Ton zurückweisen

⇓

Kompromiss formulieren

- Lösungsvorschlag eindeutig formulieren
- Freude über die gemeinsame Lösung dem Kunden mitteilen
- Bedanken für die ehrliche Rückmeldung und dass Reklamationen wichtig für die gute Kundenbeziehungen sind

4. Das Ziel ist eine einvernehmliche Lösung des Problems und den Kunden nicht zu verlieren.

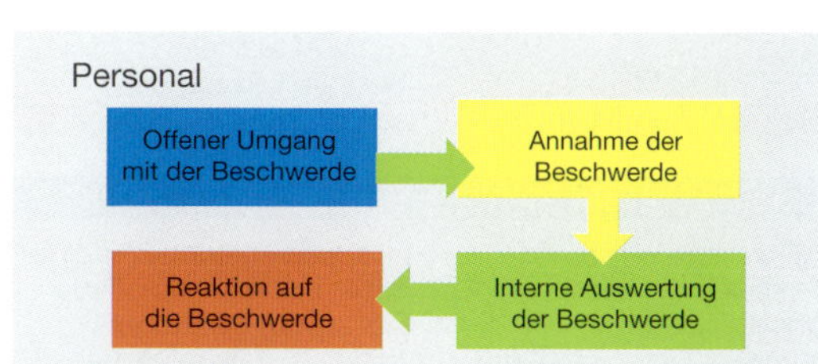

5. Personal und Organisation als Rahmenfaktoren des Beschwerdemanagements

Qualifizierte Facharbeiter übernehmen Verantwortung im betrieblichen Gesamtprozess	
Geschäftsprozesse (betrieblicher Wertschöpfungsprozess)	Bewusster Umgang mit Material, Maschinen und Werkzeug, Schwachstellen erkennen
Qualitätsprozesse	Verantworten die eigene Produkt- oder Dienstleistungsqualität
Operative Prozesse	Schnelle und flexible Anpassung an veränderte Arbeitsbedingungen
Technische Prozesssicherung	Verständnis technischer Zusammenhänge und Problemlösungskompetenz
Informationsprozesse	Selbstständige Informationsbeschaffung, -verarbeitung und -weitergabe
Umweltmanagement und Arbeitssicherheit	Entwickeln Sicherheitsstrategien und vermeiden Umweltbelastungen

1. Informationen sind in unterschiedlichen Informationsquellen in großem Umfang vorhanden

Interne Datenquellen	Vorteile
Außen- und Kundendienst Geschäfts-/ Vertriebsleitung Erfahrene Mitarbeiter Einkauf, Produktion usw.	Exklusive Daten Hohe Qualität der Daten Hohe Aktualität Bessere Lösung bei spezifischen Problemen

Externe Datenquellen	Vorteile
Mitarbeiter von Konkurrenzunternehmen Handelspartner Kunden, Lieferanten etc Internet, Bücher, CD-ROM, DVD	Schnelle/kostengünstige Informationsbeschaffung Datenpool vorhanden Schneller Überblick bei der Recherche

6 Informationsbeschaffung und -aufbereitung

Nach der Tabelle links sind Mitarbeiter im Gesamtprozess betrieblicher Arbeit in abwechselnden Teilprozessen eingebettet. Dazu gehören zunehmend **Informationsprozesse**.

Die Informationsbeschaffung umfasst zwei Phasen:

- die Suche nach **Informationsquellen**, wenn sie nicht direkt zur Verfügung stehen
- die **Informationsgewinnung**, also die Erschließung der Informationsquellen

Welche Informationsquellen gibt es?

Zur Informationsbeschaffung lassen sich die in Bild 1 aufgelisteten Informationsquellen nutzen.

Bei betrieblichen Arbeitsaufträgen ist ein großer Teil der erforderlichen Informationen meistens im Unternehmen vorhanden und bekannt. Es sind **interne Quellen**, die viele Vorteile haben (s. Tabelle).

Mehr Wissen erfordert dann eine gezielte Recherche in den anderen Informationsquellen.

Nachfolgend sind Eigenschaften von traditionellen **externen Quellen** aufgelistet.

Bücher, Fachzeitschriften usw.
- *wichtige Informationsquellen über ein begrenztes Gebiet*
- *fachlogisch gegliedert*
- *Hinweise auf Themenbereiche*
- *Hinweise durch Literaturangaben/Quellenverzeichnisse auf weitere Informationsquellen*

Nachschlagewerke (Lexikon, Handbuch, Tabellenbuch, Betriebs-/Bedienungsanleitung)
- *zum Nachschlagen bestimmter Themen*
- *Gliederung nach Fachgebieten oder alphabetisch*
- *Stichwortverzeichnis hilft dabei, Informationen schnell zu finden*

CD-ROM, DVD
- *Für Informationen, die sich kaum ändern*
- *Text-, Bild-, Video- und Tonquellen*
- *Datenquelle wird mit einer Suchmaschine gefunden*
- *aktive und/oder interaktive Datennutzung*

Als Vorteile gedruckter Werke (Bücher/Zeitschriften/Nachschlagewerke) sind zu nennen:

- Qualitätsprüfung durch Lektoren, Wissenschaftler
- langfristige Auffindbarkeit, z. B. in Bibliothek
- Autor bzw. Herausgeber werden stets angegeben
- Aktualität durch Erscheinungsjahr erkennbar

Internetrecherche

Die Internetrecherche ist meist erfolgreich, da fast jede Anfrage auch Ergebnisse liefert.
Einfach ist auch die Weiterverarbeitung: Quellen können unter Beachtung des Urheberschutzes lokal auf dem eigenen PC abgespeichert und vervielfältigt werden. Rechts sehen Sie mögliche Suchstrategien.

Gibt es Nachteile bei der Internetrecherche?

Da keine Qualitätskontrolle stattfindet, müssen Aktualität und Qualität der Informationen hinterfragt werden.

Von der Information zur Kompetenz

Durch Interpretation und Verknüpfung mit vorhandenem Wissen erhält eine Information einen Sinn. Dies ist nach Bild 2 Voraussetzung für eine Kompetenzentwicklung.
Die Arbeitsphasen zur Informationsermittlung beschreibt eine „Gedankenkarte" (**Mind Map**) in Bild 3. Im Folgenden ist eine mögliche Lernstrategie beschrieben, die die Auswertung erleichtert:

Motivation
- *Lernbereitschaft und Lernatmosphäre herstellen*
- *Passende Umgebung zum Lernen wählen*
- *Richtige Einstellung entwickeln*

Verständnis
- *Lesen auf Textverstehen ausrichten*
- *Unwichtiges von Wichtigem unterscheiden*
- *Inhalte durch Zeichen (etwa „!" oder „?") bewerten*
- *Unterstreichen, was nicht verstanden wird*
- *Konzentration immer nur auf eine Fragestellung*

Rekonstruktion
- *Formulierung des Gelernten mit eigenen Worten*
- *Vorstellungen oder Veranschaulichung erzeugen*

Verarbeitung
- *Informationen in eigenes Wissen einordnen*
- *Falls erforderlich: umstrukturieren oder korrigieren*
- *Bei Problemen die Information überarbeiten*
- *Ggf. andere Informationsquellen nutzen*

Erweiterung
- *Ist das Erlernte anwendbar?*
- *Wie muss die Information gestaltet werden, damit sie auch für andere interessant und verständlich ist?*

Beurteilung
- *Lernzuwachs bewerten, Schwierigkeiten erkennen*
- *Lernzuwachs ggf. überarbeiten*
- *Anwendung von Strategien auch in Zukunft*

Informationssuche im Internet

Suchmaschinen verfügen durch den Zugriff auf viele Websites (nicht alle!) über große Datenbanken.

Homepages
- Direkt, einfach und effizient brauchbare Daten
- Kenntnis geeigneter Webadressen, genaues Vorwissen zur Sache für Suchbegriffe

Thematische Webkataloge
- Mit Suchbegriffen vorgehen
- Hierarchische Wissensgebieten
- Suchergebnisse mit logischen Operatoren wie z. B. UND sowie ODER verkleinern/vergrößern
- Bei zeitunabhängigen Informationen bietet sich der Gebrauch der Webkataloge an. Sind Fachbegriffe enthalten, gelangt man sicher ans Ziel.

Suchmaschinen
- Inhalte nach Stich- bzw. Schlagwörtern
- Geeignet für die einfache/erweiterte Suche nach spezifischen Informationen/aktuellen Themen
- Kombination von Webkatalog und Suchmaschine (bei „Google" oder „Yahoo" automatisch)

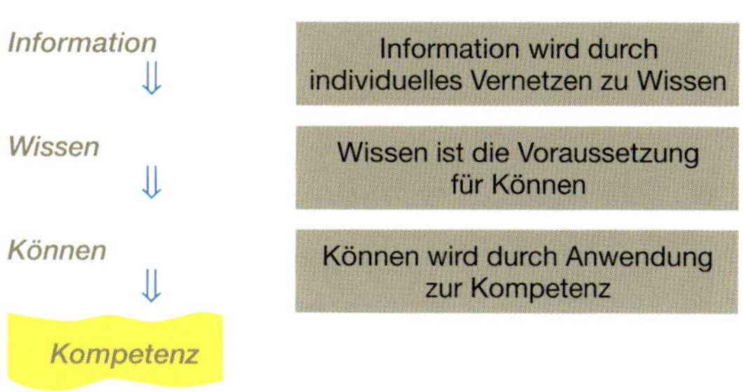

2. Eine Information ist nur dann wertvoll, wenn sie zum richtigen Zeitpunkt verfügbar und bewertbar ist

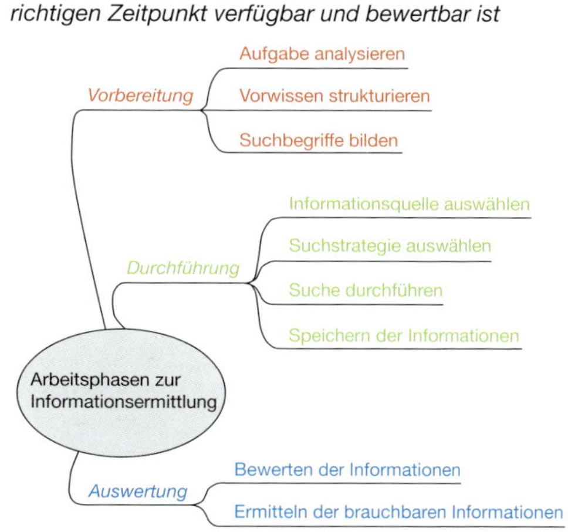

3. Mind Maps eignen sich z. B. zur visuellen Darstellung eines Themengebiets.

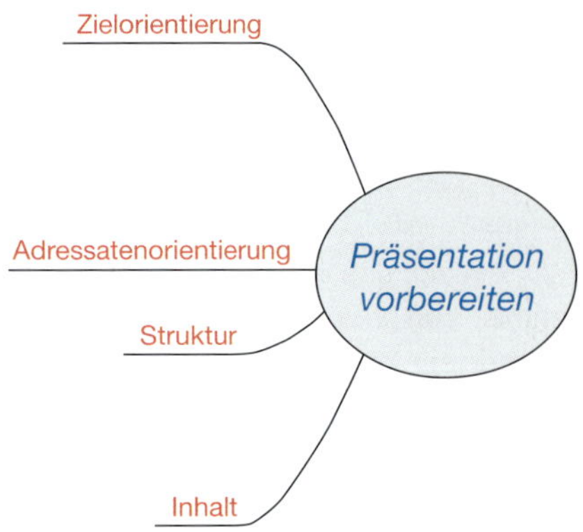

1. Auf einen Ast wird nur jeweils ein einziges Schlüsselwort geschrieben.

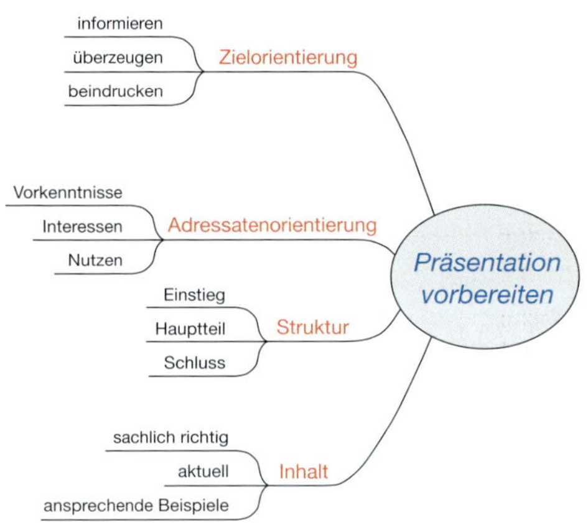

2. Die Äste müssen miteinander verbunden sein, sodass jeder Begriff an einem anderen angehängt ist.

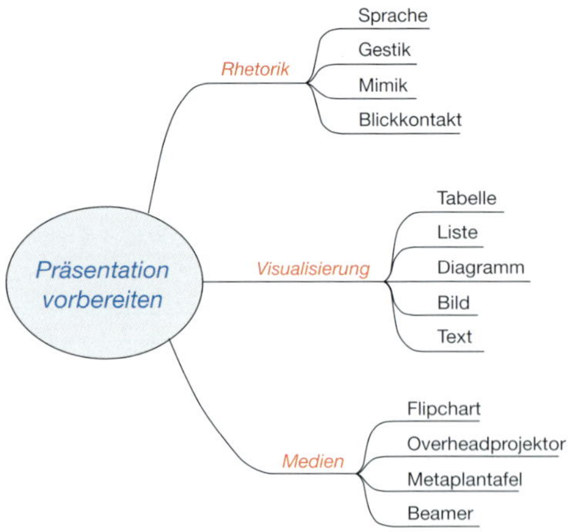

3. Werden die Bilder 2 und 3 jeweils mit ihrer Mitte übereinander gelegt, ergibt sich die Mind Map „Präsentationen vorbereiten"

7 Vorarbeit zu einer Präsentation

Bekannt ist, dass die Kombination von Sehen, Hören, Sprechen, Lesen und gleichzeitigem Handeln den größten Lernerfolg erzielt.

Eine **Präsentation** („Ich erkläre euch das") von der OHP-Folie über digitale Folien bis zur multimedialen Präsentation unterstützen die Informationsweitergabe und das eigene Lernen.

Präsentationen mit Mind Maps vorbereiten

Das Anfertigen einer Mind Map, das sogenannte **Mind Mapping**, ist eine Methode, mit der Aufzeichnungen und Notizen gemacht werden. Sie hilft beim gezielten Nachdenken, Planen oder bei der Ideenfindung.

Im Folgenden wird das Mind Mapping am Beispiel des Themas „Vorbereitung einer Präsentation" dargestellt.

Präsentationen vorbereiten

Die eigenen Gedanken werden nicht wie üblich in Sätzen geschrieben. Das **Hauptthema „Präsentation vorbereiten"** wird in der Mitte auf ein Blatt geschrieben.

Danach sind zunächst folgende Fragen zu beantworten:

- **Was** will man bei **wem** konkret erreichen?
- **Informationsblöcke** oder **Argumente** werden in welcher **Reihenfolge** präsentiert?

Die 1. Frage befasst sich mit dem Inhalt und den Adressaten, die 2. Frage mit der Struktur und der Zielsetzung der Präsentation.

Diese Begriffe werden als Schlüsselwörter auf Linien (**Hauptäste**) geschrieben. Schlüsselwörter sind Substantive, Adjektive, Verben, kleine Bilder oder Symbole (s. Bild 1).

Nun werden möglichst viele Begriffe auf die mit den Hauptästen verbunden **Zweige** geschrieben (s. Bild 2). Zunächst wird aufgeschrieben, was zum Thema einfällt. Jeder Begriff kann zu neuen Assoziationen verhelfen. Zum Schluss können immer noch Wörter weggestrichen werden.

Was bestimmt den Erfolg einer Präsentation?

60 % werden durch den Inhalt bestimmt, 40 % durch das Auftreten des Referenten und die Aufmachung der Präsentation. Deshalb müssen Inhalt und die Vorstellungen des Referenten bezogen auf Medien, Visualisierung und Rhetorik abgestimmt und das Mind Map ergänzt werden (s. Bild 3).

Welche Vorteile haben digitale Präsentationen?

Digitale Präsentationstechniken haben Vorteile (s. Kasten rechts), jedoch ist der Vortragende oft nervös oder hat Angst, den „roten Faden“ zu verlieren. Eine gute Vorbereitung kann die meisten Unsicherheiten aus dem Weg räumen.

Welche Präsentationssituationen gibt es?

Tabelle 5 zeigt einen Überblick über mögliche Präsentationssituationen für bestimmte Zielgruppen. Die genaue Kenntnis darüber gibt Aufschluss, wie intensiv sich der Referent mit seiner Präsentation beschäftigen muss.
Allgemein gilt:

> ***Bei Präsentationen kann man über alles reden – nur nicht über 45 Minuten.***

Wie sollen Folien gestaltet werden?

Folgendes sollte beachtet werden:
- Bei Präsentationen von ca. 30 Minuten sollten nicht mehr als 15 Folien präsentiert werden.
- Die Folien nicht überladen.
- Überladene Folien lenken den Zuhörer ab.
- Der Inhalt der Folien und die eigene Präsentation sind so abzustimmen, dass sie sich ergänzen.
- Folien nicht einfach vorlesen.
- Folien verstärken nur den Vortrag.

Die Gestaltung der Folien:
- Zuhörer/-schauer nicht mit Reizen überfordern
- Effekte und Farben nutzen
- Farben und Effekte an das Thema anpassen
- Allzu bunte oder grelle Präsentationen vermeiden; 4–5 Farben als einheitliches Farbschema
- Texte immer stark vom Hintergrund abheben.
- Ruhigen PowerPoint-Hintergrund wählen, der in der Regel auf allen Folien zu finden ist

Text 5 gibt Hinweise zur Vorbereitung einer Präsentation.

- *Handschrift wird durch gut leserlichen Text ersetzt*
- *Durch Bilder Inhalte schneller vermitteln*
- *Sehen und hören fordern die Sinneskanäle*
- *Diagramme stellen Zahlen plastischer dar*
- *Strukturen können einfacher vermittelt werden*
- *Optische Gestaltung statt einfacher Text*
- *Effektives Arbeiten durch schnelle Änderungen,*
- *Mehr Aufmerksamkeit durch Animationen*
- *Vielfältige Datenverwendung*

4. Bei digitalen Präsentationen können gemeinsam entstandene Notizen und Skizzen direkt weiterverarbeitet werden

Arbeitssitzung (30 bis 40 Min.)
• **Teilnehmer:** Gleichgestellte Personen/Arbeitskollegen • **Inhalt:** Erörterung eines Sachproblems mit Vorstellung mindestens eines Lösungsansatzes.
Projektbesprechung (30 bis 40 Min.)
• **Teilnehmer:** Projektleiter, Mitarbeiter, ggfs. Vorgesetzte und Auftraggeber • **Inhalt:** Bericht über Planung und Stand des Projektes • **Aufgaben:** Fortschritte zeigen/Entscheidungen treffen
Fachvortrag (30 bis 45 Min.)
• **Teilnehmer:** Gleichgestellte Kollegen • **Inhalt:** Darstellung von Ergebnissen
Motivationskonferenz (20 bis 40 Min.)
• **Teilnehmer:** Abteilung, Fachbereich, gesamte Firma • **Inhalt:** Darstellung einer Situation/eines Problems • **Ziel:** Herstellung der Motivation der Mitarbeiter
Informationsveranstaltung (30 bis 45 Min.)
• **Teilnehmer:** Fachleute und interessierte Laien • **Aufgabe:** Überzeugung der interessiert Laien • **Ziel:** Einfache Stoffaufbereitung, sodass er für die Zuhörer in ihrem aktuellen Kontext wichtig wird

- *Der Vortragende ist der Spezialist für das gewählte Thema.*
- *Der Aufbau einer Präsentation ist in der Regel: Einleitung, Hauptteil, Schluss*
- *Ein roter Faden beim Präsentieren ist wichtig*
- *Karteikarten sind eine hilfreiche Gedächtnisstütze*
- *Nur Notizen auf Karteikarten schreiben.*
- *Interessante und alltagsnahe Beispiele wählen, um schwierige Sachverhalte zu erklären.*
- *Abstrakte Themen ansprechend darstellen*
- *Präsentation an die Zielgruppe anpassen.*
- *Das vorgegebene Zeitlimit einhalten und auch Zeit für mögliche Fragen oder Kommentare einplanen*

5. Animationen nutzen, um Präsentation abwechslungsreicher zu gestalten

Struktur einer Präsentation

Eröffnung (ca. 10 %)
- Die Zuhörer nicht mit unwichtigen und langatmigen Einleitungen langweilen
- Die Aufmerksamkeit durch einen interessanten Einstieg gewinnen
- Mit einer verblüffenden Aussage, einer Frage oder einem Bild direkt einsteigen

Hauptteil (ca. 80 %)
- Maximal 3 Kernaussagen formulieren, die detailliert untermauert werden
- Den roten Faden, der nicht aus einer Reihe von Stichpunkten bestehen soll, beachten

Schluss (ca. 10 %)
- Die im Hauptteil formulierten Kernaussagen prägnant zusammenfassen

Tipps
- *Möglichst frei, langsam und deutlich sprechen*
- *Gezielt Pausen einsetzen, um Gesagtes zu betonen*
- *Zu Beginn die Gliederung zeigen*
- *Zeit lassen, die Folien zu lesen und zu verstehen*
- *Die Inhalte und Präsentation müssen übereinstimmen.*
- *Fragen der Zuhörer nicht aus dem Weg gehen*
- *Offen zugeben, wenn Fragen nicht beantworten werden können*
- *Füllwörter wie „ähm“, „halt“, „also“ usw. vermeiden*
- *Augenkontakt zu allen halten*
- *Inhalte durch Gestik unterstreichen*
- *Hände während des Vortrages nicht in die Hosentaschen stecken oder vor der Brust verschränken*
- *Durch kurze Einzel- oder Gruppenarbeit*

Besser vermeiden:
- *Fehlender Blickkontakt zum Publikum*
- *Versteinerte Mimik ohne Lächeln*
- *Sich hinter dem Rednerpult verstecken*
- *Direkt vor den Präsentationsfolien stehen*
- *Ständiges Hin- und Herlaufen*
- *Arme vor der Brust verschränken*
- *Fehlende/übermäßige Gestik*
- *Fehlende Glaubwürdigkeit*
- *Keine positive Grundeinstellung*
- *Eintönige, zu schnelle oder unklare Sprache*
- *Umständliche Formulierungen/ Schachtelsätze*
- *Viele Insiderbegriffe, technische Formulierungen*

8 Präsentationen durchführen

Ergebnisse zu präsentieren gehört zum Handwerkszeug in Schule, Studium oder Berufsleben.

Ob die Präsentation ein Erfolg wird, entscheidet sich nicht während der Präsentation, sondern schon lange davor. Es ist normal, nervös zu sein und es ist ebenfalls normal, Lampenfieber zu haben. Aber es ist nicht okay, wenn man nicht bestmöglich vorbereitet ist. Dazu gehört auch ein **Prasentationsmanuskript**, dass
- Sicherheitsgefuhl bezogen auf die Inhalte gibt.
- den „roten Faden“ des Vortrags beinhaltet.
- als Gedachtnisstütze für Fachtermini und Fremdwörter dient.

Aus dem Manuskript wird dann ein **Stichwortzettel** erstellt.

Stichworte bestimmen den roten Faden, d.h. den durchgängigen Gedankengang des Vortrags.

Die wichtigsten Stichworte werden auf einen Zettel geschrieben. Droht beim Vortrag eine Gedankenlücke, nimmt man die Zettel zur Hand, greift das entfallene Stichwort heraus und führt den Gedanken zu Ende.

Der eigene Auftritt

Die Struktur des Vortrage beschreibt der Kasten oben links.
Die bei der Eröffnung erzeugte Spannung muss im Hauptteil aufgelöst werden. Die Zuhörer müssen durch die Benennung des Themas klar erkennen, worüber sie nachdenken sollen.
Im Hauptteil müssen Sie aufgestellte Behauptungen mit logischen Beweisen untermauern. Dazu werden z.B. 5 Argumente für das Thema/die Meinung gesammelt. Das schwächste Argument wird zuerst, das stärkste zum Schluss genannt. Vorteile und Nutzen einer Idee werden durch Beispiele belegt.
Zum Schluss wird das stärkste Argument noch einmal wiederholt, damit es beim Zuhörer nachklingt.

Wenn diese Kernregeln beherzigt werden, ist es nicht so schwer, einen guten Vortrag zu halten.
Weitere Hinweise finden Sie links.

Mit schwierigen Situationen umgehen

Zuhörer reagieren, wenn Fehler bei der Präsentation gemacht werden. Beispiele für Reaktionen, sind in der Tabelle rechts beschrieben.
Weitere Gründe sind:
- Der Nutzen der Präsentation ist unklar.
- Unleserliche Grafiken
- Ein langweiliger und farbloser Vortrag

Welche Reaktionen sind sinnvoll?

Es gibt **Zwischenfragen**, **Zwischenrufe** oder **Einwände**.
Zwischenfragen sind meist nicht aggressiv, sondern eher neutral, skeptisch oder kritisch. Die in der Tabelle rechts beschriebenen Möglichkeiten zeigen, wie man damit umgeht.
Zwischenrufe sind häufig unsachlich und auch destruktiv gemeint. Zur Abwehr gibt es die in Kasten rechts beschriebenen Reaktionen.
Einwände sind der Versuch des Publikums, dem Vortragenden/der Vortragenden zu widersprechen. Die Tabelle rechts unten beschreibt Möglichkeiten, mit Einwänden umzugehen.

Wenn der Faden reißt

Diese Gefahr lässt sich in der Vorbereitung durch die Gestaltung der Folien minimieren:
- Auf allen Folien ist in der in verkleinerter Schrift die Gliederung aufgeführt. Dadurch ist der rote Faden auch für die Zuschauer erkennbar.
- Jede Folie bekommt eine laufende Nummer zugewiesen. So ist die richtige Reihenfolge immer präsent und über die Tastatur kann jederzeit die gewünschte Folie erscheinen.

Reißt dennoch der Faden, ist zunächst das Wichtigste, ruhig zu bleiben. Das ist nicht leicht, aber mit den folgenden kleinen Tricks ist das zu schaffen:
- Ruhig und selbstbewusst durchatmen
- Bewusste Sprechpause vortäuschen
- Überbrückung durch langsames Weitersprechen
- Wiederholung oder durch Zusammenfassung
- Nächste oder vorherige Folie einsetzen
- Wesentliche Fakten kurz zusammenfassen
- Publikum durch Kontrollfragen einbeziehen

Nachlassende Aufmerksamkeit der Zuhörer
Unruhe in der Gestik
• plötzliche Haltungswechsel wie Zurücklehnen oder Desinteresse zeigen • abreißender Blickkontakt • fragende Mimik
Sprachliche Rückmeldungen
• Fragen oder Einwände • unsachliche Angriffe und Untergespräche • Zwischenrufe oder Störungen
Durch Sprechpausen und Modulation der Lautstärke kann Aufmerksamkeit wieder erlangt werden.

Umgang mit Zwischenfragen und Einwänden
Lobend
„Ihre Frage ist so wichtig, dass ich gleich darauf eingehe.“
Aufschiebend
„Vielen Dank! Ich werde im Verlauf meines Vortrags auf diesen Punkt noch näher eingehen.“ „Ihre Anmerkung ist ausgezeichnet, aber haben Sie noch Geduld bis zur anschließenden Diskussion.“
Tadelnd
„Bedaure, aber ihre Bemerkung ist hier fehl am Platz.“

Zwischenrufe hören auf, wenn sie freundlich und humorvoll behandelt werden:

- *Nicht sofort zu heftig reagieren*
- *Aufdecken von falschen Aussagen*
- *Nachgeben in einem unwichtigen Punkt, unnachgiebig in wichtigen Punkten sein*
- *Schwache Argumente hervorheben*
- *Bei starken Gegenbeweisen die Folgen betonen*
- *Den Zwischenrufer aus seiner Anonymität herausheben*
- *Angriff als sachlichen Einwurf behandeln*

Gegenfrage	„Was kann Sie denn überzeugen?“
Öffnungsmethode	„Ich habe Sie offensichtlich noch nicht überzeugt! Darf ich fragen, woran das liegt?“
Einwand-Vorwegnahme-Technik	„Man hört gelegentlich den Einwand, dass ..., aber...“
Verzögerungsmethode	„Das sollten wir im Anschluss genauer betrachten.“
Reflektieren	Vortragender reflektiert den Einwand und sichert ab, dass er den Einwand richtig verstanden hat
Plus-Minus-Methode	Nochmalige Aufzählung aller Vor-/Nachteile sowie Fakten/Daten

Bildquellenverzeichnis

Agilent Technologies Inc., Santa Clara, USA: S. 14.2
ASRock Europe B.V., Nijmegen, NL: S. 184, S. 190, S. 200.4, S. 240
ASUSTeK COMPUTER INC., Taipei, TW: S. 185.4, S. 198.1, S. 243.1
Bals, Elektrotechnik GmbH, Kirchundem-Albaum: S. 107.3
BEHA-AMPROBE, Glottertal: S. 20.3, S. 21.4
BENNING Elektrotechnik und Elektronik GmbH & Co. KG, Bochholt: S. 20.2, S. 106.2, S. 115.1
Creative Labs/Media, Dublin, IE: S. 185.1, S. 193.6
bildredaktion1, G.Schneider-Albert, Troisdorf: S. 9.1, S. 12.2, S. 26.2, S. 28.1 u. 2, S. 30, S. 40.1, S. 107.4, S. 108.2, S. 142.1, S. 183, S. 188.2, S. 193.1,2 u. 3, S. 199.2,3,4 u. 5, S. 201.2, S. 205.1, S. 207.2, S. 217.3, S. 221.3, S. 234.1, S. 241.3, S. 243 alle außer 1,
delonghi/crossrelations brandworks GmbH (GPRA), Frankfurt am Main: S. 44.1
Eaton Electric GmbH, Bonn: S. 144.2,3 u. 4
ELTAKO GmbH, Fellbach: S. 80.3, S. 82.1
First Sensor AG, Berlin: S. 141.4
Fotolia.com: S. 8.1 (Gartenleuchte)(rodrusoleg), S. 8.2 (Lupe)(fotomek), S. 12.1 (Michael Schütze), S. 12.5 (Sergiogen), S. 12.6 (Ivan Floriani), S. 19.2 (rupbilder), S. 19.3 (euthymia), S. 19.4 (petaran), S. 19.5 (beermedia.de), S. 20.1 (rodrusoleg), S. 26.1 (euthymia), S. 31.2 (Gerhard Seybert), S.32.1 (Devyatkin S.), S. 34.1 (Jultud), S. 37.3 (ralphhuygen), S. 38.1 (ChMühl), S. 52.1 (industrieblick), S. 123.4 (Fotoschlick), S. 146.1 (Martina Berg), S. 150.1 (phadventure), S. 176.1 (golfmhee), S. 177.2 (Oleksiy Mark), S. 179 (alphaspirit), S. 180.1 (contrastwerkstatt), S. 181 (karam miri), S. 182.1 (Oleksiy Mark), S. 185.3 (Hellen Sergeyeva), S. 188.1 (Mauro Rodrigues), S. 193.4 u. 5 (Devyatkin S.), S. 194 (suthiphong yina), S. 195.1 (Inga Nielsen), S. 195.9 (onur3d), S. 196.1 (Dmitriy Goncharenko), S. 200.1 (Gudellaphoto), S. 200.2 (Maria Vazquez), S. 200.3 (DR), S. 201.1 (Festplatte)(suthiphong yina), S. 202.1 (Monitor)(Cobalt), S. 202.1 (Drucker)(destina), S. 202.1 (Tastatur)(Stefano Garau), S. 202.1 (Maus) (pixelrobot), S. 205.2 (Ingo Bartussek), S. 206.1 u. 2 (Denis Dryashkin), S. 206.3 (F.A.Y.), S. 207.1 (zavgsg), S. 208.1 (DMITRI MARUTA), S. 208.2 u. 3 (Claudio Bravo), S. 209.1 (anmalkov), S. 209.2 (dmitrimaruta), S. 214.1 (virtua73), S. 221.1 (xiaoliangge), S. 221.4 (TODDE), S. 224.1 (nikolych), S. 224.2 (Macro), S. 224.3 (ambrozinio), S. 225.1 u. 2 (sasel77), S. 226.2 (zentilia), S. 227.3 u. 5 (Christopher von Schrader), S. 227.4 (tbase), S. 230.1 (Sergey Nivens), S. 238.1 (Valery Voennyy), S. 252.1 (fotomek), S. 259.1 (godfer)
Harman Deutschland GmbH, Heilbronn: S. 54.1
HT Instruments GmbH, Korschenbroich: S. 114.2
Intel Corporation, Santa Clara, CA, USA: S. 186 alle außer 3, S. 201.1 (Prozessor), S. 241.1 u. 2
Listan GmbH und Co. KG, Glinde: S. 201.1 (Netzteil)
PHOENIX CONTACT GmbH & Co. KG, Blomberg: S. 22.1
ROHDE & SCHWARZ GmbH & Co. KG, München: S. 14.1 u. 3
SanDisk Corporation, Milpitas, CA, USA: S. 195.2, 3, 4, 6 u. 8, S. 242 alle
© Siemens AG 2015, Alle Rechte vorbehalten: S. 36.1 u. 2, S. 79.1, S. 92.1,2 u. 3, S. 93.1, S. 95.3, S. 108.1, S. 111.1, S. 113.1 u. 2, S. 145.1 ,5 u. 7, S. 150.3, S. 151.1 u. 2, S. 152.1, S. 164.1, S. 165.5, S. 177.1
TUHH Rechenzentrum, Hamburg: S. 178
Oliver Wetterauer, Stuttgart: S. 180.2
Wikipedia (CC BY-SA 3.0): S. 37.2 (lainf) S. 37.4 u. 5 (Omegatron), S. 143.3 (Nillerdk),
S. 182 (Gustavb, IrrtNie), S. 186.3 (Qurren), S. 195.5 (the real), S. 223.3 (Tkgd2007), S. 227.2 (Little Joe), S. 204 (Gustavb, IrrtNie), S. 239 (Gustavb, IrrtNie)
Wikipedia (public domain): S. 56.1 (NRC File Photo), S. 189.1 (Stefan Riepl), S. 200.5 (Baran Ivo), S. 223.1 u. 2 (Philipe Berte, Nexans Cabling Solutions)
ZOTAC International (MCO) Ltd., Macau, CN: S. 185.2, S. 192, S. 201.1 (Grafikkarte)

Umschlagfotos: BENNING Elektrotechnik und Elektronik GmbH & Co. KG, Bochholt, Fotolia.com: (lcswart), (oben rechts)

Zeichnungen: Michele Di Gaspare/Bildungsverlag EINS GmbH

Sachwortverzeichnis

F

G

H

T

U